高等学校规划教材

U0268600

普通化学

GENERAL CHEMISTRY

姚思童 刘利 张进 主编

第二版

化学工业出版社
·北京·

内 容 简 介

《普通化学（第二版）》全书共计 14 章：第 1 章绪论，主要介绍化学的研究对象、作用、内容、任务，并介绍学习方法，以激发学生的学习兴趣，第 2 章～第 9 章为基础篇，重点阐述化学反应的基本原理、物质结构、分析化学基础及有机化学基础理论；第 10 章～第 14 章为应用篇，主要阐明化学基础理论在能源工程、材料工程、土木工程、生命科学及环境保护等领域的应用。全书内容的编排遵从由易到难、由理论到应用的渐进规律，重视理论与实践的密切结合，将化学的基本理论和基础知识进行系统整合，构建全面、系统、完整、精炼的教材体系。此外，本书配套数字化教学资源，读者可以通过扫描二维码，观看重点、难点教学视频，实现了教学手段的创新和教学模式的多元化。

《普通化学（第二版）》可作为高等院校非化学化工类专业的本科生教材，也可供从事相关工作的专业技术人员学习和参考。

图书在版编目（CIP）数据

普通化学/姚思童，刘利，张进主编. —2 版. —北京：化学工业出版社，2022.4（2023.11 重印）
高等学校规划教材
ISBN 978-7-122-40905-8

Ⅰ. ①普… Ⅱ. ①姚… ②刘… ③张… Ⅲ. ①普通化学-高等学校-教材 Ⅳ. ①O6

中国版本图书馆 CIP 数据核字（2022）第 036217 号

责任编辑：褚红喜　宋林青　　　　装帧设计：刘丽华
责任校对：宋　夏

出版发行：化学工业出版社（北京市东城区青年湖南街 13 号　邮政编码 100011）
印　　装：北京印刷集团有限责任公司
787mm×1092mm　1/16　印张 23¾　字数 543 千字　　2023 年11月北京第 2 版第 2 次印刷

购书咨询：010-64518888　　　　售后服务：010-64518899
网　　址：http://www.cip.com.cn
凡购买本书，如有缺损质量问题，本社销售中心负责调换。

定　　价：49.80 元

版权所有　违者必究

《普通化学（第二版）》编写组

主　编　姚思童　刘　利　张　进

副主编　张　帆　张宇航　张　宇　吕　丹

编　者（按姓氏笔画排序）

于　杰　厉安昕　史发年　吕　丹

刘　颖　刘　阳　刘　利　刘　洋

孙亚光　牟　林　何　鑫　张　进

张　帆　张　宇　张　琨　张宇航

张犁黎　周　丽　姚思童　徐　舸

谢　颖

前言

《普通化学》于2015年首次出版，至2021年已多次印刷，该书于2017年获得“中国石油和化学工业优秀出版物奖（教材奖）·一等奖”。许多高校的普通化学课程都选用本书作为教材和主要教学参考书，编者对于广大同仁的支持诚表谢意。读者对本书内容的认同和支持，鞭策着编者对教材进行修订。

此次修订是根据教育部高等学校教学指导委员会在2018年1月颁布的《普通高等学校本科专业类教学质量国家标准》中关于非化学化工类工科专业人才培养中对化学基础知识的要求，结合当前普通化学教育改革的发展趋势和应用型本科院校的人才培养目标，对第一版教材做了较大的修改和充实。这次修订将以保持并发扬原有特色为宗旨，以“优化内容、加强基础、削枝强干、突出重点”为原则，努力做到基础性和系统性、应用性和前沿性的有机结合。

《普通化学》（第二版）是省级教改项目“教育信息化背景下普通化学课程混合式教学模式的探索与实践”及省级线上一流课程普通化学建设的结晶。为满足工程类专业培养造就创新能力强、适应经济社会发展需要的高质量工程技术人才的需求，编者对本书内容进行了如下修订。

1.《普通化学》（第二版）修订的重点

（1）加强基础，提炼基本，按需拓宽。

（2）注重实践性和应用性，更贴近工程和社会生活实际。

（3）加强素质教育，注意因材施教和个性发展。

2. 知识结构上“精简、整合、重构”，教材内容上“理论、应用、拓展”

（1）注重与高中化学新课标（2017年版）及高中化学新教材（2019年版）的合理衔接。

（2）适当删减第一版教材中与后续课程无关的纯理论知识，增加与实际应用及后续课程联系紧密的理论知识，同时增加了工程化学相关内容。保留第一版教材中“气体”“化学热力学基础”“化学动力学基础”“氧化还原反应　电化学基础”“物质结构基础”部分，将“化学反应限度—化学平衡”“酸碱平衡及沉淀溶解平衡”内容整合为“化学反应与化学平衡”，删去“配位化学基础”“元素化学基础”内容。新增“分析化学基础”“有机化学基础”“化学与能源工程”“化学与材料工程”“化学与土木工程”“化学与生命工程”“化学与环境保护”等内容。全书重新进行架构，第1章绪论；第2章～第9章构建为基础篇；第10章～第14章构建为应用篇。

（3）通过“扫一扫”将60个数字资源以二维码形式嵌入整合到教材中。

（4）对各章的思考题和习题作了不同程度的更改和补充。

3. 数字化课程与新形态教材一体化建设

以本书为资源建设蓝本，教学团队开发了一系列适用性和易用性数字化课程资源。此次修订将上线中国大学 MOOC 平台的课程资源整合到教材中，实现了线上、线下教学资源的一体化建设。多种形式的富媒体资源丰富了知识的呈现形式，拓展了教材内容，同时也为读者的自主学习、个性化学习提供了思考与探索的空间。

4. 理论教材与实验教材立体化建设

与本书配套的新形态教材《普通化学实验》于 2020 年 8 月由化学工业出版社出版，而本书融合了数字资源，作为新形态教材，进一步实现了信息化背景下普通化学“理论教材＋实验教材”的立体化建设，实现了理实教学内容的创新及教学模式的多元化。

参与第二版修订与编写工作的有：沈阳工业大学姚思童（第 1 章、第 3 章、第 6 章）；刘利（第 5 章、第 8 章）；张进（第 7 章、第 12 章）；张帆（附录、插图）；张宇航（第 10 章、第 11 章）；张宇（第 13 章、第 14 章）；吕丹、于杰（第 4 章）；刘颖（思考题、习题、表格）；沈阳农业大学牟林、沈阳建筑大学刘阳（第 9 章）；沈阳科技学院厉安昕、何鑫（第 2 章）。姚思童负责并主持全书的策划、统稿等工作，刘利、张进负责全书数字化资源建设工作，全书由沈阳工业大学姚思童、刘利、张进修改和定稿并任主编。沈阳工业大学的史发年、徐舸、张犁黎、刘洋、张琨，沈阳化工大学谢颖、辽宁中医药大学杏林学院周丽参与了相关章节的撰写工作。在此向给予本书极大支持和帮助的各位同仁表示深深的谢意。

沈阳工业大学建筑与土木工程学院王海军教授和沈阳化工大学理学院孙亚光教授对本书应用篇内容的编写给予指导并提出了建设性的意见与建议，谨此致谢。

在本书编写过程中，参考了国内外的众多同类教材、专著和相关文献，并从中得到了启发和教益，在此一并表示感谢！此外，对化学工业出版社在本书的出版给予的大力支持深表感谢！

本书是沈阳工业大学、沈阳农业大学、沈阳建筑大学、沈阳化工大学、沈阳科技学院及辽宁中医药大学杏林学院多位教师辛勤耕耘的结晶。教材内容涉及多方面的知识，限于编者的学识水平，不妥之处在所难免，恳请同行专家和读者批评指正。

编者
2021 年 12 月

第一版前言

普通化学是一门关于物质及其变化规律的基础课，是培养现代工程技术人员知识结构和能力的重要组成部分，也是连接化学和工程技术间的桥梁。学生掌握了必需的化学知识和理论，可以为以后的学习和工作提供必要的化学基础，并会分析和解决一些涉及化学的实际工程技术问题。

由于工科院校的普通化学课程学时少，课程的讲解不可能面面俱到，一本详略得当的教材显得尤为重要。我们结合传统化学科学的内容，本着精简经典、重基础理论、力求较高的科学性和系统性的原则编写了本教材。教材内容包括绪论、气体、化学热力学基础、化学动力学基础、化学反应限度—化学平衡、酸碱平衡、沉淀溶解平衡、氧化还原反应　电化学基础、物质结构基础、配位化学基础、元素化学基础。教材内容由浅入深，循序渐进，注重基础，突出重点，便于学生的自学和创新能力的培养。

本书以循序渐进为原则编写梳理教材内容，各章节内容明确，每节中各级标题针对性强，问题阐述形成了逐条的观点或结论，易于学生明确掌握各知识点的精髓。本书注重和强调基本概念的理解，注重学生对化学知识的掌握，注重基本原理的应用，注重对学生分析问题、综合解决问题和思维能力的培养与提高。全书编写突出基本理论和基本概念的阐述，避免不必要的推导和证明，力求内容充实、体系完整、语言精练、重点突出。既便于教师教学，又利于学生自学，且有助于学生独立思考、分析归纳和总结能力的养成。

本书的编写成员均是长期从事普通化学、无机化学等基础化学教学的教师，具有较高的学术水平和丰富的教学实践经验。

参加本书编写工作的有沈阳工业大学姚思童（第 6 章、第 7 章、第 8 章、第 10 章）、刘利（第 5 章、第 9 章）、张进（第 3 章、第 11 章）、吕丹、吴晓艺（第 4 章、表格、附录、插图），沈阳化工大学科亚学院厉安昕、辽宁中医药大学杏林学院周丽（第 1 章、第 2 章及各章习题）。姚思童负责并主持全书的策划、统稿等工作，全书由沈阳工业大学姚思童、刘利、张进修改和定稿并任主编。沈阳工业大学的于锦、司秀丽、孙雅茹、徐炳辉、杨军等共同参与完成本书的编写工作。在此向给予本书极大支持和帮助的各位同仁表示深深的谢意。

尽管这是我们多年教学的结晶，但由于编者水平有限，疏漏和不妥之处在所难免，恳请读者批评指正。

编者

2015 年 4 月

目录

第 4 章　化学动力学基础　35

第 5 章　化学反应与化学平衡　45

第 6 章　氧化还原反应　电化学基础　91

第1章 绪论

1.1 化学的研究对象和重要作用

化学与数学、物理等同，属于自然科学的基础课，是培养大学生基本素质的课程。

化学是在原子和分子水平上研究物质的组成、结构、性质、变化以及变化过程中的能量关系的学科。它涉及存在于自然界的物质——地球上的矿物、空气中的气体、海洋里的水和盐、动物身上找到的化学物质，以及由人类创造的新物质；还涉及自然界的变化——与生命有关的化学变化，还有那些由化学家发明和创造的新变化。

化学包含着两种不同类型的工作：一些化学家在研究自然界并试图了解它；同时，另一些化学家则在创造自然界不存在的新物质和寻找完成化学变化的新途径。

物质是一个广泛的哲学概念，它是不以人的主观意志为转移而客观存在的。大千世界是由各种各样、形形色色的物质所组成的。物质有两种基本形态：一种是具有静止质量的物质，叫做“实物”，如日月星辰、江河湖海、山岳丘陵、动植物、微生物，原子、分子、离子、电子等；另一种是只有运动质量没有静止质量的物质，叫做“场”，如引力场、电磁场、原子核内场等。实物和场是物质存在的两种基本形态，它们可以互相转化但不会被消灭，也不可能凭空创造出来。而化学所研究的物质是实物。

物质永远处于不停的运动、变化和发展状态之中。世界上没有不运动的物质，也没有脱离物质的运动。物质的运动形式可以归纳为机械的、物理的、化学的、生命的和社会的五种。这些运动形式既互相联系，又互相区别，每一种运动形式都有其特殊的本质。化学主要研究物质的化学运动形式。

化学运动形式即化学变化的主要特征是生成了新的物质。但从物质构造层次讲，化学变化是在原子核不变的情况下，发生了原子的化分（即原有化学键或分子的破坏）和化合（新的化学键或分子的形成）而生成了新物质。核裂变或核聚变的核反应，虽然也有新物质生成，但它们不是原子层次的反应，故不属于化学变化。

因此，化学的研究对象应是在分子、原子或离子水平上，研究物质的组成、结构、性质、变化以及变化过程中能量关系的科学。

物质的各种运动形式是彼此联系的，并在一定条件下互相转化。物质的化学运动形式与其他运动形式也是有联系并互相转化的。化学变化总伴随有物理变化，生物过程总伴随着不间断的化学变化。因此，研究化学时还要结合到其他许多有关学科的理论和实践。

化学是一门古老而又年轻的科学。人类从懂得用火开始，就从野蛮进入了文明。

燃烧是人类最早利用的化学反应。燃烧不仅改善了人类的饮食条件，而且也改善了人类的生活条件。人们利用燃烧反应制作了陶器、冶炼了青铜等金属。古代的炼丹家更是在寻求长生不老之药的过程之中使用了燃烧、煅烧、蒸馏、升华等化学基本操作。造纸、染色、酿造、火药等使人类生活质量提高的生产技术的发明，无一不是经历无数化学反应的结果。因此，化学从一开始就和人类的生活密切相关。当然，在古代化学表现出的是一种经验性、零散性和实用性的技术，化学尚没有成为一门科学。

17 世纪中叶以后，随着生产的迅速发展，积累了有关物质变化的知识。同时，数学、物理学、天文学等相关学科的发展促进了化学的发展。1661 年英国著名科学家波义耳（Boyle）指出“化学的对象和任务就是寻找和认识物质的组成和性质”，化学这才走上了科学的道路。他明确地把化学作为一门认识自然的科学，而不是一种以实用为目的的技艺。18 世纪末，化学实验室开始有了较精密的天平，使化学科学从对物质变化的简单定性研究进入到精密的定量研究。随后，相继发现了质量守恒定律、定组成定律、倍比定律等定律，为化学新理论的诞生打下了基础。19 世纪初，为了说明这些定律的内在联系，道尔顿（Dalton）和阿伏伽德罗（Avogadro）分别创立了原子论和原子-分子论。1869 年俄国著名化学家门捷列夫（Mendeleev）提出了元素周期律，从此进入了近代化学的发展时期。19 世纪下半叶，物理学的热力学理论被引入化学，从宏观角度解决了化学平衡的问题。随着工业化的进程，出现了生产酸、碱、合成氨、染料以及其他有机化合物的大工厂，化工工业的发展更促使了化学科学的深入发展。20 世纪是化学取得巨大成就的世纪。1931 年，丹麦科学家玻尔（Bohr）把量子的概念首先引入原子结构理论，成功地解释了氢原子光谱。1926 年，量子力学的建立冲破经典力学的束缚，开辟了现代原子结构理论发展的新历程。在此基础上，化学键理论及晶体结构的研究，都获得了新发展。物质结构理论的发展，使人们从微观上更深入地认识物质的性质与结构的关系，对于无机物、有机物的合成和各种新材料的研制，都具有指导作用。化学的研究对象从微观世界到宏观世界，从人类社会到宇宙空间不断地发展。无论在化学的理论、研究方法、实验技术以及应用等方面都发生了巨大的变化。

传统化学按研究对象和研究的内在逻辑不同，分为无机化学、有机化学、分析化学和物理化学四大分支，这些分支现在已经发生了相当大的演变。一方面，随着科学技术的进步和生产的发展，各门学科之间的相互渗透日益增强，化学已经渗透到农业、生物学、药学、环境科学、计算机科学、工程学、地质学、物理学、冶金学等很多领域，形成了许多应用化学的新分支和边缘学科，如农业化学、生物化学、医药化学、环境化学、地球化学、海洋化学、材料化学、计算化学、核化学、激光化学、高分子化学等；另一方面，原有的“四大分支”中的某些内容，已经发展成为一些新的独立分支，如热力学、动力学、电化学、配位化学、化学生物学、稀有元素化学、胶体化学等。这是生产不断发展和人类认识自然不断深化的必然趋势。

化学作为一门中心的、实用的和创造性的科学，它与社会的多方面的需求有关，也有人称“化学是一门使人类生活得更美好的学科”。因此化学的基本研究和国民经济各部门的紧密结合将产生巨大的生产力，并影响到每个人的生活。

在现代生活中，特别是在人类的生产活动中，化学起着重要的作用。几乎所有的生产部门都与化学有密切联系。例如，运用对物质结构和性质的知识，科学地选择使用原材料；运用化学变化的规律，可以研制各种新产品。又如，当前人类关心的能源和资源的开发、粮食的增产、环境的保护、海洋的综合利用、生物工程、化害为利、变废为宝等都离不开化学知识。现代化的生产和科学技术往往需要综合运用多种学科的知识，但它们都与化学有着密切的联系。以稀土元素为例，过去仅用于打火石、玻璃着色等方面，用途十分有限。20 世纪 50 年代以来，由于人们采用离子交换和有机溶剂萃取技术，分离、提纯稀土产品获得成功，同时通过研究又不断发现了稀土元素及其化合物的许多优良性能，所以它的应用迅速扩展。在荧光材料、磁性材料、激光材料、超导材料、储氢材料、新型半导体材料、原子反应堆材料等方面，都显示出稀土元素的重要作用。我国是稀土储量最多的国家，稀土元素化学在材料科学中的迅速发展，必将对我国的现代化建设做出日益重要的贡献。目前，在人们使用的各种材料中，合成高分子材料已占一半以上，近些年来又有许多新发展，含有碳纤维、硼纤维的各种复合材料以及具有光、电、磁等功能的各种功能高分子材料，均在现代科技中发挥了重要作用。

在新能源的开发和利用方面，近年来许多国家对无污染的氢能源的研究和应用不断取得新的成果。可以预料，在不久的将来，会出现以氢能为主要能源的新时代。

化学与包括医学及农、林、牧、渔等大农业在内的生物科学的联系更为密切。植物体的根、茎、叶、花、果实、种子，动物体的骨骼、肌肉、脏器以及它们的各种体液，都是由各种化学元素经过生理、生化等各种变化而构成的。农、林、果、渔、畜产品的初加工、深加工及其副产品和废物的综合利用；粮食、油料、蔬菜、水果、水产品、肉奶蛋等的储存保鲜；使用饲料添加剂、生长激素、微量元素、必需氨基酸等调节动植物有机体的生理过程，以提高农牧业产品的质量和产量；利用杀虫剂、杀菌剂、杀鼠剂保护植物不受害虫、病菌、啮齿类动物的侵害；利用各种兽药和疫苗防治畜禽疾病和传染病；卫生监督、环境监控、产品质量的检验；微量元素肥料和化学肥料的合理使用，土壤结构的改良；盐碱地的治理、污水的净化等，都离不开化学的基本原理、基本知识和基本操作技能。

伴随其他科学技术和生产水平的提高，新的精密仪器、现代化的实验手段和电子计算机的广泛应用，正在从描述性的科学向推理性的科学过渡，从定性科学向定量科学发展，从宏观现象向微观结构深入，较完整的化学体系正在逐步建立起来。目前，世界上出现的以信息技术、新型材料、新能源、海洋开发等新技术为主导的技术革命是与化学密切相关的，离开化学和化学工业的发展，这些新技术的发展和应用都是不可能的。

20 世纪生命化学的崛起给古老的生物学注入了新的活力，人们在分子水平上向生命的奥秘打开了一个又一个通道。蛋白质、核酸、多糖等生物大分子，激素、神经递质、细胞因子等生物小分子是构成生命的基本物质。研究生命现象和生命过程、揭示生命的起源和本质是当代自然科学的重大研究课题。20 世纪化学与生命科学相结合产生了一系列在分子层次上研究生命问题的新学科，如生物化学、分子生物学、生物有机化学、生物无机化学、生物分析化学等。在研究生命现象的领域里，化学不仅提供了技术和方法，而且还提供了理论依据。

在未来几十年中，我们将会看到化学为解决人类所面临的能源和粮食问题所做的贡献。化学将在研制高效肥料和高效农药，特别是与环境友好的生物肥料和生物农药，以及开发新型农业生产资料等方面发挥巨大作用。化学将在发展新能源和资源的合理开发及高效安全利用中起关键作用。在研制大规模、大功率的光电转换材料，推广太阳能的开发利用等方面发挥特别的作用。这些将改变人类能源消费的方式，同时提高人类生态环境的质量。化学也将在电子信息材料、生物医用材料、新型能源材料、生态环境材料和航空航天材料及复合材料的研究中发挥重大的作用。在发展量子计算机、生物计算机、分子器件和生物芯片等新技术中化学都将作出自己的贡献。化学将在克服疾病和提高人们的生存质量等方面进一步发挥重大的作用。在攻克高死亡率和高致残的心脑血管病、肿瘤、糖尿病以及艾滋病的进程中，化学家将和医学工作者一起不断创造和研究包括基因疗法在内的新药物和新方法。

总之，化学是与人类生活各个方面、国民经济、科学技术各领域都有密切联系的基础学科；化学是能源的开拓者、材料的制造者、生命和健康的守护神、粮食增产的贡献者、环境的保护者，是美好生活的创造者，是新兴产业的支撑者。

1.2 普通化学的内容及任务

普通化学是理、工、农、医各相关学科专业人士所必须掌握的专业基础知识。许多专业基础课和专业课也与化学有着不可分割的联系。例如，能源化学，材料化学，建筑化学，生物化学，生理学，病理学，药理学，土壤学，肥料学，植物保护学，饲料学，环境监测，水污染控制等专业基础课和专业课都需要一定的化学基础知识。化学在专业学习和专业工作中的重要意义，大家在今后的学习和实践中会有更深刻的体会。

为培养基础扎实，知识面宽、能力强、具有创新精神的高级人才，较为系统地学习化学基本原理、掌握必需的化学和基本技能，了解它们在现代科学各个领域的应用是十分必要的。同时化学是一门充满活力和创造性的学科，通过化学课程的学习，不但可以使学生掌握一定的化学专业知识，而且有利于培养学生的创新思维能力和辩证唯物主义观点。

普通化学的主要内容包括以下两个部分。

(1) 基础篇　主要包括气体、化学热力学基础、化学动力学基础、化学反应与化学平衡、氧化还原反应与电化学基础、物质结构基础、分析化学基础及有机化学基础。此部分重点论述化学反应的基本原理、物质结构与性能、分析化学及有机化学基础理论。

(2) 应用篇　主要包括化学与能源工程、化学与材料工程、化学与土木工程、化学与生命科学、化学与环境保护。此部分主要阐明化学基础理论在能源、材料、土木、生命及环境保护等领域的应用，内容与基础理论相对应，是基础理论的拓展与升华。

充分考虑与各专业密切相关的内容，将普通化学的基本理论和基础知识进行系统整合，遵从由易到难、由理论到工程应用的渐进规律，围绕化学的基本概念，突出化学学科的研究方法、凸显化学基本原理在工程中的应用及其重要性。注重两部分内容的交叉与融合，在讲普通化学基本原理时结合具体工程实例，在讲工程化学时运用化学基本理论来进行分析。

普通化学作为工科院校的公共基础课，对各专业学生有着共同的基本内容和要求。

但由于专业不同，对化学的要求和学时也都不尽相同，因此学习的内容也有所差别。这主要体现在基础理论的深度不同以及工程化学应用领域的不同。

普通化学的学习目标：

（1）学生通过基础篇内容的学习，掌握化学科学的基本内容，了解化学变化的基本规律，学会运用宏观理论中的化学热力学与化学动力学知识，计算化学反应中的能量变化，继而判断化学反应的方向、限度、速度及反应历程，以及化学反应与外界条件的关系等，从而优化化学反应的条件；学会应用微观理论知识，去揭示物质的组成、结构及其性质与变化规律的关系；正确处理各类化学平衡（酸碱平衡、沉淀溶解平衡、氧化还原平衡、配位平衡）的移动及平衡之间的转换；具备分析化学及有机化学的基础理论知识，从而解决生产、科研中的实际问题，为进一步学习各门有关的专业课程打下基础。

（2）通过应用篇内容的学习，学会从物质的化学组成、化学结构和化学反应出发，运用具有现实应用价值的化学基础理论和基本知识，分析与解决现代工程技术中遇到的如新能源的开发与应用、材料的选择和寿命、金属腐蚀与防护、土建材料中助剂的选择与添加、生物分子的组装与协调、环境的污染与保护等有关化学问题，不断提升应用化学知识观察并发现问题、分析问题、解决工程实际中遇到问题的综合能力。

普通化学的教学任务：通过本课程学习，使学生掌握与能源科学、材料科学、建筑科学、生命科学、环境科学等有关的化学基本理论、基本知识、基本技能；重点掌握四大平衡理论的原理，了解这些理论、知识和技能在专业中的应用，为后续课程的学习和今后的工作打下良好的化学基础；同时扩大学生的知识面，明确化学在各学科发展中的地位和作用。

总之，在教学中培养学生自学能力、分析和解决日常生活和生产实践中一些化学问题的能力，以及培养学生严谨的科学态度和工作习惯，是普通化学教学的重要任务。

1.3 如何学习普通化学

普通化学作为一门重要的基础课，深入而扎实地学习和掌握其基础理论和基本概念，并在学习有关知识的基础上，创新性地思维，创造性地学习，是普通化学学习中十分重要的环节。

（1）学习中要注重基本概念和基本理论的理解和应用。在学习某一内容时，首先要注意研究的对象和背景，弄清问题是怎样提出的？用什么办法解决问题？结果如何？有什么实际意义和应用？然后再研究细致的内容、推导过程、实验步骤等，这样才能抓住要领。

（2）培养自学能力。知识财富的创造速度非常之快，每隔3～5年翻一番。在校期间学习的知识肯定远远不能满足将来从事工作所必需的很多知识。这就需要从事具体工作的个体具有不断地学习、更新知识来适应社会的能力。增加自己的竞争力，即运用已有知识创造性地解决问题的能力和发现新知识的能力，因此自学能力的培养及形成显得非常重要。掌握知识是提高自学能力的基础，而提高自学能力又是掌握知识的首要条件，两者是相互促进的。我们提倡课前预习，课后复习、归纳，将知识系统化。每学完一章，应对该章内容进行书面总结，包括基本概念、基本原理、基本公式和有关计算，弄清该章的主要内容。此外，有目的地看一些杂志或参考书，有助于加深对某一知识的理解，并拓宽自己的知识面。

（3）必须理论与实验并重。化学是一门以实验为基础的学科，许多化学的理论和规律很大的一部分是从实验总结出来的。既要重视理论的掌握，又要重视实验技能的训练，努力培养实事求是、严谨治学的科学态度。在化学课程的教学环节设置中，分别设有理论课和实验课，它们是一个整体，互相补充、完善，在学习中不能偏废。实验可以加深感性认识，而理论可以加深对感性认识的理解。

（4）了解学科的前沿与发展。在学习中，应了解化学学科的自身继续发展及其与相关学科的融合发展，了解化学与其他学科的纵横交叉。这有利于拓展知识面，开阔眼界。要针对人类健康、生产和生活中所接触到的一些自然现象和热门问题进行知识原理的学习、研究方法的掌握、前沿热点的跟踪。

（5）本书配备了数字化教学资源，阅读时可以通过扫描二维码，观看重点、难点教学视频。建议在观看教学视频前，将教材浏览一遍，以便于更好理解视频当中所涉及的一些基本概念、术语、公式及应用。学习过程中，建议摘录视频中重要的概念、知识点、公式等，形成学习笔记，对自己不懂的地方进行标注，并有针对性对视频进行二次学习。大家还可以自行检查学习效果，即是否对视频中所涉及的问题（视频开始以及结束所提出问题）都找到了答案。提出不懂，或者需要深入讨论的问题，与同学交流切磋，开阔思路。

（6）教育信息化背景下，知识的学习模式已由以教材为知识载体的单一学习模式转变为以教材为载体、数字化资源为拓展、MOOC 平台为依托的“互联网+”立体学习模式。以本书作为资源建设蓝本的普通化学慕课已经上线中国大学 MOOC 平台，课程设置了课前、课中、课后及贯穿课程全过程“六大模块”。课前导学模块、课中思学模块、课后督学模块、课程拓展模块、课程实践模块、课程交互模块将助力大家的学习之旅！

希望大家通过线上、线下的学习，能够掌握普通化学的基本知识、原理、方法及实践应用，具备独立解决与化学相关的实际问题，同时提高自身素养、塑造优秀品格。

第一篇

基础篇

第2章 气体

自然界中的物质都是由原子、分子和离子等微观粒子组成的。这些微观粒子在永不停息地做无规则运动。微观粒子间存在着相互作用的引力和斥力，这些作用力随着温度和压力的不同而改变，从而导致了物质存在状态的不同。

在常温常压条件下，物质主要以气态、液态和固态三种聚集状态存在。在合适的温度和压力条件下，物质还可能以液晶态和等离子态等形式存在。

在对物质世界的认识过程中，科学家对气体的研究最早，也最透彻。气体无处不在，人类就生活在由大约20种元素和分子组成的无色、无味的大气层中。没有空气，人类一刻也无法生存。在大气层的整个生态环境中，O_2、N_2、CO_2和水蒸气等气体始终参与复杂的氧化还原反应循环，许多生化过程和化学变化大都在空气中进行。在工业生产中，许多气体参与重要的化学反应。而且，很多的分子化合物在常温常压下都是气体。

由于气体分子间距离较远，气体分子本身的体积远小于其容器的体积，所以，气体分子间作用力很小，且分子不停地做无规则的自由运动，这些性质决定了气体具有扩散性和可压缩性两个基本特征，主要表现在以下几点。

① 气体没有固定的体积和形状。将一定量的气体引入任何一密闭容器中，气体分子随即向各个方向扩散，并均匀充满整个容器的空间。或者说，气体的体积和形状就是其容器的体积和形状。

② 不同的气体能以任意比例迅速、相互均匀地混合。

③ 气体是最容易被压缩的一种聚集状态。在外界作用力下，气体可被压缩进某一密闭容器中，如给自行车轮胎打气。这是因为气体的密度比液体和固体的密度小很多，而液体、固体显然不具备这样的特性。

④ 气体可产生压力。吹气球时能感受到气体对气球内壁产生的压力，而且在气球内壁各点产生的压力都相等。气体产生的压力与容器中气体的量成正比，气球中吹入的气体越多，对气球内壁产生的压力就越大。

⑤ 气体的压力随着气体温度的升高而增加。例如，自行车轮胎在炎热的夏天比在其他季节更容易发生爆胎。

为研究方便，我们把密度很小的气体抽象成一种理想的模型——理想气体。本章将在理想气体状态方程的基础上，重点讨论混合气体的分压定律。

2.1 理想气体状态方程

理想气体
状态方程建立

2.1.1 气体定律

（1）Boyle 定律

英国化学家波义耳（Boyle）首先研究了气体压力和体积的关系，并得出了波义耳定律。该定律可表达为：在一定温度下，一定量气体的体积与其压力成反比。Boyle 定律的数学表达式可写为：

$$V=k\times\frac{1}{p}\text{或}\ pV=k \tag{2-1}$$

（2）Charles 定律

1787 年，法国科学家查尔斯（Charles）首先发现了气体温度和体积的关系，并提出了查尔斯定律。该定律可表达为：在一定压力下，一定量气体的体积与其热力学温度成正比。Charles 定律的数学表达式可写为：

$$V=k\times T\ \text{或}\frac{V}{T}=k \tag{2-2}$$

（3）Avogadro 定律

1811 年，意大利科学家阿伏伽德罗（Avogadro）(1776～1856 年）为了解释盖·吕萨克（Joseph Louis Gay-Lussac）提出的气体反应体积定律，提出了阿伏伽德罗假设，即在同温同压下，相同体积的气体含有的气体分子数相同。实验证明，在 0℃和 101.325kPa 条件下，22.4L 任何气体含有的气体分子数都为 6.02×10^{23} 个（1mol)。在阿伏伽德罗假设的基础上即可得出阿伏伽德罗定律，该定律可表达为：在一定的温度和压力条件下，气体的体积与气体的物质的量成正比。Avogadro 定律的数学表达式可写为：

$$V=k\times n \tag{2-3}$$

2.1.2 理想气体状态方程

上述三个气体定律分别描述了变量（p，T，n）的变化对气体体积的影响。将式(2-1)～式(2-3) 组合可得到一个表达气体定律的通式：

$$V\propto\frac{nT}{p} \tag{2-4}$$

将式(2-4) 中引入一个比例常数 R，则可以得到以下表达式：

$$V=R\left(\frac{nT}{p}\right) \tag{2-5}$$

将式(2-5) 重排后可以得到一个我们更熟悉的表达式：

$$pV=nRT \tag{2-6}$$

严格地说，式(2-6) 只适用于理想气体，故称为理想气体状态方程。

理想气体的基本假设有以下两个方面。

① 分子间无相互作用力。因为分子间距离很大，分子间相互作用力可以忽略不计。

② 分子本身没有体积。因为气体分子自身的体积很小，与气体所占体积相比，分子本身体积可以忽略不计。

式(2-6) 中，R 叫做摩尔气体常数。已知在 273.15K、101.325kPa 的条件下（标准状况），1mol 任何气体都占有 V=22.414L 的体积。将 V=22.414L，T=273.15K，p=101.325kPa，n=1mol 代入式(2-6) 中，可以推出摩尔气体常数 R 的值：

$$R=\frac{PV}{nT}=\frac{101.325\text{kPa}\times 22.414\text{L}}{1\text{mol}\times 273.15\text{K}}=8.314\text{J}\cdot\text{K}^{-1}\cdot\text{mol}^{-1}$$

不同化学组成的气体，分子间的相互作用情况是千差万别的。例如，极性的气体分子间的作用力比非极性的气体的分子间作用力大得多，这就是为什么水在常温下是液体，而氮气在常温下是气体的主要原因。那么，为什么在使用理想气体状态方程描述气体的性质时，不考虑气体的化学组成呢？其根本原因是因为低压，低压时气体分子间的距离很大，其分子的大小相对于整个容器而言是微不足道的，气体分子间的作用力对气体的宏观物理性质不会产生显著的影响。此时，大量气体分子的杂乱无章的热运动是决定低压下气体性质的主要原因。由低压气体的性质可以抽象出理想气体的概念，即气体分子的大小可以忽略不计，分子在不停地做热运动，分子间没有相互作用，分子间的碰撞完全是弹性碰撞。

实际上，理想气体是不存在的，因为没有一个真实气体能符合理想气体的要求。但理想气体的概念却不是臆造出来的，它是在客观事实基础上抽象出来的理论模型。

2.2 理想气体状态方程的应用

2.2.1 计算 p，V，T，n 中的任意物理量

在理想气体状态方程式中，若已知 p，V，T，n 四个物理中的任意三个，即可计算另一个未知物理量。

【例 2-1】 一体积为 438L 的钢瓶中装有 0.885kg 的氧气(O_2)，试计算 21℃ 该钢瓶中氧气的压力。

解：已知 V=438L，T=(21+273.15)K=294.15K

$$n(O_2)=\frac{0.885\times 10^3\text{g}}{32.0\text{g}\cdot\text{mol}^{-1}}=27.7\text{mol}$$

$$p=\frac{nRT}{V}$$

$$=\frac{27.7\text{mol}\times 8.314\text{J}\cdot\text{K}^{-1}\cdot\text{mol}^{-1}\times 294.15\text{K}}{438\text{L}}=155\text{kPa}$$

2.2.2 计算气体的密度

测定气体的或易挥发液体蒸气的密度，是常用的了解物质性质的方法。气体的密度 $\rho=\frac{m}{V}=\frac{pM}{RT}$。

当气体的摩尔质量已知时，可以计算出在任意状态下气体的密度。

【例 2-2】 为了实现绿色化学方案，在聚苯乙烯容器的生产过程中，化学工程师利用生产过程中产生的废气 CO_2 代替氯氟碳作发泡剂。试计算 CO_2 在室温下（20℃、101.325kPa）的密度（单位：$g \cdot L^{-1}$）。

解：已知 $M(CO_2)=44.01g \cdot mol^{-1}$，$p=101.325kPa$，

$$T=(20+273.15)K=293.15K$$

$$\rho(CO_2)=\frac{pM}{RT}=\frac{101.325kPa \times 44.01g \cdot mol^{-1}}{8.314J \cdot K^{-1} \cdot mol^{-1} \times 293.15K}=1.83g \cdot L^{-1}$$

2.2.3 计算气体的摩尔质量

根据理想气体状态方程，还可以计算摩尔质量：

$$M=\frac{mRT}{pV}$$

这是测定气体摩尔质量常用的经典方法，现在通常用质谱仪等测定摩尔质量。

【例 2-3】 氩气（Ar）可由液态空气蒸馏而得到。若氩的质量为 0.7990g，温度为 298.15K 时，其压力为 111.46kPa，体积为 0.4448L。计算氩气的摩尔质量 $M(Ar)$。

解：已知 $m(Ar)=0.7990g$，$T=298.15K$，$p=111.46kPa$，$V=0.4448L$

$$M(Ar)=\frac{mRT}{pV}$$

$$=\frac{0.7990g \times 8.314J \cdot K^{-1} \cdot mol^{-1} \times 298.15K}{111.46kPa \times 0.4448L}$$

$$=39.95g \cdot mol^{-1}$$

2.3 气体混合物、分压定律

2.3.1 理想气体混合物

当两种或两种以上的气体在同一容器中混合时，相互间不发生化学反应，分子本身的体积和它们相互间的作用力都可以略而不计，这就是理想气体混合物。其中每一种气体都称为该混合气体的组分气体。

理想气体状态方程不仅适用于单一气体，也适用于混合气体。理想气体混合物中的气体可以快速地以任意比例均匀混合，充满整个容器，且互不干扰。混合气体中的每一个组分在容器中的行为和该组分单独占有该容器时的行为完全一样。任一组分气体对器壁所施加的压力称为该组分气体的分压，不因其他组分气体的存在而改变，与它独占容器时所产生的压力相同。即对于理想气体来说，某组分气体的分压力等于在相同温度下该组分气体单独占有与混合气体相同体积时所产生的压力。

气体混合过程

2.3.2 道尔顿分压定律

英国科学家道尔顿（J. Dalton）从 1799 年开始致力于气体混合物的研究，Dalton 在不断研究空气的性质时，于 1801 年通过实验观察提出：在温度和体积恒定时，混合

道尔顿分压定律

气体的总压力等于各组分气体的分压力之和。这就是 Dalton 分压定律，其数学表达式为：

$$p=p_1+p_2+\cdots$$

或

$$p=\sum_B p_B \tag{2-7}$$

式中，p 为混合气体的总压；p_1，p_2，…为各组分气体的分压。

根据式（2-7），如果以 n_B 表示 B 组分气体的物质的量，以 p_B 表示它的分压，在温度 T 时，混合气体体积为 V，则：

$$p_B=\frac{n_B RT}{V} \tag{2-8}$$

以 n 表示混合气体中各组分气体的物质的量之和。即

$$n=n_1+n_2+\cdots=\sum_B n_B$$

走近化学家：约翰·道尔顿

以式（2-8）除以式（2-6），得

$$\frac{p_B}{p}=\frac{n_B}{n}$$

令

$$\frac{n_B}{n}=x_B$$

则

$$p_B=\frac{n_B}{n}p=x_B p \tag{2-9}$$

式（2-9）中，x_B 为 B 组分气体的物质的量分数，又称摩尔分数。

式（2-9）表明，混合气体中某组分气体的分压等于该组分的摩尔分数与总压的乘积。

【例 2-4】 0℃时，一体积为 15.0L 钢瓶中装有 6.00g 的氧气和 9.00g 的甲烷，计算钢瓶中两种气体的摩尔分数和分压及钢瓶的总压力。

解：已知 $M(O_2)=32.0\text{g}\cdot\text{mol}^{-1}$，$M(CH_4)=16.0\text{g}\cdot\text{mol}^{-1}$，$T=273.15\text{K}$，$V=15.0\text{L}$

$$n(O_2)=\frac{6.00\text{g}}{32.0\text{g}\cdot\text{mol}^{-1}}=0.188\text{mol}$$

$$n(CH_4)=\frac{9.00\text{g}}{16.0\text{g}\cdot\text{mol}^{-1}}=0.563\text{mol}$$

则：

$$x(O_2)=\frac{n(O_2)}{n(O_2)+n(CH_4)}=\frac{0.188\text{mol}}{0.188\text{mol}+0.563\text{mol}}=0.250$$

$$x(CH_4)=1-x(O_2)=1-0.250=0.750$$

根据式（2-8）可得：

$$p(O_2)=\frac{n(O_2)RT}{V}$$

$$=\frac{0.188\text{mol}\times 8.314\text{J}\cdot\text{K}^{-1}\cdot\text{mol}^{-1}\times 273.15\text{K}}{15.0\text{L}}=28.5\text{kPa}$$

$$p(CH_4)=\frac{n(CH_4)RT}{V}$$

$$=\frac{0.563\text{mol}\times 8.314\text{J}\cdot\text{K}^{-1}\cdot\text{mol}^{-1}\times 273.15\text{K}}{15.0\text{L}}=85.2\text{kPa}$$

根据道尔顿分压定律可知，钢瓶的总压力为：

$$p=p(O_2)+p(CH_4)=28.5\text{kPa}+85.2\text{kPa}=113.7\text{kPa}$$

分压定律有很多实际应用。在实验室中进行有关气体的实验时，常会涉及气体混合物中各组分的分压问题。例如，用排水集气法收集气体时，所收集的气体是含有水蒸气的混合物，要计算有关气体的压力或物质的量必须考虑水蒸气的存在。即 $p_{气体}=p_{总压}-p_{水蒸气}$。

【例 2-5】 乙炔是一种重要的焊接燃料，实验室用电石（CaC_2）与水反应制备乙炔：

$$CaC_2(s)+2H_2O(l)\longrightarrow C_2H_2(g)+Ca(OH)_2(aq)$$

某学生在 23℃ 时用排水集气法收集乙炔，气体总压力为 98.4kPa，总体积为 523mL。已知 23℃ 水的蒸气压为 2.8kPa，计算该同学收集到的乙炔气体的质量。

解：已知 $M(C_2H_2)=26.04\text{g}\cdot\text{mol}^{-1}$，$V=0.523\text{L}$，$T=(23+273.15)\text{K}=296.15\text{K}$

$$p(C_2H_2)=p_{总}-p(H_2O)=98.4\text{kPa}-2.8\text{kPa}=95.6\text{kPa}$$

根据理想气体状态方程，得

$$n(C_2H_2)=\frac{p(C_2H_2)V}{RT}$$

$$=\frac{95.6\text{kPa}\times 0.523\text{L}}{8.314\text{J}\cdot\text{K}^{-1}\cdot\text{mol}^{-1}\times 296.15\text{K}}$$

$$=0.0203\text{mol}$$

因此，收集到的乙炔的质量为：

$$m(C_2H_2)=0.0203\text{mol}\times 26.04\text{g}\cdot\text{mol}^{-1}=0.529\text{g}$$

思考题

1. 理解混合气体中某组分气体 B 的分压与总压的关系。怎样应用分压定律？

2. 有两种气体（1）和（2），其摩尔质量分别为 M_1 和 M_2（$M_1>M_2$）。在相同温度、相同压力和相同体积下，试比较：

（1）两者的物质的量 n_1 和 n_2；

（2）质量 m_1 和 m_2；

（3）两种气体的密度 ρ_1 和 ρ_2。

3. 判断下列叙述是否正确。

（1）一定量气体的体积与温度成正比；

（2）1mol 任何气体的体积都是 22.4L；

（3）对于一定量混合气体来说，体积变化时，各组分气体的物质的量亦发生变化。

习题

1. 在容积为 50.0L 的容器中，充有 140.0g CO 和 20.0g H_2，温度为 300K。试

计算：

（1）CO 与 H_2 的分压；

（2）混合气体的总压。

2. 氰化氢（HCN）气体是用甲烷和氨作原料制造的，反应如下：

$$2CH_4(g)+2NH_3(g)+3O_2(g)\xrightarrow{Pt,1100℃}2HCN(g)+6H_2O(g)$$

如果反应物和产物的体积是在相同温度和相同压力下测定的。计算：

（1）与 3.0L CH_4 反应需要氨的体积；

（2）与 3.0L CH_4 反应需要氧气的体积；

（3）当 3.0L CH_4 完全反应后，生成的 HCN(g) 和 $H_2O(g)$ 的体积。

3. 在 273K 时，将相同初压的 4.0L N_2 和 1.0L O_2 压缩到一个容积为 2.0L 的真空容器中，混合气体的总压为 3.26×10^5Pa。求：

（1）两种气体的初压；

（2）混合气体中各组分气体的分压；

（3）各气体的物质的量。

4. 当 NO_2 被冷却到室温时，发生聚合反应：

$$2NO_2(g)\longrightarrow N_2O_4(g)$$

若在高温下将 15.2g NO_2 充入 10.0L 的容器中，然后使其冷却到 25℃。测得总压为 50.66kPa。试计算 $NO_2(g)$ 和 $N_2O_4(g)$ 的摩尔分数和分压。

5. 在 291K 和 1.013×10^5Pa 条件下将 2.70L 含饱和水蒸气的空气通过 $CaCl_2$ 干燥管，完全吸水后，干燥空气为 3.21g。求 291K 时水的饱和蒸气压。

6. 在实验室中用排水集气法收集制取氢气。在 23℃、100.5KPa 压力下，收集了 370.0mL 气体（23℃时，水的饱和蒸气压为 2.800kPa）。试求：

（1）23℃时该气体中氢气的分压；

（2）氢气的物质的量；

（3）若在收集氢气之前，集气瓶中已充有氮气 20.0mL，其温度也是 23℃，压力为 100.5kPa；收集氢气之后，气体的总体积为 390.0mL。计算此时收集的氢气分压，与（2）相比，氢气的物质的量是否发生变化？

第3章
化学热力学基础

化学研究中，常遇到这样一些问题。

① 两种或多种物质混合在一起，能否发生反应？如发生反应，反应进行的方向？如发生反应，反应进行的程度又如何？

② 一个化学反应进行的快慢，即反应进行的速率如何？

关于反应的方向和限度问题属于化学热力学的研究范畴，而反应的速率则属于化学动力学研究的范畴。本章只讨论化学反应的方向问题，化学反应进行程度即限度问题将在“化学反应与化学平衡”一章中讨论。

能量有多种形式，可以被储存和转化。热和功是能量传递的两种形式。研究热和其他形式能量相互转化之间关系的科学称为热力学。热力学的中心内容是热力学第一定律和热力学第二定律，应用热力学第二定律可以判断化学反应的方向和限度。

化学热力学是专门研究化学反应方向及反应过程中能量变化规律的学科，它是从能量的角度来判断一个化学反应能不能发生，如果能发生，反应向什么方向进行。

总之，热力学研究的结果只能告诉我们在一定条件下反应能否进行及进行到什么程度，而不能告诉我们反应如何进行以及反应进行的快慢问题。这些特点既能体现热力学的优点，也能反映它的局限性。

化学热力学涉及的内容广而深，在普通化学中只介绍化学热力学中最基本的概念、理论、方法和应用。

3.1 热力学基本概念与术语

热力学基本概念及术语

这些基本概念不仅对热力学有意义，也是学习所有化学的基础。

3.1.1 系统和环境

为了研究问题的方便，明确研究对象，人们常常把一部分物质或空间与其余的物质或空间分开，被划分出来作为我们研究对象的这一部分，就称为系统。而系统边界以外与系统密切相关的部分则称为环境。

系统的分类

例如，我们研究杯子中的H_2O，则H_2O是系统，水面上的空气、杯子均为环境。当然，桌子、房屋、地球、太阳也均为环境，但我们着眼于和系统密切相关的环境，即空气和杯子等。研究硫酸铜与氢氧化钠在水溶液中的反应，含有这两种物质的溶液就为系统，而溶液以外的其他部分如烧杯、溶液上方的空气等，则属于环境。

由于人们研究的系统中能量变化关系、系统中化学反应的方向以及系统中物质的组成和变化等属于热力学性质范畴的问题，故常常把系统称为热力学系统。

根据系统与环境间物质和能量交换情况的不同，可将热力学系统分为三种。

① 敞开系统。系统与环境之间既有物质交换又有能量交换。例如，杯中热水，没有盖的情况。

② 封闭系统。系统与环境只有能量交换没有物质交换。例如，杯中热水，有盖的情况。

③ 隔离系统。系统与环境既没有物质交换也没有能量交换。绝热、密闭的恒容系统即为隔离系统。例如，理想保温杯。应当指出，真正的隔离系统是不存在的。

热力学上研究得最多的是封闭系统。

3.1.2 状态和状态函数

（1）状态和状态函数

系统的状态是系统所有宏观性质如压力（p）、温度（T）、密度（ρ）、体积（V）、物质的量（n）以及本章将要介绍的热力学能（U）、焓（H）等宏观物理量的综合表现。当所有这些宏观物理量都不随时间改变时，则系统处于一定状态。反之，当系统处于一定状态时，这些宏观物理量都具有确定值。

我们把这些描述系统状态的宏观物理量称为状态函数。系统的某个状态函数或若干状态函数发生变化时，系统的状态也随之发生变化。状态函数之间是相互联系、相互制约的，具有一定的内在联系。例如，理想气体的某一状态就是 p、V、n、T 这些状态函数的综合表现，它们的内在联系就是理想气体状态方程。由于系统的多种性质之间有一定的联系，例如，$pV=nRT$ 就描述了理想气体 p、V、T 和 n 之间的关系，所以描述系统状态时，并不需要罗列出系统的所有性质。可根据具体情况，选择必要的能确定系统状态的几个性质就可以。

（2）状态函数的特点

状态函数的主要特点如下。

① 状态一定，其值一定。状态函数是状态的单值函数。状态变化，状态函数值也随之变化。

② 殊途同归，值变相等。当系统的始态和终态确定后，某状态函数的变化值与具体的过程无关，只取决于系统的始态和终态。

3.1.3 过程和途径

系统的状态发生改变，从始态到终态，我们说经历了一个热力学过程，即系统的某些性质发生改变时，这种变化就称为过程。系统由始态到终态所经历的过程的总和称为途径。

一个途径可以由许多过程来实现，但只要始态、终态确定，无论经历哪种途径，状态函数的改变值是相同的。需要明确一下，有时并不严格区分过程和途径。

例如，由 $p_1=1\times10^5\,\text{Pa}$、$V_1=2\text{L}$（始态），经定温过程变到 $p_2=2\times10^5\,\text{Pa}$、$V_2=1\text{L}$（终态），可以经历不同的途径，如图 3-1 所示。

$$\Delta p=p_2-p_1=2\times10^5\,\text{Pa}-1\times10^5\,\text{Pa}=1\times10^5\,\text{Pa}$$

$$\Delta V=V_2-V_1=1\text{L}-2\text{L}=-1\text{L}$$

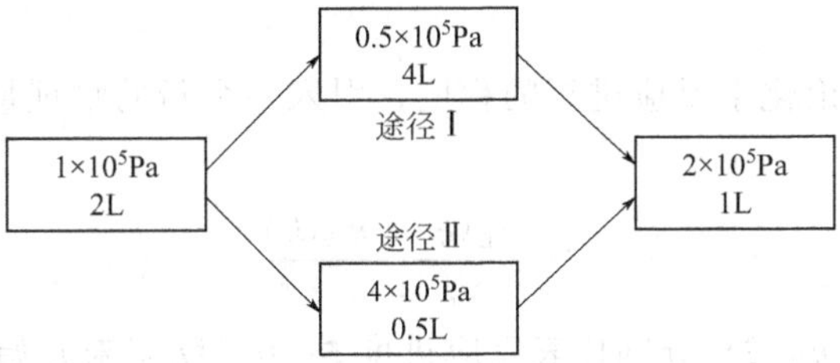

图 3-1 系统状态变化的不同途径

(1) 定温过程

系统的始态与终态的温度相同，并且过程中始终保持这个温度，这种过程叫定温过程。

(2) 定压过程

系统的始态与终态的压力相同，并且过程中始终保持这个压力，这种过程叫定压过程。

(3) 定容过程

系统的始态与终态的体积相同，并且过程中始终保持同样的体积，这种过程叫定容过程。

(4) 循环过程

系统由始态出发，经过一系列变化，又回到原来的状态，这种始态和终态相同的变化过程称为循环过程。

3.1.4 化学反应计量式和反应进度

(1) 化学反应计量式

根据质量守恒定律，用规定的化学符号和化学式来表示化学反应的式子，叫做化学反应方程式或化学反应计量式。正确书写化学反应计量式的要点：

① 根据实验事实，正确写出反应物和生成物的化学式。

② 反应前后原子的种类和数量保持不变，即满足原子守恒，如果是离子方程式还要满足电荷守恒。

③ 必须标明物质的聚集状态。g 表示气态，l 表示液态，s 表示固态，aq 表示水溶液。只有在不会引起混淆的情况下才可以省略聚集状态的表征符号。

依据规定，化学反应计量式中反应物和生成物前的“系数”称为化学计量数，以 ν_B 表示，ν_B 是量纲为 1 的量。并规定：对于反应物，其化学计量数为负；对于生成物，其化学计量数为正。对任一反应：

$$aA + bB \longrightarrow yY + zZ \tag{3-1a}$$

可以写成：

$$-\nu_A A - \nu_B B \longrightarrow \nu_Y Y + \nu_Z Z$$

即

$$\nu_A = -a, \nu_B = -b, \nu_Y = y, \nu_Z = z$$

则反应式(3-1a) 可以简化为：

$$0 = \sum_B \nu_B B \tag{3-1b}$$

式中，B 代表任意的反应物和生成物。式(3-1b) 的物理意义为反应物的减小或增加等于生成物的增加或减少。

(2) 反应进度

为了更清楚地讨论化学反应进行的程度，引入一个新的物理量——反应进度（ξ），其定义为：

$$\xi=\frac{n_B(\xi)-n_B(0)}{\nu_B} \tag{3-2}$$

式中，$n_B(0)$ 和 $n_B(\xi)$ 分别代表反应进度 $\xi=0$（反应未开始）和 $\xi=\xi$ 时 B 的物质的量。

由上式可以看出反应进度（ξ）的单位为 mol。例如反应：

	$N_2(g)$ +	$3H_2(g) \longrightarrow$	$2NH_3(g)$	ξ
开始时 n_B/mol	3.0	10.0	0	0
t 时 n_B/mol	2.0	7.0	2.0	ξ

$$\xi=\frac{\Delta n(N_2)}{\nu(N_2)}=\frac{\Delta n(H_2)}{\nu(H_2)}=\frac{\Delta n(NH_2)}{\nu(NH_2)}$$

$$=\frac{(2.0-3.0)\text{mol}}{-1}=\frac{(7.0-10.0)\text{mol}}{-3}=\frac{(2.0-0)\text{mol}}{2}=1\text{mol}$$

从上面的计算可以看出，无论用反应物还是生成物中的任何物质的物质的量的变化量来计算反应进度 ξ，结果都是相同的。要特别明确的是，反应进度 ξ 和化学反应计量式相对应。若反应的化学计量式发生变化时，即使 Δn_B 不变，ξ 也将不同。如果将上述合成氨的反应计量式写成：

$$\frac{1}{2}N_2(g)+\frac{3}{2}H_2(g) \longrightarrow NH_3(g)$$

则 t 时 $$\xi'=\frac{\Delta n(N_2)}{\nu(N_2)}=\frac{(2.0-3.0)\text{mol}}{-1/2}=2\text{mol}$$

因此可知，反应进度与反应计量式的表示密切相关，反应进度是以反应计量式为单元来表示反应进行的程度。

按所给反应计量式的系数比例进行了一个单位的化学反应时，即 $\Delta n_B/\nu_B=1\text{mol}$，这时反应进度就等于 1mol。所以按反应计量式：

$$N_2(g)+3H_2(g) \longrightarrow 2NH_3(g)$$

$\xi=1\text{mol}$，即表示 1mol N_2 与 3mol H_2 反应生成 2mol NH_3。

而对于反应式：

$$\frac{1}{2}N_2(g)+\frac{3}{2}H_2(g) \longrightarrow NH_3(g)$$

$\xi=1\text{mol}$，即表示 0.5mol N_2 与 1.5mol H_2 反应生成 1mol NH_3。

3.2 热力学第一定律

3.2.1 热

热、功、热力学能

系统与环境之间因为温度的不同而交换或传递的能量称为热，以符号 Q 表示。

热是一种因温度不同而交换或传递的能量。对某一系统而言不能说它具有多少热，只能讲它从环境吸收了多少热或释放给环境多少热。这与我们通常说的冷热不同。

热不是状态函数。热是系统与环境之间交换或传递的能量，不是系统自身的性质，是在系统发生变化的过程中产生的，受过程的制约。

以热的形式传递能量是带有一定方向性的，即热能自动从高温物体传递到低温物体。热力学规定，系统从环境吸收热量为正值，$Q>0$（表示系统能量增加）；反之，系统向环境放出热量为负值，$Q<0$（表示系统能量减少）。

3.2.2 功

走近化学家：焦耳

系统与环境之间除热以外，所有其他方式传递的能量统称为功，功的表示符号为 W。

与热相同，功也是系统状态变化过程中与环境之间传递的能量。不是系统自身的性质，受过程制约。因此，功也不是状态函数。

以系统的得失能量为标准，环境对系统做功，$W>0$（表示系统能量增加）；系统对环境做功，$W<0$（表示系统能量减少）。

热力学中涉及的功可以分为两大类。

（1）体积功

系统由于体积的改变而与环境间交换的功称为体积功，如气缸中气体的膨胀（或压缩），如图 3-2 所示。

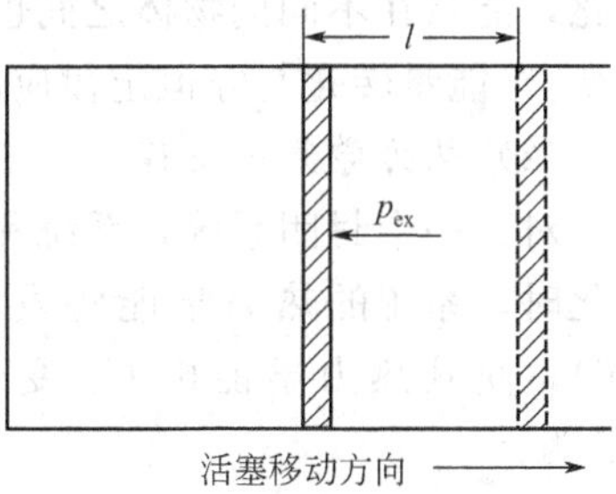

图 3-2 系统膨胀做功示意图

在恒定外压过程中，p_{ex} 是恒定的，系统膨胀必须克服外压。若忽略活塞的质量，活塞与气缸壁间又无摩擦力，活塞的截面积为 A，活塞移动的距离为 l，在定温下系统对环境做功：

$$W=-F_{ex}l$$

F_{ex} 为外界环境作用在活塞上的力，且

$$F_{ex}=p_{ex}A$$

所以

$$W=-p_{ex}Al=-p_{ex}\Delta V=-p_{ex}(V_2-V_1) \qquad (3\text{-}3)$$

式中，V_2 为膨胀后体积（终态）；V_1 为膨胀前体积（始态）。当体积的改变 $\Delta V>0$，系统对环境做功，W 为负；当体积的改变 $\Delta V<0$，环境对系统做功，W 为正。在定容过程中，系统与环境之间传递能量时，由于 $\Delta V=0$，$W=0$，即定容过程中系统与环境之间没有体积功的交换。

（2）非体积功

体积功以外的所有其他形式的功统称为非体积功，如电功、表面功等。本教材涉及的非体积功主要是电功，如原电池放电，产生电流做功（参见第 6 章）。

3.2.3 热力学能（内能）

系统是由大量的微观粒子组成的，系统内的微观粒子始终处于永恒运动和相互作用中。系统内所有微观粒子的全部能量的总和称为热力学能，又称内能，用符号 U 表示。

热力学能包括系统内各物质分子的动能、分子间的吸引与排斥、分子转动能、振动能、分子内原子之间的相互作用、电子运动、电子与原子核之间的作用等，是系统

自身的能量性质。在一定状态下，系统热力学能 U 的数值固定，若系统的状态改变，则系统的热力学能就改变，因此，热力学能 U 是状态函数。

由于组成系统的物质结构的复杂性和内部相互作用的多样性，至今我们还无法测定热力学能的绝对值。实际应用中只要能确定始态与终态的热力学能的变化量 ΔU 就足够了，即当系统的状态改变时，测量热力学能的改变量即可。

$$\Delta U = U_2 - U_1$$

3.2.4 热力学第一定律

热力学
第一定律

（1）能量转化与守恒定律

在科学家的共同努力下，科学界终于在 19 世纪中叶公认了能量转化与守恒定律。这是人类长期经验的总结。

“自然界的一切物质都具有能量，能量存在各种不同形式，不同形式的能量可相互转化，能量在不同的物体之间也可相互传递，而在转化和传递过程中能量的总量保持不变。”能量转化与守恒定律应用于宏观热力学系统即为热力学第一定律。

（2）热力学第一定律

对于一个封闭系统，系统和环境之间只有热和功的交换和传递。当系统状态发生变化时，系统的热力学能将发生变化。若系统从环境吸热（Q），系统对环境做功（W），使其热力学能由 U_1 变化到 U_2，根据能量守恒定律，系统热力学能的变化 ΔU 为：

$$\Delta U = U_2 - U_1 = W + Q \tag{3-4}$$

式(3-4) 即为热力学第一定律的数学表达式。它的含义是封闭系统由始态变化到终态时，热力学能的变化 ΔU 等于系统和环境之间传递的热量（Q）和功（W）之和。

如果系统只做体积功（膨胀功）时

$$\Delta U = W + Q = (-p_{ex}\Delta V) + Q \tag{3-5}$$

【例 3-1】 压力为 101.3kPa 和反应温度为 1110K 时，1mol $CaCO_3$ 分解产生了 1mol CO_2 和 1mol CaO，同时从环境吸热 178.3kJ，体积增大了 0.091m^3。试计算 1mol $CaCO_3$ 分解后系统热力学能的变化。

解：

$$p = 101.3\text{kPa} \qquad Q = 178.3\text{kJ}$$

$$W = -p\Delta V = -101.3\text{kPa} \times 0.091\text{m}^3 = -9.2\text{kJ}$$

系统的热力学能的变化：

$$\Delta U = W + Q = 178.3\text{kJ} + (-9.2)\text{kJ} = 169.1\text{kJ}$$

结果说明系统的热力学能增加了 169.1kJ。

3.3 热化学

根据热力学第一定律定量地研究化学反应中的热效应，定义了焓、标准摩尔生成焓，以及由标准摩尔生成焓计算化学反应焓变，这些内容统称为热化学。

3.3.1 化学反应热

系统发生化学反应时，在只做体积功的情况下，当生成物的温度与反应物的温度相同时，化学反应过程中吸收或放出的热量，称为化学反应热，简称反应热。反应热与反应条件有关。

化学反应通常在定容或定压条件下进行，因此化学反应热常分为定容反应热与定压反应热。

3.3.2 定容反应热与定压反应热

定容反应热
与定压反应热

(1) 定容反应热与热力学能变

在定温条件下，若系统发生化学反应是在容积恒定的容器中进行，且不做非体积功的过程，则该过程中与环境之间交换的热量就是定容反应热，其符号为 Q_V。

因为是在定容条件下，则 $\Delta V=0$，则过程的体积功 $W=0$，根据热力学第一定律数学表达式（3-5）可得

$$\Delta U=Q_V-p_{ex}\Delta V=Q_V$$

$$Q_V=\Delta U \tag{3-6}$$

式(3-6) 说明，定容反应热 Q_V 在量值上等于系统的热力学能变。因此，虽然热力学能 U 的绝对值无法知道，但可通过测定系统状态变化的定容反应热 Q_V 即可得到热力学能变 ΔU。

定容反应热可以用（图 3-3）所示的弹式量热计精确地测量。

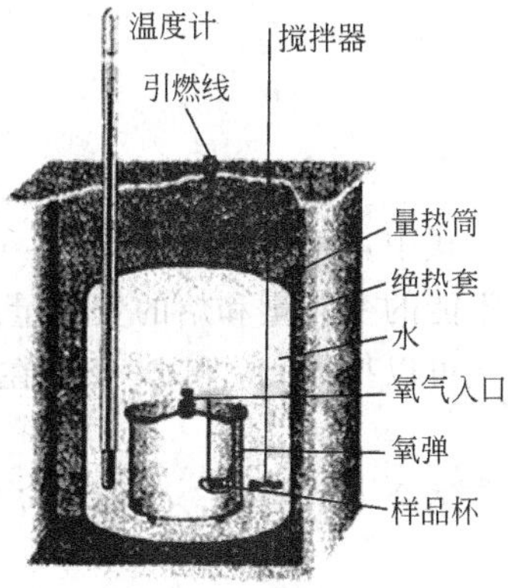

图 3-3 弹式量热计

在弹式量热计中，有一个用高强度钢制的“氧弹”，氧弹放在装有一定质量水的绝热容器中。测量反应热时，将已称重的反应物装入氧弹中，精确测定系统的起始温度后，用电火花引发反应。如果所测的是一个放热反应，则反应放出的热量使系统（包括氧弹及内部物质、水和钢质容器等）的温度升高，可用温度计测出系统的终态温度，计算出水和容器所吸收的热量即为反应热。

(2) 定压反应热与焓变

通常，许多化学反应是在“敞口”容器中进行的，系统压力与环境压力相等（此系统只要不与环境交换物质仍是封闭系统）。这时的反应热称为定压反应热，以 Q_p 表示。在定压过程中，体积功（膨胀功）$W=-p_{ex}\Delta V$。若非体积功为零，根据热力学第一定律数学表达式(3-5) 得：

$$\Delta U=Q_p-p_{ex}\Delta V$$

$$U_2-U_1=Q_p-p_{ex}(V_2-V_1)$$

因为
$$p_1=p_2=p_{ex}$$

所以
$$U_2-U_1=Q_p-(p_2V_2-p_1V_1)$$

$$Q_p=(U_2+p_2V_2)-(U_1+p_1V_1)=\Delta(U+pV)$$

定义
$$H=U+pV \tag{3-7}$$

$$Q_p=H_2-H_1=\Delta H$$

整理后
$$Q_p=\Delta H \tag{3-8}$$

因式(3-7) 中 U，p，V 均为状态函数，则 H 也为状态函数，称为焓，它是一个

具有能量量纲的抽象的热力学函数。此外，由于 U 的绝对值不能确定，因此 H 的绝对值也无法确定。

式(3-8) 表明，对于化学反应，只做体积功条件下，系统在定压过程中与环境所交换的热在数值上等于系统的焓变。焓的导出虽借助于定压过程，但不是说其他过程就没有焓变。根据焓的定义式(3-7)，一般在定压情况下的焓变为：

$$\Delta H=\Delta U+\Delta(pV)=\Delta U+p\Delta V \tag{3-9}$$

由于化学反应一般在只做体积功的定压条件下进行，所以热力学常用 ΔH 表示定压反应热 Q_p。对于吸热反应 $\Delta H>0$；放热反应 $\Delta H<0$。

3.3.3 $\Delta_r U_m$ 和 $\Delta_r H_m$ 的关系

反应热计算：实验法

从前面的讨论可以看出，在没有非体积功时，定容反应热可用 ΔU 表示，定压反应热可用 ΔH 表示。反应热的大小与反应进度有关，因此引入反应的摩尔热力学能变 $\Delta_r U_m$ 和反应的摩尔焓变 $\Delta_r H_m$：

$$\Delta_r U_m=\frac{\Delta U}{\xi}=\frac{\nu_B \Delta U}{\Delta n_B} \tag{3-10}$$

$$\Delta_r H_m=\frac{\Delta H}{\xi}=\frac{\nu_B \Delta H}{\Delta n_B} \tag{3-11}$$

式中，角标 r 表示反应；m 表示摩尔。上两式分别表明了反应进度为 1mol 时，热力学能的变化量和焓的变化量。

可以推导 Q_V 和 Q_p，存在如下关系：

$$Q_p=Q_V+\Delta n_{B(g)}RT \tag{3-12}$$

结合 $Q_V=\Delta U$，$Q_p=\Delta H$ 则

$$\Delta H=\Delta U+\Delta n_{B(g)}RT$$

引入 $\Delta_r U_m$ 和 $\Delta_r H_m$ 的概念之后，则

$$\Delta_r H_m=\Delta_r U_m+\sum_B \nu_{B(g)}RT \tag{3-13}$$

式中，$\sum_B \nu_{B(g)}$ 是反应前后气态物质化学计量数的代数和。

例如，定温定压过程中，

$$2H_2(g)+O_2(g)=\!=\!=2H_2O(g) \quad \Delta_r H_m^\ominus(298.15K)=-483.64kJ\cdot mol^{-1}$$

$$\sum_B \nu_{B(g)}=2-2-1=-1$$

$$\begin{aligned}\Delta_r U_m^\ominus(298.15K)&=\Delta_r H_m^\ominus(298.15K)-\sum_B \nu_{B(g)}RT\\&=-483.64kJ\cdot mol^{-1}-(-1)\times 8.314\times 10^{-3}kJ\cdot K^{-1}\cdot mol^{-1}\times 298.15K\\&=-481.16kJ\cdot mol^{-1}\end{aligned}$$

$\Delta_r U_m^\ominus(298.15K)$ 和 $\Delta_r H_m^\ominus(298.15K)$ 相差不大，因此，在有些情况下，并不区分 $\Delta_r H_m^\ominus(T)$ 和 $\Delta_r U_m^\ominus(T)$。

3.3.4 热化学方程式

(1) 标准状态

为了比较不同反应热的大小，需要规定共同的比较标准。热力学标准状态是指在

某温度 T 和标准压力 $p^{\ominus}$(100kPa) 下该物质的状态，右上角标"$\ominus$"是表示标准状态的符号。标准状态不仅用于气体，也用于液体、固体或溶液。同一种物质，所处的状态不同，标准状态的含义也不同。现分述如下。

气体的标准状态：纯理想气体的标准状态是指其处于标准压力 $p^{\ominus}$ 下的状态；混合气体中某组分的标准状态是该组分的分压为 $p^{\ominus}$，且单独存在的理想气体状态。

纯液体（或纯固体）的标准状态：纯液体或（纯固体）的标准状态是温度为 T 标准压力 $p^{\ominus}$ 下的液体（或固体）的纯物质状态。

溶液中的溶质的标准状态：标准压力下，溶质浓度为 $1mol \cdot L^{-1}$ 的状态。

标准状态明确指定了标准压力 $p^{\ominus}$ 为 100kPa，但对热力学温度没有具体规定。而从手册中查到的热力学常数大多是 298.15K 下的数据，本书涉及的热力学数据均以 298.15K 为参考温度。

(2) 热化学方程式

表示化学反应及其反应的标准摩尔焓变关系的化学反应方程式叫热化学方程式。例如：

$$2H_2(g)+O_2(g) \longrightarrow 2H_2O(g) \quad \Delta_r H_m^{\ominus}(298.15K)=-483.64kJ \cdot mol^{-1}$$

该式表示，在温度 298.15K 的定压过程中，各气体的分压均为标准压力 $p^{\ominus}=100kPa$ 下，反应进度是 1mol 时，反应的标准摩尔焓变 $\Delta_r H_m^{\ominus}(298.15K)=-483.64kJ \cdot mol^{-1}$。

反应的标准摩尔焓变与许多因素有关，正确写出热化学方程式需注意以下几点。

① 正确写出并配平化学反应计量式。因为 $\Delta_r H_m^{\ominus}(298.15K)$ 是反应进度为 1mol 时反应的标准摩尔焓变，而反应进度与化学计量式相关联。同一反应，以不同的计量式表示，其反应的标准摩尔焓变 $\Delta_r H_m^{\ominus}$ 不同。例如：

$$2H_2(g)+O_2(g) \longrightarrow 2H_2O(g) \quad \Delta_r H_m^{\ominus}(298.15K)=-483.64kJ \cdot mol^{-1}$$

$$H_2(g)+\frac{1}{2}O_2(g) \longrightarrow H_2O(g) \quad \Delta_r H_m^{\ominus}(298.15K)=-241.82kJ \cdot mol^{-1}$$

② 注明反应系统的温度。因同一反应在不同温度下的焓变是不同的。例如：

$$CH_4(g)+H_2O(g) \longrightarrow CO(g)+3H_2(g)$$

$$\Delta_r H_m^{\ominus}(298.15K)=206.15kJ \cdot mol^{-1}$$

$$\Delta_r H_m^{\ominus}(1273K)=227.23kJ \cdot mol^{-1}$$

所以，书写热化学方程式必须注明反应温度。本书中，有时对常温常压下的热化学方程式不注明反应条件，多以 $\Delta_r H_m^{\ominus}(298.15K)$ 表示之。

③ 必须标明参与反应的各物质的聚集状态，用 g、l 和 s 分别表示气态、液态和固态，用 aq 表示水溶液。因为物质的聚集状态不同，反应的标准摩尔焓变将随之改变。下述比较可以看出标明参与反应的物质状态的重要性。

$$2H_2(g)+O_2(g) \longrightarrow 2H_2O(g) \quad \Delta_r H_m^{\ominus}(298.15K)=-483.64kJ \cdot mol^{-1}$$

$$2H_2(g)+O_2(g) \longrightarrow 2H_2O(l) \quad \Delta_r H_m^{\ominus}(298.15K)=-571.66kJ \cdot mol^{-1}$$

显然生成液态水能放出更多的热，$\Delta_r H_m^{\ominus}$ 更小。

3.3.5 标准摩尔生成焓

为了得到单质和化合物的相对焓值，规定在温度 T 下，由参考状态的单质生成物质 B($\nu_B=+1$) 时，反应的标准摩尔焓变称为物质 B 的标准摩尔生成焓，用 $\Delta_f H_m^\ominus$(B,相态,T) 表示，单位是 kJ·mol^{-1}。

这里所谓的参考状态，一般是指每种单质在所讨论的温度 T 及标准压力 $p^\ominus$ 时最稳定的状态。例如，石墨、金刚石是碳的两种同素异形体，石墨是碳的最稳定的单质，是碳的参考状态单质。又如，O_2(g)、H_2(g)、Br_2(l)、I_2(s) 和 Hg(l) 等是相应元素的最稳定单质。但是，个别情况下，参考状态的单质并不是最稳定的，如磷的参考状态的单质是白磷 P_4(s，白)。实际上，白磷不及红磷和黑磷稳定。

根据 $\Delta_f H_m^\ominus$(B,相态,T) 的定义，在任何温度下，参考状态单质的标准摩尔生成焓均为零。例如，$\Delta_f H_m^\ominus$(C,石墨,s,T) ＝0；$\Delta_f H_m^\ominus$(P_4,白,s,T)＝0。

通过比较某些相同类型化合物的标准摩尔生成焓数据，可以推断这些化合物的相对稳定性。例如，将 Ag_2O、HgO 分别与 Na_2O、CaO 相比较，前两者生成时放热较少，因而比较不稳定，受热易分解（见表 3-1）。

表 3-1 同类型化合物的 $\Delta_f H_m^\ominus$ 与稳定性

化学式	$\Delta_f H_m^\ominus$(s,298.15K)/(kJ·mol^{-1})	稳定性
Na_2O	−414.22	受热不分解
Ag_2O	−31.05	300℃以上分解
CaO	−635.09	受热不分解
HgO(红)	−90.83	447℃以上分解

3.4 Hess 定律和化学反应焓变的计算

如果每一个化学反应的反应热都要通过实验测定，则工作量太大，且有些反应热还很难测定。为此，化学家依据现有的实验数据研究了反应热的多种理论计算方法。

3.4.1 Hess 定律

1840 年，化学家盖斯（G. H. Hess）在大量实验及前人研究的基础上总结出一条规律：化学反应不管是一步完成，还是分几步完成，总反应的反应热都是相同的。其实质是在不做非体积功、定压条件下，化学反应的焓变只与始态和终态有关，而与途径无关。这就是 Hess 定律。Hess 定律是热化学计算的基础。

Hess 定律表明，热化学反应方程式也可以像普通代数方程式一样进行加减运算，利用一些已知的（或可测量的）反应热数据，间接地计算那些难以测量的化学反应的反应热。

例如 C 与 O_2 化合生成 CO 的反应热无法直接测定（难以控制 C 只生成 CO 而不生成 CO_2），但可通过相同反应条件下的反应（1）与（2）间接求得（3）。

$$C(s)+O_2(g) \longrightarrow CO_2(g); \quad \Delta H_1 \tag{1}$$

$$CO(g)+\frac{1}{2}O_2(g) \longrightarrow CO_2(g); \quad \Delta H_2 \tag{2}$$

$$C(s)+\frac{1}{2}O_2(g) \longrightarrow CO(g); \quad \Delta H_3 \tag{3}$$

确定始态为 $C(s)+O_2(g)$，终态为 $CO_2(g)$，在相同反应条件下进行的三个反应之间，存在如图 3-4 所示的关系。根据 Hess 定律，两种途径的反应焓变应相等，即

$$\Delta H_1=\Delta H_2+\Delta H_3$$

所以

$$\Delta H_3=\Delta H_1-\Delta H_2$$

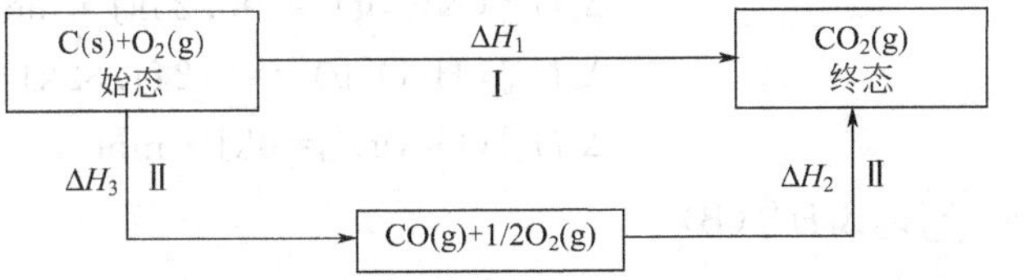

图 3-4　三个定压反应热之间的关系

上述三个化学反应方程式之间的关系为：反应式(2)=(1)-(3)。由此表明，一个反应如果是另外两个或者多个反应相加（或相减），则该总反应的反应热必然是各步反应的反应热之和（或之差）。这是 Hess 定律的推论。由此推论就能使化学方程式像代数方程那样进行加减运算，即可以利用一些已知的（或可测量的）化学反应的反应热数据，间接地计算那些难以测量的化学反应的反应热。

3.4.2 化学反应焓变的计算

化学反应的焓变除了可以通过实验测定，及利用 Hess 定律借助相关反应焓变计算外，也可以利用热力学数据来进行计算，即由标准摩尔生成焓计算 $\Delta_r H_m^\ominus$。

在温度 T 及标准状态下，同一个化学反应的反应物和生成物存在如图 3-5 所示的关系，它们均可由等物质的量、同种类的参考状态单质生成。

根据 Hess 定律，若把参加反应的各参考状态的单质定位始态，把反应的生成物定为终态，则两种反应途径的焓变相等，所以

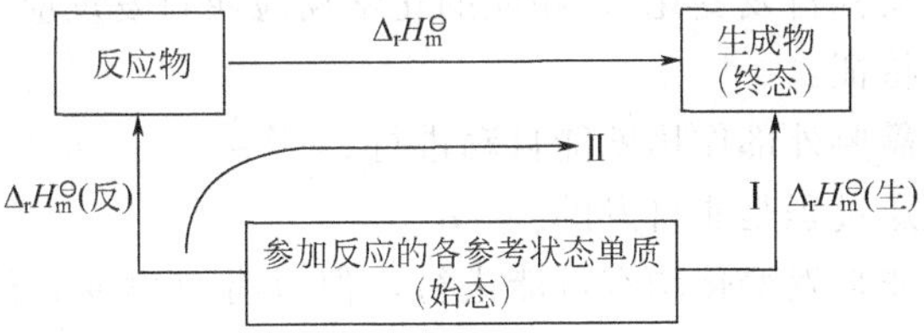

图 3-5　标准摩尔生成焓与反应的标准摩尔焓变的关系

$$\Delta_r H_m^\ominus+\Delta_r H_m^\ominus(\text{反})=\Delta_r H_m^\ominus(\text{生})$$

即

$$\Delta_r H_m^\ominus+\sum_B(-\nu_B)\Delta_f H_m^\ominus(\text{反})=\sum_B \nu_B\Delta_f H_m^\ominus(\text{生})$$

所以有

$$\begin{aligned}\Delta_r H_m^\ominus&=\sum_B \nu_B\Delta_f H_m^\ominus(\text{生})+\sum_B \nu_B\Delta_f H_m^\ominus(\text{反})\\&=\sum_B \nu_B\Delta_f H_m^\ominus(B)\end{aligned}$$

因而，对任一化学反应

$$0=\sum_B \nu_B B$$

其反应的标准摩尔焓变为

$$\Delta_r H_m^\ominus(T)=\sum_B \nu_B\Delta_f H_m^\ominus(B,\text{相态},T) \tag{3-14}$$

【例 3-2】 定压条件下进行的氨氧化反应，其反应方程式为：

$$4NH_3(g)+5O_2(g)\longrightarrow 4NO(g)+6H_2O(g)$$

试利用反应物和生成物的标准摩尔生成焓计算 298.15K 下该反应的标准摩尔焓变。

解：由附录 3 查得 298.15K 时，$\Delta_f H_m^\ominus(NH_3,g)=-46.11kJ\cdot mol^{-1}$

$\Delta_f H_m^\ominus(NO,g)=90.25kJ\cdot mol^{-1}$

$\Delta_f H_m^\ominus(H_2O,g)=-241.82kJ\cdot mol^{-1}$

$\Delta_f H_m^\ominus(O_2,g)=0kJ\cdot mol^{-1}$

则

$$\begin{aligned}\Delta_r H_m^\ominus &= \sum_B \nu_B \Delta_f H_m^\ominus(B)\\ &=6\Delta_f H_m^\ominus(H_2O,g)+4\Delta_f H_m^\ominus(NO,g)-4\Delta_f H_m^\ominus(NH_3,g)\\ &=6\times(-241.82)kJ\cdot mol^{-1}+4\times 90.25kJ\cdot mol^{-1}-4\times(-46.11)kJ\cdot mol^{-1}\\ &=-905.48kJ\cdot mol^{-1}\end{aligned}$$

3.5 化学反应的方向

化学反应的方向是人们最感兴趣和最关心的问题之一，因为在实际应用中反应能否发生，即反应的可能性问题是第一位的。只有对可能发生的反应，才能研究如何进一步实现这个反应和加快反应速度。怎样利用热力学函数推测反应方向，以及认识影响化学反应的因素是本节的重点。

自发过程：热传递

3.5.1 自发变化与反应的自发性

自然界发生的自动进行的变化过程都有一定的方向性。如水总是从高处流向低处，直至两处水位相等；热可以从高温物体传递到低温物体，直至两者温度相等；又如铁在潮湿的空气中能被缓慢氧化变成铁锈等。这些不需要借助外部作用就能自动进行的过程称为自发过程（又称自发变化），相应的化学反应叫自发反应。

自发变化有如下特征：

（1）自发变化不需要外部作用就能自动进行。

（2）自发变化的逆过程是非自发的。

（3）自发变化与非自发变化均有可能进行，但只有自发变化能自动进行，非自发变化必须借助一定方式的外部作用才能进行；

（4）在一定的条件下，自发变化能一直进行达到平衡，即自发变化的最大限度是系统的平衡状态。

一个反应能不能自发进行当然还与给定的条件有关。碳酸钙在常温常压下不会自动分解，但是反应的温度升高到 1173K 以上，即可分解。又如在通常条件下空气中的氮气与氧气不能自发地反应生成一氧化氮，但是汽车行驶时，汽油在内燃机室燃烧产生高温，吸入的空气中的氮气与氧气就能自发地反应生成足以导致污染的一氧化氮。随着排出的废气而散布于空气中，并能逐渐与空气中的氧气化合生成二氧化氮，使空气污染。

3.5.2 反应自发方向与焓

自然界中的许多变化都是自发地向着系统能量降低的方向进行。如热从高温物体传递给低温物体等。化学反应同样也伴随着能量的变化，如燃料燃烧时放热，电池反应产生电功，这些反应都是自发的。因此，对于一个自发进行的反应，在反应物转变为生成物的过程中，可以认为是系统损失了某种能量，从而推动了反应自发进行。19世纪70年代，Berthelo曾提出：在没有外界能量的参与下，化学反应总是朝着放热更多的方向进行，即系统能量降低方向，就是说如果系统的焓减少（$\Delta H<0$），反应将能自发进行。这种以反应的焓变作为判断反应方向的依据，简称焓变判据。从系统的能量变化来看，放热反应发生以后，系统的能量降低。反应放热越多，系统的能量降低得越多，反应进行得越彻底。显然，系统有趋于最低能量状态的倾向，称为最低能量原理。例如，298.15K和100kPa时下列反应：

$$2Fe(s)+\frac{3}{2}O_2(g)\longrightarrow Fe_2O_3(s) \qquad \Delta_r H_m^\ominus=-824.2kJ\cdot mol^{-1}$$

$$C(s)+O_2(g)\longrightarrow CO_2(g) \qquad \Delta_r H_m^\ominus=-393.51kJ\cdot mol^{-1}$$

$$2H_2(g)+O_2(g)\longrightarrow 2H_2O(g) \qquad \Delta_r H_m^\ominus=-483.64kJ\cdot mol^{-1}$$

上述放热反应均为自发反应。

然而，随着科学的进一步研究发现，很多吸热反应（$\Delta H>0$）虽然使系统的能量升高，却也能自发进行。如在621K以上，$NH_4Cl(s)$可以发生下面的分解反应：

$$NH_4Cl(s)\longrightarrow NH_3(g)+HCl(g) \qquad \Delta_r H_m^\ominus=176.91kJ\cdot mol^{-1}$$

又如，298.15K和100kPa时冰吸收热量而自动融化为水：

$$H_2O(s)\longrightarrow H_2O(l) \qquad \Delta_r H_m^\ominus=6.01kJ\cdot mol^{-1}$$

这些吸热反应（$\Delta H>0$）在一定条件下均能自发进行。说明放热（$\Delta H<0$）只是有助于反应自发进行的因素之一，而不是唯一因素。

3.5.3 反应自发方向与系统的混乱度

在探寻自发变化判据的研究中，人们发现许多自发的吸热过程有混乱程度增加的趋向。比如常温常压下冰的融化（固体变为液体）、氯化铵在高温时分解（有气体产生），这些可以自发进行的吸热过程，都有一个特点，即变化之后系统的混乱度增大。对于混乱度，可作如下的粗浅解释：冰中水分子有序排列，系统的混乱度较小；当冰融化为水，水分子不再有序排列，每个水分子没有确定的位置，分子间的距离也不固定，系统混乱度增大。固态反应物$NH_4Cl(s)$生成气态产物$NH_3(g)$和$HCl(g)$，相比固体物质而言，气体分子的活动范围较大，分子热运动的自由度较大，反应的进行使得系统内气体分子数增多，分子热运动加快，系统混乱度增大。也就是说，自发进行的过程是系统倾向取得最大混乱度。由此可见，系统混乱度的增大也是过程自发的重要因素之一。

3.5.4 熵和化学反应的熵变

（1）规定熵与热力学第三定律

系统的混乱度的大小可以用一个新的热力学函数——熵来度量，熵的符号为S，单位$J\cdot mol^{-1}\cdot K^{-1}$。若以$\Omega$代表系统内部的微观状态数，则熵$S$与微观状态数$\Omega$有如下关系：

$$S=k\ln\Omega \tag{3-15}$$

式(3-15) 中 k 为玻尔兹曼常数。由于在一定状态下，系统的微观状态数有确定值，所以熵也有定值，因而熵也是状态函数。系统的混乱度越大，熵值就越大。

在 0K 时，系统内的一切热运动全部停止，纯物质完整有序晶体的微观粒子排列是整齐有序的，其微观状态数 $\Omega=1$，此时系统的熵值 $S^*(0\text{K})=0\text{J}\cdot\text{mol}^{-1}\cdot\text{K}^{-1}$，这就是热力学第三定律。其中“＊”表示纯物质。以此为基准可以确定其他温度下物质的熵值。

如果将某纯物质从 0K 升高温度到 TK，该过程的熵变化为 ΔS。

$$\Delta S=S_T-S_{0\text{K}}=S_T \tag{3-16}$$

式(3-16) 中，S_T 被称为该物质的规定熵。

(2) 标准摩尔熵

某温度下（通常为 298.15K）1mol 纯物质 B 在标准状态下（$p^{\ominus}=100\text{kPa}$）下的规定熵称为物质 B 的标准摩尔熵（简称标准熵），以符号 $S_{\text{m}}^{\ominus}(\text{B},相态,T)$ 表示。$S_{\text{m}}^{\ominus}$ 的单位是 $\text{J}\cdot\text{mol}^{-1}\cdot\text{K}^{-1}$。注意，在 298.15K 及标准状态下，参考状态的单质其标准摩尔熵$S_{\text{m}}^{\ominus}(\text{B})$并不等于零，这与标准状态时参考状态单质的标准摩尔生成焓 $\Delta_f H_{\text{m}}^{\ominus}(\text{B})=0$ 不同。

通过对熵的定义和物质标准摩尔熵值 $S_{\text{m}}^{\ominus}(\text{B},相态,T)$ 的分析可得如下规律。

① 熵与物质的聚集状态有关。同一物质，$S_{\text{m}}^{\ominus}(\text{g}) > S_{\text{m}}^{\ominus}(\text{l}) > S_{\text{m}}^{\ominus}(\text{s})$。

② 熵与物质的分子量有关。同类物质（分子结构相似），其标准摩尔熵值 $S_{\text{m}}^{\ominus}(\text{B},相态,T)$ 随分子量的增大而增大。

③ 熵与物质的分子构型有关。物质的分子量相近时，分子构型复杂的，其标准摩尔熵值就大。

④ 熵与系统温度有关。当压力一定时，同一聚集状态的同种物质，温度升高，熵值 $S_{\text{m}}^{\ominus}(\text{B})$ 越大。实际中由于这种影响比较小，通常忽略。

(3) 化学反应熵变的计算

由于熵是状态函数，其变化值与系统的始态和终态有关，据此可以得出化学反应的标准摩尔熵变 $\Delta_r S_{\text{m}}^{\ominus}$ 的计算式：

$$\Delta_r S_{\text{m}}^{\ominus}(T)=\sum_{\text{B}}\nu_{\text{B}} S_{\text{m}}^{\ominus}(\text{B},相态,T) \tag{3-17}$$

即反应的标准摩尔熵变等于各反应物和生成物标准摩尔熵与相应各化学计量数乘积的代数和。

由于一般的热力学数据表只能查到 $S_{\text{m}}^{\ominus}(\text{B},相态,298.15\text{K})$ 数据，根据式(3-17)只能计算 298.15K 下的 $\Delta_r S_{\text{m}}^{\ominus}$。需要指出的是，如果系统温度不是 298.15K，则反应的 $\Delta_r S_{\text{m}}^{\ominus}$ 会有改变，但一般变化不大。所以在近似估算中，可以忽略温度对反应熵变的影响，则有：

$$\Delta_r S_{\text{m}}^{\ominus}(T)\approx\Delta_r S_{\text{m}}^{\ominus}(298.15\text{K}) \tag{3-18}$$

【例 3-3】 计算下列反应在 298.15K 时的标准摩尔熵变 $\Delta_r S_{\text{m}}^{\ominus}$。

$$NH_4Cl(s) \longrightarrow NH_3(g)+HCl(g)$$

解：由附录 3 查得 298.15K 时，

$$S_{\text{m}}^{\ominus}(NH_4Cl,s)=94.56\text{J}\cdot\text{mol}^{-1}\cdot\text{K}^{-1}$$

$$S_{\text{m}}^{\ominus}(NH_3,g)=192.70\text{J}\cdot\text{mol}^{-1}\cdot\text{K}^{-1}$$

$$S_{\text{m}}^{\ominus}(HCl,g)=186.908\text{J}\cdot\text{mol}^{-1}\cdot\text{K}^{-1}$$

由 $\Delta_r S_{\text{m}}^{\ominus}=\sum_{\text{B}}\nu_{\text{B}} S_{\text{m}}^{\ominus}(\text{B})=S_{\text{m}}^{\ominus}(NH_3,g)+S_{\text{m}}^{\ominus}(HCl,g)-S_{\text{m}}^{\ominus}(NH_4Cl,s)$

$$=(192.70+186.908-94.56)\text{J}\cdot\text{mol}^{-1}\cdot\text{K}^{-1}$$
$$=285.048\text{J}\cdot\text{mol}^{-1}\cdot\text{K}^{-1}$$

计算结果显示该反应的 $\Delta_r S_m^\ominus>0$，这是由于从反应物到生成物，物质的聚集状态由固态变成气态，且分子数也增多，故系统的混乱度增大，熵值增加。总之，如果化学反应是气体物质的量增加的反应，一般情况下反应的标准摩尔熵变总是正值，反之是负值；对于气体物质的量不变的反应，其熵值总是很小的。实验证明，无论是反应的摩尔熵变还是摩尔焓变，一般受反应温度的影响很小，所以，在实际应用中，在温度变化范围不是很大时，可忽略温度对两者的影响。

熵增是反应自发进行的趋势，但实验证明，系统熵增的过程并不一定都自发，熵减的过程也可能是自发的，如铁的锈蚀：

$$2\text{Fe(s)}+\frac{3}{2}\text{O}_2\text{(g)}\longrightarrow\text{Fe}_2\text{O}_3\text{(s)}\qquad\Delta_r S_m^\ominus=-271.9\text{J}\cdot\text{mol}^{-1}\cdot\text{K}^{-1}$$

虽然铁的锈蚀速率很慢，但是只要有足够的时间，锈蚀的程度会相当严重。

石灰石的热分解反应：

$$\text{CaCO}_3\text{(s)}\longrightarrow\text{CaO(s)}+\text{CO}_2\text{(g)}\qquad\Delta_r S_m^\ominus=160.59\text{J}\cdot\text{mol}^{-1}\cdot\text{K}^{-1}$$

反应产物中有 $CO_2(g)$ 生成，系统的混乱度增大熵值增加。虽然该反应为熵增反应，但在 298.15K 和标准状态时，$CaCO_3(s)$ 的热分解反应并不自发。由此看来，熵是决定过程自发的又一重要因素，但也不是唯一的因素。

要探讨反应的自发性，就需对系统的焓变和熵变进行综合考虑，如：

$$\text{H}_2\text{(g)}+\text{Cl}_2\text{(g)}\longrightarrow 2\text{HCl(g)}\qquad\Delta_r H_m^\ominus=-184.60\text{kJ}\cdot\text{mol}^{-1}$$
$$\Delta_r S_m^\ominus=19.83\text{J}\cdot\text{mol}^{-1}\cdot\text{K}^{-1}$$

在标准状态下该反应可以正向自发进行。这是因为反应发生后系统取得了最低的能量状态（放热反应），同时系统又取得了最大的混乱度（熵增反应）。

又如在标准状态和 298.15K 时，碳酸钙的分解反应：

$$\text{CaCO}_3\text{(s)}\longrightarrow\text{CaO(s)}+\text{CO}_2\text{(g)}\qquad\Delta_r H_m^\ominus=177.90\text{kJ}\cdot\text{mol}^{-1}$$
$$\Delta_r S_m^\ominus=160.59\text{J}\cdot\text{mol}^{-1}\cdot\text{K}^{-1}$$

结果显示，$CaCO_3(s)$ 分解需要吸收热量，因为分解的产物是 $CO_2(g)$ 和结构简单的 CaO(s)，所以熵增加。实际中，常温常压下 $CaCO_3(s)$ 不能自发地分解，所以自然界中某些物质（如山脉中的大理石）和海中动物的贝壳（如蛤）等其主要成分是 $CaCO_3(s)$。温度对这个反应的影响很明显，当系统温度在高温时，反应由非自发变为自发。所以，只有综合熵增和焓减这两个过程自发的趋势，并结合考虑温度的影响，才能对反应的自发性做出正确的判断。

3.5.5 Gibbs 函数和化学反应 Gibbs 函数变

走近化学家：
吉布斯

（1）Gibbs 函数和化学反应 Gibbs 函数变

1876 年美国物理学家吉布斯（J. W. Gibbs）提出一个新的热力学函数 G，并定义为：

$$G=H-TS \tag{3-19}$$

G 称为 Gibbs 函数。由于 H，T，S 都是状态函数，所以它们的组合也是状态函数，并且与 H 有相同的量纲。

当系统从始态变化到终态，状态函数 G 的改变 ΔG 称为 Gibbs 函数变。在定温定压非体积功为零的状态变化中，系统的 Gibbs 函数变为：

$$\Delta G = G_2 - G_1 = \Delta H - T\Delta S \tag{3-20}$$

对于化学反应，反应的摩尔 Gibbs 函数变为 $\Delta_r G_m$，若在标准状态下进行，反应的标准摩尔 Gibbs 函数变则为 $\Delta_r G_m^{\ominus}$，单位是 $kJ \cdot mol^{-1}$。

化学反应
方向的判据

(2) Gibbs 函数变判据与反应进行方向

热力学研究证明，对定温、定压且系统只做体积功条件下发生的过程，若

$\Delta G < 0$，过程自发正向进行；

$\Delta G = 0$，过程处于平衡状态；

$\Delta G > 0$，过程正向非自发，逆向进行。

由此可知，定温定压下的自发过程，总是朝着系统 Gibbs 函数变减小的方向进行。

化学反应大多数是在定温、定压且系统只做体积功的条件下进行的，可以利用过程的 ΔG 判断化学反应是否自发进行，即：

$\Delta_r G_m < 0$，反应正向自发进行；

$\Delta_r G_m = 0$，反应处于平衡状态；

$\Delta_r G_m > 0$，反应正向非自发，其逆反应自发。

这就是 Gibbs 函数变判据。

从 Gibbs 式(3-20) 可以看出，温度对 Gibbs 函数变 ΔG 有明显影响。相对来说，不少化学反应的 ΔH 和 ΔS 随温度变化的改变值却小得多。一般不考虑温度对 ΔH 和 ΔS 的影响，但不能忽略温度对 ΔG 的影响。

① $\Delta H < 0$，$\Delta S > 0$：放热和熵增的反应，在任何温度下 $\Delta G < 0$，反应能正向进行。即自发进行的两种倾向均满足时，自发进行与温度无关。

② $\Delta H > 0$，$\Delta S < 0$：吸热和熵减的反应，在任何温度下 $\Delta G > 0$，反应不能正向进行。即自发进行的两种倾向均不满足时，自发进行同样与温度无关。

③ $\Delta H > 0$，$\Delta S > 0$：吸热和熵增的反应，温度升高，有可能使 $T\Delta S > \Delta H$，$\Delta G < 0$，高温下反应正向进行。

④ $\Delta H < 0$，$\Delta S < 0$：放热和熵减的反应，在较低温度下有可能 $|\Delta H| > |T\Delta S|$，$\Delta G < 0$，低温下反应正向进行。

在 ΔH 和 ΔS 的正、负符号相同情况下，温度决定了反应进行的方向。每种情况下都有一个这样的温度，在此温度时，$T\Delta S = \Delta H$，$\Delta G = 0$。如果是吸热和熵增的情况时，这个温度是反应能正向进行的最低温度，低于这个温度反应就不能自发进行。如果是放热和熵减的情况时，这个温度是反应能正向进行的最高温度，高于这个温度反应就不能自发进行。因此，这个温度就是反应能否自发进行的转变温度。

如果忽略温度对焓变和熵变的影响，则 $\Delta_r H_m(TK) \approx \Delta_r H_m^{\ominus}(298.15K)$，$\Delta_r S_m(TK) \approx \Delta_r S_m^{\ominus}(298.15K)$，则在转变温度时：

由

$$\Delta_r H_m^{\ominus}(298.15K) - T_{转}\ \Delta_r S_m^{\ominus}(298.15K) = 0$$

$$T_{转}\ \Delta_r S_m^{\ominus}(298.15K) = \Delta_r H_m^{\ominus}(298.15K)$$

$$T_{转} = \frac{\Delta_r H_m^{\ominus}(298.15K)}{\Delta_r S_m^{\ominus}(298.15K)} \tag{3-21}$$

(3) 标准摩尔生成 Gibbs 函数

与标准摩尔生成焓 $\Delta_f H_m^{\ominus}$(B,相态,T) 定义类似，在温度 T 及标准状态下，由参

考状态的单质生成物质B（$\nu_B=+1$）时反应的标准摩尔Gibbs函数变 $\Delta_r G_m^\ominus$，即为物质B在温度 T 时的标准摩尔生成Gibbs函数，用 $\Delta_f G_m^\ominus(B,相态,T)$ 表示，单位为 $kJ \cdot mol^{-1}$。

显然，根据物质B的标准摩尔生成Gibbs函数 $\Delta_f G_m^\ominus(B,相态,T)$ 的定义，在标准状态下所有参考状态的单质的标准摩尔生成Gibbs函数 $\Delta_f G_m^\ominus(B,T)=0kJ \cdot mol^{-1}$。

（4）反应的标准摩尔Gibbs函数变的计算

① 由 $\Delta_f G_m^\ominus(B,相态,T)$ 计算 $\Delta_r G_m^\ominus(T)$　对于任意的化学反应，其 $\Delta_r G_m^\ominus$ 可由各物质的 $\Delta_f G_m^\ominus(B,相态,T)$ 计算。

$$\Delta_r G_m^\ominus(T)=\sum_B \nu_B \Delta_f G_m^\ominus(B,相态,T) \tag{3-22}$$

当反应温度为298.15K：

$$\Delta_r G_m^\ominus(298.15K)=\sum_B \nu_B \Delta_f G_m^\ominus(B,相态,298.15K)$$

由于一般的热力学数据表只能查到 $\Delta_f G_m^\ominus(B,相态,298.15K)$，根据式(3-22)只能计算298.15K下的 $\Delta_r G_m^\ominus$。

② 由 $\Delta_r H_m^\ominus$ 和 $\Delta_r S_m^\ominus$ 计算 $\Delta_r G_m^\ominus(T)$　根据Gibbs函数的定义，可得：$\Delta_r G_m^\ominus(T)=\Delta_r H_m^\ominus(T)-T\Delta_r S_m^\ominus(T)$。

当反应温度为298.15K时，则：

$\Delta_r G_m^\ominus(298.15K)=\Delta_r H_m^\ominus(298.15K)-298.15K \cdot \Delta_r S_m^\ominus(298.15K)$

若在其他反应温度时，因不考虑温度对 $\Delta_r H_m^\ominus$ 和 $\Delta_r S_m^\ominus$ 的影响，所以有

$$\begin{aligned}\Delta_r G_m^\ominus(T)&=\Delta_r H_m^\ominus(T)-T\Delta_r S_m^\ominus(T)\\&\approx\Delta_r H_m^\ominus(298.15K)-T\Delta_r S_m^\ominus(298.15K)\end{aligned} \tag{3-23}$$

【例3-4】 在298.15K时，已知 $N_2(g)+3H_2(g) \longrightarrow 2NH_3(g)$ 反应的标准摩尔焓变 $\Delta_r H_m^\ominus=-92.22kJ \cdot mol^{-1}$ 和标准摩尔熵变 $\Delta_r S_m^\ominus=-198.76J \cdot mol^{-1} \cdot K^{-1}$。试问该反应在673K，标准状态下能否自发进行？若要反应自发进行，温度应怎样控制？

解：

$$\begin{aligned}\Delta_r G_m^\ominus(673K)&\approx\Delta_r H_m^\ominus(298.15K)-673K \cdot \Delta_r S_m^\ominus(298.15K)\\&=[-92.22-673\times(-198.76\times10^{-3})]kJ \cdot mol^{-1}\\&=41.55kJ \cdot mol^{-1}\end{aligned}$$

因为 $\Delta_r G_m^\ominus(673K)>0$，此时反应不能自发进行。

若要反应自发进行，必须 $\Delta_r G_m^\ominus<0$，此时反应 $T \leqslant T_{转}$，转变温度为：

$$T_{转}=\frac{\Delta_r H_m^\ominus(298.15K)}{\Delta_r S_m^\ominus(298.15K)}=\frac{-92.22kJ \cdot mol^{-1}}{-198.76\times10^{-3}kJ \cdot mol^{-1} \cdot K^{-1}}=463.98K$$

所以若要反应自发进行，则最高反应温度为463.98K。

必须指出，对定温定压下的化学反应，$\Delta_r G_m^\ominus$ 只能判断处于标准状态时的反应的进行方向。如果反应不是处于标准状态时，不能用 $\Delta_r G_m^\ominus$ 来判断，必须计算 $\Delta_r G_m$ 才能判断反应进行方向，这将在第5章讨论。

思考题

1. 区分下列基本概念，并举例说明之。

（1）反应进度与化学计量数；

（2）焓与热力学能；

（3）标准状况与标准状态；

（4）标准摩尔生成焓与标准摩尔生成 Gibbs 函数。

2. 下列说法是否正确？请说明原因。

（1）因为 $Q_p=\Delta H$，而 ΔH 与变化途径无关，是状态函数，所以 Q_p 也是状态函数。

（2）单质的标准摩尔生成焓（$\Delta_f H_m^{\ominus}$）和标准摩尔生成 Gibbs 函数（$\Delta_f G_m^{\ominus}$）都为零，因此其标准摩尔熵也为零。

（3）H、S、G 都与温度有关，但 ΔH、ΔS、ΔG 都与温度关系不大。

3. 下列各热力学函数中，何者的数值为零？

（1）$\Delta_f G_m^{\ominus}(O_3,g,298K)$　　（2）$\Delta_f G_m^{\ominus}(I_2,s,298K)$

（3）$\Delta_f G_m^{\ominus}(Br_2,s,298K)$　　（4）$S_m^{\ominus}(H_2,g,298K)$

（5）$\Delta_f H_m^{\ominus}(N_2,g,298K)$　　（6）$S_m^{\ominus}(Ar,s,0K)$

4. 判断下列反应，哪些是熵增加的过程，并说明理由。

（1）$I_2(s) \longrightarrow I_2(g)$

（2）$2CO(g)+O_2(g) \longrightarrow 2CO_2(g)$

习题

1. 已知下列热化学反应方程式：

（1）$C_2H_2(g)+\frac{5}{2}O_2(g) \longrightarrow 2CO_2(g)+H_2O(l)$　　$\Delta_r H_m^{\ominus}(1)=-1300kJ \cdot mol^{-1}$

（2）$C(s)+O_2(g) \longrightarrow CO_2(g)$　　$\Delta_r H_m^{\ominus}(2)=-394kJ \cdot mol^{-1}$

（3）$H_2(g)+\frac{1}{2}O_2(g) \longrightarrow H_2O(l)$　　$\Delta_r H_m^{\ominus}(3)=-286kJ \cdot mol^{-1}$

计算 $\Delta_f H_m^{\ominus}(C_2H_2,g)$。

2. 航天飞机的可再用火箭助推器使用了金属铝和高氯酸铵为燃料。有关反应为：

$$3Al(s)+3NH_4ClO_4(s) \longrightarrow Al_2O_3(s)+AlCl_3(s)+3NO(g)+6H_2O(g)$$

计算该反应的焓变 $\Delta_r H_m^{\ominus}(298K)$ 和热力学能变 $\Delta_r U_m^{\ominus}(298K)$。

3. 试判断下列反应在标准状态下能否自发进行？为什么？

$$(NH_4)_2Cr_2O_7(s) \longrightarrow Cr_2O_3(s)+N_2(g)+4H_2O(g) \qquad \Delta_r H_m^{\ominus}=-315kJ \cdot mol^{-1}$$

4. 用 $\Delta_f H_m^{\ominus}$ 数据计算下列反应的 $\Delta_r H_m^{\ominus}$。

（1）$4Na(s)+O_2(g) \longrightarrow 2Na_2O(s)$

（2）$2Na(s)+2H_2O(l) \longrightarrow 2NaOH(aq)+H_2(g)$

（3）$2Na(s)+CO_2(g) \longrightarrow Na_2O(s)+CO(g)$

根据计算结果说明，金属钠着火时，为什么不能用水或二氧化碳灭火剂来扑救。

5. 有一种甲虫，名为投弹手，它能用尾部喷射出来的爆炸性排泄物的方法作为防卫措施，所涉及的化学反应是氢醌被过氧化氢氧化生成醌和水。

$$C_6H_4(OH)_2(aq)+H_2O_2(aq) \longrightarrow C_6H_4O_2(aq)+2H_2O(l)$$

根据下列热化学方程式计算该反应的 $\Delta_r H_m^{\ominus}$。

（1）$C_6H_4(OH)_2(aq) \longrightarrow C_6H_4O_2(aq)+H_2(g)$；　　$\Delta_r H_m^{\ominus}(1)=177.4kJ \cdot mol^{-1}$

（2）$H_2(g)+O_2(g) \longrightarrow H_2O_2(aq)$；　　$\Delta_r H_m^{\ominus}(2)=-191.2kJ \cdot mol^{-1}$

(3) $H_2(g)+\frac{1}{2}O_2(g) \longrightarrow H_2O(g)$; $\Delta_r H_m^\ominus(3)=-241.8kJ \cdot mol^{-1}$

(4) $H_2O(g) \longrightarrow H_2O(l)$; $\Delta_r H_m^\ominus(4)=-44.0kJ \cdot mol^{-1}$

6. 由二氧化锰制备金属锰可采取下列两种方法：

(1) $MnO_2(s)+2H_2(g) \longrightarrow Mn(s)+2H_2O(g)$

$\Delta_r H_m^\ominus=37.22kJ \cdot mol^{-1}$ $\Delta_r S_m^\ominus=94.96J \cdot mol^{-1} \cdot K^{-1}$

(2) $MnO_2(s)+2C(s) \longrightarrow Mn(s)+2CO(g)$

$\Delta_r H_m^\ominus=299.8kJ \cdot mol^{-1}$ $\Delta_r S_m^\ominus=363.3J \cdot mol^{-1} \cdot K^{-1}$

试通过计算确定上述两个反应在298K，标准态下的反应方向。如果考虑工作温度越低越好，则采用哪种方法较好？

7. 已知下列反应相关热力学数据：

	$Al_2O_3(s)$ +	$3CO(g) \longrightarrow$	$2Al(s)$ +	$3CO_2(g)$
$\Delta_f G_m^\ominus/kJ \cdot mol^{-1}$	−1582.3	−137.168	0	−394.359
$\Delta_f H_m^\ominus/kJ \cdot mol^{-1}$	−1675	−110.525	0	−393.5
$S_m^\ominus/J \cdot mol^{-1} \cdot K^{-1}$	50.92	197.674	28.33	213.74

试用热力学原理说明用CO还原 Al_2O_3 制备Al是否可行？

8. 高炉炼铁是采用焦炭将 Fe_2O_3 还原为单质铁。试通过热力学计算，说明还原剂主要是CO而非焦炭。相关反应为：

(1) $2Fe_2O_3(s)+3C(s) \longrightarrow 4Fe(s)+3CO_2(g)$

(2) $Fe_2O_3(s)+3CO(s) \longrightarrow 2Fe(s)+3CO_2(g)$

9. NO和CO为汽车尾气的主要污染物，人们设想利用下列反应清除其污染，试通过热力学计算说明这种设想的可能性。

$$2CO(g)+2NO(g) \longrightarrow 2CO_2(g)+N_2(g)。$$

10. 已知 $SiF_4(g)$、$SiCl_4(g)$ 的标准摩尔生成Gibbs函数（$\Delta_f G_m^\ominus$）分别为 $-1572.65kJ \cdot mol^{-1}$ 和 $-616.98kJ \cdot mol^{-1}$，试通过计算说明为什么HF(g)可以腐蚀 SiO_2，而HCl(g)不能？

(1) SiO_2(石英)$+4HF(g) \longrightarrow SiF_4(g)+2H_2O(l)$

(2) SiO_2(石英)$+4HCl(g) \longrightarrow SiCl_4(g)+2H_2O(l)$

11. 已知热力学数据如下表：

物质	Cu(s)	$O_2(g)$	CuO(s)	$Cu_2O(s)$
$\Delta_f H_m^\ominus/kJ \cdot mol^{-1}$	0	0	−157.3	−168.6
$S_m^\ominus/J \cdot mol^{-1} \cdot K^{-1}$	33.150	205.138	42.63	93.14
$\Delta_f G_m^\ominus/kJ \cdot mol^{-1}$	0	0	−129.7	−146.0

(1) 金属铜在空气中的反应为：$Cu(s)+\frac{1}{2}O_2(g) \longrightarrow CuO(s)$

计算在373.15K，标准状态时反应的Gibbs函数变 $\Delta_r G_m^\ominus$。

(2) 当加热金属铜超过一定的温度后，黑色的CuO变为红色的 Cu_2O，其反应为：

$$2CuO(s) \longrightarrow Cu_2O(s) + \frac{1}{2}O_2(g)$$

求标准状态下该反应自发进行的温度条件。

(3) 在更高温度时，氧化层又消失，其反应为 $Cu_2O(s) \longrightarrow 2Cu(s) + \frac{1}{2}O_2(g)$

求标准状态下该反应自发进行的温度条件。

第4章 化学动力学基础

前面一章讨论了反应进行的方向问题，属于化学热力学的研究范畴；而反应进行的快慢即反应的速率问题，属于化学动力学的研究范畴，将在本章进行讨论。

化学动力学的主要研究内容是：考察反应过程中物质运动的实际途径，研究反应进行的条件（如温度、压力、浓度、催化剂等）对化学反应速率的影响，从而使人们能够选择适当反应条件，掌握控制反应的主动权。

4.1 化学反应速率及其表示方法

各种化学反应的速率各不相同，有些反应进行得很快，如酸碱中和反应、血红蛋白同氧结合的生化反应等，这些反应均可在 10^{-15} s 的时间内达到平衡。有些反应则进行得很慢，如常温下氢气和氧气混合，几十年都不会生成一滴水。某些放射性元素的衰变需要亿万年的时间。为了比较反应的快慢，必须明确反应速率的概念。

反应速率的测定

速率的概念总是与时间相联系的，是某物理量随时间的变化率。化学反应速率是化学反应中某一物理量随时间的变化率，是指一定条件下反应物转化为生成物的速率。

在一定条件下，化学反应一旦开始，各反应物的量不断减少，各生成物的量不断增加。参与反应的各物质的物质的量随时间不断变化是反应过程中的共同特征。因此，可以把反应速率表示为单位时间内反应物的物质的量或生成物的物质的量的变化。

但是由于反应式中各物质的化学计量数往往不同，用不同的物质的物质的量所表示的反应速率在数值上就不一致。目前，国际上普遍采用的定义是用反应进度 ξ 随时间的变化率来表示化学反应的速率 v，即

$$v=\frac{d\xi}{dt} \tag{4-1}$$

将 $d\xi=\frac{dn_B}{\nu_B}$代入上式，有

$$v=\frac{1}{\nu_B}\frac{dn_B}{dt} \tag{4-2}$$

由于反应进度与反应的物种无关，则用反应式中任一物质表示的反应速率在数值上是一致的。若化学反应在定容条件下进行，反应速率可用单位体积中反应进度随时间的变化率来表示，用符号 v 表示：

$$v=\frac{1}{V}\cdot\frac{d\xi}{dt}=\frac{1}{\nu_B}\frac{dn_B}{Vdt} \tag{4-3}$$

因 $\mathrm{d}c_B=\dfrac{\mathrm{d}n_B}{V}$

$$v=\frac{1}{\nu_B}\frac{\mathrm{d}c_B}{\mathrm{d}t} \tag{4-4}$$

式（4-4）中，v 为定容条件下的反应速率（简称反应速率），其单位为 $\mathrm{mol\cdot L^{-1}\cdot s^{-1}}$。如果反应速率比较慢，时间单位也可以采用 min（分）、h（小时）等。

如果实验测得的是某一段时间间隔内某反应物或某生成物的浓度变化，则可以得到该时间间隔内的平均速率，即

$$\overline{v}=\frac{\Delta\xi}{V\Delta t}=\frac{1}{\nu_B}\frac{\Delta c_B}{\Delta t} \tag{4-5}$$

对于一般反应

$$a\mathrm{A}+b\mathrm{B}=\!=\!=y\mathrm{Y}+z\mathrm{Z}$$

$$\overline{v}=-\frac{1}{a}\frac{\Delta c_A}{\Delta t}=-\frac{1}{b}\frac{\Delta c_B}{\Delta t}=\frac{1}{y}\frac{\Delta c_Y}{\Delta t}=\frac{1}{z}\frac{\Delta c_Z}{\Delta t} \tag{4-6}$$

对于大多数化学反应而言，反应开始后，各物质的浓度在不断地变化着，化学反应速率也在不断改变，常用瞬时速率表示化学反应在某一时刻的速率，对上述反应，有

$$v=-\frac{1}{a}\frac{\mathrm{d}c_A}{\mathrm{d}t}=-\frac{1}{b}\frac{\mathrm{d}c_B}{\mathrm{d}t}=\frac{1}{y}\frac{\mathrm{d}c_Y}{\mathrm{d}t}=\frac{1}{z}\frac{\mathrm{d}c_Z}{\mathrm{d}t} \tag{4-7}$$

对于气相反应，压力比浓度容易测量，因此可以用气体的分压代替浓度。

4.2 浓度对反应速率的影响——速率方程

影响反应速率的因素主要有：反应物的浓度、反应温度和催化剂等。这里，首先定量地讨论反应物的浓度对反应速率的影响，紧接着后面几节再讨论其他因素对反应速率的影响。

4.2.1 化学反应速率方程

（1）基元反应和复合反应

化学反应速率与反应途径有关，有些化学反应的历程很简单，反应物分子相互碰撞，一步就起反应而变成生成物；但多数化学反应的历程较为复杂，反应物分子要经过几步，才能转化为生成物。

速率方程的确定：初始速率法

由反应物一步直接生成产物的反应，即一步完成的反应称为基元反应（又称元反应），由两个或两个以上的基元反应组合而成的总反应称为复合反应。

（2）质量作用定律

在一定浓度的 $K_2S_2O_8$（过二硫酸钾）溶液中，加入 KI 溶液，发生如下反应：

$$K_2S_2O_8+2KI=\!=\!=2K_2SO_4+I_2$$

如果在溶液中预先加入淀粉，反应生成的 I_2 遇到淀粉就会显蓝色。现分别在两个相同浓度的 $K_2S_2O_8$ 溶液中，同时加入不同浓度的 KI 溶液，它们出现蓝色的快慢就不一样。KI 浓度大的，出蓝色快；KI 浓度小的，出现蓝色就慢。这个现象说明化学反应速率是随反应物浓度的改变而变的。当反应物浓度较小时，反应速率就较慢而当反

应物浓度增大时，反应速度就加快。这结论对各种化学反应都是普遍正确的。

早在1864年就有人总结概括了反应物浓度与反应速率的关系，提出质量作用定律，即在一定温度下，化学反应速率与各反应物浓度的幂乘积成正比。

对于基元反应：

$$aA+bB=yY+zZ$$

根据质量作用定律，其反应速率方程为：

$$v=kc_A^a c_B^b \tag{4-8}$$

不过，这里必须特别注意，质量作用定律只适用于基元反应，只有基元反应才可以把反应方程式中反应物前的化学计量数作为反应物浓度的幂写在反应速率方程中。

实际上，还有许多化学反应不是基元反应，而是由几个基元反应分步完成的复合反应，因此不能像基元反应那样根据质量作用定律按照化学反应计量式直接写出其速率方程，而是要通过对反应速率的实验测定来加以确定。例如，$N_2O_5(g)$ 气体的分解反应：

$$2N_2O_5(g)=4NO_2(g)+O_2(g)$$

它是由两个基元反应分两步完成的，其第一步反应是：

$$N_2O_5(g)=NO_3(g)+NO_2(g)$$

接着再发生第二步反应：

$$NO_3(g)=NO_2(g)+\frac{1}{2}O_2(g)$$

这两步基元反应的反应速率肯定不一样，实验表明第一步反应是慢反应，而第二步反应是极快的反应（即瞬间可以完成），因此，决定整个过程反应速率的将是第一步慢反应，所以，$N_2O_5(g)$ 分解反应的速率方程只能是根据第一步基元反应写出的：

$$v=kp_{N_2O_5}$$

而不能根据总反应方程式写出：

$$v=kp_{N_2O_5}^2$$

总之，对于复合反应，反应速率方程不能随意根据总反应方程式来确定，只能以实验测定结果为根据得出结论。

(3) 反应速率方程及反应级数

对任意反应：

$$aA+bB=yY+zZ$$

其反应速率方程可写成一般通式：

$$v=kc_A^\alpha c_B^\beta \tag{4-9}$$

浓度的指数 α 和 β 分别称为反应对A和B的级数，即该反应对A来说为 α 级，对B来说为 β 级。$\alpha+\beta$ 指数之和称为该反应的反应级数 n。

反应级数是表示化学反应速率与反应物浓度若干次方成正比的关系，通常情况下若是复合反应，反应级数中的 α 和 β 的数值是由实验测得的。如果是基元反应，反应级数可由质量作用定律直接确定，即 $\alpha=a$，$\beta=b$。

(4) 反应速率系数

速率方程式 $v=kc_A^\alpha c_B^\beta$ 中的比例常数 k 被称为反应速率系数，k 是化学反应速率相对大小的物理量，其物理意义是各反应物的浓度均等于单位浓度 $1mol \cdot L^{-1}$ 时的反应速率，k 的大小取决于反应本身和温度，与反应物浓度无关。

4.2.2 由实验确定速率方程的方法——初始速率法

复合反应速率方程必须由实验确定。速率方程中物质浓度的指数（即反应级数 n）不能根据总化学计量式中相应物种的计量数来推测，只能根据实验来确定。一旦反应级数确定之后，就能确定反应速率系数 k。最简单的确定反应速率方程的方法是初始速率法。

在一定条件下，反应开始的瞬时速率为初始速率。由于反应刚刚开始，逆反应和其他副反应的干扰小，能较真实地反映出反应物浓度对反应速率的影响。具体方法是：将反应物按不同组成配制成一系列混合物，先只改变一种反应物 A 的浓度，保持其他反应物浓度不变；在某一温度下反应开始进行时，记录在一定时间间隔内 A 浓度的变化，作出 c_A-t 图，确定 $t=0$ 时的瞬时速率。若能得到至少两个不同 c_A 条件下（其他反应物浓度不变）的瞬时速率，就可确定反应物 A 的反应级数。同样的方法，可以确定其他反应物的反应级数。这种由反应物初始浓度的变化确定反应速率和速率方程式的方法，称为初始速率法。

【例 4-1】 试用初始速率法所得到的实验数据，确定在 1073K 时，反应：$2NO(g)+2H_2(g)=\!=\!=N_2(g)+2H_2O(g)$的速率方程。

解：在容积不变的反应器内，配制一系列不同组成的 NO 与 H_2 的混合物。先保持 c_{H_2} 不变，改变 c_{NO}，在适当的时间间隔内，通过测定压力的变化，推算出各物种浓度的改变，并确定反应速率。然后再保持 c_{NO} 不变，改变 c_{H_2}，进而确定相应条件下的反应速率。实验数据见下表：

实验编号	c_{H_2}/mol·L^{-1}	c_{NO}/mol·L^{-1}	v/mol·L^{-1}·s^{-1}
1	0.0060	0.0010	7.9×10^{-7}
2	0.0060	0.0020	3.2×10^{-6}
3	0.0060	0.0040	1.3×10^{-5}
4	0.0030	0.0040	6.4×10^{-6}
5	0.0015	0.0040	3.2×10^{-6}

由表中数据可以看出，当 c_{H_2} 不变时，c_{NO} 增大至 2 倍，v 增大至 4 倍。这说明 $v\propto c_{NO}^2$；当 c_{NO} 不变时，c_{H_2} 减小一半，v 也减小一半，即 $v\propto c_{H_2}$。
因此，该反应的速率方程式为：

$$v=kc_{NO}^2c_{H_2}$$

该反应对 NO 是二级反应，对 H_2 是一级反应，总的反应级数为 3。

将表中任意一组数据代入上式，可求得反应速率系数。现将第一组数据代入：

$$\begin{aligned}k&=\frac{v}{c_{NO}^2c_{H_2}}\\&=\frac{7.9\times10^{-7}\,\text{mol}\cdot\text{L}^{-1}\cdot\text{s}^{-1}}{(1.0\times10^{-3}\,\text{mol}\cdot\text{L}^{-1})^2\times6.0\times10^{-3}\,\text{mol}\cdot\text{L}^{-1}}\\&=1.3\times10^2\,\text{L}^2\cdot\text{mol}^{-2}\cdot\text{s}^{-1}\end{aligned}$$

通常要取多组 k 的平均值作为速率方程中的反应速率系数。

4.3 温度对反应速率的影响——Arrhenius 方程

温度对反应
速率的影响：
Arrhenius 方程

对于大多数化学反应而言，温度升高，反应速率增大，只有极少数反应是例外的。从反应速率方程可知，反应速率不仅与浓度有关，还与反应速率系数 k 有关。不同反应具有不同的反应速率系数，同一反应在不同的温度下反应速率系数也不同。

温度对反应速率的影响主要体现在温度对反应速率系数的影响上。通常温度升高，反应速率系数 k 增大，反应速率加快。

4.3.1 Van't Hoff 经验规则

走近化学家：
阿伦尼乌斯

人们很早就已知道温度可以影响反应速率的事实。1884 年，荷兰物理学家范特霍夫（Van't Hoff）根据实验归纳得到近似规则：当温度升高 10K，反应速率大约增加 2～4 倍，即

$$\frac{k_{T+10K}}{k_T}=2\sim4 \tag{4-10}$$

按此规则，一个反应从同一初始浓度开始，达到相同的转化率，若在 400K 时只要 1min 就能完成，而在 300K 时却至少要 17h 才能完成。如果不需要精确的数据，则可以根据这个经验规律大略地估计出温度对反应速率的影响。

4.3.2 Arrhenius 方程

1889 年，瑞典化学家阿伦尼乌斯（S. A. Arrhenius）在研究蔗糖水解速率与温度的关系时，总结出一个物理意义更为明确的经验方程，提出了反应速率系数与温度关系的方程，即 Arrhenius 方程：

$$k=k_0\exp\left(-\frac{E_a}{RT}\right) \tag{4-11}$$

式中，k 为反应速率系数；k_0 称为指前参量或频率因子，具有与反应速率系数 k 相同的单位；E_a 称为反应的活化能，其单位为 kJ·mol^{-1}。如果温度变化范围不大时，k_0 和 E_a 可看作两个与温度、浓度无关的常数，其大小取决于化学反应本身。对式(4-11) 两边取对数，得

$$\ln k=-\frac{E_a}{RT}+\ln k_0 \tag{4-12}$$

式(4-12) 表明以 $\ln k$ 对 $1/T$ 作图可得一条直线，直线的斜率等于$-\frac{E_a}{R}$，截距等于 $\ln k_0$。

如果知道不同温度的 k 值，就可以求算反应的活化能。同样，知道反应的活化能 E_a 和指前参量，也可以求不同温度下的反应速率系数 k。但由于多数情况下没有指前参量 k_0 的数值，所以根据式(4-12) 则有：

$$T_1\text{ 时，}\ln k_1=-\frac{E_a}{RT_1}+\ln k_0$$

$$T_2\text{ 时，}\ln k_2=-\frac{E_a}{RT_2}+\ln k_0$$

在 $T_1\sim T_2$ 区间，k_0 和 E_a 可看作常量，上两式相减，得

$$\ln\frac{k_2}{k_1}=\frac{E_a}{R}\left(\frac{1}{T_1}-\frac{1}{T_2}\right)=\frac{E_a(T_2-T_1)}{RT_2T_1} \tag{4-13}$$

式(4-11) 和式(4-12) 及式(4-13) 分别称为 Arrhenius 方程的指数形式和对数形式。Arrhenius 方程是化学动力学重要的研究内容之一，有许多重要的应用。可由两个温度下的反应速率系数求算活化能 E_a；若活化能已知，也可由一个温度下的反应速率系数，求算另外一个温度下的反应速率系数。

【例 4-2】 在 CCl_4 溶剂中，N_2O_5 分解反应如下：

$$2N_2O_5(g)\longrightarrow 4NO_2(g)+O_2(g)$$

已知在 298.15K 和 318.15K 时反应速率系数分别为 $0.469\times10^{-4}s^{-1}$ 和 $6.29\times10^{-4}s^{-1}$，计算该反应的活化能 E_a。

解：已知　$T_1=298.15K$，$k_1=0.469\times10^{-4}s^{-1}$

$T_2=318.15K$，$k_2=6.29\times10^{-4}s^{-1}$

由公式(4-13) 可得

$$E_a=\frac{RT_2T_1}{(T_2-T_1)}\ln\frac{k_2}{k_1}$$

$$=\frac{8.314\times(298.15\times318.15)}{318.15-298.15}\times\ln\frac{6.29\times10^{-4}}{0.469\times10^{-4}}kJ\cdot mol^{-1}$$

$$=1.02\times10^2kJ\cdot mol^{-1}$$

【例 4-3】 膦(PH_3) 和乙硼烷(B_2H_6) 的反应如下：

$$PH_3(g)+B_2H_6(g)\longrightarrow PH_3—BH_3(g)+BH_3(g)$$

其活化能 $E_a=48.0kJ\cdot mol^{-1}$。若测得 298.15K 下反应速率系数为 k_1，计算当反应速率系数为 $2k_1$ 时的反应温度。

解：$E_a=48.0kJ\cdot mol^{-1}$，$k_2=2k_1$，$T_1=298.15K$

$$\ln\frac{k_2}{k_1}=\frac{E_a}{R}\left(\frac{1}{T_1}-\frac{1}{T_2}\right)$$

$$\ln2=\frac{48.0\times10^3J\cdot mol^{-1}}{8.314J\cdot K^{-1}\cdot mol^{-1}}\left(\frac{1}{298.15K}-\frac{1}{T_2}\right)$$

$$T_2=309K$$

总之，从反应速率方程和 Arrhenius 方程可以看出，在多数情况下，温度对反应速率的影响比浓度对反应速率的影响更显著。因此，改变温度是控制反应速率的重要措施之一。

4.4　反应速率理论

定量描述浓度和温度对反应速率影响的速率方程和 Arrhenius 方程都是实验事实的总结。为了明确活化能的本质和物理意义，必须对描述实验事实的经验规律做出理论解释，对宏观现象应从微观本质上加以说明。

在反应速率理论的发展过程中，先后形成了碰撞理论、过渡态理论（活化配合物理论）和单分子反应理论等动力学研究中的基本理论。

碰撞理论是 20 世纪初建立起来的最常用的反应速率理论，它借助于气体分子运动论，把气相中的双分子反应看作是两个分子激烈碰撞的结果。

过渡态理论又称为活化配合物理论，这个理论是在统计力学和量子力学发展的基础上提出来的。这一节将对碰撞理论和过渡态理论给予简单的介绍。

4.4.1 碰撞理论

1918年，路易斯（W. C. M. Lewis）首先提出气相双分子反应的碰撞理论，后来进一步发展为有效碰撞理论。其基本理论要点如下。

无效碰撞和有效碰撞

① 化学反应发生的先决条件是反应物分子之间必须相互碰撞，碰撞的频率大小决定反应速率的大小，但并非所有的碰撞都能发生反应。

② 分子间只有有效碰撞才能发生反应。有效碰撞的两个条件是：首先，分子必须有足够大的动能克服分子相互接近时电子云之间和原子核之间的排斥力；其次，分子的碰撞选择一定的方向才能发生反应。

反应速率与分子间的碰撞频率有关，而碰撞频率则与反应物浓度有关。浓度越大，碰撞频率越高。气体分子运动论的理论计算表明，单位时间内分子的碰撞次数（碰撞频率）是很大的。在标准状况下，每秒钟每升体积内分子间的碰撞可达 10^{32} 次，甚至更多。碰撞频率这么高显然不可能每次碰撞都发生反应，否则反应就都会瞬间完成。实际上，大多数碰撞并没有发生反应，只有少数分子间的碰撞才是有效的。也就是说反应速率还受其他因素的影响。碰撞是分子间发生反应的必要条件，但不是充分条件。

能够发生反应的碰撞称为有效碰撞。能够发生有效碰撞的分子称为活化分子。活化分子只占全部分子的很少部分。

一定温度下，系统中反应物分子具有一定的平均能量（E），活化分子具有的最低能量（E^*）与反应物分子的平均能量（E）之差称为反应的活化能，用符号 E_a 表示，即

$$E_a = E^* - E \tag{4-14}$$

每一个反应都有其特定的活化能。E_a 可以通过实验测出，称经验活化能。大多数化学反应的活化能为 60～250kJ·mol^{-1}。

活化能小于 42kJ·mol^{-1} 的反应，反应速率很大，可瞬间完成，如酸碱中和反应；活化能大于 420kJ·mol^{-1} 的反应，反应速率则很小。

温度升高，活化分子数增多，反应速率增大；浓度增大，单位时间内的有效碰撞增多，速率也增大。总之，根据碰撞理论，反应物分子必须有足够的最低能量，并以适宜的方位相互碰撞，才能导致发生有效碰撞。碰撞频率高，活化分子分数大，才可能有较大的反应速率。

4.4.2 过渡态理论（活化配合物理论）

1930年，爱林（H. Eying）、佩尔采（H. Pelaer）等在统计力学和量子力学的基础上提出了过渡态理论。

过渡态理论基本观点：化学反应不是只通过分子之间的简单碰撞就能完成的，当反应物分子相互接近发生化学反应时，反应物分子内原子之间的结合方式会发生改变，即原化学键要断键，新化学键要形成。断键要克服成键原子间的吸引作用，形成新键又要克服原子间价电子的排斥作用。这种吸引和排斥作用构成了原子重排过程中必须

克服的“能峰”。分子中原子的价电子发生重排，形成一个高势能垒的很不稳定的中间过渡状态即活化配合物。例如，反应：

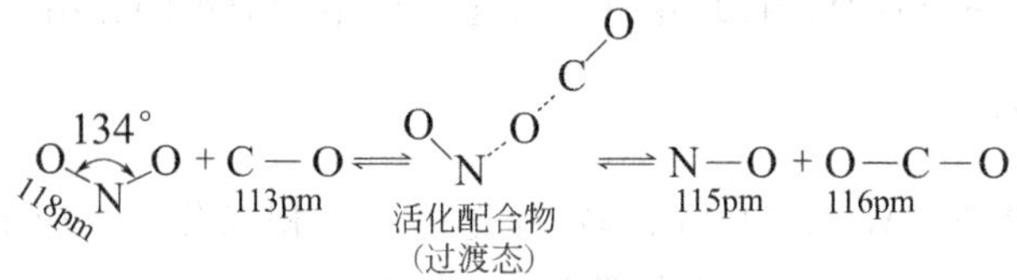

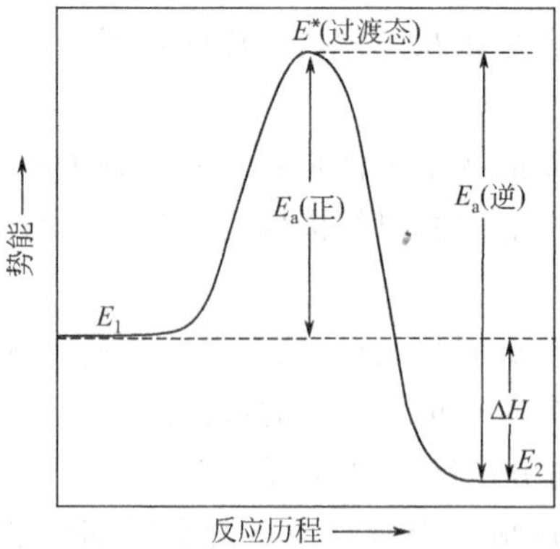

图 4-1　反应历程

中间过渡态配合物的势能高、稳定性差，易很快分解为生成物。该理论中活化能 E_a 的含义与碰撞理论中活化能的含义不同，是指活化配合物的平均能量与反应物平均能量之差，见图 4-1。

图 4-1 中，E_1 表示反应物分子的平均势能，E_2 表示生成物分子的平均势能，E^* 表示过渡状态分子的平均势能。从图 4-1 中可见，在反应物分子和生成物分子之间构成了一个势能垒。要使反应发生，必须使反应物分子“爬上”这个势能垒。E^* 能越大，反应越困难，反应速率越小。E^* 和 E_1 的能量差为正反应的活化能，E^* 和 E_2 之差为逆反应的活化能，即 $E_a(\text{正})=E^*-E_1$，$E_a(\text{逆})=E^*-E_2$。

对于一般反应，反应的摩尔焓变等于系统的终态与始态的能量之差，刚好等于正、逆反应的活化能之差：

$$\Delta_r H_m = E_a(\text{正}) - E_a(\text{逆}) \tag{4-15}$$

$E_a(\text{正})<E_a(\text{逆})$，$\Delta_r H_m<0$，为放热反应；

$E_a(\text{正})>E_a(\text{逆})$，$\Delta_r H_m>0$，为吸热反应。

4.5 催化剂对反应速率的影响

催化剂是影响化学反应速率的另一重要因素。催化剂在现代化工生产中占有极其重要的地位，尤其是在现代大型化工生产和石油化工生产中，很多反应（80%～90%）都必须靠使用性能优良的催化剂来实现。催化剂多半是金属、金属氧化物、多酸化合物和配合物等。

4.5.1 催化剂

少量存在就能显著改变反应速率，但其本身的质量、组成和化学性质在反应前后保持不变的物质，称为该反应的催化剂。

虽然，催化剂在反应前后并不消耗，但是实际上它参与了化学反应，并改变了反应历程。催化反应都是复合反应，催化剂在其中的一步基元反应中被消耗，在后面的基元反应中又再生。

4.5.2 催化剂的主要特征

催化剂通常具有以下特点。

（1）催化剂只能对热力学上可能发生的反应起到加速作用。热力学上不可能发生的反应，即对一个 $\Delta_r G_m > 0$ 反应，想用催化剂促使其反应进行是徒劳无益的。

（2）催化剂只能改变反应途径，不能改变反应的始态和终态。催化剂能同时改变正、逆反应速率，缩短到达平衡的时间，但不能改变化学平衡状态。催化剂之所以能改变反应速率，是由于参与了反应过程，改变了原来反应的途径，降低了反应的活化能。如图4-2所示，由于 E_1、E_2 均小于 E_a，所以反应速率加快了。

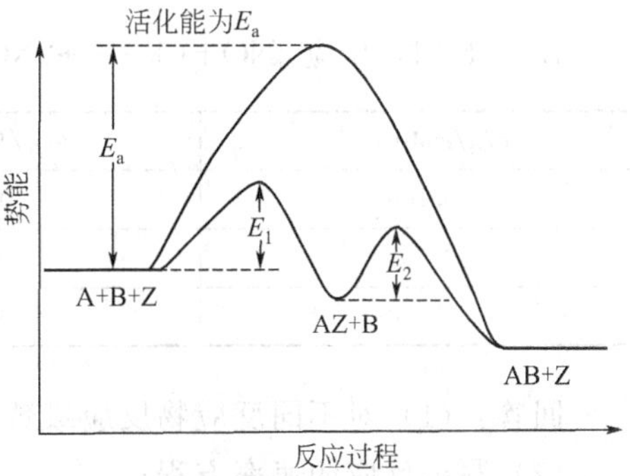

图4-2 催化剂改变反应途径的示意图

催化剂加速反应速率往往是惊人的。例如，在503K时分解HI气体，如果没有催化剂时，E_a 为 $184kJ \cdot mol^{-1}$；而如果以Au作催化剂，E_a 则降至 $104.6kJ \cdot mol^{-1}$。由于 E_a 降低了 $80kJ \cdot mol^{-1}$，可使反应速率增大1亿多倍。

（3）催化剂有选择性。不同的反应采用不同的催化剂，即每个反应有它特有的催化剂。同种反应物如果能生成多种不同的产物时，选择不同的催化剂会有不同的产物生成。例如，根据乙醇催化反应的实验，用不同的催化剂将得到不同的产物。

$$
C_2H_5OH \begin{cases} \xrightarrow[623\sim633K]{Al_2O_3} C_2H_4 + H_2O \\ \xrightarrow[473\sim523K]{Cu} CH_3CHO + H_2 \\ \xrightarrow[413.2K]{H_2SO_4} (C_2H_5)O + H_2O \\ \xrightarrow[673.2\sim773.2K]{ZnO \cdot Cr_2O_3} CH_2=CH-CH=CH_2 + H_2O + H_2 \end{cases}
$$

工业生产上常利用催化剂的选择性，使所希望的化学反应加快速度，同时抑制某些副反应的发生。

（4）催化剂往往只能在特定条件下才能体现出它的活性，否则就失去活性或发生催化剂中毒。

思考题

1. 区分下列基本概念。

（1）基元反应和复合反应；

（2）反应速率方程和反应速率系数；

（3）活化能与活化分子；

2. 试述影响反应速率的因素，并以活化能、活化分子和活化分子分数等概念说明之。

3. 总结Arrhenius方程的基本形式与应用。

4. 下列说法是否正确？为什么？

（1）质量作用定律可以适用于任何化学反应。

（2）反应的活化能越大，反应进行得越快。

（3）催化剂不但可以加快化学反应速率，还大大增加了反应的转化率。

习题

1. 295K 时，反应 $2NO+Cl_2 \longrightarrow 2NOCl$，其反应物浓度与反应速率关系的数据如下：

c_{NO}/mol·L^{-1}	c_{Cl_2}/mol·L^{-1}	v_{Cl_2}/mol·L^{-1}·s^{-1}
0.100	0.100	8.0×10^{-3}
0.500	0.100	2.0×10^{-1}
0.100	0.500	4.0×10^{-2}

回答：(1) 对不同反应物反应级数各为多少？

(2) 写出反应的速率方程；

(3) 反应速率系数为多少？

2. 某反应，当温度由 300K 升高到 310K 时，反应速率增大了一倍，求此反应的活化能。

3. 反应 $2NO_2 \rightleftharpoons 2NO+O_2$ 是一个基元反应，正反应的活化能为 114kJ·mol^{-1}，反应的热效应为 $\Delta_r H_m^{\ominus}=113$kJ·mol^{-1}。

(1) 写出正反应速率方程，并计算逆反应的活化能；

(2) 当温度由 600K 升高至 700K 时，正、逆反应速率各增加多少倍？

4. 在海边，水的沸点为 100℃，3.0min 能煮熟鸡蛋，到青海高原某地，水的沸点为 92℃，花了 4.5min 才煮熟。试计算煮熟鸡蛋过程中的活化能。

5. 当温度为 298K 时，已知反应：

$$2N_2O(g) \longrightarrow 2N_2(g)+O_2(g);\Delta_r H_m^{\ominus}=-164.1\text{kJ}\cdot\text{mol}^{-1}$$

$E_a=240$kJ·mol^{-1}。该反应被 Cl_2 催化，催化反应的 $E_a=140$kJ·mol^{-1}。

催化后反应速率提高了多少倍？催化反应的逆反应活化能是多少？

6. 当矿物燃料燃烧时，空气中的氮和氧反应生成一氧化氮，它同氧再反应生成二氧化氮：

$$2NO(g)+O_2(g) \longrightarrow NO_2(g)$$

25℃下该反应的初始速率实验数据如下表：

编号	c_{NO}/mol·L^{-1}	c_{O_2}/mol·L^{-1}	v/mol·L^{-1}·s^{-1}
1	0.0020	0.0010	2.8×10^{-5}
2	0.0040	0.0010	1.1×10^{-4}
3	0.0020	0.0020	5.6×10^{-5}

(1) 写出反应速率方程；

(2) 计算 25℃时反应速率系数 k；

(3) $c_{0(NO)}=0.0030$mol·L^{-1}，$c_{0(O_2)}=0.0015$mol·L^{-1} 时，相应的初始反应速率为多少？

第5章
化学反应与化学平衡

在研究化学反应的过程中，人们重点关注反应的方向和速率，以及在指定条件下，反应物可以转变为产物的最大限度，即化学平衡问题。也就是说，预测反应的方向和限度问题是研究的重点，如果一个反应根本不可能发生，采取任何加快反应速率的措施都是毫无意义的。

一个热力学上可进行的反应，当其具有足够大的反应速率时，会一直进行下去吗？怎样才能提高转化率以获得更多的产物？这就是化学平衡所讨论的问题。

5.1 标准平衡常数及应用

5.1.1 化学平衡及特征

(1) 可逆反应

在工业生产中，人们总是希望原料（反应物）能更多地变成产物（生成物），但在一定的工艺条件下，反应进行到一定程度就会停止，反应系统的组成不再随时间而改变，这时反应系统达到化学平衡。达到平衡时，反应系统的组成如何，这是化学平衡研究的一个重要内容。

多数化学反应都是正、逆两个方向都可以进行的反应。在一定条件下，把既能向正反应方向又能向逆反应方向进行的反应称为可逆反应。在反应式中用双箭头符号表示反应的可逆性。如 CO(g) 与 H_2O(g) 的可逆反应写成：

$$CO(g)+H_2O(g) \rightleftharpoons CO_2(g)+H_2(g)$$

一般来说，反应的可逆性是化学反应的普遍特征。由于正、逆反应共处于同一反应系统内，在密闭容器中可逆反应不能进行到底，即反应物不能全部转化为产物。

(2) 化学平衡

在定温定压不做非体积功时，化学反应进行的方向可用反应的 Gibbs 函数变 ΔG 来判断。随着反应的进行，反应系统 Gibbs 函数变在不断变化，当反应的 $\Delta G=0$ 时，化学反应达到最大限度。在一定条件下，正、逆反应速率相等时，系统中各物种浓度（或分压）不再随时间改变而改变，即反应系统内各物质的组成不再改变，我们称上述状态为热力学平衡状态，简称化学平衡。只要反应系统的温度和压力保持不变，同时没有物质加入反应系统或从反应系统中移走，这种平衡就会一直持续下去。

例如，在四个密闭容器中分别加入不同体积的 H_2(g)、I_2(g) 和 HI(g)，发生如下反应：

$$H_2(g)+I_2(g)\rightleftharpoons 2HI(g)$$

在427℃定温下不断测定 $H_2(g)$、$I_2(g)$ 和 $HI(g)$ 的分压，经一段时间后，$H_2(g)$、$I_2(g)$ 和 $HI(g)$ 三种气体的分压都不再改变，说明反应系统达到了平衡状态，见表5-1。

表5-1 $H_2(g)+I_2(g)\rightleftharpoons 2HI(g)$ 平衡反应系统各组分的分压

编号	起始分压/kPa			平衡分压/kPa			$\frac{(p_{HI})^2}{p_{H_2}\cdot p_{I_2}}$
	p_{H_2}	p_{I_2}	p_{HI}	p_{H_2}	p_{I_2}	p_{HI}	
1	66.00	43.70	0	25.57	4.293	78.82	54.47
2	62.14	62.63	0	13.11	13.60	98.10	53.98
3	0	0	26.12	2.792	2.792	20.55	54.37
4	0	0	27.04	2.878	2.878	21.27	54.62

显然，不管反应正向从反应物开始，还是逆向从生成物开始，最后四个容器中的反应物和生成物的分压虽然各不相同，但都不再变化，此时反应系统达到了平衡，$\Delta G=0$。

化学反应达平衡时，从宏观上看，反应系统的平衡组成是一定的。从微观上看，正、逆反应仍在进行，只是二者的速率相等，即 $v_{正}=v_{逆}\neq 0$。因此，化学平衡是一种动态平衡，平衡组成与达到平衡的途径无关，这种动态平衡可用同位素标记法的实验证实。自然界存在的碘全是无放射性的碘-127。在 $H_2(g)$、$I_2(g)$ 和 $HI(g)$ 的平衡混合物中，以少量的有放射性的碘-131分子取代碘-127分子，可立即检测出反应系统中含有放射性的碘化氢（HI-131），同样若用HI-131取代正常的HI，也能立即检测出碘-131的存在，从而可以证实正、逆反应仍在进行中。

（3）化学平衡的基本特征

① 在适宜的条件下，可逆反应均可以达到平衡状态。

② 化学平衡是暂时的动态平衡，从微观上看正、逆反应以相同的速率进行着，只是净反应结果无变化（图5-1）。

③ 当反应条件一定时，平衡组成不再随时间发生变化。

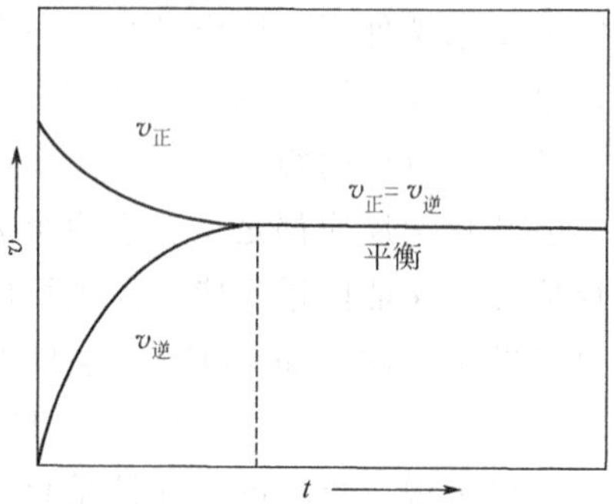

图5-1 可逆反应速率变化示意图

④ 只要反应系统中各物种的组成相同（各种原子的总数各自保持不变），不管反应从哪个方向开始，最终达到平衡时，反应系统组成相同。即平衡组成与达到平衡的途径无关。

⑤ 化学平衡是相对的，同时也是有条件的。一旦维持平衡的条件发生了变化（如温度、压力等），反应系统的宏观性质和物质的组成都将发生变化。原有的平衡将被破坏，反应将在新的条件下达成新的平衡，即平衡移动。

5.1.2 标准平衡常数

（1）标准平衡常数

由于热力学中对物质的标准状态做了规定，平衡时各物质均以各自的标准态为参考态。国家标准 GB3102—1993 中给出了标准平衡常数的定义，一定温度下反应达到平衡时，以化学反应方程式中化学计量数为幂指数的各物质的相对浓度（或相对分压）的乘积为一常数，叫标准平衡常数。

标准平衡常数

例如对气相反应

$$0=\sum_{B}\nu_{B}B(g)$$

$$K^{\ominus}=\prod_{B}(p_{B}/p^{\ominus})^{\nu_{B}} \tag{5-1a}$$

若为溶液中溶质的反应

$$0=\sum_{B}\nu_{B}B(aq)$$

$$K^{\ominus}=\prod_{B}(c_{B}/c^{\ominus})^{\nu_{B}} \tag{5-1b}$$

式中，$\prod_{B}(p_{B}/p^{\ominus})^{\nu_{B}}$、$\prod_{B}(c_{B}/c^{\ominus})^{\nu_{B}}$ 分别为平衡时化学反应方程式中各组分 $(p_{B}/p^{\ominus})^{\nu_{B}}$、$(c_{B}/c^{\ominus})^{\nu_{B}}$ 的乘积（注意反应物的计量系数为负值）。由于 $c^{\ominus}=1\text{mol}\cdot\text{L}^{-1}$，为简单起见，式（5-1b）中 $c^{\ominus}$ 在与 $K^{\ominus}$ 有关的数值计算中常予以省略。

对于多相反应的标准平衡常数表达式，反应组分中的气体用相对分压（$p_{B}/p^{\ominus}$）表示；溶液中的溶质用相对浓度（$c_{B}/c^{\ominus}$）表示。

对一般的可逆化学反应：

$$aA(g)+bB(aq)+cC(s)\rightleftharpoons xX(g)+yY(aq)+zZ(l)$$

其标准平衡常数表达式为：

$$K^{\ominus}=\frac{\left(\frac{c_{Y}}{c^{\ominus}}\right)^{y}\left(\frac{p_{X}}{p^{\ominus}}\right)^{x}}{\left(\frac{c_{B}}{c^{\ominus}}\right)^{b}\left(\frac{p_{A}}{p^{\ominus}}\right)^{a}} \tag{5-2}$$

式(5-2) 说明，在一定温度下，可逆反应达到平衡时，生成物的相对浓度（或相对分压）以反应方程式的化学计量数的绝对值为指数幂的乘积，除以反应物的相对浓度（或相对分压）以反应方程式的化学计量数的绝对值为指数幂的乘积，其商即为标准平衡常数。

例如，实验室中制取 $Cl_2(g)$ 的反应：

$$MnO_2(s)+2Cl^-(aq)+4H^+(aq)\rightleftharpoons Mn^{2+}(aq)+Cl_2(g)+2H_2O(l)$$

$$K^{\ominus}=\frac{\frac{c_{Mn^{2+}}}{c^{\ominus}}\cdot\frac{p_{Cl_2}}{p^{\ominus}}}{\left(\frac{c_{Cl^-}}{c^{\ominus}}\right)^{2}\left(\frac{c_{H^+}}{c^{\ominus}}\right)^{4}}$$

（2）标准平衡常数表达式中的注意事项

① 表达式中各组分的分压（或浓度）是平衡状态时的分压（或浓度），且各组分要以相对分压（或相对浓度）的形式表示。

② 标准平衡常数仅是温度的函数，与反应的起始浓度无关。

③ 若反应物或生成物中有液体或固体，其标准态为相应的纯液体或纯固体，因此

表示液体和固体的相应物理量不出现在标准平衡常数的表达式中。

④ $K^{\ominus}$ 的表达式与化学反应计量式有关，同一化学反应若反应计量式不同，其 $K^{\ominus}$ 值也不同。

例如合成氨反应可用下面两个计量式表示：

(1) $$N_2(g)+3H_2(g) \rightleftharpoons 2NH_3(g)$$

$$K_1^{\ominus}=\frac{\left(\dfrac{p_{NH_3}}{p^{\ominus}}\right)^2}{\left(\dfrac{p_{N_2}}{p^{\ominus}}\right)\left(\dfrac{p_{H_2}}{p^{\ominus}}\right)^3}$$

(2) $$\frac{1}{2}N_2(g)+\frac{3}{2}H_2(g) \rightleftharpoons NH_3(g)$$

$$K_2^{\ominus}=\frac{\left(\dfrac{p_{NH_3}}{p^{\ominus}}\right)}{\left(\dfrac{p_{N_2}}{p^{\ominus}}\right)^{\frac{1}{2}}\left(\dfrac{p_{H_2}}{p^{\ominus}}\right)^{\frac{3}{2}}}$$

显然 $K_1^{\ominus} \neq K_2^{\ominus}$，$K_1^{\ominus}=(K_2^{\ominus})^2$。

因此使用和查阅标准平衡常数时，必须注意它们所对应的化学反应计量式。

5.1.3 Gibbs 函数与化学平衡

任意态下化学反应方向的判断

在第 3 章中，曾提到用 $\Delta_r G_m^{\ominus}$ 判断标准状态时反应进行的方向，而在实际反应系统中各物质不可能都处于标准状态，故用 $\Delta_r G_m^{\ominus}$ 来判断反应自发性是有局限的。在标准状态下不能自发的反应，不一定在非标准状态下也不能自发。因为大多数反应在非标准状态进行，因此，具有普遍实用意义的判据应是 $\Delta_r G_m$。

从前面的讨论可知，在定温定压、不做非体积功条件下的化学反应方向判据为：

$\Delta_r G_m < 0$，正反应自发进行；

$\Delta_r G_m = 0$，反应处于平衡状态；

$\Delta_r G_m > 0$，逆反应自发进行。

热力学研究证明，在定温定压，任意状态下化学反应的 $\Delta_r G_m$ 与其标准态 $\Delta_r G_m^{\ominus}$ 之间有如下关系：

$$\Delta_r G_m(T)=\Delta_r G_m^{\ominus}(T)+RT\ln J \tag{5-3}$$

式(5-3) 称为化学反应等温方程式，其中，J 为反应商。反应商是任意状态下反应物和生成物组成的数量关系，J 的表达式与 $K^{\ominus}$ 的表达式在“形式”上是一样的，但是反应商 J 与平衡常数 $K^{\ominus}$ 却是两个不同意义的量。

对气相反应，$0=\sum_B \nu_B B(g)$，定义某时刻的反应商：

$$J=\prod_B (p'_B/p^{\ominus})^{\nu_B} \tag{5-4}$$

若为溶液中溶质的反应 $0=\sum_B \nu_B B(aq)$，定义某时刻的反应商：

$$J=\prod_B (c'_B/c^{\ominus})^{\nu_B} \tag{5-5}$$

式(5-4) 和式(5-5) 中，p'_B，c'_B分别表示反应进行到某一时刻的分压和浓度，可以是平衡态的，也可以是非平衡态的。反应达到平衡时的反应商 J 和标准平衡常数 $K^\ominus$ 相等，即 $J=K^\ominus$。

根据化学反应进行方向的判据，当化学反应达到平衡时，反应的 $\Delta_r G_m(T)=0$，此时反应方程式中物质B的浓度或分压均为平衡态时的浓度或分压。因此，反应商 J 即为 $K^\ominus$，即 $J=K^\ominus$，故有

$$0=\Delta_r G_m^\ominus(T)+RT\ln K^\ominus$$

即

$$\Delta_r G_m^\ominus(T)=-RT\ln K^\ominus \tag{5-6a}$$

将上式进一步整理可得

$$\ln K^\ominus=\frac{-\Delta_r G_m^\ominus(T)}{RT} \tag{5-6b}$$

$$K^\ominus=\exp\left(\frac{-\Delta_r G_m^\ominus(T)}{RT}\right) \tag{5-6c}$$

式(5-6) 为化学反应的标准平衡常数与化学反应的标准摩尔吉布斯函数变之间的关系。因此，只要知道任意温度 T 时的 $\Delta_r G_m^\ominus$，就可以计算该反应温度 T 时的标准平衡常数 $K^\ominus$。

$\Delta_r G_m^\ominus$(298.15K) 可根据热力学常数 $\Delta_f G_m^\ominus$(B,相态,298.15K) 进行计算，而其他温度的 $\Delta_r G_m^\ominus$ 可根据下式计算。

$$\Delta_r G_m^\ominus(T)\approx\Delta_r H_m^\ominus(298.15\text{K})-T\cdot\Delta_r S_m^\ominus(298.15\text{K})$$

即标准状态时，任意温度 T 的化学反应的标准平衡常数均可由式(5-6) 计算得到。

从式(5-6) 可以看出，在一定温度下，化学反应的 $\Delta_r G_m^\ominus$ 值越小，则 $K^\ominus$ 值越大，反应就进行得越完全；反之，若 $\Delta_r G_m^\ominus$ 值越大，则 $K^\ominus$ 值越小，反应进行得程度越小。因此 $\Delta_r G_m^\ominus$ 在一定意义上反映了标准状态时化学反应进行的完全程度。

5.1.4 多重平衡原理

前面讨论的都是单一反应系统的化学平衡问题，但实际的化学过程往往有若干种平衡状态同时存在。在指定条件下，一个反应系统中的某一种（或几种）物质参与两个（或两个以上）的化学反应并共同达到化学平衡，称为多重平衡。化学反应的平衡常数也可以利用多重平衡原理计算获得。如果某反应可以由几个反应相加（或相减）得到，则该反应的平衡常数等于几个反应平衡常数之积（或商），这种关系称为多重平衡原理。多重平衡原理证明如下。

标准平衡常数计算：实验法、组合法

设反应(1)、反应(2) 和反应(3) 在温度 T 时的标准平衡常数分别为 $K_1^\ominus$、$K_2^\ominus$ 和 $K_3^\ominus$，它们的标准摩尔吉布斯函数变分别为 $\Delta_r G_{m,1}^\ominus$、$\Delta_r G_{m,2}^\ominus$ 和 $\Delta_r G_{m,3}^\ominus$。

若　　反应(3)=反应(1)+反应(2)

则

$$\Delta_r G_{m,3}^\ominus=\Delta_r G_{m,1}^\ominus+\Delta_r G_{m,2}^\ominus$$

因

$$\Delta_r G_m^\ominus=-RT\ln K^\ominus$$

所以

$$-RT\ln K_3^\ominus=-RT\ln K_1^\ominus+(-RT\ln K_2^\ominus)$$

$$\ln K_3^\ominus=\ln(K_1^\ominus K_2^\ominus)$$

$$K_3^\ominus = K_1^\ominus K_2^\ominus$$

同理　　反应(3)＝反应(1)－反应(2)

则
$$\Delta_r G_{m,3}^\ominus = \Delta_r G_{m,1}^\ominus - \Delta_r G_{m,2}^\ominus$$

所以
$$-RT\ln K_3^\ominus = -RT\ln K_1^\ominus - (-RT\ln K_2^\ominus)$$
$$\ln K_3^\ominus = \ln(K_1^\ominus / K_2^\ominus)$$
$$K_3^\ominus = K_1^\ominus / K_2^\ominus$$

【例 5-1】 已知下列反应在 1362K 的标准平衡常数：

(1) $H_2(g) + \frac{1}{2}S_2(g) \rightleftharpoons H_2S(g)$　　$K_1^\ominus = 0.80$

(2) $3H_2(g) + SO_2(g) \rightleftharpoons H_2S(g) + 2H_2O(g)$　　$K_2^\ominus = 1.8 \times 10^4$

计算反应 $4H_2(g) + 2SO_2(g) \rightleftharpoons S_2(g) + 4H_2O(g)$ 在 1362K 的标准平衡常数 $K^\ominus$。

解：[式(2)－式(1)]×2，得

$$4H_2(g) + 2SO_2(g) \rightleftharpoons S_2(g) + 4H_2O(g)$$

因此

$$K^\ominus = \left[\frac{K_2^\ominus}{K_1^\ominus}\right]^2 = \left[\frac{1.8 \times 10^4}{0.80}\right]^2 = 5.1 \times 10^8$$

5.1.5 标准平衡常数的应用

化学反应的标准平衡常数是反应系统处于平衡状态时的一种数量标志。利用它能回答许多重要问题，如判断反应程度（或限度）、预测反应方向以及计算平衡组成等。

5.1.5.1 判断反应程度

在一定条件下，化学反应达到平衡状态时，正、逆反应速率相等，平衡组成不再改变。这表明在平衡条件下反应物向生成物转化达到了最大限度。如果该反应的标准平衡常数 $K^\ominus$ 很大，则其表达式中的分子项（对应生成物的分压或浓度）比分母项（对应反应物的分压或浓度）要大得多，说明反应物大部分转化为生成物了，反应进行得比较完全。反之，如果 $K^\ominus$ 的数值很小，表明平衡时生成物对反应物的比例很小，反应正向进行的程度很小，反应进行得很不完全。

① 酸碱中和反应

$$H^+(aq) + OH^-(aq) = H_2O(l) \qquad K^\ominus(298K) = 1.0 \times 10^{14}$$

平衡常数 $K^\ominus$ 很大，反应进行得很完全。这类反应在宏观上难以观察到反应的可逆性。

② CO 分解反应

$$CO(g) \rightleftharpoons C(s) + \frac{1}{2}O_2(g) \qquad K^\ominus(298K) = 6.9 \times 10^{-25}$$

平衡常数很小，反应基本不能发生。

③ 如果 $K^\ominus$ 的数值不太大也不太小（如 $10^3 > K^\ominus > 10^{-3}$），平衡混合物中产物和反应物的分压（或浓度）相差不大，反应物则部分地转化为产物。

除了可用 $K^\ominus$ 表示反应程度外，反应进行的程度也常用平衡转化率来表示。反应物 A 的平衡转化率 α_A 被定义为：

$$\alpha_A = \frac{n_{A,0} - n_{A,eq}}{n_{A,0}} \tag{5-7}$$

式中，$n_{A,0}$ 为反应开始时反应物 A 的物质的量；$n_{A,eq}$ 为平衡时 A 的物质的量。$K^{\ominus}$ 越大，往往 α_A 也越大。

5.1.5.2 预测反应方向

在定温定压下，一个给定化学反应进行方向的热力学判据为 Gibbs 函数变判据。

根据化学反应等温方程式(5-3) 和式(5-6a) 可得

$$\Delta_r G_m = \Delta_r G_m^{\ominus}(T) + RT\ln J = -RT\ln K^{\ominus} + RT\ln J = RT\ln\frac{J}{K^{\ominus}} \tag{5-8}$$

标准平衡常数应用：反应商判据

则 Gibbs 函数变判据可化为下述形式：

$$\Delta_r G_m < 0,\frac{J}{K^{\ominus}} < 1,\text{即 } J < K^{\ominus},\text{反应正向自发进行；}$$

$$\Delta_r G_m = 0,\frac{J}{K^{\ominus}} = 1,\text{即 } J = K^{\ominus},\text{反应处于平衡状态；}$$

$$\Delta_r G_m > 0,\frac{J}{K^{\ominus}} > 1,\text{即 } J > K^{\ominus},\text{反应逆向自发进行。}$$

经过对数转化后，$RT\ln J$ 项一般较小，若 $\Delta_r G_m^{\ominus}$ 的绝对值很大，则 $\Delta_r G_m$ 的正负由 $\Delta_r G_m^{\ominus}$ 决定，即可用 $\Delta_r G_m^{\ominus}$ 代替 $\Delta_r G_m$ 近似判断反应进行的方向。

通常认为：当一个反应的平衡常数 $K^{\ominus} > 10^5$ 时，反应进行得很完全。代入式(5-6a)，可得 $\Delta_r G_m^{\ominus} = -34.2\text{kJ}\cdot\text{mol}^{-1}$。故一般认为（经验判据），$|\Delta_r G_m^{\ominus}| \geq 40.0\text{kJ}\cdot\text{mol}^{-1}$ 时，用 $\Delta_r G_m^{\ominus}$ 代替 $\Delta_r G_m$ 判断反应进行的方向，此时参与反应的各物质的浓度或分压的变化不足以改变反应方向。用 $\Delta_r G_m^{\ominus}$ 判断反应方向的经验判据是：

$$\Delta_r G_m^{\ominus} < -40.0\text{kJ}\cdot\text{mol}^{-1},\text{反应多半正向进行；}$$

$$\Delta_r G_m^{\ominus} > +40.0\text{kJ}\cdot\text{mol}^{-1},\text{反应多半逆向进行。}$$

根据 J 与 $K^{\ominus}$ 的关系判断反应方向，称为化学反应进行方向的反应商判据。

【例 5-2】 反应 $A(s) \rightleftharpoons B(s) + C(g)$，在 $\Delta_r G_m^{\ominus}(298\text{K}) = 40.0\text{kJ}\cdot\text{mol}^{-1}$。试问：(1) 该反应在 298K 时的标准平衡常数；(2) 当 $p_C = 1.0\text{Pa}$ 时，该反应是否能正方向自发进行？

解：(1) 根据式(5-6c) $K^{\ominus} = \exp\left(\frac{-\Delta_r G_m^{\ominus}(T)}{RT}\right)$

$$K^{\ominus} = \exp\left(\frac{-40.0\times10^3}{8.314\times298}\right) = 1\times10^{-7}$$

(2) 当 $p_C = 1.0\text{Pa}$ 时，$J = \frac{p_C}{p^{\ominus}} = \frac{1\times10^{-3}}{100} = 1\times10^{-5}$

因 $J > K^{\ominus}$，$\Delta_r G_m > 0$，反应不能正向自发进行。

或由化学反应等温方程

$$\begin{aligned}\Delta_r G_m(T) &= \Delta_r G_m^{\ominus}(T) + RT\ln J \\ &= [40.0 + 8.314\times10^{-3}\times298\times\ln(1\times10^{-5})]\text{kJ}\cdot\text{mol}^{-1} \\ &= 12.0\text{kJ}\cdot\text{mol}^{-1}\end{aligned}$$

因 $\Delta_r G_m > 0$，所以反应不能正向自发进行。

计算结果表明，当 $\Delta_r G_m^\ominus(298K)=40.0kJ \cdot mol^{-1}$ 时，$K^\ominus=1\times10^{-7}$，可以认为该反应不能正向自发进行。即使当产物C的分压由标态降低为1.0Pa时，反应商的值降低了5个数量级，$\Delta_r G_m$ 仍为正值，未能改变反应的方向。

5.1.5.3 计算平衡组成

许多重要的工程实际过程，都涉及化学平衡或需借助平衡产率以衡量实践过程的完善程度，因此掌握化学平衡的计算很重要。

(1) 标准平衡常数的计算

【例5-3】 若将1.00mol SO_2 和1.00mol O_2 的混合气体，在903K和100kPa压力下缓缓通过 V_2O_5 催化剂，使之生成 SO_3。反应达平衡时，测得混合物中剩余的氧气为0.615mol。试计算反应的 $K^\ominus$。

解：反应中氧的转化的量$=(1.00-0.615)mol=0.385mol$

	$2SO_2(g)$ +	$O_2(g) \rightleftharpoons$	$2SO_3(g)$
起始物质的量 n/mol	1.00	1.00	0
变化物质的量 n/mol	-2×0.385	-0.385	$+2\times0.385$
平衡物质的量 n/mol	0.230	0.615	0.770

平衡时

$$n(总)=(0.230+0.615+0.770)mol=1.615mol$$

$$p_{SO_2}=p_{总}\cdot x_{SO_2}=p^\ominus\cdot\frac{0.230}{1.615}$$

$$p_{O_2}=p_{总}\cdot x_{O_2}=p^\ominus\cdot\frac{0.615}{1.615}$$

$$p_{SO_3}=p_{总}\cdot x_{SO_3}=p^\ominus\cdot\frac{0.770}{1.615}$$

$$K^\ominus=\frac{[p_{SO_3}/p^\ominus]^2}{[p_{SO_2}/p^\ominus]^2[p_{O_2}/p^\ominus]}=\frac{(0.770)^2\times1.615}{(0.230)^2\times0.615}=29.4$$

【例5-4】 已知下列反应的标准平衡常数：

(1) $HCN \rightleftharpoons H^+ + CN^-$ $\quad K_1^\ominus=4.9\times10^{-10}$

(2) $NH_3+H_2O \rightleftharpoons NH_4^+ + OH^-$ $\quad K_2^\ominus=1.8\times10^{-5}$

(3) $H_2O \rightleftharpoons H^+ + OH^-$ $\quad K_w^\ominus=1.0\times10^{-14}$

试计算反应 $NH_3+HCN \rightleftharpoons NH_4^+ + CN^-$ 的标准平衡常数 $K^\ominus$。

解：式(1) ＋式(2) －式(3)，得

$$NH_3+HCN \rightleftharpoons NH_4^+ + CN^-$$

因此 $$K^\ominus=\frac{K_1^\ominus K_2^\ominus}{K_w^\ominus}=\frac{4.9\times10^{-10}\times1.8\times10^{-5}}{1.0\times10^{-14}}=0.882$$

(2) 计算平衡组成或平衡转化率

化学反应达到平衡时，反应物已最大限度地转化为生成物。通过标准平衡常数可以计算化学反应进行的最大限度，即化学平衡组成。

在化工生产中也常用转化率 α_A 来衡量化学反应进行的程度，化学反应达平衡时的转化率称平衡转化率。显然，平衡转化率是理论上该反应的最大转化率。但在实际生产中，反应达到平衡需要一定时间，流动的生产过程往往系统还没有达到平衡状态，

反应物就离开了反应容器，所以实际的转化率要低于平衡转化率，实际转化率与反应进行的时间有关。工业上所说的转化率一般指实际转化率，而一般教材中所说的转化率是指平衡转化率。

有关平衡组成或平衡转化率的计算一般分三步进行：

① 按已知条件列出化学反应方程式并配平；

② 按计量关系在反应方程式各物质下方表示出反应开始时及平衡时各物料的衡算（根据题意可以用 n，c 或 p 表示）；

③ 根据②得到的物料衡算，列出标准平衡常数表达式进行运算。

特别要注意，若用物质的量进行衡算时，则要转换成浓度或分压方可代入 $K^{\ominus}$ 表达式中。

【例 5-5】 $N_2O_4(g)$ 的分解反应为：$N_2O_4(g) \rightleftharpoons 2NO_2(g)$，该反应在 298K 时的 $K^{\ominus}=0.116$，求 298K 时，当系统的平衡总压为 200kPa 时 $N_2O_4(g)$ 的平衡转化率。

解：设起始时 $N_2O_4(g)$ 物质的量为 1mol，平衡转化率为 α。

	$N_2O_4(g) \rightleftharpoons$	$2NO_2(g)$
起始物质的量 n/mol	1	0
变化物质的量 n/mol	$-\alpha$	$+2\alpha$
平衡物质的量 n/mol	$1-\alpha$	2α

平衡时 $n(总)=1-\alpha+2\alpha=1+\alpha$

平衡分压 p/kPa $\quad p_{总}\cdot\dfrac{1-\alpha}{1+\alpha} \qquad p_{总}\cdot\dfrac{2\alpha}{1+\alpha}$

$$K^{\ominus}=\frac{[p_{NO_2}/p^{\ominus}]^2}{[p_{N_2O_4}/p^{\ominus}]}=\frac{\left[\dfrac{p_{总}}{p^{\ominus}}\cdot\dfrac{2\alpha}{1+\alpha}\right]^2}{\dfrac{p_{总}}{p^{\ominus}}\cdot\dfrac{1-\alpha}{1+\alpha}}=0.116$$

解得 $\alpha=0.12=12\%$

【例 5-6】 在 523.15K 时，将 0.70mol $PCl_5(g)$ 置于 2.0L 密闭容器中，待其达到平衡 $PCl_5(g) \rightleftharpoons PCl_3(g)+Cl_2(g)$ 时，经测定 $PCl_5(g)$ 的物质的量为 0.2mol。

(1) 求该反应的标准平衡常数 $K^{\ominus}$ 及 $PCl_5(g)$ 的平衡转化率 α。

(2) 在 523.15K 时，于上述平衡系统中再加入 0.10mol $PCl_5(g)$，求重新达到平衡后各物种的平衡分压。

解：(1)

	$PCl_5(g) \rightleftharpoons$	$PCl_3(g)+$	$Cl_2(g)$
起始物质的量 n/mol	0.70	0	0
平衡物质的量 n/mol	0.20	0.50	0.50

由 $pV=nRT$，得平衡时各组分分压为：

$$p_{PCl_5}=(0.20\times8.314\times523.15/2.0)\text{kPa}=4.35\times10^2\text{kPa}$$

$$p_{PCl_3}=(0.50\times8.314\times523.15/2.0)\text{kPa}=1.09\times10^3\text{kPa}$$

$$p_{Cl_2}=p_{PCl_3}=1.09\times10^3\text{kPa}$$

$$K^{\ominus}=\frac{[p_{Cl_2}/p^{\ominus}]\cdot[p_{PCl_3}/p^{\ominus}]}{[p_{PCl_5}/p^{\ominus}]}=\frac{(1.09\times10^3/100)^2}{4.35\times10^2/100}=27.3$$

$$\alpha=\frac{0.5}{0.7}\times100\%=71.4\%$$

（2） $PCl_5(g) \rightleftharpoons PCl_3(g) + Cl_2(g)$

	$PCl_5(g)$	$PCl_3(g)$	$Cl_2(g)$
起始物质的量 n/mol	0.20+0.10	0.50	0.50
平衡物质的量 n/mol	$0.30-x$	$0.50+x$	$0.50+x$

由标准平衡常数的表达式

$$K^{\ominus}=\frac{[p_{Cl_2}/p^{\ominus}]\cdot[p_{PCl_3}/p^{\ominus}]}{[p_{PCl_5}/p^{\ominus}]}=\frac{\left(\frac{(0.50+x)RT}{V}/100\right)^2}{\frac{(0.30-x)RT}{V}/100}=27.3$$

解得 $x=0.055\text{mol}$

$$p_{Cl_2}=p_{PCl_3}=\frac{(0.50+x)RT}{V}$$

$$=\frac{(0.50+0.055)\times 8.314\times 523.15}{2.0}\text{kPa}$$

$$=1.21\times 10^3\text{kPa}$$

$$p_{PCl_5}=\frac{(0.30-x)RT}{V}$$

$$=\frac{(0.30-0.055)\times 8.314\times 523.15}{2.0}\text{kPa}$$

$$=5.33\times 10^2\text{kPa}$$

思考：（2）的转化率与（1）的转化率的关系？

5.2 影响化学平衡移动的因素——平衡移动原理

任何化学平衡都是在一定温度、压力、浓度条件下的暂时的动态平衡。一旦维持平衡的条件发生改变，原有的平衡就会被破坏，平衡系统的宏观性质和物质的组成也随之变化，从而出现一个新的平衡状态，这个过程叫做化学平衡的移动。由 $\Delta_r G_m = RT\ln\frac{J}{K^{\ominus}}$，可以看出凡是能够改变反应商 J 和标准平衡常数 $K^{\ominus}$ 的因素都会导致化学平衡的移动。

5.2.1 浓度（或分压）对化学平衡的影响

部分物种浓度（或分压）改变对化学平衡的影响是改变反应商 J，导致 $J \neq K^{\ominus}$，平衡将发生移动，进而通过$\frac{J}{K^{\ominus}}$的比值决定 $\Delta_r G_m$ 的符号，从而决定了化学平衡移动的方向。

在一定温度下，若 $J=K^{\ominus}$，即 $\Delta_r G_m=0$，反应处于平衡状态；如果这时增加某反应物的浓度（或分压），或者从反应系统中取走某一生成物，则必然使 $J<K^{\ominus}$，从而使 $\Delta_r G_m<0$，化学反应将向正反应方向自发地进行，即平衡向正反应方向移动，直到 J 重新等于 $K^{\ominus}$ 建立新的平衡。

浓度对化学平衡的影响

结论：在一定温度下，增大反应物浓度或减小生成物的浓度，平衡向正反应方向移动；减小反应物浓度或增大生成物的浓度，平衡向逆反应方向移动。

实际生产中，常不断地将生成物取走使平衡右移以增大反应物的转化率，也常常将价格便宜、比较易得的物料过量，使平衡正向移动，以提高另一物料的转化率。

【例 5-7】 在含有 0.100mol·L^{-1} $AgNO_3$，0.100mol·L^{-1} $Fe(NO_3)_2$ 和 0.0100mol·L^{-1} $Fe(NO_3)_3$ 的溶液中，可发生如下反应：

$$Fe^{2+}(aq)+Ag^{+}(aq)\rightleftharpoons Fe^{3+}(aq)+Ag(s)$$

25℃，$K^{\ominus}=2.98$。

（1）反应向哪个方向进行？

（2）平衡时，Fe^{2+}、Ag^{+}、Fe^{3+} 的浓度各为多大？

（3）Ag^{+} 的转化率为多大？

（4）如果保持最初 Ag^{+}、Fe^{3+} 浓度不变，而将 Fe^{2+} 浓度改变为 0.300mol·L^{-1}，求在新条件下 Ag^{+} 的转化率。

解：（1）反应开始时的反应商：

$$J=\frac{c_{Fe^{3+}}/c^{\ominus}}{(c_{Fe^{2+}}/c^{\ominus})(c_{Ag^{+}}/c^{\ominus})}=\frac{0.0100}{0.100\times0.100}=1$$

$J<K^{\ominus}$，从而使 $\Delta_r G_m<0$，化学反应将向正反应方向自发地进行。

（2）平衡组成的计算：

	$Fe^{2+}(aq)+$	$Ag^{+}(aq)\rightleftharpoons$	$Fe^{3+}(aq)+Ag(s)$
开始浓度/mol·L^{-1}	0.100	0.100	0.0100
转化浓度/mol·L^{-1}	$-x$	$-x$	$+x$
平衡浓度/mol·L^{-1}	$0.100-x$	$0.100-x$	$0.0100+x$

$$K^{\ominus}=\frac{c_{Fe^{3+}}/c^{\ominus}}{(c_{Fe^{2+}}/c^{\ominus})(c_{Ag^{+}}/c^{\ominus})}$$

$$2.98=\frac{0.0100+x}{(0.100-x)^2}$$

解得 $x=0.0130$

$$c_{Fe^{2+}}=c_{Ag^{+}}=(0.100-0.0130)\text{mol}\cdot\text{L}^{-1}=0.0870\text{mol}\cdot\text{L}^{-1}$$

$$c_{Fe^{3+}}=(0.0100+0.0130)\text{mol}\cdot\text{L}^{-1}=0.0230\text{mol}\cdot\text{L}^{-1}$$

（3）在溶液中的反应可被看作是定容反应。因此

$$\alpha_{Ag^{+}}=\frac{0.0130}{0.100}\times100\%=13.0\%$$

（4）设在新条件下的平衡转化率为 α'

	$Fe^{2+}(aq)+$	$Ag^{+}(aq)\rightleftharpoons$	$Fe^{3+}(aq)+Ag(s)$
新平衡浓度/mol·L^{-1}	$0.300-0.100\alpha'$	$0.100-0.100\alpha'$	$0.0100+0.100\alpha'$

$$K^{\ominus}=\frac{0.0100+0.100\alpha'}{(0.300-0.100\alpha')(0.100-0.100\alpha')}=2.98$$

解得 $\alpha'=38.1\%$

由此可见，增大某反应物的浓度，可使平衡向正反应方向移动，且使另一反应物的转化率提高。化工生产中常利用这一原理来提高某反应物的转化率。

压力对化学平衡的影响

5.2.2 压力对化学平衡的影响

对于有气体参与的化学反应来说，同浓度的变化相仿，压力的变化也不改变标准

平衡常数的数值，只可能使反应商的数值改变。使得 $J \neq K^{\ominus}$，平衡将发生移动。由于改变系统压力的方法不同，所以改变压力对平衡移动的影响要视具体情况而定。

（1） 系统总压变化的影响

对于有气体参与的化学反应来说，反应系统体积的变化能导致系统总压和各物质分压的变化。例如：

$$aA(g)+bB(g) \rightleftharpoons yY(g)+zZ(g)$$

平衡时

$$J=K^{\ominus}=\frac{[p_Y/p^{\ominus}]^y \cdot [p_Z/p^{\ominus}]^z}{[p_A/p^{\ominus}]^a \cdot [p_B/p^{\ominus}]^b}$$

在一定温度下使反应系统压缩，即将系统的总压力增大 x 倍，则相应各组分的分压也同时增大 x 倍，此时反应商为：

$$J=\frac{[xp_Y/p^{\ominus}]^y \cdot [xp_Z/p^{\ominus}]^z}{[xp_A/p^{\ominus}]^a \cdot [xp_B/p^{\ominus}]^b}=x^{\Sigma\nu_B(g)}K^{\ominus}$$

① $\Sigma\nu_B(g)>0$ 的反应，即为气体分子总数增加的反应，此时 $J>K^{\ominus}$，平衡向逆方向移动，或者说平衡向气体分子总数减小的方向移动。

② $\Sigma\nu_B(g)<0$ 的反应，即为气体分子总数减小的反应，此时 $J<K^{\ominus}$，平衡向正方向移动，或者说平衡向气体分子总数减小的方向移动。

③ $\Sigma\nu_B(g)=0$ 的反应，即反应前后气体分子总数不变，此时 $J=K^{\ominus}$，平衡不发生移动。

结论：对于反应方程式两边气体分子总数不相等的反应[$\Sigma\nu_B(g)\neq 0$]，定温下，增大系统的压力，平衡向气体分子总数减少的方向移动；减小压力，平衡向气体分子总数增加的方向移动。

对于反应方程式两边气体分子总数相等的反应[$\Sigma\nu_B(g)=0$]，由于系统总压力的改变同等程度地改变反应物和生成物的分压，J 值不变仍等于 $K^{\ominus}$，故平衡不移动。

总之，定温压缩（或膨胀）只能使[$\Sigma\nu_B(g)\neq 0$]的平衡发生移动。

（2） 惰性气体存在的影响

惰性气体为不参与化学反应的气态物质，惰性气体的加入将对化学平衡产生不同的影响。

① 反应系统在有惰性气体存在下达到平衡：即在反应前，向系统中加入惰性气体（指不参加反应的气体），系统在一定条件下达到平衡时，由于此时惰性气体的分压不出现在 J 和 $K^{\ominus}$ 的表达式中，即只要 $\Sigma\nu_B(g)\neq 0$，定温压缩平衡同样向气体分子总数减少的方向移动。

② 反应在定温定容下达到平衡后，引入惰性气体：即反应系统的总体积不变，虽然惰性气体的存在造成总压力增大，但反应系统的各物质分压并没有改变，$J=K^{\ominus}$，此时原平衡不变，平衡不发生移动。

③ 反应在定温定压下达到平衡后，引入惰性气体：即反应系统的总压不变，显然惰性气体的存在引起系统的总体积增大，造成反应系统的各物种的分压降低，当 $\Sigma\nu_B(g)\neq 0$ 时，导致 $J\neq K^{\ominus}$，则化学平衡向气体分子总数增加的方向移动。

综上所述，压力对平衡移动的影响，关键在于各反应物和产物的分压是否改变，同时要考虑反应前后气体分子数是否改变。基本的判据仍然是 J 与 $K^{\ominus}$ 的关系。由于压力对一般的只有液、固体参加的反应影响很小，平衡不发生移动，因此可以认为压力对只有液、固体参加的反应无影响。

【例 5-8】 $N_2O_4(g)$ 的分解反应为：$N_2O_4(g) \rightleftharpoons 2NO_2(g)$。已知反应在总压 101.3kPa 和 325K 达到平衡时 $N_2O_4(g)$ 的平衡转化率为 50.2%，试求：

(1) 325K 时反应的 $K^{\ominus}$；

(2) 相同温度下，压力增加到 5×101.3kPa 时 $N_2O_4(g)$ 平衡转化率。

解：(1)

	$N_2O_4(g)$	$\rightleftharpoons 2NO_2(g)$
起始物质的量 n/mol	1	0
变化物质的量 n/mol	$-\alpha$	$+2\alpha$
平衡物质的量 n/mol	$1-\alpha$	2α
平衡时	$n(总)=1-\alpha+2\alpha=1+\alpha$	
平衡分压 p/kPa	$p_{总} \cdot \dfrac{1-\alpha}{1+\alpha}$	$p_{总} \cdot \dfrac{2\alpha}{1+\alpha}$

$$K^{\ominus}=\frac{[p_{NO_2}/p^{\ominus}]^2}{[p_{N_2O_4}/p^{\ominus}]}=\frac{\left[\dfrac{p_{总}}{p^{\ominus}} \cdot \dfrac{2\alpha}{1+\alpha}\right]^2}{\dfrac{p_{总}}{p^{\ominus}} \cdot \dfrac{1-\alpha}{1+\alpha}}=\frac{p_{总}}{p^{\ominus}} \cdot \frac{4\alpha^2}{1-\alpha^2}$$

将 $p_{总}=101.3$kPa，$\alpha=50.2\%$代入，得

$$K^{\ominus}=1.37$$

(2) 当压力增加到 5×101.3kPa 时，$K^{\ominus}$不变，设 $N_2O_4(g)$ 平衡转化率为 α'，则有

$$K^{\ominus}=\frac{p_{总}}{p^{\ominus}} \cdot \frac{4\alpha'^2}{1-\alpha'^2}=\frac{5 \times 101.3}{100} \cdot \frac{4\alpha'^2}{1-\alpha'^2}=1.37$$

解得 $\alpha'=0.251=25.1\%$

上述结果表明增加压力，平衡向气体分子总数减小的方向移动，所以 $N_2O_4(g)$ 平衡转化率降低。

5.2.3 温度对化学平衡的影响

浓度或压力改变造成 J 发生改变，使得 J 和 $K^{\ominus}$不相等，导致化学平衡移动。而温度对化学平衡移动的影响改变的是 $K^{\ominus}$，使得 J 和 $K^{\ominus}$不相等，平衡将发生移动。

温度对化学平衡的影响

由 $\Delta_r G_m^{\ominus}(T)=\Delta_r H_m^{\ominus}(T)-T \cdot \Delta_r S_m^{\ominus}(T)$ 及 $\Delta_r G_m^{\ominus}(T)=-RT\ln K^{\ominus}$可以导出下列关系式：

$$\ln K^{\ominus}=\frac{-\Delta_r H_m^{\ominus}(T)}{RT}+\frac{\Delta_r S_m^{\ominus}(T)}{R} \tag{5-9a}$$

严格地说，$\Delta_r H_m^{\ominus}(T)$ 和 $\Delta_r S_m^{\ominus}(T)$ 与温度有关，但在温度变化范围不大的条件下，物质本身又无相变化发生的情况下，可近似地将 $\Delta_r H_m^{\ominus}(T)$ 和 $\Delta_r S_m^{\ominus}(T)$ 看作与温度无关，即近似认为 $\Delta_r H_m^{\ominus}(T) \approx \Delta_r H_m^{\ominus}(298.15K)$，$\Delta_r S_m^{\ominus}(T) \approx \Delta_r S_m^{\ominus}(298.15K)$。式(5-9a) 可被写作：

$$\ln K^{\ominus}=\frac{-\Delta_r H_m^{\ominus}(298.15K)}{RT}+\frac{\Delta_r S_m^{\ominus}(298.15K)}{R} \tag{5-9b}$$

设某反应，在温度 T_1，T_2 时对应的平衡常数为 $K_1^{\ominus}$ 和 $K_2^{\ominus}$，代入式(5-9b) 中得

$$\ln K_1^\ominus = \frac{-\Delta_r H_m^\ominus(298.15\text{K})}{RT_1} + \frac{\Delta_r S_m^\ominus(298.15\text{K})}{R}$$

$$\ln K_2^\ominus = \frac{-\Delta_r H_m^\ominus(298.15\text{K})}{RT_2} + \frac{\Delta_r S_m^\ominus(298.15\text{K})}{R}$$

走近化学家：范托（霍）夫

两式相减，得

$$\ln \frac{K_2^\ominus}{K_1^\ominus} = \frac{\Delta_r H_m^\ominus(298.15\text{K})}{R}\left(\frac{1}{T_1} - \frac{1}{T_2}\right) \tag{5-9c}$$

（1）吸热反应

由于 $\Delta_r H_m^\ominus > 0$，若升高温度 $T_2 > T_1$，则 $J = K_1^\ominus < K_2^\ominus$，化学平衡向正反应方向移动，即向吸热方向移动。

（2）放热反应

由于 $\Delta_r H_m^\ominus < 0$，若升高温度 $T_2 > T_1$，则 $J = K_1^\ominus > K_2^\ominus$，化学平衡向逆反应方向移动，同样向吸热反应方向移动。

综上所述，升高温度，化学平衡向吸热反应方向移动；降低温度，化学平衡向放热反应方向移动。

5.3 酸碱反应与酸碱平衡

走近化学家：侯德邦

酸碱反应是很重要的一类反应。例如，人的体液 pH 要保持在 7.35～7.45；胃中消化液的成分是稀盐酸，胃酸过多会引起溃疡，过少又可能引起贫血；激烈运动后，肌肉中产生的乳酸使人感到疲劳；牛奶中乳酸的生成能使牛奶凝结；土壤和水的酸碱性对某些植物和动物的生长有重大影响；地质过程中岩石的风化、钟乳石的形成等也受到水的酸性影响；日常生活中，药物阿司匹林和维生素 C 本身就是酸，食醋含有乙酸，柠檬水含有柠檬酸和抗坏血酸；还有小苏打、氧化镁乳、刷墙粉、洗涤剂等都是碱。

1884 年，瑞典化学家阿伦尼乌斯（S. A. Avrhenius）根据电解质溶液理论，提出了第一个酸碱理论——酸碱电离理论，赋予了酸和碱的科学定义。Avrhenius 指出：酸是在水溶液中经电离只生成 H^+ 一种阳离子的物质；碱是在水溶液中经电离只生成 OH^- 一种阴离子的物质。也就是说，能电离出 H^+ 是酸的特征，能电离出 OH^- 是碱的特征。

酸碱电离理论从物质的组成上阐明了酸、碱的特征，是人类对酸碱的认识从现象到本质的一次飞跃，它对化学科学的发展起到了积极作用。至今这一理论仍在化学各领域中广泛地应用。然而，这种理论有局限性，它把酸和碱只限于水溶液中，因此对非水系统和无溶剂系统都不适用；另外，该理论仅把碱看成氢氧化物，这样就不能解释一些不含 OH^- 基团的分子（如 NH_3 等）或离子（如 F^-、Ac^-、CO_3^{2-} 等）在水中所表现出的碱性。这说明电离理论还不完善，需要进一步补充和发展。

所以，在酸碱理论的发展过程中相继出现了富兰克林（E. C. Franklin）的酸碱溶剂理论，布朗斯台德（J. N. Brønsted）和劳莱（T. M. Lowry）的酸碱质子理论，路易斯（G. N. Lewis）的酸碱电子理论等。这些酸碱理论的提出使酸碱的范围不断扩大，人们对酸碱的认识也不断发展和深化。现代酸碱理论中广泛应用的是酸碱质子理论和酸碱电子理论。

5.3.1　酸碱质子理论

1923年丹麦化学家 J. N. Brønstred 和英国化学家 T. M. Lowry 分别各自独立地提出了酸碱质子理论。

酸碱质子理论

质子理论认为：凡是能给出质子的任何含氢原子的分子或离子都是酸；凡是能接受质子的分子或离子都是碱，即酸是质子给予体，碱是质子接受体。酸和碱并不是孤立的，而是统一在对质子的关系上，这种关系可用下式表示为：

$$酸 \rightleftharpoons 质子 + 碱$$

满足上述关系的一对酸和碱称为共轭酸碱对，例如：

$$HAc \rightleftharpoons H^+ + Ac^-$$

上式中，HAc 是酸，它给出质子后，转化成的 Ac^- 对于质子具有一定的亲和力，能接受质子，因而 Ac^- 就是 HAc 的共轭碱。这种因一个质子的得失而互相转变的一对酸碱，称为共轭酸碱对，例如：

$$HClO_4 \rightleftharpoons H^+ + ClO_4^-$$

$$NH_4^+ \rightleftharpoons H^+ + NH_3$$

$$HCO_3^- \rightleftharpoons H^+ + CO_3^{2-}$$

$$H_2PO_4^- \rightleftharpoons H^+ + HPO_4^{2-}$$

$$HPO_4^{2-} \rightleftharpoons H^+ + PO_4^{3-}$$

酸给出质子后生成相应的碱（酸的共轭碱），而碱结合质子后又生成相应的酸（碱的共轭酸），酸碱之间的这种相互依存关系，被称为酸碱的共轭关系。

从上述几对共轭酸碱可以看出，酸和碱可以是分子，也可以是离子。

5.3.2　酸碱反应的实质

根据酸碱质子理论可知，酸给出质子，必须有接受质子的碱存在，质子才能从酸转移至碱。因此，酸碱反应的实质是两个共轭酸碱对之间的质子转移反应，可用通式表示为：

$$酸_1 + 碱_2 \rightleftharpoons 酸_2 + 碱_1$$

式中，$酸_1$ 和 $碱_1$，$酸_2$ 和 $碱_2$ 互为共轭酸碱对。质子从一种物质（$酸_1$）转移到另一种物质（$碱_2$）上，这种反应无论是在水溶液中，还是在非水溶液中或气相中进行，其实质都是一样的，解决了非水溶液中和气体间的酸碱反应，为研究质子反应开辟了广阔的天地。

（1）酸碱的解离反应

例如，HAc 在水溶液中解离时，作为溶剂的水就是可以接受质子的碱，它们之间的反应可以表示如下：

$$HAc \rightleftharpoons H^+ + Ac^-$$

$$H_2O + H^+ \rightleftharpoons H_3O^+$$

$$HAc + H_2O \rightleftharpoons H_3O^+ + Ac^-$$

酸$_1$　碱$_2$　酸$_2$　碱$_1$

两个共轭酸碱对通过质子交换而达到平衡。

同样，碱在水溶液中接受质子的过程，也必须有溶剂水的分子参加。例如：

$$H_2O \rightleftharpoons H^+ + OH^-$$

$$NH_3 + H^+ \rightleftharpoons NH_4^+$$

$$H_2O + NH_3 \rightleftharpoons NH_4^+ + OH^-$$

酸$_1$　碱$_2$　酸$_2$　碱$_1$

在这个平衡中作为溶剂的水起了酸的作用，与 HAc 在水中解离的情况相比较可知，水是一种两性溶剂。

（2）酸碱的中和反应

根据质子理论，酸和碱的中和反应也是质子的转移反应，例如 HCl 与 NH_3 反应：

$$HCl + H_2O \rightleftharpoons H_3O^+ + Cl^-$$

$$H_3O^+ + NH_3 \rightleftharpoons H_2O + NH_4^+$$

即总反应为：　$HCl + NH_3 \rightleftharpoons NH_4^+ + Cl^-$

（3）盐的水解反应

盐的水解反应，实质上也是质子的转移反应。它们和酸碱解离反应在本质上是相同的，例如：

$HAc + H_2O \rightleftharpoons H_3O^+ + Ac^-$　　解离

$H_2O + NH_3 \rightleftharpoons NH_4^+ + OH^-$　　解离

酸$_1$　碱$_2$　酸$_2$　碱$_1$

$H_2O + Ac^- \rightleftharpoons HAc + OH^-$　　水解

$NH_4^+ + H_2O \rightleftharpoons H_3O^+ + NH_3$　　水解

酸$_1$　碱$_2$　酸$_2$　碱$_1$

总之，各种酸碱反应过程都是质子转移过程，因此运用质子理论就可以找出各种酸碱反应的基本特征。

5.3.3 弱酸、弱碱的解离平衡

强酸与弱酸的电离

通常所说的弱酸和弱碱是指酸、碱的基本存在形式为中性分子，它们大部分以分子形式存在于水溶液中，当与水发生质子转移反应时，只部分解离为阳、阴离子。通常所说的盐多数为强电解质，在水中完全解离为阳、阴离子，其中有些阳离子或阴离子与水也能发生质子转移反应，或者给出质子或者接受质子，称它们为离子酸或离子碱。另外，从每个酸（或碱）能否给出（或接受）多少个质子来划分：只能给出一个质子的，称为一元弱酸，能给出多个质子的称为多元弱酸；只能接受一个质子的称为

一元弱碱，能接受多个质子的称为多元弱碱。弱酸、弱碱在水溶液中的质子转移平衡完全服从化学平衡移动的一般规律。

5.3.3.1 水的解离与溶液的 pH

水是生命之源，也是最重要的溶剂。许多化学反应以及多数化工产品的生产都是在水溶液中进行的。实验证明，纯水是一种极弱的电解质，按照酸碱质子理论，其自身解离反应如下：

$$H_2O(l)+H_2O(l) \rightleftharpoons H_3O^+(aq)+OH^-(aq)$$

该解离反应很快达到平衡，平衡时，水中的 H_3O^+ 和 OH^- 的浓度很小。根据水的电导率的测定，一定温度下，$c_{H_3O^+}$ 和 c_{OH^-} 的乘积是恒定的。根据热力学中对溶质和溶剂标准状态的规定，水解离反应的标准平衡常数表达式为：

$$K_w^{\ominus}=\left(\frac{c_{H_3O^+}}{c^{\ominus}}\right)\cdot\left(\frac{c_{OH^-}}{c^{\ominus}}\right) \tag{5-10a}$$

通常简写为：

$$K_w^{\ominus}=c_{H_3O^+}\cdot c_{OH^-} \tag{5-10b}$$

或写作：

$$H_2O(l) \rightleftharpoons H^+(aq)+OH^-(aq)$$

$$K_w^{\ominus}=c_{H^+}\cdot c_{OH^-} \tag{5-10c}$$

上式中 $K_w^{\ominus}$ 称为水的离子积常数，简称水的离子积。

298.15K 时，根据电导率的测定纯水中 $c_{H^+}=c_{OH^-}=1.0\times10^{-7}mol\cdot L^{-1}$，这时水的离子积 $K_w^{\ominus}=1.0\times10^{-14}$。由于水的解离反应是强酸强碱中和反应的逆反应，即水在解离时要吸收大量的热。因此，温度升高，水的解离度增大，离子积也随之增大。例如 333.15K 时，$K_w^{\ominus}=9.6\times10^{-14}$，373.15K 时，$K_w^{\ominus}=5.5\times10^{-13}$，但在常温时，$K_w^{\ominus}$ 值一般可以认为是 1.0×10^{-14}。

常温时，无论是中性、酸性还是碱性的水溶液里，H^+ 浓度和 OH^- 浓度的乘积都等于 1.0×10^{-14}。溶液中 H^+ 浓度或 OH^- 浓度的大小反映了溶液酸碱性的强弱，在常温下，若：

$c_{H^+}>c_{OH^-}$ 或 $c_{H^+}>1.0\times10^{-7}mol\cdot L^{-1}$　　溶液呈酸性

$c_{H^+}=c_{OH^-}=1.0\times10^{-7}mol\cdot L^{-1}$　　溶液呈中性

$c_{H^+}<c_{OH^-}$ 或 $c_{H^+}<1.0\times10^{-7}mol\cdot L^{-1}$　　溶液呈碱性

由于在生产实践中，经常要用到一些 H^+ 浓度很小的溶液，若直接用 H^+ 浓度来表示溶液的酸碱性就很不方便，因此，在化学上常用 pH 表示溶液的酸碱性，pH 等于 H^+ 浓度的负对数，即

$$pH=-\lg c_{H^+} \tag{5-11}$$

因此，若以 pH 表示溶液的酸碱性，则关系如下：

pH<7，溶液呈酸性；

pH=7，溶液呈中性；

pH>7，溶液呈碱性。

显然 pH 越低，溶液的酸性越强。同样，OH^- 浓度、$K_w^{\ominus}$ 的负对数也可以分别用 pOH 和 $pK_w^{\ominus}$ 来表示，因而在常温时有：

$$pK_w^\ominus = pH + pOH = 14 \tag{5-12}$$

pH 仅适用于表示 c_{H^+} 或 c_{OH^-} 在 $1mol \cdot L^{-1}$ 以下的溶液酸碱性。如果 $c_{H^+} > 1mol \cdot L^{-1}$，则 pH<0；$c_{OH^-} > 1mol \cdot L^{-1}$，则 pH>14。在这种情况下就直接写出 c_{H^+} 或 c_{OH^-}，而不用 pH 表示这类溶液的酸碱性。

5.3.3.2　一元弱酸、弱碱的解离平衡

在一定温度下，弱酸或弱碱在水溶液中达到解离平衡时，解离所生成的各种离子相对浓度的乘积与溶液中未解离的分子的相对浓度之比是一个常数，称为解离常数。弱酸的解离常数用 $K_a^\ominus$ 表示，弱碱的解离常数用 $K_b^\ominus$ 表示，其值可由热力学数据计算，也可以由实验测定。常见 $K_a^\ominus$，$K_b^\ominus$ 的值见附录 5。

（1）一元弱酸的解离平衡

一元弱酸、弱碱的解离平衡

① 解离常数　一元弱酸 HA 在水溶液中存在如下质子转移反应：

$$HA(aq) + H_2O(l) \rightleftharpoons H_3O^+(aq) + A^-(aq)$$

简写为：

$$HA(aq) \rightleftharpoons H^+(aq) + A^-(aq)$$

这类反应一般都能很快达到平衡，称其为解离平衡（或电离平衡）。在稀溶液中水的量基本保持恒定，平衡时 c_{H^+}、c_{HA} 和 c_{A^-} 之间有下列关系：

$$K_a^\ominus(HA) = \frac{(c_{H^+}/c^\ominus)(c_{A^-}/c^\ominus)}{c_{HA}/c^\ominus} \tag{5-13}$$

或简写为：

$$K_a^\ominus(HA) = \frac{c_{H^+} \cdot c_{A^-}}{c_{HA}} \tag{5-14}$$

式中，$K_a^\ominus$(HA) 被称为弱酸 HA 的解离常数，弱酸解离常数的数值表明了酸的相对强弱。在相同温度下，解离常数大的酸是较强的酸，其给出质子的能力强。$K_a^\ominus$ 虽然受温度的影响，但变化不大。弱酸的解离常数可以借助 pH 计测定溶液的 pH，然后通过计算来确定。已知弱酸的解离常数 $K_a^\ominus$，就可以计算出一定浓度的弱酸溶液的平衡组成。实际上在弱酸溶液中还存在着水的解离平衡：

$$H_2O(l) + H_2O(l) \rightleftharpoons H_3O^+(aq) + OH^-(aq)$$

简写为：

$$H_2O(l) \rightleftharpoons H^+(aq) + OH^-(aq)$$

虽然 HA 和 H_2O 它们都能解离出 H^+，二者之间相互联系、相互影响，但通常情况下 $K_a^\ominus \gg K_w^\ominus$，只要 c_{HA} 不是很小，H^+ 主要是由 HA 解离产生的。因此，计算 HA 溶液中 H^+ 时，就可以不考虑水的解离平衡。

② 解离度　在弱酸、弱碱的解离平衡组成计算中，常用到解离度的概念，以 α 表示。解离度 α 是这样定义的：解离的分子数与分子总数之比。在定容反应中，已解离的弱酸（或弱碱）的浓度与原始浓度之比等于其解离度。弱酸的解离度可表示为：

$$\alpha = \frac{c_{已,HA}}{c_{0,HA}} \times 100\% \tag{5-15}$$

弱酸解离度的大小也可以表示酸的相对强弱。在温度、浓度相同的条件下，解离度大的酸，$K_a^\ominus$ 大，其 pH 小，为较强的酸；解离度小的酸，$K_a^\ominus$ 小，其 pH 大，为较弱的酸。

③ 稀释定律　以初始浓度为 c mol·L^{-1}HA 的解离平衡为例，平衡时溶液中 H^+ 浓度及 α 与 $K_a^\ominus$ 间的定量关系可以推导如下：

$$HA(aq) \rightleftharpoons H^+(aq) + A^-(aq)$$

初始浓度/mol·L^{-1}	c	0	0
平衡浓度/mol·L^{-1}	$c(1-\alpha)$	$c\alpha$	$c\alpha$

$$K_a^\ominus(HA) = \frac{(c\alpha)^2}{c(1-\alpha)}$$

当 $\{c/K_a^\ominus(HA)\} \geqslant 400$ 时，$1-\alpha \approx 1$

$$K_a^\ominus(HA) = c\alpha^2$$

$$\alpha = \sqrt{\frac{K_a^\ominus(HA)}{c}} \tag{5-16}$$

式(5-16) 表明了一元弱酸溶液的初始浓度、解离度和解离常数之间的关系，称为稀释定律。稀释定律表明了在一定温度下 $K_a^\ominus$ 保持不变，溶液在一定浓度范围内被稀释时，解离度 α 将增大。

根据稀释定律，一元弱酸达到平衡时

$$c_{H^+} = c\alpha = \sqrt{c \cdot K_a^\ominus(HA)} \tag{5-17}$$

(2) 一元弱碱的解离平衡

一元弱碱的解离平衡组成的计算方法与一元弱酸的解离平衡组成的计算没有本质上的差别。比如在弱碱 NH_3 溶液中，存在如下质子转移反应：

$$NH_3(aq) + H_2O(l) \rightleftharpoons NH_4^+(aq) + OH^-(aq)$$

$$K_b^\ominus(NH_3) = \frac{(c_{NH_4^+}/c^\ominus)(c_{OH^-}/c^\ominus)}{c_{NH_3}/c^\ominus} \tag{5-18}$$

或简写为

$$K_b^\ominus(NH_3) = \frac{c_{NH_4^+} \cdot c_{OH^-}}{c_{NH_3}} \tag{5-19}$$

式中，$K_b^\ominus(NH_3)$ 称为一元弱碱 NH_3 的解离常数。

与一元弱酸类似，对于一元弱碱来说，稀释定律可表示为：

$$\alpha = \sqrt{\frac{K_b^\ominus(NH_3)}{c}} \tag{5-20}$$

一元弱碱达到平衡时

$$c_{OH^-} = \sqrt{c \cdot K_b^\ominus(NH_3)} \tag{5-21}$$

【例 5-9】 计算 25℃时，0.10mol·L^{-1} HAc 溶液中 H^+、Ac^-、HAc、OH^- 的浓度及溶液的 pH。

解：查附录 5 知，$K_a^\ominus(HAc) = 1.8 \times 10^{-5}$

$$HAc(aq) \rightleftharpoons H^+(aq) + Ac^-(aq)$$

起始浓度/mol·L^{-1}	0.10	0	0
平衡浓度/mol·L^{-1}	$0.10-x$	x	x

$$K_a^\ominus(HAc) = \frac{c_{H^+} \cdot c_{Ac^-}}{c_{HAc}}$$

$$1.8\times10^{-5}=\frac{x^2}{0.10-x} \qquad x=1.3\times10^{-3}$$

$$c_{H^+}=c_{Ac^-}=1.3\times10^{-3}\,mol\cdot L^{-1}$$

$$c_{HAc}=(0.10-1.3\times10^{-3})\,mol\cdot L^{-1}\approx0.10\,mol\cdot L^{-1}$$

溶液中 OH^- 来自水解离：$K_w^\ominus=c_{H^+}\cdot c_{OH^-}$

$$c_{OH^-}=7.7\times10^{-12}\,mol\cdot L^{-1}$$

由水本身解离出来的 $c_{H^+}=c_{OH^-}=7.7\times10^{-12}\,mol\cdot L^{-1}$，将 $7.7\times10^{-12}\,mol\cdot L^{-1}$ 与 $1.3\times10^{-3}\,mol\cdot L^{-1}$ 比较，可以看出，忽略水解离所产生的 H^+ 是完全合理的。

该溶液的 $pH=-\lg c_{H^+}=-\lg1.3\times10^{-3}=2.89$

【例 5-10】 已知 25℃时，$0.20\,mol\cdot L^{-1}\,NH_3$ 溶液的 pH＝11.27，计算溶液中 OH^- 的浓度、解离度 α 及 NH_3 的 $K_b^\ominus$。

解：$pH=11.27, pOH=2.73, c_{OH^-}=1.9\times10^{-3}\,mol\cdot L^{-1}$

$$\alpha=\frac{1.9\times10^{-3}}{0.20}\times100\%=0.95\%$$

$$K_b^\ominus(NH_3)=\frac{c\alpha^2}{1-\alpha}=\frac{0.20\times(0.0095)^2}{1-0.0095}=1.8\times10^{-5}$$

5.3.3.3 二元弱酸的解离平衡

在水溶液中能提供两个或两个以上 H^+ 的酸叫多元酸，多元酸在水中的解离是分步进行的，每一步都有相应的解离常数。前面所讨论的一元弱酸的解离平衡原理，完全适用于多元弱酸弱碱的解离平衡。现以碳酸（H_2CO_3）为例，H_2CO_3 是二元弱酸，它的解离分两步进行。

第一步：$H_2CO_3(aq)+H_2O(l) \rightleftharpoons H_3O^+(aq)+HCO_3^-(aq)$

$$K_{a_1}^\ominus(H_2CO_3)=\frac{c_{HCO_3^-}\cdot c_{H_3O^+}}{c_{H_2CO_3}}=4.2\times10^{-7}$$

第二步：$HCO_3^-(aq)+H_2O(l) \rightleftharpoons H_3O^+(aq)+CO_3^{2-}(aq)$

$$K_{a_2}^\ominus(H_2CO_3)=\frac{c_{CO_3^{2-}}\cdot c_{H_3O^+}}{c_{HCO_3^-}}=4.7\times10^{-11}$$

分析碳酸的分步解离可以发现：第一步解离中的共轭碱 HCO_3^-，是第二步解离中的酸，其共轭碱为二元酸的酸根离子 CO_3^{2-}，所以 HCO_3^- 是两性物质。另外，在多元弱酸溶液中，实际上存在多个解离平衡，除了酸自身的多步解离平衡之外，还有溶剂水的解离平衡。它们能同时很快达到平衡。这些平衡中有相同的物种 H_3O^+，平衡时溶液中的 $c_{H_3O^+}$ 保持恒定。此时，$c_{H_3O^+}$ 满足各平衡的标准平衡常数表达式的数量关系。关键是各平衡的 $K^\ominus$ 相对大小不同，它们解离出来的 H_3O^+ 对溶液中 H_3O^+ 的总浓度贡献不同。少数多元弱酸的 $K_{a_1}^\ominus$，$K_{a_2}^\ominus$…相差很小（查附录 5），多数多元酸的 $K_{a_1}^\ominus$，$K_{a_2}^\ominus$…都相差很大。这种情况 $K_{a_1}^\ominus/K_{a_2}^\ominus\geqslant10^3$ 下，溶液中 H_3O^+ 主要来自第一步解离反应，溶液中 H_3O^+ 浓度的计算可按一元弱酸的解离平衡作近似处理。

多元弱碱也可以按多元弱酸类似处理。

【例 5-11】 计算 $0.010\,mol\cdot L^{-1}\,H_2CO_3$ 溶液中 H_3O^+、H_2CO_3、HCO_3^-、CO_3^{2-}

和 OH^- 浓度，以及溶液的 pH。

解：由附录5可知 H_2CO_3 的 $K^{\ominus}_{a_1}=4.2\times10^{-7}$，$K^{\ominus}_{a_2}=4.7\times10^{-11}$。由于 $K^{\ominus}_{a_1}\gg K^{\ominus}_{a_2}$，且 $K^{\ominus}_{a_1}\gg K^{\ominus}_{w}$，溶液中的产生 H_3O^+ 的主要反应是 H_2CO_3 的第一步解离反应：

$$H_2CO_3(aq)+H_2O(l)\rightleftharpoons H_3O^+(aq)+HCO_3^-(aq)$$

平衡浓度/$mol\cdot L^{-1}$　　$0.010-x$　　　　$x+y\approx x$　　$x-y\approx x$

$$K^{\ominus}_{a_1}=\frac{c_{HCO_3^-}\cdot c_{H_3O^+}}{c_{H_2CO_3}}=\frac{x^2}{0.010-x}=4.2\times10^{-7}$$

$$0.010-x\approx0.010,x^2=4.2\times10^{-7}\times0.010,x=6.5\times10^{-5}$$

$$c_{HCO_3^-}=c_{H_3O^+}=6.5\times10^{-5}mol\cdot L^{-1}$$

$$c_{H_2CO_3}\approx0.010mol\cdot L^{-1}$$

CO_3^{2-} 是在第二步解离中产生的：

$$HCO_3^-(aq)+H_2O(l)\rightleftharpoons H_3O^+(aq)+CO_3^{2-}(aq)$$

平衡浓度/$mol\cdot L^{-1}$　　6.5×10^{-5}　　　　6.5×10^{-5}　　y

$$K^{\ominus}_{a_2}=\frac{c_{CO_3^{2-}}\cdot c_{H_3O^+}}{c_{HCO_3^-}}=\frac{6.5\times10^{-5}y}{6.5\times10^{-5}}=4.7\times10^{-11}$$

$$y=K^{\ominus}_{a_2}=4.7\times10^{-11}mol\cdot L^{-1}$$

$$c_{CO_3^{2-}}=K^{\ominus}_{a_2}=4.7\times10^{-11}mol\cdot L^{-1}$$

OH^- 来自 H_2O 的解离平衡：

$$H_2O+H_2O\rightleftharpoons H_3O^++OH^-$$

平衡浓度/$mol\cdot L^{-1}$　　　　6.5×10^{-5}　z

$$K^{\ominus}_{w}=c_{H_3O^+}\cdot c_{OH^-}=6.5\times10^{-5}z=1.0\times10^{-14}$$

$$c_{OH^-}=z=1.5\times10^{-10}mol\cdot L^{-1}$$

$$pH=-\lg c_{H_3O^+}=-\lg6.5\times10^{-5}=4.19$$

在计算即将结束时，很重要的是要认真核对、检查解题过程中的近似处理是否可行。第一步解离出的 $c_{H_3O^+}=6.5\times10^{-5}mol\cdot L^{-1}$；第二步解离出的 $c_{H_3O^+}=4.7\times10^{-11}mol\cdot L^{-1}$；由水解离出的 $c_{H_3O^+}=1.5\times10^{-10}mol\cdot L^{-1}$。因此，$6.5\times10^{-5}\pm y+z\approx6.5\times10^{-5}$ 是完全合理的。由此也看出，溶液的 pH 是由第一步解离出来的 $c_{H_3O^+}$ 决定的。

其次，在上述解题过程中确认了 $c_{CO_3^{2-}}$ 在数值上等于 $K^{\ominus}_{a_2}$，这对二元弱酸 H_2A 来说具有普遍意义的。即在仅含有二元弱酸 H_2A 的溶液中，$K^{\ominus}_{a_1}\gg K^{\ominus}_{a_2}$ 时，二元酸根离子的浓度 $c_{A^{2-}}=K^{\ominus}_{a_2}(H_2A)$。但是，这个结论却不能简单地推广到三元弱酸溶液中。

第三，在二元弱酸 H_2A 溶液中，$c_{H_3O^+}\neq2c_{A^{2-}}$。这是因为 H_2A 的第二步解离只是部分的，若二元弱酸 H_2A 与强酸的混合溶液中，$c_{A^{2-}}$ 与 $c_{H_3O^+}$ 的关系推导如下：

$$H_2A(aq)+H_2O(l)\rightleftharpoons H_3O^+(aq)+HA^-(aq)\qquad K^{\ominus}_{a_1}$$

$$+)\quad \underline{HA^-(aq)+H_2O(l)\rightleftharpoons H_3O^+(aq)+A^{2-}(aq)}\qquad K^{\ominus}_{a_2}$$

$$H_2A(aq)+2H_2O(l)\rightleftharpoons 2H_3O^+(aq)+A^{2-}(aq)$$

$$K^{\ominus}=\frac{c^2_{H_3O^+}\cdot c_{A^{2-}}}{c_{H_2A}}=K^{\ominus}_{a_1}\cdot K^{\ominus}_{a_2}$$

$$c_{A^{2-}}=\frac{K_{a_1}^{\ominus}K_{a_2}^{\ominus}\cdot c_{H_2A}}{c_{H_3O^+}^2}$$

这里的 $c_{H_3O^+}$ 不仅来自 H_2A 的解离，更确切地说，主要不是来自 H_2A 的解离，而主要是来自强酸的全部解离产生的 H_3O^+。在这种混酸中，$c_{A^{2-}}$ 的数值与溶液中的 $c_{H_3O^+}^2$ 成反比。根据这一原理可以通过改变 pH 的方法来控制 $c_{A^{2-}}$，以达到实际需要的目的。

5.3.4 盐溶液的酸碱平衡

盐溶液有中性、酸性或碱性之分，这取决于组成盐的阳离子和阴离子的酸碱性。由强酸强碱所生成的盐在水中完全解离产生的阳、阴离子不与水发生质子转移反应，这种盐不水解，其水溶液为中性。除此之外，其他各类盐在水中解离所产生的阳、阴离子中的一种或多种离子能与水发生质子转移反应，这种反应被称为盐类的水解反应。这些能与水发生质子转移反应的离子物质被称为离子酸或离子碱。它们的溶液的酸碱性取决于这些离子酸和离子碱的相对强弱。

（1）强碱弱酸盐（离子碱）

NaAc，NaCN 等这类一元强碱弱酸盐的水溶液均显碱性。这些盐在水中完全解离生成的阴离子在水中发生水解反应。如在 NaAc 水溶液中，Ac^- 水解反应如下：

$$H_2O(l)+Ac^-(aq)\rightleftharpoons HAc(aq)+OH^-(aq)$$

该质子转移反应的标准平衡常数：

$$K_b^{\ominus}(Ac^-)=\frac{c_{HAc}\cdot c_{OH^-}}{c_{Ac^-}}$$

$K_b^{\ominus}(Ac^-)$ 是离子碱 Ac^- 的解离常数。Ac^- 是 HAc 的共轭碱。$K_b^{\ominus}(Ac^-)$ 与 HAc 的解离常数 $K_a^{\ominus}(HAc)$ 之间有一定的联系：

$$K_b^{\ominus}(Ac^-)=\frac{c_{HAc}\cdot c_{OH^-}}{c_{Ac^-}}\times\frac{c_{H^+}}{c_{H^+}}$$

$$=\frac{K_w^{\ominus}}{K_a^{\ominus}(HAc)} \tag{5-22a}$$

显然，任何一对共轭酸碱对的 $K_a^{\ominus}$ 和 $K_b^{\ominus}$ 都有下列关系：

$$K_a^{\ominus}\cdot K_b^{\ominus}=K_w^{\ominus}=1.0\times10^{-14}\quad(25℃) \tag{5-22b}$$

将等式两边分别取负对数：

$$-\lg K_a^{\ominus}+(-\lg K_b^{\ominus})=-\lg K_w^{\ominus}$$

$$pK_a^{\ominus}+pK_b^{\ominus}=pK_w^{\ominus}$$

在 25℃ 条件下

$$pK_a^{\ominus}+pK_b^{\ominus}=14.00 \tag{5-22c}$$

根据式(5-22) 可以求得离子酸或离子碱的 $K_a^{\ominus}$ 或 $K_b^{\ominus}$。如 $HAc\text{-}Ac^-$、$NH_4^+\text{-}NH_3$ 和 $H_2PO_4^-\text{-}HPO_4^{2-}$ 三对共轭酸碱对，现将有关数据列于表 5-2。

表 5-2 共轭酸碱对的解离平衡常数

共轭酸碱对	$K_a^{\ominus}$	$K_b^{\ominus}$
$HAc\text{-}Ac^-$	1.8×10^{-5}	5.6×10^{-10}
$H_2PO_4^-\text{-}HPO_4^{2-}$	6.2×10^{-8}	1.6×10^{-7}
$NH_4^+\text{-}NH_3$	5.6×10^{-10}	1.8×10^{-5}

用计算一般弱酸、弱碱平衡组成的同样方法，可以确定盐溶液的平衡组成和 pH。

(2) 强酸弱碱盐（离子酸）

通常，强酸弱碱盐在水中完全解离生成的阳离子，如 NH_4^+ 在水溶液中发生质子转移反应，它们的水溶液呈酸性。例如 NH_4Cl 在水中全部解离：

$$NH_4Cl(aq) \rightleftharpoons NH_4^+(aq) + Cl^-(aq)$$

NH_4^+ 与 H_2O 反应：

$$NH_4^+(aq) + H_2O(l) \rightleftharpoons H_3O^+(aq) + NH_3(aq)$$

该质子转移反应中，NH_4^+ 是酸，其共轭碱为 NH_3。反应的标准平衡常数为离子酸 NH_4^+ 的解离常数，其表达式为：

$$K_a^{\ominus}(NH_4^+) = \frac{c_{H_3O^+} \cdot c_{NH_3}}{c_{NH_4^+}}$$

$K_a^{\ominus}(NH_4^+)$ 可根据共轭酸碱解离常数的关系式(5-22b) 由 $K_b^{\ominus}(NH_3)$ 求得 $K_a^{\ominus}(NH_4^+)$。

【例 5-12】 计算 25℃时，0.10mol·L^{-1} NH_4Cl 溶液的 pH 和 NH_4^+ 的解离度 α。

解：由附录 5 中查得 $K_b^{\ominus}(NH_3) = 1.8 \times 10^{-5}$

$$K_a^{\ominus}(NH_4^+) = \frac{K_w^{\ominus}}{K_b^{\ominus}(NH_3)} = \frac{1.0 \times 10^{-14}}{1.8 \times 10^{-5}} = 5.6 \times 10^{-10}$$

$$NH_4^+(aq) + H_2O(l) \rightleftharpoons H_3O^+(aq) + NH_3(aq)$$

	$NH_4^+(aq)$	$H_3O^+(aq)$	$NH_3(aq)$
起始浓度/mol·L^{-1}	0.10		
平衡浓度/mol·L^{-1}	$0.10 - x$	x	x

$$5.6 \times 10^{-10} = \frac{x^2}{0.10 - x} \qquad x = 7.5 \times 10^{-6}$$

$$c_{H^+} = 7.5 \times 10^{-6}\,mol \cdot L^{-1}$$

$$pH = -\lg c_{H^+} = -\lg 7.5 \times 10^{-6} = 5.12$$

$$\alpha_{NH_4^+} = \frac{x}{c} = \sqrt{\frac{K_a^{\ominus}(NH_4^+)}{c}} = \sqrt{\frac{5.6 \times 10^{-10}}{0.10}} = 0.0075\%$$

5.3.5 缓冲溶液

在水溶液中进行的许多反应都与溶液的 pH 有关，其中有些反应要求在一定的 pH 范围内进行，这就需要使用缓冲溶液。缓冲溶液在化学反应和生物化学系统中占有重要地位。

(1) 同离子效应

取两支试管，各加入 10mL 1.0mol·L^{-1} HAc 溶液及甲基橙指示剂 2 滴，试管中的溶液呈橙红色，然后在试管 1 中加入少量固体 NaAc，边振荡边与试管 2 比较，结果发现试管 1 中溶液的橙红色逐渐褪去，最后变成黄色。实验表明，试管 1 中的溶液因加固体 NaAc 后，酸度降低了。这是因为 HAc、NaAc 溶液中存在着下列解离关系：

$$HAc \rightleftharpoons H^+ + Ac^-$$

$$NaAc \longrightarrow Na^+ + Ac^-$$

由于 NaAc 在溶液中是以 Na^+ 和 Ac^- 存在，溶液中 Ac^- 的浓度增加（即生成物浓度增大），使 HAc 的解离平衡向左移动，结果使溶液中的 H^+ 浓度减小，HAc 的解离度降低。

这种在弱酸或弱碱溶液中，加入与弱酸或弱碱具有相同离子的易溶强电解质后，使弱酸或弱碱的解离度降低的现象称为同离子效应。

【例 5-13】 计算 0.1mol·L^{-1}HAc 溶液的解离度。如果在此溶液中加入 NaAc 固体，使 NaAc 的浓度达到 0.1mol·L^{-1}，计算该溶液中 HAc 的解离度。

解：(1) 加入 NaAc 前：$\alpha=\sqrt{\dfrac{K_a^\ominus(HAc)}{c}}=\sqrt{\dfrac{1.8\times10^{-5}}{0.10}}=1.3\%$

(2) 加入 NaAc 后，由于 NaAc 完全解离，所以溶液中 HAc、Ac^- 的起始浓度都是 0.1mol·L^{-1}，即

	$HAc(aq) \rightleftharpoons$	$H^+(aq)+$	$Ac^-(aq)$
起始浓度/mol·L^{-1}	0.10	0	0.10
平衡浓度/mol·L^{-1}	$0.10-c_{H^+}$	c_{H^+}	$0.10+c_{H^+}$

$$K_a^\ominus(HAc)=\frac{c_{H^+}\cdot c_{Ac^-}}{c_{HAc}}=\frac{c_{H^+}(0.10+c_{H^+})}{0.10-c_{H^+}}$$

由于 $c_{H^+}\ll 0.10$ $\quad 0.10-c_{H^+}\approx 0.10+c_{H^+}\approx 0.10$

则
$$1.8\times10^{-5}=\frac{0.10\times c_{H^+}}{0.10}$$

$$c_{H^+}=1.8\times10^{-5}\text{mol}\cdot\text{L}^{-1}$$

所以
$$\alpha=\frac{c_{H^+}}{c_{HAc}}=\frac{1.8\times10^{-5}}{0.10}\times100\%=0.018\%$$

计算结果表明，HAc 溶液中加入 NaAc 后，其解离度比不加 NaAc 时，降低了约 74 倍，同离子效应作用比较明显。

(2) 缓冲溶液的组成

弱酸与它的共轭碱（或弱碱和它的共轭酸）共存于同一溶液，产生同离子效应，而使弱酸（或弱碱）的解离平衡发生移动。为了了解缓冲溶液的概念，先分析表 5-3 所列实验数据。

表 5-3 缓冲溶液与非缓冲溶液的比较

溶液	1.8×10^{-5}mol·L^{-1}HCl	0.10mol·L^{-1}HAc+0.10mol·L^{-1}NaAc
1.0L 溶液的 pH	4.74	4.74
加 0.010mol NaOH	12.00	4.83
加 0.010mol HCl	2.00	4.66

在 1.8×10^{-5}mol·L^{-1}稀 HCl 溶液中，加入少量 NaOH 或 HCl，溶液的 pH 有明显的变化，说明这种溶液不具有保持 pH 相对稳定的性能。但是在 HAc-NaAc 这对共轭酸碱组成的溶液中，加入少量的强酸或强碱，溶液的 pH 改变很小，这类溶液具有保持 pH 相对稳定的性能。同样 NH_3-NH_4Cl 混合溶液及 $NaHCO_3$-Na_2CO_3 等溶液都具有这种性质。这种具有能保持 pH 相对稳定性能的溶液（也就是不因加入少量强酸或强碱而显著改变 pH 的溶液）叫做缓冲溶液。从组成上来看，通常缓冲溶液是由弱酸和它的共轭碱（或弱碱和它的共轭酸）组成的。常见的缓冲溶液见表 5-4。

表 5-4 常见的缓冲溶液

弱酸	共轭碱	$K_a^\ominus$	pH 范围
HAc	NaAc	1.8×10^{-5}	3.7～5.7
NH_4Cl	NH_3	5.6×10^{-10}	8.3～10.3
NaH_2PO_4	Na_2HPO_4	6.2×10^{-8}	6.2～8.2
Na_2HPO_4	Na_3PO_4	4.5×10^{-13}	11.3～13.3
$C_6H_4(COOH)_2$	$C_6H_4(COOH)COOK$	1.1×10^{-3}	1.9～3.9

(3) 缓冲原理

缓冲原理

缓冲溶液为什么能够保持 pH 相对稳定，而不因加入少量强酸或强碱引起溶液 pH 有较大的变化？以 HA-A^- 共轭酸碱对组成的缓冲溶液为例，说明缓冲溶液的缓冲原理。HA-A^- 缓冲溶液含有浓度相对较大的弱酸 HA 和它的共轭碱 A^-，在溶液中发生的质子转移反应为：

$$HA(aq)+H_2O(l)\rightleftharpoons H_3O^+(aq)+A^-(aq)$$

大量　　　　　　　　很少　　大量（来自共轭碱）

① 外加少量强酸　当加入少量强酸时，H_3O^+（简称 H^+）浓度增加，根据平衡移动原理，溶液中大量存在的 A^- 会与外加的少量 H^+ 作用，平衡向左移动，A^- 浓度略有减少，HA 浓度略有增加，H^+ 浓度基本不变，即溶液的 pH 基本保持不变。显然溶液中的共轭碱 A^- 起到了抵抗外来少量酸的作用。

② 外加少量强碱　当加入少量强碱时，OH^- 浓度增加，加入的 OH^- 将与溶液中 H^+ 结合生成 H_2O，似乎会使 H^+ 浓度略有减少。根据化学平衡移动原理，上述平衡将向右移动，HA 和 H_2O 作用产生 H^+ 以补充其减少的 H^+。这样 HA 浓度略有减少，A^- 浓度略有增加，H^+ 浓度基本不变，即溶液的 pH 基本保持不变。显然溶液中的共轭酸 HA 起到了抵抗外来少量碱的作用。

含有足够大浓度的弱酸与其共轭碱的混合溶液具有缓冲作用的原理是外加少量酸碱时，质子在共轭酸碱之间发生转移以维持质子的浓度基本不变。

(4) 缓冲溶液 pH 的计算

缓冲溶液

以弱酸 HA 及其共轭碱 A^- 组成的缓冲溶液为例，设其初始浓度分别 c_{HA}，c_{A^-}。在水溶液中发生的质子转移反应为：

$$HA(aq)+H_2O(l)\rightleftharpoons H_3O^+(aq)+A^-(aq)$$

起始浓度/mol·L^{-1}　　c_{HA}　　　0　　　c_{A^-}

平衡浓度/mol·L^{-1}　　$c_{HA}-x$　　　x　　　$c_{A^-}+x$

通常 $K_a^\ominus$ 较小，且由于同离子效应的存在，x 会很小，

所以有　　$c_{HA}-x\approx c_{HA}$；$c_{A^-}+x\approx c_{A^-}$

则
$$c_{H^+}=K_a^\ominus\frac{c_{HA}}{c_{A^-}} \tag{5-23}$$

由式(5-23) 可知，缓冲溶液中 H^+ 浓度取决于弱酸的解离常数和共轭酸碱对浓度的比值。

这一关系式实际上来源于弱酸 HA 的平衡组成的计算，与处理同离子效应的情况完全一样。如果将式(5-23) 两边分别取负对数：

$$-\lg c_{H^+}=-\lg K_a^{\ominus}-\lg\frac{c_{HA}}{c_{A^-}}$$

得到

$$pH=pK_a^{\ominus}-\lg\frac{c_{HA}}{c_{A^-}} \tag{5-24}$$

例如 HAc-NaAc 缓冲溶液 $c_{H^+}=K_a^{\ominus}(HAc)\frac{c_{HAc}}{c_{Ac^-}}$

又如 NH_3-NH_4Cl 缓冲溶液 $c_{H^+}=K_a^{\ominus}(NH_4^+)\frac{c_{NH_4^+}}{c_{NH_3}}$

或表示为 $c_{OH^-}=K_b^{\ominus}(NH_3)\frac{c_{NH_3}}{c_{NH_4^+}}$

则

$$pOH=pK_b^{\ominus}-\lg\frac{c_{NH_3}}{c_{NH_4^+}} \tag{5-25}$$

溶液的 $pH=14-pOH=14-\left(pK_b^{\ominus}-\lg\frac{c_{NH_3}}{c_{NH_4^+}}\right)=pK_a^{\ominus}-\lg\frac{c_{NH_4^+}}{c_{NH_3}}$

【例 5-14】 10.0mL 0.20mol·L^{-1} HAc 溶液与 5.5mL 0.20mol·L^{-1}NaOH 溶液混合，求该混合液的 pH。已知 HAc 的 $pK_a^{\ominus}=4.74$。

解：加入 HAc 的物质的量为：

$$0.20mol\cdot L^{-1}\times 10.0mL\times 10^{-3}=2.0\times 10^{-3}mol$$

加入 NaOH 的物质的量为：

$$0.20mol\cdot L^{-1}\times 5.5mL\times 10^{-3}=1.1\times 10^{-3}mol$$

HAc（过量）与 NaOH 反应后，生成的 NaAc 与剩余的 HAc 组成缓冲溶液，此时二者的浓度分别为：

$$c_{Ac^-}=1.1\times 10^{-3}mol/(10.0+5.5)mL\times 10^{-3}=0.071mol\cdot L^{-1}$$

剩余的 HAc 的物质的量为：$2.0\times 10^{-3}mol-1.1\times 10^{-3}mol=0.9\times 10^{-3}mol$

$$c_{HAc}=0.9\times 10^{-3}mol/(10.0+5.5)mL\times 10^{-3}=0.058mol\cdot L^{-1}$$

所以 $c_{H^+}=K_a^{\ominus}\frac{c_{HAc}}{c_{Ac^-}}=10^{-4.74}\times\frac{0.058}{0.071}mol\cdot L^{-1}=1.5\times 10^{-5}mol\cdot L^{-1}$

$$pH=4.83$$

【例 5-15】 在 50.00mL 0.10mol·L^{-1} HAc 溶液和 0.10mol·L^{-1} NaAc 缓冲溶液中，加入 1.0mol·L^{-1} HCl 0.10mL 后，分别计算

(1) 未加入 HCl 前，缓冲溶液的 pH；

(2) 加入 1.0mol·L^{-1} HCl 0.10mL 后，溶液的 pH。

解：(1) 缓冲溶液的 pH 为：

$$pH=pK_a^{\ominus}-\lg\frac{c_{HAc}}{c_{Ac^-}}=4.74-\lg\frac{0.10}{0.10}=4.74$$

(2) 加入 0.10mL 1.0mol·L^{-1} HCl 后，所解离出的 H^+ 与 Ac^- 结合生成 HAc 分子，溶液中的 Ac^- 浓度降低，HAc 浓度升高，此时溶液中：

$$c_{HAc}=\left(0.10+\frac{1.0\times0.10}{50.10}\right)\text{mol}\cdot\text{L}^{-1}=0.102\text{mol}\cdot\text{L}^{-1}$$

$$c_{Ac^-}=\left(0.10-\frac{1.0\times0.10}{50.10}\right)\text{mol}\cdot\text{L}^{-1}=0.098\text{mol}\cdot\text{L}^{-1}$$

$$\text{pH}=\text{p}K_a^{\ominus}-\lg\frac{c_{HAc}}{c_{Ac^-}}=4.74-\lg\frac{0.102}{0.098}=4.72$$

从计算结果可知，加入少量盐酸前后，溶液的 pH 分别为 4.74 和 4.72，基本不变。

(5) 缓冲能力和缓冲范围

任何缓冲溶液的缓冲能力都是有一定限度的。在化学分析中定义：使缓冲溶液的 pH 改变 1.0 所需的强酸或强碱的量，称为缓冲能力。对每一种缓冲溶液，只有在加入的酸碱的量不大时，才能保持溶液的 pH 变化不大。缓冲范围的大小取决于缓冲溶液中共轭酸碱对的浓度及其浓度的比值。

缓冲溶液中，当共轭酸碱对浓度比为 1∶1 时，共轭酸碱对的总浓度越大，缓冲能力越大。因此，常用的缓冲溶液各组分的浓度一般在 0.10～1.0mol·L^{-1}。

根据式(5-24) $\quad \text{pH}=\text{p}K_a^{\ominus}-\lg\frac{c_{HA}}{c_{A^-}}$

当共轭酸碱对浓度比 $\quad \frac{c_{HA}}{c_{A^-}}=\frac{1}{10}$，$\text{pH}=\text{p}K_a^{\ominus}+1$

当共轭酸碱对浓度比 $\quad \frac{c_{HA}}{c_{A^-}}=10$，$\text{pH}=\text{p}K_a^{\ominus}-1$

在共轭酸碱对浓度比为 1/10～10，其对应的 pH 变化范围 $\text{pH}=\text{p}K_a^{\ominus}\pm1$ 称为缓冲溶液的缓冲范围。

各缓冲溶液的缓冲范围显然取决于共轭酸碱对的 $K_a^{\ominus}$。

5.3.6 酸碱指示剂

检测溶液酸碱性的简便方法是用酸碱指示剂，常用的 pH 试纸就是用多种指示剂的混合溶液浸制而成的。控制酸碱滴定终点时，选用合适的指示剂十分重要。

5.3.6.1 指示剂的作用原理

酸碱指示剂是一些有机弱酸或弱碱，由于其共轭酸碱具有不同的结构及颜色，溶液的酸度必然影响其解离平衡及存在形式的分布。所以，当溶液的 pH 改变时，由于质子转移必然发生共轭酸碱对之间存在形式的相互转化，引起指示剂的分子或离子结构发生变化，从而引起颜色的改变。

石蕊试纸与溶液酸碱性的检验

例如，以 HIn 表示弱酸型指示剂，它在溶液中存在下列平衡：

$$\text{HIn(aq)}+\text{H}_2\text{O(l)}\rightleftharpoons\text{H}_3\text{O}^+\text{(aq)}+\text{In}^-\text{(aq)}$$

简记为 $\quad \text{HIn}\rightleftharpoons\text{H}^++\text{In}^-$

标准平衡常数 $\quad K_a^{\ominus}(\text{HIn})=\frac{c_{H^+}c_{In^-}}{c_{HIn}}$

则 $\quad \frac{c_{In^-}}{c_{HIn}}=\frac{K_a^{\ominus}(\text{HIn})}{c_{H^+}} \qquad (5\text{-}26)$

显然，指示剂颜色的转变取决于 c_{In^-} 和 c_{HIn} 的比值。由式（6-23）可知 c_{In^-} 和 c_{HIn} 的比值由两个因素决定：一个是 $K_a^\ominus(HIn)$ 值；另一个是溶液的酸度 c_{H^+}。$K_a^\ominus(HIn)$，由指示剂本质决定，对于某种指示剂，一定温度下，这是一个常数。因此，某种指示剂颜色的转变就完全是由溶液的酸度 c_{H^+} 决定。所以，当溶液 c_{H^+} 改变时，引起 $\frac{c_{In^-}}{c_{HIn}}$ 值的改变，因而引起颜色变化，所以酸碱指示剂能指示溶液的酸碱性。

5.3.6.2 指示剂的变色范围

实际测定表明，酚酞在 pH 小于 8 的溶液中呈无色，在 pH 大于 10 的溶液中呈红色，pH 从 8～10 是酚酞逐渐由无色变为红色的过程，称为酚酞的变色范围。同理，pH 从 3.1～4.4 称为甲基橙的变色范围。指示剂所具有的变色范围，可由指示剂在溶液中的平衡移动过程加以解释。

（1）指示剂的理论变色范围

当 $\frac{c_{In^-}}{c_{HIn}}=\frac{1}{10}$ 时，人眼几乎辨认不出碱（In^-）色，即此时溶液显示的主要是 HIn 色。若 $\frac{c_{In^-}}{c_{HIn}}<\frac{1}{10}$，则目视就看不出碱色了，即变色范围的酸色一侧 pH 为：

$$pH_1 = pK_a^\ominus(HIn) - 1$$

同理，当 $\frac{c_{In^-}}{c_{HIn}}=\frac{10}{1}$ 时，人眼几乎辨认不出酸（HIn）色，即此时溶液显示的主要是 In^- 色。若 $\frac{c_{In^-}}{c_{HIn}}$ 比值大于 10，则目视就看不出酸色了，即变色范围的碱色一侧 pH 为：

$$pH_2 = pK_a^\ominus(HIn) + 1$$

指示剂的组成和其颜色变化如下所示：

$\frac{c_{In^-}}{c_{HIn}}<\frac{1}{10}$	$\frac{c_{In^-}}{c_{HIn}}=\frac{1}{10}$	$\frac{c_{In^-}}{c_{HIn}}=1$	$\frac{c_{In^-}}{c_{HIn}}=\frac{10}{1}$	$\frac{c_{In^-}}{c_{HIn}}>\frac{10}{1}$
酸色	略带碱色	中间色	略带酸色	碱色
酸色	⟵	变色范围	⟶	碱色

由上面的分析可知，当溶液的 pH 由 pH_1 逐渐上升到 pH_2 时，指示剂由酸色逐渐变成碱色，即 $pH=pK_{HIn}^\ominus \pm 1$ 称为指示剂的理论变色范围。

（2）指示剂的实际变色范围

顾名思义，实际测得的指示剂由酸色转变成碱色时的 pH 范围称为指示剂的实际变色范围，也常称指示剂的变色范围。根据实际测定，酚酞的变色范围为 8.0～10.0，甲基橙的变色范围 3.1～4.4。

表 5-5 列出了一些常用酸碱指示剂的组成、变色范围及其用量。

表 5-5 一些常用酸碱指示剂的组成、变色范围及其用量

指示剂	变色范围 pH	$pK_{HIn}^\ominus$	酸色	碱色	配制方法	用量/(滴/10mL 试液)
百里酚蓝	1.2～2.8	1.7	红	黄	0.1%的 20%乙醇溶液	1～2
甲基黄	2.9～4.0	3.3	红	黄	0.1%的 90%乙醇溶液	1

续表

指示剂	变色范围 pH	$pK^{\ominus}_{HIn}$	酸色	碱色	配制方法	用量/(滴/10mL 试液)
甲基橙	3.1～4.4	3.4	红	黄	0.1%或0.05%水溶液	1
溴酚蓝	3.0～4.6	4.1	黄	紫	0.1%的20%乙醇溶液或其钠盐水溶液	1
甲基红	4.4～6.2	5.0	红	黄	0.1%的60%乙醇溶液或其钠盐水溶液	1
溴百里酚蓝	6.2～7.6	7.3	黄	蓝	0.1%的20%乙醇溶液或其钠盐水溶液	1
中性红	6.8～8.0	7.4	红	黄橙	0.1%的60%乙醇溶液	1
酚酞	8.0～10.0	9.1	无	红	0.1%的90%乙醇溶液	1～3
百里酚酞	9.4～10.6	10.0	无	蓝	0.1%的90%乙醇溶液	1～2

注：表中列出的是室温下水溶液中各种指示剂的变色范围。实际上，当温度改变或溶剂不同时，指示剂的变色范围是要变化的。此外，溶液中盐类的存在也会使指示剂的变色范围发生变化。

用酸碱指示剂测定溶液的pH是很粗略的，只能知道溶液pH在某一个范围之内。用pH试纸测定pH就比较准确了，而更精确地测定溶液pH的方法是用pH计。

5.3.7 酸碱电子理论

酸碱质子理论虽然使酸碱理论的应用范围得到了进一步扩展，但该理论不能说明那些既不能提供质子也不能接受质子的物质的酸碱性。例如，Al^{3+}、BF_3具有明显的酸性，但并不提供质子。为了说明不含质子的化合物的酸性，就在质子理论提出酸碱概念的同时，即1923年，美国化学家路易斯（G. N. Lewis）提出了酸碱电子理论。

Lewis对于酸、碱的定义如下。

酸：凡是能接受电子对的分子或离子，如BF_3、Al^{3+}、Cu^{2+}、H_3BO_3等。

碱：凡是能提供电子对的分子或离子，如NH_3、Cl^-、OH^-、N_2H_4等。

这样的酸、碱常称为Lewis酸、Lewis碱。按照酸碱电子理论，酸是电子对接受体，必须具有接受电子对的空轨道，而碱是电子对给予体，必须具有未共享的孤对电子。酸碱反应不再是质子的转移，而是电子对的转移。

许多实例说明了Lewis酸碱电子理论的适用范围更广泛。例如：

① H^+与OH^-反应生成H_2O，这是典型的电离理论的酸碱中和反应；质子理论也能说明H^+是酸，OH^-是碱。根据酸碱电子理论：OH^-具有孤对电子，能给出电子对，是碱；而H^+有空轨道，可接受电子对，是酸。H^+与OH^-反应形成配位键$OH^- \rightarrow H^+$，H_2O是酸碱加合物。

② 在气相中氯化氢与氨反应生成氯化铵。在这一反应中，氯化氢中的氢转移给氨，生成铵根离子和氯离子。显然这是一个质子转移反应。同样，按照电子理论，$:NH_3$中N上的孤对电子提供给HCl中的H（指定原来HCl中的H—Cl键的共用电子对完全归属于Cl之后，H有了空轨道），形成NH_4^+中的配位共价键$[H_3N \rightarrow H]^+$。

③ 碱性氧化物Na_2O与酸性氧化物SO_3反应生成盐Na_2SO_4，它也是酸碱反应。然而，此反应不能用质子理论说明。但根据酸碱电子理论Na_2O中的O^{2-}具有孤对电子(是碱)，SO_3中S能提供空轨道接受一对孤对电子（是酸）。

④ 硼酸 H_3BO_3 不是质子酸，而是 Lewis 酸。在水中，$B(OH)_3$ 与水反应并不是给出它自身的质子，而是 B 有空轨道接受了 H_2O 的 OH 中 O 提供的孤对电子形成配位键 $[(OH)_3B \leftarrow OH]^-$。

由于含有配位键的化合物是普遍存在的，所以酸碱电子理论的酸碱应用极为广泛。可见，Lewis 酸碱电子理论扩展了酸碱概念的范畴，它包容了前面所论及的几种酸碱定义，所以又把 Lewis 酸碱称为广义酸碱。用 Lewis 酸碱理论可以处理较多的反应，包括配合物的形成反应，应用范围很广。

Lewis 酸碱电子理论的缺陷是酸、碱的概念过于笼统，特征不够明确，还不能用来比较酸碱的相对强弱。至今，还没有一种在所有场合下完全适用的酸碱理论。

5.4 沉淀反应与沉淀溶解平衡

沉淀溶解过程及平衡

在化学平衡中不仅存在着酸碱平衡（单相平衡系统），还存在着多相平衡系统。难溶电解质的饱和溶液中存在着难溶电解质固体与由它解离产生的各水合离子间的平衡，即沉淀溶解平衡，这是一种多相离子平衡，是无机化学中四大平衡之一。沉淀的生成和溶解现象在我们的周围经常发生。例如，肾结石通常是生成难溶盐草酸钙（CaC_2O_4）和磷酸钙[$Ca_3(PO_4)_2$] 所致；自然界中石笋和钟乳石的形成与碳酸钙（$CaCO_3$）沉淀的生成和溶解反应有关；工业上用碳酸钠与消石灰制取烧碱等。这些实例说明沉淀溶解平衡对生物化学、医学、工业生产以及生态学有着深远的影响。

在工农业生产和科学实验中，经常利用沉淀溶解平衡对一些物质进行分离、提纯等。怎样判断沉淀能否生成或溶解；如何使沉淀的生成和溶解更加完全；又如何创造条件，使混合离子溶液中某一种或几种离子沉淀完全，而其余离子保留在溶液中，这是实际工作中经常遇到的问题。

5.4.1 溶解度与溶度积

溶解度与溶度积

5.4.1.1 溶解度

溶解性是物质的重要性质之一。常以溶解度来定量表明物质的溶解性。溶解度的定义为：在一定温度下，达到溶解平衡时，一定量的溶剂中含有溶质的质量。物质的溶解度有多种表示方法。对水溶液来说，通常以饱和溶液中每 100g 水中所含溶质的质量来表示。许多无机化合物在水中溶解时，能形成水合阳离子和阴离子，称其为电解质。电解质的溶解度往往有很大的差异，习惯上常将其划分为可溶、微溶和难溶等不同等级。

可溶：在 100g 水中能溶解 1g 以上的溶质，这种溶质被称为可溶的。

微溶：在 100g 水中能溶解 0.1～1g 的溶质，这种溶质被称为微溶的。

难溶：在 100g 水中溶解溶质小于 0.1g 的，这种溶质被称为难溶的。

5.4.1.2 溶度积

在一定温度下，将难溶强电解质晶体放入水中时，就发生溶解和沉淀两个相反的过程。以硫酸钡为例，如图 5-2 所示，把 $BaSO_4$ 晶体放入水中时，在极性分子 H_2O 作用下，$BaSO_4$ 晶体表面的部分 Ba^{2+}、SO_4^{2-} 脱离晶体表面进入溶液成为水合离子，这个过程即为溶解。另一方面，进入溶液的水合离子 Ba^{2+}、SO_4^{2-} 在不断的运动中互相碰撞或与未溶解的 $BaSO_4$ 固体表面碰撞，又返回到晶体表面，以沉淀的形式析出，这一过程即为沉淀。在一定条件下，当沉淀与溶解的速率相等时，这两个相反方向的可逆过程达到平衡状态，便建立了一种动态的多相离子平衡，此时溶液为饱和溶液，溶液中有关离子的浓度不再随时间而变化。

图 5-2 溶解与沉淀过程

$BaSO_4$ 在水中的沉淀溶解平衡可表示为：

$$BaSO_4(s) \underset{沉淀}{\overset{溶解}{\rightleftharpoons}} Ba^{2+}(aq) + SO_4^{2-}(aq)$$

该平衡过程的标准平衡常数可以表示为：

$$K_{sp}^{\ominus}(BaSO_4) = (c_{Ba^{2+}}/c^{\ominus}) \cdot (c_{SO_4^{2-}}/c^{\ominus})$$

式中，$K_{sp}^{\ominus}(BaSO_4)$ 是沉淀溶解平衡的标准平衡常数，称为溶度积常数，简称溶度积。为书写方便，可以简写为：

$$K_{sp}^{\ominus}(BaSO_4) = c_{Ba^{2+}} \cdot c_{SO_4^{2-}}$$

如果难溶电解质为 A_mB_n 型，在一定温度下其饱和溶液中的沉淀溶解平衡为：

$$A_mB_n(s) \underset{沉淀}{\overset{溶解}{\rightleftharpoons}} mA^{n+}(aq) + nB^{m-}(aq)$$

溶度积常数的表达式为：

$$K_{sp}^{\ominus}(A_mB_n) = (c_{A^{n+}}/c^{\ominus})^m \cdot (c_{B^{m-}}/c^{\ominus})^n$$

简写通式为：

$$K_{sp}^{\ominus}(A_mB_n) = (c_{A^{n+}})^m (c_{B^{m-}})^n \tag{5-27}$$

因此，溶度积可定义为：在一定温度下，难溶电解质的饱和溶液中，有关离子浓度幂的乘积为一常数（每种离子浓度的幂与化学计量式中的计量数相同），称为溶度积常数，简称溶度积。$K_{sp}^{\ominus}$ 的大小主要取决于难溶电解质的本性，也与温度有关，而与离子浓度无关。温度升高，多数难溶电解质的溶度积增大。在一定温度下，$K_{sp}^{\ominus}$ 的大小可以反映难溶电解质的溶解能力和生成沉淀的难易。$K_{sp}^{\ominus}$ 越大，表明难溶电解质在水中溶解的趋势越大，生成沉淀的趋势越小；反之亦然。

$K_{sp}^{\ominus}$ 可由实验测定，但由于有些难溶电解质的溶解度太小，很难直接测出，因此也可利用热力学函数计算。

前面已经介绍过标准平衡常数的计算式：

$$K^{\ominus} = \exp\left(\frac{-\Delta_r G_m^{\ominus}(T)}{RT}\right)$$

溶度积也是一种标准平衡常数，故上式同样适用 $K_{sp}^{\ominus}$，即

$$K_{sp}^{\ominus} = \exp\left(\frac{-\Delta_r G_m^{\ominus}(T)}{RT}\right)$$

【例 5-16】 试通过热力学数据计算 298.15K 时 AgCl 的溶度积。

解： $AgCl(s) \rightleftharpoons Ag^+(aq) + Cl^-(aq)$

$\Delta_f G_m^\ominus / kJ \cdot mol^{-1}$ 　　−109.8　　77.11　　−131.25

$$\Delta_r G_m^\ominus(298.15K) = \sum_B \nu_B \Delta_f G_m^\ominus(B,相态,298.15K)$$
$$= -131.25kJ \cdot mol^{-1} + 77.11kJ \cdot mol^{-1} - (-109.8)kJ \cdot mol^{-1}$$
$$= 55.66kJ \cdot mol^{-1}$$

$$K_{sp}^\ominus = \exp\left(\frac{-\Delta_r G_m^\ominus(T)}{RT}\right) = \exp\left(\frac{-55.66 \times 10^3 J \cdot mol^{-1}}{8.314J \cdot K^{-1} \cdot mol^{-1} \times 298.15K}\right) = 1.8 \times 10^{-10}$$

5.4.1.3 溶度积与溶解度的关系

溶解度和溶度积虽然都可以表示难溶电解质的溶解性，但二者既有联系又有区别。溶度积是未溶解的固相与溶液中相应离子达到平衡时的离子浓度幂的乘积，$K_{sp}^\ominus$ 只与温度有关，若温度一定，$K_{sp}^\ominus$ 便是一个定值。而难溶电解质的溶解度是指在纯水中的溶解性，即在一定温度下，1L 难溶电解质的饱和溶液中难溶电解质溶解的量，用 s 表示，单位为 $mol \cdot L^{-1}$。溶解度 s 除与难溶电解质的本性和温度有关外，还与溶液中难溶电解质离子浓度有关。如在 NaCl 溶液中，AgCl 的溶解度就要降低。

既然溶度积和溶解度都反映了物质溶解能力的大小，所以二者之间必然存在一定的联系。根据溶度积 $K_{sp}^\ominus$ 的表达式，难溶电解质的溶度积 $K_{sp}^\ominus$ 和溶解度 s 可以互相换算，换算时溶解度单位采用 $mol \cdot L^{-1}$。

对任一难溶电解质 A_mB_n，设在一定温度下其饱和溶液中的溶解度为 $s\,mol \cdot L^{-1}$，在一定温度下其饱和溶液中的沉淀溶解平衡为：

$$A_mB_n(s) \rightleftharpoons mA^{n+}(aq) + nB^{m-}(aq)$$

平衡浓度/$mol \cdot L^{-1}$ 　　ms　　ns

则 s 与 $K_{sp}^\ominus$ 的关系为：

$$K_{sp}^\ominus(A_mB_n) = (c_{A^{n+}})^m (c_{B^{m-}})^n = (ms)^m (ns)^n = m^m \cdot n^n \cdot s^{m+n}$$

$$s = \sqrt[m+n]{\frac{K_{sp}^\ominus(A_mB_n)}{m^m \cdot n^n}} \tag{5-28}$$

【例 5-17】 25℃时，AgCl 的 $K_{sp}^\ominus$ 为 1.8×10^{-10}，Ag_2CO_3 的 $K_{sp}^\ominus$ 为 8.1×10^{-12}，求 AgCl 和 Ag_2CO_3 在水中的溶解度。

解： 设 AgCl 的溶解度为 $s_1 mol \cdot L^{-1}$

$$K_{sp}^\ominus(AgCl) = c_{Ag^+} \cdot c_{Cl^-} = (s_1)^2$$

$$s_1 = \sqrt{K_{sp}^\ominus(AgCl)} = \sqrt{1.8 \times 10^{-10}} = 1.3 \times 10^{-5} mol \cdot L^{-1}$$

设 Ag_2CO_3 的溶解度为 $s_2 mol \cdot L^{-1}$

$$K_{sp}^\ominus(Ag_2CO_3) = (c_{Ag^+})^2 \cdot c_{CO_3^{2-}} = (2s_2)^2 \cdot (s_2) = 4s_2^3$$

$$s_2 = \sqrt[3]{\frac{K_{sp}^\ominus(Ag_2CO_3)}{4}} = \sqrt[3]{\frac{8.1 \times 10^{-12}}{4}} = 1.3 \times 10^{-4} mol \cdot L^{-1}$$

归纳以上两种类型的难溶电解质，可得出 $K_{sp}^\ominus$ 与 s 的关系如下：

AB 型： $K_{sp}^\ominus = s^2$ 　　$s = \sqrt{K_{sp}^\ominus}$ 　　(5-29)

AB_2（或 A_2B）型：　　$K_{sp}^{\ominus}=4s^3$　　$s=\sqrt[3]{\dfrac{K_{sp}^{\ominus}}{4}}$　　(5-30)

关于溶解度和溶度积的关系，一般来讲，溶解度越大的难溶电解质其溶度积也越大。但绝对不能笼统讲溶度积越大，溶解度就一定越大。从【例 5-17】可知，AgCl 比 Ag_2CO_3 的溶度积大，但 AgCl 比 Ag_2CO_3 的溶解度反而小。由此可见，溶度积大的难溶电解质其溶解度不一定也大，这与难溶电解质的类型有关。如果属于相同类型（如 AgCl、AgBr、AgI 都属 AB 型）时，可直接用 $K_{sp}^{\ominus}$ 的数值大小来比较它们溶解度的大小。但如果属于不同类型（如 AgCl 是 AB 型，Ag_2CO_3 是 A_2B 型）时，其溶解度的相对大小须经不同方式计算才能进行比较，就是说对于不同类型的难溶电解质，不能直接由它们的溶度积来比较溶解度的相对大小。

5.4.2 沉淀的生成与溶解

溶度积
规则及应用

难溶电解质的沉淀溶解平衡与其他动态平衡一样，完全遵循平衡移动原理。如果条件改变，可以使溶液中的离子转化为固相——沉淀生成；或者使固相转化为溶液中的离子——沉淀溶解。

5.4.2.1 溶度积规则

对于 A_mB_n 型难溶电解质，多相离子平衡如下：

$$A_mB_n(s) \rightleftharpoons mA^{n+} + nB^{m-}$$

其反应商——有关离子浓度幂次方的乘积，J 表达式可表示为：

$$J=(c_{A^{n+}})^m(c_{B^{m-}})^n \tag{5-31}$$

根据平衡移动原理，将 J 与 $K_{sp}^{\ominus}$ 比较，可以得出：

① $J>K_{sp}^{\ominus}$，反应向左移动，沉淀从溶液中析出；

② $J=K_{sp}^{\ominus}$，溶液为饱和溶液，溶液中的离子与沉淀之间处于平衡状态；

③ $J<K_{sp}^{\ominus}$，溶液为不饱和溶液，无沉淀析出；若原来系统中有沉淀，平衡向右移动，沉淀溶解。

这就是沉淀溶解平衡的反应商判据，称其为溶度积规则，它是难溶电解质多相离子平衡移动规律的总结。据此可以判断系统中是否有沉淀生成或溶解，也可以通过控制离子的浓度，使沉淀生成或使沉淀溶解。

5.4.2.2 沉淀的生成

由溶度积规则可知，生成沉淀的条件为：溶液中离子浓度幂的乘积大于难溶电解质的溶度积。因此，只要设法增大溶液中某一离子的浓度，就会使多相离子平衡向生成沉淀的方向移动。除此之外，还有一些沉淀反应与溶液的 pH 有关，通过改变溶液的 pH，也可达到生成沉淀的目的。

【例 5-18】 25℃ 时，在 1.00L 0.030mol·L^{-1} $AgNO_3$ 溶液中加入 0.50L 0.060mol·L^{-1} $CaCl_2$ 溶液，能否生成 AgCl 沉淀？如果有沉淀生成，生成的 AgCl 的质量是多少？最后溶液中 c_{Ag^+} 是多少？此时 Ag^+ 是否被沉淀完全？

解：由附录 7 查得 $K_{sp}^{\ominus}(AgCl)=1.8\times10^{-10}$，反应前，$Ag^+$ 与 Cl^- 的浓度分别为：

$$c_{Ag^+}=\frac{0.030\times1.00}{1.50}\text{mol}\cdot\text{L}^{-1}=0.020\text{mol}\cdot\text{L}^{-1}$$

$$c_{Cl^-}=\frac{0.060\times0.50\times2}{1.50}\text{mol}\cdot\text{L}^{-1}=0.040\text{mol}\cdot\text{L}^{-1}$$

$$J=c_{Ag^+}\cdot c_{Cl^-}=0.020\times0.040=8.0\times10^{-4}$$

$J>K_{sp}^{\ominus}(AgCl)$，有 AgCl 沉淀析出。

为了计算沉淀 AgCl 的质量和最后溶液中 c_{Ag^+}，就必须确定反应前后 Ag^+ 与 Cl^- 浓度的变化量。因为混合前二者浓度关系是 $c_{Cl^-}>c_{Ag^+}$，生成 AgCl 沉淀时，Cl^- 是过量的。设平衡时 $c_{Ag^+}=x\text{mol}\cdot\text{L}^{-1}$。

$$AgCl(s) \rightleftharpoons Ag^+(aq) + Cl^-(aq)$$

	$Ag^+(aq)$	$Cl^-(aq)$
初始浓度/$\text{mol}\cdot\text{L}^{-1}$	0.020	0.040
变化浓度/$\text{mol}\cdot\text{L}^{-1}$	$0.020-x$	$0.020-x$
平衡浓度/$\text{mol}\cdot\text{L}^{-1}$	x	$0.040-(0.020-x)$

$$K_{sp}^{\ominus}(AgCl)=c_{Ag^+}\cdot c_{Cl^-}$$

$$1.80\times10^{-10}=x\cdot[0.040-(0.020-x)]$$

$$x=\frac{1.80\times10^{-10}}{0.020}=9.0\times10^{-9}$$

$$\text{即 } c_{Ag^+}=9.0\times10^{-9}\text{mol}\cdot\text{L}^{-1}$$

AgCl 的摩尔质量为 $143.32\text{g}\cdot\text{mol}^{-1}$，析出 AgCl 的质量：

$$m_{AgCl}=0.020\text{mol}\cdot\text{L}^{-1}\times1.50\text{L}\times143.32\text{g}\cdot\text{mol}^{-1}=4.3\text{g}$$

所谓沉淀完全，并不是溶液中的某种被沉淀离子浓度等于零，实际这也是做不到的。一般情况下，只要溶液中被沉淀的离子浓度不超过 $1.0\times10^{-5}\text{mol}\cdot\text{L}^{-1}$，即认为这种离子沉淀完全了。故本例中可以认为 Ag^+ 已沉淀完全。

【例 5-19】 在 10mL $0.080\text{mol}\cdot\text{L}^{-1}$ $FeCl_3$ 溶液中，加入 30mL 含有 $0.1\text{mol}\cdot\text{L}^{-1}$ NH_3 和 $1.0\text{mol}\cdot\text{L}^{-1}$ NH_4Cl 的混合溶液，能否产生 $Fe(OH)_3$ 沉淀。

解：由附录 7 查得 $K_{sp}^{\ominus}[Fe(OH)_3]=2.79\times10^{-39}$。生成 $Fe(OH)_3$ 沉淀所需的 Fe^{3+} 由 $FeCl_3$ 提供，而 OH^- 则由 NH_3-NH_4Cl 缓冲溶液提供。混合后溶液中各物质浓度为：

$$c_{Fe^{3+}}=\frac{10\text{mL}\times10^{-3}\times0.08\text{mol}\cdot\text{L}^{-1}}{(10+30)\text{mL}\times10^{-3}}=0.020\text{mol}\cdot\text{L}^{-1}$$

在 NH_3-NH_4Cl 缓冲溶液中：

$$c_{NH_3}=\frac{30\text{mL}\times10^{-3}\times0.1\text{mol}\cdot\text{L}^{-1}}{(30+10)\text{mL}\times10^{-3}}=0.075\text{mol}\cdot\text{L}^{-1}$$

$$c_{NH_4^+}=\frac{30\text{mL}\times10^{-3}\times1.0\text{mol}\cdot\text{L}^{-1}}{(30+10)\text{mL}\times10^{-3}}=0.750\text{mol}\cdot\text{L}^{-1}$$

$$c_{OH^-}=K_b^{\ominus}\frac{c_{NH_3}}{c_{NH_4^+}}=\left(1.8\times10^{-5}\times\frac{0.075}{0.750}\right)\text{mol}\cdot\text{L}^{-1}=1.8\times10^{-6}\text{mol}\cdot\text{L}^{-1}$$

$$J=c_{Fe^{3+}}\cdot(c_{OH^-})^3=0.020\times(1.8\times10^{-6})^3=1.2\times10^{-19}$$

$J>K_{sp}^{\ominus}[Fe(OH)_3]$，所以有 $Fe(OH)_3$ 沉淀生成。

5.4.2.3 影响沉淀溶解平衡的主要因素

影响溶解度的几种效应

(1) 温度

大多数难溶电解质的溶解过程是吸热过程，故温度升高将使平衡正向移动，难溶电解质的溶解度增大；降低温度将使平衡逆向移动，难溶电解质的溶解度减小。

（2）同离子效应

和弱酸碱溶液的解离平衡一样，在难溶电解质的沉淀溶解平衡中，加入相同离子会引起多相离子平衡的移动，改变难溶电解质的溶解度。根据溶度积规则，若向 $BaSO_4$ 饱和溶液中加入 $BaCl_2$ 溶液，由于 Ba^{2+} 浓度增大，$J > K_{sp}^{\ominus}$，因此溶液中有沉淀析出，从而使 $BaSO_4$ 的溶解度降低。同样，若加入 Na_2SO_4，也会产生相同效果。这种难溶电解质在含有相同离子的强电解质溶液中溶解度降低的现象，称为难溶电解质的同离子效应。

【例 5-20】 计算 25℃时 CaF_2(s) 在下面几种条件下的溶解度（单位为 $mol \cdot L^{-1}$）。

（1）在水中；（2）在 $0.010mol \cdot L^{-1} Ca(NO_3)_2$ 溶液中；（3）在 $0.010mol \cdot L^{-1}$ NaF 溶液中。计算结果说明什么？

解：由附录 7 查得 $K_{sp}^{\ominus}(CaF_2) = 1.4 \times 10^{-9}$

（1）设 CaF_2(s) 在纯水中的溶解度为 $s_1 mol \cdot L^{-1}$

$$K_{sp}^{\ominus}(CaF_2) = c_{Ca^{2+}} \cdot (c_{F^-})^2$$

$$1.4 \times 10^{-9} = s_1 \cdot (2s_1)^2 = 4s_1^3$$

$$s_1 = 7.0 \times 10^{-4}$$

（2）设 CaF_2(s) 在 $0.010mol \cdot L^{-1} Ca(NO_3)_2$ 溶液中的溶解度为 $s_2 mol \cdot L^{-1}$

$$CaF_2(s) \rightleftharpoons Ca^{2+}(aq) + 2F^-(aq)$$

平衡浓度/$mol \cdot L^{-1}$　　$0.010 + s_2$　　$2s_2$

$$1.4 \times 10^{-9} = (0.010 + s_2) \cdot (2s_2)^2$$

$$0.010 + s_2 \approx 0.010$$

$$s_2 = 1.9 \times 10^{-4}$$

（3）设 CaF_2(s) 在 $0.010mol \cdot L^{-1}$ NaF 溶液中的溶解度为 $s_3 mol \cdot L^{-1}$

$$CaF_2(s) \rightleftharpoons Ca^{2+}(aq) + 2F^-(aq)$$

平衡浓度/$mol \cdot L^{-1}$　　s_3　　$0.010 + 2s_3$

$$1.4 \times 10^{-9} = s_3 \cdot (0.010 + 2s_3)^2$$

$$0.010 + 2s_3 \approx 0.010$$

$$s_3 = 1.4 \times 10^{-5}$$

比较 s_1，s_2，s_3 的计算结果，CaF_2 在纯水中的溶解度最大。在 $Ca(NO_3)_2$ 或 NaF 中均具有与 CaF_2 相同的离子，$Ca(NO_3)_2$ 与 NaF 都是强电解质，CaF_2 在含有相同离子（Ca^{2+} 或 F^-）的强电解质溶液中，由于同离子效应，溶解度均有所降低。

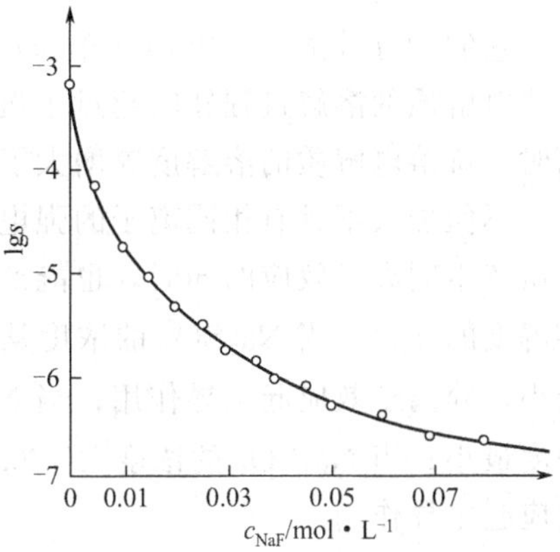

图 5-3　CaF_2 在 NaF 溶液中的同离子效应

CaF_2 在 NaF 溶液中的同离子效应可以在图 5-3 中看出：在没有加入 NaF 时，即在纯水中的溶解度，其数值是最大的；加入 NaF 后，CaF_2 在 NaF 溶液中的溶解度随着 F^- 浓度的增大而减小；在一定的 NaF 浓度范围内（例如 $c_{NaF} <$

0.03mol·L^{-1}）溶解度的减小比较显著，而在另一浓度范围内（如 c_{NaF}<0.07mol·L^{-1}）溶解度变化不大。

由于在 NaF 溶液中 CaF_2 的溶解度（mol·L^{-1}）等于 Ca^{2+} 浓度，所以若使某含有 Ca^{2+} 的溶液生成 CaF_2 沉淀，可控制所加的 NaF 浓度，使溶液中的 Ca^{2+} 沉淀完全。在实际应用中，可利用沉淀反应来分离溶液中的离子。依据同离子效应，加入适当过量的沉淀试剂（如生成 CaF_2 沉淀时所加的 NaF 溶液），使沉淀反应趋于完全。

在洗涤沉淀时，也常应用同离子效应的原理。从溶液中析出的沉淀常含有杂质，要得到纯净的沉淀，就必须洗涤。为了减少洗涤过程中沉淀的损失，常用与沉淀含有相同离子的强电解质的稀溶液来洗涤，而不用纯水洗涤。例如，在洗涤 AgCl 沉淀时，可使用 NH_4Cl 的稀溶液。

同离子效应在分析鉴定和分离提纯中应用很广泛。但是，任何事物都具有两重性。在实际应用中，如果认为沉淀试剂过量越多沉淀越完全，因而大量使用沉淀试剂，这是片面的。实际上，加入沉淀试剂太多时，不仅不会产生明显的同离子效应（见图 5-3），往往还会因其他副反应的发生，反而会使沉淀的溶解度增大。例如，AgCl 沉淀中加入过量的 HCl，可以生成配离子 $AgCl_2^-$，从而使 AgCl 溶解度增大，甚至能溶解。另外，盐效应也能使沉淀的溶解度增大。

（3）盐效应

在难溶电解质的饱和溶液中，加入某种强电解质，会使难溶电解质的溶解度比同温度时纯水中的溶解度大，这种溶解度增大的现象称为盐效应。

例如，在 KNO_3 强电解质溶液存在的情况下，AgCl 的溶解度比在纯水中大，而且溶解度随 KNO_3 强电解质的浓度增大而增大（表 5-6）。

表 5-6　AgCl 在 KNO_3 溶液中的溶解度（25℃）

c_{KNO_3}/mol·L^{-1}	0.00	0.00100	0.00500	0.0100
$s_{AgCl}/10^{-5}$mol·L^{-1}	1.278	1.325	1.385	1.427

为什么难溶电解质 AgCl 的溶解度增大了呢？这是由于加入易溶的强电解质后，溶液中各种离子总浓度增大，增强了离子间的静电作用，在 Ag^+ 周围有更多的阴离子（主要是 NO_3^-），形成了所谓的“离子氛”；在 Cl^- 周围有更多的阳离子（主要是 K^+），也形成了“离子氛”。由于“离子氛”的存在，使 Ag^+ 与 Cl^- 受到较强的牵制作用，降低了它们的有效浓度，因而在单位时间内与沉淀表面碰撞次数减少，沉淀过程变慢，难溶电解质的溶解过程暂时超过了沉淀过程，平衡向溶解方向移动。当建立起新的平衡时，难溶电解质的溶解度就增大了。

不但加入不具有相同离子的强电解质能产生盐效应，在加入具有相同离子的强电解质产生同离子效应的同时，也能产生盐效应。表 5-7 表明 $PbSO_4$ 在 Na_2SO_4 溶液中溶解度的变化。当 Na_2SO_4 的浓度从 0 增加到 0.040mol·L^{-1}，$PbSO_4$ 的溶解度逐渐减小，同离子效应起主导作用；当 Na_2SO_4 的浓度为 0.040mol·L^{-1} 时，$PbSO_4$ 的溶解度最小；当 Na_2SO_4 的浓度大于 0.040mol·L^{-1} 时，$PbSO_4$ 的溶解度逐渐增大，盐效应起主导作用。

表 5-7 $PbSO_4$ 在 Na_2SO_4 溶液中的溶解度（25℃）

$c_{Na_2SO_4}$/mol·L^{-1}	0	0.001	0.010	0.020	0.040	0.100	0.200
s_{PbSO_4}/mmol·L^{-1}	0.15	0.024	0.016	0.014	0.013	0.016	0.023

所以在利用同离子效应原理降低沉淀的溶解度时，沉淀剂不能过量太多，否则将会引起盐效应，使沉淀溶解度增大。

一般来说，若难溶电解质的溶度积很小，盐效应的影响很小，可以忽略不计；若难溶电解质的溶度积较大，溶液中各种离子总浓度也较大时，就应该考虑盐效应的影响。

5.4.2.4 沉淀完全的几种措施

用沉淀反应来分离溶液中的某种离子时，要使离子沉淀完全，一般可采取以下几种措施。

① 选择适当的沉淀剂，使沉淀的溶解度尽可能小。例如，Ca^{2+} 可以沉淀为 CaC_2O_4 和 $CaSO_4$，它们的 $K_{sp}^{\ominus}$ 分别为 4.0×10^{-9} 和 9.1×10^{-6}，它们都属同类型的难溶电解质。因此，常常选用 $C_2O_4^{2-}$ 作为 Ca^{2+} 沉淀剂，从而可使 Ca^{2+} 沉淀得更加完全。

② 可加入适当过量的沉淀剂。这实际上是根据同离子效应，加入过量的沉淀剂使沉淀更加完全。但沉淀剂的用量不是越多越好，否则就会引起其他效应（盐效应、配位效应等）使沉淀的溶解度增大。一般沉淀剂过量 10%～20%为宜，此时同离子效应占主导地位，盐效应的影响可忽略不计。

③ 对于某些离子沉淀时，还必须控制溶液的 pH，才能确保沉淀完全。在化学试剂生产中，控制 Fe^{3+} 含量是衡量产品质量的重要标志之一，要除去 Fe^{3+}，一般都要通过控制溶液的 pH，使 Fe^{3+} 生成 $Fe(OH)_3$ 沉淀。

5.4.2.5 沉淀的溶解

根据溶度积规则，对于已经达到沉淀溶解平衡的系统，只要设法降低溶液中有关离子的浓度，使 $J<K_{sp}^{\ominus}$，沉淀就可以溶解。降低离子浓度的方法有很多，例如，使有关离子生成弱电解质，生成配合物或者发生氧化还原反应等。

难溶银盐生成与性质实验

（1）沉淀的酸溶解

如果难溶电解质 MA 的阴离子是某弱酸（H_nA）的共轭碱（A^{n-}），由于 A^{n-} 对 H^+ 具有较强的亲和能力，则难溶电解质 MA 的溶解度将随溶液的 pH 减小而增大。这类难溶电解质就是通常所说的难溶弱酸盐和难溶金属氢氧化物。OH^- 是水中能够存在的最强碱，它是弱酸水的共轭碱，从这个意义上讲，金属氢氧化物也是弱酸盐。利用弱酸盐在酸中溶解度的差异，控制溶液的 pH，可以达到分离金属离子的目的。

① 难溶金属氢氧化物的溶解　加酸能使难溶金属氢氧化物溶解，现对难溶金属氢氧化物 $M(OH)_n$ 的溶解度与 pH 的定量关系进行讨论。在难溶金属氢氧化物饱和溶液中，存在如下沉淀溶解平衡：

$$M(OH)_n(s) \rightleftharpoons M^{n+}(aq)+nOH^-(aq)$$

$$K_{sp}^{\ominus}[M(OH)_n]=c_{M^{n+}}\cdot(c_{OH^-})^n$$

金属氢氧化物 $M(OH)_n$ 的溶解度 s 等于溶液中金属离子的浓度 $c_{M^{n+}}$。即

$$s=c_{M^{n+}}=\frac{K_{sp}^{\ominus}[M(OH)_n]}{(c_{OH^-})^n} \tag{5-32}$$

难溶金属氢氧化物 $M(OH)_n$ 的酸溶解反应如下：

$$M(OH)_n(s)+nH^+(aq) \rightleftharpoons M^{n+}(aq)+nH_2O(l)$$

则金属氢氧化物 $M(OH)_n$ 在一定浓度酸溶液中的溶解度 s 等于溶液中金属离子的浓度 $c_{M^{n+}}$。即：

$$s=c_{M^{n+}}=\frac{K_{sp}^{\ominus}[M(OH)_n]}{(K_w^{\ominus})^n}\cdot(c_{H^+})^n \tag{5-33}$$

【例 5-21】 在 0.2L 0.50mol·L^{-1} $MgCl_2$ 溶液中，加入等体积的 0.10mol·L^{-1} NH_3 溶液。

（1）试通过计算判断有无 $Mg(OH)_2$ 沉淀生成？

（2）为了不使 $Mg(OH)_2$ 沉淀析出，应加入 $NH_4Cl(s)$ 的质量为多少？（设加入固体 NH_4Cl 后溶液的体积不变）

解：（1）等体积混合，则反应发生前浓度减半，

$$c_{Mg^{2+}}=0.25mol\cdot L^{-1}, c_{NH_3}=0.050mol\cdot L^{-1}$$

先计算溶液中 OH^- 的浓度，系统中 OH^- 主要是由下列平衡决定：

$$NH_3(aq)+H_2O(l) \rightleftharpoons NH_4^+(aq)+OH^-(aq)$$

平衡浓度/mol·L^{-1}　$0.050-x$　　x　　x

由
$$K_b^{\ominus}(NH_3)=\frac{x^2}{0.050-x}=1.8\times10^{-5}$$

解得
$$x=c_{OH^-}=9.5\times10^{-4}mol\cdot L^{-1}$$

混合后，若有 $Mg(OH)_2$ 沉淀生成，则有如下平衡：

$$Mg(OH)_2(s) \rightleftharpoons Mg^{2+}(aq)+2OH^-(aq)$$

此时

$$有\ J=c_{Mg^{2+}}\cdot(c_{OH^-})^2=0.25\times(9.5\times10^{-4})^2=2.3\times10^{-7}$$

$$K_{sp}^{\ominus}[Mg(OH)_2]=5.1\times10^{-12}$$

$$J>K_{sp}^{\ominus}[Mg(OH)_2]$$

所以有 $Mg(OH)_2$ 沉淀析出。

（2）为了不使 $Mg(OH)_2$ 沉淀析出，则

$$J\leqslant K_{sp}^{\ominus}[Mg(OH)_2]$$

$$c_{OH^-}<\sqrt{\frac{K_{sp}^{\ominus}[Mg(OH)_2]}{c_{Mg^{2+}}}}=\sqrt{\frac{5.1\times10^{-12}}{0.25}}=4.5\times10^{-6}(mol\cdot L^{-1})$$

$$NH_3(aq)+H_2O(l) \rightleftharpoons NH_4^+(aq)+OH^-(aq)$$

平衡浓度/mol·L^{-1}　$0.050-4.5\times10^{-6}$　　$c_{NH_4^+}+4.5\times10^{-6}$　4.5×10^{-6}

　　　　　　　　　　≈0.050　　　　　$\approx c_{NH_4^+}$

$$\frac{4.5\times10^{-6}\times c_{NH_4^+}}{0.050}=1.8\times10^{-5}$$

解得

$$c_{NH_4^+}=0.20mol\cdot L^{-1}$$

因为

$$M_{NH_4Cl}=53.5g \cdot mol^{-1}$$

为了不使 $Mg(OH)_2$ 沉淀析出，至少应加入 $NH_4Cl(s)$ 的质量为：

$$m_{NH_4Cl}=0.20mol \cdot L^{-1} \times 0.40L \times 53.5g \cdot mol^{-1}=4.3g$$

可以看出，在适当浓度的 NH_3-NH_4Cl 缓冲溶液中，$Mg(OH)_2$ 沉淀不会析出。

② 金属硫化物　很多金属硫化物在水中都是难溶的，而且它们的溶度积常数彼此有一定的差异，并各有特定的颜色。因此，在实际应用中，常利用硫化物的这些性质来分离或鉴定某些金属离子。金属硫化物是弱酸 H_2S 的盐，研究表明，S^{2-} 像 O^{2-} 一样是很强的碱，在水中不能存在。因此，不能将难溶硫化物 MS 的多相离子平衡写作：

$$MS(s) \rightleftharpoons M^{2+}(aq)+S^{2-}(aq)$$

必须考虑到强碱 S^{2-} 对质子的亲和作用，S^{2-} 的水解作用如下：

$$S^{2-}(aq)+H_2O(l) \rightleftharpoons HS^{-}(aq)+OH^{-}(aq)$$

所以，难溶金属硫化物 MS 的多相离子平衡为：

$$MS(s) + H_2O(l) \rightleftharpoons M^{2+}(aq)+OH^{-}(aq)+HS^{-}(aq)$$

其标准平衡常数表达式为：

$$K^{\ominus}=c_{M^{2+}} \cdot c_{OH^-} \cdot c_{HS^-}$$

由于分离金属硫化物常常在酸性溶液中进行，所以难溶金属硫化物 MS 在酸中的沉淀溶解平衡更有实际意义。

$$MS(s) + 2H_3O^{+}(aq) \rightleftharpoons M^{2+}(aq)+H_2S(aq)+2H_2O(l)$$

简记为

$$MS(s) + 2H^{+}(aq) \rightleftharpoons M^{2+}(aq)+H_2S(aq)$$

$$K_{spa}^{\ominus}=\frac{c_{M^{2+}} \cdot c_{H_2S}}{c_{H^+}^2} \tag{5-34}$$

$K_{spa}^{\ominus}$ 称为难溶金属硫化物的酸中溶度积常数。表 5-8 中列出了某些难溶金属硫化物在酸中的溶度积常数。

表 5-8　难溶金属硫化物在酸中的溶度积常数

硫化物	$K_{spa}^{\ominus}$	硫化物	$K_{spa}^{\ominus}$
MnS	3×10^{10}	PbS	3×10^{-7}
FeS	6×10^{2}	CuS	6×10^{-16}
ZnS	2×10^{-2}	Ag_2S	6×10^{-30}
SnS	1×10^{-5}	HgS	2×10^{-32}
CdS	8×10^{-7}		

金属硫化物在酸中的溶解度有较大的差异，主要表现在以下几个方面。

a. $K_{spa}^{\ominus}$ 较大的硫化物，如 MnS 不仅在稀 HCl 中溶解，而且在 HAc 中也能溶解（FeS 在 HAc 中不溶解）。MnS 只有在氨碱性溶液中加入饱和 H_2S 溶液才能生成沉淀。只有当碱性增强，才能使 Mn^{2+} 沉淀完全。

b. FeS、ZnS 等硫化物的 $K_{spa}^{\ominus}>10^{-2}$，它们在稀盐酸（$0.30mol \cdot L^{-1}$）中溶解；CdS、PbS 在稀盐酸中不溶，在浓盐酸中溶解（此时酸溶解和配位溶解同时存在）。在实际应用中，分离 Zn^{2+} 和 Cd^{2+} 时，可控制溶液中 $c_{H^+}=0.3mol \cdot L^{-1}$，使 CdS 沉淀，

而 Zn^{2+} 仍保留在溶液中。

c. CuS，Ag_2S 在浓 HCl 中不溶，在硝酸中发生氧化还原溶解。

d. HgS 是 $K^{\ominus}_{spa}$ 非常小的硫化物，在盐酸、硝酸中均不溶解，只有在王水 [$V(HCl):V(HNO_3)=3:1$] 中溶解。

（2）沉淀的配位溶解

许多难溶化合物在配位剂的作用下能生成配离子而溶解——配位溶解。例如：

$$AgCl(s) + Cl^-(aq) \rightleftharpoons AgCl_2^-(aq)$$

$$HgI_2(s) + 2I^-(aq) \rightleftharpoons HgI_4^{2-}(aq)$$

这类配位溶解是难溶化合物溶于具有相同阴离子的溶液中，发生了加合反应。另一类配位溶解是难溶化合物溶于含有不同阴离子（或分子）的溶液中，发生了取代反应。如 AgCl 能溶于氨水中，AgBr 能溶于 $Na_2S_2O_3$ 溶液中。在配位溶解过程中，它们分别形成了配离子 $[Ag(NH_3)_2]^+$ 和配离子 $[Ag(S_2O_3)_2]^{3-}$。反应方程式为：

$$AgCl(s) + 2NH_3(aq) \rightleftharpoons [Ag(NH_3)_2]^+(aq) + Cl^-(aq)$$

$$AgBr(s) + 2S_2O_3^{2-}(aq) \rightleftharpoons [Ag(S_2O_3)_2]^{3-}(aq) + Br^-(aq)$$

上述配位溶解反应中，海波（$Na_2S_2O_3$）是定影剂中的主要成分，在定影过程中，底片上未感光的 AgBr 因生成配离子 $[Ag(S_2O_3)_2]^{3-}$ 而溶解。

一般情况下，当难溶化合物的溶度积不是很小，并且配合物的生成常数比较大时，就有利于配位溶解反应的发生。此外，配位剂的浓度也是影响难溶化合物能否发生配位溶解的重要因素之一。

【例 5-22】 室温下，在 1.0L 氨水中溶解 0.10mol AgCl(s)，氨水浓度最低应为多少？

解：通常不考虑 NH_3 与 H_2O 之间的质子转移反应和 $Ag(NH_3)^+$ 的形成，近似地认为 AgCl 溶于氨水后全部生成 $[Ag(NH_3)_2]^+$。

$$AgCl(s) + 2NH_3(aq) \rightleftharpoons [Ag(NH_3)_2]^+(aq) + Cl^-(aq)$$

平衡浓度/$mol\cdot L^{-1}$	x	0.10	0.10

反应的标准平衡常数为：

$$K^{\ominus} = \frac{c_{[Ag(NH_3)_2]^+}\cdot c_{Cl^-}}{(c_{NH_3})^2} = K^{\ominus}_f([Ag(NH_3)_2]^+)\cdot K^{\ominus}_{sp}(AgCl)$$

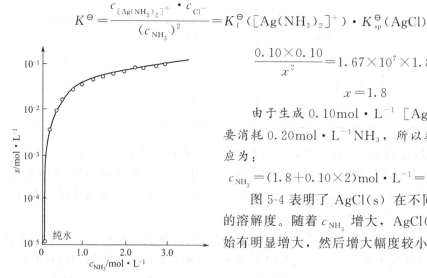

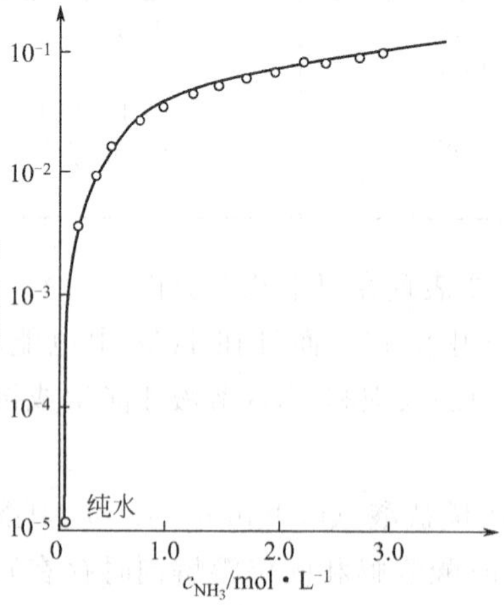

图 5-4 AgCl 在 NH_3 中的溶解度

$$\frac{0.10\times0.10}{x^2} = 1.67\times10^7\times1.8\times10^{-10}$$

$$x = 1.8$$

由于生成 $0.10mol\cdot L^{-1}$ $[Ag(NH_3)_2]^+$ 需要消耗 $0.20mol\cdot L^{-1}$ NH_3，所以氨的最低浓度应为：

$$c_{NH_3} = (1.8 + 0.10\times2)mol\cdot L^{-1} = 2.0mol\cdot L^{-1}$$

图 5-4 表明了 AgCl(s) 在不同浓度氨水中的溶解度。随着 c_{NH_3} 增大，AgCl(s) 溶解度开始有明显增大，然后增大幅度较小。

5.4.3 分步沉淀与沉淀的转化

5.4.3.1 分步沉淀

分步沉淀

实际中，溶液往往含有多种被沉淀的离子，即当加入某种沉淀试剂时，可能分别与溶液中的多种离子发生反应而产生沉淀。在这种情况下，沉淀反应将按照怎样的次序进行？哪种离子先沉淀，哪种离子后沉淀？第二种离子开始沉淀时，先沉淀的离子沉淀到什么程度？弄清这些问题在离子的分离过程中十分重要。

例如在含有 Cl^- 、CrO_4^{2-} 的溶液（浓度均为 $0.01mol \cdot L^{-1}$）中滴加 $AgNO_3$ 溶液，开始可以看到有白色的 AgCl 沉淀生成，而后很明显地出现了红色沉淀 Ag_2CrO_4。像这种由于难溶电解质的溶解度或溶度积的不同，加入沉淀剂后溶液中发生先后沉淀的现象叫分步沉淀。下面通过计算，对分步沉淀作定量说明。

【例 5-23】 在浓度均为 $0.001mol \cdot L^{-1}$ KCl 和 KI 混合溶液中，逐滴加入 $AgNO_3$ 溶液（设体积不变），问 Cl^- 和 I^- 沉淀顺序？能否用分步沉淀的方法将两者分离？

解：由附录查得 $K_{sp}^{\ominus}(AgCl)=1.8\times10^{-10}$，$K_{sp}^{\ominus}(AgI)=8.3\times10^{-17}$。根据溶度积规则，离子积达到溶度积时所需 Ag^+ 浓度小的先析出沉淀。生成 AgCl、AgI 沉淀时所需 Ag^+ 的浓度分别为：

$$c_{Ag^+}=\frac{K_{sp}^{\ominus}(AgCl)}{c_{Cl^-}}=\frac{1.8\times10^{-10}}{0.001}mol \cdot L^{-1}=1.8\times10^{-7}mol \cdot L^{-1}$$

$$c_{Ag^+}=\frac{K_{sp}^{\ominus}(AgI)}{c_{I^-}}=\frac{8.3\times10^{-17}}{0.001}mol \cdot L^{-1}=8.3\times10^{-14}mol \cdot L^{-1}$$

由于生成 AgI 沉淀所需 Ag^+ 浓度较生成 AgCl 沉淀所需 Ag^+ 浓度小，所以逐滴加入 $AgNO_3$ 后，首先析出黄色的 AgI 沉淀。只有当溶液中 $c_{Ag^+}>1.8\times10^{-7}mol \cdot L^{-1}$ 时，才有 AgCl 白色沉淀生成，此时溶液中残留的 I^- 浓度为

$$c_{I^-}=\frac{K_{sp}^{\ominus}(AgI)}{c_{Ag^+}}=\frac{8.3\times10^{-17}}{1.8\times10^{-7}}=4.6\times10^{-10}(mol \cdot L^{-1})$$

$$c_{I^-}=4.6\times10^{-10}mol \cdot L^{-1}<1.0\times10^{-5}mol \cdot L^{-1}$$

可见，Cl^- 开始沉淀时，I^- 早已沉淀完全，利用分步沉淀可将二者分离。

总之，在溶液中，某种沉淀对应的离子积首先达到或超过其溶度积时，就先析出这种沉淀。必须指出：只有对同一类型的难溶电解质，且被沉淀离子浓度相同的情况下，逐滴慢慢加入沉淀剂时，可以直接判断是溶度积小的沉淀先析出，溶度积大的沉淀后析出。若难溶电解质类型不同，或虽类型相同但被沉淀离子浓度不同时，生成沉淀的先后顺序就不能只根据溶度积的大小做出判断，必须通过具体计算才能确定。

上述例题中同时析出 AgCl 和 AgI 两种沉淀时，溶液中的 Ag^+ 浓度同时满足两个多相离子平衡。即

$$c_{Ag^+}=\frac{K_{sp}^{\ominus}(AgCl)}{c_{Cl^-}}mol \cdot L^{-1}=\frac{K_{sp}^{\ominus}(AgI)}{c_{I^-}}mol \cdot L^{-1}$$

$$\frac{c_{I^-}}{c_{Cl^-}}=\frac{K_{sp}^{\ominus}(AgI)}{K_{sp}^{\ominus}(AgCl)}=\frac{8.3\times10^{-17}}{1.8\times10^{-10}}=4.6\times10^{-7}$$

可以推知，溶度积差别越大，就越有可能利用分步沉淀的方法将离子分离开。

当溶液中存在多种可被沉淀离子，加入沉淀剂生成不同类型的难溶电解质时，也是离子积 J 首先达到溶度积 $K_{sp}^{\ominus}$ 的难溶电解质先析出沉淀。

掌握了分步沉淀的规律，根据具体情况，适当地控制条件就可以达到分离离子的目的。例如根据金属氢氧化物溶解度间的差别，控制溶液的pH，使某些金属氢氧化物沉淀出来，另一些金属离子仍保留在溶液中，从而达到分离的目的。

【例 5-24】 在 $1.0mol \cdot L^{-1}$ $ZnSO_4$ 溶液中含有 Fe^{3+} 杂质，欲使 Fe^{3+} 以 $Fe(OH)_3$ 形式沉淀除去，而不使 Zn^{2+} 沉淀，问溶液的pH应控制在什么范围？

解：由附录7查得

$$K_{sp}^{\ominus}[Fe(OH)_3]=2.79\times10^{-39}, K_{sp}^{\ominus}[Zn(OH)_2]=1.2\times10^{-17}$$

首先考虑 Fe^{3+} 沉淀完全（即 Fe^{3+} 浓度不超过 $1.0\times10^{-5}mol \cdot L^{-1}$）的pH：

$$c_{OH^-}\geqslant\sqrt[3]{\frac{K_{sp}^{\ominus}[Fe(OH)_3]}{c_{Fe^{3+}}}}=\sqrt[3]{\frac{2.79\times10^{-39}}{1.0\times10^{-5}}}mol \cdot L^{-1}=6.53\times10^{-12}mol \cdot L^{-1}$$

则

$$pH\geqslant14-pOH=2.82$$

不使 Zn^{2+} 沉淀的pH：

$$c_{Zn^{2+}}\cdot(c_{OH^-})^2<K_{sp}^{\ominus}[Zn(OH)_2]$$

$$c_{OH^-}<\sqrt{\frac{K_{sp}^{\ominus}[Zn(OH)_2]}{c_{Zn^{2+}}}}=\sqrt{\frac{1.2\times10^{-17}}{1.0}}mol \cdot L^{-1}=3.5\times10^{-9}mol \cdot L^{-1}$$

$$pH<5.54$$

可见，溶液中不生成 $Zn(OH)_2$ 沉淀条件是 $pH<5.54$，而 $Fe(OH)_3$ 沉淀完全的条件是 $pH\geqslant2.82$。因此溶液的pH处于2.82～5.54之间，既能除去 Fe^{3+} 杂质，又不会生成 $Zn(OH)_2$ 沉淀，这样就达到分离的目的。

另外，很多金属硫化物都是难溶电解质，但不同难溶金属硫化物在酸中的溶度积常数不同。在 H_2S 的饱和溶液中，S^{2-} 的浓度可以通过控制溶液的pH来调节，从而使溶液中的某些金属离子达到分离或提纯的目的。

5.4.3.2 沉淀的转化

沉淀溶解与沉淀转化

在含有沉淀的溶液中，加入适当试剂，使沉淀转化为另一种更难溶电解质的过程叫沉淀的转化。例如，向盛有白色 $PbSO_4$ 沉淀的试管中，加入 Na_2S 溶液，搅拌后，可以观察到沉淀由白色变为黑色。这是由于生成了更难溶解的PbS沉淀，从而降低了溶液中 Pb^{2+} 浓度，破坏了 $PbSO_4$ $[K_{sp}^{\ominus}(PbSO_4)=2.5\times10^{-8}]$ 的沉淀溶解平衡，促使 $PbSO_4$ 溶解。

两种沉淀转化达平衡时，平衡常数 $K^{\ominus}$ 值越大，说明沉淀的转化越容易。一般讲，$K_{sp}^{\ominus}$ 较大的沉淀易转化为 $K_{sp}^{\ominus}$ 较小的沉淀，两种沉淀的 $K_{sp}^{\ominus}$ 相差越大，转化越完全。

在生产实践中，有些沉淀很难处理，它们既难溶于水，又难溶于酸，对于这种沉淀就可采用沉淀的转化法来处理。例如，锅炉中锅垢的主要成分是 $CaSO_4$，虽然 $CaSO_4$ 的溶解度不是很小，但由于它既不溶于水又不溶于酸，很难用直接溶解的方法除去。如果先用 Na_2CO_3 溶液来处理，使 $CaSO_4$ 转化成溶解度更小的 $CaCO_3$，再用酸溶解 $CaCO_3$ 就能将锅垢消除干净。

【例 5-25】 在1L Na_2CO_3 溶液中溶解0.01mol $CaSO_4$，问 Na_2CO_3 的最初浓度应

为多大？

解：由附录查得 $K_{sp}^{\ominus}(CaSO_4)=4.9\times10^{-5}$，$K_{sp}^{\ominus}(CaCO_3)=3.4\times10^{-9}$

$$CaSO_4(s) \rightleftharpoons Ca^{2+}(aq)+SO_4^{2-}(aq)$$

$$Ca^{2+}(aq)+CO_3^{2-}(aq) \rightleftharpoons CaCO_3(s)$$

沉淀转化平衡为：

$$CaSO_4(s)+CO_3^{2-}(aq) \rightleftharpoons CaCO_3(s)+SO_4^{2-}(aq)$$

该过程的标准平衡常数：

$$K^{\ominus}=\frac{c_{SO_4^{2-}}}{c_{CO_3^{2-}}}=\frac{c_{SO_4^{2-}}}{c_{CO_3^{2-}}}\cdot\frac{c_{Ca^{2+}}}{c_{Ca^{2+}}}$$

$$=\frac{K_{sp}^{\ominus}(CaSO_4)}{K_{sp}^{\ominus}(CaCO_3)}=\frac{4.9\times10^{-5}}{3.4\times10^{-9}}=1.4\times10^{4}$$

平衡时 $c_{SO_4^{2-}}=0.01mol\cdot L^{-1}$，那么

$$c_{CO_3^{2-}}=\frac{c_{SO_4^{2-}}}{K^{\ominus}}=\frac{0.01}{1.4\times10^{4}}=7.1\times10^{-7}(mol\cdot L^{-1})$$

因为溶解 0.01mol $CaSO_4$ 需要消耗 0.01mol 的 Na_2CO_3，所以 Na_2CO_3 的最初浓度应为（$0.01+7.1\times10^{-7}$）$mol\cdot L^{-1}$，近似为 $0.01mol\cdot L^{-1}$。

此例说明溶解度较大的沉淀转化为溶解度较小的沉淀时，沉淀转化的平衡常数一般比较大（$K^{\ominus}>1$），因此转化比较容易实现。如果是溶解度较小的沉淀转化为溶解度较大的沉淀，标准平衡常数（$K^{\ominus}<1$），这种转化往往比较困难，但在一定条件下也是能够实现的。

思考题

1. 下列叙述是否正确？并说明之。

（1）标准平衡常数大，反应速率系数一定也大。

（2）对放热反应来说，升高温度，标准平衡常数 $K^{\ominus}$ 变小，正反应速率系数变小，逆反应速率系数变大。

2. 氨被氧气氧化的反应有：

$$4NH_3(g)+3O_2(g) \rightleftharpoons 2N_2(g)+6H_2O(g)$$

$$4NH_3(g)+5O_2(g) \rightleftharpoons 4NO(g)+6H_2O(g)$$

增加氧气的压力，对上述哪一个反应的平衡移动产生更大的影响？并解释之。

3. 雨水中含有来自大气的二氧化碳。按照平衡移动的原理，解释下列观察到的现象。已知下列反应的 $\Delta_r H_m^{\ominus}=-40.55kJ\cdot mol^{-1}$。

$$CaCO_3(aq)+H_2O(l)+CO_2(g) \rightleftharpoons Ca^{2+}(aq)+2HCO_3^-(aq)$$

（1）当雨水通过石灰石岩层时，有可能形成山洞，雨水变成了含有 Ca^{2+} 的硬水。

（2）当硬水在壶中被加热或煮沸时，形成了水垢。

4. 大约 50%的肾结石是由磷酸钙 $Ca_3(PO_4)_2$ 组成的。正常尿液中的钙含量每天约为 0.10g Ca^{2+}，正常的排尿量每天为 1.4L。

（1）为不使尿中形成 $Ca_3(PO_4)_2$，其中的 PO_4^{3-} 浓度不得高于多少？

（2）对肾结石患者来说，医生总让其多饮水，你能简单对其加以说明吗？

5. 反应 $4NH_3(g)+7O_2(g) \rightleftharpoons 2N_2O_4(g)+6H_2O(g)$，在某温度下达到平衡。在以下两种情况下向该平衡系统中通入氮气，将会有什么变化？

（1）总体积不变，总压增加。

（2）总体积改变，总压不变。

6. 下列叙述是否正确？并说明之。

（1）溶解度大的，溶度积一定大。

（2）为了使某种离子沉淀得很完全，需要加入更多的沉淀试剂。

（3）因 Ag_2CrO_4 的溶度积小于 AgCl 的溶度积，所以 Ag_2CrO_4 必定比 AgCl 更难溶于水。

（4）对含有多种可被沉淀离子的溶液来说，当逐滴慢慢加入沉淀试剂时，一定是浓度大的离子首先被沉淀出来。

习题

1. 写出下列反应的标准平衡常数 $K^{\ominus}$ 的表达式。

（1）$C(s)+H_2O(g) \rightleftharpoons CO(g)+H_2(g)$

（2）$2MnO_4^-(aq)+5H_2O_2(aq)+6H^+(aq) \rightleftharpoons 2Mn^{2+}(aq)+5O_2(g)+8H_2O(l)$

2. 在一定温度下，二硫化碳能被氧氧化，其反应方程式与标准平衡常数如下：

（1）$CS_2(g)+3O_2(g) \rightleftharpoons CO_2(g)+2SO_2(g)$； $K_1^{\ominus}$

（2）$\frac{1}{3}CS_2(g)+O_2(g) \rightleftharpoons \frac{1}{3}CO_2(g)+\frac{2}{3}SO_2(g)$； $K_2^{\ominus}$

试确立 $K_1^{\ominus}$ 与 $K_2^{\ominus}$ 之间的数量关系。

3. 已知下列反应在 1362K 时的标准平衡常数：

（1）$H_2(g)+\frac{1}{2}S_2(g) \rightleftharpoons H_2S(g)$； $K_1^{\ominus}=0.80$

（2）$3H_2(g)+SO_2(g) \rightleftharpoons H_2S(g)+2H_2O(g)$； $K_2^{\ominus}=1.8\times10^4$

计算反应：$4H_2(g)+2SO_2(g) \rightleftharpoons S_2(g)+4H_2O(g)$ 在 1362K 时的标准平衡常数 $K^{\ominus}$。

4. 已知反应 $CaCO_3(s) \rightleftharpoons CaO(s)+CO(s)$ 在 937K 时 $K^{\ominus}=3.0\times10^{-8}$，在 173K 时 $K^{\ominus}=1.0\times10^{-5}$，回答：

（1）该反应是吸热反应还是放热反应？

（2）反应的 $\Delta_r H_m^{\ominus}$ 是多少？

5. Ag_2CO_3 遇热易分解，$Ag_2CO_3(s) \rightleftharpoons Ag_2O(s)+CO_2(g)$，其中 $\Delta_r G_m^{\ominus}$（383K）$=14.8kJ\cdot mol^{-1}$。在 110℃烘干时，空气中掺入一定量的 CO_2 就可避免 $AgCO_3$ 的分解。请问空气中掺入多少 CO_2 可以避免 $AgCO_3$ 的分解？

6. 甲醇可以通过反应 $CO(g)+2H_2(g) \rightleftharpoons CH_3OH(g)$ 来合成，225℃时该反应的$K^{\ominus}=6.08\times10^{-3}$。开始时 $p_{CO}:p_{H_2}=1:2$，平衡时$p_{CH_3OH}=50.0kPa$。计算 CO 和 H_2 的平衡分压。

7. 在 770K，100.0kPa 下，反应 $2NO_2(g) \rightleftharpoons 2NO(g)+O_2(g)$ 达到平衡，此时

NO_2 的转化率为 56.0%，试计算：

(1) 该温度下反应的标准平衡常数 $K^{\ominus}$。

(2) 若要使 NO_2 的转化率增加到 80.0%，则平衡时压力为多少？

8. 根据 Le Châtelier 原理，讨论下列反应：

$$2Cl_2(g)+2H_2O(g) \rightleftharpoons 4HCl(g)+O_2(g) \qquad \Delta_r H_m^{\ominus}>0$$

将 Cl_2、$H_2O(g)$、$HCl(g)$、O_2 四种气体混合后，反应达到平衡时，下列左面操作条件改变对右面各物理量的平衡数值有何影响（操作条件中没有注明的，是指温度不变和体积不变）？

(1) 增大容器体积　　$n_{H_2O(g)}$

(2) 减小容器体积　　$K^{\ominus}$

(3) 升高温度　　$K^{\ominus}$

(4) 加氮气　　$n_{HCl(g)}$

(5) 加催化剂　　$n_{HCl(g)}$

9. 在一定温度下，$Ag_2O(s)$ 和 $AgNO_3(s)$ 受热均能分解。反应为：

$$Ag_2O(s) \rightleftharpoons 2Ag(s)+\frac{1}{2}O_2(s)$$

$$2AgNO_3(s) \rightleftharpoons Ag_2O(s)+2NO_2(g)+\frac{1}{2}O_2(g)$$

假定反应的 $\Delta_r H_m^{\ominus}$ 和 $\Delta_r S_m^{\ominus}$ 不随温度的变化而改变，估算 Ag_2O 和 $AgNO_3$ 按上述反应方程式进行分解时的最低温度，并确定 $AgNO_3$ 分解的最终产物。

10. 反应$\frac{1}{2}Cl_2(g)+\frac{1}{2}F_2(g) \rightleftharpoons ClF(g)$，在 298K 和 398K 下，测得其标准平衡常数分别为 9.3×10^{9} 和 3.3×10^{7}。

(1) 计算 $\Delta_r G_m^{\ominus}(298K)$；

(2) 若 298～398K 范围内 $\Delta_r H_m^{\ominus}$ 和 $\Delta_r S_m^{\ominus}$ 基本不变，计算 $\Delta_r H_m^{\ominus}$ 和 $\Delta_r S_m^{\ominus}$。

11. 水杨酸（邻羟基苯甲酸）$C_7H_4O_3H_2$ 是二元弱酸。25℃下，$K_{a_1}^{\ominus}=1.06\times10^{-2}$，$K_{a_2}^{\ominus}=3.6\times10^{-14}$。有时可用它作为止痛药而代替阿司匹林，但它有较强的酸性，能引起胃出血。计算 $0.065mol\cdot L^{-1}$ $C_7H_4O_3H_2$ 溶液中平衡时各物种的浓度和 pH。

12. 在 298K 时，已知 $0.10mol\cdot L^{-1}$ 某一元弱酸水溶液的 pH 为 3.00，试计算：

(1) 该酸的解离常数 $K_a^{\ominus}$；

(2) 该酸的解离度 α；

(3) 将该酸溶液稀释一倍后的解离度 α 及 pH。

13. 计算下列各溶液的 pH。

(1) 20.0mL $0.10mol\cdot L^{-1}$ HCl 和 20.0mL $0.10mol\cdot L^{-1}$ $NH_3(aq)$ 溶液混合；

(2) 20.0mL $0.10mol\cdot L^{-1}$ HCl 和 20.0mL $0.20mol\cdot L^{-1}$ $NH_3(aq)$ 溶液混合；

(3) 20.0mL $0.20mol\cdot L^{-1}$ HAc 和 20.0mL $0.10mol\cdot L^{-1}$ NaOH 溶液混合；

(4) 20.0mL $0.10mol\cdot L^{-1}$ NaOH 和 20.0mL $0.10mol\cdot L^{-1}$ NH_4Cl 溶液混合。

14. 若要控制 $0.10mol\cdot L^{-1}$ NH_3 中的 OH^- 浓度为 $1.79\times10^{-3}mol\cdot L^{-1}$，问需向 1L 此溶液中加入 NH_4Cl 固体多少克？

15. 根据 $Mg(OH)_2$ 的溶度积计算：

（1）$Mg(OH)_2$ 在水中的溶解度（单位为 $mol \cdot L^{-1}$）；

（2）$Mg(OH)_2$ 饱和溶液中的 $c_{Mg^{2+}}$，c_{OH^-} 和 pH；

（3）$Mg(OH)_2$ 在 $0.010mol \cdot L^{-1}$ NaOH 溶液中的溶解度（以 $mol \cdot L^{-1}$ 为单位）；

（4）$Mg(OH)_2$ 在 $0.010mol \cdot L^{-1}$ $MgCl_2$ 溶液中的溶解度（以 $mol \cdot L^{-1}$ 为单位）。

16. 将 $0.30mol \cdot L^{-1}$ $CuSO_4$、$1.80mol \cdot L^{-1}$ NH_3 和 $0.60mol \cdot L^{-1}$ NH_4Cl 三种溶液等体积混合。计算溶液中相关离子的平衡浓度，并判断有无 $Cu(OH)_2$ 沉淀生成？

17. $Pb(NO_3)_2$ 溶液与 $BaCl_2$ 溶液混合，设混合液中 $Pb(NO_3)_2$ 的浓度为 $0.20mol \cdot L^{-1}$，问：

（1）在混合溶液中 Cl^- 的浓度等于 $5.0\times10^{-4}mol \cdot L^{-1}$ 时，是否有沉淀生成？

（2）混合溶液中 Cl^- 的浓度多大时，开始生成沉淀？

（3）混合溶液中 Cl^- 的浓度为 $6.0\times10^{-2}mol \cdot L^{-1}$ 时，残留于溶液中 Pb^{2+} 的浓度为多少？

18. 通过计算回答下列问题：

（1）在 10.0mL $0.015mol \cdot L^{-1}$ $MnSO_4$ 溶液中，加入 5.0mL $0.15mol \cdot L^{-1}$ $NH_3(aq)$，是否能生成 $Mn(OH)_2$ 沉淀？

（2）若在上述 10.0mL $0.015mol \cdot L^{-1}$ $MnSO_4$ 溶液中先加入质量为 0.495g $(NH_4)_2SO_4$ 晶体，然后再加入 5.0mL $0.15mol \cdot L^{-1}$ $NH_3(aq)$，是否有 $Mn(OH)_2$ 沉淀生成？

19. 计算 298K 下，AgBr(s) 在 $0.010mol \cdot L^{-1}$ $Na_2S_2O_3$ 溶液中的溶解度。

20. 某溶液中含有 Fe^{3+} 和 Fe^{2+}，它们的浓度都是 $0.05mol \cdot L^{-1}$，如果要求 $Fe(OH)_3$ 沉淀完全，而 Fe^{2+} 不生成 $Fe(OH)_2$ 沉淀，应该如何控制溶液 pH？

21. 通过计算回答下列问题：

（1）在 $0.10mol \cdot L^{-1}$ $FeCl_2$ 溶液中，不断通入 $H_2S(g)$，若不生成 FeS 沉淀，溶液的 pH 范围为多少？

（2）在 pH 为 1.00 的某溶液中含有 $FeCl_2$ 与 $CuCl_2$，两者的浓度均为 $0.10mol \cdot L^{-1}$，不断通入 $H_2S(g)$ 时，能有哪些沉淀生成？各种离子浓度分别是多少？

22. 某溶液中含有 Pb^{2+} 和 Zn^{2+}，两者的浓度均为 $0.10mol \cdot L^{-1}$；在室温下通入 $H_2S(g)$ 使之成为 H_2S 饱和溶液，并加入 HCl 控制 S^{2-} 浓度。为了使 PbS 沉淀出来，而 Zn^{2+} 仍留在溶液中，则溶液中的 H^+ 浓度最低应是多少？此时溶液中的 Pb^{2+} 是否被沉淀完全？

23. 某溶液中含有 $0.10mol \cdot L^{-1}$ Li^+ 和 $0.10mol \cdot L^{-1}$ Mg^{2+}，滴加 NaF 溶液（忽略体积变化），哪种离子最先被沉淀出来？当第二种沉淀析出时，第一种被沉淀的离子是否沉淀完全？两种离子有无可能分离开？

第6章 氧化还原反应 电化学基础

氧化还原反应是化学反应中最重要的一类反应。早在远古时代，“燃烧”这一最早被应用的氧化还原反应促进了人类的进化。地球上植物的光合作用也是氧化还原过程。食物、天然纤维和矿物燃料等均来自光合作用，光合作用还产生了人和动物呼吸以及燃料燃烧所需要的氧气。人体动脉血液中的血红蛋白同氧结合形成氧合血红蛋白，通过血液循环氧被输送到体内各部分，以氧合肌红蛋白的形式将氧贮存起来，直到人劳动或工作需要氧的时候，氧合肌红蛋白释放出氧将葡萄糖氧化，并放出能量。就是这种体内的缓慢“燃烧”反应使生命得以维持和生长。在现代社会中，金属冶炼、高能燃料和众多化工产品的合成都涉及氧化还原反应。

在原电池中自发的氧化还原反应将化学能转变为电能。相反，在电解池中，电能将迫使非自发的氧化还原反应进行，并将电能转化为化学能。电能与化学能间的相互转化是电化学研究的重要内容。电化学是化学科学的分支学科之一。本章将以原电池作为讨论氧化还原反应的模型，重点讨论标准电极电势的概念以及影响电极电势的因素。同时将氧化还原反应与原电池电动势联系起来，判断反应进行的方向和限度，为今后深入地学习电化学打下基础。

6.1 氧化还原反应

化学反应可分为两类：一类是非氧化还原反应，前面所讨论的酸碱反应和沉淀反应都是非氧化还原反应；另一类是氧化还原反应，这是一类有电子转移或得失的反应。氧化还原反应中电子从一种物质转移到另一种物质，相应某些元素的氧化数发生了改变。本节将讨论氧化还原反应的一些基本概念以及反应式的配平。

6.1.1 氧化数（氧化值）

伴随氧化还原反应的发生，某些原子的带电状态发生了改变，为了描述原子带电状态的变化，说明元素被氧化或还原的程度，引入了氧化数的概念。氧化数也称氧化值，1970年国际纯粹与应用化学联合会（IUPAC）对氧化数做了严格的定义：氧化数是指某元素一个原子的荷电数，该荷电数是假定把每一化学键的电子指定给电负性更大的原子而求得的。

（1）氧化数的一般确定规则

① 任何形态的单质中，元素的氧化数等于零。

② 对于单原子离子，元素的氧化数等于离子所带的电荷数。

③ 对于多原子离子，各元素的氧化数的代数和等于该离子所带的电荷数。

④ 在所有的氟化物中，氟的氧化数皆为－1。

⑤ 碱金属和碱土金属在化合物中的氧化数分别为＋1 和＋2。

⑥ 在大多数化合物中，氢的氧化数为＋1，但在活泼金属氢化物（如 LiH，CaH_2 等）中，氢的氧化数为－1。

⑦ 在大多数化合物中，氧的氧化数为－2，但在过氧化物中（如 H_2O_2 等），氧的氧化数为－1；在超氧化物中（如 KO_2 等），氧的氧化数为－1/2；在氧的氟化物中（如 OF_2），氧的氧化数为＋2。

⑧ 在中性分子中，所有元素氧化数的代数和等于零。

(2) 有机化合物中碳原子的氧化数的确定规则

① 碳与碳原子相连时，无论是单键还是双键或叁键，碳原子的氧化数为零。

② 碳原子与氢原子相连，碳原子的氧化数为－1。

③ 有机化合物中所含 O、N、S、X 等杂原子，它们的电负性都比碳原子大，碳原子以单键、双键或叁键与杂原子联结，碳原子的氧化数为＋1、＋2 或＋3。

根据这些规则，我们可以计算复杂分子中任一种元素的氧化数。

6.1.2 氧化还原反应基本概念

根据氧化数的概念，凡化学反应中，反应前后元素的氧化数发生了变化的一类反应称为氧化还原反应，氧化数升高的过程称为氧化，氧化数降低的过程称为还原。在氧化还原反应中，氧化与还原同时发生，且氧化数升高的总数必等于氧化数降低的总数。

(1) 氧化剂和还原剂

在氧化还原反应中，如果某物质的组成原子或离子氧化数升高，称此物质为还原剂，其本身在反应中被氧化，它的反应产物叫氧化产物；反之，氧化数降低的物质被称为氧化剂，其本身在反应中被还原，它的反应产物叫还原产物。例如：

$$2KMnO_4 + 5H_2O_2 + 3H_2SO_4 \rightleftharpoons 2MnSO_4 + K_2SO_4 + 5O_2\uparrow + 8H_2O$$

（氧化剂）（还原剂）

氧化还原反应

(2) 氧化还原电对和半反应

在氧化还原反应中，表示氧化或还原过程的反应式，分别叫氧化反应和还原反应，统称为半反应。例如：

氧化反应 $Zn - 2e^- \rightleftharpoons Zn^{2+}$

还原反应 $Cu^{2+} + 2e^- \rightleftharpoons Cu$

即氧化还原反应是由两个半反应组成的。半反应中氧化数较高的物种为氧化型（如 Zn^{2+}、Cu^{2+}），氧化数较低的物种为还原型（如 Zn、Cu）。半反应中的同一元素的氧化型和还原型是彼此依存、相互转化的，这种共轭的氧化还原系统称为氧化还原电对，电对用“氧化型/还原型”的形式表示，如 Cu^{2+}/Cu、Zn^{2+}/Zn。一个电对对应一个半反应，半反应可用下列通式表示：

$$a\ \text{氧化型} + ne^- \rightleftharpoons b\ \text{还原型}$$

每个氧化还原反应是由氧化剂的还原反应和还原剂的氧化反应来组成，就是说任何一个氧化还原反应均含有两个不同的氧化还原电对。

6.1.3 氧化还原反应方程式的配平

配平氧化还原反应方程式最常用的有离子-电子法、氧化数法等，这里只介绍离子-电子法。

(1) 离子-电子法的配平原则

① 电荷守恒：反应中氧化剂得电子数必须等于还原剂失电子数。

② 质量守恒：反应前后各元素的原子总数必须相等，各物种的电荷数的代数和必须相等。

(2) 离子-电子法配平的具体步骤

现以酸性溶液中高锰酸钾与亚硫酸钾的反应为例，配平过程如下：

① 将分子反应式改写为离子反应式。

$$KMnO_4 + K_2SO_3 \longrightarrow MnSO_4 + K_2SO_4$$

$$MnO_4^- + SO_3^{2-} \longrightarrow Mn^{2+} + SO_4^{2-}$$

② 写出两个半反应式中的电对。

还原反应 $MnO_4^- \longrightarrow Mn^{2+}$

氧化反应 $SO_3^{2-} \longrightarrow SO_4^{2-}$

③ 配平两个半反应式，并使半反应两边的电荷数相等。

还原反应 $MnO_4^- + 8H^+ + 5e^- \longrightarrow Mn^{2+} + 4H_2O$ (1)

氧化反应 $SO_3^{2-} + H_2O \longrightarrow SO_4^{2-} + 2H^+ + 2e^-$ (2)

④ 根据得失电子数相等的原则，求出最小公倍数，合并两个半反应式。

式(1)×2+式(2)×5：

$$2MnO_4^- + 5SO_3^{2-} + 6H^+ \rightleftharpoons 2Mn^{2+} + 5SO_4^{2-} + 3H_2O$$

最后将离子反应式还原为分子反应式，注意没有参加氧化还原反应的离子的配平。

$$2KMnO_4 + 5K_2SO_3 + 3H_2SO_4 \rightleftharpoons 2MnSO_4 + 6K_2SO_4 + 3H_2O$$

【例 6-1】 氯气在热的氢氧化钠溶液中生成氯化钠和氯酸钠。配平该反应方程式：

$$Cl_2 + NaOH \longrightarrow NaCl + NaClO_3$$

解：在该反应中，氯元素的氧化值从 0(Cl_2) 变为 +5(ClO_3^-) 和 −1(Cl^-)。

因为反应在碱液中进行，由 Cl_2 到 ClO_3^- 的转化所需要增加的氧原子是由 OH^- 提供的。现将反应拆分成两个半反应，并分别配平。其中还原剂 Cl_2 被氧化的半反应为：

$$Cl_2 + 12OH^- \rightleftharpoons 2ClO_3^- + 6H_2O + 10e^-$$

氧化剂 Cl_2 被还原的半反应为：

$$Cl_2 + 2e^- \rightleftharpoons 2Cl^-$$

将两个半反应相加得：

$$Cl_2 + 12OH^- \rightleftharpoons 2ClO_3^- + 6H_2O + 10e^-$$

$$+)\ 5\times(Cl_2 + 2e^- \rightleftharpoons 2Cl^-)$$

$$6Cl_2 + 12OH^- \rightleftharpoons 2ClO_3^- + 6H_2O + 10Cl^-$$

应使配平的方程式中各种离子、分子的化学计量数为最小整数：

$$3Cl_2 + 6OH^- \rightleftharpoons ClO_3^- + 3H_2O + 5Cl^-$$

核对方程式两边电荷数和各元素的原子个数是否各自相等。其分子方程式为：

$$3Cl_2 + 6NaOH \rightleftharpoons 5NaCl + NaClO_3 + 3H_2O$$

离子-电子法突出了化学计量数的变化是电子得失的结果，更能反映氧化还原反应的真实情况。离子-电子法仅适用于水溶液中离子反应式的配平。

6.2 原电池

6.2.1 原电池的构造

电池构成及电极对应关系

一切氧化还原反应均为电子从还原剂转移给氧化剂的过程。例如，将 Zn 片投入 $CuSO_4$ 溶液中，即发生如下的氧化还原反应：

$$Zn(s) + CuSO_4(aq) \rightleftharpoons ZnSO_4(aq) + Cu(s)$$

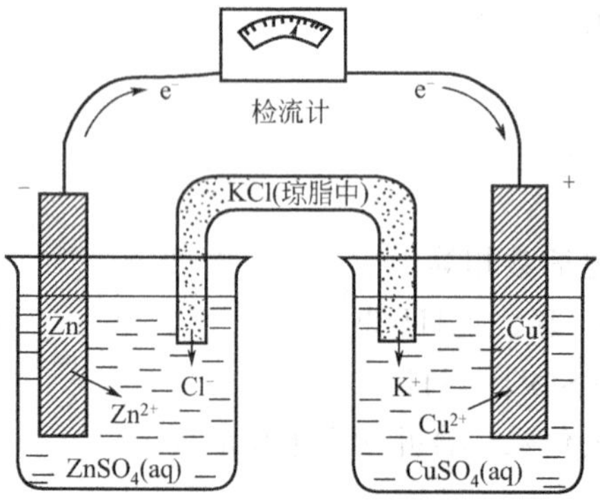

图 6-1 铜-锌原电池示意图

上述反应虽然发生了电子从 Zn 转移到 Cu^{2+} 的过程，但没有形成有序的电子流。反应的化学能没有转变为电能，而变成了热能释放出来，导致溶液的温度升高。若把 Zn 片和 $ZnSO_4$ 溶液、Cu 片和 $CuSO_4$ 溶液分别放在两个容器内，两溶液以盐桥（含琼脂的 KCl 饱和溶液装入 U 型管中制成，其作用是沟通两个半电池，保持溶液的电荷平衡，使反应能持续进行）沟通，金属片之间用导线接通，并串联一个检流计，如图 6-1 所示。

当线路接通后，会看到检流计的指针立刻发生偏转，说明导线上有电流通过。与此同时，还可以观察到，Zn 片慢慢溶解，Cu 片上有金属铜析出。说明发生了上述相同的氧化还原反应，这种把化学能转变为电能的装置称为原电池。原电池是由两个半电池组成，每个半电池称为一个电极。

原电池的设计

原电池中依据电势的高低及电子流动的方向来确定正、负极。向外电路输出电子的电极为负极，如 Zn 电极，负极发生氧化反应；从外电路接受电子的电极为正极，如 Cu 电极，正极发生还原反应，将两电极反应合并，即得电池反应。如在 Cu-Zn 原电池中分别发生了如下反应：

负极（氧化反应） $Zn(s) \rightleftharpoons Zn^{2+}(aq) + 2e^-$

正极（还原反应） $Cu^{2+}(aq) + 2e^- \rightleftharpoons Cu(s)$

电池反应（氧化还原反应） $Zn(s) + Cu^{2+}(aq) \rightleftharpoons Zn^{2+}(aq) + Cu(s)$

在铜-锌原电池中所进行的电池反应，与 Zn 置换 Cu^{2+} 的化学反应是一样的。只是在原电池装置中，氧化剂和还原剂不直接接触，氧化反应和还原反应同时分别在两个不同的区域内进行，电子不是直接从还原剂转移给氧化剂，而是经导线传递，这正是原电池利用氧化还原反应产生电流的原因，即将化学能转变成电能。

6.2.2 原电池的电池符号

电池图示及电池分类

为了应用方便，通常用电池符号来表示一个原电池的组成。电池符号书写规则如下。

（1）负极写在左边，正极写在右边。左边的负极发生氧化作用，右边的正极发生还原作用。

（2）写明电池中物质的聚集状态（s，l，g），组成（浓度或分压）。

（3）用单垂线“｜”表示相与相之间的界面，同一溶液中不同溶质之间用“,”分开。用双垂线“‖”表示盐桥。

（4）某些电极的电对自身不是金属导体时，则需外加一个导电能力好而又不参与电极反应的附加电极，通常用铂作附加电极。

电池反应书写

例如：铜-锌原电池可表示为：

$$(-)Zn(s)|ZnSO_4(1mol \cdot L^{-1}) \| CuSO_4(1mol \cdot L^{-1})|Cu(s)(+)$$

【例 6-2】 已知下列电池符号，写出各原电池的电极反应和电池反应。

（1）$Zn(s)|Zn^{2+}(aq) \| H^+(aq)|H_2(g)|Pt$

（2）$Cu(s)|Cu^{2+}(aq) \| Fe^{3+}(aq),Fe^{2+}(aq)|Pt$

解：

（1）负极，氧化反应：$Zn(s) \rightleftharpoons Zn^{2+}(aq)+2e^-$

正极，还原反应：$2H^+(aq)+2e^- \rightleftharpoons H_2(g)$

电池反应：$Zn(s)+2H^+(aq) \rightleftharpoons Zn^{2+}(aq)+H_2(g)$

（2）负极，氧化反应：$Cu(s) \rightleftharpoons Cu^{2+}(aq)+2e^-$

正极，还原反应：$Fe^{3+}(aq)+e^- \rightleftharpoons Fe^{2+}(aq)$

电池反应：$2Fe^{3+}(aq)+Cu(s) \rightleftharpoons 2Fe^{2+}(aq)+Cu^{2+}(aq)$

【例 6-3】 写出下列电池反应对应的电极反应及电池符号。

$2Fe^{2+}(aq)+Cl_2(g) \rightleftharpoons 2Fe^{3+}(aq)+2Cl^-(aq)$

解：

负极，氧化反应：$Fe^{2+}(aq) \rightleftharpoons Fe^{3+}(aq)+e^-$

正极，还原反应：$Cl_2(g)+2e^- \rightleftharpoons 2Cl^-(aq)$

电池符号：$Pt(s)|Fe^{2+}(aq),Fe^{3+}(aq) \| Cl^-(aq)|Cl_2(g)|Pt$

原电池可以将化学能转化为电能，一方面具有实用价值，另一方面它也揭示了化学现象与电现象的关系，为电化学的形成打下基础。

6.2.3　原电池的电动势

将原电池的两个电极用导线连接起来时，所构成的电路中就有电流通过，这说明两个电极之间有一定的电势差存在。原电池两极间电势差的存在，说明构成原电池的两个电极各自具有不同的电极电势。也就是说，原电池中电流的产生是由于两个电极的电势不同所致。

当原电池放电时，两极间的电势差将比该电池的最大电压要小。这是因为驱动电流通过电池需要消耗能量，产生电流时，电池电压的降低正反映了电池内所消耗的这种能量，而且电流越大，电压降低得越多。因此，只有电路中没有电流通过时，电池才具有最大电压（又称为开路电压）。当通过原电池的电流趋于零时，两电极间的最大电势差被称为原电池的电动势，用“E_{MF}”表示。可用电压表来测定电池的电动势。

置换反应过程及机理

测量时，电路中的电流很小，完全可以忽略不计。因此，由电压表上所显示的数字可以确定电池的电动势以及正、负极。也可以用电位差计来测定原电池的电动势。

例如在铜-锌原电池中，两极一旦用导线连接，电流便从正极（铜极）流向负极（锌极），这说明两极之间存在电势差，而且正极的电势一定比负极的高。原电池的电动势等于在外电路没有电流通过的状态下，正极的电极电势与负极的电极电势之差，即

$$E_{MF}=\varphi_{+}-\varphi_{-} \tag{6-1}$$

原电池的
工作原理

电动势的大小主要取决于组成原电池物质的本性，此外，电动势还与温度有关。通常在标准状态下测定，所测得的电动势为标准电动势，以 $E_{MF}^{\ominus}$ 表示。

6.2.4 原电池的最大功与 Gibbs 函数

测定原电池的电动势，可用来计算电池内发生的化学反应的热力学函数的数据。这里涉及可逆电池。

可逆电池具备的条件：第一，电极必须是可逆的，即当相反方向的电流通过电极时，电极反应必然逆向进行；电流停止，反应亦停止。第二，要求通过电极的电流无限小，电极反应在接近电化学平衡的条件下进行。除此之外，在电池中进行的其他过程也必须是可逆的。总之，一个可逆电池经过自发的氧化还原反应产生电流之后，在外界直流电源的作用下，进行原电池的逆向反应，系统和环境都能复原。

在可逆电池中，进行自发反应产生电流可以做非体积功——电功。

热力学研究表明，在定温定压下：

$$\Delta_r G_m = W_{max} \tag{6-2}$$

即系统 Gibbs 函数的变化等于系统所做的非体积功。

根据物理学原理可以确定，可逆电池所做的最大电功等于电路中所通过的电荷量与电势差的乘积。

$$W_{max} = -nFE_{MF} \tag{6-3}$$

式中，n 为配平的电池反应转移的总电子数（mol）；F 为 Faraday（法拉第）常数，96500C・mol^{-1}，则 nF 为 n 摩尔电子的总电荷量。

根据式(6-2)、式(6-3) 得

$$\Delta_r G_m = -nFE_{MF} \tag{6-4a}$$

上式表明可逆电池中系统的 Gibbs 函数的变化等于系统对外所做的最大电功。

如果可逆电池反应是在标准状态下进行的，则式(6-4a) 可写为：

$$\Delta_r G_m^{\ominus} = -nFE_{MF}^{\ominus} \tag{6-4b}$$

根据式(6-4) 可以进行电池反应的 Gibbs 函数变和电池电动势的相互换算，它是热力学和电化学的联系桥梁。另外也可以利用测定原电池电动势的方法确定某些离子的标准摩尔生成吉布斯函数。

同理，对于电极反应也存在

$$\Delta_r G_m = -nF\varphi \tag{6-5a}$$

$$\Delta_r G_m^{\ominus} = -nF\varphi^{\ominus} \tag{6-5b}$$

【例 6-4】 在 298.15K 下，实验测定铜锌原电池的标准电池电动势。

$(-)Zn(s)\,|\,Zn^{2+}(1mol\cdot L^{-1})\,\|\,Cu^{2+}(1mol\cdot L^{-1})\,|\,Cu(s)(+)\qquad E_{MF}^{\ominus}=1.10V$

(1) 计算电池反应：$Zn(s)+Cu^{2+}(aq) \xlongequal{} Zn^{2+}(aq)+Cu(s)$ 的 $\Delta_r G_m^\ominus$；

(2) 若已知 $\Delta_f G_m^\ominus(Zn^{2+},aq)=-147.06kJ \cdot mol^{-1}$，计算 $\Delta_f G_m^\ominus(Cu^{2+},aq)$。

解：(1)

$$Zn(s)+Cu^{2+}(aq) \xlongequal{} Zn^{2+}(aq)+Cu(s)$$

因为电池反应方程式中 $n=2$

所以

$$\begin{aligned}\Delta_r G_m^\ominus &= -nFE_{MF}^\ominus \\ &= -2\times 96500C \cdot mol^{-1}\times 1.10V \\ &= -212kJ \cdot mol^{-1}\end{aligned}$$

(2)

$$\Delta_r G_m^\ominus=\Delta_f G_m^\ominus(Zn^{2+},aq)-\Delta_f G_m^\ominus(Cu^{2+},aq)$$

$$\begin{aligned}\Delta_f G_m^\ominus(Cu^{2+},aq) &= \Delta_f G_m^\ominus(Zn^{2+},aq)-\Delta_r G_m^\ominus \\ &= (-147.06+212)kJ \cdot mol^{-1} \\ &= 65kJ \cdot mol^{-1}\end{aligned}$$

6.3　电极电势

电极电势产生机理

电极电势是一个极为重要的物理量。它可以用来衡量氧化剂和还原剂的相对强弱，判断氧化还原反应自发方向和程度。迄今为止，电极电势的绝对值尚无法直接测量。

原电池是由两个独立的“半电池”组成，每一个半电池即一个电极，分别发生氧化反应和还原反应。由不同的半电池可以组成各式各样的原电池，通过实验可以测得电池的电动势。

6.3.1　参比电极

走近化学家：能斯特

(1) 标准氢电极(SHE)

电极电势的绝对值尚无法确定。如同确定海拔高度以海平面作基准一样，通常选取标准氢电极（简写为 SHE）作为比较的基准，称其为参比电极。将其他电对的电极电势与氢电极的标准电极电势做比较，从而确定出各电对的电极电势。

标准氢电极的构造如图 6-2 所示。将镀有铂黑的铂片（镀铂黑的目的是增加电极的表面积，促进对气体的吸附，以有利于与溶液达到平衡）浸入含有 H^+ 的酸溶液（$c_{H^+}=1.0mol \cdot L^{-1}$）中，并不断通入纯净的氢气（$p_{H_2}=100kPa$），使氢气冲打在铂片上，同时使溶液被氢气所饱和，氢气泡围绕铂片浮出液面。此时铂黑表面既有 H_2，又有 H^+。

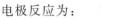

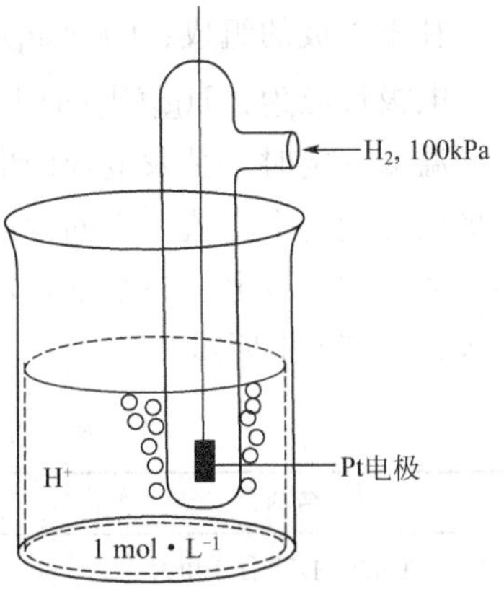

图 6-2　标准氢电极的构造图

氢电极的电极符号可表示为：$Pt|H_2(g)|H^+(aq)$ 或 $H^+(aq)|H_2(g)|Pt$

电极反应为：

$$2H^+(aq)+2e^- \rightleftharpoons H_2(g)$$

这种电极反应表明了电对的氧化型得电子转变为还原型的过程，是还原反应。与电对的还原反应相对应的电极电势为还原电极电势；与电对的氧化反应相对应的是氧

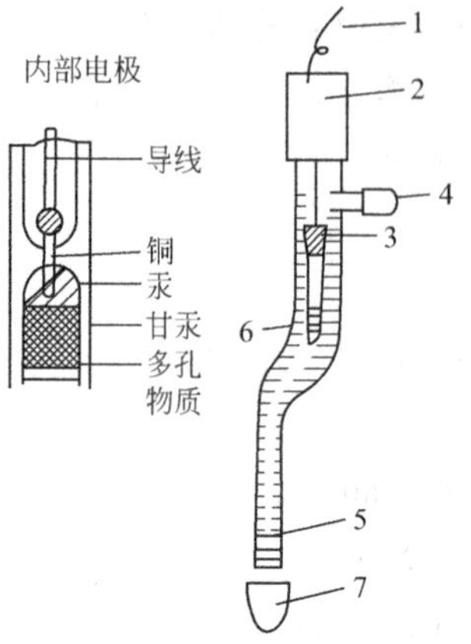

图 6-3 甘汞电极

1—电极引线；2—绝缘套；3—内部电极；4—封装口；5—纤维塞；6—KCl 溶液；7—电极胶盖

化电极电势。本书全部采用还原电极电势。如同热力学中规定 $\Delta_f H_m^{\ominus}(H^+,aq)=0$，$\Delta_f G_m^{\ominus}(H^+,aq)=0$ 一样，电化学中规定标准氢电极的还原电极电势为零，即 $\varphi^{\ominus}_{H^+/H_2}=0$。

标准氢电极是最精确的参比电极，是参比电极的一级标准，用标准氢电极与另一电极组成原电池，通过测得的原电池的电动势就可以确定另一电极的电极电势。氢电极的电极电势随温度变化改变得很小，这是它的优点。但是标准氢电极制作麻烦，氢气的净化，压力的控制等难以满足要求并且它对使用条件要求得十分严格，既不能用在含有氧化剂的溶液中，也不能用在含汞或砷的溶液中，而且铂黑容易中毒。因此，在实际应用中往往采用其他电极作为参比电极。实际工作中最常用的参比电极有甘汞电极、银-氯化银电极等。它们的电极电势值是相对于标准氢电极而测得的，故称为二级标准。

（2）甘汞电极(SCE)

甘汞电极（简写为 SCE）是金属汞、甘汞（Hg_2Cl_2）及 KCl 溶液组成的电极。它的结构如图 6-3 所示。

这是一类金属-难溶盐电极。它由两个玻璃套管组成，内套管下部有一多孔素瓷塞，并装有汞和甘汞 Hg_2Cl_2 混合的糊状物，在其间插有作为导体的铂丝。在其外管中盛有饱和 KCl 溶液和少量 KCl 晶体，以保证 KCl 溶液处于饱和状态。外玻璃细管的最底部也有一多孔素瓷塞。多孔素瓷允许溶液中的离子迁移。

甘汞电极的组成：$Cl^-(aq)\,|\,Hg_2Cl_2(s)\,|\,Hg(l)$

电极反应为：$Hg_2Cl_2(s)+2e^- \rightleftharpoons 2Hg(l)+2Cl^-(aq)$

温度一定时，甘汞电极的电极电势主要决定于 c_{Cl^-}，当 c_{Cl^-} 一定时，甘汞电极的电极电势就是个定值。不同浓度 KCl 溶液的甘汞电极电势，具有不同的恒定值。以标准氢电极的电极电势为基准，可以测得不同浓度 KCl 溶液甘汞电极（简写为 SCE）的电势，如表 6-1 所示。

表 6-1 25℃ 时甘汞电极的电极电势（对 SHE）

名称	KCl 溶液浓度	电极电势/V
$0.1mol\cdot L^{-1}$ 甘汞电极	$0.1mol\cdot L^{-1}$	+0.3335
标准甘汞电极	$1.0mol\cdot L^{-1}$	+0.2799
饱和甘汞电极	饱和溶液	+0.2410

（3）银-氯化银电极

银丝表面镀上一薄层 AgCl，浸在一定浓度的 KCl 溶液中，即构成 Ag-AgCl电极。

Ag-AgCl 电极组成：$Cl^-(aq)\,|\,AgCl(s)\,|\,Ag(s)$

电极反应：$AgCl(s)+e^- \rightleftharpoons Ag(s)+Cl^-(aq)$

温度一定，当 c_{Cl^-} 一定时，银-氯化银电极的电极电势是个定值。不同浓度 KCl 溶液的银-氯化银电极的电极电势，具有不同的恒定值。以标准氢电极的电极电势为基准，可以测得不同浓度 KCl 溶液 Ag-AgCl 电极的电极电势，如表 6-2 所示。

表 6-2　25℃时银-氯化银的电极电势（对 SHE）

名称	KCl 溶液浓度	电极电势/V
0.1mol·L^{-1} Ag-AgCl 电极	0.1mol·L^{-1}	+0.2880
标准 Ag-AgCl 电极	1.0mol·L^{-1}	+0.2220
饱和 Ag-AgCl 电极	饱和溶液	+0.2000

由于甘汞电极容易制备，便于使用，所以最常用。但是当温度超过 80℃时，甘汞电极不够稳定，此时可用 Ag-AgCl 电极代替。

6.3.2　标准电极电势

按照 1953 年国际纯粹与应用化学联合会（IUPAC）建议，采用标准氢电极作为标准。根据这个规定，某电极的电极电势就是所给电极与同温度下的标准氢电极所组成的电池的电动势。

（1）电极电势

采用标准氢电极作为参照基准，将待测电极与标准氢电极组成原电池。

标准氢电极

因为标准氢电极的电极电势为零，所以规定该原电池的电动势就是待测电极的电极电势，并以 $\varphi_{待测}$ 表示。由此规定可知：当电池工作时，若待测电极实际上进行的是还原反应，则 $\varphi_{待测}$ 为正值；若待测电极实际上进行的是氧化反应，则 $\varphi_{待测}$ 为负值。

（2）标准电极电势

在电化学的实际应用中，半电池（即电对）的标准电极电势显得更重要些。标准电极电势可以通过实验测得。使待测半电池中各物种均处于标准状态下，将其与标准氢电极组成原电池，以电压表测定该电池的电动势并确定正极和负极，进而可推算出待测半电池（电极或电对）的标准电极电势。标准电极电势用 $\varphi^{\ominus}_{待测}$ 表示，常见电极的标准电极电势值列于附录 8。

标准电极电势表给人们研究氧化还原反应带来很大的方便，应用标准电极电势表时应注意下面几点。

① 电极反应常写成：

$$a\ 氧化型 + ne^- \rightleftharpoons b\ 还原型$$

② 电极电势是强度性质，没有加和性。因此，$\varphi^{\ominus}$ 值与电极反应的书写形式和物质的计量数无关，仅取决于电极的本性。例如：

$$Cl_2(g) + 2e^- \rightleftharpoons 2Cl^-(aq) \qquad \varphi^{\ominus}_{Cl_2/Cl^-} = 1.36V$$

$$2Cl_2(g) + 4e^- \rightleftharpoons 4Cl^-(aq) \qquad \varphi^{\ominus}_{Cl_2/Cl^-} = 1.36V$$

$$2Cl^-(aq) - 2e^- \rightleftharpoons Cl_2(g) \qquad \varphi^{\ominus}_{Cl_2/Cl^-} = 1.36V$$

③ 使用电极电势时一定要注明相应的电对。例如：

$\varphi^{\ominus}_{Fe^{3+}/Fe^{2+}} = 0.77V$，而 $\varphi^{\ominus}_{Fe^{2+}/Fe} = -0.44V$，二者相差很大，如不注明，容易混淆。

6.3.3 Nernst 方程

标准电极电势是在标准状态下测定的，通常参考温度为 298.15K。如果条件改变，温度、浓度、压力改变，则电对的电极电势也将随之发生改变。

Nernst 方程的建立

（1）电极电势的 Nernst 方程

德国化学家 W. Nernst（能斯特）将影响电极电势大小的诸因素，如电极物质的本性、溶液中相关物质的浓度或分压、介质和温度等因素概括为一公式，称为能斯特方程式。

对于任意电极反应：

$$a\,\text{氧化型} + n\text{e}^- \rightleftharpoons b\,\text{还原型}$$

$$\Delta_r G_m(T) = \Delta_r G_m^\ominus(T) + RT\ln J$$

$$\Delta_r G_m = -nF\varphi$$

$$\Delta_r G_m^\ominus = -nF\varphi^\ominus$$

其电极电势的 Nernst 方程式为：

$$\varphi = \varphi^\ominus - \frac{RT}{nF}\ln\frac{c_{\text{还原型}}^b}{c_{\text{氧化型}}^a} \tag{6-6a}$$

或

$$\varphi = \varphi^\ominus + \frac{RT}{nF}\ln\frac{c_{\text{氧化型}}^a}{c_{\text{还原型}}^b} \tag{6-6b}$$

式中，φ 为电极在任意状态时的电极电势；$\varphi^\ominus$ 为电极在标准状态时的电极电势；R 为摩尔气体常数，8.314J·mol^{-1}·K^{-1}；F 为法拉第常数，96500C·mol^{-1}；n 为电极反应中转移电子的物质的量；T 为热力学温度；a、b 分别为电极反应中氧化型、还原型的计量数。利用式(6-6) 可计算任一电极在不同温度和浓度时的电极电势。

温度为 298.15K，将各常数值代入式(6-6b)，则浓度对电极电势影响的 Nernst 方程为：

$$\varphi = \varphi^\ominus + \frac{0.0592\text{V}}{n}\lg\frac{c_{\text{氧化型}}^a}{c_{\text{还原型}}^b} \tag{6-7}$$

电极电势 Nernst 方程说明标准电极电势 $\varphi^\ominus$ 仅与电极的本性及温度有关，与参加电极反应的各物质浓度（压力）无关，而电极电势 φ 除了与电极的本性及温度有关，还与参加反应的各物质的浓度（压力）有关。

（2）电池电动势的 Nernst 方程

若电池的总反应通式为：

$$a\text{A} + b\text{B} \rightleftharpoons y\text{Y} + z\text{Z}$$

则

$$E_{\text{MF}} = E_{\text{MF}}^\ominus - \frac{RT}{nF}\ln J = E_{\text{MF}}^\ominus - \frac{RT}{nF}\ln\frac{c_{\text{Y}}^y \cdot c_{\text{Z}}^z}{c_{\text{A}}^a \cdot c_{\text{B}}^b}$$

温度为 298.15K 时，则

$$E_{\text{MF}} = E_{\text{MF}}^\ominus - \frac{0.0592\text{V}}{n}\lg\frac{c_{\text{Y}}^y \cdot c_{\text{Z}}^z}{c_{\text{A}}^a \cdot c_{\text{B}}^b} \tag{6-8}$$

由于在给定温度下 $E_{MF}^{\ominus}$ 有定值，所以上式表明了电动势 E_{MF} 与参加反应的各组分浓度之间的关系，式(6-8) 被称为电池电动势的 Nernst 方程。

(3) 应用 Nernst 方程时的注意事项

如果在电极反应中，除氧化型、还原型物质外，还有参加反应的其他物质如 H^+、OH^-，则应把这些物质的浓度也表示在 Nernst 方程中。例如电极反应：

$$MnO_4^-(aq)+8H^+(aq)+5e^- \rightleftharpoons Mn^{2+}(aq)+4H_2O(l)$$

Nernst 方程：$\varphi_{MnO_4^-/Mn^{2+}}=\varphi_{MnO_4^-/Mn^{2+}}^{\ominus}+\dfrac{0.0592V}{5}\lg\dfrac{c_{MnO_4^-}\cdot c_{H^+}^8}{c_{Mn^{2+}}}$

6.3.4 影响电极电势的因素

对一个指定的电极来说，由式(6-7) 可以看出，氧化型物质的浓度越大，则 φ 值越大；相反，还原型物质的浓度越大，则 φ 值越小。电对中的氧化型或还原型物质的浓度或分压常因有弱电解质、沉淀物或配合物等的生成而发生改变，使电极电势受到影响。

(1) 电对物质本身浓度变化对电极电势的影响

对于特定电极，在一定温度下，电极中氧化型物质和还原型物质的相对浓度决定了电极电势的高低。$c_{氧化型}/c_{还原型}$ 越大，电极电势越高；$c_{氧化型}/c_{还原型}$ 越小，电极电势越低。

【例 6-5】 298.15K 有一原电池：

$$Zn(s)|Zn^{2+}(aq) \parallel MnO_4^-(aq),Mn^{2+}(aq)|Pt(s)$$

若 pH = 2.00，$c_{MnO_4^-}=0.12mol\cdot L^{-1}$，$c_{Mn^{2+}}=0.0010mol\cdot L^{-1}$，$c_{Zn^{2+}}=0.015mol\cdot L^{-1}$。试求：

(1) 两电极的电极电势；

(2) 该电池的电动势。

解：(1) 正极为 MnO_4^-/Mn^{2+}，负极为 Zn^{2+}/Zn，相应的电极反应为：

$$MnO_4^-(aq)+8H^+(aq)+5e^- \rightleftharpoons Mn^{2+}(aq)+4H_2O(l)$$

$$Zn^{2+}(aq)+2e^- \rightleftharpoons Zn(s)$$

查附录 8，298.15K 时，$\varphi_{MnO_4^-/Mn^{2+}}^{\ominus}=1.512V$，$\varphi_{Zn^{2+}/Zn}^{\ominus}=-0.7621V$

pH=2.00 时，$c_{H^+}=1.0\times10^{-2}mol\cdot L^{-1}$。

正极：
$$\varphi_{MnO_4^-/Mn^{2+}}=\varphi_{MnO_4^-/Mn^{2+}}^{\ominus}+\frac{0.0592V}{n}\lg\frac{c_{MnO_4^-}\cdot(c_{H^+})^8}{c_{Mn^{2+}}}$$
$$=1.512V+\frac{0.0592V}{5}\lg\frac{0.12\times(1.0\times10^{-2})^8}{0.0010}=1.347V$$

负极：
$$\varphi_{Zn^{2+}/Zn}=\varphi_{Zn^{2+}/Zn}^{\ominus}+\frac{0.0592V}{n}\lg c_{Zn^{2+}}$$
$$=-0.7621V+\frac{0.0592V}{2}\lg 0.015=-0.816V$$

(2)
$$E_{MF}=\varphi_+-\varphi_-=\varphi_{MnO_4^-/Mn^{2+}}-\varphi_{Zn^{2+}/Zn}$$
$$=1.347V-(-0.816V)=2.163V$$

由式(6-6) 和【例 6-5】的计算可以看出，电极反应中各物种的浓度或分压改变将对电极电势产生影响。电极反应中氧化型一侧各物种的浓度或分压增大，以及还原型一侧的各物种浓度或分压减小，都将使电极电势增大；反之，电极电势减小。

(2) 酸度对电极电势的影响

许多物质的氧化还原能力与溶液的酸度有关。如果有 H^+ 或 OH^- 参加反应，由 Nernst 方程可知，改变介质的酸度，电极电势必随之改变，从而改变电对物质的氧化还原能力。

【例 6-6】 已知酸性条件下 $\varphi^{\ominus}_{MnO_4^-/Mn^{2+}}=1.512V$，当其他物质均处于标准态，$c_{H^+}=1.0\times10^{-3}mol\cdot L^{-1}$ 和 $c_{H^+}=10mol\cdot L^{-1}$ 时，计算 $\varphi_{MnO_4^-/Mn^{2+}}$ 值。

解：电极反应：

$$MnO_4^-(aq)+8H^+(aq)+5e^- \rightleftharpoons Mn^{2+}(aq)+4H_2O(l)$$

对应的电极电势 Nernst 方程：

$$\varphi_{MnO_4^-/Mn^{2+}}=\varphi^{\ominus}_{MnO_4^-/Mn^{2+}}+\frac{0.0592V}{5}\lg\frac{c_{MnO_4^-}\cdot(c_{H^+})^8}{c_{Mn^{2+}}}$$

其他物质均处于标准状态，当 $c_{H^+}=1.0\times10^{-3}mol\cdot L^{-1}$ 时，则

$$\varphi_{MnO_4^-/Mn^{2+}}=1.512V+\frac{0.0592V}{5}\lg(1.0\times10^{-3})^8=1.228V$$

当 $c_{H^+}=10mol\cdot L^{-1}$ 时，则：

$$\varphi_{MnO_4^-/Mn^{2+}}=1.512V+\frac{0.0592V}{5}\lg(10)^8=1.607V$$

计算结果表明，MnO_4^- 氧化能力随着 H^+ 浓度的增大而明显增大。因此，在实验室及工业生产中用来作氧化剂的盐类等物质，总是将它们溶于强酸性介质中制备成溶液备用。

(3) 难溶化合物生成对电极电势的影响

当电对中氧化型或还原型物质与沉淀剂作用生成难溶化合物时，其浓度会发生改变，从而引起电极电势的变化。

【例 6-7】 298.15K 时，在银电极中加入 NaCl 溶液，反应达到平衡时 $c_{Cl^-}=1.0mol\cdot L^{-1}$，计算 $\varphi_{Ag^+/Ag}$ 值。

解：电极反应：$Ag^+(aq)+e^- \rightleftharpoons Ag(s)$　　$\varphi^{\ominus}_{Ag^+/Ag}=0.799V$

加入 NaCl 后发生沉淀反应：

$$Ag^+(aq)+Cl^-(aq) \rightleftharpoons AgCl(s) \qquad K^{\ominus}_{sp}(AgCl)=1.8\times10^{-10}$$

当 $c_{Cl^-}=1.0mol\cdot L^{-1}$ 时，则

$$c_{Ag^+}=K^{\ominus}_{sp}(AgCl)$$

$$\varphi_{Ag^+/Ag}=\varphi^{\ominus}_{Ag^+/Ag}+\frac{0.0592V}{n}\lg c_{Ag^+}$$

$$=\varphi^{\ominus}_{Ag^+/Ag}+\frac{0.0592V}{n}\lg K^{\ominus}_{sp}(AgCl)$$

$$=0.799V+\frac{0.0592V}{1}\lg(1.8\times10^{-10})$$

$$=0.222V$$

与 $\varphi^{\ominus}_{Ag^+/Ag}$ 比较，由于难溶化合物的生成，使电极中 Ag^+ 浓度降低，电极电势下降，Ag^+ 氧化能力降低，Ag 还原能力增大。此时的电极对应另一类新电极即 AgCl/Ag 电极，电极反应为：

$$AgCl(s) + e^- \rightleftharpoons Ag(s) + Cl^-(aq) \qquad \varphi^{\ominus}_{AgCl/Ag} = 0.222V$$

【例 6-8】 298.15K 条件下，在 Fe^{3+}、Fe^{2+} 的混合溶液中，加入 NaOH 溶液，有 $Fe(OH)_3$ 和 $Fe(OH)_2$ 沉淀生成。当沉淀反应达到平衡时，保持 $c_{OH^-} = 1.0mol \cdot L^{-1}$，求 $\varphi_{Fe^{3+}/Fe^{2+}}$ 值。

解：电极反应：$Fe^{3+}(aq) + e^- \rightleftharpoons Fe^{2+}(aq) \qquad \varphi^{\ominus}_{Fe^{3+}/Fe^{2+}} = 0.77V$

在 Fe^{3+}、Fe^{2+} 的混合溶液中，加入 NaOH 时，发生如下反应：

$$Fe^{3+}(aq) + 3OH^-(aq) \rightleftharpoons Fe(OH)_3(s) \qquad K^{\ominus}_{sp}[Fe(OH)_3] = 2.79 \times 10^{-39}$$

$$Fe^{2+}(aq) + 2OH^-(aq) \rightleftharpoons Fe(OH)_2(s) \qquad K^{\ominus}_{sp}[Fe(OH)_2] = 4.86 \times 10^{-17}$$

当平衡时，$c_{OH^-} = 1.0mol \cdot L^{-1}$，则

$$c_{Fe^{3+}} = K^{\ominus}_{sp}[Fe(OH)_3]$$

$$c_{Fe^{2+}} = K^{\ominus}_{sp}[Fe(OH)_2]$$

$$\begin{aligned}\varphi_{Fe^{3+}/Fe^{2+}} &= \varphi^{\ominus}_{Fe^{3+}/Fe^{2+}} + \frac{0.0592V}{n}\lg\frac{c_{Fe^{3+}}}{c_{Fe^{2+}}} \\ &= \varphi^{\ominus}_{Fe^{3+}/Fe^{2+}} + \frac{0.0592V}{n}\lg\frac{K^{\ominus}_{sp}[Fe(OH)_3]}{K^{\ominus}_{sp}[Fe(OH)_2]} \\ &= 0.77V + \frac{0.0592V}{1}\lg\frac{2.79 \times 10^{-39}}{4.86 \times 10^{-17}} \\ &= -0.55V\end{aligned}$$

根据标准电极电势的定义，$c_{OH^-} = 1.0mol \cdot L^{-1}$ 时，$\varphi_{Fe^{3+}/Fe^{2+}}$ 就是电极反应 $Fe(OH)_3(s) + e^- \rightleftharpoons Fe(OH)_2(s) + 3OH^-(aq)$ 的标准电极电势 $\varphi^{\ominus}_{Fe(OH)_3/Fe(OH)_2}$，这样就得到：

$$\varphi^{\ominus}_{Fe(OH)_3/Fe(OH)_2} = \varphi^{\ominus}_{Fe^{3+}/Fe^{2+}} + \frac{0.0592V}{n}\lg\frac{K^{\ominus}_{sp}[Fe(OH)_3]}{K^{\ominus}_{sp}[Fe(OH)_2]}$$

根据计算得出结论：如果电对的氧化型生成难溶化合物，使氧化型的浓度变小，则电极电势变小；如果还原型生成难溶化合物，使还原型的浓度变小，则电极电势变大；当氧化型和还原型同时生成难溶化合物时，若 $K^{\ominus}_{sp(氧化型)} < K^{\ominus}_{sp(还原型)}$，则电极电势变小；反之，电极电势就变大。

(4) 配合物生成对电极电势的影响

当电对中氧化型或还原型物质与配位剂作用生成配合物时，其浓度会发生改变，同样会引起电极电势的变化。

【例 6-9】 298.15K 时，当 $c_{CN^-} = c_{[Fe(CN)_6]^{3-}} = c_{[Fe(CN)_6]^{4-}} = 1.0mol \cdot L^{-1}$，求 $\varphi_{Fe^{3+}/Fe^{2+}}$ 值。

解：电极反应：$Fe^{3+}(aq) + e^- \rightleftharpoons Fe^{2+}(aq) \qquad \varphi^{\ominus}_{Fe^{3+}/Fe^{2+}} = 0.77V$

加入 CN^- 后，发生配位反应：

$$Fe^{3+}(aq) + 6CN^-(aq) \rightleftharpoons [Fe(CN)_6]^{3-}(aq)$$

$$K^{\ominus}_f([Fe(CN)_6]^{3-}) = 4.1 \times 10^{52}$$

$$Fe^{2+}(aq)+6CN^-(aq) \rightleftharpoons [Fe(CN)_6]^{4-}(aq)$$

$$K_f^\ominus([Fe(CN)_6]^{4-})=4.2\times10^{45}$$

当 $c_{CN^-}=c_{[Fe(CN)_6]^{3-}}=c_{[Fe(CN)_6]^{4-}}=1.0mol\cdot L^{-1}$ 时，则

$$c_{Fe^{3+}}=\frac{1}{K_f^\ominus([Fe(CN)_6]^{3-})}$$

$$c_{Fe^{2+}}=\frac{1}{K_f^\ominus([Fe(CN)_6]^{4-})}$$

$$\begin{aligned}\varphi_{Fe^{3+}/Fe^{2+}}&=\varphi^\ominus_{Fe^{3+}/Fe^{2+}}+\frac{0.0592V}{n}\lg\frac{c_{Fe^{3+}}}{c_{Fe^{2+}}}\\&=\varphi^\ominus_{Fe^{3+}/Fe^{2+}}+\frac{0.0592V}{n}\lg\frac{K_f^\ominus([Fe(CN)_6]^{4-})}{K_f^\ominus([Fe(CN)_6]^{3-})}\\&=0.77V+\frac{0.0592V}{1}\lg\frac{4.2\times10^{45}}{4.1\times10^{52}}\\&=0.36V\end{aligned}$$

此时溶液中 $\varphi_{Fe^{3+}/Fe^{2+}}=\varphi^\ominus_{[Fe(CN)_6]^{3-}/[Fe(CN)_6]^{4-}}$。这是因为电极反应$[Fe(CN^-)_6]^{3-}(aq)+e^- \rightleftharpoons [Fe(CN^-)_6]^{4-}(aq)$处于标准状态。所以，得出：

$$\varphi^\ominus_{[Fe(CN)_6]^{3-}/[Fe(CN)_6]^{4-}}=\varphi^\ominus_{Fe^{3+}/Fe^{2+}}+\frac{0.0592V}{n}\lg\frac{K_f^\ominus([Fe(CN)_6]^{4-})}{K_f^\ominus([Fe(CN)_6]^{3-})}$$

据此得出结论：氧化还原反应系统中配合物的形成也会引起氧化型或还原型物质的浓度改变，从而导致电极电势发生改变。如果电对的氧化型生成配合物，使氧化型的浓度降低，则电极电势变小。如果电对的还原型生成配合物，使还原型的浓度降低，则电极电势变大。如果电对的氧化型和还原型同时生成配合物，电极电势的变化与氧化型和还原型的配合物的稳定常数有关，若 $K^\ominus_{f(氧化型)}>K^\ominus_{f(还原型)}$，则电极电势变小；反之，则电极电势变大。

6.4 电极电势的应用

电极电势是反映物质在水溶液中氧化还原能力大小的物理量。水溶液中进行的氧化还原反应的许多问题都可以通过电极电势来解决。

6.4.1 计算原电池的电动势

在组成原电池的两个半电池中，电极电势值较大的一个半电池是原电池的正极，电极电势值较小的一个半电池是原电池的负极。原电池的电动势等于正极的电极电势减去负极的电极电势。

$$E_{MF}=\varphi_+-\varphi_-$$

【例 6-10】 计算下列原电池的电动势。

$$(-)Zn|ZnSO_4(0.100mol\cdot L^{-1})\|CuSO_4(2.00mol\cdot L^{-1})|Cu(+)$$

解：先计算两电极的电极电势

$$\varphi_{Zn^{2+}/Zn}=\varphi^\ominus_{Zn^{2+}/Zn}+\frac{0.0592V}{2}\lg c_{Zn^{2+}}$$

$$=-0.7621V+\frac{0.0592V}{2}\lg 0.100=-0.7917V$$

$$\varphi_{Cu^{2+}/Cu}=\varphi^{\ominus}_{Cu^{2+}/Cu}+\frac{0.0592V}{2}\lg c_{Cu^{2+}}$$

$$=0.337V+\frac{0.0592V}{2}\lg 2.00=0.346V$$

故

$$E_{MF}=\varphi_{+}-\varphi_{-}=0.346-(-0.7919)=1.138V$$

6.4.2　判断氧化剂、还原剂的相对强弱

φ 值的高低可用来判断氧化剂和还原剂的相对强弱。φ 值越大，电对的氧化型的氧化能力越强，是相对强的氧化剂；φ 值越小，电对的还原型的还原能力越强，是相对强的还原剂。

值得注意的是，$\varphi^{\ominus}$ 值大小只可用于判断标准状态下氧化剂、还原剂氧化还原能力的相对强弱。若电对处于非标准状态时，应根据 Nernst 方程计算出各电对的 φ 值，然后用 φ 值大小来判断物质的氧化能力和还原能力的相对强弱。

电对氧化型的氧化能力强，其对应的还原型的还原能力就弱，这种共轭关系如同酸碱的共轭关系一样。通常实验室用的强氧化剂其电对的 φ 值往往大于 1，如 $KMnO_4$、$K_2Cr_2O_7$、H_2O_2 等；常用的强还原剂其电对的 φ 值往往小于零或稍大于零，如 Zn、Fe、Sn^{2+} 等。当然，氧化剂、还原剂的强弱是相对的，并没有严格的界限。

生产实践和科学实验中，往往需要对混合系统中某一组分进行选择性氧化或还原，而系统中其他组分则不发生氧化或还原，这时只有根据氧化剂、还原剂的相对强弱，选择适当的氧化剂或还原剂才能达到目的。

自发的氧化还原反应总是，较强的氧化剂与较强的还原剂相互作用，生成较弱的还原剂和较弱的氧化剂。因此可利用电极电势来选择合适的氧化剂或还原剂。

【例 6-11】 一种含 Br^-、I^- 的混合溶液，选择一种氧化剂只氧化 I^- 为 I_2，而不氧化 Br^-，应选择 $FeCl_3$ 还是 $K_2Cr_2O_7$？

解：有关电极电势值：

$\varphi^{\ominus}_{I_2/I^-}=0.535V$；$\varphi^{\ominus}_{Br_2/Br^-}=1.07V$；$\varphi^{\ominus}_{Cr_2O_7^{2-}/Cr^{3+}}=1.33V$；$\varphi^{\ominus}_{Fe^{3+}/Fe^{2+}}=0.77V$。

$\varphi^{\ominus}_{Cr_2O_7^{2-}/Cr^{3+}}>\varphi^{\ominus}_{Br_2/Br^-}$，$\varphi^{\ominus}_{Cr_2O_7^{2-}/Cr^{3+}}>\varphi^{\ominus}_{I_2/I^-}$，$Cr_2O_7^{2-}$ 既能氧化 Br^- 又能氧化 I^-，故 $K_2Cr_2O_7$ 不能选用。

$\varphi^{\ominus}_{Br_2/Br^-}>\varphi^{\ominus}_{Fe^{3+}/Fe^{2+}}>\varphi^{\ominus}_{I_2/I^-}$，$Fe^{3+}$ 不能氧化 Br^- 但能氧化 I^-，故应选择 $FeCl_3$ 作氧化剂。

6.4.3　判断氧化还原反应方向

根据热力学理论，在等温等压下，反应系统 Gibbs 函数降低的方向为反应的自发方向。

在原电池中进行的氧化还原反应，反应 Gibbs 函数与其电池电动势间满足：

$$\Delta_r G_m=-nFE_{MF}$$

如果反应在标准状态下进行，则

$$\Delta_r G_m^{\ominus} = -nFE_{MF}^{\ominus}$$

根据上式可以用电极电势来判断水溶液中氧化还原反应的方向。即

$\Delta_r G_m < 0$，$E_{MF} > 0$，$\varphi_+ > \varphi_-$，反应正向自发进行；

$\Delta_r G_m = 0$，$E_{MF} = 0$，$\varphi_+ = \varphi_-$，反应处于平衡状态；

$\Delta_r G_m > 0$，$E_{MF} < 0$，$\varphi_+ < \varphi_-$，反应逆向自发进行。

(1) 根据 $\varphi^{\ominus}$ 值，判断标准状态下氧化还原反应进行的方向

① 查出氧化还原反应中两个电对相应的 $\varphi^{\ominus}$；

② 选择 $\varphi^{\ominus}$ 值大的电对中的氧化型物质作为氧化剂，选择 $\varphi^{\ominus}$ 值小的电对中的还原型物质作为还原剂；

③ 确定选择的氧化剂和还原剂在所给反应式中的位置：

在反应式的左侧，反应向右进行；

在反应式的右侧，反应向左进行。

【例 6-12】 在标准状态下，判断反应 $2Fe^{3+} + Cu \rightleftharpoons 2Fe^{2+} + Cu^{2+}$ 进行的方向。

解：$Fe^{3+} + e^- \rightleftharpoons Fe^{2+}$　　$\varphi_{Fe^{3+}/Fe^{2+}}^{\ominus} = 0.77V$

$Cu - 2e^- \rightleftharpoons Cu^{2+}$　　$\varphi_{Cu^{2+}/Cu}^{\ominus} = 0.337V$

$\varphi_{Fe^{3+}/Fe^{2+}}^{\ominus} > \varphi_{Cu^{2+}/Cu}^{\ominus}$，即 Fe^{3+} 为氧化剂，单质 Cu 为还原剂，故 $E_{MF}^{\ominus} = \varphi_+^{\ominus} - \varphi_-^{\ominus} = 0.43V > 0$，标准状态时，该反应正向自发进行。

(2) 根据 φ 值，判断氧化还原反应进行方向

当反应物质不是都处于标准状态时，必须考虑到反应各物质的浓度对电极电势的影响，此时必须用电极电势 φ 来判断氧化还原反应进行方向。

【例 6-13】 判断反应 $Pb^{2+} + Sn \rightleftharpoons Pb + Sn^{2+}$ 在下列条件下进行的方向。

(1) 标准状态时；

(2) $c_{Pb^{2+}} = 0.1mol \cdot L^{-1}$，$c_{Sn^{2+}} = 2.0mol \cdot L^{-1}$ 时。

解：已知 $\varphi_{Pb^{2+}/Pb}^{\ominus} = -0.13V$，$\varphi_{Sn^{2+}/Sn}^{\ominus} = -0.14V$。

(1) 标准状态时

$$E_{MF}^{\ominus} = \varphi_+^{\ominus} - \varphi_-^{\ominus} = \varphi_{Pb^{2+}/Pb}^{\ominus} - \varphi_{Sn^{2+}/Sn}^{\ominus} = -0.13 - (-0.14) = 0.01V > 0$$

故标准状态时，该反应正向自发进行。

(2) $c_{Pb^{2+}} = 0.1mol \cdot L^{-1}$，$c_{Sn^{2+}} = 2.0mol \cdot L^{-1}$ 时

$$\varphi_{Pb^{2+}/Pb} = \varphi_{Pb^{2+}/Pb}^{\ominus} + \frac{0.0592V}{2}\lg c_{Pb^{2+}}$$

$$= -0.13 + \frac{0.0592V}{2}\lg 0.1 = -0.16V$$

$$\varphi_{Sn^{2+}/Sn} = \varphi_{Sn^{2+}/Sn}^{\ominus} + \frac{0.0592V}{2}\lg c_{Sn^{2+}}$$

$$= -0.14 + \frac{0.0592V}{2}\lg 2 = -0.13V$$

$$E_{MF} = \varphi_+ - \varphi_- = \varphi_{Pb^{2+}/Pb} - \varphi_{Sn^{2+}/Sn} = -0.16 - (-0.13) = -0.03V < 0$$

当 $c_{Pb^{2+}} = 0.1mol \cdot L^{-1}$，$c_{Sn^{2+}} = 2.0mol \cdot L^{-1}$ 时，反应向逆向进行。

须指出的是，如果想用标准电极电势 $\varphi^{\ominus}$ 值来判断非标准状态时氧化还原反应的方

向，一般只适用于组成原电池的电动势较大的场合（$E^{\ominus}_{MF}>0.2V$）。如果电动势较小（$E^{\ominus}_{MF}<0.2V$）则需综合考虑浓度、酸度、温度的影响，即需用通过计算电极电势判断氧化还原反应的方向。

6.4.4 计算氧化还原反应的平衡常数

根据
$$\Delta_r G^{\ominus}_m(T)=-RT\ln K^{\ominus}$$
$$\Delta_r G^{\ominus}_m(T)=-nFE^{\ominus}_{MF}$$
所以
$$RT\ln K^{\ominus}=nFE^{\ominus}_{MF}$$
$$\ln K^{\ominus}=\frac{nFE^{\ominus}_{MF}}{RT}$$
$$K^{\ominus}=\exp\left(\frac{nFE^{\ominus}_{MF}}{RT}\right) \tag{6-9}$$

若反应在298.15K下进行，$\lg K^{\ominus}=\dfrac{nE^{\ominus}_{MF}}{0.0592V}$ (6-10)

【例6-14】 计算298.15K时，下列反应的标准平衡常数，并判断反应进行的完全程度。

$$Fe^{2+}+Ag^{+}\rightleftharpoons Fe^{3+}+Ag$$

解：已知 $\varphi^{\ominus}_{Fe^{3+}/Fe^{2+}}=0.77V$ $\varphi^{\ominus}_{Ag^{+}/Ag}=0.799V$

因 $n=1$，所以

$$\lg K^{\ominus}=\frac{nE^{\ominus}_{MF}}{0.0592V}$$
$$\lg K^{\ominus}=\frac{n(\varphi^{\ominus}_{Ag^{+}/Ag}-\varphi^{\ominus}_{Fe^{3+}/Fe^{2+}})}{0.0592V}$$
$$=\frac{1\times(0.799-0.77)}{0.0592V}=0.49$$
$$K^{\ominus}=3.09$$

该反应的 $E^{\ominus}_{MF}=0.029V$，$K^{\ominus}=3.09$，反应正向进行得很不完全。

6.4.5 计算某些非氧化还原反应的平衡常数

由式(6-10)可知，根据氧化还原反应的标准平衡常数与原电池的标准电动势之间的定量关系，可以用测定原电池电动势的方法来推算弱酸的解离常数、水的离子积、难溶电解质的溶度积和配离子的稳定常数等。例如，用化学分析方法很难直接测定难溶物质在溶液中的离子浓度，所以很难用离子浓度来计算 $K^{\ominus}_{sp}$，但可以通过测定电池的电动势来计算 $K^{\ominus}_{sp}$。

【例6-15】 计算298.15K，AgCl溶度积常数 $K^{\ominus}_{sp}(AgCl)$。

解：生成AgCl沉淀的反应：$Ag^{+}+Cl^{-}\rightleftharpoons AgCl$

该反应的
$$K^{\ominus}=\frac{1}{K^{\ominus}_{sp}(AgCl)}$$

生成AgCl沉淀的反应两边各加上一个金属Ag，得下式：

$$Ag^{+}+Cl^{-}+Ag\rightleftharpoons AgCl+Ag$$

上述反应可以拆分成两个电对：Ag^+/Ag 电对和 $AgCl/Ag$ 电对，两个电对可以设计下列原电池：

$$(-)Ag|AgCl(s)|Cl^-(1mol \cdot L^{-1}) \| Ag^+(1mol \cdot L^{-1})|Ag(+)$$

查表得 (1) $Ag^+ + e^- \rightleftharpoons Ag$　　$\varphi^\ominus_{Ag^+/Ag}=0.799V$

(2) $Ag + Cl^- \rightleftharpoons AgCl + e^-$　　$\varphi^\ominus_{AgCl/Ag}=0.222V$

$$\lg K^\ominus=\frac{nE^\ominus_{MF}}{0.0592V}$$

$$\lg K^\ominus=\frac{n(\varphi^\ominus_{Ag^+/Ag}-\varphi^\ominus_{AgCl/Ag})}{0.0592V}$$

$$=\frac{1\times(0.799-0.222)}{0.0592V}=9.75$$

$$K^\ominus=5.58\times10^9$$

$$K^\ominus_{sp}(AgCl)=\frac{1}{K^\ominus}=1.80\times10^{-10}$$

在上述例子中，电池反应并非氧化还原反应，但其电池确实有电流产生，其电极电势差是由于两个半电池中 Ag^+ 浓度不同引起的。这样的原电池被称为浓差电池。不少难溶电解质的 $K^\ominus_{sp}$ 就是用这种方法测定的。

利用浓差电池还可以确定配离子的稳定常数。

【例 6-16】 已知 298.15K 时，下列电极反应的 $\varphi^\ominus$：

$Ag^+(aq) + e^- \rightleftharpoons Ag(s)$　　$\varphi^\ominus=0.799V$

$[Ag(NH_3)_2]^+(aq) + e^- \rightleftharpoons Ag(s)+2NH_3(aq)$　　$\varphi^\ominus=0.3719V$

试求出 $K^\ominus_f([Ag(NH_3)_2]^+)$。

解：以给出的两个电极组成原电池，电池反应为：

$$Ag^+(aq)+2NH_3(aq) \rightleftharpoons [Ag(NH_3)_2]^+(aq)$$

$$K^\ominus=K^\ominus_f([Ag(NH_3)_2]^+)$$

$$E^\ominus_{MF}=\varphi^\ominus_+-\varphi^\ominus_-=\varphi^\ominus_{Ag^+/Ag}-\varphi^\ominus_{[Ag(NH_3)_2]^+/Ag}$$

$$=0.799-0.3791=0.420V$$

$$\lg K^\ominus=\frac{nE^\ominus_{MF}}{0.0592V}=\frac{1\times0.420}{0.0592V}=7.09$$

$$K^\ominus=K^\ominus_f([Ag(NH_3)_2]^+)=1.24\times10^7$$

6.5　元素电势图及其应用

大多数非金属元素和过渡元素可以存在几种氧化态，同一元素的不同氧化数的物质其氧化能力或还原能力各不相同。在讨论它们各种氧化数的物质在水溶液中稳定性及氧化还原能力时经常用图解的方式。

6.5.1　元素电势图

为了突出表示同一元素各种不同氧化数物种的氧化还原能力以及它们相互之间的关系，把同一元素的不同氧化数物种所对应的电对的标准电极电势以图示方式表示，此图称为元素电势图。

比较简单的元素电势图是把同一元素的各种氧化数不同的物种按照高低顺序排成横列（按氧化数由高到低，从左到右依次排列），使用时应注意：两种氧化数不同的物种之间若构成一个电对，就用一条直线把它们连接起来，并在上方标出这个电对所对应的标准电极电势。

$$ClO_4^- \xrightarrow{0.3979} ClO_3^- \xrightarrow{0.271} ClO_2^- \xrightarrow{0.6801} ClO^- \xrightarrow{0.420} Cl_2 \xrightarrow{1.360} Cl^-$$

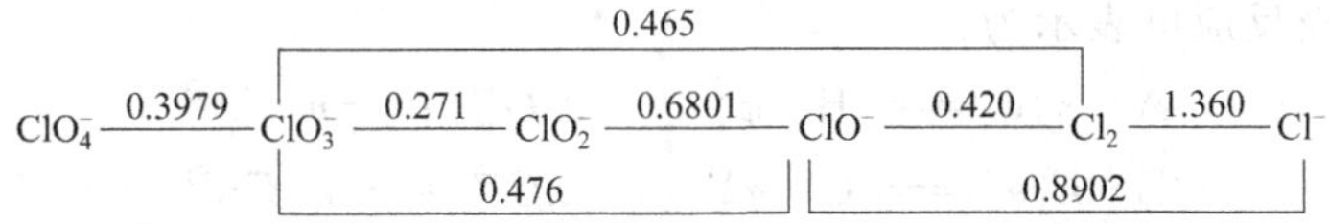

书写某种元素的元素电势图时，既可以将全部氧化数不同的物种列出，也可以根据需要列出其中的一部分。

元素电势图清楚地表示了同种元素的不同氧化数物种的氧化能力、还原能力的相对大小。不仅可以全面地看出一种元素各种氧化型之间的电极电势高低和相互关系，而且可以判断出哪些氧化型在酸性或碱性溶液中能稳定存在。

6.5.2　元素电势图的应用

元素电势图对于了解元素的单质及化合物的性质是很有用的，其应用如下。

（1）判断能否发生歧化反应

歧化反应是一种自身的氧化还原反应。例如：

$$2Cu^+ \Longrightarrow Cu^{2+} + Cu$$

在这一反应中，一部分 Cu^+ 被氧化 Cu^{2+}，另一部分 Cu^+ 被还原为金属 Cu。

铜的元素电势图为：

$$Cu^{2+} \xrightarrow{0.161} Cu^+ \xrightarrow{0.535} Cu$$

因为 $\varphi_{Cu^+/Cu}^{\ominus} > \varphi_{Cu^{2+}/Cu^+}^{\ominus}$，即 $\varphi_{Cu^+/Cu}^{\ominus} - \varphi_{Cu^{2+}/Cu^+}^{\ominus} = 0.374V > 0$，所以 Cu^+ 在水溶液中能自发歧化为 Cu^{2+} 和 Cu。

发生歧化反应的规律总结如下。

同一元素不同氧化数的三个物种可以组成若干电对，按氧化数由高到低排列如下：

$$A \xrightarrow{\varphi_{左}^{\ominus}} B \xrightarrow{\varphi_{右}^{\ominus}} C$$

如果 $\varphi_{右}^{\ominus} > \varphi_{左}^{\ominus}$，B 既是氧化剂又是还原剂，即 B 可发生歧化反应生成 A 与 C。

$$B \longrightarrow A + C$$

【例 6-17】　根据下列元素电势图判断能否发生歧化反应，能发生写出反应方程式。

$$MnO_4^- \xrightarrow{0.56} MnO_4^{2-} \xrightarrow{2.26} MnO_2$$

解：从电势图可知，$\varphi_{右}^{\ominus} > \varphi_{左}^{\ominus}$，所以 MnO_4^{2-} 可发生歧化反应生成 MnO_4^- 和 MnO_2。所发生的歧化反应为：

$$3MnO_4^{2-}(aq) + 4H^+(aq) \Longrightarrow 2MnO_4^-(aq) + MnO_2(s) + 2H_2O(l)$$

（2）计算电对的标准电极电势

根据元素电势图，可以从某些已知电对的标准电极电势很简便地计算出另一电对的标准电极电势。

假设有一元素电势图：

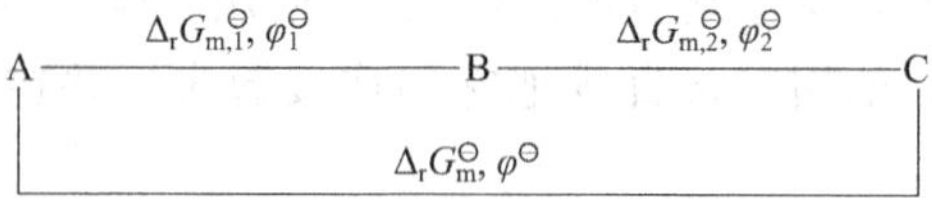

相应的电极反应可表示为：

$$A + n_1 e^- \rightleftharpoons B \quad \varphi_1^{\ominus} \qquad \Delta_r G_{m,1}^{\ominus} = -n_1 F \varphi_1^{\ominus}$$

$$B + n_2 e^- \rightleftharpoons C \quad \varphi_2^{\ominus} \qquad \Delta_r G_{m,2}^{\ominus} = -n_2 F \varphi_2^{\ominus}$$

$$A + n e^- \rightleftharpoons C \quad \varphi^{\ominus} \qquad \Delta_r G_m^{\ominus} = -n F \varphi^{\ominus}$$

式中，n_1，n_2，n 分别为相关电对的转移电子数，其中 $n = n_1 + n_2$，则

$$\Delta_r G_m^{\ominus} = -nF\varphi^{\ominus} = -(n_1 + n_2)F\varphi^{\ominus}$$

根据 Hess 定律，Gibbs 函数是可以加合的。即

$$\Delta_r G_m^{\ominus} = \Delta_r G_{m,1}^{\ominus} + \Delta_r G_{m,2}^{\ominus}$$

则

$$-nF\varphi^{\ominus} = -n_1 F\varphi_1^{\ominus} + (-n_2 F\varphi_2^{\ominus})$$

整理得

$$\varphi^{\ominus} = \frac{n_1\varphi_1^{\ominus} + n_2\varphi_2^{\ominus}}{n} \tag{6-11}$$

以上的推导具有普遍的意义。若有 i 个相邻的电对及对应的标准电极电势值，则

$$\varphi^{\ominus} = \frac{n_1\varphi_1^{\ominus} + n_2\varphi_2^{\ominus} + \cdots + n_i\varphi_i^{\ominus}}{n_1 + n_2 + \cdots + n_i} \tag{6-12}$$

根据元素电势图，可以很简便地计算出欲求电对的 $\varphi^{\ominus}$ 值。

【例 6-18】 根据下面溴的元素电势图已知的标准电极电势，求 $\varphi^{\ominus}_{BrO_3^-/Br^-}$。

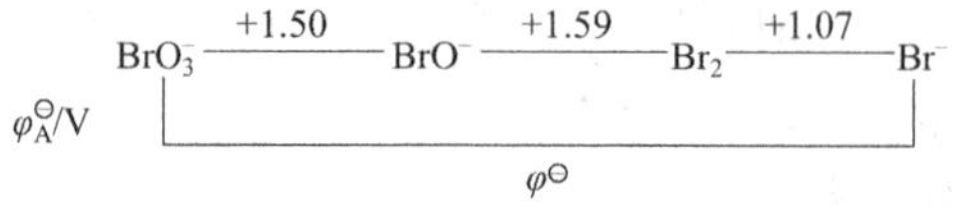

解：根据各电对的氧化数变化可以知道 n_1、n_2、n_3 分别为 4、1、1。

根据式（6-12）得

$$\varphi^{\ominus}_{BrO_3^-/Br^-} = \frac{n_1\varphi_1^{\ominus} + n_2\varphi_2^{\ominus} + n_3\varphi_3^{\ominus}}{n_1 + n_2 + n_3}$$

$$= \frac{(4\times1.50 + 1\times1.59 + 1\times1.07)\text{V}}{4+1+1}$$

$$= \frac{8.66\text{V}}{6} = 1.44\text{V}$$

由于从元素电势图上能简便地计算出电对的 $\varphi^{\ominus}$ 值，所以在元素电势图上没有必要把所有电对的 $\varphi^{\ominus}$ 值都表示出来，只要在电势图上能够把最基本最常用电对的 $\varphi^{\ominus}$ 值表示出来即可。

思考题

1. 下列叙述是否正确？并说明之。

(1) 在氧化还原反应中，氧化值升高的物质是氧化剂，氧化值降低的物质是还原剂；

(2) 氧化剂一定是电极电势大的电对的氧化型，还原剂是电极电势小的电对的还原型；

(3) $\Delta_r G_m = -nFE_{MF}$，不适合于电极反应；

(4) 原电池反应，一定是氧化还原反应；

2. 如何绘制元素电势图，它有哪些应用？

习题

1. 某原电池中的一个半电池是由金属钴浸在 $1.0mol \cdot L^{-1} Co^{2+}$ 溶液中组成的；另一半电池则由铂（Pt）片浸在 $1.0mol \cdot L^{-1} Cl^-$ 溶液中，并不断通入 Cl_2（p_{Cl_2}）= 100.0kPa 组成。测得其电动势为 1.642V；钴电极为负极。回答下列问题：

(1) 写出电池反应方程式；

(2) 由附录 8 查得 $\varphi^{\ominus}_{Cl_2/Cl^-}$，计算 $\varphi^{\ominus}_{Co^{2+}/Co}$；

(3) p_{Cl_2} 增大时，电池的电动势将如何变化？

(4) 当 Co^{2+} 浓度为 $0.010mol \cdot L^{-1}$，其他条件不变时，电池的电动势是多少？

2. 已知某原电池反应：

$$3HClO_2(aq) + 2Cr^{3+}(aq) + 4H_2O(l) \rightleftharpoons 3HClO(aq) + Cr_2O_7^{2-}(aq) + 8H^+(aq)$$

(1) 计算原电池的 $E^{\ominus}_{MF}$；

(2) 当 $c_{Cr_2O_7^{2-}} = 0.80mol \cdot L^{-1}$，$c_{HClO_2} = 0.15mol \cdot L^{-1}$，$c_{HClO} = 0.20mol \cdot L^{-1}$，pH=0.00 时，测定原电池的电动势 $E_{MF} = 0.15V$，计算其中的 Cr^{3+} 浓度；

(3) 计算 25℃下电池反应的标准平衡常数 $K^{\ominus}$。

3. 计算下列原电池的电动势，写出相应的电池反应。

(1) $(-)Zn|Zn^{2+}(0.01mol \cdot L^{-1}) \| Fe^{2+}(0.0010mol \cdot L^{-1})|Fe(+)$

(2) $(-)Pt|Fe^{2+}(0.010mol \cdot L^{-1}), Fe^{3+}(0.10mol \cdot L^{-1}) \| Cl^-(2.0mol \cdot L^{-1})|Cl_2(p^{\ominus})|Pt(+)$

4. 在实验室通常用下列反应制取氯气：

$$MnO_2 + 4HCl \xrightarrow{\triangle} MnCl_2 + Cl_2\uparrow + 2H_2O$$

试通过计算回答，为何一定要用浓盐酸？

5. 计算下列反应的 $E^{\ominus}_{MF}$，$\Delta_r G^{\ominus}_m$，$K^{\ominus}$ 和 $\Delta_r G_m$。

(1) $Sn^{2+}(0.10mol \cdot L^{-1}) + Hg^{2+}(0.10mol \cdot L^{-1}) \rightleftharpoons Sn^{4+}(0.020mol \cdot L^{-1}) + Hg(l)$

(2) $Cu(s) + 2Ag^+(0.010mol \cdot L^{-1}) \rightleftharpoons 2Ag(s) + Cu^{2+}(0.010mol \cdot L^{-1})$

6. (1) 由附录查出 $\varphi^{\ominus}_{Cu^+/Cu}$，$\varphi^{\ominus}_{CuI/Cu}$，试计算 $K^{\ominus}_{sp}(CuI)$。

（2）计算 298K 下反应 $CuI(s) \rightleftharpoons Cu^{+}(aq)+I^{-}(aq)$ 的 $\Delta_r G_m^{\ominus}$。

（3）若已知（2）中反应的 $\Delta_r H_m^{\ominus}(298K)=84.3kJ \cdot mol^{-1}$，计算该反应的 $\Delta_r S_m^{\ominus}$(298K)。

7. 已知 298K 下，电极反应：

$$[Ag(S_2O_3)_2]^{3-}(aq)+e^{-} \rightleftharpoons Ag(s)+2S_2O_3^{2-}(aq); E_{MF}^{\ominus}=0.017V$$

设计原电池，以电池符号表示之，计算 $K_f^{\ominus}[Ag(S_2O_3)_2^{3-}]$。

8. 由附录 8 中查出酸性溶液中 $\varphi^{\ominus}_{MnO_4^-/MnO_4^{2-}}$，$\varphi^{\ominus}_{MnO_4^-/MnO_2}$，$\varphi^{\ominus}_{MnO_2/Mn^{2+}}$，$\varphi^{\ominus}_{Mn^{3+}/Mn^{2+}}$。

（1）画出锰元素在酸性溶液中的元素电势图；

（2）计算 $\varphi^{\ominus}_{MnO_4^{2-}/MnO_2}$ 和 $\varphi^{\ominus}_{MnO_2/Mn^{3+}}$；

（3）MnO_4^{2-} 能否歧化？写出相应的反应方程式，并计算该反应的 $\Delta_r G_m^{\ominus}$ 与 $K^{\ominus}$；还有哪些物种能歧化？

第7章

物质结构基础

物质种类繁多，性质各有差异，这种差异因物质的组成和结构不同所致。大多数物质由分子组成，而分子则由原子组成。科学技术的发展，使人们对原子核和电子等微观粒子的研究不断深入，从 1897 年 Thomson 发现了电子，打破原子不可再分的旧观念。1905 年 Einstein 提出的光子学说，1911 年 Rutherford 的粒子散射实验，1913 年 Bohr 的原子模型的提出及 1926 年 Schrödinger 的量子力学方程等，使人类对原子结构的认识有了突破性的进展，使原子弹的爆炸、核能的和平利用、人造卫星上天、信息高速公路的建立等成为现实。

迄今已发现 110 多种元素，正是这些元素的原子组成了千千万万种具有不同性质的物质。

本章主要讨论原子核外电子的运动状态及变化规律、核外电子排布、元素性质的周期性变化，化学键和分子间力的形成和性质，以及晶体结构的基本知识。

7.1 核外电子的运动状态

7.1.1 氢原子光谱和 Bohr 理论

氢原子光谱与玻尔理论

1808 年，英国科学家 Dalton 提出了物质的原子论，认为原子是组成物质的最小微粒，不能再分割。经历了近 100 年，到 19 世纪末，物理学的一系列重大发现推翻了“原子不可再分”的传统观念。如 1895 年 X 射线的发现、1896 年放射性的发现、1897 年电子的发现等，有力地证明了原子是可以分割的，它由更小的并具有一定结构的微粒组成。1911 年，Rutherford 用 α 粒子轰击多种金属箔，证明原子内大部分是空的，中央有一个极小的核，它集中了原子的全部正电荷及原子的几乎全部质量，电子只占原子质量很小一部分，并绕原子核做旋转运动，这就是 Rutherford 的核式原子结构模型，它证明了原子不是不可分割的最小微粒。后来，相继发现了作为原子核组成部分的质子和中子，并确定了原子核的质量数等于质子数和中子数之和。其中质子数等于核外电子数，整个原子显电中性。

(1) 氢原子光谱

走近化学家：玻尔

光谱学的研究在原子结构理论的发展过程中是绝对不可或缺的。光谱学的研究成果对原子结构理论的建立奠定了坚实的实验基础。早在 19 世纪末，光谱学已经积累了大量实验数据。人们发现，每种元素的原子辐射都具有由一定频率成分构成的特征光谱，它们是一条条离散的谱线，被称为线状光谱，即原子光谱。

氢原子是最简单的原子，产生氢原子光谱的实验装置见图 7-1。氢原子光谱的研究对于探索原子核外电子的运动状态起了不小作用，也可以说是近代原子结构理论建立的开始。

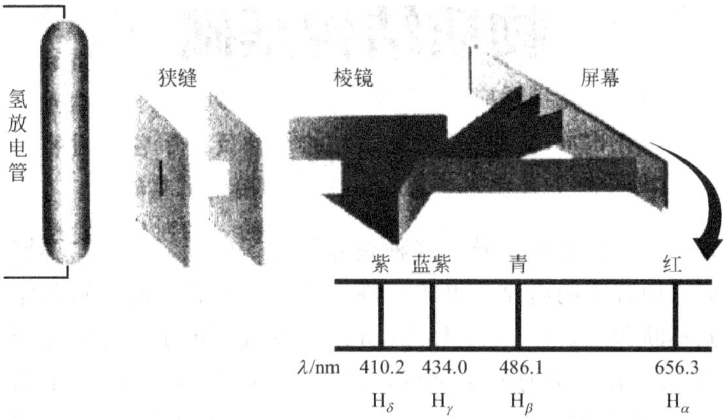

图 7-1 氢原子光谱仪及可见光区的氢原子光谱的谱线

在一个熔接着两个电极且抽成高真空的玻璃管内，填充极少量氢气。在电极上加高电压，使之放电发光。此光通过棱镜分光，在黑色屏幕上呈现出可见光区（400～700nm）的四条颜色不同的谱线：H_α、H_β、H_γ、H_δ，分别呈现红、青、蓝紫和紫色。它们的频率分别为 $4.57\times10^{14}s^{-1}$、$6.17\times10^{14}s^{-1}$、$6.91\times10^{14}s^{-1}$、$7.31\times10^{14}s^{-1}$，相应的波长分别为 656.3nm、486.1nm、434.0nm、410.2nm。

1885 年，瑞士物理教师 J. J. Balmer 指出这些谱线符合下列公式：

$$\nu=3.289\times10^{15}\left(\frac{1}{2^2}-\frac{1}{n^2}\right) \tag{7-1}$$

当 n=3，4，5，6 时，可以算出，分别等于氢原子光谱中上述四条谱线的频率。后来，Paschen、Lyman、Brackett 等人又相继在紫外区和红外区发现氢原子光谱的若干谱线系。

1890 年，瑞典物理学家 J. R. Rydberg 提出了适合所有氢原子光谱的频率通式：

$$\nu=3.289\times10^{15}\left(\frac{1}{n_1^2}-\frac{1}{n_2^2}\right) \tag{7-2}$$

式中，n_1 和 n_2 为正整数，且 $n_2>n_1$。并指出式(7-1) 只是其中 $n_1=2$ 的一个特例；当 $n_1=1$ 时，该谱线为紫外光谱区的 Lyman 线系；$n_1=3$，4 时，依次为红外光谱区的 Paschen 线系，Brackett 线系（图 7-2）。

（2）Bohr 理论

人们基于 Rutherford 的核式原子结构模型，运用经典的电磁学理论解释原子光谱，发现与原子光谱的实验结果不符。因为根据经典电磁理论，原子应是不稳定的，绕核高速旋转的电子，将自动而连续地辐射出能量，由此得到的原子光谱应该是连续光谱而不应是线状光谱。实际情况表明，除放射元素外，原子是稳定的，且各种原子所发射的光谱都是不连续的线状光谱。

1913 年，Rutherford 的学生，年仅 28 岁的丹麦原子物理学家 Bohr 接受了 Planck 量子论和 Einstein 光子论的观点，提出了新的原子结构理论，即 Bohr 原子结构理论。

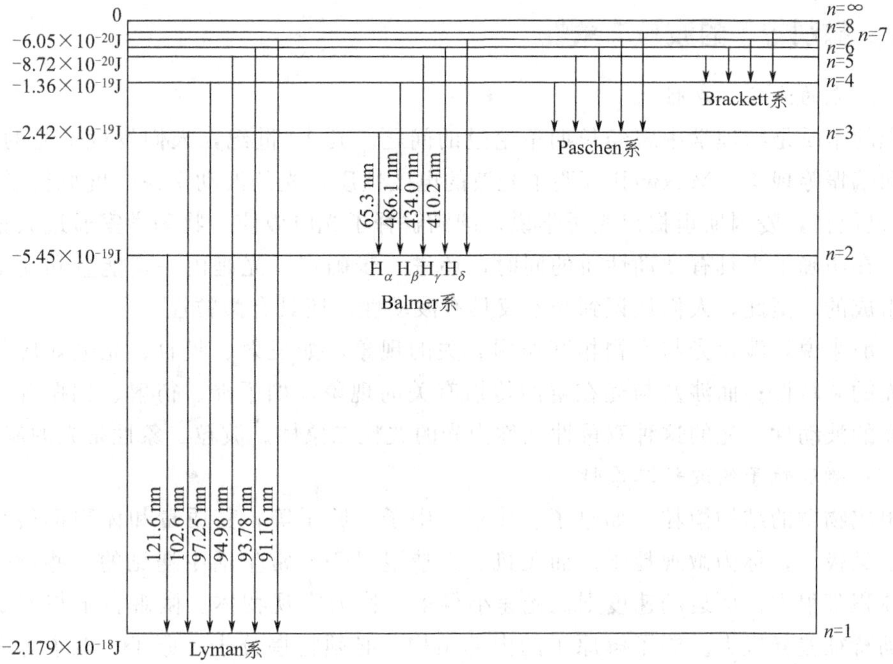

图 7-2 氢原子光谱与氢原子能级

其三点假设如下。

① 定态假设 原子的核外电子在轨道上绕核旋转运行时，只能稳定地存在于一些符合量子条件，具有分立的、固定能量的状态中，这些状态称为定态（能级），即处于定态的原子的能量是量子化的。

② 能级假设 电子在上述轨道上旋转时，不释放能量，是稳定的。原子可以有许多能级，能量最低的能级称为基态，其余的称为激发态。在正常情况下，原子中的电子尽可能处在离核最近的轨道上，这时原子的能量最低，即原子处于基态。

③ 跃迁假设 原子的能量变化只能在两定态之间以跃迁的方式进行。当原子受到辐射、加热或通电时获得能量后，电子可以从低能级跃迁到离核较远的高能级的轨道上，这时原子处于不稳定的激发态，并极易自动跃迁到离核较近的低能级轨道上，同时释放出光子。以光的形式释放的能量为：

$$\Delta E = E_2 - E_1 = h\nu \tag{7-3}$$

式中，E_1，E_2 是两个不同能级的能量；ν 是辐射频率。

Bohr 理论提出能级的概念，由于能级是不连续的，即量子化的，造成氢原子光谱是不连续的线状光谱，即 Bohr 理论成功地解释了原子的稳定性、氢原子光谱的产生和不连续性。把宏观的光谱现象和微观的原子内部电子分层结构联系起来，推动了原子结构理论的发展。但是，Bohr 理论不能解释多电子原子的光谱，也不能解释氢原子光谱的精细结构。其原因是 Bohr 理论的基础仍是经典力学，只是在经典力学上人为地加了一些量子化条件，存在问题和局限性是难以避免的。然而，微观粒子运动具有波粒二象性，不服从经典力学，因而玻尔理论必然被适用于微观粒子运动的量子力学理论代替。量子力学继承和发展了物理学的新成果，向人们展示了原子结构的真实面貌。

7.1.2 微观粒子的波粒二象性

（1）光的波粒二象性

光的本质是物理学中曾经长期争论过的问题。到 19 世纪，人们发现了光的干涉、衍射和偏振等现象，Maxwell 证明了光波的电磁性质，光的波动学说一度取得了胜利。在 20 世纪初，爱因斯坦提出光子学说，圆满解释了光电效应。物理学家通过大量实验证实，在明确了光具有波动性质的同时，还进一步确定了光是由一定能量和动量的光子所组成的。至此，人们认识到光不仅具有波动性，还具有微粒性。

一般来说，涉及光与实物相互作用有关的现象，如发射、吸收、光电效应等，表现出光的微粒性；而涉及与光在空间传播有关的现象，如干涉、衍射、偏振等，则表现出光的波动性。光的这种双重性就称为光的波粒二象性。波粒二象性是光的属性。

（2）微观粒子的波粒二象性

组成物质的结构微粒，如电子、质子、中子、原子等，其质量和体积都很小，运动速度又极大，称为微观粒子。而飞机、人造卫星等日常生活中遇见的一些物体，质量和体积都很大，而运动速度则比光速小得多，称为宏观物体。微观粒子与宏观物体的运动特征差异极大。要了解原子的内部结构，必须把握分子、原子、电子等微观粒子的基本特性；要了解微观粒子的运动特征和基本规律，必须从认识微观粒子的属性出发全面考虑。

在光的波粒二象性的启示下，1923 年法国物理学家 L. de Broglie 指出“整个世纪以来，在光学上，比起波动的研究方法，是过于忽略了粒子的研究方法；在实物理论上，是否发生了相反的错误呢？是不是我们把粒子的图像想得太多，而过分忽略了波的图像?”他大胆假设，认为静止质量不等于零的电子、原子、分子等微观粒子和光一样，也具有波粒二象性，认为微观粒子在一定情况下，也不仅是粒子，而且可能呈现波的性质。每一个高速运动的微观粒子必定存在与它相应的波。微观粒子的波粒二象性是指微观粒子既具有微粒性，同时又具有波动性。波粒二象性是微观粒子运动的基本特性。

光的波粒二象性的两个重要公式也适合电子等实物粒子，即

$$E=h\nu \tag{7-4}$$

$$P=\frac{h}{\lambda} \tag{7-5}$$

式(7-4)、式(7-5) 等号左边的能量 E、动量 P 是表示电子等实物微粒具有微粒性的物理量；等号右边的频率 ν 和波长 λ 是表示电子等实物微粒具有波动性的物理量，实物微粒的波粒二象性通过普朗克常量 h 联系起来。

对于一个质量为 m、运动速度为 v 的实物微粒，其动量 $P=mv$，代入式(7-5)，得到

$$\lambda=\frac{h}{mv} \tag{7-6}$$

式(7-6) 称为 de Broglie 关系式。该式预示着实物微粒波（实物波）的波长可以用微粒的质量和运动速度来描述，如果实物微粒的 mv 值远大于 h 值时（如宏观物体），则实物波的波长很短，通常可以忽略，因而不显示波动性；如果实物微粒的 mv 值等

于或小于 h 值，其波长不能忽略，即显示出波动性。

波粒二象性是个普遍现象，不仅电子、质子、分子等微观粒子有波粒二象性，宏观物体也有波粒二象性，不过不够显著而已。

1927年，美国物理学家 G. J. Davisson 和 L. H. Germer 的电子衍射实验证明了 L. de Broglie 的假设是正确的。实验方法是将一束高速的电子流穿过薄晶片（或金属粉末），落在荧光屏上，如同光的衍射一样，可得到一系列明暗交替的环纹（图7-3）。

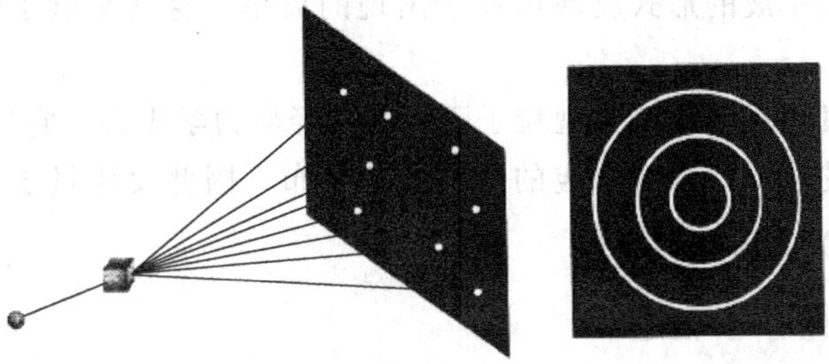

图7-3　电子衍射图像形成的示意图

衍射现象是波所具有的特征现象。光的衍射环是光波互相干涉的结果。波的干涉使波峰相遇时互相加强，而波峰和波谷相遇时彼此减弱，从而形成了明暗交替的环形图纹。电子衍射实验证实了电子运动时确实有波动性。从实验所得的衍射图像，可以计算得到与该高速运动的电子相对应的波的波长，该计算结果与由式(7-6）预测的波长完全一致，从而证明 L. de Broglie 关于微观粒子波粒二象性的假设和 de Broglie 关系式是正确的。

此后，人们又通过实验证明，质子、中子、原子等微观粒子运动时都具有波动性，都具有式(7-6）的关系。人们因此确信，微观粒子的波动特征是微观粒子的本质属性之一，微观粒子是具有波粒二象性。

在经典力学中，可以同时准确地测定宏观物体的位置和动量（或速度），即它的运动轨道是可测知的。但对具有波粒二象性的微观粒子来说，就不能像经典力学中那样来描述其运动状态，不可能同时准确地测定微观粒子在某瞬间的空间位置和运动速度，称为测不准原理。测不准原理并不意味着微观粒子的运动规律是不可认知的，也不是人们在主观能力上的“测不准”。测不准正是反映了微观粒子具有波粒二象性，微观粒子的运动不服从经典力学的规律，而是遵循量子力学所描述的运动规律。

微观粒子的波粒二象性和测不准原理，使人们认识到要从微观粒子特征出发，采用量子力学的统计方法，对电子的运动作出概率的判断，从而认识电子在核外空间的运动规律，描述电子的运动状态。

在电子衍射实验中，如果控制电子流的强度，使电子一个一个发射出去，每一个电子落在荧光屏上就出现一个点，这显示出电子的微粒性。但这些斑点出现的位置是毫无规则的、随机的，无法预言每个电子在荧光屏上出现的位置，这表明电子的运动无确定的轨道。

但随着时间的延长，随着发射出的电子数目的增多，荧光屏上斑点的数目逐渐增多，出现了规律性的明暗相间的环形衍射条纹，其结果与由大量电子在短时间内发射所形成的环形条纹完全一样。电子在荧光屏上的概率分布是相同的，这显示出电子运动的波动性，也反映出电子的运动规律具有统计性。荧光屏上衍射强度大的地方，电子出现的概率大，波的强度也大；反之，衍射强度小的地方，电子出现的概率小，波的强度也小。单个电子虽没有确定的运动轨道，但它在空间出现的概率可以由衍射波的强度反映出来。因此，核外电子的运动具有概率分布的规律。在这个意义上讲，电子波又称为概率波。在空间任何一点，电子波的强度与电子出现的概率密度成正比。

由此可见，电子衍射实验所揭示的电子的波动性是许多相互独立的电子在完全相同的情况下运动的统计结果，或者是一个电子在许多次相同实验中的统计结果。衍射图像实际上是以概率波的形式反映出粒子出现的概率，这就是电子的波动性和微粒性的统一。

综上所述，具有波动性的微观粒子不再服从经典力学规律，它们遵循测不准原理，其运动没有确定的轨道，只有一定的空间概率分布，因此要用量子力学来描述微观粒子的运动状态。

7.1.3 波函数和原子轨道

对于微观粒子的运动，1926 年奥地利物理学家 E. Schrödinger 根据 L. de Broglie 的观点，对经典光波方程进行改造后提出氢原子的波动方程，从而建立了描述核外电子运动的波动方程，即 Schrödinger 方程。它是一个二阶偏微分方程：

$$\frac{\partial^2 \Psi}{\partial x^2}+\frac{\partial^2 \Psi}{\partial y^2}+\frac{\partial^2 \Psi}{\partial z^2}+\frac{8\pi^2 m}{h^2}(E-V)\Psi=0 \tag{7-7}$$

Ψ 是含有变量的函数式，是坐标 x、y、z 的函数，叫做波函数。波函数是描述核外电子运动状态的数学函数式，表征的是电子的波动性；电子的空间位置坐标（x，y，z）以及电子的质量（m）、总能量（E）和势能（V）描述的是电子的粒子性；h 是 Planck 常量。

Schrödinger 方程是描述微观粒子运动状态、变化规律的基本方程，较为全面地反映了电子的波粒二象性。

Schrödinger 方程的解并不是具体的数字，而是一个与坐标和三个参数（n，l，m）有关的函数式，可以用直角坐标表示 $\Psi_{n,l,m}(x, y, z)$，也可将其变换为球坐标（r，θ，φ），则表示为 $\Psi_{n,l,m}(r, \theta, \varphi)$。对于表述原子中电子运动状态来说，球坐标是最适应的，如图 7-4 所示。

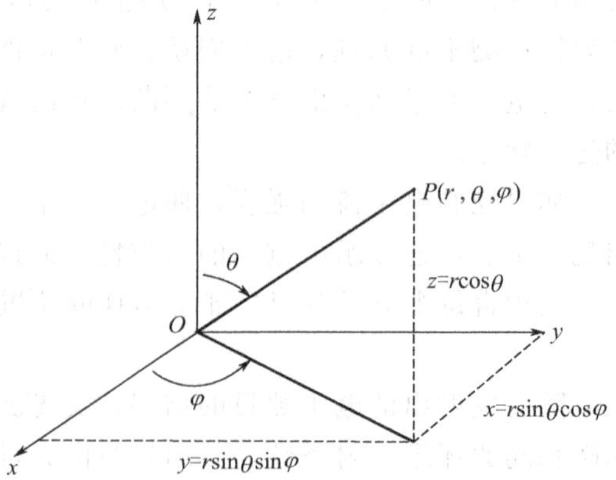

图 7-4 球坐标系与直角坐标系的关系

设原子核在坐标原点 O 上，P 为核外电子的位置，r 为从 P 点到球坐标原点 O 的距离（即电子离核的距离），θ 为 z 轴与 OP 间的夹角，φ 为 x 轴与 OP 在 xOy 平面上的投影的夹角。直角坐标与球坐标两者的关系为：

$$z=r\cos\theta$$

$$y=r\sin\theta\sin\varphi$$

$$x=r\sin\theta\cos\varphi$$

$$r=\sqrt{x^2+y^2+z^2}$$

坐标变换后，$\Psi(x, y, z)$ 转换成 $\Psi(r, \theta, \varphi)$，$\Psi(r, \theta, \varphi)$ 是变量（r，θ，φ）的函数。为了清楚和直观地了解波函数的图像，可以从 Ψ 随电子离核的距离 r 的变化和随角度 θ，φ 的变化两个方面来进行，即可以将 $\Psi(r, \theta, \varphi)$ 表示为两个函数的乘积：

$$\Psi_{n,l,m}(r,\theta,\varphi)=R(r)Y(\theta,\varphi) \tag{7-8}$$

式中，$R(r)$ 叫做波函数的径向部分，它表明 θ，φ 一定时波函数 Ψ 随 r 的变化关系；$Y(\theta, \varphi)$ 叫做波函数的角度部分，它表明 r 一定时，波函数 Ψ 随 θ，φ 的变化关系。表 7-1 列出了若干氢原子的波函数及其径向和角度部分的函数。

表 7-1　氢原子的某些波函数（a_0 为玻尔半径）

轨道	$\Psi(r,\theta,\varphi)$	$R(r)$	$Y(\theta,\varphi)$
1s	$\sqrt{\frac{1}{\pi a_0^3}}e^{-r/a_0}$	$2\sqrt{\frac{1}{a_0^3}}e^{-r/a_0}$	$\sqrt{\frac{1}{4\pi}}$
2s	$\frac{1}{4}\sqrt{\frac{1}{2\pi a_0^3}}\left(2-\frac{r}{a_0}\right)e^{-r/2a_0}$	$\sqrt{\frac{1}{8\pi a_0^3}}\left(2-\frac{r}{a_0}\right)e^{-r/2a_0}$	$\sqrt{\frac{1}{4\pi}}$
$2p_z$	$\frac{1}{4}\sqrt{\frac{1}{2\pi a_0^3}}\left(\frac{r}{a_0}\right)e^{-r/2a_0}\cos\theta$	$\sqrt{\frac{1}{24\pi a_0^3}}\left(\frac{r}{a_0}\right)e^{-r/2a_0}$	$\sqrt{\frac{3}{4\pi}}\cos\theta$
$2p_x$	$\frac{1}{4}\sqrt{\frac{1}{2\pi a_0^3}}\left(\frac{r}{a_0}\right)e^{-r/2a_0}\sin\theta\cos\varphi$	$\sqrt{\frac{1}{24\pi a_0^3}}\left(\frac{r}{a_0}\right)e^{-r/2a_0}$	$\sqrt{\frac{3}{4\pi}}\sin\theta\cos\varphi$
$2p_y$	$\frac{1}{4}\sqrt{\frac{1}{2\pi a_0^3}}\left(\frac{r}{a_0}\right)e^{-r/2a_0}\sin\theta\sin\varphi$	$\sqrt{\frac{1}{24\pi a_0^3}}\left(\frac{r}{a_0}\right)e^{-r/2a_0}$	$\sqrt{\frac{3}{4\pi}}\sin\theta\sin\varphi$

一个波函数 Ψ 代表电子的一种运动状态。量子力学中，把原子中单电子波函数 $\Psi(n, l, m)$ 又称为原子轨道。需要注意的是，原子轨道只是一种形象的比喻，它和经典力学中的轨道有本质的区别。经典力学中的轨道是指具有某种速度、可以确定运动物体任意时刻所处位置的轨道；量子力学中的原子轨道不是某种确定的轨道，而是原子中一个电子可能的空间运动状态，包含电子所具有的能量、离核的平均距离、概率密度分布等。

7.1.4 波函数和电子云的空间图形

（1）原子轨道的角度分布图

由于波函数是空间坐标的函数，可以给出 Ψ 在三维空间的图形。其中波函数的角度分布图又称原子轨道角度分布图。它就是表现 Y 值随 θ，φ 变化的图像，如图 7-5 所示。

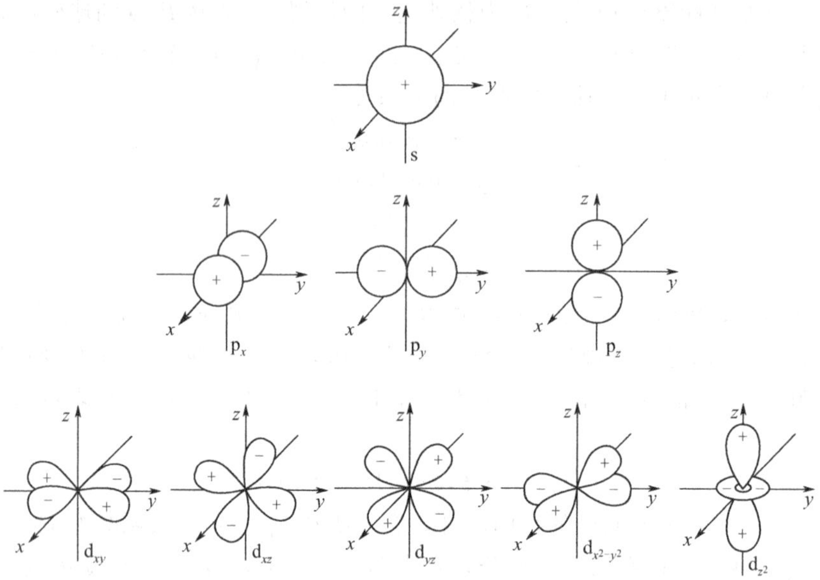

图 7-5 原子轨道角度分布图

由于波函数的角度部分 $Y(\theta, \varphi)$ 只与 l 和 m 有关，因此，只要 l 和 m 相同，其 $Y(\theta, \varphi)$ 函数式就相同，就有相同的原子轨道角度分布图。原子轨道角度部分图形中的“+”“−”号，表明波函数角度部分的值在该区域为“+”值或“−”值。这种“+”“−”号的存在，科学地解释了由原子轨道重叠形成共价键而且有方向性的原因之一。

需要强调，原子轨道的角度分布图并不是电子运动的具体轨道，它只反映出波函数在空间不同方向上的变化情况。

(2) 电子云的角度分布图

电子在核外空间某单位微小体积内出现的概率，称为概率密度，用波函数绝对值的平方 $|\Psi|^2$ 表示。空间各点 $|\Psi|^2$ 之值的大小，反映了电子在各点附近单位微体积元中出现概率的大小，这是 $|\Psi|^2$ 的物理意义。$|\Psi|^2$ 值大，表明单位体积内电荷密度大。

图 7-6 氢原子的 1s 电子云图

常常形象地将电子的概率密度 $|\Psi|^2$ 称作“电子云”（图 7-6），即电子云是概率密度的形象化描述。需指出的是，电子云只是电子行为具有统计性的一种形象说法。若用小黑点的疏密形象地表示概率密度的大小，则小黑点密的地方，表示 $|\Psi|^2$ 数值大，小黑点稀的地方，表示 $|\Psi|^2$ 数值小，这样就得到了电子云在空间的示意图像。

电子云的角度分布图是表现 Y^2 值随 θ，φ 变化的图像。图 7-7 表示 s，p，d 电子云的角度分布图。比较电子云的角度分布图与原子轨道的角度分布图发现，两种图形基本相似，但有两点不同：电子云的角度分布图比相应原子轨道的角度分布图要“瘦”一些；原子轨道有正、负号之分，电子云没有正负号，这是因为 $|\Psi|^2$ 的结果。

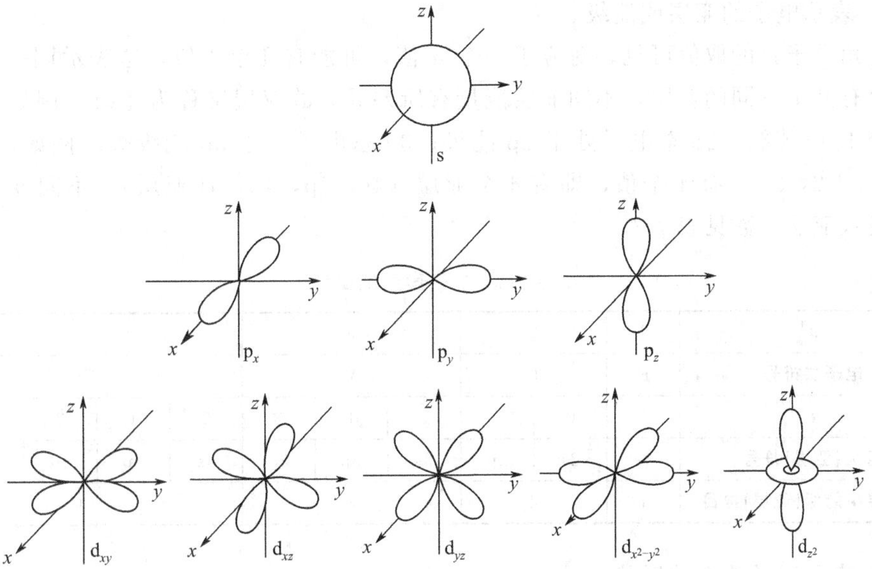

图 7-7　电子云的角度分布图

7.1.5　量子数与核外电子的运动状态

由于波函数 Ψ 是描述原子处于定态时电子运动状态的数学函数式，要得到合理的波函数的解，必须满足一定的条件，为此引进 3 个参数，即量子数 n，l，m（主量子数、角量子数和磁量子数）。要得到每一个波函数 Ψ 的合理解，必须限定一组（n，l，m）的允许取值。它们是一套量子化的参数，只有 n，l 和 m 值的允许组合才能得到合理的波函数。

量子数

原子中各电子在核外的运动状态，是指电子所在的电子层和原子轨道的能级、形状、伸展方向等，可用解 Schrödinger 方程引入的三个参数即（n，l，m）加以描述。此外用更精密的分光镜发现原子光谱中的精细结构表明，核外电子除了空间运动之外，还有另外一种运动形式，人们借用旧量子论术语称之为“自旋运动”，用自旋量子数 m_s 表示。下面分别加以讨论。

（1）主量子数 n

主量子数又叫能量量子数，它只能取 1，2，3，4，5，6，7 等正整数。

① 主量子数是决定原子轨道能量的主要因素。氢原子为单电子原子，其能量只由主量子数决定，n 值越大，电子离核的平均距离越远，能量越高。

② 主量子数表示电子离核的远近或电子层数。主量子数相同的电子，几乎在离核相同距离的空间范围内运动，因此可将主量子数相同的电子归并在一起称为一个电子层，$n=1$ 表示能量最低、离核最近的第一电子层，$n=2$ 表示能量次低、离核次近的第二电子层，其余类推。在光谱学上常用一套拉丁字母表示电子层，常用 K，L，M，N，O，P，Q 等符号分别表示 $n=1$，2，3，4，5，6，7 电子层。

（2）角量子数 l

电子绕核运动时，不仅具有一定的能量，而且也具有一定的角动量，角动量由量子数 l 决定，故称 l 为角量子数，其取值为 $l=0$，1，2，3，…，$(n-1)$，l 取值受 n 限制，最大为 $(n-1)$。在光谱学上分别用符号 s，p，d，f 等来表示。l 的物理意义如下。

① 表示电子的亚层或能级。

由角量子数的取值可见，对应于一个 n 值，可能有几个 l 值，这表示同一电子层中包含有几个不同的亚层，不同亚层能量有所差异，故亚层又称为能级。例如，1s 态电子处于 1s 能级；2p 态电子处于 2p 能级；3d 态电子处于 3d 能级等。例如，$n=4$，$l=0$，1，2，3。l 有 4 个值，即有 4 个亚层（4s，4p，4d，4f 亚层）。不同 n 所对应的能级（亚层）数见表 7-2。

表 7-2 电子层和能级数

n	1	2		3			4			
电子层符号	K	L		M			N			
l	0	0	1	0	1	2	0	1	2	3
能级（亚层）符号	1s	2s	2p	3s	3p	3d	4s	4p	4d	4f
电子层中能级（亚层）数目	1	2		3			4			

② 表示原子轨道的形状。

$l=0$ 时，为 s 原子轨道，其角度分布为球形；

$l=1$ 时，为 p 原子轨道，其角度分布为哑铃形；

$l=2$ 时，为 d 原子轨道，其角度分布为花瓣形，如图 7-5 所示。

③ 多电子原子中 l 与 n 一起决定电子的能量。

单电子系统，如氢原子，其能量 E 不受 l 的影响，只与 n 有关。在多电子原子中，电子的能量不仅取决于主量子数 n，还与角量子数 l 有关。当 n 相同时，一般情况是 l 值越大能量越高，即 $E_{ns}<E_{np}<E_{nd}<E_{nf}$。因此在描述多电子原子系统电子的能量状态时，需要 n 和 l 两个量子数。

（3）*磁量子数 m*

磁量子数的取值从 $-l$，…，0，…，$+l$，共有 $(2l+1)$ 个取值，即 m 的取值受 l 值的限制，取值为 0，±1，±2，±3，…，$\pm l$。

磁量子数决定原子轨道在核外空间的取向，即不同的空间伸展方向。m 的每一个数值表示具有某种空间方向的一个原子轨道。一个亚层中，m 有几个可能的取值，这亚层就有几个不同伸展方向的同类原子轨道。例如：

$l=0$ 时，$m=0$，m 只有一个取值，表示 s 轨道在核外空间中只有一种取向，即以核为球心的球形。

$l=1$ 时，m 有 0，+1 和 −1 三个取值，表示 p 亚层在空间有 3 个分别沿着 x 轴、y 轴和 z 轴取向的轨道，即 p_x、p_y、p_z 轨道。

$l=2$ 时，m 有 0、±1、±2，共五个取值，表示 d 亚层有 5 个取向的轨道，分别是 d_{z^2}、d_{xz}、d_{yz}、d_{xy} 和 $d_{x^2-y^2}$ 轨道。

$l=0$ 的轨道都称为 s 轨道，其中按 $n=1$，2，3，4，…依次称为 1s，2s，3s，4s，…轨道。s 轨道内的电子称为 s 电子。

$l=1$，2，3 的轨道依次分别称为 p、d、f 轨道，p、d、f 轨道内的电子依次称为 p、d、f 电子。

在没有外加磁场情况下，l 相同、m 不同的原子轨道，其能量是相同的。不同原子轨道具有相同能量的现象称为能量简并，能量相同的各原子轨道称为简并轨道或等价轨道。

例如 $l=1$ 的 p 轨道有三个简并轨道 p_x、p_y、p_z。

亚层	p	d	f
简并轨道数	3个	5个	7个

将3个量子数 n，l，m 与原子轨道间的关系归纳于表7-3中。

表7-3　量子数与原子轨道的关系

主量子数 n	主层符号	角量子数 l	亚层符号	亚层层数	磁量子数 m	原子轨道符号	亚层中的轨道数
1	K	0	1s	1	0	1s	1
2	L	0	2s	2	0	2s	1
		1	2p		$0,\pm1$	$2p_z,2p_x,2p_y$	3
3	M	0	3s	3	0	3s	1
		1	3p		$0,\pm1$	$3p_z,3p_x,3p_y$	3
		2	3d		$0,\pm1,\pm2$	$3d_{z^2},3d_{xz},3d_{yz},3d_{xy},3d_{x^2-y^2}$	5
4	N	0	4s	4	0	4s	1
		1	4p		$0,\pm1$	$4p_z,4p_x,4p_y$	3
		2	4d		$0,\pm1,\pm2$	$4d_{z^2},4d_{xz},4d_{yz},4d_{xy},4d_{x^2-y^2}$	5
		3	4f		$0,\pm1,\pm2,\pm3$	…	7

(4) 自旋量子数 m_s

高分辨光谱实验事实揭示了电子除了有用三个量子数表达的量子化能级外，还有一种运动存在，即电子除了轨道运动外，还有自旋运动。电子自旋运动具有自旋角动量，由自旋量子数 m_s 决定。

处于同一原子轨道上的电子自旋运动状态只能有两种，即自旋磁量子数的取值只有两个（+1/2和−1/2），分别代表电子的两种状态，用符号"↑"和"↓"表示。自旋只有两个状态，因此决定了每一轨道最多只能容纳两个电子，且自旋方式相反。

值得说明的是，"电子自旋"并不是电子真像地球自转一样，它只是表示电子的两种不同的运动状态。正是由于电子具有自旋角动量，使氢原子光谱在没有外磁场时也会发生微小的分裂，得到了靠得很近的谱线。

综上所述，量子力学对氢原子核外电子的运动状态有了较清晰的描述。解 Schrödinger 方程，得到多个可能的解 Ψ，电子在多条能量确定的轨道中运动，每条轨道由 n、l、m 三个量子数决定，主量子数 n 决定了原子轨道的能量和离核远近；角量子数 l 决定了轨道的形状；磁量子数 m 决定了轨道的空间伸展方向，即 n、l、m 三个量子数共同决定了一个原子轨道 Ψ，但是原子中每个电子的运动状态则必须用 n、l、m、m_s 四个量子数来确定。

7.2 多电子原子结构

多电子原子系统的能量难以用 Schrödinger 方程得到精确解，这种原子系统的能量只能用光谱实验的数据，经过理论分析得到。这样得到的数据是整个原子处于各种状态时的能量，最低的能量便是原子处于基态时的能量。一般情况下，原子系统的能量可看作是各单个电子在某个原子轨道上运动对原子系统能量贡献的总和。单个电子在原子轨道上运动的能量叫做轨道能量，它可以借助于某些实验数据或通过某种物理模型进行计算而求得。本节以轨道能量为重点，讨论核外电子排布规律。

7.2.1 Pauling 近似能级图

L. Pauling 根据光谱实验数据和理论计算结果，总结出多电子原子中原子轨道的近似能级图（图 7-8），它反映了各轨道相对能量高低的顺序。图 7-8 中用小圆圈代表原子轨道，能量相近的划为一组，称为能级组，依 1，2，3，…能级组的顺序，能量依次增高。

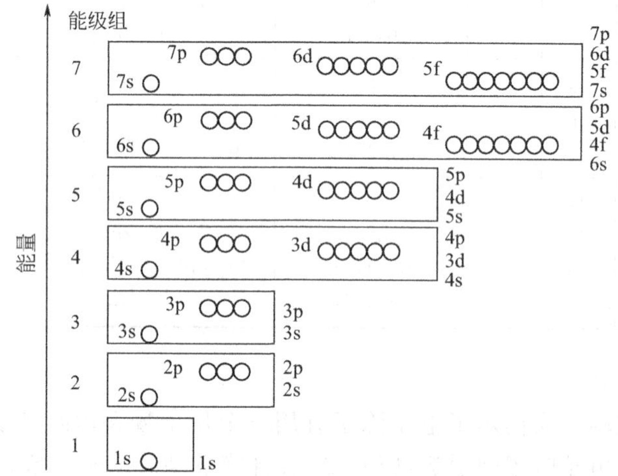

图 7-8 L. Pauling 近似能级图

由图 7-8 可见，角量子数 l 相同的能级的能量高低由主量子数 n 决定，例如，$E_{1s}<E_{2s}<E_{3s}<E_{4s}<\cdots$。主量子数 n 相同，角量子数 l 不同的能级，能量随 l 的增大而升高，如 $E_{ns}<E_{np}<E_{nd}<E_{nf}$，这种现象称为能级分裂。当主量子数 n 和角量子数 l 均不同时，出现能级交错现象，如 $E_{4s}<E_{3d}<E_{4p}<\cdots$

走近化学家：徐光宪

必须指出，L. Pauling 近似能级图仅反映了多电子原子中原子轨道能量的近似高低，不能认为所有元素原子的能级高低都是一成不变的。光谱实验和量子力学理论证明，随着元素原子序数的递增（核电荷增加），原子核对核外电子的吸引作用增强，轨道的能量有所下降。由于不同的轨道下降的程度不同，所以能级的相对顺序有所改变。

我国著名化学家徐光宪在总结前人工作的基础上，提出了轨道能量高低与主量子数和角量子数的关系式，他指出，原子在填充电子时，一般可按照 $n+0.7l$ 的规则，可确定轨道能量的相对大小。其中，n、l 分别为对应轨道的主量子数和角量子数，$n+0.7l$ 的值越大，能量相对越高。

多电子原子核外电子排布

7.2.2 核外电子排布规则

原子中单个电子的运动状态主要由主量子数 n、角量子数 l、磁量子数 m 以及自旋量子数 m_s 四个量子数来描述。

原子中的电子按一定规则排布在各原子轨道上。人们根据原子光谱实验和量子力学理论，总结出三个排布规则：能量最低原理、Pauli不相容原理和Hund规则。

(1) 能量最低原理

能量最低原理是自然界一切事物共同遵守的法则。多电子原子在基态时核外电子总是尽可能地分布在能量最低的轨道，然后才依次占据能量稍高的轨道，以使原子系统的能量最低，这就是能量最低原理。L. Pauling近似能级图可以作为原子核外电子填充顺序的参考依据。

(2) Pauli不相容原理

奥地利物理学家W. Pauli在1925年根据光谱分析结果和元素在周期系中的位置，提出了Pauli不相容原理：在同一个原子里没有四个量子数完全相同的电子，或者说，在同一个原子里没有运动状态完全相同的两个电子。即在原子中，若电子的n、l、m相同，m_s则一定不同，在同一个原子轨道上最多可以容纳两个电子且自旋方式相反。

例如，氢原子核外唯一的电子排在能量最低的1s轨道上其电子排布式为$1s^1$，描述它的量子数为$n=1$，$l=0$，$m=0$，该电子的自旋量子数m_s，既可取$+1/2$，也可取$-1/2$。氦原子的核外电子排布式为$1s^2$，两个电子的n、l、m量子数相同，只是自旋量子数m_s不同，分别为$+1/2$、$-1/2$。电子排布图常用小圆圈（或方框）表示原子轨道，用箭头表示电子不同的自转方式，用"↑"和"↓"来区别m_s的不同。氦原子的电子排布图示为(↑↓)。

按照这个原则，s轨道最多可容纳2个电子，p、d、f轨道依次最多可以容纳6、10、14个电子，并可推知每一电子层可容纳的最多电子数为$2n^2$。

(3) Hund规则

根据大量光谱实验数据，德国物理学家F. H. Hund提出：在相同n和相同l的轨道上分布的电子，将尽可能分占m值不同的轨道，且自旋平行。例如，碳原子核外有6个电子，根据能量最低原理、Pauli不相容原理可以写出碳原子的电子排布式或电子构型为：$1s^2 2s^2 2p^2$。对应的电子轨道排布式如图7-9所示。由图可见，2p的2个电子以相同的自旋方式分占两个轨道。

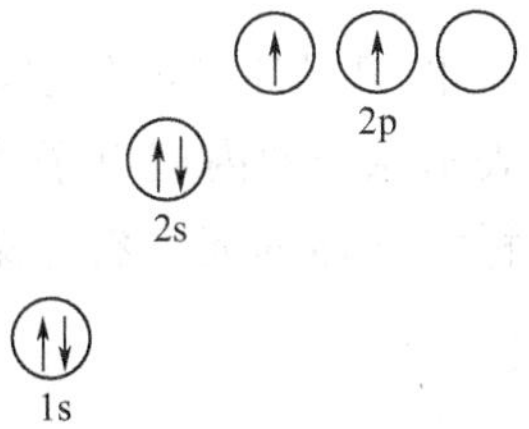

图7-9 碳原子的电子排布图

根据光谱实验得到的结果，还可总结出一个规律：当简并轨道处于半充满、全充满或全空的状态时，原子处于比较稳定的状态，这些状态可以看作是Hund规则的特例。

全充满	p^6，d^{10}，f^{14}
半充满	p^3，d^5，f^7
全空	p^0，d^0，f^0

氮原子的电子排布式为：$1s^2 2s^2 2p^3$

也可以写成：[He] $2s^2 2p^3$

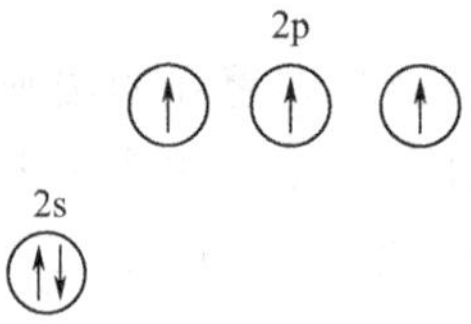

式中，[He] 表示氮原子的原子实。所谓“原子实”是指原子的原子核和电子排布同某稀有气体原子里的电子排布相同的那部分实体。根据洪特规则，氮原子 2p 轨道的 3 个电子以相同的自旋方式分占三个轨道。

元素周期表

7.2.3 核外电子排布式与元素周期表

1869 年，俄国化学家门捷列夫（Mendeleev）在元素系统化的研究中，将元素按一定顺序排列起来，使元素的化学性质呈现周期性的变化，元素性质的这种周期性变化规律，称为元素周期律，其表格形式称为元素周期表。今天，人们已经认识到，随着原子序数的增加，原子结构的周期性变化是造成元素性质周期性变化的根本原因。

（1）原子核外电子排布式

根据核外电子排布规则并结合上述基态原子中的电子在原子轨道上的排布顺序，可以写出原子的核外电子排布式，也称该元素基态原子的电子层结构。

① 核外电子排布式　${}_7N$ 氮原子的核外电子排布式为：$1s^2 2s^2 2p^3$。

${}_{26}Fe$ 铁原子按照 Pauling 近似能级顺序，电子填充轨道的顺序是：

$$1s^2 2s^2 2p^6 3s^2 3p^6 4s^2 3d^6$$

但由于在写基态原子的核外电子排布式时，应将同一层（主量子数相同）的各亚层写在一起，所以，整理后${}_{26}Fe$ 的核外电子排布式为：

$$1s^2 2s^2 2p^6 3s^2 3p^6 3d^6 4s^2$$

② 原子实　由于参与化学反应的只是原子的外层电子，内层电子结构一般是不变的，因此，可以用“原子实”来表示原子的内层电子结构。当内层电子构型与某稀有气体的电子构型相同时，就用该稀有气体的元素符号来表示原子的内层电子构型，并称之为原子实。如：

[He] 表示电子构型 $1s^2$；

[Ne] 表示的电子构型是 $1s^2 2s^2 2p^6$；

[Ar] 表示的电子构型是 $1s^2 2s^2 2p^6 3s^2 3p^6$。

这样上述${}_7N$，${}_{26}Fe$ 的核外电子排布式可表示为：

$${}_7N:[He]2s^2 2p^3 \qquad {}_{26}Fe:[Ar]3d^6 4s^2$$

对于原子序数偏大的原子，适合用原子实的表示法书写原子的核外电子排布式，以避免电子排布式过长。

${}_{24}Cr$ 的核外电子排布式为 [Ar] $3d^5 4s^1$，而不是 [Ar] $3d^4 4s^2$；

$_{29}$Cu 的核外电子排布式为 $[Ar]\ 3d^{10}4s^{1}$，而不是 $[Ar]\ 3d^{9}4s^{2}$。

这是因为 $3d^{5}$ 的半充满和 $3d^{10}$ 的全充满结构是能量较低的稳定结构。

表 7-4 列出了现已命名的 110 种元素原子的核外电子排布式，它是光谱实验结果，充分体现了核外电子排布的一般规律。

表 7-4 原子的电子排布式

周期	原子序数	元素符号	电子结构
1	1	H	$1s^{1}$
	2	He	$1s^{2}$
2	3	Li	$[He]2s^{1}$
	4	Be	$[He]2s^{2}$
	5	B	$[He]2s^{2}2p^{1}$
	6	C	$[He]2s^{2}2p^{2}$
	7	N	$[He]2s^{2}2p^{3}$
	8	O	$[He]2s^{2}2p^{4}$
	9	F	$[He]2s^{2}2p^{5}$
	10	Ne	$[He]2s^{2}2p^{6}$
3	11	Na	$[Ne]3s^{1}$
	12	Mg	$[Ne]3s^{2}$
	13	Al	$[Ne]3s^{2}3p^{1}$
	14	Si	$[Ne]3s^{2}3p^{2}$
	15	P	$[Ne]3s^{2}3p^{3}$
	16	S	$[Ne]3s^{2}3p^{4}$
	17	Cl	$[Ne]3s^{2}3p^{5}$
	18	Ar	$[Ne]3s^{2}3p^{6}$
4	19	K	$[Ar]4s^{1}$
	20	Ca	$[Ar]4s^{2}$
	21	Sc	$[Ar]3d^{1}4s^{2}$
	22	Ti	$[Ar]3d^{2}4s^{2}$
	23	V	$[Ar]3d^{3}4s^{2}$
	24	Cr	$[Ar]3d^{5}4s^{1}$
	25	Mn	$[Ar]3d^{5}4s^{2}$
	26	Fe	$[Ar]3d^{6}4s^{2}$
	27	Co	$[Ar]3d^{7}4s^{2}$
	28	Ni	$[Ar]3d^{8}4s^{2}$
	29	Cu	$[Ar]3d^{10}4s^{1}$
	30	Zn	$[Ar]3d^{10}4s^{2}$
	31	Ga	$[Ar]3d^{10}4s^{2}4p^{1}$
	32	Ge	$[Ar]3d^{10}4s^{2}4p^{2}$
	33	As	$[Ar]3d^{10}4s^{2}4p^{3}$
	34	Se	$[Ar]3d^{10}4s^{2}4p^{4}$
	35	Br	$[Ar]3d^{10}4s^{2}4p^{5}$
	36	Kr	$[Ar]3d^{10}4s^{2}4p^{6}$
5	37	Rb	$[Kr]5s^{1}$
	38	Sr	$[Kr]5s^{2}$
	39	Y	$[Kr]4d^{1}5s^{2}$
	40	Zr	$[Kr]4d^{2}5s^{2}$
	41	Nb	$[Kr]4d^{4}5s^{1}$
	42	Mo	$[Kr]4d^{5}5s^{1}$
	43	Tc	$[Kr]4d^{6}5s^{2}$
	44	Ru	$[Kr]4d^{7}5s^{1}$
	45	Rh	$[Kr]4d^{8}5s^{1}$
	46	Pd	$[Kr]4d^{10}$
	47	Ag	$[Kr]4d^{10}5s^{1}$
	48	Cd	$[Kr]4d^{10}5s^{2}$
	49	In	$[Kr]4d^{10}5s^{2}5p^{1}$
	50	Sn	$[Kr]4d^{10}5s^{2}5p^{2}$
	51	Sb	$[Kr]4d^{10}5s^{2}5p^{3}$
	52	Te	$[Kr]4d^{10}5s^{2}5p^{4}$
	53	I	$[Kr]4d^{10}5s^{2}5p^{5}$
	54	Xe	$[Kr]4d^{10}5s^{2}5p^{6}$
6	55	Cs	$[Xe]6s^{1}$
	56	Ba	$[Xe]6s^{2}$
	57	La	$[Xe]5d^{1}6s^{2}$
	58	Ce	$[Xe]4f^{1}5d^{1}6s^{2}$
	59	Pr	$[Xe]4f^{3}6s^{2}$
	60	Nd	$[Xe]4f^{4}6s^{2}$
	61	Pm	$[Xe]4f^{5}6s^{2}$
	62	Sm	$[Xe]4f^{6}6s^{2}$
	63	Eu	$[Xe]4f^{7}6s^{2}$
	64	Gd	$[Xe]4f^{7}5d^{1}6s^{2}$
	65	Tb	$[Xe]4f^{9}6s^{2}$
	66	Dy	$[Xe]4f^{10}6s^{2}$
	67	Ho	$[Xe]4f^{11}6s^{2}$
	68	Er	$[Xe]4f^{12}6s^{2}$
	69	Tm	$[Xe]4f^{13}6s^{2}$
	70	Yb	$[Xe]4f^{14}6s^{2}$
	71	Lu	$[Xe]4f^{14}5d^{1}6s^{2}$
	72	Hf	$[Xe]4f^{14}5d^{2}6s^{2}$
6	73	Ta	$[Xe]4f^{14}5d^{3}6s^{2}$
	74	W	$[Xe]4f^{14}5d^{4}6s^{2}$
	75	Re	$[Xe]4f^{14}5d^{5}6s^{2}$
	76	Os	$[Xe]4f^{14}5d^{6}6s^{2}$
	77	Ir	$[Xe]4f^{14}5d^{7}6s^{2}$
	78	Pt	$[Xe]4f^{14}5d^{9}6s^{1}$
	79	Au	$[Xe]4f^{14}5d^{10}6s^{1}$
	80	Hg	$[Xe]4f^{14}5d^{10}6s^{2}$
	81	Tl	$[Xe]4f^{14}5d^{10}6s^{2}6p^{1}$
	82	Pb	$[Xe]4f^{14}5d^{10}6s^{2}6p^{2}$
	83	Bi	$[Xe]4f^{14}5d^{10}6s^{2}6p^{3}$
	84	Po	$[Xe]4f^{14}5d^{10}6s^{2}6p^{4}$
	85	At	$[Xe]4f^{14}5d^{10}6s^{2}6p^{5}$
	86	Rn	$[Xe]4f^{14}5d^{10}6s^{2}6p^{6}$
7	87	Fr	$[Rn]7s^{1}$
	88	Ra	$[Rn]7s^{2}$
	89	Ac	$[Rn]6d^{1}7s^{2}$
	90	Th	$[Rn]6d^{2}7s^{2}$
	91	Pa	$[Rn]5f^{2}6d^{1}7s^{2}$
	92	U	$[Rn]5f^{3}6d^{1}7s^{2}$
	93	Np	$[Rn]5f^{4}6d^{1}7s^{2}$
	94	Pu	$[Rn]5f^{6}7s^{2}$
	95	Am	$[Rn]5f^{7}7s^{2}$
	96	Cm	$[Rn]5f^{7}6d^{1}7s^{2}$
	97	Bk	$[Rn]5f^{9}7s^{2}$
	98	Cf	$[Rn]5f^{10}7s^{2}$
	99	Es	$[Rn]5f^{11}7s^{2}$
	100	Fm	$[Rn]5f^{12}7s^{2}$
	101	Md	$[Rn]5f^{13}7s^{2}$
	102	No	$[Rn]5f^{14}7s^{2}$
	103	Lr	$[Rn]5f^{14}6d^{1}7s^{2}$
	104	Rf	$[Rn]5f^{14}6d^{2}7s^{2}$
	105	Db	$[Rn]5f^{14}6d^{3}7s^{2}$
	106	Sg	$[Rn]5f^{14}6d^{4}7s^{2}$
	107	Bh	$[Rn]5f^{14}6d^{5}7s^{2}$
	108	Hs	$[Rn]5f^{14}6d^{6}7s^{2}$
	109	Mt	$[Rn]5f^{14}6d^{7}7s^{2}$
	110	Ds	$[Rn]5f^{14}6d^{8}7s^{2}$

③ 价电子排布式　事实表明，在内层原子轨道上运动的电子因能量较低而不活泼，在外层原子轨道上运动的电子因能量较高而活泼，因此一般化学反应只涉及外层原子轨道上的电子，称这些电子为价电子。

价电子是原子发生化学反应时易参与形成化学键的电子，价电子层的电子排布称价电子构型。对主族元素，其价电子构型为最外层电子构型（ns，np）；对副族元素，其价电子构型不仅包括最外层的 ns 电子，还包括（$n-1$)d 亚层甚至（$n-2$)f 亚层的电子。

元素的化学性质与价电子的性质和数目有密切关系。为此，人们更关注价电子排布，简便起见人们常常只表示出价电子排布。例如：

$_{24}$Cr 的核外电子排布为 $1s^22s^22p^63s^23p^63d^54s^1$，价电子排布式为 $3d^54s^1$。$_{20}$Ca 的核外电子排布式为 $1s^22s^22p^63s^23p^64s^2$，其价电子排布式为 $4s^2$。

(2) 元素的周期

原子中的电子排布与元素周期表中周期划分有内在联系。原子核外最外层电子的主量子数为 n 时，该原子则属于第 n 周期。即

所属周期＝最外层的最高主量子数

第 1 能级组只有 1 个 s 轨道，至多容纳两个电子，因此第一周期为特短周期，只有两种元素。

第 2、3 能级组各有 1 个 ns 和 3 个 np 轨道，可以填充 8 个电子，因此第二、第三周期各有 8 种元素，称为短周期。

第 4、5 能级组有 1 个 ns 轨道、5 个（$n-1$)d 轨道和 3 个 np 轨道，至多可容纳 18 个电子，因此第四、第五周期各有 18 种元素，称为长周期。

第 6、7 能级组各有 1 个 ns 轨道、7 个（$n-2$)f 轨道、5 个（$n-1$)d 轨道和 3 个 np，至多可容纳 32 个电子，第六周期有 32 种元素，称为特长周期。第七周期也应有 32 种元素，但是，至今才发现到 118 号元素，因此，称为不完全周期。

能级组与周期的关系列于表 7-5。

表 7-5　能级组与周期的关系

周期	特点	能级组	对应能级	原子轨道数	元素种类数
一	特短周期	1	1s	1	2
二	短周期	2	2s 2p	4	8
三	短周期	3	3s 3p	4	8
四	长周期	4	4s 3d 4p	9	18
五	长周期	5	5s 4d 5p	9	18
六	特长周期	6	6s 4f 5d 6p	16	32
七	不完全周期	7	7s 5f 6d 7p	16	应有 32

(3) 元素的族

周期表中每一个纵列的元素具有相似的价层电子结构，故称为一个族。在长式元素周期表中元素纵向分为 18 列。

主族元素：第 1～2 列和第 13～17 列共 7 列，以符号ⅠA～ⅦA 表示。

零族：第18列，常称为零族元素。零族元素为稀有气体，最外电子层均已填满，达到8电子稳定结构。

副族元素：也称过渡元素。第3～12列共10列，以符号ⅢB～ⅡB表示，其中Ⅷ族元素有3列共9个元素。

① 主族　按电子的填充顺序，最后一个电子填入 ns 或 np 轨道，则该元素即为主族元素。

主族族数＝最外层电子总数

例如，元素$_{7}$N的电子构型为 $[He]2s^{2}2p^{3}$，最后一个电子填入2p轨道，价电子总数为5，因而是ⅤA元素。

② 副族　按电子填充顺序，最后一个电子填入 $(n-1)$ 层d轨道或 $(n-2)$ 层f轨道上的元素称为副族元素。

ⅠB，ⅡB的族数＝最外层s电子数；

ⅢB～ⅦB的族数＝最外层s电子＋次外层 $(n-1)$d电子数；

Ⅷ的族数＝最外层s电子＋次外层 $(n-1)$d电子数分别为8、9或10。

例如，元素$_{21}$Sc的价电子构型为 $3d^{1}4s^{2}$，价电子数为3因而是ⅢB元素。

(4) 元素的分区

根据元素的价电子构型，可以把周期表中的元素分成五个区。

① s区　价电子构型为 $ns^{1\sim2}$，包括ⅠA和ⅡA族。它们在化学反应中易失去电子形成＋1或＋2价离子，为活泼金属。

② p区　价电子构型为 $ns^{2}np^{1\sim6}$，包括ⅢA～ⅦA族和零族。随着最外层电子数目的增加，原子失去电子趋势越来越弱，得电子趋势越来越强。

s区和p区元素的共同特点是最后一个电子都填入最外电子层，最外层电子总数等于主族族数。

③ d区　价电子构型为 $(n-1)d^{1\sim8}ns^{1\sim2}$（少数例外，如Pd：$4d^{10}5s^{0}$），包括ⅢB～ⅦB族和Ⅷ族。当价电子总数为3～7时，与相应的副族数对应；价电子总数为8～10时，为Ⅷ族。

④ ds区　价电子构型为 $(n-1)d^{10}ns^{1\sim2}$，包括ⅠB和ⅡB。ds区元素的族数等于最外层 ns 轨道上的电子数。

⑤ f区　价电子构型为 $(n-2)f^{0\sim14}(n-1)d^{0\sim2}ns^{2}$（有例外），包括镧系和锕系元素，位于周期表下方，f区元素最后一个电子填充在f亚层。

元素周期表的分区情况如图7-10所示。

综上所述，元素性质的周期性变化，正是原子核外电子周期性重复排布的结果。因此从元素在周期表中的位置可以推断出该原子的核外电子的排布和基本化学性质；也可以从该原子的电子构型来确定其在周期表中所处的位置（周期、区、族），并预测它的基本属性。

7.2.4 元素性质的周期性

周期表中原子的电子结构呈现周期性的变化，因此元素的基本性质如原子半径、电离能、电子亲和能和电负性等，也必然呈现周期性的变化。

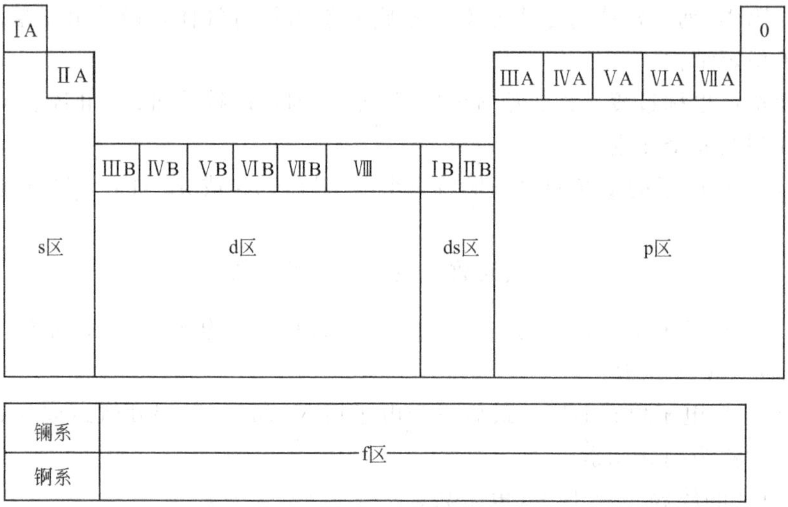

图 7-10 周期表中元素的分区

（1）原子半径

依据量子力学的观点，电子在核外运动没有固定轨道，只是概率分布不同，因此，原子没有明确的界面，不存在经典意义上的半径。研究者通过假定原子呈球体，借助相邻原子的核间距来确定原子半径。基于假定以及原子的不同存在形式、原子与原子之间作用力的不同，原子半径可以分为共价半径、van der Waals 半径、金属半径。

① 共价半径　同种元素的两个原子以共价单键连接时，它们核间距离的一半，称为该原子的共价半径。核间距可以通过晶体衍射、光谱实验测得。如图 7-11 所示，氯原子的共价半径为 99pm。

② van der Waals 半径　在分子晶体中，分子之间以 van der Waals 力（即分子间作用力）互相吸引。这时非键的两个同种原子核间距离的一半，称为 van der Waals 半径。稀有气体形成的单原子分子晶体中，两个同种原子核间距离的一半就是 van der Waals 半径。图 7-11 显示氯原子的 van der Waals 半径为 180pm，大于其共价半径。

③ 金属半径　金属单质的晶体中，相邻两个金属原子核间距离的一半，称为金属原子的金属半径。铜原子的金属半径为 128pm（图 7-12）。

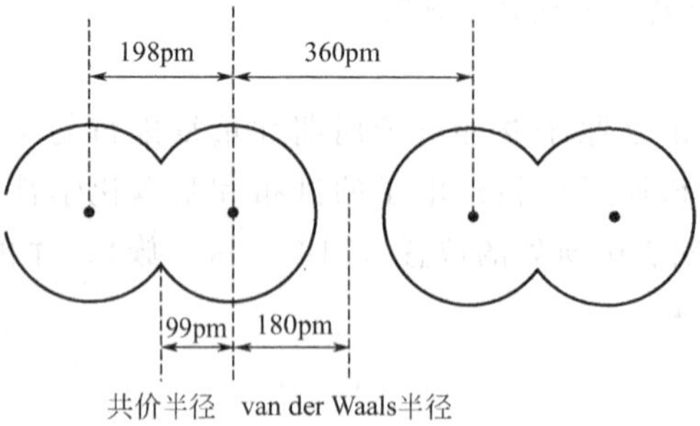

图 7-11 氯原子的共价半径和 van der Waals 半径

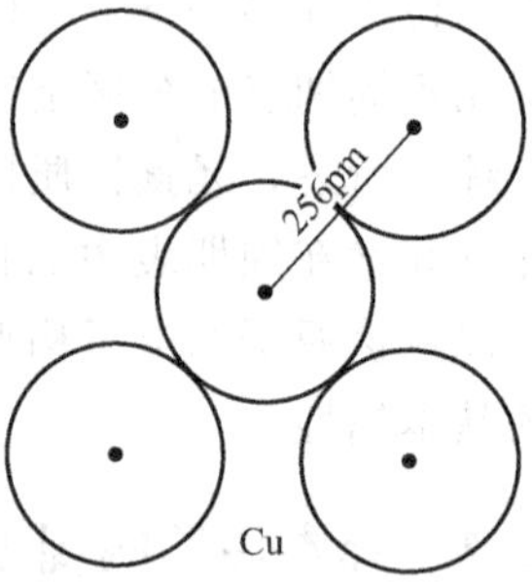

图 7-12 铜原子的金属半径

表 7-6 列出了各元素原子半径的数据。

表 7-6 元素的原子半径 r/pm

H																	He
37																	122
Li	Be											B	C	N	O	F	Ne
152	111											88	77	70	66	64	160
Na	Mg											Al	Si	P	S	Cl	Ar
186	160											143	117	110	104	99	191
K	Ca	Sc	Ti	V	Cr	Mn	Fe	Co	Ni	Cu	Zn	Ga	Ge	As	Se	Br	Kr
227	197	161	145	132	125	124	124	125	125	128	133	122	122	121	117	114	198
Rb	Sr	Y	Zr	Nb	Mo	Tc	Ru	Rh	Pd	Ag	Cd	In	Sn	Sb	Te	I	Xe
248	215	181	160	143	136	136	133	135	138	144	149	163	141	141	137	133	217
Cs	Ba	Lu	Hf	Ta	W	Re	Os	Ir	Pt	Au	Hg	Tl	Pb	Bi	Po		
265	217	173	159	143	137	137	134	136	136	144	160	170	175	155	153		

La	Ce	Pr	Nd	Pm	Sm	Eu	Gd	Tb	Dy	Ho	Er	Tm	Yb	Lu
188	183	183	182	181	180	204	180	178	177	177	176	175	194	173

注：表中金属为金属半径，稀有气体为 van der Waals 半径外，其余皆为共价半径。

表中数据显示着原子半径的变化规律，总结如下。

① 同一周期，从左到右随原子序数的增加原子半径逐渐减小。这是因为，同一周期元素原子的电子层相同，有效核电荷逐渐增加，核对外层电子的引力依次加强，原子半径从左到右逐渐减小。主族元素有效核电荷增加比过渡元素显著，同一周期主族元素的原子半径减小比较明显。

在长周期中，从左到右电子逐一填入 $(n-1)$d 亚层，对核的屏蔽作用较大，有效核电荷增加较少，核对外层电子的吸引力增加不多，因此原子半径减少缓慢。而到了长周期的后半部，即 ⅠB 和 ⅡB 元素，由于 d^{10} 电子构型，屏蔽效应显著，所以原子半径又略有增大。

② 同一主族，从上到下元素原子的电子层数渐增，电子间的斥力增大，因而半径逐渐增大。副族元素从上到下原子半径变化不明显，特别是第五、第六周期的原子半径非常接近，这是受了镧系收缩的影响。

(2) 电离能

使基态气体原子失去一个电子形成带一个正电荷的气态正离子所需要的能量称为第一电离能，用 I_1 表示，单位为 kJ · mol^{-1}。从 +1 价气态正离子再失去一个电子形成 +2 价气态正离子时，所需能量称为第二电离能，用 I_2 表示。依此类推。失去后面电子时要克服离子的过剩电荷的作用，所以 $I_1 < I_2 < I_3 < \cdots$。例如：

$$Li(g) - e^- \longrightarrow Li^+(g) \qquad I_1 = 520.2\text{kJ} \cdot \text{mol}^{-1}$$

$$Li^+(g) - e^- \longrightarrow Li^{2+}(g) \qquad I_2 = 7298.1\text{kJ} \cdot \text{mol}^{-1}$$

$$Li^{2+}(g) - e^- \longrightarrow Li^{3+}(g) \qquad I_3 = 11815\text{kJ} \cdot \text{mol}^{-1}$$

通常说的电离能，若不加以注明，指的是第一电离能。表 7-7 列出了周期系各元素的第一电离能。

表 7-7 元素的第一电离能 $I_1/kJ\cdot mol^{-1}$

H 1312.0																	He 2372.3
Li 520.2	Be 899.5											B 800.6	C 1086.5	N 1402.3	O 1313.9	F 1681.0	Ne 2080.7
Na 495.8	Mg 737.7											Al 577.5	Si 786.5	P 1011.8	S 999.6	Cl 1251.2	Ar 1520.6
K 418.8	Ca 589.8	Sc 633.0	Ti 658.8	V 650.9	Cr 652.9	Mn 717.3	Fe 762.5	Co 760.4	Ni 737.1	Cu 745.5	Zu 906.4	Ga 578.8	Ge 762.2	As 944.4	Se 941.0	Br 1139.9	Kr 1350.8
Rb 403.0	Sr 549.5	Y 599.9	Zr 640.1	Nb 652.1	Mo 684.3	Tc 702.4	Ru 710.2	Rh 719.7	Pd 804.4	Ag 731.0	Cd 867.8	In 558.3	Sn 708.6	Sb 830.6	Te 869.3	I 1008.4	Xe 1170.4
Cs 375.7	Ba 502.9	Lu 523.5	Hf 659.0	Ta 728.4	W 758.8	Re 755.8	Os 814.2	Ir 865.2	Pt 864.4	Au 980.1	Hg 1007.1	Tl 589.4	Pb 715.6	Bi 703.0	Po 812.1	At	Rn 1037.1
Fr 392.0	Ra 509.3	Lr															

La 538.1	Ce 534.4	Pr 527.2	Nd 533.1	Pm 538.4	Sm 544.5	Eu 547.1	Gd 593.4	Tb 565.8	Dy 573.0	Ho 581.0	Fr 589.3	Tm 596.7	Yb 603.4	Lu 523.5
Ac 498.8	Th 608.5	Pa 568.3	U 597.6	Np 604.5	Pu 581.4	Am 576.4	Cm 580.8	Bl 601.1	Cf 607.9	Es 619.4	Fm 627.1	Md 634.9	No 641.6	Lr 470

电离能大小反映了原子失去电子的难易。电离能越小，原子失去电子越容易，金属性越强；反之，电离能越大，原子失去电子越难，金属性越弱。电离能大小主要取决于原子的有效核电荷、原子半径和原子的电子层结构。

电离能随原子序数的增加呈现出周期性的变化，如图 7-13 所示。

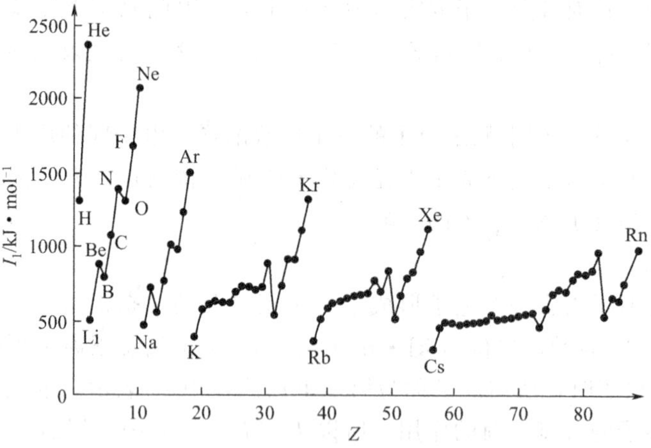

图 7-13 元素第一电离能的变化规律

电离能的变化规律如下：

① 同一周期中，从碱金属到卤素，元素的有效核电荷逐个增加，原子半径逐个减小，原子的最外层上的电子数逐个增多，电离能逐个增大。IA 的 I_1 最小，稀有气体的 I_1 最大，处于峰顶。长周期的中部元素（即过渡元素），由于电子加到次外层，有效核电荷增加不多，原子半径减小缓慢，电离能仅略有增加。

② 同一族从上到下，最外层电子数相同，有效核电荷增加不多，原子半径的增大成为主要因素，致使核对外层电子的引力依次减弱，电子逐渐易于失去，电离能依次减小。

③ 此外，图 7-13 显示电离能变化的起伏状况，N、P 和 As 等的电离能较大，Be 和 Mg 的电离能也较大，均比它们相邻的元素的电离能大，这是由于它们的电子层结构分别是半充满和全充满状态，比较稳定，失电子相对较难，因此电离能也就相对较大。

(3) 电子亲和能

元素的气态原子在基态时获得一个电子成为－1 价气态负离子所放出的能量称电子亲和能。例如：

$$F(g)+e^- \longrightarrow F^-(g) \qquad A_1=-328kJ \cdot mol^{-1}$$

电子亲和能也有第一、第二电子亲和能之分。当－1 价离子再获得电子时，要克服负电荷之间的排斥力，因此要吸收能量，故第二电子亲和能都为正值。例如：

$$O(g)+e^- \longrightarrow O^-(g) \qquad A_1=-141.0kJ \cdot mol^{-1}$$

$$O^-(g)+e^- \longrightarrow O^{2-}(g) \qquad A_2=+844.2kJ \cdot mol^{-1}$$

如果不加注明，都是指第一电子亲和能。

表 7-8 列出主族元素的电子亲和能。

表 7-8 主族元素的电子亲和能 $A/kJ \cdot mol^{-1}$

H −72.7							He +48.2
Li −59.6	Be +48.2	B −26.7	C −121.9	N +6.75	O −141.0 (844.2)	F −328.0	Ne +115.8
Na −52.9	Mg +38.6	Al −42.5	Si −133.6	P −72.1	S −200.4 (531.6)	Cl −349.0	Ar +96.5
K −48.4	Ca +28.9	Ga −28.9	Ge −115.8	As −78.2	Se −195.0	Br −324.7	Kr +96.5
Rb −46.9	Sr +28.9	In −28.9	Sn −115.8	Sb −103.2	Te −190.2	I −295.1	Xe +77.2

电子亲和能的大小反映了原子得到电子的难易。非金属原子的第一电子亲和能总是负值，而金属原子的电子亲和能一般为较小负值或正值。稀有气体的电子亲和能均为正值。

(4) 电负性

电离能和电子亲和能分别从一个侧面反映了原子失去电子和得到电子的难易程度。为了比较分子中原子间争夺电子的能力，对上述两者需要统一考虑，引入了元素电负性的概念。

元素的电负性系指原子在分子中吸引电子的能力。电负性不是一个孤立原子的性质，而是在周围原子影响下的分子中原子的性质。电负性大，表示原子吸引成键电子而形成负离子的倾向大；电负性小，表示原子吸引成键电子的能力弱，不易形成负离子；相反，成键电子易被其他原子夺去而形成正离子。总之，电负性综合反映原子争夺电子的能力。

为了比较不同原子的电负性，1932 年，L. Pauling 最早建立了电负性标度。他在把氢的电负性指定为 2.2 的基础上，从相关分子的键能数据出发进行计算，与 H 的电负性对比，得到其他元素的电负性数值，因此，各元素原子的电负性是相对数值。Pauling 电负性标度 χ_P 自 1932 年提出后，做过多次改进，目前仍被广泛应用。将部分元素的电负性列于表 7-9 中。

表 7-9　元素的电负性 χ_P

H																
2.18																
Li	Be											B	C	N	O	F
0.98	1.57											2.04	2.55	3.04	3.44	3.98
Na	Mg											Al	Si	P	S	Cl
0.93	1.31											1.61	1.90	2.19	2.58	3.16
K	Ca	Sc	Ti	V	Cr	Mn	Fe	Co	Ni	Cu	Zn	Ga	Ge	As	Se	Br
0.82	1.00	1.36	1.54	1.63	1.66	1.55	1.8	1.88	1.91	1.90	1.65	1.81	2.01	2.18	2.55	2.96
Rb	Sr	Y	Zr	Nb	Mo	Tc	Ru	Rh	Pd	Ag	Cd	In	Sn	Sb	Te	I
0.82	0.95	1.22	1.33	1.60	2.16	1.9	2.28	2.2	2.20	1.93	1.69	1.78	1.96	2.05	2.10	2.66
Cs	Ba	Lu	Hf	Ta	W	Re	Os	Ir	Pt	Au	Hg	Tl	Pb	Bi	Po	At
0.79	0.89	1.2	1.3	1.5	2.36	1.9	2.2	2.2	2.28	2.54	2.00	2.04	2.33	2.02	2.0	2.2

注：数据引自 M. Millian，Chemical and Physical Data（1992）。

随着原子序数的递增，电负性明显地呈周期性变化。同一周期自左至右，电负性依次增加（副族元素有些例外），元素的非金属性增强，金属性减弱；同一主族自上至下，电负性依次减小，元素的非金属性减弱，金属性增强。但副族元素后半部，自上至下电负性略有增加。过渡元素的电负性递变不明显，虽然它们都是金属，但金属性都不及ⅠA、ⅡA 两族。

氟的电负性最大，因而非金属性最强；铯的电负性最小，因而金属性最强。

7.3　共价键与分子结构

1916 年美国化学家路易斯（G. N. Lewis）提出了电子配对理论。他认为分子中每个原子应具有稳定的稀有气体原子的电子层结构，而这种稳定结构是通过原子间共用一对或几对电子来实现的。这种分子中原子间通过共用电子对结合而形成的化学键称为共价键。

7.3.1　价键理论

（1）共价键的形成和本质

1927 年，德国化学家 W. Heitler 和 F. London 在应用量子力学对 H_2 分子形成的研究过程中，成功地揭示了共价键的本质，得到 H_2 分子的基态与排斥态核间电子的概率密度如图 7-14 所示，H_2 分子的能量 E 和核间距 R 之间的关系曲线，如图 7-15 所示。

Heitler 和 London 在研究过程中提出一个假设：当两个氢原子相距很远时，彼此间的作用力可忽略不计，系统能量定为相对零点。当电子自旋方式相反的两个氢原子

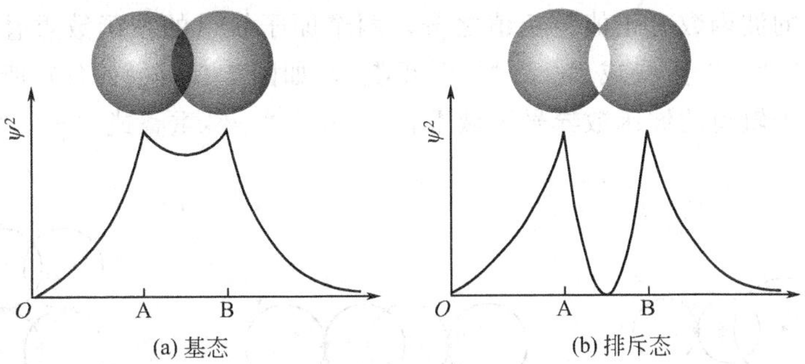

图 7-14 H_2 分子的基态与排斥态核间电子的概率密度

相互靠近时，两个原子轨道发生重叠，使两核间电子云密度增大［图 7-14(a)］，此时两原子核外电子受到两个原子核的吸引，整个系统的能量低于两个单独存在的氢原子的能量总和，在两个氢原子核间距达到平衡距离 R_0 = 74pm 时吸引力和排斥力达到平衡(图 7-15)，系统能量达到最低点。两个氢原子在平衡距离 R_0 处以共价键形成稳定的 H_2 分子，这种状态为氢分子的基态。当自旋方式相同的两个氢原子相互靠近时，量子力学原理可证明它们将相互排斥［图 7-14(b)］，两核间电子云密度稀疏，不发生原子轨道重叠，系统能量高于两个单独存在的氢原子能量之和，而且它们靠得越近，系统能量越高，不能形成氢分子。

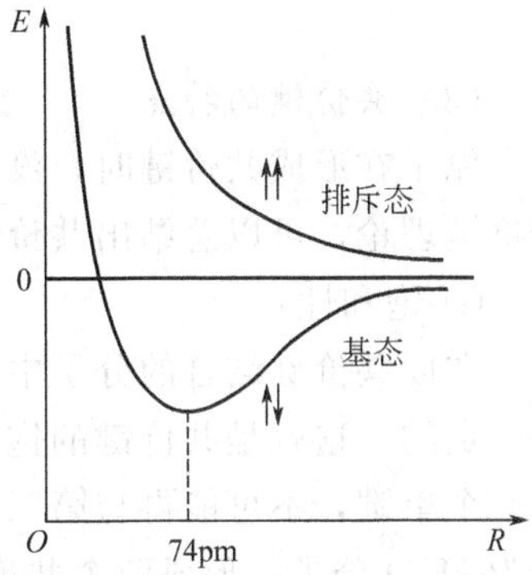

图 7-15 H_2 分子形成过程能量随核间距变化示意图

(2) 价键理论的基本要点

将量子力学对 H_2 分子的研究结果推广到双原子分子和多原子分子，形成了现代价键理论。价键理论在量子学理论的基础上，揭示共价键的本质是由于原子轨道重叠，原子核间电子概率密度增大，吸引原子核而成键。其基本要点如下。

① 电子配对成键

只有当两原子的未成对电子在自旋方式相反的情况下，才能相互配对形成稳定的共价键。

一个原子有几个未成对电子，就可以与几个自旋方式相反的未成对电子配对成键，如 H—H、H—F、N≡N。

另外若 A 原子有两个未成对价电子，B 原子有一个，则 A 原子可以与两个 B 原子结合形成 AB_2 分子。例如 O 原子的两个未成对 2p 电子可分别与 H 原子未成对的 1s 电子配对成键形成 AB_2 型分子，分子内存在两个共价单键。

$$\mathrm{H\cdot + \cdot\ddot{\underset{..}{O}}\cdot + \cdot H = H:\ddot{\underset{..}{O}}:H}$$

② 原子轨道最大重叠

两原子的自旋相反的未成对电子配对成键时，成键电子的原子轨道必须在对称性一致的前提下发生重叠，原子轨道的重叠程度越大，两原子间的电子云密度就越大，所形成的共价键越稳定。因此，共价键应尽可能地沿着原子轨道最大重叠方向形成，此谓原子轨道的最大重叠。

原子轨道的波函数有正值与负值之分，两个原子轨道的波函数重叠时，若同号区域重叠（“+”“+”重叠或“−”“−”重叠），如图 7-16（a）～（c）所示，即对称性一致；两个原子轨道的波函数异号区域重叠（“+”“−”重叠或“−”“+”重叠）则对称性不一致。

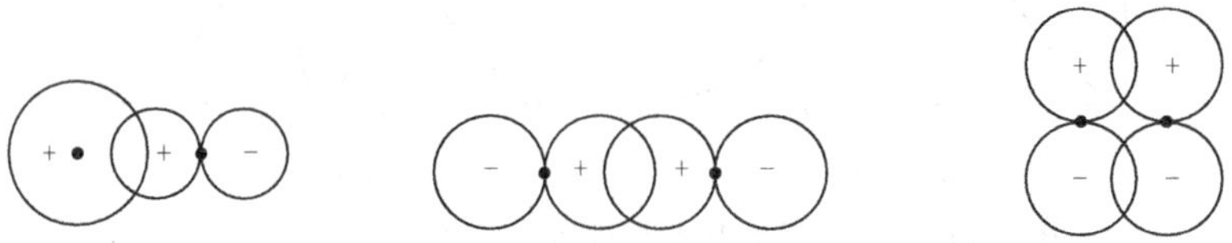

图 7-16 对称性一致示意图

（3）共价键的特点

原子在形成共价键时，没有发生电子的转移，而是靠共用电子对结合在一起。根据价键理论，可以总结出共价键具有的特征。

① 饱和性

在以共价键结合的分子中，每个原子成键的总数或与其以共价键相连的原子数目是一定的，这就是共价键的饱和性。例如，氢原子与另一个氢原子组成氢分子，只形成一个单键，不可能再与第三个氢原子结合成 H_3 分子。氧原子只能与两个氢原子结合为 H_2O 分子，形成两个共价单键。

② 方向性

除 s 轨道外，p、d 和 f 轨道在空间都有一定的伸展方向，成键时只有沿着一定的方向重叠，才能满足最大重叠原则，这就是共价键的方向性。

例如，在形成氯化氢分子时，氢原子的 1s 轨道与氯原子的 $3p_x$ 只有沿着 x 轴正向发生最大限度重叠，才能形成稳定的共价键，如图 7-17(a) 所示。若 1s 轨道与 $3p_x$ 轨道沿 z 轴方向重叠，如图 7-17(b) 所示，两轨道没有满足最大程度的有效重叠，不能形成共价键。

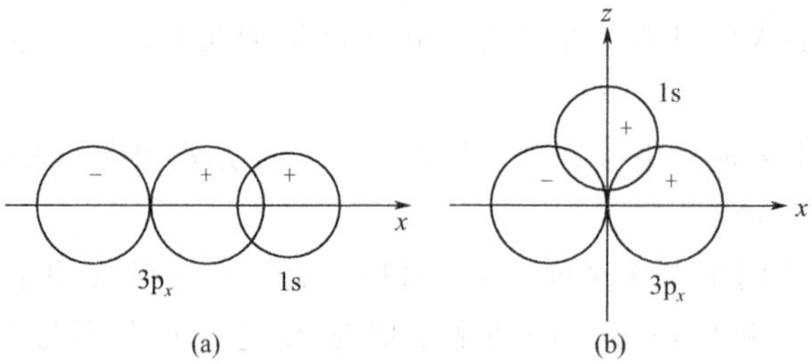

图 7-17 HCl 分子中的共价键

共价键的方向性决定了共价分子具有一定的空间构型。

（4）共价键的键型

按共用电子对中电子的来源方式不同，可将共价键分为正常共价键和配位共价键。

如果共价键的共用电子对由成键两原子各提供一个电子所组成，称为正常共价键，如 H_2、O_2、Cl_2、HCl 等。

不同的原子轨道具有不同的形状，原子成键时，根据原子轨道的最大重叠方式不同，将共价键可分为 σ 键和 π 键。

① σ 键

原子轨道沿原子核间连线方向以“头碰头”的方式进行同号重叠，形成的共价键称为 σ 键。例如，H_2 分子是 s-s 轨道重叠成键，HCl 分子是 s-p_x 轨道重叠成键，Cl_2 分子是 p_x-p_x 轨道重叠成键，如图 7-18(a)～(c) 所示，这样形成的键都是 σ 键。σ 键的特点是轨道重叠程度大、键强、稳定。

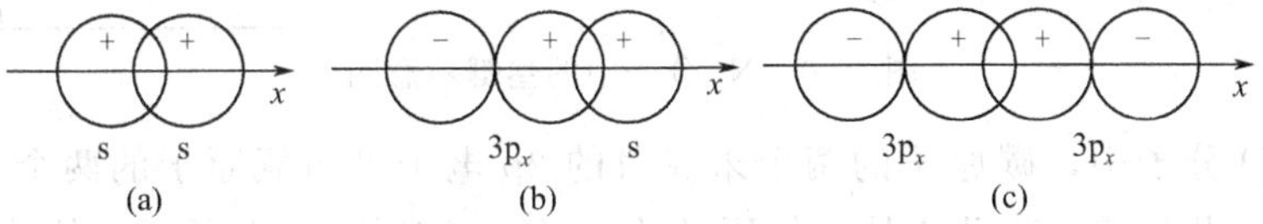

图 7-18　σ 键示意图

② π 键

两原子轨道垂直核间连线并相互平行而进行同号重叠所形成的共价键，即两个原子轨道以“肩并肩”的方式重叠时，所形成的共价键称为 π 键。如图 7-19(a) 所示的 p_z-p_z 轨道重叠和图 7-19(b) 所示的 d_{xz}-p_z 轨道重叠都可以进行最大重叠，形成 π 键。

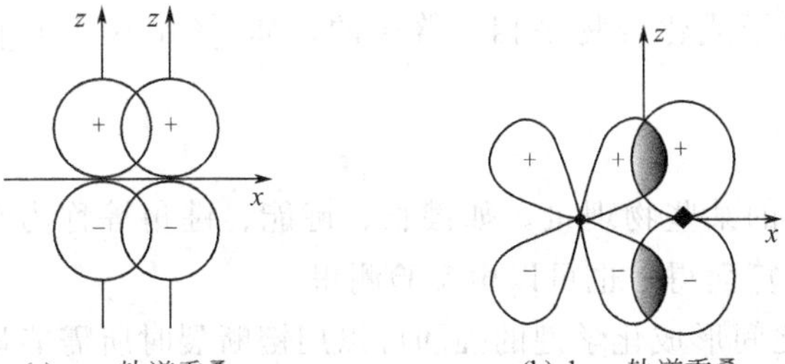

(a) p_z–p_z轨道重叠　(b) d_{xz}–p_z轨道重叠

图 7-19　π 键示意图

原子通过共价单键形成分子，则成键时轨道都是沿核间连线方向达到最大重叠，所以都是 σ 键；共价双键中有一个共价键是 σ 键，另一个共价键是 π 键；共价叁键中有一个共价键是 σ 键，另两个共价键都是 π 键。

例如，N_2 分子以 3 对共用电子把 2 个 N 原子结合在一起。N 原子的外层电子构型为 $2s^2 2p^3$：

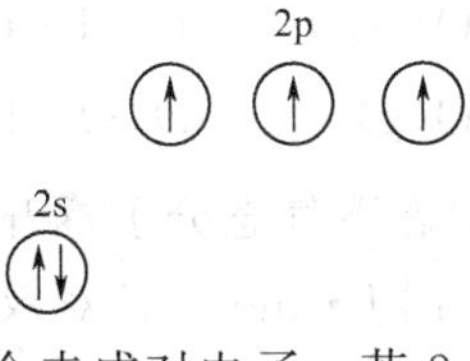

成键时用的是 2p 轨道上的 3 个未成对电子，若 2 个 N 原子沿 x 方向接近时，p_x-p_x 轨道形成 σ 键，而 2 个 N 原子中垂直于 p_x 的轨道只能在核间连线两侧重叠 p_y-p_y，p_z-p_z，形成两个互相垂直的 π 键，如图 7-20 所示。

③ 配位键

如果共价键的共用电子对是由成键两原子中的一个原子提供的，称为配位键。配位键通常用“→”表示，以区别于正常共价键。箭头方向是由提供电子对的原子指向接受电子对的原子。

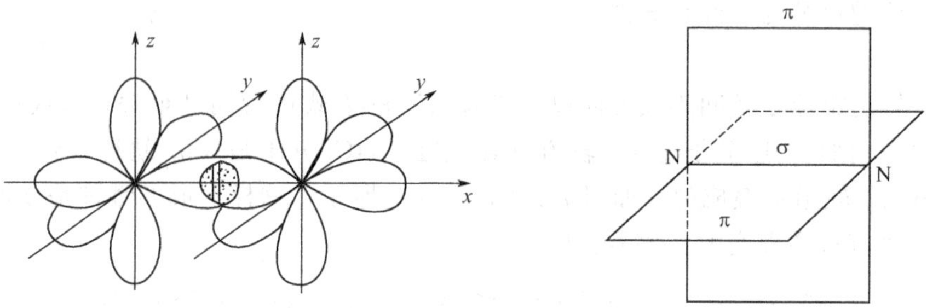

图 7-20 N_2 分子中的叁键示意图

如在 CO 分子中，碳原子的两个未成对的 2p 电子可与氧原子的两个未成对的 2p 电子形成两个共价键，除此之外，氧原子的一对已成对的 2p 电子所在的轨道还可与碳原子的一个 2p 空轨道重叠，形成一个配位键，其结构式可以写为：

$$:C \equiv O:$$

显然，形成配位键必须具备两个条件：

① 一个原子的价电子层有孤对电子；

② 另一个原子有空的价电子轨道。

含有配位键的离子或化合物是相当普遍的，如 $[Cu(NH_3)_4]^{2+}$、$[Fe(CN)_6]^{3-}$、$Fe(CO)_5$ 等。

（5）键参数

表征共价键性质的某些物理量，如键长、键能、键角等称为键参数。它们在理论上可以由量子力学计算而得，也可以由实验测得。

① 键能　原子之间形成化学键的强弱可以用键断裂时所需能量的大小来衡量。

在一定温度和标准状态下，将 1mol 理想气态双原子分子 AB 拆开成为气态的 A 原子和 B 原子，所需的能量称为键的解离能，常用 $D(A—B)$ 来表示，单位为 $kJ \cdot mol^{-1}$。

$$A—B(g) \xrightarrow{100kPa} A(g) + B(g) \qquad D(A—B)$$

例如，在 298.15K 时，$D(H—Cl)=432kJ \cdot mol^{-1}$，$D(Cl—Cl)=243kJ \cdot mol^{-1}$。

在多原子分子中断裂气态分子中的某一个键，形成两个原子或原子团时所需要的能量叫做分子中这个键的解离能。例如：

$$H_2O(g) \longrightarrow H(g) + OH(g) \qquad D(H—OH)=499kJ \cdot mol^{-1}$$

$$HO(g) \longrightarrow H(g) + O(g) \qquad D(O—H)=429kJ \cdot mol^{-1}$$

所谓键能，通常是指在标准状态下气态分子拆开成气态原子时，每种键所需能量的平均值，常用 E 来表示，单位为 $kJ \cdot mol^{-1}$。对双原子分子来说，键的解离能就是键能，即 $E(H—H)=D(H—H)=436kJ \cdot mol^{-1}$。同样，$E(N \equiv N)=D(N \equiv N)=946kJ \cdot mol^{-1}$。对多原子分子来说，键能和键的解离能是不同的。

例如，H_2O 含有 2 个 O—H 键，每个键的解离能不同，但 O—H 键的键能应是两个解离能的平均值。

$$E(O—H)=\frac{1}{2}(499+429)\ kJ \cdot mol^{-1}=464kJ \cdot mol^{-1}$$

同样的键在不同的多原子分子中键能数据会稍有不同，这是由于分子中的键能不仅取决于成键原子本身的性质，而且也与分子中存在的其他原子的种类有关，表7-10中列出的仅仅是平均键能数据。

一般键能越大，表明该键越牢固，由该键组成的分子越稳定。如H—F、H—Cl、H—Br、H—I键长渐大，键能渐小，故推论H—I分子不如H—F稳定。双键的键能比单键的键能大得多，但不是单键键能的两倍；同样叁键键能也不是单键键能的三倍。

② 键长 当两个原子间形成稳定共价键时，两个原子间保持着一定的平衡距离，这距离称为键长，符号 l，单位为pm。例如，H_2 分子中的两个H原子的核间距为74pm，所以H—H键键长就是74pm。理论上用量子力学的近似方法可以计算键长，实际上复杂分子的键长数据往往是通过分子光谱、X射线衍射、电子衍射等实验方法测得。一些共价键的键长数据列于表7-10中。通过实验测定各种共价化合物中同类型共价键键长，求出它们的平均值，即为共价键键长数据。

表7-10 一些共价键的键长和键能

共价键	键长 l/pm	键能 E/kJ·mol^{-1}	共价键	键长 l/pm	键能 E/kJ·mol^{-1}
H—H	74	436	C—C	154	346
H—F	92	570	C═C	134	602
H—Cl	127	432	C≡C	120	835
H—Br	141	366	N—N	145	159
H—I	161	298	N≡N	110	946
F—F	141	159	C—H	109	414
Cl—Cl	199	243	N—H	101	389
Br—Br	228	193	O—H	96	464
I—I	267	151	S—H	134	368

两个原子之间，形成的共价键键长数值越大，表明两原子间的平均距离就越远，原子间相互结合的能力就越弱。如H—F、H—Cl、H—Br、H—I键长依次增大，键的强度依次减弱，热稳定性递减。

相同的成键原子所组成的单键和多重键的键长并不相等。单键、双键和叁键，键长依次缩短，键的强度渐增即键能依次增大，但双键、叁键的键长与单键的相比并非两倍、三倍的关系。

③ 键角 分子中相邻化学键之间的夹角称为键角，通常用符号 θ 表示。键角和键长是反映分子空间构型的重要参数，二者主要通过光谱、衍射等实验测定。

表7-11列出了部分分子的键长、键角和分子空间构型。

表7-11 部分分子的键长、键角和分子空间构型

分子式	键长(实验值)l/pm	键角 θ(实验值)	分子空间构型
H_2S	134	92°	V形
CO_2	116.2	180°	直线形
NH_3	101	107.3°	三角锥形
CH_4	109	109.5°	正四面体

一般地说，知道了一个分子中的键长和键角，就可以确定该分子的空间构型。例

如，$HgCl_2$ 分子的键角为 180°，可推知 $HgCl_2$ 分子是直线形分子。H_2O 分子的键角为 104.5°，故 H_2O 分子呈 V 形。

综上所述，键能可用来描述共价键的强度，键长和键角可用来描述共价键分子的空间构型，它们都是描述共价键的基本参数。

7.3.2 杂化轨道理论与分子空间构型

价键理论比较简明地阐述了共价键的形成和本质，并成功地解释了共价键的方向性和饱和性等特点。随着近代实验技术的发展，许多分子的空间构型已被确定，但价键理论不能解释分子的空间构型。如甲烷 CH_4 分子，按价键理论碳原子 C($2s^22p^2$) 有两个未成对电子，故只能形成两个共价单键，与氢的最简单化合物应是 CH_2，而且这两个共价键应当相互垂直，键角为 90°。但现代实验测出 CH_4 分子的空间构型正四面体，碳原子位于正四面体的中心，每个 H 原子占据正四面体的四个顶角，分子中有四个相等的 C—H 共价键，其键角为 109.5°。

为了解释多原子分子的空间构型，即分子中各原子在空间的分布情况，L. Pauling 于 1931 年在价键理论的基础上，提出了杂化轨道理论，在推动价键理论的发展方面取得了突破性的成就。

7.3.2.1 杂化轨道理论要点

① 原子在形成分子的过程中，中心原子中若干不同类型能量相近的原子轨道混合起来，重新分配能量和调整空间方向而组成一组新的轨道，这种轨道重新组合的过程叫杂化，所形成的新轨道叫杂化轨道。杂化轨道沿键轴方向与其他原子轨道重叠，形成 σ 共价键，并构成分子的骨架结构。

② 形成的杂化轨道数目等于参加杂化的原子轨道总数。杂化轨道相互排斥，在空间取得最大键角，不同杂化轨道对应分子的不同空间构型。

必须注意，杂化只是在形成分子时才发生，孤立的原子绝不可能发生杂化。只有当原子相互结合成分子需要满足原子轨道的最大重叠及形成一定数目的共价键时，才会使原子内原来的轨道发生杂化以获得更强的成键能力。

7.3.2.2 杂化轨道的类型及分子的空间构型

根据参加杂化的原子轨道的种类和数量不同，轨道杂化可有 ns 和 np 轨道组合的 sp、sp^2、sp^3 杂化轨道，又可根据杂化轨道成分相同或不同分为等性杂化（形成的杂化轨道能量相等）或不等性杂化（形成的杂化轨道能量不完全相等）。此外还有 d 轨道参加的杂化。1956 年我国结构化学家唐敖庆等提出了 f 轨道参与的 spdf 杂化的新概念，使杂化轨道理论更加完善。本节重点介绍 sp 型杂化及有关分子的空间构型。

s 轨道、p 轨道参与的杂化称为 sp 型杂化。主要包括以下几种。

(1) sp 杂化

sp 杂化是由一个 ns 和一个 np 轨道杂化而成，形成两个性质相同、能量相等的 sp 杂化轨道。每个 sp 杂化轨道含 1/2s 和 1/2p 成分，sp 杂化轨道间夹角为 180°，呈直线形。

例如 $BeCl_2$ 分子中，Be 原子基态最外层电子为 $2s^2$，没有成单电子。根据杂化轨道理论，成键时，基态 Be 原子 2s 中的一个电子激发到 2p 轨道上，成为 $2s^12p^1$，Be 原子的一个 2s 轨道和一个 2p 轨道发生杂化，可形成两个能量相等的 sp 杂化轨道，杂化轨道间夹角为180°。每条sp杂化轨道上有一个未成对电子，分别与氯原子的3p轨道中的未成对电子配对形成共价键。

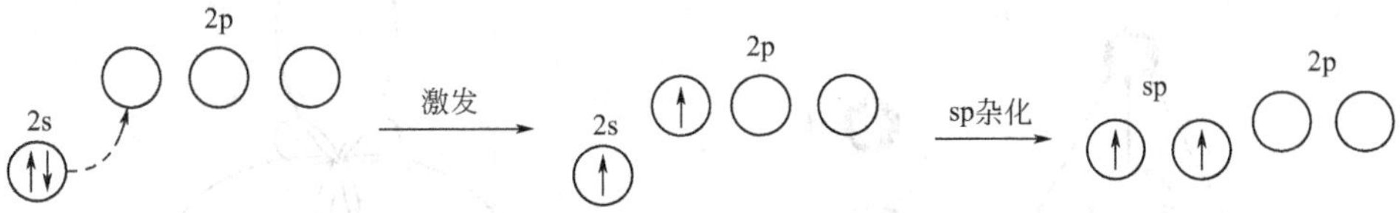

sp杂化轨道的形状为一头大一头小（图7-21），成键时各以大的一头与Cl原子的3p轨道重叠（图7-22），这样要比未经杂化的原子轨道重叠程度大，形成两个sp-p的σ键也更牢固。

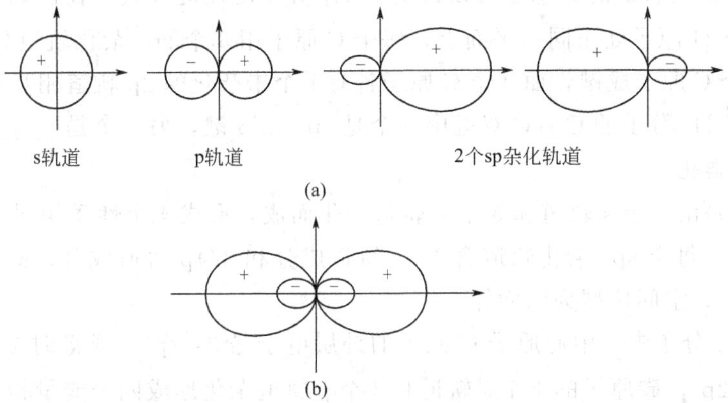

图7-21 sp杂化轨道的形成及其在空间的伸展方向

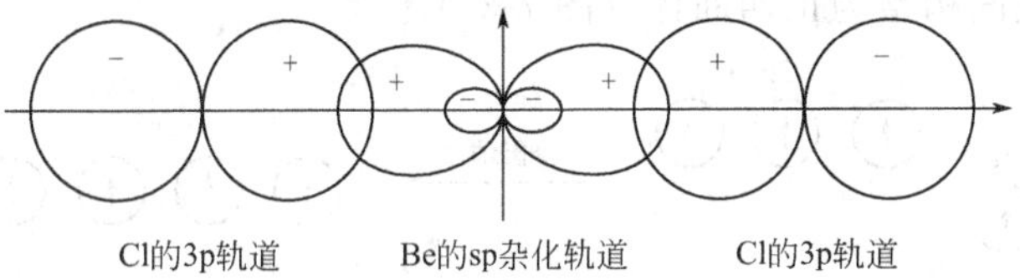

图7-22 $BeCl_2$分子用杂化轨道成键示意图

所以$BeCl_2$分子的空间构型是直线形，Be原子位于2个Cl原子的中间，键角等于180°。

Cl—Be—Cl

（2）sp^2杂化

sp^2杂化是由1个s轨道和2个p轨道杂化而成，形成3个性质相同、能量相等的sp^2杂化轨道。每个sp^2杂化轨道含有1/3s轨道成分和2/3p轨道成分，sp^2杂化轨道间夹角为120°。空间构型为平面三角形。

例如BF_3分子中，中心原子B原子的外层电子构型为$2s^2 2p^1$，成键时1个2s电子激发到1个空的2p轨道上，与此同时，1个s轨道与2个p轨道组合成3个sp^2杂化轨道。BF_3分子的4个原子在同一平面上，B原子位于中心，键角等于120°。BF_3分子的空间构型如图7-23所示。

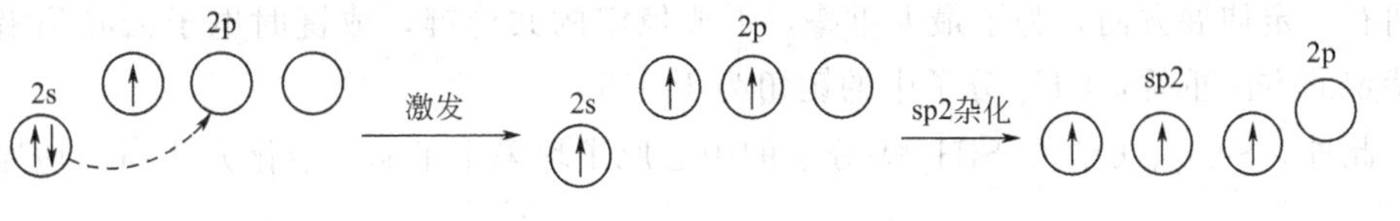

sp^2 杂化轨道的图形表现出一头大，一头小，形状如图 7-24 所示。

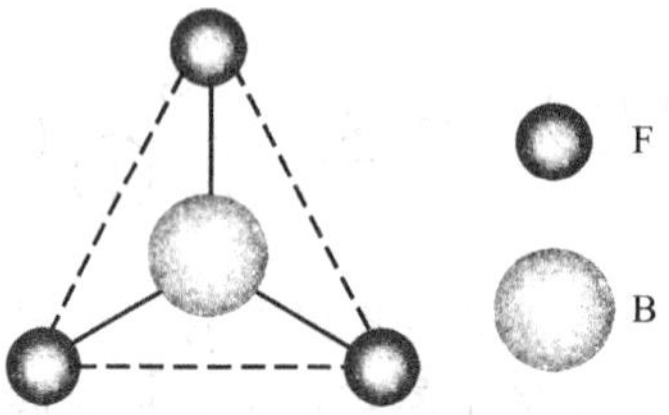

图 7-23　BF_3 分子的空间构型

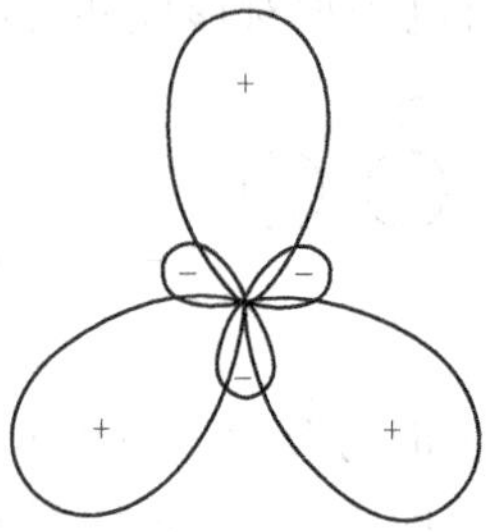

图 7-24　sp^2 杂化轨道的形状与空间取向

应用 sp^2 杂化轨道的概念也可以说明 C_2H_4 分子的成键方式。在乙烯分子中，2 个 C 原子和 4 个 H 原子处于同一平面上，每个 C 原子用 3 个 sp^2 杂化轨道分别与 2 个 H 原子及另一个 C 原子成键，而 2 个 C 原子各有 1 个未杂化的 2p 轨道相互重叠形成 1 个 π 键，所以 C_2H_4 分子的 C═C 双键中一个是 sp^2-sp^2 σ 键，另一个是 p_z-p_z π 键。

（3）sp^3 杂化

sp^3 杂化是由 1 个 s 轨道和 3 个 p 轨道杂化而成，形成 4 个性质相同、能量相等的 sp^3 杂化轨道。每个 sp^3 杂化轨道含 1/4s 轨道成分和 3/4p 轨道成分，sp^3 杂化轨道间夹角为 109.5°，空间构型为四面体。

例如 CH_4 分子中，中心原子 C 原子的外层电子是 $2s^22p^2$，成键时 2s 电子激发后成 $2s^12p_x^12p_y^12p_z^1$，碳原子的 1 个 s 轨道和 3 个 p 轨道杂化形成四个能量相等的 sp^3 杂化轨道。这四个杂化轨道间夹角均 109.5°，它们与四个 H 原子的 1s 电子形成四个 sp^3-s σ 键，CH_4 分子空间构型为正四面体（图 7-25）。

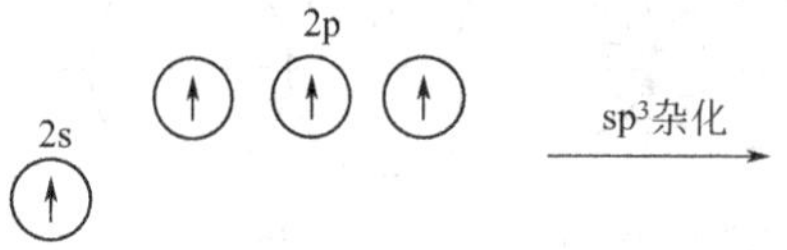

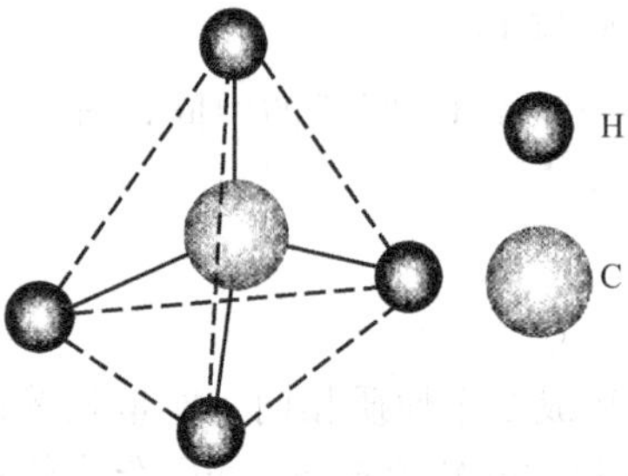

图 7-25　CH_4 分子空间构型

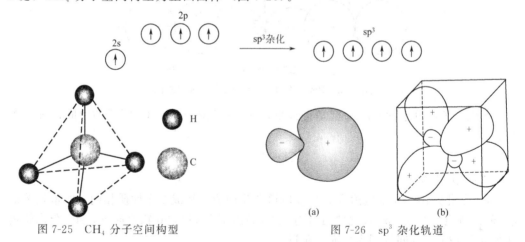

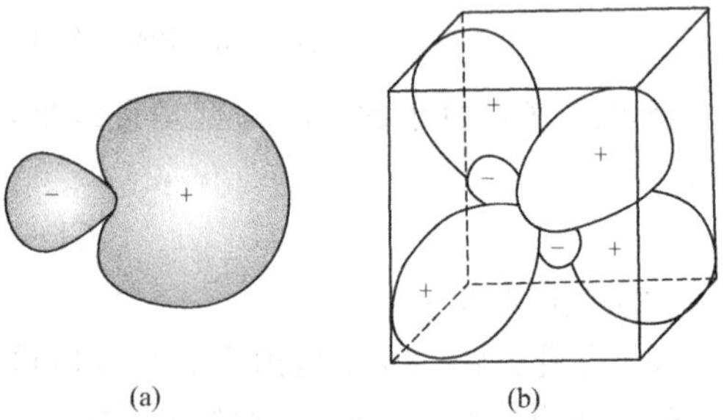

图 7-26　sp^3 杂化轨道

sp^3 杂化轨道的图形也表现出一头大，一头小，形状如图 7-26(a) 所示。成键时较大的一头重叠，比未杂化的 p 轨道可以重叠得更多，形成的共价键更稳定。如图 7-26（b）是 4 个 sp^3 杂化轨道在空间分布的示意图。

通过 CH_4 分子构型的讨论，可以说明共价键的方向性。C 原子的 4 个杂化轨道在空间有一定伸展方向，为了最大重叠，形成稳定的共价键，成键时电子云必须沿着这种特定的方向重叠，CH_4 分子中的键角为 109.5°。

此外，$SiCl_4$、CCl_4、SiH_4 等分子的中心原子均采用了 sp^3 杂化方式与其他原子成键，它们都是正四面体构型。而 CH_3Cl、CH_2Cl_2、CH_3OH 分子中的碳原子 sp^3 杂化后，因成键原子的电负性不同，其键矩不同，所以分子的空间构型为四面体。

综上，sp 型杂化轨道与其组成原子轨道的形状可参见图 7-27。

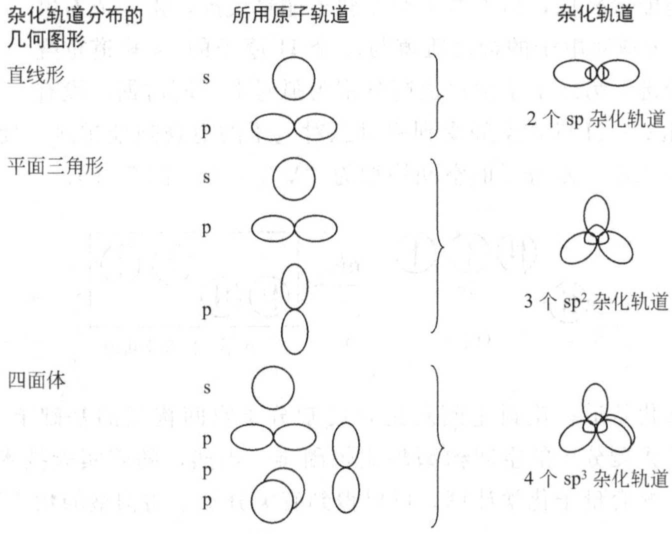

图 7-27 sp 型杂化轨道与其组成原子轨道的形状

(4) 不等性 sp^3 杂化

sp 型杂化轨道又可分为等性和不等性杂化两类。上述各例杂化称为等性杂化，即每个杂化轨道含有的轨道成分相同。若具有孤对电子的原子轨道参与杂化，这样形成的杂化轨道的轨道成分会不同，所形成的杂化轨道是一组能量彼此不完全相等的轨道，这种杂化称为不等性杂化。

① NH_3 分子 NH_3 和 H_2O 分子都属于不等性 sp^3 杂化，下面分别进行讨论。

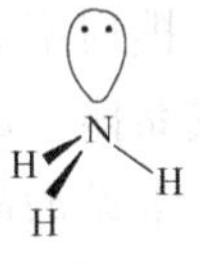

图 7-28 NH_3 分子构型

NH_3 分子中键角∠HNH 为 107°，不等于 109.5°，但与它更加接近。在 NH_3 分子中，N 原子的外层电子构型为 $2s^22p^3$，成键时杂化形成的 4 个 sp^3 杂化轨道能量并不完全一致，一对孤对电子占据的杂化轨道能量较低，另外 3 个杂化轨道能量较高，由未成对电子占据。3 个有未成对电子的杂化轨道与 3 个 H 原子的 1s 轨道重叠形成 3 个 σ 共价键，另一个杂化轨道则为孤对电子所占据，故不能成键。在这四个杂化轨道中，由孤对电子所占据的轨道只参加杂化不参加成键，更靠近 N 原子，施加同性排斥的影响于 N—N 共价键，所以 N—H 键在空间受到排斥，使 N—H 键之间夹角由 109.5°压缩到 107°。在描述分子的空间构型时，由于实验观察不到电子对而只能观察到原子的位置，故氨分子的空间构型为三角锥形（图 7-28）。

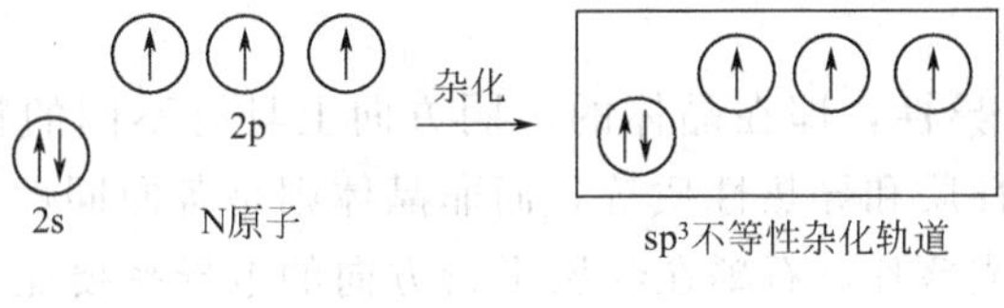

此外，PCl_3、PF_3、NF_3 等分子也为三角锥形。

② H_2O 分子　H_2O 分子中键角∠HOH 为 104.5°，也不等于 109.5°，但与它较接近。分析一下 O 原子的电子构型 $2s^22p^2$，成键时杂化形成的 4 个 sp^3 杂化轨道能量并不完全一致，2 对孤对电子占据的 2 个杂化轨道能量较低，另外 2 个杂化轨道能量较高，由未成对电子占据。2 个有未成对电子的杂化轨道与 2 个 H 原子的 1s 轨道重叠形成 2 个 σ 共价键，另 2 个杂化轨道则分别为孤对电子所占据，没有参与成键。因此 O—H 键在空间受到两对孤对电子的更强烈地排斥，使 O—H 键间的夹角被压缩到 104.5°。水分子的空间构型为“V”字形（图 7-29）。

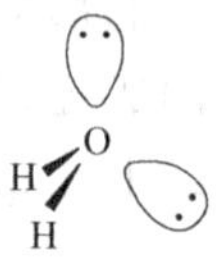

图 7-29　H_2O 分子构型

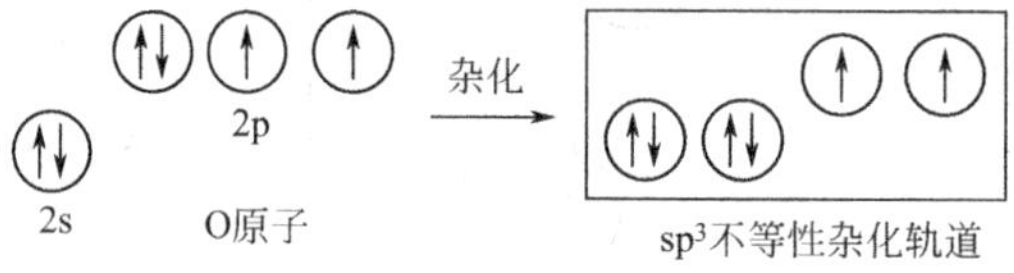

通常，用杂化轨道理论讨论问题是在已知分子空间构型的基础上进行的。但是，用杂化轨道理论预测分子的空间构型却比较困难。当然，随着实验技术手段的不断进步，通过检测，配合量子化学计算，可以得到有关分子空间构型的相关数据。

7.4　晶体结构

固体可分为晶体和非晶体。自然界绝大多数物质都是晶体，如食盐（NaCl）、石英（SiO_2）、方解石（$CaCO_3$）等均为晶体。晶体具有整齐规则的几何外形，各向异性，许多物理性质如导电、导热、折射率、溶解速率等不同，晶体有固定的特有的熔点。而玻璃、松香、橡胶、石蜡、沥青等都是非晶体。非晶体没有一定外形，物质中粒子排列不规律，没有固定的熔点。气态、液态物质和非晶体在一定条件下也可以转变成晶体。因此对于晶体的研究具有极大的重要性。

常见的晶体中，除离子晶体外，原子晶体、分子晶体和金属晶体中原子之间的相互作用都表现为以共价性为主，但晶体内部质点间的作用力却不相同。原子晶体中质点间的作用力全是共价键，而金属晶体和分子晶体中质点间的作用力分别是金属键和分子间力。本节首先介绍几种常见的晶体类型，而后着重介绍离子晶体、分子晶体。

7.4.1　晶体的分类

（1）晶体的特征

晶体是由原子、离子或分子在空间按一定的规律周期性重复排列构成的固体。晶体内部质点呈有规律排布，并贯穿于整个晶体，使得晶体具有区别于无定形体的一些共同的特征。

① 晶体具有各向异性，即在晶体的不同方向上具有不同的物理性质，如光学性质、电学性质、力学性质和导热性质等，而非晶体则是各向同性的。如石墨特别容易沿层状结构方向断裂成薄片，石墨在与层平行方向的电导率要比与层垂直方向上的电导率高一万倍以上。

② 晶体的另一重要特征是它具有固定的熔点，而非晶体则没有固定的熔点，只有软化温度范围（如玻璃、石蜡、沥青等）。

③ 晶体还有一些其他的共性，如晶体具有规则的多面体几何外形，具有均匀性，即一块晶体内各部分的宏观性质（如密度、化学性质等）相同。

X射线研究结果表明，晶体是由在空间排列得很有规则的结构单元（可以是离子、原子或分子等）组成的。人们把晶体中具体的结构单元抽象为几何学上的点称为结点，把它们连接起来，构成不同形状的空间网格，称为晶格，见图7-30。

晶格中的格子都是六面体，设想将晶体结构截成一个个彼此互相并置而且等同的平行六面体的最基本单元，这些基本单元就是晶胞。换言之，整个晶体就是由这些基本单元（晶胞）在三维空间无间隙地堆砌构成的，所以晶胞是晶格的最小基本单位。晶胞是一个平行六面体。同一晶体中其相互平行的面上结构单元的种类、数目、位置和方向相同。但晶胞的三条边的长度不一定相等，也不一定互相垂直，晶胞的形状和大小用晶胞参数表示，即用晶胞三个边的长度 a、b、c 和三个边之间的夹角 α、β、γ 表示，如图7-31所示。

值得指出，晶体与无定形体之间并无绝对严格的界限。在一定的条件下它们可以相互转化。例如，自然界中的二氧化硅，可形成石英晶体，也可形成无定形体石英玻璃等，若适当改变固化条件，非晶态可转化为结晶态。

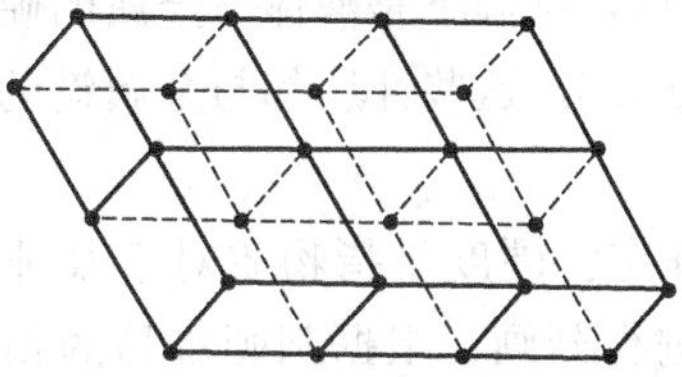

图7-30 晶格

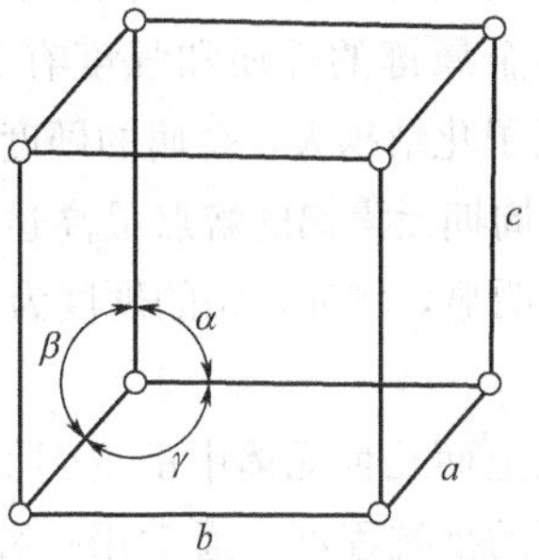

图7-31 晶胞

(2) 晶体的分类

晶体的性质不仅和组成微粒的排列规律有关，更主要的是，还和组成微粒间的作用力有密切关系。根据组成晶体的微粒种类不同，以及微粒间作用力的不同，可把晶体分成四种基本类型：离子晶体、分子晶体、原子晶体和金属晶体。

① 离子晶体　离子晶体的组成微粒是正、负离子，组成微粒间通过静电引力相互作用。破坏离子晶体时，要克服离子间的静电引力，由于离子间的静电引力比较大，所以离子晶体具有较高的熔点和较大的硬度，而多电荷离子组成的晶体则更为突出。离子晶体是电的不良导体，因为离子都处于固定位置上（仅有振动），离子不能自由运动。不过当离子晶体熔化时（或溶解在极性溶剂中）能变成良好导体，因为此时离子能自由运动。一般离子晶体比较脆，机械加工性能差。

② 分子晶体　分子晶体的组成微粒是分子，这些分子通过分子间的相互作用力相结合，此作用力要比分子内的化学键强度小得多，因此分子晶体的熔点和硬度都很低。分子晶体多数是电的不良导体，因为电子不能通过这类晶体而自由运动。非金属单质

（如硫、磷、碘等）、某些非金属化合物（如非金属的硫化物、氢化物、卤化物、氧化物等）和一些有机化合物（如萘、尿素、苯甲酸等）都是比较常见的分子晶体。

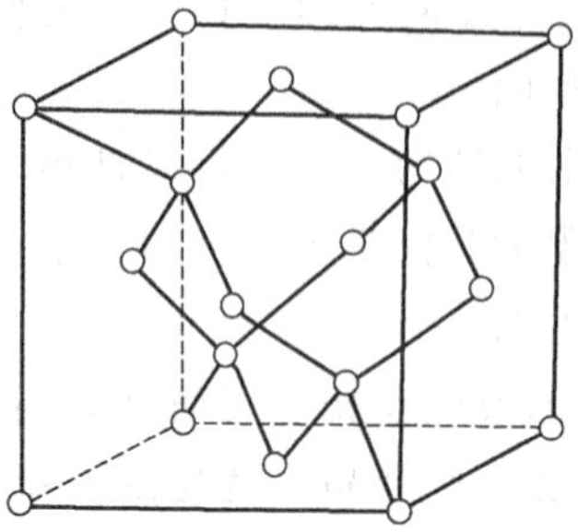

图 7-32 金刚石的结构

③ 原子晶体 原子晶体的组成微粒是原子，原子与原子间以强大的共价键相结合，构成一个巨大分子。由于共价键的方向性和饱和性，使得原子晶体不再采取紧密堆积结构。例如金刚石中，C 原子以 sp^3 杂化轨道成键，每个 C 原子周围形成 4 个 C—C 共价键，无数个碳原子构成三维空间网状结构，见图 7-32。破坏原子晶体时必须破坏原子间的共价键，需要消耗很大的能量，因此原子晶体具有熔点高和硬度大的特性。原子晶体是不良导体，即使在熔融时导电性也很差，在大多数溶剂中都不溶解。石英（SiO_2）也是原子晶体，它有多种晶型，其中 α-石英俗称水晶，具有旋光性，是旋光仪的主要光学部件材料。常见的原子晶体还有碳化硅（SiC）、碳化硼（B_4C）和氮化铝（AlN）等。

④ 金属晶体 金属晶体的组成微粒是金属原子或金属正离子，组成微粒间靠金属键相结合。金属键没有方向性和饱和性，因此在每个金属原子周围总是有尽可能多的邻近金属离子紧密地堆积在一起，以使系统能量最低。

金属具有许多共同的性质，如有金属光泽，能导电、传热，富有延展性等。这些通性与金属键的性质和强度有关。金属键的强度可用金属的原子化焓来衡量。一般来说，原子化焓越大，金属的硬度越大，熔点越高。而原子化焓随着成键电子数增加而变大。如第六周期元素钨的熔点最高达 3390℃，而汞熔点最低，室温下是液体。金属的硬度差异也非常明显，例如，铬的硬度为 9.0，而铅的硬度仅为 1.5。这些性质都与金属键的复杂性有关。

在上面几种晶体中都提到了硬度的大小，怎样确定？硬度是指物质对于某种外来机械作用的抵抗程度，通常用一种物质对另一种物质进行刻画，根据刻画难易的相对等级来确定。一般用莫氏硬度标准来确定，最硬的金刚石的硬度为 10，最软的滑石的硬度为 1。

7.4.2 离子晶体

正、负离子通过离子键（静电引力）结合堆积形成离子晶体。即在晶格结点上分别排列着正、负离子，由于离子键无方向性和饱和性，正、负离子用密堆积方式交替做有规则的排列，每个离子都被若干个异电荷离子所包围，在空间形成一个庞大的分子，整个晶体就是一个大分子。例如，NaCl、CsCl 晶体就是典型的离子晶体。

7.4.2.1 离子键的形成及特征

（1）离子键的形成

1916 年，慕尼黑大学物理学家 W. Kossel 首次提出了离子键的概念。离子键理论认为：当活泼的金属原子和活泼的非金属原子在一定的反应条件下相遇时，由于原子双方电负性相差较大而发生电子转移，活泼的金属原子可失去最外层电子，形成具有稳定电子结构的带正电荷的离子；而活泼的非金属原子可得到电子，形成具有稳定电子结构的带负电的离子。正、负离子之间由于静电引力而相互吸引。当它们充分接近时，离子的外层电子之间及核与核间又产生排斥力，当吸引力和排斥力平衡时，系统能量最低，正、负离子间便形成稳定的结合体。这种由正、负离子的静电引力而形成的化学键称为离子键。含有离子键的化合物称为离子化合物，相应的晶体称为离子晶体。

(2) 离子键的特征

离子键的主要特征是没有方向性和饱和性。因为离子电荷的分布可近似地认为是球形对称的，因此可在空间各个方向等同地吸引带异电荷的离子，这就决定了离子键无方向性。离子键无饱和性是指在离子晶体中，只要空间位置许可，每个离子总是尽可能多的吸引异电荷离子，使系统处于最低的能量状态。当然一个离子周围所能吸引的异号电荷的数目也不是任意的，这是由正、负离子半径比所决定的，这一比值越大时，其数目越多。例如，NaCl 晶体中 1 个 Na^+ 不仅能同时吸引 6 个最近的 Cl^-，且较远的 Cl^-，只要作用力能达到也能被吸引。Cl^- 对 Na^+ 的吸引也是这样。所以，在离子晶体中无法分辨出一个个独立的“分子”。

离子键的离子性与成键元素的电负性有关。近代实验指出，即使是典型的离子型化合物，如 CsF，其中铯离子与氟离子之间也不是纯粹的静电作用，仍有部分原子轨道重叠。铯离子与氟离子间有 8% 的共价性，只有 92% 的离子性。因此，一般来说，可认为两元素电负性差值大于 1.7 可形成离子型化合物。

7.4.2.2 离子晶体的结构

离子晶体在空间的排布方式，即晶体类型和配位数主要决定于离子的数目、正、负离子的半径比和离子的电子构型。离子的配位数是指离子周围最邻近的相反电荷离子的数目。最常见的有三种类型离子晶体：NaCl 型、CsCl 型、ZnS 型，称为 AB 型离子晶体。

对 AB 型晶体来讲，正、负离子的半径比和晶体构型的关系如表 7-12 所示。

表 7-12 离子半径比与晶体构型的关系（AB 型晶体）

半径比 r^+/r^-	配位数	晶体结构	实例
0.225～0.414	4	ZnS 型	BaS，ZnO，CuCl 等
0.414～0.732	6	NaCl 型	NaBr，LiF，MgO 等
0.732～1.00	8	CsCl 型	CsBr，CsI，NH_4Cl 等

三种 AB 型离子晶体，其晶体在空间的排布形式分别如图 7-33 所示。

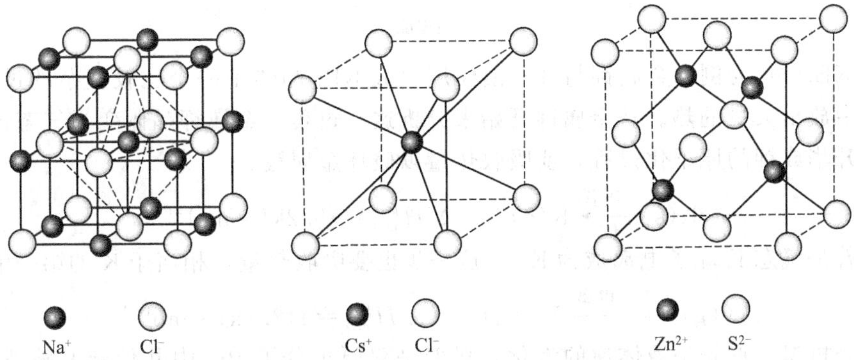

图 7-33 NaCl 型、CsCl 型和 ZnS 型晶体结构

在不同的温度和压力下，离子晶体可以形成不同晶型，如 CsCl 晶体在常温下是 CsCl 型，但在高温下可以转变为 NaCl 型。NH_4Cl 在 184.3℃ 以下为 CsCl 型，在

184.3℃以上为 NaCl 型。RbCl 和 RbBr 也存在同质异构现象，它们在通常情况下属于 NaCl 型，但在高压下可转变为 CsCl 型。因此，离子半径比规则只是帮助我们判断离子晶体的构型，而它们具体采取什么构型则应从实验来判断。

7.4.2.3 晶格能

X 射线衍射实验能够测出晶体中各质点的电子相对密度，可以表明氯化钠晶体是由具有 10 个电子的钠离子和 18 个电子的氯离子规则排列而成，说明离子晶体中含有正、负离子间的静电作用（离子键），离子间的静电作用强度可用晶格能的大小来衡量。

在标准状态下，按下列化学反应计量式：

$$M_aX_b(s) \longrightarrow aM^{b+}(g) + bX^{a-}(g)$$

使离子晶体变为气态正离子和气态负离子时所吸收的能量称为晶格能，用 U 表示。

晶格能的大小常用来比较离子键的强度和晶体的牢固程度。一般来说，晶格能越大，表明正、负离子间的静电作用越强，晶体越牢固，因此晶体的熔点越高，硬度越大。

晶格能的数值可以通过实验方法获得，但由于实验技术上的困难，目前大多数晶格能数据是利用 Born-Haber（玻恩-哈伯）循环间接测定计算，也可以通过 Born-Landé（玻恩-朗德）公式理论计算获得。

（1）晶格能的定量计算

① 晶格能的定量计算（Born-Haber 循环） M. Born 和 F. Haber 设计了一个热化学循环，利用这一循环，就可以根据实验数据计算晶体的晶格能，通常称为晶格能的实验值。

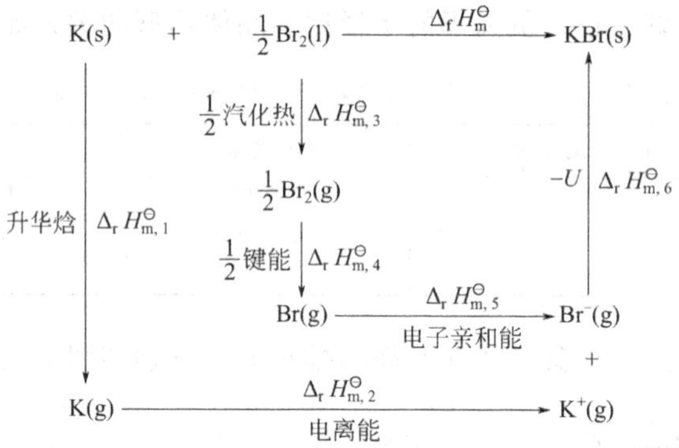

以 KBr(s) 为例，金属钾与液态溴作用生成 KBr 晶体是一个比较复杂的过程，反应过程中放出大量的热。从金属钾开始来分析这一过程。金属钾晶体变为气态钾原子，相当于升华或钾的原子化过程，要吸收热量以破坏金属键：

$$K(s) \xrightarrow{\text{升华}} K(g) \qquad \Delta_r H^{\ominus}_{m,1} = 89.2\text{kJ} \cdot \text{mol}^{-1}$$

接着是气态 K 原子电离成为 K^+，这一步也要吸收热量，相当于 K 的第一电离能：

$$K(g) - e^- \xrightarrow{\text{电离}} K^+(g) \qquad \Delta_r H^{\ominus}_{m,2} = 418.8\text{kJ} \cdot \text{mol}^{-1}$$

再分析溴，首先是液体溴的汽化，接着是双原子分子 Br_2 中共价键的破裂。这两步都是吸收热量的：

$$\frac{1}{2}Br_2(l) \xrightarrow{\text{汽化}} \frac{1}{2}Br_2(g) \qquad \Delta_r H^{\ominus}_{m,3} = 15.5\text{kJ} \cdot \text{mol}^{-1}$$

$$\frac{1}{2}Br_2(g) \xrightarrow{断键} Br(g) \qquad \Delta_r H^{\ominus}_{m,4} = 96.5kJ \cdot mol^{-1}$$

Br 原子获得电子时放出热量，这份热量就是电子亲和能：

$$Br(g) + e^- \xrightarrow{电子亲和能} Br^-(g) \qquad \Delta_r H^{\ominus}_{m,5} = -324.7kJ \cdot mol^{-1}$$

把这些过程的焓变按过程整合计算。根据 Hess 定律：

$$K(s) + \frac{1}{2}Br_2(l) \longrightarrow Br^-(g) + K^+(g) \qquad \Delta_r H^{\ominus}_m = 295.3kJ \cdot mol^{-1}$$

到此，从金属钾与液态溴作用，生成气态的 K^+ 和 Br^- 时，需要吸收大量的热。实验中金属钾与液态溴反应生成 KBr 晶体时放出大量的热 [$\Delta_f H^{\ominus}_m$ (KBr, s) = $-393.8kJ \cdot mol^{-1}$]，这些热量究竟从何而来？这是因为从气态的 K^+ 和 Br^- 靠静电作用形成离子晶体时将放出大量的热。即

$$K^+(g) + Br^-(g) \longrightarrow KBr(s) \qquad \Delta_r H^{\ominus}_{m,6} = -689.1kJ \cdot mol^{-1}$$

此值是基于上面的循环，根据能量守恒定律，即一步焓变值等于各步焓变值之和计算得来的。所以

$$U = -\Delta_r H^{\ominus}_{m,6} = -[\Delta_f H^{\ominus}_m - (\Delta_r H^{\ominus}_{m,1} + \Delta_r H^{\ominus}_{m,2} + \Delta_r H^{\ominus}_{m,3} + \Delta_r H^{\ominus}_{m,4} + \Delta_r H^{\ominus}_{m,5})]$$
$$= -[-393.8 - (89.2 + 418.8 + 15.5 + 96.5 - 324.7)]kJ \cdot mol^{-1}$$
$$= 689.1kJ \cdot mol^{-1}$$

下面将利用这种方法计算出的一些晶体的晶格能数据列于表 7-13 中。

表 7-13　一些晶体的晶格能数据

晶体	晶格能/$kJ \cdot mol^{-1}$	晶体	晶格能/$kJ \cdot mol^{-1}$
NaF	923	KI	649
NaCl	786	BeO	4443
NaBr	747	MgO	3791
NaI	704	CaO	3401
KF	821	SrO	3223
KCl	715	BaO	3054

从上述计算过程可以看出，Born-Haber 循环不仅可以计算晶格能，还可以计算键能、电离能、电子亲和能等。

② 晶格能的定量计算(Born-Landé 公式)　既然晶格能来源于正、负离子间的静电作用，根据这种观点，可以建立一些半经验公式，从理论上计算晶格能。

计算晶格能的理论公式 Born-Landé 公式：

$$U = \frac{138490Az_+z_-}{R_0}\left(1 - \frac{1}{n}\right)$$

式中，R_0 是正、负离子的核间距离，以 pm 为单位，可由实验测知，如无实验数据则可近似地用正、负离子半径之和代替；z_+ 与 z_- 分别为正、负离子电荷的绝对值；A 为 Madelung（马德隆）常量（表 7-14），与晶体构型有关。

表 7-14　晶体构型与 Madelung 常量

晶体构型	CsCl	NaCl	ZnS
A	1.763	1.748	1.638

公式中还有一个 n 为 Born 指数，用以计算正、负离子相当接近时在它们的电子云之间产生的排斥作用。Born 认为这种排斥能与距离的 n 次方成反比。n 的数值与离子的电子层结构类型有关（如果正、负离子属于不同类型，n 则取其平均值）：

结构类型：	He	Ne	Ar(Cu^+)	Kr(Ag^+)	Xe(Au^+)
n 值：	5	7	9	10	12

现以 NaCl 为例，利用 Born-Landé 公式计算晶格能。

NaCl 型 $A=1.748$

Na^+ 和 Cl^- 均为一价离子 $z_+=z_-=1$，

Na^+ 和 Cl^- 的半径和 $R_0=(95+181)\text{pm}=276\text{pm}$

Na^+ 和 Cl^- 的电子构型分别为 Ne 型和 Ar 型 $n=\frac{1}{2}(7+9)=8$

用 Born-Landé 公式计算 NaCl 晶格能为：

$$U=\frac{138490\times 1.748}{276}\times\left(1-\frac{1}{8}\right)\text{kJ}\cdot\text{mol}^{-1}=770\text{kJ}\cdot\text{mol}^{-1}$$

理论公式算出的晶格能与实验值基本符合，说明导出理论公式时的推理基本正确，抓住了问题的实质。

综上所述，晶格能的计算可以采用多种方法，各有其特点。例如，利用 Born-Haber 循环计算晶格能可以理解晶格能与其他有关过程（电离、升华、解离等）的能量之间的关系。利用 Born-Landé 理论公式计算晶格能则可以看出核间距离、离子电荷和配位数等微观因素对晶格能的影响。

应该指出，计算晶格能的半经验公式是从有限的实验数据出发归纳总结出来的，具有一定的适用范围，超出这个适用范围，其计算结果将有很大的误差，这一点在使用经验公式时要充分注意。

(2) 晶格能的定性比较

在晶体类型相同时，由晶格能经验公式可知，晶格能与正、负离子电荷的绝对值的乘积成正比，而与正、负离子半径之和（正、负离子的核间距）成反比。晶格能越大，正负离子的静电引力越强，相应晶体的熔点越高，硬度越大。表 7-15 列出了常见 NaCl 型离子化合物的熔点、硬度随离子电荷及 R_0 的变化情况，其中离子电荷影响最为突出。

表 7-15　离子电荷、R_0 对晶格能、熔点、硬度的影响

离子化合物	$z_+=z_-$	R_0/pm	晶格能/kJ·mol^{-1}	熔点/℃	硬度
NaF	1	231	923	993	3.2
NaCl	1	279	786	801	2.5
NaBr	1	298	747	747	<2.5
NaI	1	323	704	661	<2.5
MgO	2	210	3791	2852	6.5
CaO	2	240	3401	2614	4.5
SrO	2	257	3223	2430	3.5
BaO	2	256	3054	1918	3.3

从上面的数据中，我们可以看出 $U\propto\frac{z_+z_-}{R_0}$，即离子电荷数大，离子半径小的离子

晶体的晶格能大，晶体的稳定性好。

7.4.3 分子晶体

分子晶体是由极性分子或非极性分子通过分子间作用力或氢键聚集在一起的。

分子从总体上看是不显电性的，然而在温度足够低时许多气体可凝聚为液体，甚至凝固为固体，这是怎样的吸引力使这些分子凝聚在一起的呢？

这里有一个局部与整体的关系问题。虽然分子从总体上看不显电性，但是在分子中有带正电荷的原子核和带负电荷的电子，它们一直在运动着，只是保持着大致不变的相对位置。有了这样的认识，才能理解分子之间吸引力的来源。这种吸引力比化学键弱得多，分子间引力不过是化学键的 1/10～1/100，但在很多实际问题中却起着重要的作用。

稀有气体，H_2，O_2，N_2，Cl_2，Br_2，CO_2 及 NH_3，H_2O 等分子能液化或凝固，说明分子间作用力的存在。分子间作用力也称范德华引力，作用力的范围为 300～500pm，因为分子间作用力比化学键弱得多，所以通常不影响物质的化学性质，但它是决定物质的熔沸点、汽化热、熔化热、溶解度等物理性质的重要因素。这种作用力的大小与分子的结构有关，也与分子的极性有关。

7.4.3.1 分子的极性

共价型分子是否有极性，取决于分子中正、负电荷的分布。分子中有正电荷部分（各原子核）和负电荷部分（电子）。像对物体的质量取中心（重心）那样，可以在分子中取一个正电荷中心和一个负电荷中心。正、负电荷中心重合在一起的分子叫做非极性分子，正、负电荷中心不重合在一起的分子叫做极性分子。

例如，H_2 的正电荷部分就在两个核上，负电荷部分则在两个电子（共用电子对）上。对于 H_2 来说，这两个中心都正好在两核之间，重合在一起，H_2 的正、负电荷中心之间的距离为零，所以像 H_2 这样的分子就是非极性分子。

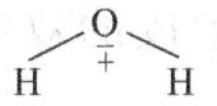

图 7-34 H_2O 分子的极性示意图

而 H_2O 分子，其键角等于 104.5°。正电荷分布在 2 个 H 核和 1 个 O 核上，其中心应在三角形平面中的某一点（图 7-34 中的“+”号）；由于 O—H 共用电子对偏向 O 原子，负电荷中心也在三角形平面中，但更靠近 O 原子核（图 7-34 中的“－”号）。因此正、负电荷中心不重合，但都在∠HOH 的等分线上。所以 H_2O 这样的分子就是极性分子。

当两个电负性不同的原子之间形成化学键时，由于它们吸引电子的能力不同，使共用电子对部分地或完全偏向于其中一个原子，两个原子核正电荷中心和原子的负电荷中心不重合，键具有了极性，称为极性键。两个成键原子间的电负性差越大，键的极性就越大。由此可见，两个同元素原子间形成的共价键不具有极性，称为非极性键。键的极性与分子的极性的关系如下：

① 分子中的化学键无极性，则分子无极性。如 H_2，Cl_2。

② 分子中的化学键有极性，但分子的空间构型对称，则分子无极性。如 CO_2，BF_3 等。

③ 分子中的化学键有极性，分子的空间构型不对称，则分子有极性。如 H_2O，SO_2 等。

7.4.3.2 分子的偶极矩

偶极矩是衡量分子极性的物理量。偶极矩 μ 等于正电荷中心（或负电荷中心）上的电荷量 q 乘以两个中心之间的距离 l 所得的积。

$$\mu = q \cdot l \tag{7-9}$$

偶极矩 μ 的单位为 C·m（库仑·米）。若分子的 $\mu=0$，则为非极性分子，μ 越大表示分子的极性越强。利用电学和光学等物理实验方法可以测出分子的偶极矩。表 7-16 列出了部分分子的偶极矩的实验数据。

表 7-16 一些分子的偶极矩

分子式	$\mu/(10^{-30}\mathrm{C \cdot m})$	分子式	$\mu/(10^{-30}\mathrm{C \cdot m})$
H_2	0	SO_2	5.33
N_2	0	H_2O	6.17
CO_2	0	NH_3	4.90
CS_2	0	HCN	9.85
CH_4	0	HF	6.37
CO	0.40	HCl	3.57
$CHCl_2$	3.50	HBr	2.67
H_2S	3.67	HI	1.40

表 7-16 中偶极矩为零的都是非极性分子，它们的正、负电荷中心都重合在一起。与此相反，偶极矩不等于零的分子叫做极性分子，它们的正、负电荷中心不重合。

一般用下列符号表示非极性分子和极性分子：

非极性分子　　极性分子

双原子极性分子的正负端，如果是以单键形成的双原子分子，可由电负性来判断，即电负性大的一方为负端，电负性小的一方为正端。如果是以多重键形成的双原子分子，则要加以分析。

通常是根据实验测出的偶极矩推断分子构型的。例如，实验测得 CO_2 的偶极矩为零，为非极性分子，可以断言 CO_2 分子中的正、负电荷中心是重合的，由此推测 CO_2 分子应呈直线形，因为只有这样才能得到正、负电荷中心重合的结果（正、负电荷中心都在 C 原子核上）。又如，实验测知 NH_3 的偶极矩不等于零，是极性分子。显然可以推断 N 原子和 3 个 H 原子不会在同一平面上成为三角形构型，否则正、负电荷中心将重合在 N 原子核上，成为非极性分子。前面杂化轨道理论讨论 NH_3 时得出它的构型是三角锥，底上是 3 个 H 原子，锥顶是 N 原子。这种构型就是考虑了 NH_3 的极性而推测出来的。所以利用实验测得的偶极矩是推测和验证分子构型的一种有效方法。

7.4.3.3 极化率

极化率是分子另一种基本性质，可以表征分子的变形性。分子可以看成是以原子核为骨架，电子受着骨架的吸引。但是，不论是原子核还是电子，无时无刻不在运动，每个电子都可能离开它的平衡位置，尤其是那些离核稍远的电子因被吸引得不太牢，更是如此。不过离开平衡位置的电子很快又被拉了回来，轻易不能摆脱核骨架的束缚。

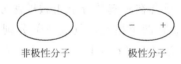

但平衡是相对的，所谓分子构型其实只表现了在一段时间内的大体情况，每一瞬间都是不平衡的。分子的变形性与分子的大小有关，分子越大，包含的电子越多，就会有较多电子被吸引得较松，分子的变形性也越大。

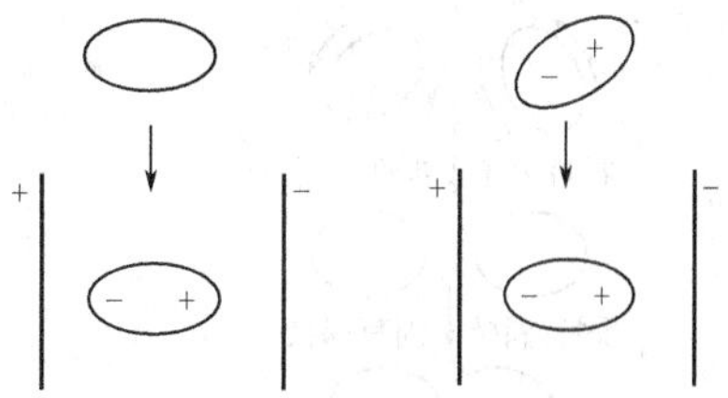

图 7-35 分子在电场中的极化

通过实验，在外加电场的作用下，由于同性相斥，异性相吸，非极性分子原来重合的正、负电荷中心可以被分开，极性分子原来不重合的正、负电荷中心也被进一步分开。这种正、负两"极"（即电荷中心）分开的过程叫做极化，如图 7-35 所示。

极化率由实验测出（表 7-17），它反映分子在外电场作用下变形的性质。

表 7-17 一些分子的极化率

分子式	$\alpha/(10^{-40}C \cdot m^2 \cdot V^{-1})$	分子式	$\alpha/(10^{-40}C \cdot m^2 \cdot V^{-1})$
He	0.227	HCl	2.85
Ne	0.437	HBr	3.86
Ar	1.81	HI	5.78
Kr	2.73	H_2O	1.61
Xe	4.45	H_2S	4.05
H_2	0.892	CO	2.14
O_2	1.74	CO_2	2.87
N_2	1.93	NH_3	2.39
Cl_2	5.01	CH_4	3.00
Br_2	7.15	C_2H_6	4.81

注：数据引自 E. A. Moelwyn-Hughes，*Physical Chemistry*，373，1957。

7.4.3.4 分子间作用力

任何分子都有正、负电荷中心，非极性分子也有正、负电荷中心，只不过是重合在一起了。任何分子又都有变形的性能。分子的极性和变形性是当分子互相靠近时分子间产生吸引作用的根本原因。分子间力一般包括以下三个方面。

（1）取向作用

极性分子本身存在的偶极，称为固有偶极。当两个极性分子互相靠近时，因同极相斥异极相吸的结果，使分子在空间的运动遵循着一定的方向，处于异极相邻的状态。由于固有偶极之间的作用使极性分子有序排列的定向过程叫做取向，这种由于极性分子的取向而产生的分子之间吸引作用称为取向作用，如图 7-36(a) 所示。这种作用只存在于极性分子之间，显然，分子的偶极矩越大，取向作用越大。

（2）诱导作用

当极性分子和非极性分子相互靠近时，由于极性分子本身具有不重合的正、负电荷中心，当非极性分子与其靠近时，在极性分子固有偶极的电场影响（诱导）下，非极性分子中原来重合的正、负电荷中心发生相对位移（极化），正负电荷中心由重合变为不重合，由此产生的偶极称为诱导偶极。两个分子保持着异极相邻的状态，它们之间由此产生的吸引作用称为诱导作用。即诱导作用是诱导偶极与固有偶极之间的作用

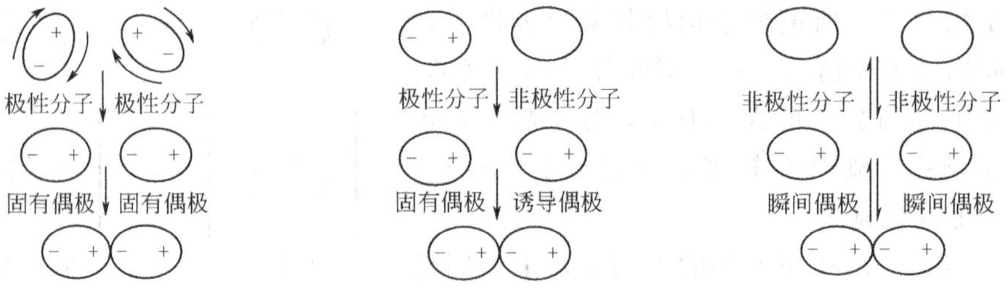

(a) 取向作用　　(b) 诱导作用　　(c) 色散作用

图 7-36　分子间的作用力

如图 7-36(b) 所示。极性分子的偶极矩越大，非极性分子的变形性越大，分子间的诱导作用就越大。

同样，极性分子与极性分子相互靠近时，彼此偶极相互影响，每个分子也会发生变形，产生诱导偶极，其结果是使极性分子的偶极性增大。所以极性分子间不仅有取向作用，也有诱导作用。

(3) 色散作用

当两个非极性分子相互靠近时，由于非极性分子里的电子和原子核都在不断运动中，经常发生瞬间的相对位移，使分子里的正、负电荷中心瞬时不重合。虽然在一段时间内总体看非极性分子的正、负电荷中心是重合的，但每一瞬间却总是出现正、负电荷中心不重合的状态，形成了瞬时偶极。两个非极性分子的瞬时偶极必然是异极相吸，这种瞬时偶极之间的相互作用称为色散作用，如图 7-36(c) 所示。即此时两个非极性分子之间存在了色散作用。虽然瞬时偶极存在时间短，但它们是不断地产生，在下一瞬间仍然重复着这样异极相邻的状态，使分子间始终存在着色散作用。

由于每种分子都有变形性，显然，色散作用不仅存在于非极性分子间，也存在于所有分子之间。一般来说，分子的体积越大，其变形性越大，则色散作用越大。

综上所述，极性分子之间存在取向作用、诱导作用和色散作用；极性分子与非极性分子间只有诱导作用和色散作用，非极性分子之间仅有色散作用。色散作用在分子间存在是普遍的而且是主要的。

表 7-18 列举了一些物质分子间吸引作用的数值，所有数值都用能量单位表示。

表 7-18　分子间的吸引作用（两分子间距离＝500pm，T＝298.15K）

分子	取向作用/($\times10^{-22}$J)	诱导作用/($\times10^{-22}$J)	色散作用/($\times10^{-22}$J)	总和/($\times10^{-22}$J)
He	0	0	0.05	0.05
Ar	0	0	2.9	2.9
Xe	0	0	18	18
CO	0.00021	0.0037	4.6	4.6
CCl_4	0	0	116	116
HCl	1.2	0.36	7.8	9.4
HBr	0.39	0.28	15	16
HI	0.021	0.10	33	33
H_2O	11.9	0.65	2.6	15
NH_3	5.2	0.63	5.6	11

从表 7-18 可以看出，在三种作用中，色散作用是主要的，诱导作用所占成分最

小，而取向作用只有在极性很大的分子中才占有较大比例。分子间的取向、诱导和色散作用是相互联系的。考虑到它们的内在联系，依据内在联系的本质，统一处理分子间的三种作用力，得到了更深刻的认识，发展了分子间力的理论。分子间力就是这三种作用力的总称。

分子间力有如下特征。

① 它是永远存在于分子之间的一种吸引力，作用能量一般在几至几十千焦每摩尔，比化学键小 1～2 个数量级。

② 它是一种短程力，作用范围约 500pm 以内，没有方向性和饱和性。只要空间许可，气体凝聚时总是吸引尽可能多的其他分子。

③ 大多数分子间的作用力以色散作用为主。只有极性很大的分子，取向作用才占较大的比重。

分子间力对物质的物理性质，包括熔点、沸点、熔化热、汽化热、溶解度和黏度等都有较大的影响。例如，F_2、Cl_2、Br_2、I_2 的熔、沸点随分子量的增加而升高，这是因为色散作用随分子量增大（即分子体积增大）而增强的缘故。

图 7-37 给出了 ⅣA～ⅦA 同族元素氢化物熔点、沸点的递变情况。图中除 F、O、N 外，其余氢化物熔点、沸点的变化趋势可以用分子间作用力的大小很好加以解释。

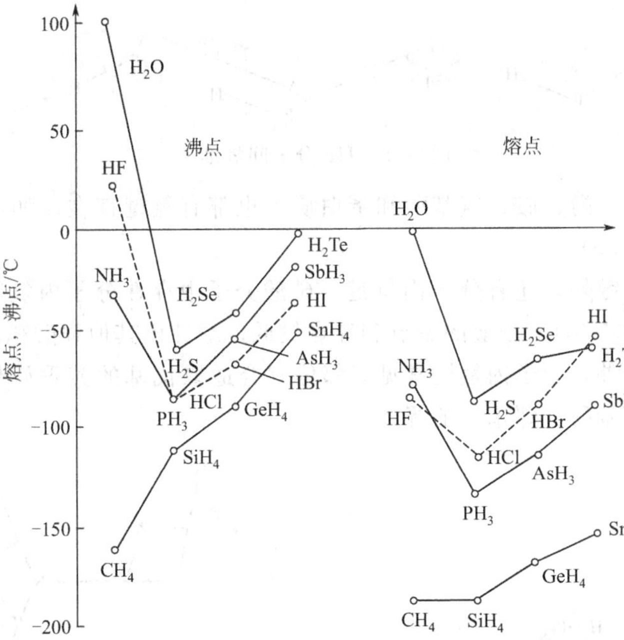

图 7-37 ⅣA～ⅦA 同族元素氢化物熔点、沸点的递变情况

在生产上利用分子间力的地方很多。例如，有的工厂用空气氧化甲苯制取苯甲酸，未起反应的甲苯随尾气逸出，可以用活性炭吸附回收甲苯蒸气，空气则不被吸附而放空。这可以联系甲苯、氧和氮分子的变形性来理解。甲苯分子比 O_2 或 N_2 分子大得多，变形性显著。在同样的条件下，变形性越大的分子越容易被吸附，利用活性炭分离出甲苯就是根据这一原理。近年来生产和科学实验中广泛使用的气相色谱，就是利用了各种气体分子的极性和变形性不同而被吸附的情况不同，从而分离、鉴定气体混合物中的各种成分。

7.4.3.5 氢键

氢键是指分子中氢原子与电负性大、半径小的原子“X”，以共价键相结合的同时还能够与另一个电负性大、半径小的原子“Y”，生成一种弱的键：X—H…Y。其中，“—”为共价键；“…”为氢键。“X”“Y”一般为F、O、N等电负性大、半径小的原子。

为什么在F、O和N的含氢化合物中能形成氢键呢？现以H_2O分子为例进行说明。因为O的电负性很大（3.5），氢的电负性为2.1，因此，水分子中的共用电子对强烈地偏向氧原子，氢原子几乎只剩下“裸露”的原子核，且这个原子核又很小，因而正电场很强。所以，能吸引另一个水分子中氧原子的孤对电子形成氢键。

氢键有分子间氢键和分子内氢键。由两个或两个以上分子形成的氢键称为分子间氢键；同一个分子内形成的氢键称为分子内氢键。HF，NH_3，H_2O分子均形成分子间氢键。

HF分子可形成分子间氢键。HF分子在固态、液态，甚至是气态时都是以锯齿形链相聚合，这种链是由氢键形成的。氢键的键能通常指破坏每单位物质的量的H…Y氢键所需能量，实验测知此值约为28kJ·mol^{-1}，仅为F—H键能（565kJ·mol^{-1}）的1/20，氢键的键长为270pm，指的是F—H…F中2个F原子之间的距离（图7-38）。

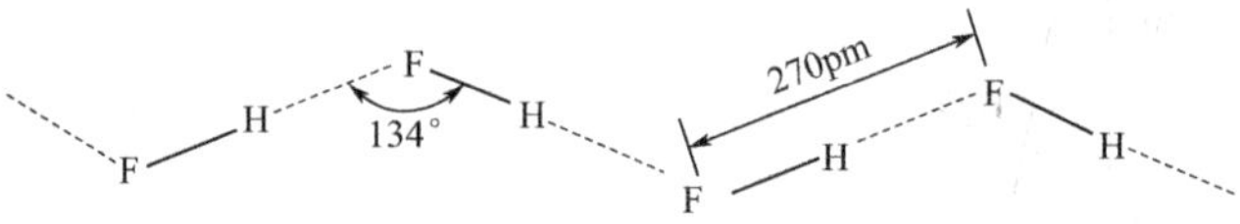

图7-38 HF分子间氢键

有机羧酸、醇、酚、胺、氨基酸和蛋白质中也都有氢键存在，如甲酸靠氢键形成双聚体结构（图7-39）。

除了分子间氢键外，还有分子内氢键。硝酸分子中存在分子内氢键，使之形成多原子环状结构（图7-40）。硝酸的熔点和沸点较低，酸性比其他强酸稍弱，都与分子内氢键有关。除硝酸外，分子内氢键常见于邻位有合适取代基的芳香族化合物，如邻羟基苯甲酸、邻硝基苯酚、邻苯二酚等。

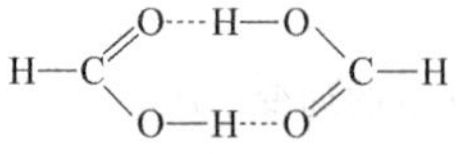

图7-39 甲酸分子间的氢键

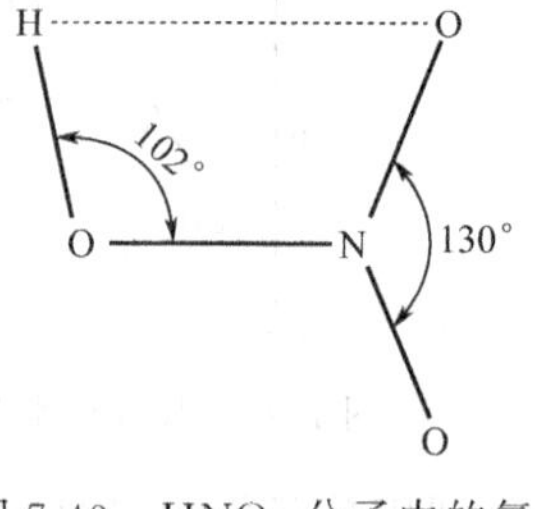

图7-40 HNO_3分子中的氢键

氢键的存在很广泛，许多化合物，如水、醇、酚、酸、羧酸、氨、胺、氨基酸、蛋白质、碳水化合物中都存在氢键。

氢键对物质性质的影响是多方面的。

(1) 物质熔、沸点的影响

分子间形成氢键使物质的熔、沸点升高。如ⅤA、ⅥA、ⅦA族氢化物中的NH_3、

H_2O、HF，由于形成氢键，它们的熔点、沸点都高于同族氢化物的熔点、沸点。除NH_3、H_2O、HF外，其他氢化物的熔点、沸点随分子量增大、分子间作用力增大而逐渐升高。ⅣA族所有氢化物的熔点、沸点都随分子量增大而升高，这是因为CH_4分子间不形成氢键，按周期变化顺序分子间作用力逐渐增大之故。

分子内形成氢键，常使其熔点、沸点低于同类化合物的熔点、沸点。如邻硝基苯酚的熔点是45℃；间位和对位的分别为96℃和114℃。这是因为邻位的已形成分了内氢键，不能再形成分子间氢键，而物质的熔化或沸腾时并不破坏分子内氢键。间位和对位由于形成分子间氢键，故熔沸点较高。

（2）水及冰密度的影响

水除了熔点、沸点显著高于同族外，还有另一个反常现象，就是它在4℃时密度最大。这是因为在4℃以上时，分子的热运动为主要倾向，使水的体积膨胀，密度减小；在4℃以下，分子间的热运动降低，而形成氢键的倾向增加，形成分子间氢键越多，分子间的空隙也越大。当水结成冰时，全部都以氢键相连，形成空旷的结构。

（3）物质溶解度的影响

在极性溶剂中，如果溶质分子与溶剂分子之间形成氢键，则溶质的溶解度增大，如HF、NH_3极易溶于水，而CH_4却难溶于水。

（4）蛋白质构型的影响

在多肽链中，由于可形成大量的氢键，蛋白质分子按螺旋方式卷曲成立体构型，形成蛋白质的二级结构。

思考题

1. 在用量子数表示核外电子运动状态时，写出下列各题中所缺少的量子数。

（1）$n=?$　$l=2$　$m=0$　$m_s=-\frac{1}{2}$

（2）$n=2$　$l=?$　$m=-1$　$m_s=-\frac{1}{2}$

（3）$n=3$　$l=?$　$m=0$　$m_s=?$

（4）$n=4$　$l=1$　$m=?$　$m_s=-\frac{1}{2}$

2. 简单说明σ键和π键的主要特征是什么？

3. 下列说法是否正确？如不正确，请说明原因。

（1）杂化轨道是指在形成分子时，同一原子中能量相近的原子轨道重新组合形成的新的原子轨道。

（2）原子在形成分子时，原子轨道重叠越多形成的化学键越牢固，原子轨道相互重叠时，总是沿着重叠最多的方向进行，因此共价键有方向性。

（3）凡是中心原子采取sp^3杂化轨道成键的分子，其空间构型都是正四面体。

（4）非极性分子间只存在色散作用，极性分子与非极性分子之间只存在诱导作用，极性分子间只存在取向作用。

（5）氢键就是氢原子和其他原子间形成的化学键。

4.用杂化轨道理论说明 H_2O 分子为什么是极性分子。

5.在 BCl_3 和 NCl_3 分子中，中心原子的配位体数相同，但为什么二者的中心原子采取的杂化类型和分子的构型却不同？

6. PCl_3 的空间构型是三角锥形，键角略小于109.5°，$SiCl_4$ 是四面体形，键角为109.5°，试用杂化轨道理论加以说明。

7.利用Born-Haber循环计算NaCl的晶格能。

8.用分子间力说明以下事实。

（1）常温下 F_2、Cl_2 是气体，Br_2 是液体，I_2 是固体。

（2）HCl，HBr，HI的熔、沸点依次升高。

习题

1.下列物质中，分子间不能形成氢键的是（　　）。

（A）NH_3　（B）N_2H_4　（C）CH_3COOH　（D）CH_3OCH_3

2.下列分子中，中心原子成键时采用等性 sp^3 杂化是（　　）。

（A）H_2O　（B）NH_3　（C）SO_3　（D）CH_4

3.下列物质中，何者熔点最低？（　　）

（A）NaCl　（B）KBr　（C）KCl　（D）MgO

4.列出下列两组物质熔点由高到低的次序。

（1）NaF，NaCl，NaBr，NaI

（2）BaO，SrO，CaO，MgO

5.假设有下列各套量子数，指出哪几种不能存在。

（1）3，3，2，1/2　（2）3，1，−1，1/2　（3）2，2，2，2

（4）1，0，0，0　（5）2，−1，0，−1/2　（6）2，0，−2，1/2

6.从下列原子的价电子构型，推断元素的原子序数，它在周期表中哪一区、族和周期以及最高氧化态。

（1）$4s^2$　（2）$3d^24s^2$　（3）$4s^24p^3$

7.一个原子中，量子数 $n=3$，$l=2$，$m=2$ 时可允许的电子数最多是多少？

8.不翻看元素周期表试填写下表的空格。

原子序数	电子排布式	价层电子构型	周期	族	结构分区
24					
	$[Ne]3s^23p^6$				
		$4s^24p^5$			
			5	ⅡB	

9.下列中性原子何者有最多的未成对电子？

（1）Na　（2）Al　（3）Si　（4）P　（5）S

10.已知某元素基态原子的电子分布是 $1s^22s^22p^63s^23p^63d^{10}4s^24p^1$，请回答：

（1）该元素的原子序数是多少？

（2）该元素属第几周期？第几族？是主族元素还是过渡元素？

11. 在某一周期（某稀有气体原子的外层电子构型为 $4s^2 4p^6$）中有 A，B，C，D 四种元素，已知它们的最外层电子数分别为 2，2，1，7；A 和 C 的次外层电子数为 8，B 和 D 的次外层电子数为 18。问：A，B，C，D 分别是哪种元素？

12. 某元素原子 X 的最外层只有一个电子，其 X^{3+} 中的最高能级的 3 个电子的主量子数 n 为 3，角量子数 l 为 2，写出该元素符号，并确定其属于第几周期、第几族的元素。

13. 下列元素中何者第一电离能最大？何者第一电离能最小？

（1）B （2）Ca （3）N （4）Mg （5）Si （6）S

14. 根据下列分子的空间构型，试用杂化轨道理论加以说明。

（1）$HgCl_2$（直线形） （2）SiF_4（正四面体）

（3）BCl_3（平面三角形） （4）NF_3（三角锥形，102°）

15. 若某元素原子的最外层只有 1 个电子，其量子数为：

$$n=4, l=0, m=0, m_s=+\frac{1}{2}\left(\text{或}-\frac{1}{2}\right)$$

（1）符合上述条件的元素有哪几种？

（2）写出相应元素的电子排布式。它们位于第几周期？属于什么族？所属分区？

16. 下列分子间存在什么形式的分子间作用力（取向作用、诱导作用、色散作用、氢键）？

（1）CH_4 （2）He 和 H_2O

（3）HCl 气体 （4）甲醇和水

第 8 章 分析化学基础

分析化学主要由成分分析和结构分析两部分组成。其中成分分析又包括定性分析和定量分析两部分。定量分析的任务是测定物质中各组分的含量，在实际工作中的应用非常广泛，已渗透到工业、农业、国防及科学技术的各个领域。鉴于在一般科研和生产中，分析试样的来源、主要组成和分析对象的性质往往是已知的，故本章重点讨论分析化学中最主要的定量分析理论和方法。

定量分析的两大支柱是化学分析和仪器分析，这两部分内容相互补充。就物质组分的定量分析而言，尽管仪器分析发挥着重要的作用，但它主要用于微量和痕量组分的测定，而常量组分的分析仍然主要依靠化学分析。

化学分析包括滴定分析法和重量分析法，本章将重点学习滴定分析法。滴定分析法是用滴定的方式测量物质含量的一种分析方法，适用于多种化学反应类型。该方法使用仪器简单，操作简便快捷，且分析结果的准确度高，因而被广泛应用，成为化学分析中最重要的定量分析方法之一，在科研和生产中具有较高的应用价值。

本章将对滴定分析中的基本概念、滴定分析法的分类、滴定方式、标准溶液、滴定分析结果的计算等内容进行学习和讨论。

8.1 分析化学概述

走近化学家：
汪尔康

8.1.1 分析化学的任务和作用

分析化学是研究物质化学组成的表征、测定方法及有关理论的科学。分析化学的主要任务是：鉴定物质的化学组成（包括元素、离子、基团、化合物等）；推测物质的化学结构；测定物质中有关组分的含量等。

分析化学在国民经济建设中有着重要的意义：在工业生产方面，原料的选择、中间产品及成品的检验、新产品的开发与研制，以及生产过程中的“三废”（废水、废气、废渣）的处理和综合利用都需要分析化学。在农业生产方面，土壤成分、肥料、农药的分析以及农作物生长过程的研究也都离不开分析化学。在国防和公安方面，武器装备的生产和研制，以及刑事案件的侦破等也都需要分析化学的密切配合。在科学技术的诸多方面，分析化学不仅对化学各学科的发展起着重要的推动作用，而且与生物学、医学、环境科学、材料科学、能源科学、地质学的发展，都有着密切的关系。例如，人类赖以生存的环境（大气、水质和土壤）需要监测；在人类与疾病的斗争中，临床诊断、病理研究、药物筛选，以及进一步研究基因缺陷；登陆月球后的岩样分析，火星、土星的临近观测……所有这些人类活动的每一步都离不开分析化学。

分析化学是人们认识自然、改造自然的工具，在现代科学研究中起着“眼睛”的作用。

8.1.2 分析方法的分类

根据分析目的和任务、分析对象、分析原理等不同，分析方法可有如下几种分类。

8.1.2.1 定性分析、定量分析和结构分析

根据分析目的的不同，分析方法可分为定性分析、定量分析和结构分析。定性分析是鉴定试样是由哪些元素、原子团、官能团或化合物所组成的；定量分析是测定试样中有关组分的含量；结构分析是研究物质分子结构和晶体结构。在对物质进行分析时，通常先进行定性分析确定其组成，然后再进行定量分析、结构分析。

8.1.2.2 无机分析和有机分析

根据分析对象的不同，分析方法可以分为无机分析和有机分析。无机分析的对象是无机物，由于无机物所含的元素种类繁多，要求分析结果以某些元素、离子、化合物或某相是否存在及其含量的多少来表示。而有机分析的对象是有机物，由于有机物组成元素较少，但结构千变万化，故有机分析不仅有元素分析，更重要的是官能团分析和结构分析。

8.1.2.3 化学分析和仪器分析

根据分析原理的不同，分析方法分为化学分析法和仪器分析法。

（1）化学分析法

以物质的化学反应为基础的分析方法称为化学分析法。化学分析法是最早采用的分析方法，是分析化学的基础，故又称经典分析法。化学分析法包括重量分析法和滴定分析法。

重量分析法是通过化学反应及一系列的操作步骤使试样中的待测组分转化为另一种纯粹、化学组成固定的化合物而与试样中其他组分得以分离，然后称量该化合物的质量，从而计算出待测组分含量或质量分数。重量分析法的特点是准确度高，因此至今仍有一些组分的测定是以重量分析法为标准方法，但其操作麻烦，分析速度较慢，耗时较多。

滴定分析法是用一种已知准确浓度的溶液，通过滴定管滴加到待测组分溶液中，使其与待测组分恰好完全反应，根据所加入的已知准确浓度溶液的体积计算出待测组分的含量。依据不同的反应类型，滴定分析法又可以分为酸碱滴定法、沉淀滴定法、配位滴定法和氧化还原滴定法。滴定分析法特点是操作简便，省时快速，测定结果的准确度也较高，一般情况下相对误差为±0.2%左右。

重量分析法和滴定分析法通常用于高含量或中含量组分的测定，即待测组分的质量分数在1%以上的常量分析，它们在科研和生产中应用相当广泛。

（2）仪器分析法

以物质的物理或物理化学性质为基础，借助光电仪器测量试样的光学性质、电学性质等物理或物理化学性质来求出待测组分含量的分析方法。这类分析方法需要用较特殊的仪器，因此被称为仪器分析法。主要的仪器分析方法包括光学分析法、电化学

分析和色谱分析法。

光学分析法是利用物质的光学性质（如吸光度或谱线强度）进行测定的仪器分析法。通常分为光谱法和非光谱法两大类。光谱法包括吸收光谱法（主要包括分子吸收光谱法、原子吸收光谱法等）、发射光谱法（主要包括分子发光分析法、原子发射光谱法、火焰分光光度法等），以及散射光谱分析法。而非光谱法包括比浊法、旋光（偏振光）分析法、折射光分析法、光导纤维传感分析法等。

电化学分析法是利用待测物质的电学性质（如电流、电位和电导）进行分析测定的仪器分析方法。主要有电位分析法、电导分析法、电解分析法和伏安分析法等。

色谱分析法是以物质的吸附、分配、交换性能为基础的仪器分析方法。如气相色谱法、液相色谱法、离子色谱法、凝胶色谱法等。

仪器分析法具有操作简便、快速、灵敏度高、准确度高等优点，适用于微量或痕量及生产过程中的控制分析等。但通常仪器分析的设备较复杂，价格昂贵，且有些仪器对环境条件要求较苛刻，因此有时难以普及。

综上，化学分析法和仪器分析法都有各自的优缺点和局限性，通常实验时要根据被测物质的性质和对分析结果的要求选择适当的分析方法进行测定。

8.1.3 分析化学的发展趋势

环境科学、材料科学、宇宙科学、生命科学、能源科学等前沿领域以及化学学科的发展，既促进了分析化学的发展，又对分析化学提出了更高的要求。现代分析化学已不再局限于测定物质的组成和含量，它实际上已成为“从事科学研究的科学”，正向着更深、更广阔的领域发展。分析化学的发展趋势主要表现在以下几个方面。

(1) 智能化

智能化主要体现在计算机的应用和化学计量学的发展方面。计算机在分析数据处理、实验条件的最优化选择、数字模拟、专家系统和各种理论计算的研究，以及在农业、生物、环境测控与管理中都起着非常重要的作用。

(2) 自动化

自动化主要体现在自动分析、遥测分析等方面。如遥感监测地面污染情况，就可以通过植物的种类、长势及其受害程度，间接判断土壤受污染的程度，这是因为植物受污染后发生的生理病变可在陆地卫星影像上有明显的显示。又如红外遥测技术在环境监测（大气污染、烟尘排放等），流程控制，火箭、导弹飞行器尾气组分测定等方面具有独特作用。

(3) 精确化

精确化主要体现在提高灵敏度和分析结果的准确度方面。激光微探针质谱法对有机化合物检出限量为 $10^{-15} \sim 10^{-8}$g，对某些金属元素检出限量可达 $10^{-20} \sim 10^{-19}$g，且能分析生物大分子和高聚物。电子探针分析所用试液体积可低至 10^{-8}mL，高含量的相对误差已达 0.01%以下。

(4) 微观化

微观化主要体现在表面分析与微区分析等方面。如电子探针、X 射线微量分析法可分析半径和深度为 1～3μm 的微区，其相对检出限量为 0.01%～0.1%。

因此可见，分析化学的发展必须也必将和当代科学技术的发展同步进行，并将广泛吸收当代各种技术的最新成果，如化学、物理、数学与信息学、生命科学、计算科学，材料科学、医学等，利用一切可以利用的性质和手段，完善和建立新的表征、测定方法和技术，并广泛应用和服务于各个科学领域。同时，计算机技术、激光技术、纳米技术等新技术，光导纤维、功能材料、等离子体等新材料，化学计量学等新方向，同分析化学的交叉研究，更促进了分析化学的进一步发展。因此，分析化学已经不是单纯提供信息的科学，它已经发展成一门以多学科为基础的综合性科学。分析化学将继续沿着高灵敏度、高选择性、快速、简便、经济、自动化、数字化、计算机化和信息化的纵深方向发展，以解决更多、更新、更复杂的课题。

8.2 定量分析基础

8.2.1 定量分析的过程

定量分析的任务是确定试样中有关组分的含量，通常包括取样、预处理、测定和数据处理等步骤。

(1) 取样

样品或试样是指在分析工作中被用来进行分析的物质体系，它可以是固体、液体或气体。分析化学对试样的基本要求是其在组成和含量上具有一定的代表性，能代表被分析的总体。合理的取样是分析结果是否准确可靠的基础。取样要遵守如下规则：首先根据样品的性质和测定要求确定取样量；其次，试样的组成与整体物质的组成须一致，确保试样的代表性；最后，对所采集的试样必须妥善保存，避免因吸湿、光照、风化或与空气接触而发生变化，以及由容器壁的侵蚀导致污染等。一般来说要多点取样（如不同部位、不同深度)，然后将各点样品进行混合，再从混合均匀的样品中取少量物质作为试样进行分析。

(2) 预处理

在分析工作中，除少数分析方法，如差热分析、发射光谱、红外光谱等为干法分析外，大多为湿法分析，即先将试样分解后制成溶液再进行分析测定。因此，湿法分析需称取一定质量的试样进行预处理。

试样的性质不同，预处理的方法也不同。无机物试样的处理方法通常有酸溶法、碱溶法和熔融法。在农业方面，生物样品中有机物的测定较多，通常可通过溶剂萃取、挥发和蒸馏的方法分离后进行测定。

经过预处理的试样，有的将全部用作分析，有的先定量地稀释到一定体积，然后再取其中的一部分进行分析。在分析测定前，有的还要分离或掩蔽干扰成分、调节酸碱度、进行氧化还原处理等。总之，预处理是为了保证能够方便准确地进行分析测定。

(3) 测定

根据分析要求以及样品的性质选择合适的方法进行测定。一般对于标准物和成品的分析，准确度要求较高，应选用标准分析方法，如国家标准。对生产过程的中间控制分析则要求快速简便，宜选用在线分析。对常量组分的测定，常采用化学分析法，如滴定分析、重量分析。对微量组分的测定，应采用高灵敏度的仪器分析法。

(4) 数据处理

根据测定的有关数据，依据数据处理的原则，计算出待测组分的含量，并对分析结果的可靠性进行分析，最后得出结论。

8.2.2 定量分析中的误差

定量分析的目的是准确测定试样中组分的含量，因此分析结果必须具有一定的准确度。在定量分析中，受分析方法、测量仪器、所用试剂和分析工作者主观条件等多种因素的影响，使得分析结果与真实值不完全一致。分析测试中的测定结果与真实值之间的差异称为误差。误差是客观存在的，是不可避免的。因此，需要分析误差的性质、特点，找出误差产生的原因，研究减小误差的方法，以提高分析结果的准确度。

按照误差的来源不同，误差可分为系统误差和偶然误差。

8.2.2.1 系统误差

系统误差是由某些比较确定经常发生的原因引起的，它对分析结果的影响比较固定。即误差的正、负通常是一定的，其大小也有一定的规律性，在重复测量的情况下，有重复出现的性质，因此其大小往往可以测出，并且还可以通过实验减小或消除误差。按照误差产生的原因，系统误差可以分为下列几种。

(1) 方法误差

这种误差是由于分析方法本身造成的。例如，滴定分析中反应进行不完全、滴定终点与化学计量点不相符、有其他副反应发生等。

(2) 仪器误差

由于仪器本身不准确而引起的分析误差。例如，天平两臂不等长引起称量误差、砝码质量和滴定管刻度不准确等。

(3) 试剂误差

由于试剂本身纯度不够而引起的分析误差。例如，所用试剂或蒸馏水中含有杂质等，均能带来误差。

(4) 操作误差

一般是指在正常操作条件下，由于分析人员掌握操作规程和实验条件有出入而引起的误差。例如，滴定管读数偏低或偏高、对颜色的分辨能力不够敏锐等所造成的误差。

8.2.2.2 偶然误差

偶然误差是指分析过程中由某些随机的偶然原因造成的误差，也叫随机误差。例如测量时环境温度、湿度及气压的微小变动等原因引起测量数据波动。它的特点是具有对称性、抵偿性和有限性。用统计学方法研究，发现偶然误差服从正态分布，如图 8-1 所示，图中横轴代表偶然误差的大小，以标准偏差为单位，纵轴代表偶然误差发生的频率。

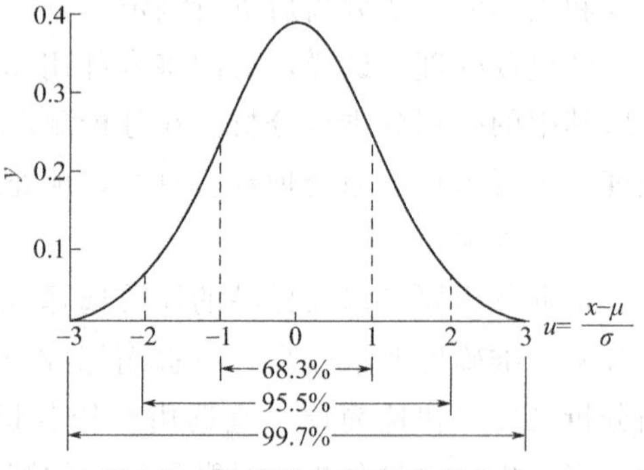

图 8-1 偶然误差正态分布曲线

平行测定次数趋于无穷大时，实验的偶然误差有如下规律：第一，绝对值相等的正误差和负误差具有相同的出现频率。第二，小误差出现的频率较高，而大误差出现的频率较低。

实际工作中，如果消除了系统误差，平行测定次数越多，则测定值的算术平均值越接近真实值。因此适当增加平行测定次数，可以减小偶然误差对分析结果的影响。

必须注意，前面所述的系统误差和偶然误差都是指在正常操作的情况下所产生的误差。至于因为操作不细心而加错试剂、记错读数、溶液溅失等违反操作规程所造成的错误称为过失。“过失”不属于误差，“过失”是完全可以避免的。

8.2.3 误差的减免

在定量分析中，误差是不可避免的。为了获得准确的分析结果，必须尽可能减少分析过程中的误差。

8.2.3.1 系统误差的检验和校正

造成系统误差的原因有多方面，根据具体情况可采用不同的方法加以校正。一般系统误差可用下面的方法进行检验和校正。

(1) 对照试验

在相同条件下，用标准试样（已知含量的准确值）与被测试样同时进行测定，通过对标准试样的分析结果与其准确值的比较，可以判断测定是否存在系统误差。也可以对同一试样用其他可靠的分析方法与所采用的分析方法进行对照，以检验是否存在系统误差。

(2) 空白试验

由试剂或蒸馏水和器皿带进杂质所造成的系统误差，通常可用空白试验来进行校正。空白试验就是不加试样，按照与试样分析相同的操作步骤和条件进行试验，测定结果称为空白值。然后，从试样测定结果中扣去空白值，即得到较可靠的测定结果。

(3) 校准仪器

由仪器不准确引起的系统误差，可通过校准仪器来校正。例如在滴定分析过程中，首先要对滴定管、移液管、容量瓶、砝码等进行校准。

(4) 校正方法

某些由于分析方法引起的系统误差可用其他方法直接校正。选用公认的标准方法与所采用的方法进行比较，从而找出校正系数，消除方法误差。例如重量分析法测定水泥熟料中 SiO_2 的含量时，滤液中的硅可用分光光度法测定，然后加到重量法结果中，这样就可消除由沉淀的溶解损失而造成的系统误差。

8.2.3.2 增加平行测定次数，减少偶然误差

偶然误差是由偶然的不固定的原因造成的，在分析过程中始终存在，是不可消除的，但可以通过增加平行测定次数，减少偶然误差。在校正系统误差的前提下，平行测定次数越多，平均值越接近真实值。对同一试样进行分析时，通常要求至少平行测定 3～5 次，以获得较准确的分析结果。

8.2.4 误差和偏差的表示方法

定量分析所得的数据的优劣，通常用准确度和精密度表示。

8.2.4.1 准确度与误差

分析结果的准确度是指测量值与真实值相接近的程度。准确度的高低用误差来衡量。误差是测量值与真实值之间的差值。误差越小，则分析结果准确度越高。误差又分为绝对误差和相对误差 。

（1）绝对误差

实验测得数值 x 与真实值 μ 之间的差值称为绝对误差（E），即

$$E = x - \mu \tag{8-1}$$

（2）相对误差

绝对误差占真实值的百分比称为相对误差（E_r），即

$$E_r = \frac{E}{\mu} \times 100\% \tag{8-2}$$

绝对误差和相对误差都有正、负之分。正值表示分析结果偏高，负值表示分析结果偏低。

例如，分析天平称量两物体的质量各为 1.6380g 和 0.1637g，假定两者的真实质量分别为 1.6381g 和 0.1638g，则两者称量的绝对误差分别为：

$$E = 1.6380\text{g} - 1.6381\text{g} = -0.0001\text{g}$$

$$E = 0.1637\text{g} - 0.1638\text{g} = -0.0001\text{g}$$

两者称量的相对误差则分别为：

$$E_r = \frac{-0.0001}{1.6381} \times 100\% = -0.006\%$$

$$E_r = \frac{-0.0001}{0.1638} \times 100\% = -0.06\%$$

由此可知，绝对误差相等，相对误差并不一定相同，相对误差反映的是误差在真实值中所占的比例。可见，用相对误差来衡量分析结果的准确度更为确切，所以其应用更为广泛。

8.2.4.2 精密度与偏差

精密度是指在确定条件下，多次测量结果相一致的程度，即反映多次测量结果的重现性。精密度的好坏用偏差来衡量。偏差是指个别测量结果与多次测量结果的平均值之间的差别。偏差越小，表明测量结果的精密度越好。偏差有多种表示方法。

（1）绝对偏差和相对偏差

某一次测量值与平均值的差称为绝对偏差（d_i），即

$$d_i = x_i - \bar{x} \tag{8-3}$$

某一次测量的绝对偏差占平均值的百分比称为相对偏差（d_r），即

$$d_r = \frac{d_i}{\bar{x}} \times 100\% \tag{8-4}$$

（2）平均偏差和相对平均偏差

各次偏差的绝对值之和的平均值称为平均偏差（$\bar{d}$），即

$$\bar{d} = \frac{1}{n}\sum_{i}^{n} |d_i| = \frac{1}{n}\sum_{i}^{n} |x_i - \bar{x}| \tag{8-5}$$

平均偏差占平均值的百分比称为相对平均偏差（$\bar{d}_r$），即

$$\bar{d}_r = \frac{\bar{d}}{\bar{x}} \times 100\% \qquad (8\text{-}6)$$

（3）标准偏差和相对标准偏差

当测定次数有限（$n<20$）时，标准偏差（s）为

$$s = \sqrt{\frac{\sum_{i}^{n} d_i^2}{n-1}} = \sqrt{\frac{\sum_{i}^{n} (x_i - \bar{x})^2}{n-1}} \qquad (8\text{-}7)$$

标准偏差占平均值的百分比称为相对标准偏差（s_r），即

$$s_r = \frac{s}{\bar{x}} \times 100\% \qquad (8\text{-}8)$$

【例 8-1】 有如下两组测定值：

甲组 2.9 2.9 3.0 3.1 3.1

乙组 2.8 3.0 3.0 3.0 3.2

判断精密度的差异。

解：甲组：平均值 $\bar{x}=3.0$ 平均偏差 $\bar{d}=0.08$ 标准偏差 $s=0.10$

乙组：平均值 $\bar{x}=3.0$ 平均偏差 $\bar{d}=0.08$ 标准偏差 $s=0.14$

例题中两组数据的平均偏差是一样的，但数据的离散程度不一样，乙组的数据更分散，这说明平均偏差有时不能够反映出客观情况，而应用标准偏差来判断，例题中乙组的标准偏差更大一些，即精密度差一些，反映了真实情况。

总之，在偏差的表示方法中，用标准偏差更合理，因为将单次测定值的偏差平方后，能将较大的偏差显著地表现出来。

8.2.4.3 准确度与精密度的关系

准确度表示的是测定结果与真实值之间的符合程度，即反映出测量的准确性；而精密度表示平行测定值之间的符合程度，即测定结果的重现性。

精密度是保证准确度的先决条件，精密度差说明测定结果的重现性差，即所得结果可靠性差，但是精密度高的测定也并不一定准确度就高。只有从精密度和准确度两个方面综合衡量测定结果的优劣，二者都高的测定结果才是可信的。两者的关系可用图 8-2 表示。图中标出甲、乙、丙、丁实验者测定同一试样中铁含量时所得的四组测定结果。由图可知，甲所测结果的精密度和准确度都高，结果可靠；乙所测结果的精密度高而准确度低，说明在测定过程中存在系统误差；丙所测结果的精密度和准确度均不高，结果自然不可靠；丁所测结果的精密度非常差，尽管由于较大的正、负误差恰好相互抵消而使平均值接近真实值，但并不能说明其测定的准确度高，显然丁的结果只是偶然的巧合，并不可靠。

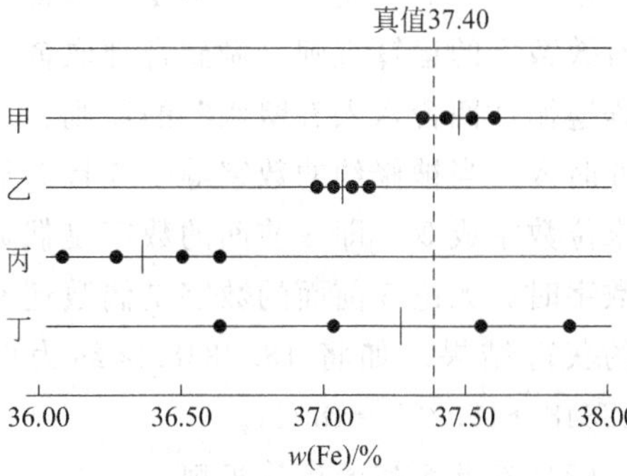

图 8-2 测定结果示意图

定量分析中对测量精密度的要求通常是：当方法直接、操作比较简单时，一般要求相对偏差为0.1%～0.2%；对混合试样或试样均匀性较差时，随分析成分含量的不同，对精密度的要求也不相同。但必须明确的是，分析数据必须具备一定的准确度和精密度。

8.2.5 分析结果的数据处理

在分析工作中处理分析数据时，首先是在校正系统误差的基础上，整理测定数据，剔除明显过失造成的数据，对可疑值按着统计检验进行取舍，然后计算测定值的平均值、平均偏差或标准偏差，最后按照要求的置信度，求出平均值的置信区间，以表示分析结果可能达到的准确范围。

8.2.5.1 有效数字及运算规则

为了使记录和计算的实验数据不仅能表达数值的大小，而且准确地反映测量的精确程度，提出了有效数字的概念和有效数字的修约规则、运算规则。

(1) 有效数字

有效数字是指实际能测得到的数字（包括最后估读的一位数字），它不但反应测量的量的多少，而且反应测量的准确程度。例如，50mL滴定管，最小刻度为0.1mL，若读数为20.87mL，表示前三位是准确的，最后一位数字“7”是估读的可疑值，这四位数字都是有效数字。同理，用万分之一天平称得某物质的质量为1.5180g，1.518是准确的，最后一位数字“0”是可疑值，这五位数字也都是有效数字。

有效数字的位数与测定仪器的精确程度相一致。例如，50mL滴定管，因为可以读至0.01mL，所以滴定管读数必须记录到小数点后第二位，应记录“0.00mL”。同理，用万分之一天平称得“1g”时，正确记录为“1.0000g”。因此，对任何物理量的测定，不仅要准确地测量，而且要正确地记录和计算。

在确定有效数字的位数时，应注意对数（如pH、pM、lg$K$）值的有效数字位数仅由小数的位数决定，且小数部分的所有“0”，都为有效数字。例如，pH=5.02只有两位有效数字，因为此时 $[H^+]=9.5\times10^{-6}mol\cdot L^{-1}$，也是两位有效数字。

(2) 有效数字的修约规则

通常所说的实验结果大多是各种测量数据经计算得到的。在计算过程中，必须运用有效数字的运算规则，做到合理取舍。舍去多余数字的过程称为数字修约过程，该过程遵循“四舍六入五留双”的原则：当被修约的数字小于或等于4时舍，大于或等于6时入。当被修约的数字等于5且5后面是零或者没有数字时，应确保修约的结果的末位数字成双，即5前面的数字是偶数时舍，奇数时则入。当5后面有大于零的任何数字时，无论5前面的数字是偶数还是奇数都入。在应用这一规则修约时注意一次修约获得结果。如将18.2348修约为四位有效数字，应18.2348→18.23，而不能18.2348→18.235→18.24。

(3) 有效数字的运算规则

当几个测定结果相加或相减时，它们的和或差的有效数字的保留应该以小数点后位数最少的一个为标准，也就是绝对误差最大的一个为标准。

例如，计算：0.01+25.64+1.05782

首先以0.01、25.64、1.05782三个数字中小数点后位数最少者为基准修约。因此计算结果应保留小数点后两位，即

$$0.01+25.64+1.06=26.71$$

当几个测定结果进行乘除运算时，保留有效数字的位数取决于有效数字位数最少的一个，即相对误差最大的一个。例如，计算下式：

$$\frac{0.0325\times5.103\times60.06}{139.8}$$

各数的相对误差分别为

$$0.0325：\frac{\pm0.0001}{0.0325}\times100\%=\pm0.3\%$$

$$5.103：\pm0.02\% \qquad 60.06：\pm0.02\% \qquad 139.8：\pm0.07\%$$

由此可见，在上述4个数中，0.0325是相对误差最大者，即有效数字位数最少者，因此计算结果应取三位有效数字，即

$$\frac{0.0325\times5.103\times60.06}{139.8}=0.0712$$

可见，有效数字的运算规则，不论是加减还是乘除运算，都应遵循一个共同的原则，计算结果的精密度由测量精密度最差的那个原始数据决定。

(4) 质量分数、误差等有效数字的表示原则

对于物质组成的测定，对质量分数大于10%的组分，结果一般保留四位有效数字；质量分数为1%～10%的组分，一般保留三位有效数字；对质量分数小于1%的组分，则通常保留两位有效数字。

误差和偏差一般只取一位有效数字，最多取两位有效数字。在对数计算中，所取对数的位数应与真数的有效数字位数相等。表示标准溶液的浓度时，一般取四位有效数字。

8.2.5.2 可疑值的取舍

可疑值是指在相同条件下，对同一样品进行多次重复测定时，常有个别值比同组其他测定值明显地偏大或偏小。不能随意地舍弃离群值以提高精密度，而是必须通过统计检验才能确定可疑值的取舍。取舍的方法很多，从统计学观点来看，在3～10次的测定中，比较严格而又简便的是Q值检验法。

Q值检验法的基本步骤：

① 将数据从小到大排列$x_1<x_2<\cdots<x_n$，计算极差R：

$$R=x_n-x_1$$

② 算出可疑值与其最邻近数据之间的差。

③ 按下式计算舍弃商$Q_{计}$：

$$Q_{计}=\frac{|x_{可疑}-x_{相邻}|}{R}=\frac{|x_{可疑}-x_{相邻}|}{x_n-x_1} \tag{8-9}$$

当x_1可疑时，$Q_1=\frac{x_2-x_1}{x_n-x_1}$；当$x_n$可疑时，$Q_n=\frac{x_n-x_{n-1}}{x_n-x_1}$。

④ 根据测定次数n和指定置信度，查Q值表（表8-1），获取相应条件下的Q表值。

表 8-1 Q 值表

测定次数 n	置信度（P）		
	90%	95%	99%
3	0.94	0.98	0.99
4	0.76	0.85	0.93
5	0.64	0.73	0.82
6	0.56	0.64	0.74
7	0.51	0.59	0.68
8	0.47	0.54	0.63
9	0.44	0.51	0.60
10	0.41	0.48	0.57

⑤ 比较取舍：当 $Q_{计}>Q_{表}$ 则舍弃可疑值，反之则保留。

Q 值法使用起来比较方便，但 Q 值法在统计上有可能保留离群较远的值。置信度常选 90%，如选 95%会使判断误差更大。

【例 8-2】 测定某药物中 Co 的质量分数（$\times10^{-6}$）得到结果如下：1.25，1.27，1.31，1.40。用 Q 值检验法判断 1.40×10^{-6} 这个数据是否保留。

解：分析测定数据，可疑值为 x_4。

$$Q_{计}=\frac{1.40-1.31}{1.40-1.25}=0.60$$

查表 8-1，置信度选 90%，$n=4$ 时，$Q_{表}=0.76$，$Q_{计}<Q_{表}$，故 1.40×10^{-6} 应保留。

8.2.5.3 置信度与置信区间

实际工作中通常把测定数据的平均值作为分析结果报告，但测得的少量数据所得到的平均值总是带有一定的不确定性，它不能明确说明测定结果的可靠性。偶然误差的分布规律表明，对于有限次测定，测定值总是围绕平均值 $\bar{x}$ 而集中分布的，$\bar{x}$ 是总体平均值（可以看作真实值）的最佳估计值。因此，只能在一定条件（置信度）下，根据 $\bar{x}$ 值对 μ 可能存在的区间做出估计。

（1）置信度

真实值落在置信区间的概率称为置信度（P）。置信度就是人们对所做判断有把握的程度，其意义可理解为某一定范围的测定值出现的概率，或者说分析结果在某一误差范围内出现的概率。

（2）置信区间

平均值的置信区间是在选定的置信度 P 下，真实值 μ 在以测定平均值 $\bar{x}$ 为中心出现的范围，简称置信区间。

真实值 μ 与平均值 $\bar{x}$ 之间的关系（平均值的置信区间）：

$$\mu=\bar{x}\pm\frac{ts}{\sqrt{n}} \tag{8-10}$$

式中，$\bar{x}$ 为平均值；s 为标准偏差；n 为测定次数；t 为在选定的某一置信度下的概率系数（置信因子）。可以根据测定次数和置信度，从表 8-2 中查得相应的 t 值。式（8-10）的意义：在一定置信度下（如 95%），真实值（总体平均值）将在测定平均值

$\bar{x}$ 附近的一个区间，即在 $\bar{x}+\frac{ts}{\sqrt{n}}$ 至 $\bar{x}-\frac{ts}{\sqrt{n}}$ 之间存在，把握程度为 95%。

表 8-2　*t* 值表

测定次数 *n*	置信度(*P*)				
	50%	90%	95%	99%	99.5%
2	1.000	6.314	8.706	63.657	87.32
3	0.816	2.920	4.303	9.925	14.089
4	0.765	2.353	3.182	5.841	7.453
5	0.741	2.132	2.776	4.604	5.598
6	0.727	2.015	2.571	4.032	4.773
7	0.718	1.943	2.447	3.707	4.317
8	0.711	1.895	2.365	3.500	4.029
9	0.706	1.860	2.306	3.355	3.832
10	0.703	1.833	2.262	3.250	3.690
11	0.700	1.88	2.228	3.169	3.581
21	0.687	1.725	2.086	2.845	3.153
∞	0.674	1.645	1.960	2.576	2.807

置信度反映测量值的可靠程度，置信区间的大小表示测量值的精度。置信区间的宽窄与置信度、测定值的精密度和测定次数有关。当测定值精密度越高（s 值越小），测定次数越多（n 值越大）时，置信区间越窄，即平均值越接近真实值，平均值越可靠。因此，置信区间表示分析结果更合理。

【例 8-3】 测定 SiO_2 的质量分数，得到下列数据（%）：28.62，28.59，28.51，28.48，28.52，28.63。求平均值、标准偏差及置信度分别为 90%和 95%时平均值的置信区间。

解：

$$\bar{x}=\left(\frac{28.62+28.59+28.51+28.48+28.52+28.63}{6}\right)\%=28.56\%$$

$$s=\sqrt{\frac{(0.06)^2+(0.03)^2+(0.05)^2+(0.08)^2+(0.04)^2+(0.07)^2}{6-1}}\%=0.06\%$$

查表 8-2，当置信度为 90%，$n=6$ 时，$t_{表}=2.015$，可得

$$\mu=\left(28.56\pm\frac{2.015\times0.06}{\sqrt{6}}\right)\%=(28.56\pm0.05)\%$$

同理，当置信度为 95%，$n=6$ 时，$t_{表}=2.571$，可得

$$\mu=\left(28.56\pm\frac{2.571\times0.06}{\sqrt{6}}\right)\%=(28.56\pm0.06)\%$$

上述计算说明，若平均值的置信区间取（28.56±0.05）%，则真实值在其中出现的概率为 90%，而若使真实值出现的概率提高为 95%，则其平均值的置信区间将扩大为（28.56±0.06）%。

置信度选择越高，置信区间越宽，其区间包括真实值的可能性也就越大。当置信度为 100%，置信区间取无限大，但这样的区间是毫无意义的。置信度是根据具体的工作需要提出的，对于分析工作的数据处理，置信度通常取 90%或 95%。

8.3 滴定分析法

化学分析法可分为重量分析法和滴定分析法。重量分析法因操作复杂费时，故现在很少用于一般分析工作，而常用之校准其他方法。最常用的化学分析法是滴定分析法。工业生产中的原料、中间体、成品分析；农业生产中的土壤、肥料、粮食、农药分析和各种矿物质的矿物分析等，都可采用滴定分析法。

为了更好地学习和掌握滴定分析法，确保滴定分析结果的准确性，本节重点介绍滴定分析法的基本知识。

8.3.1 滴定分析法的基本概念

用滴定管将已知准确浓度的试剂溶液（标准溶液）滴加到待测组分溶液中，直至与待测组分按化学计量关系恰好完全反应时为止。这时加入的标准溶液的物质的量与待测组分的物质的量符合反应的化学计量关系，根据消耗的标准溶液的体积和已知浓度，按化学计量关系即可求得待测组分的含量。这一类分析方法统称为滴定分析法。

（1）标准溶液

滴加到被测物质溶液中的已知准确浓度的试剂溶液称为标准溶液，也称之为滴定剂。

（2）滴定

在滴定分析中，滴加标准溶液的操作过程称为滴定。

（3）化学计量点

滴加的标准溶液与待测组分按照化学反应计量关系恰好反应完全时，称为化学计量点（理论终点）。

（4）滴定终点

在化学计量点时，反应往往没有出现任何外部特征，为了较准确地确定理论终点，需要加入指示剂，即用来确定理论终点的试剂，指示剂颜色发生突变的转变点称为滴定终点。

（5）终点误差

滴定终点与理论上的化学计量点往往不能恰好一致，它们之间往往存在很小的差别，由此引起的误差，称为终点误差。终点误差是滴定分析误差的主要来源之一，它的大小取决于指示剂的选择、性能及用量等。

滴定分析法通常用于常量组分（一般质量分数大于1%）的测定，不适合微量和痕量组分的测定。它的特点是：操作简便，仪器简单，速度快，准确度高。一般情况下，滴定的相对误差为0.1%～0.2%。

8.3.2 滴定分析对化学反应的要求

滴定分析法是以化学反应为基础的，但并不是所有的化学反应都可以用来进行滴定分析。可以用于滴定分析的化学反应必须具备下列条件：

① 反应必须完全、定量地完成　即按一定的化学反应方程式进行，无副反应发生，且反应完全程度达到99.9%以上，这是定量计算的基础。

② 反应速率要快　对于反应速率慢的反应，应采取适当措施来提高反应速率，如加热、加催化剂等。

③ 能用比较简便的方法确定滴定终点　可以用适当的指示剂或通过仪器分析方法来确定滴定终点。

8.3.3 滴定分析法的分类

根据实际发生化学反应的不同，滴定分析法一般可以分成酸碱滴定法、配位滴定法、氧化还原滴定法、沉淀滴定法四类。

8.3.3.1 酸碱滴定法

以质子传递反应为基础的滴定分析方法，主要用来测定酸、碱，其反应实质可用下式表示：

$$H^+ + A^- = HA$$

例如，HCl、NaOH 等酸碱浓度的测定、Na_2CO_3 含量的测定、食醋中总酸量的测定等，都可以用酸碱滴定法。

8.3.3.2 配位滴定法

以配位反应为基础的一种滴定分析方法，主要对金属离子进行测定，如用 EDTA 作配位剂，有如下反应：

$$M^{2+} + Y^{4-} = MY^{2-}$$

式中，M^{2+} 表示二价金属离子，Y^{4-} 表示 EDTA 的阴离子。例如，水中 Ca^{2+}、Mg^{2+} 含量的测定就常用配位滴定法。

8.3.3.3 氧化还原滴定法

以氧化还原反应为基础的一种滴定分析方法，可用其测定：

① 具有氧化还原性质的物质。例如以 $KMnO_4$ 标准溶液滴定 Fe^{2+}，其反应如下：

$$MnO_4^- + 5Fe^{2+} + 8H^+ = Mn^{2+} + 5Fe^{3+} + 4H_2O$$

② 某些不具有氧化还原性质但却可以与具有氧化还原性质的物质发生定量作用的物质。例如石灰石中钙的测定，其过程如下：

首先，使 Ca^{2+} 与过量的 $C_2O_4^{2-}$ 发生作用，其反应如下：

$$Ca^{2+} + C_2O_4^{2-} = CaC_2O_4 \downarrow$$

然后，再用酸将 CaC_2O_4 溶解后，用 $KMnO_4$ 标准溶液滴定 $C_2O_4^{2-}$，其反应如下：

$$5C_2O_4^{2-} + 2MnO_4^- + 16H^+ = 2Mn^{2+} + 10CO_2 \uparrow + 8H_2O$$

另外，$CuSO_4$、H_2O_2、有机物质等含量的测定，都可以用氧化还原滴定法。

8.3.3.4 沉淀滴定法

以沉淀反应为基础的一种滴定分析方法，如银量法。

以 $AgNO_3$ 标准溶液，滴定 Cl^-，其反应如下：

$$Ag^+ + Cl^- = AgCl \downarrow$$

Ag^+、CN^-、SCN^- 及卤素离子的测定，都可以用沉淀滴定法。

根据所选用指示剂、滴定介质条件的不同，银量法主要包括摩尔法、佛尔哈德法。

（1）摩尔法

摩尔法又称铬酸钾指示剂法，主要用于测定试样中的 Cl^-、Br^-、SCN^- 等离子含量。

摩尔法是用铬酸钾（K_2CrO_4）为指示剂，$AgNO_3$ 为滴定剂，在中性或弱碱性溶液中，用硝酸银标准溶液直接滴定待测溶液。

例如测定试样中的 Cl^-（或 Br^-）含量，即在试样的中性溶液中，加入 K_2CrO_4 指示剂，用 $AgNO_3$ 标准溶液进行滴定。由于 AgCl 的溶解度小于 Ag_2CrO_4 的溶解度，根据分步沉淀原理，所以在滴定过程中，AgCl 首先沉淀出来。随着 $AgNO_3$ 不断加入，溶液中的 Cl^- 浓度越来越小，Ag^+ 的浓度则相应地增大，当滴定至化学计量点时，溶液中 Ag^+ 与 CrO_4^{2-} 的离子积超过 Ag_2CrO_4 的溶度积时，出现砖红色的 Ag_2CrO_4 沉淀，指示滴定终点的到达。具体的滴定反应如下：

计量点前 $Ag^+ + Cl^- \rightleftharpoons AgCl\downarrow$ 白色

计量点后 $2Ag^+ + CrO_4^{2-} \rightleftharpoons Ag_2CrO_4\downarrow$ 砖红色

为使 Ag_2CrO_4 沉淀恰好在化学计量点产生，并使滴定终点及时、明显，控制好 K_2CrO_4 指示剂的浓度和溶液的酸度等滴定条件是测定 Cl^- 含量的两大关键所在。

（2）佛尔哈德法

佛尔哈德法又称铁铵矾指示剂法，分为直接滴定法和间接滴定法两种形式。主要用于测定试样中的 Ag^+（直接法）；卤离子（Cl^-、Br^-、I^-）、SCN^-（间接法）等离子的含量。

例如用于测定溶液中 Ag^+ 的含量。即在含 Ag^+ 的酸性溶液中，加入铁铵矾 [$NH_4Fe(SO_4)_2 \cdot 12H_2O$] 作指示剂，用 NH_4SCN 标准溶液作滴定剂直接进行滴定。滴定过程中首先生成白色的 AgSCN 沉淀，滴定到达化学计量点附近时，Ag^+ 浓度迅速降低，SCN^- 浓度迅速增加。当 Ag^+ 定量沉淀后，再滴入的 NH_4SCN 标准溶液将与铁铵矾中的 Fe^{3+} 反应生成红色的 $[Fe(SCN)]^{2+}$ 配合物，即指示终点的到达。根据消耗的 NH_4SCN 物质的量即可求得被测溶液中 Ag^+ 的含量。

滴定反应如下：

$Ag^+ + SCN^- \rightleftharpoons AgSCN\downarrow$ 白色

$Fe^{3+} + SCN^- \rightleftharpoons [Fe(SCN)]^{2+}$ 红色

8.3.4 滴定分析中的滴定方式

8.3.4.1 直接滴定法

（1）条件

凡能满足滴定分析三个基本要求的反应，都可用标准溶液直接滴定待测组分。

（2）方法

将标准溶液直接滴加到待测组分和指示剂的溶液中，当溶液颜色发生突变时，即到达滴定终点。反应完成后，根据标准溶液的浓度和消耗的体积，按化学反应计量关系求出待测组分的含量。

（3）示例

HCl（或 NaOH）可用 NaOH（或 HCl）标准溶液直接滴定。$KMnO_4$ 标准溶液可

直接滴定 Fe^{2+}。直接滴定法是最基本和最常用的一种滴定方式。

8.3.4.2 返滴定法

（1）条件

没有合适的指示剂确定滴定终点或滴定反应速率较慢的反应，可采用返滴定法滴定待测组分。

（2）方法

返滴定法需使用两种标准溶液。即先在待测组分中加入一定量过量的标准溶液 1，采用适当的方法使反应完全，反应后溶液中会剩余一定量的标准溶液 1。然后将另一种标准溶液 2 滴加到试样溶液中，直至试样溶液颜色突变，即到达滴定终点。

（3）示例

配位滴定法测定试样中的铝含量。由于 EDTA 与 Al^{3+} 反应较慢，可先在铝试样溶液中加入一定量过量的 EDTA 标准溶液，加热促使反应完全。然后再用 Zn^{2+}（或 Cu^{2+}）标准溶液滴定剩余的 EDTA 标准溶液。这样根据两种标准溶液的浓度和体积，可求得试样中 Al^{3+} 的含量。

8.3.4.3 置换滴定法

（1）条件

标准溶液与待测组分的反应伴有副反应，化学计量关系不确定，或者缺乏合适的指示剂等，一般可采用置换滴定法滴定律测组分。

（2）方法

先让某种试剂与待测组分反应，定量地置换出可以直接滴定的另一物质，然后用现有的标准溶液滴定该物质。

（3）示例

$K_2Cr_2O_7$ 与 $Na_2S_2O_3$ 反应的产物有 $Na_2S_4O_6$ 和 Na_2SO_4 等，反应无确定的化学计量关系，不能采用直接滴定法。但是在酸性溶液中，$K_2Cr_2O_7$ 可以定量地从 KI 中置换出 I_2，而 $Na_2S_2O_3$ 与 I_2 的反应有确定的化学计量关系，符合直接滴定要求。这样根据 $Na_2S_2O_3$ 溶液滴定 I_2 时所消耗的体积，即可用 $K_2Cr_2O_7$ 标准溶液测出 $Na_2S_2O_3$ 的含量或浓度。

8.3.4.4 间接滴定法

（1）条件

待测组分不能直接与标准溶液反应，或者反应产物的稳定性差，可采用间接滴定法滴定待测组分。

（2）方法

可通过适当的化学反应，将待测组分转变成可被滴定的物质，用间接的方法进行滴定。

（3）示例

Ca^{2+} 不能用 $KMnO_4$ 标准溶液直接滴定，但若将 Ca^{2+} 用 $C_2O_4^{2-}$ 定量沉淀为 CaC_2O_4，然后将沉淀过滤洗净后溶于稀 H_2SO_4 中，再用 $KMnO_4$ 标准溶液滴定 $C_2O_4^{2-}$，从而间接地测定出 Ca^{2+} 的含量。

正是由于滴定分析可以采用直接滴定法、返滴定法、置换滴定法和间接滴定法等多种方法完成不同条件下的测定，因此扩大了滴定分析的应用范围。

8.3.5 基准物质和标准溶液

滴定分析过程中，无论采用何种滴定方式，都离不开标准溶液。因为待测物质的含量是根据所消耗的标准溶液的浓度和体积计算出来的。因此，标准溶液的准确性是测定结果准确性的前提。正确地配制标准溶液及准确的标定其浓度是至关重要的。

8.3.5.1 基准物质

用来直接配制标准溶液的物质称为基准物质，作为基准物质应具备下列条件：

① 试剂纯度高。其杂质含量少到可以忽略不计，一般要求基准物质的纯度应达到99.9%以上。杂质含量少到不影响分析结果的准确性。通常选用基准试剂或优级纯试剂。

② 性质稳定。一般情况下，其物理性质和化学性质非常稳定，如加热、干燥不分解，称量时不吸湿，不吸收空气中的二氧化碳，不挥发，不被空气氧化等。

③ 物质组成与化学式完全符合。若含结晶水，其含量也应与化学式相符，如 $Na_2B_4O_7 \cdot 10H_2O$。

④ 物质的摩尔质量大。因为物质的摩尔质量越大，称取质量越多，可相应减小称量的相对误差。例如 $Na_2B_4O_7 \cdot 10H_2O$ 和 Na_2CO_3 作为标定盐酸标准溶液浓度的基准物质都符合上述前三条要求，但前者的摩尔质量大于后者，因此 $Na_2B_4O_7 \cdot 10H_2O$ 更适合作为标定盐酸标准溶液浓度的基准物质。

滴定分析中常用的基准物质的干燥处理及应用列于表 8-3。

表 8-3 常用的基准物质的干燥处理及应用

名称	化学式	干燥后组成	干燥条件	标定对象
碳酸氢钠	$NaHCO_3$	Na_2CO_3	270～300℃	酸
十水合碳酸钠	$Na_2CO_3 \cdot 10H_2O$	Na_2CO_3	270～300℃	酸
硼砂	$Na_2B_4O_7 \cdot 10H_2O$	$Na_2B_4O_7$	放在装有 NaCl 和蔗糖饱和溶液的恒湿器中	酸
二水合草酸	$H_2C_2O_4 \cdot 2H_2O$	$H_2C_2O_4$	室温空气干燥	碱 $KMnO_4$
邻苯二甲酸氢钾	$KHC_8H_4O_4$	$KHC_8H_4O_4$	80～110℃	碱
重铬酸钾	$K_2Cr_2O_7$	$K_2Cr_2O_7$	140～145℃	还原剂
三氧化二砷	As_2O_3	As_2O_3	室温干燥器保存	氧化剂
草酸钠	$Na_2C_2O_4$	$Na_2C_2O_4$	130℃	氧化剂
碳酸钙	$CaCO_3$	$CaCO_3$	110℃	EDTA
锌	Zn	Zn	室温干燥器保存	EDTA
氯化钠	NaCl	NaCl	500～600℃	$AgNO_3$

8.3.5.2 标准溶液

标准溶液浓度的表示方法如下：

(1) 物质的量浓度

这是最常用的表示方法，标准溶液的物质的量的浓度为

$$c_B=\frac{n_B}{V} \tag{8-11}$$

它是指单位体积溶液所含溶质的物质的量。式中，n_B 为物质B的物质的量；V 为标准溶液的体积。物质的量浓度的常用单位为 $mol\cdot L^{-1}$。

(2) 滴定度

在生产单位的例行分析中，为了简化计算常用滴定度表示标准溶液的浓度。滴定度(T)是指每毫升标准溶液相当于被测组分的质量，常用 $T_{被测物/滴定剂}$ 表示，单位为 $g\cdot mL^{-1}$。例如：$T_{Fe/K_2Cr_2O_7}=0.005260g\cdot mL^{-1}$，表示1mL $K_2Cr_2O_7$ 标准溶液相当于0.005260g Fe，也就是说1mL $K_2Cr_2O_7$ 标准溶液恰好能与0.005260g Fe反应。如果在滴定中消耗该 $K_2Cr_2O_7$ 标准溶液 VmL，则Fe的质量为 $m=V\cdot T_{Fe/K_2Cr_2O_7}$。

(3) 物质的量浓度与滴定度的关系

对于一个化学反应：

$$aA+bB=\!=\!=cC+dD$$

式中，A为被测组分；B为标准溶液。若以 V_B 表示反应完成时标准溶液B消耗的体积(mL)，m_A 为被测组分A的质量(g)，M_A 为被测组分A的摩尔质量($g\cdot mol^{-1}$)，当反应达到化学计量点时：

$$\frac{m_A}{M_A}=\frac{a}{b}\cdot\frac{c_BV_B}{1000}$$

$$\frac{m_A}{V_B}=\frac{a}{b}\cdot\frac{c_BM_A}{1000}$$

由滴定度定义 $T_{A/B}=m_A/V_B$，得

$$T_{A/B}=\frac{a}{b}\cdot\frac{c_BM_A}{1000} \tag{8-12}$$

【例8-4】 求 $0.1000mol\cdot L^{-1}$ NaOH标准溶液对 $H_2C_2O_4$ 的滴定度。

解：二者的反应如下：

$$H_2C_2O_4+2OH^-=\!=\!=C_2O_4^{2-}+2H_2O$$

即 $a=1$，$b=2$，按式(8-12)得：

$$T_{H_2C_2O_4/NaOH}=\frac{a}{b}\cdot\frac{c_{NaOH}M_{H_2C_2O_4}}{1000}=\frac{1}{2}\times\frac{0.1000\times90.04}{1000}=0.004502g\cdot mL^{-1}$$

(4) 标准溶液的配制方法

标准溶液的配制方法通常有直接法和间接法两种。

① 直接法　按照实际需要，准确称取一定质量的基准物质，待完全溶解后，在室温下定量转入容量瓶中，加蒸馏水稀释至刻度。根据所称基准物质的质量和容量瓶的体积，直接计算出标准溶液的准确浓度。这种用基准物质直接配制准确浓度标准溶液的方法称为直接配制法。

② 间接法　许多试剂由于不易提纯和保存，或组成不固定，不能满足作为基准物质的条件，因而不能用直接法配制标准溶液，这时可采用间接法。

间接法即粗略地称取一定量物质或量取一定量体积溶液，配制成近似于所需浓度

的溶液，这样配制的溶液，其准确浓度还是未知的。然后选一种基准物质或另一种已知准确浓度的标准溶液来测定其准确浓度。这种确定标准溶液浓度的过程称为标定。

a. 用基准物质标定：准确称取一定量的基准物质，溶解后，用待标定的溶液滴定，根据所消耗的待标定溶液的体积和基准物的质量，计算出该溶液的准确浓度。

b. 用已知准确浓度的标准溶液标定：准确吸取一定体积的待标定溶液，然后用另外一种已知准确浓度的标准溶液滴定或反过来滴定，依据两种溶液所消耗的体积及标准溶液的浓度，便可计算出待标定溶液的浓度。

例如欲配制 $0.1mol \cdot L^{-1}$ NaOH 标准溶液，可先在普通天平上称取 4g NaOH，用水将其溶解后，稀释至 1L 左右，然后用基准物质如邻苯二甲酸氢钾或已知浓度的 HCl 标准溶液测定其准确浓度。

8.3.6 滴定分析结果的计算

8.3.6.1 被测组分的物质的量与滴定剂的物质的量的关系

滴定分析计算的理论依据为：当滴定达到化学计量点时，它们的物质的量之间关系恰好符合化学反应式所表示的化学计量关系。

（1）直接滴定法

在直接滴定法中，设被测组分 A 与滴定剂 B 间的反应为：

$$aA + bB = cC + dD$$

当滴定到化学计量点时，$a$mol A 恰好与 $b$mol B 作用完全，即：

$$\frac{n_A}{a} = \frac{n_B}{b}$$

故

$$n_A = \frac{a}{b} n_B \qquad n_B = \frac{b}{a} n_A$$

例如用已知浓度的 NaOH 标准溶液测定 H_2SO_4 溶液浓度，其反应式为

$$H_2SO_4 + 2NaOH = Na_2SO_4 + 2H_2O$$

反应达到化学计量点时：

$$c_{H_2SO_4} V_{H_2SO_4} = \frac{1}{2} c_{NaOH} V_{NaOH}$$

$$c_{H_2SO_4} = \frac{c_{NaOH} V_{NaOH}}{2V_{H_2SO_4}}$$

（2）间接滴定法

在间接滴定法中涉及两个或两个以上反应，应从多个反应中找出实际参加反应的物质的物质的量之间关系。

例如用 $KMnO_4$ 标准溶液滴定 Ca^{2+}，会发生如下过程：

$$Ca^{2+} \xrightarrow{C_2O_4^{2-}} CaC_2O_4 \downarrow \xrightarrow{H^+} C_2O_4^{2-} \xrightarrow{MnO_4^-} 2CO_2$$

具体反应为：

$$Ca^{2+} + C_2O_4^{2-} = CaC_2O_4$$

$$2MnO_4^- + 5C_2O_4^{2-} + 16H^+ \longrightarrow 2Mn^{2+} + 10CO_2 \uparrow + 8H_2O$$

此处 Ca^{2+} 与 $C_2O_4^{2-}$ 反应的物质的量之比是 1∶1，而 $C_2O_4^{2-}$ 与 MnO_4^- 是按 5∶2

的物质的量比相互反应的。

故：

$$n_{Ca}=\frac{5}{2}n_{NMnO_4}$$

8.3.6.2 被测组分质量分数的计算

若称取试样的质量为 $m_{试}$，测得被测组分的质量为 m_A，则被测组分在试样中的质量分数 w_A 为

$$w_A=\frac{m_A}{m_{试}}\times100\% \tag{8-13}$$

在滴定分析中，被测组分物质的量 n_A 是由滴定剂的浓度 c_B、所消耗滴定剂体积 V_B 以及被测组分与滴定剂反应的物质的量比 a/b 求得的，即

$$n_A=\frac{a}{b}n_B=\frac{a}{b}c_BV_B$$

因

$$m_A=n_AM_A$$

即可求得被测组分的质量 m_A

$$m_A=\frac{a}{b}c_BV_BM_A$$

于是

$$w_A=\frac{\frac{a}{b}c_BV_BM_A}{m_{试}}\times100\% \tag{8-14}$$

这是滴定分析中计算被测组分的质量分数的一般通式。

【例 8-5】 已知 $KMnO_4$ 标准溶液浓度为 0.02010mol·L^{-1}，求其 $T_{Fe/KMnO_4}$。如果称取试样 0.2718g，溶解后将溶液中的 Fe^{3+} 还原成 Fe^{2+}，然后用 $KMnO_4$ 标准溶液滴定，用去 26.30mL，求试样中 Fe 的质量分数。

解：滴定反应为

$$MnO_4^-+5Fe^{2+}+8H^+ = Mn^{2+}+5Fe^{3+}+4H_2O$$

$$n_{Fe}=5n_{KMnO_4}$$

依据式(8-12)

$$T_{Fe/KMnO_4}=\frac{5c_{KMnO_4}M_{Fe}}{1000}=\frac{5\times0.02010\times55.85}{1000}=0.005613\text{g}\cdot\text{mL}^{-1}$$

$$w_{Fe}=\frac{T_{Fe/KMnO_4}V_{KMnO_4}}{m}=\frac{0.005613\times26.30}{0.2718}=0.5431=54.31\%$$

【例 8-6】 分析不纯的 $CaCO_3$（其中不含干扰物质），称取试样 0.3000g，加入浓度为 0.2500mol·L^{-1} HCl 标准溶液 25.00mL。煮沸除去 CO_2，用浓度为 0.2012mol·L^{-1} NaOH 标准溶液返滴定过量的 HCl 溶液，消耗 NaOH 标准溶液体积 5.84mL，试计算试样中 $CaCO_3$ 的质量分数。

解：此题属于返滴定法计算，涉及反应为

$$CaCO_3+2HCl = CaCl_2+CO_2\uparrow+H_2O$$

$$NaOH+HCl = NaCl+H_2O$$

由于$\frac{n_{CaCO_3}}{n_{HCl}}=\frac{1}{2}$，依题意知实际中与待测组分发生 $CaCO_3$ 反应的 HCl 物质的量 $n_{HCl(实际)}$ 为

$$n_{HCl(实际)}=n_{HCl(总)}-n_{NaOH}=c_{HCl}V_{HCl}-c_{NaOH}V_{NaOH}$$
$$=(0.2500\times25.00-0.2012\times5.84)\times10^{-3}\text{mol}$$
$$=0.005075\text{mol}$$

则 $CaCO_3$ 物质的量 $$n_{CaCO_3}=\frac{1}{2}n_{HCl(实际)}$$

根据式(8-13)

$$w_{CaCO_3}=\frac{m_{CaCO_3}}{m_{试}}=\frac{\frac{1}{2}n_{HCl(实际)}M_{CaCO_3}}{m_{试}}$$
$$=\frac{\frac{1}{2}\times0.005075\times100.9}{0.3000}$$
$$=0.8466=84.66\%$$

思考题

1. 定量分析一般过程是什么？
2. 如何减少偶然误差？如何减少系统误差？
3. 下列情况分别引起什么误差？如果是系统误差，应该如何消除？
(1) 砝码被腐蚀；
(2) 天平两臂不等长；
(3) 试剂含被测组分；
(4) 天平称量时最后一位读数估计不准。
4. 判断下列说法是否正确。
(1) 偶然误差是由某些难以控制的偶然因素所造成的，因此无规律可循。
(2) 精密度高的一组数据，其准确度一定高。
(3) 绝对误差等于某次测定值与多次测定结果平均值之差。
(4) pH=11.21 的有效数字为四位。
(5) 偏差与误差一样有正、负之分，但平均偏差恒为正值。
(6) 因使用未经校正的仪器而引起的误差属于偶然误差。
(7) 测定结果的精密度很高，说明系统误差小。
(8) 测定结果的精密度很高，说明偶然误差小。
5. 用绝对误差和相对误差表示分析结果的准确度，哪一种更合理？
6. 用标准偏差和算术平均偏差表示分析结果，哪一种更合理？
7. 什么叫滴定分析？它的主要分析方法有哪些？
8. 能用于滴定分析的化学反应必须符合哪些条件？
9. 什么是化学计量点？什么是滴定终点？
10. 什么叫滴定度？滴定度与物质的量浓度如何换算？试举例说明。

11. 选作基准物质条件之一是要具有较大的摩尔质量，其目的是什么？

习题

1. 测定某样品的含氮量，6 次平行测定结果为：20.48%、20.55%、20.58%、20.60%、20.53 %、20.50%。

（1）计算测定结果的平均值、平均偏差、标准偏差、相对标准偏差。

（2）若此样品含氮量为 20.45%，求测定结果的绝对误差和相对误差。

2. 下列数据中各包含几位有效数字。

（1）0.0251　（2）0.2180　（3）1.8×10^{-5}　（4）pH＝2.50

3. 根据有效数字运算规则计算下列各式。

（1）$1.187\times0.85+9.6\times10^{-3}-0.0326\times0.00824\div2.1\times10^{-3}$

（2）$0.067+2.1415-1.32$

（3）$0.09067\times21.30\div25.00$

（4）$\dfrac{0.09802\times\dfrac{(21.12-13.40)}{1000}\times\dfrac{162.21}{3}}{1.4193}$

4. 测定试样中 P_2O_5 质量分数（%），测定数据如下：

8.44，8.32，8.45，8.52，8.69，8.38

用 Q 检验法对可疑数据决定取舍，并求平均值、平均偏差 $\bar{d}$、标准偏差 s 和置信度为 90%的置信区间。

5. 某矿石中钨的质量分数（%）测定结果为：20.39，20.41，20.43。计算标准偏差 s 及置信度为 95%时的置信区间。

6. 在酸性溶液中，用 $KMnO_4$ 标准溶液滴定 50.00mL 浓度为 $0.2400mol\cdot L^{-1}$ Fe^{2+} 至粉红色半分钟不褪，用去 $KMnO_4$ 标准溶液 24.00mL。计算此 $KMnO_4$ 标准溶液的浓度。

7. 计算 $0.1015mol\cdot L^{-1}$ HCl 标准溶液对 $CaCO_3$ 的滴定度。

8. 已知高锰酸钾溶液的滴定度为 $T_{CaC_2O_4/KMnO_4}=0.006405g\cdot mL^{-1}$，求此高锰酸钾溶液的浓度及它对铁的滴定度。

9. 滴定 0.1560g 草酸试样，用去 $0.1011mol\cdot L^{-1}$ NaOH 溶液 22.60mL。求草酸试样中 $H_2C_2O_4\cdot2H_2O$ 的质量分数。

第9章 有机化学基础

有机化学是化学的重要分支学科之一，与人类的日常生活和生产实践密切相关。有机化学的研究对象是有机化合物，简称有机物，包括碳氢化合物及其含有氧、氮、硫、磷、卤素等元素的衍生物。有机化合物遍布自然界，人们的衣食住行都和有机物质有关，且人体中存在的蛋白质、核酸等都是极其复杂的有机化合物。有机化学的发展史也是人们认识自然、改造自然的历史。时至今日，人们已经能够用简单的有机工业原料来合成许多结构极为复杂的有机化合物，合成比某些天然有机物性能更为优异的有机化合物和合成材料。

有机物种类庞大，结构和性质多种多样。本章首先简要介绍有机化合物的特点、分类及命名，然后重点讨论烃类化合物及烃类衍生物的结构、物理及化学特征。

9.1 有机化合物的特征和分类

9.1.1 有机化学的产生和发展

有机化学是一门研究有机化合物的组成、结构、性质及其变化规律的科学。有机化学作为一门科学是在19世纪中叶形成的。由于最初有机化合物大多来源于动植物体内，所以化学家们曾一度认为，有机化合物只能从有生命的生物体内得到。直到1828年，德国化学家维勒用无机物氰酸铵在实验室中制得了尿素。后来，人们在实验室中又合成了一些有用的有机化合物。例如，1845年，柯尔伯合成了醋酸；1854年，柏赛罗合成了油脂。此后化学工作者又陆续合成了成千上万种有机化合物。现在，许多天然有机化合物都可以在实验室中合成，如维生素、叶绿素和蛋白质等。我国是世界上第一个成功合成结晶牛胰岛素的国家，又在1981年合成了分子量约为26000、化学结构和生物活性与天然转运核糖核酸完全相同的酵母丙氨酸转运核糖核酸。

有机化合物早已进入合成时代，有机化合物的研究工作也在现代电子计算机技术的辅助下以日新月异的变化飞速地向前发展。

9.1.2 有机化合物的特征

随着生产实践和科学研究的不断发展，科学家们通过大量的研究发现：所有的有机化合物中都含有碳元素；绝大多数有机化合物中含有氢元素；许多有机化合物除含碳、氢元素外，还含有氧、硫、氮、磷和卤素等元素。因此，从化学组成上看，有机化合物可以看作是碳氢化合物及其衍生物。

有机化合物一般具有以下特征：

（1）结构特征

① 有机分子中原子之间以共价键相结合，分子中碳原子以 sp^3、sp^2 或 sp 杂化方式与相邻原子分别形成共价单键、双键或叁键。氢原子、卤素原子只能形成单键，而氧、氮原子既可以形成单键也可以形成双键。

② 同系列现象。具有相同的分子结构通式，而且结构和化学性质相似的一系列化合物称为同系列。同系列中的化合物互称为同系物。例如，链状烷烃的通式为 C_nH_{2n+2}，甲烷（CH_4）、乙烷（C_2H_6）、丙烷（C_3H_8）之间逐一相差一个 CH_2 单元，它们的结构及化学性质相似，互为同系物。而单环烷烃和单烯烃虽然具有相同的通式（C_nH_{2n}），但它们之间结构及性质差异明显，所以环烷烃和单烯烃不能互称同系物。

同系列是有机化学的普遍现象之一。通常情况下，同系物之间不但组成、结构、化学性质相似，而且物理性质也呈规律性变化。所以在每一个同系列中，只要掌握几个典型化合物的结构和性质特征，就可以推断出该同系列中其他化合物的一般性质。

③ 同分异构现象。分子式相同，结构和性质不同的化合物互称为同分异构体，简称异构体。这种现象称为同分异构现象，在有机化学中尤为普遍。例如，乙醇和甲醚的分子式都是 C_2H_6O，然而由于它们的结构不同，性质相异，代表两种不同的化合物，互为同分异构体；分子式 C_4H_{10} 对应正丁烷和异丁烷两种异构体；而分子式 C_5H_{12} 对应正戊烷、异戊烷和新戊烷三种异构体。

组成一个有机分子的碳原子数目越多，或者原子种类越多，分子中原子的可能排列方式也越多，导致其同分异构体的数目也越多。例如，己烷（C_6H_{14}）有 5 个同分异构体，庚烷（C_7H_{16}）有 9 个同分异构体。随着分子中碳原子数目的增加，同分异构体数目会很快增加。例如，癸烷（$C_{10}H_{22}$）同分异构体达到 75 个，而二十碳烷（$C_{20}H_{42}$）同分异构体达到 336319 个。

（2）性质特征

① 有机化合物的熔点、沸点普遍较低。这是由于有机化合物分子之间依靠范德华力、氢键等较弱的分子间力相结合，破坏这些分子间力使其熔化或气化所需的能量较低。

② 大多数有机物难溶于水而易溶于有机溶剂。物质的溶解性普遍遵循“相似相溶”规则，即极性物质易溶于极性溶剂，非极性物质易溶于非极性溶剂。水是强极性的溶剂，而一般有机化合物的极性较弱，所以有机物普遍难溶于水，而易溶于弱极性或非极性的有机溶剂。

③ 大多数有机化合物受热易分解，热稳定性较差。在隔绝氧气时加热有机化合物，会使其炭化。在氧气存在下，许多有机化合物都容易燃烧，如甲烷、乙醇、汽油、棉花等，其燃烧产物为二氧化碳和水，同时放出大量的热。

④ 有机化学反应的反应速率一般较慢。例如，酯化反应常需几个小时才能完成，煤与石油是动植物在地层下经历了千百年的变化才形成的。有机反应多数是分子间的反应，不像无机反应大多是离子反应。有机反应普遍涉及共价键的断裂和形成，需要较高的能量，所以在实际操作中经常通过加热或加入催化剂来提高有机反应的速率。

⑤ 有机反应常存在副反应，且产物复杂。有机分子结构比较复杂，其参与化学反应时很难保证共价键断裂与形成的高度专一性。在实际反应中除了生成目标产物的主反应外，往往伴随着副反应的发生，导致其反应产物为混合物。常需要对产物进行分

离提纯，以获取高纯度的目标产物。

大多数有机化合物都具有上述共同性质，但是也有例外情况。某些有机化合物不但不能燃烧，还可以作为灭火剂，如四氯化碳；有些极性较强的有机化合物也易溶于水，如乙醇、尿素、葡萄糖等；有些有机化合物的反应速率很快，如三硝基甲苯（TNT）爆炸。

9.1.3 有机化合物的分类

有机化合物数目庞大，种类繁多，目前已有1000万种以上。为了便于系统地学习与研究，需要对有机化合物进行科学的分类。常见的分类方法有按碳骨架分类和按官能团分类。

9.1.3.1 按碳骨架分类

根据碳链结合方式的不同，可将其分为两大类。

（1）开链族化合物

这类化合物的结构特征是碳原子间相互结合而成碳链，不成环。由于这类开链化合物最初是从脂肪中获得的，所以又称为脂肪族化合物。例如：

$CH_3—CH_2—CH_3$ 丙烷　　$CH_2═CH—CH_3$ 丙烯　　$CH_3—CH_2—CH_2—CH_3$ 正丁烷

（2）环状化合物

分子中具有原子之间相互连接组成的环状结构，称为环状化合物。环状化合物又分为碳环化合物和杂环化合物两大类。

① 碳环化合物　碳环化合物的结构特征是碳原子间相互连接成环状。碳环族化合物分为脂环族化合物和芳香族化合物。

a. 脂环族化合物：分子中的碳原子连接成环，其性质与脂肪族化合物相似的一类化合物。例如：

环戊烯

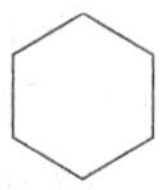
环己烷

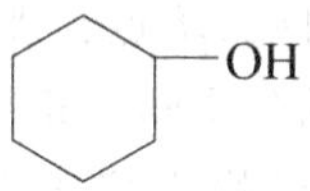

环己醇

b. 芳香族化合物：碳氢化合物分子中至少含有一个带离域π键的苯环，具有与开链化合物或者是脂环烃不同的独特性质（称为芳香性）的一类有机化合物。由于最初是由香树脂中发现的，所以被称为芳香族化合物。例如：

苯

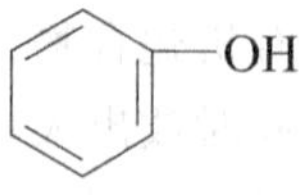

苯酚

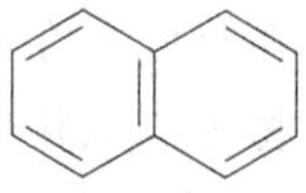
萘

② 杂环化合物：这类化合物的结构特征是碳原子与非碳原子（杂原子如O、S、N等）共同构成环状结构。例如：

呋喃

噻吩

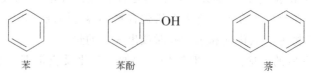

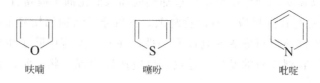

吡啶

9.1.3.2 按官能团分类

仅由碳和氢两种元素组成的化合物称为碳氢化合物，统称烃类化合物。烃类分子中一个或几个氢原子被其他原子或原子团取代后形成烃类的衍生物。这些衍生物的化学性质往往由取代氢原子的原子或原子团所决定。在有机化学中把这些决定化合物化学性质的原子、原子团或化学键称为官能团。含有相同官能团的有机化合物通常呈现类似的化学性质，因此将它们归为一类，便于学习和研究。

一些常见有机化合物的官能团见表9-1。

表9-1 常见有机化合物的官能团

官能团名称	官能团结构	化合物类名称	实例
羧基	$-\overset{O}{\overset{\|}{C}}-OH$	羧酸	CH_3COOH(乙酸)
磺酸基	$-SO_3H$	苯磺酸	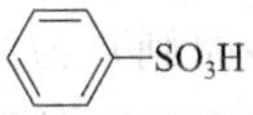
烷氧基羰基(酯基)	$-\overset{O}{\overset{\|}{C}}-OR$	酯	$CH_3\overset{O}{\overset{\|}{C}}-O(CH_2)_3CH_3$
卤代甲酰基	$-\overset{O}{\overset{\|}{C}}-X$	酰卤	$CH_3\overset{O}{\overset{\|}{C}}-Cl$
氨基甲酰基	$-\overset{O}{\overset{\|}{C}}-NH_2$	酰胺	$CH_3\overset{O}{\overset{\|}{C}}-NH_2$
氰基	$-CN$	腈	CH_3CN
醛基(甲酰基)	$-\overset{O}{\overset{\|}{C}}-H$	醛	$CH_3\overset{O}{\overset{\|}{C}}-H$
羰基	$-\overset{O}{\overset{\|}{C}}-$	酮	$CH_3\overset{O}{\overset{\|}{C}}CH_3$
羟基	$-OH$	醇、酚	CH_3OH; 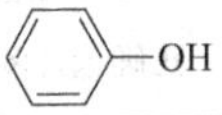
硫氢基(巯基)	$-SH$	硫醇、硫酚	CH_3CH_2SH— 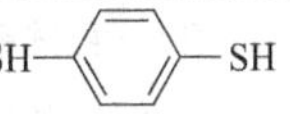
氢过氧基	$-O-O-H$	氢过氧化合物	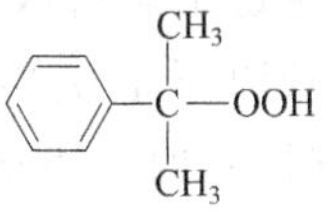
氨基	$-NH_2$	胺	CH_3NH_2
亚氨基		仲胺，亚胺	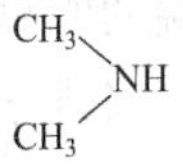
烷氧基	$-OR$	醚	CH_3OCH_3
卤原子	$-X$(F, Cl, Br, I)	卤代烃	CH_3CH_2Br
硝基	$-NO_2$	硝基化合物	CH_3NO_2

9.2 有机化合物的命名

对有机化合物进行命名是学习有机化学的基础内容。有机化合物的数目庞大、结构复杂，为了便于交流，避免误解，准确地反映出化合物的结构和名称的一致性，根据国际纯粹与应用化学联合会（International Union of Pure and Applied Chemistry，IUPAC）推荐的有机化合物命名原则（简称 IUPAC 系统命名法）和中国化学会制定的《有机化合物命名原则》（2017 版），一般有机化合物的名称采用 IUPAC 系统命名（简称“系统名”），还有少数化合物按照习惯采用俗名、半俗名或半系统名。下面主要介绍各类化合物的 IUPAC 系统命名法。

9.2.1 烷烃、烯烃和炔烃的命名

9.2.1.1 烷烃的命名

烷烃系统法命名按以下步骤和规则进行。

（1）确定主链

选择一条含碳数最多的碳链（碳链最长原则），且含取代基数目最多的碳链（取代基最多原则）为主链，根据主链所含的碳原子数叫做“某烷”，将主链以外的其他烷基看作是主链上的取代基（或支链）。例如：

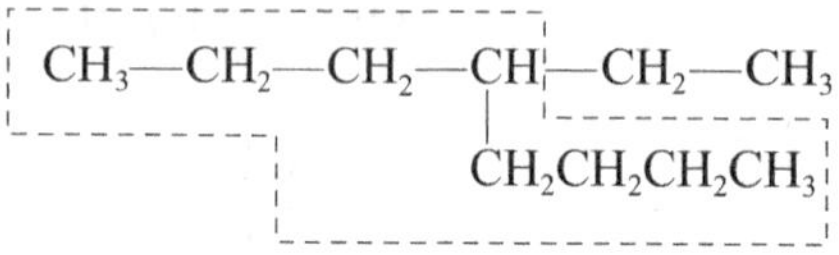

正确选择：8个碳的辛烷为主链

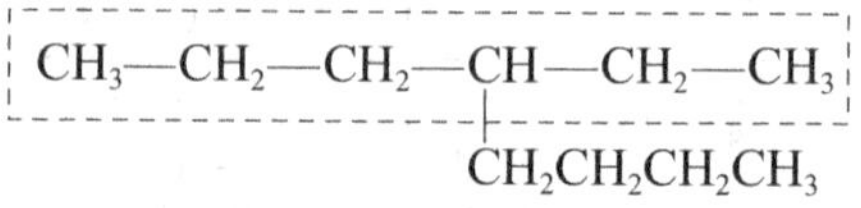

错误选择：6个碳的己烷为主链

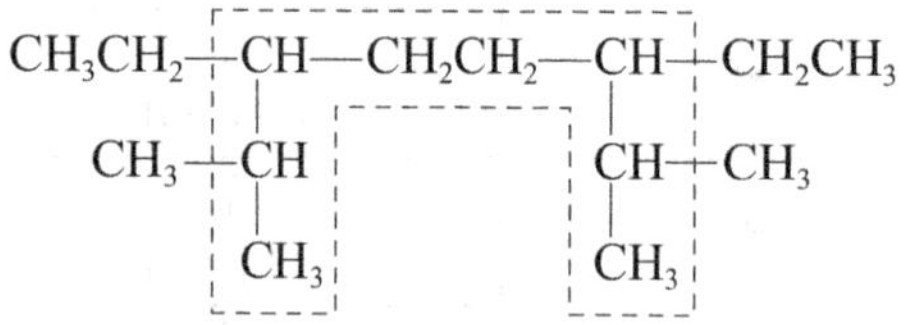

正确选择:8个碳的主链上有4个取代基

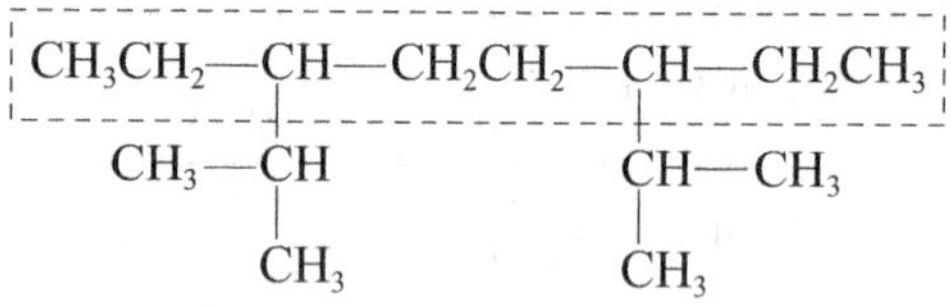

错误选择：8个碳的主链上有2个取代基

（2）主链编号

主链上若有取代基，则从靠近取代基的一端开始（取代基位次最低原则），给主链上的碳原子依次用 1，2，3，4，5，…标出位次。当主链上存在三个或更多取代基（或支链）时，主链两端编号是从遇到的第一个取代基逐一进行比较每个取代基位次，使取代基位次最低（取代基位次组最低原则）。当主链上连有两个不同的取代基，且距主链两端的距离都相同，则按取代基英文名字母顺序排序，排序优先者位次为小（取代基英文名排序在前原则）。例如：

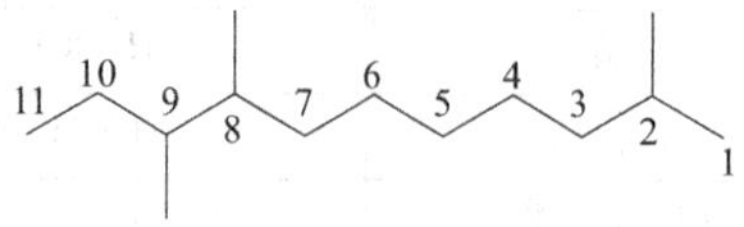

正确编号：取代基的最低位次为2

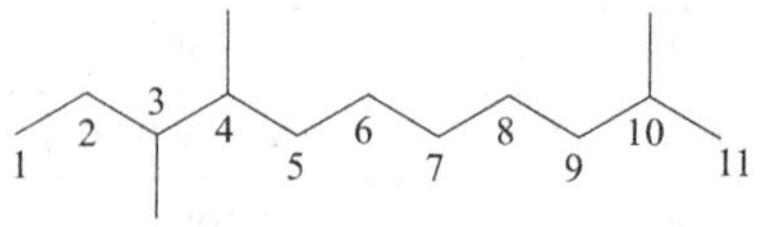

错误编号：取代基的最低位次为3

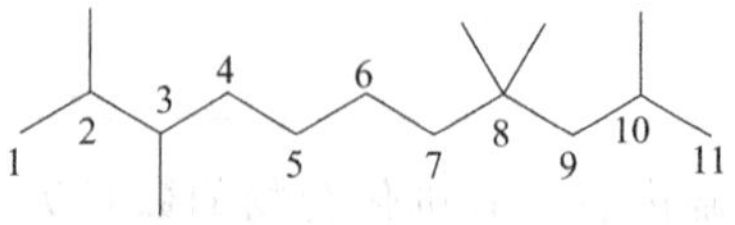

正确编号：取代基位次组为(2,3,8,8,10)

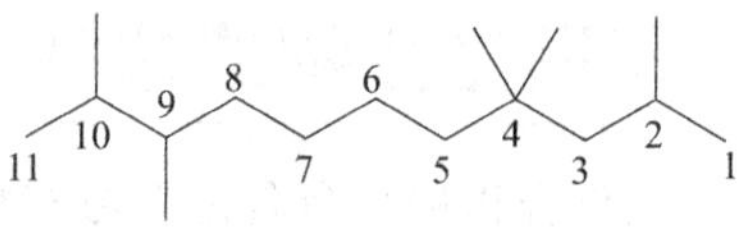

错误编号：取代基位次组为(2,4,4,9,10)

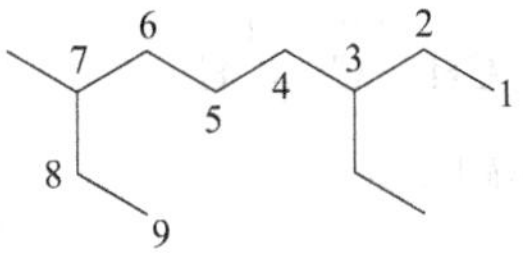

正确编号：乙基(ethyl) 位次为3

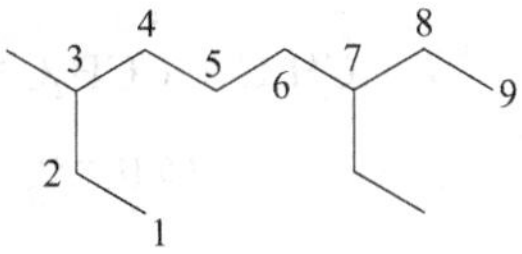

错误编号：甲基(methyl)位次为3

（3）命名

烷烃的系统名由“取代基名（前缀）＋主链烷烃名（后缀）”组成。取代基的位次用阿拉伯数字表示，位次数字置于相应的取代基名之前，并与取代基名之间用短线“-”隔开。如果主链带有几个相同的取代基，则可以将它们合并，在取代基名前用“一”“二”“三”“四”等数字表明取代基的数目，它们的位次数字之间用逗号“，”隔开。需要注意的是，相同位次的相同取代基也要标出取代基的位次，有多少个取代基就有多少个阿拉伯数字表明位次。如果取代基不同，则按取代基英文名字母排序，依次作为前缀列出。例如：

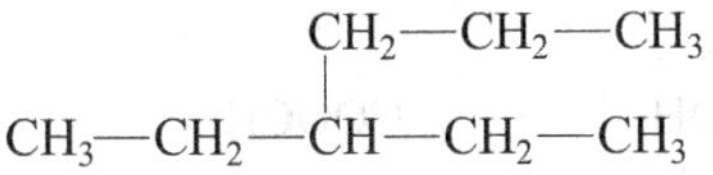

3-乙基己烷

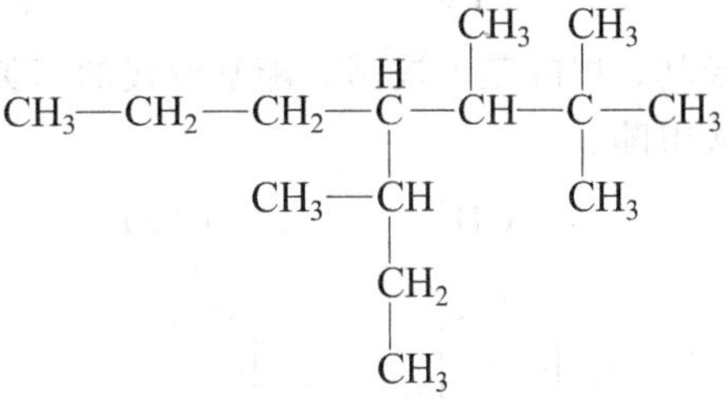

2,2,3,5-四甲基-4-丙基庚烷

9.2.1.2 烯烃和炔烃的命名

烯烃和炔烃分别以“烯”和“炔”为后缀，以取代相应碳数烷烃名中的后缀“烷”字，但对于超过十个碳的不饱和烃，“碳”字通常不能省略。如乙烯、乙炔、丙炔、十一碳烯等。

烯烃和炔烃的系统命名与烷烃命名基本原则相同，稍加补充。

① 将含有双键或叁键的最长碳链作为主链，烯烃和炔烃的系统名则由“取代基名（前缀）＋主链烯（炔）烃名（后缀）”组成，称为“某烯”或“某炔”。

② 将不饱和键编号较小的碳原子的位次写在后缀“烯”或“炔”之前，取代基的位次和名称作为前缀。

③ 用阿拉伯数字标注不饱和键的位次，数字之间用逗号分开，并用连字符插在母体名与后缀之间。如果不饱和键的位置在 1 位，在不引起误会的情况下，位次数字“1”可以省略。用“二”“三”等表示双键或叁键的个数。

④ 当主链同时含有双键和叁键时，系统名的后缀改为“烯炔”，“烯”在前，“炔”在后。主链碳原子的数目在“烯”字前；双键的位次编号置于“烯”之前，而叁键的位次编号置于“炔”之前。

例如：

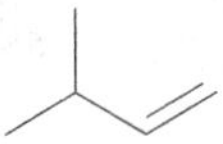

3-甲基丁-1-烯(3-甲基丁烯)

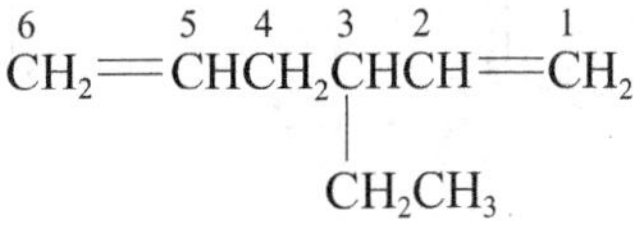

3-乙基己-1,5-二烯

$$\overset{7}{C}H_3\overset{6}{C}\equiv\overset{5}{C}\overset{4}{C}H_2\overset{2}{C}\equiv\overset{1}{C}CH_3 \qquad \overset{5}{C}H_3\overset{4}{C}H=\overset{3}{C}H-\overset{2}{C}\equiv\overset{1}{C}H$$

2,5-庚二炔　　　　3-烯-1-戊炔

9.2.2 单环芳烃的命名

9.2.2.1 单取代苯的命名

苯的一元取代物命名时以苯环为母体，取代基为简单烷基时，“基”字常省略，称为“某苯”。如甲苯、氯苯、硝基苯。

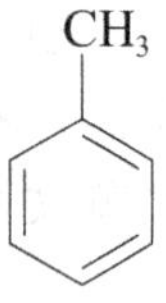
甲苯

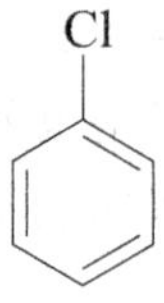
氯苯

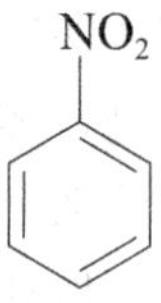
硝基苯

羟基、甲醛基、羧基、酯基取代的苯类化合物分别命名为苯酚、苯甲醛、苯甲酸、苯甲酸甲酯。

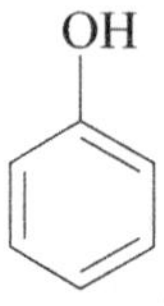
苯酚

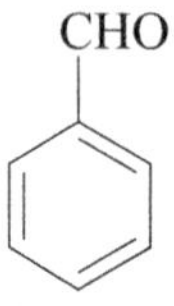
苯甲醛

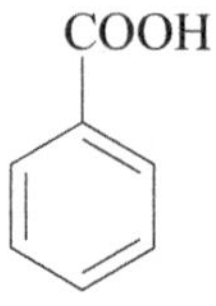
苯甲酸

苯甲酸甲酯

苯的一元取代物中与取代基相连的碳原子编号为 1，苯环的其他位置依次编为 2、3、4、5 和 6。与 1 位碳相邻的 2 和 6 位亦可称为邻位。3 位和 5 位称为间位，4 位称为对位。

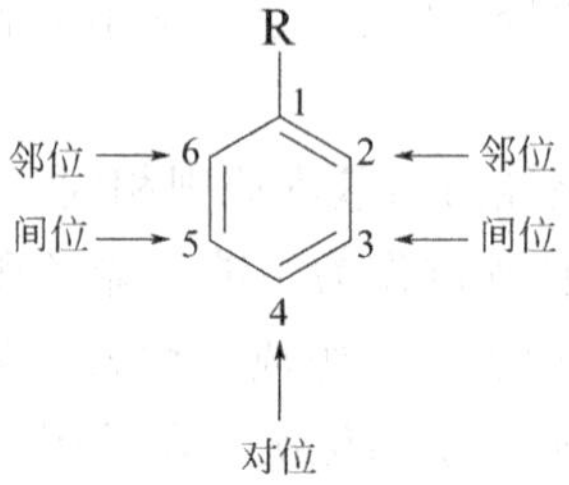

9.2.2.2 双取代苯的命名

苯的二元取代物有邻、间、对三种异构体。编号时，将与取代基相连的碳编号定为 1，并使另一取代基位次最低。命名时，将取代基及其数目和位次编号置于母体名“苯”之前。若有两个取代基不同，则按照取代基英文名字母顺序原则，排序在前者位次为 1。例如：

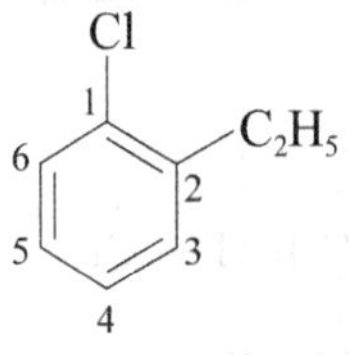
1-氯-2-乙基苯

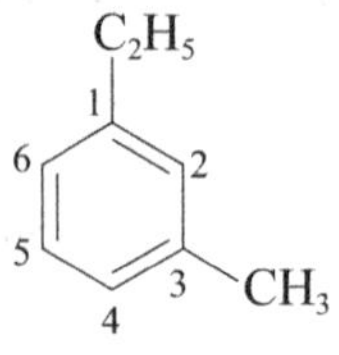
1-乙基-3-甲基苯

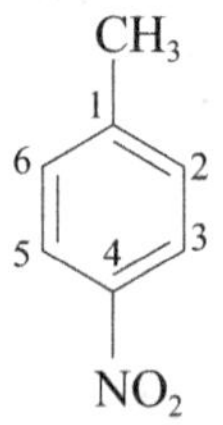
1-甲基-4-硝基苯

两个取代基在苯环上的相对位置可用邻、间、对来表示。1,2-二甲苯、1,3-二甲苯和1,4-二甲苯可分别命名为邻二甲苯、间二甲苯和对二甲苯。例如：

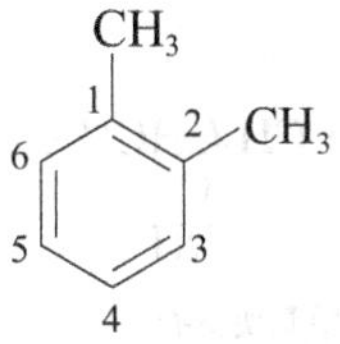

1,2-二甲苯
邻二甲苯

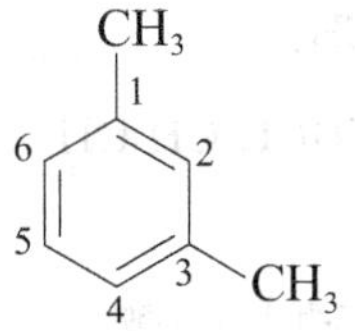

1,3-二甲苯
间二甲苯

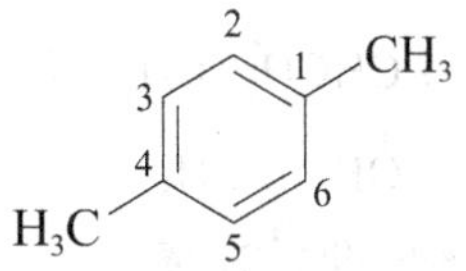

1,4-二甲苯
对二甲苯

9.2.2.3 多取代苯的命名

对于苯的三元取代物，如果取代基相同，将有3种异构体。三个取代基在苯环上的相对位置可用连、偏、均来表示。1,2,3-三甲苯，1,2,4-三甲苯和1,3,5-三甲苯，可分别命名为连三甲苯、偏三甲苯 、均三甲苯。例如：

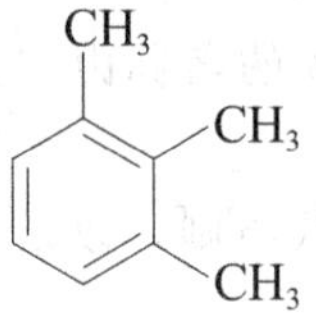

1,2,3-三甲苯
连三甲苯

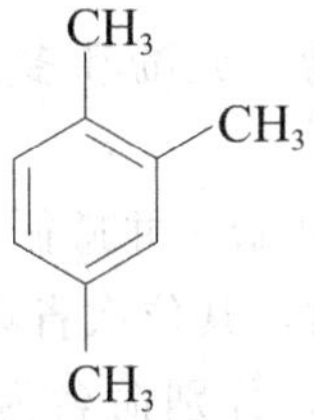

1,2,4-三甲苯
偏三甲苯

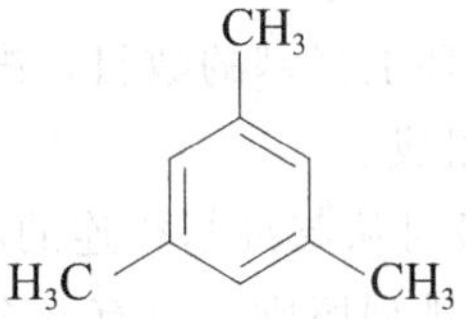

1,3,5-三甲苯
均三甲苯

9.2.3 卤代烃的命名

卤代烃是烃的衍生物，用IUPAC系统命名法命名时，卤原子作为取代基，烃作为母体。命名的基本原则与烃的命名规则相同。当分子中含有两种以上的卤素时，按氟、氯、溴、碘的次序命名。例如：

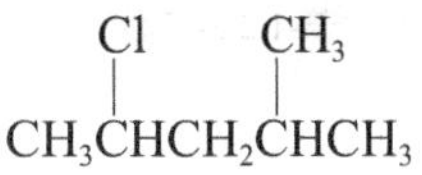

2-氯-4-甲基戊烷

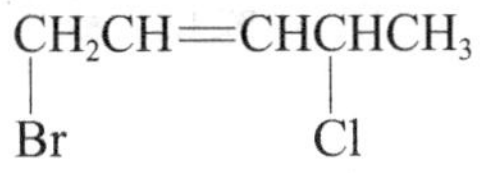

4-氯-1-溴-2-戊烯

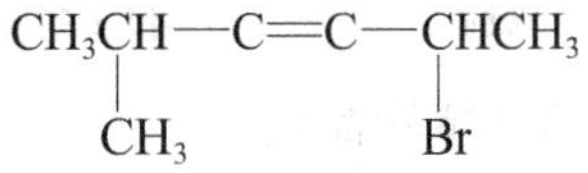

2-甲基-5-溴-3-己炔

一些简单的卤代烃也常使用其别名或俗名。$CHCl_3$ 常称为氯仿，$CHBr_3$ 称为溴仿，CHI_3 称为碘仿，CCl_4 称为四氯化碳。

9.2.4 醇、酚和醚的命名

9.2.4.1 醇的命名

① 选择含有羟基的最长碳链为主链，并遵循羟基位次最低原则进行编号。系统名由“母体烃名＋醇（后缀）”组成，羟基的位次则置于“醇”字之前。母体为烷烃时，在不致误会的情况下“烷”字省略。

② 对于多元醇，首先选择含最多数目羟基的碳链为主链，然后考虑碳链最长原则。编号时优先遵循羟基位次组最低原则。按主链所含羟基的数目，其名称的后缀为“二醇”

“三醇”等。每个羟基的位次置于母体烃名与后缀之间。支链上的羟基则作为取代基。

例如：

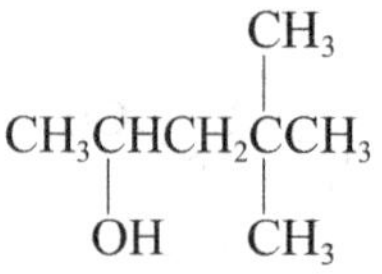

4,4-二甲基戊-2-醇

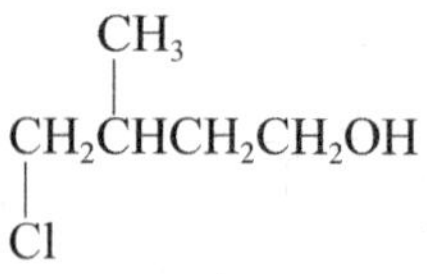

4-氯-3-甲基丁-1-醇

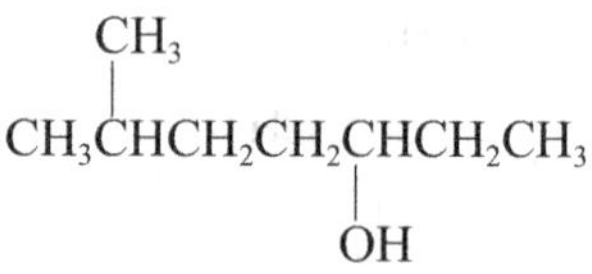

6-甲基庚-3-醇

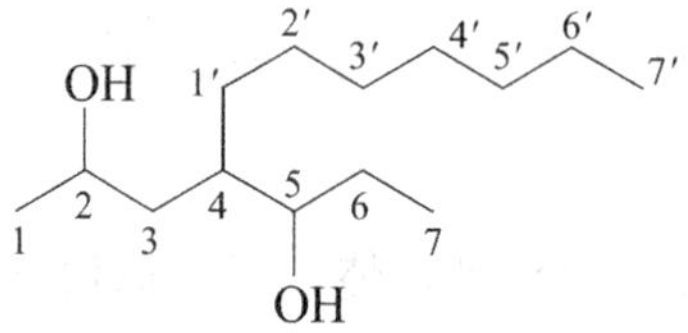

4-庚基庚-2,5-二醇

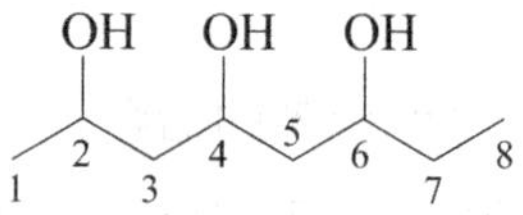

辛-2,4,6-三醇

9.2.4.2 酚的命名

根据苯环上羟基的数目，酚可分为一元酚和多元酚。苯酚的名称由“芳烃名＋酚（后缀）”组成。

① 编号时从与羟基相连的碳原子开始，并遵循位次组最低原则，以及取代基按英文字母顺序排列原则。只有一个羟基时，其位次省略不写。

② 当苯环上有两个或三个羟基时，分别命名为“苯二酚”和“苯三酚”，并将两个（或三个）羟基的位次置于“苯”和“二（或三）酚”之间。

例如：

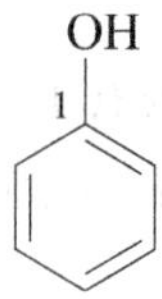

苯酚

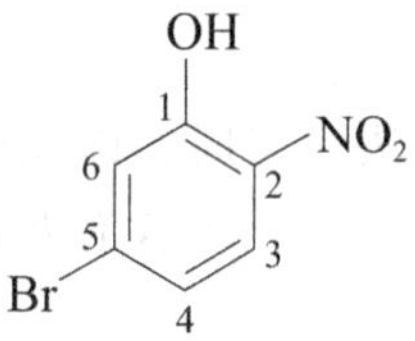

5-溴-2-硝基苯酚

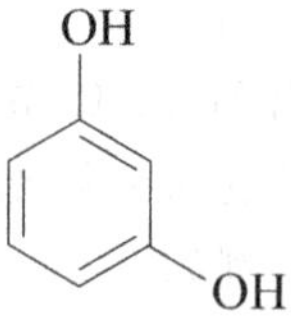

苯-1,3-二酚

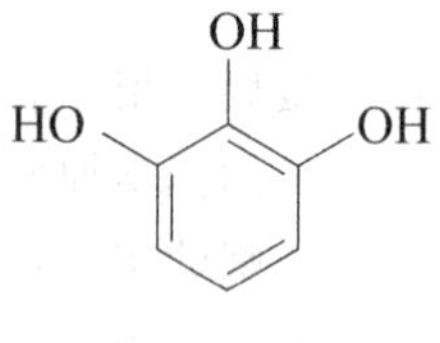

苯-1,2,3-三酚

9.2.4.3 醚的命名

（1）单醚

结构较简单的醚按其烃基来命名。两个烃基相同的醚称为单醚，命名时称为“二某醚”，“二”字可以省略。例如：

$CH_3CH_2OCH_2CH_3$　　$(CH_3CH_2CH_2)_2O$

乙醚　　丙醚

（2）混合醚

两个烃基不相同的醚称为混合醚。命名这类化合物时，按烃基的英文字母顺序先后列出，称为“某基某基醚”。例如：

$CH_3OCH_2CH_3$

乙基甲基醚
ethyl methyl ether

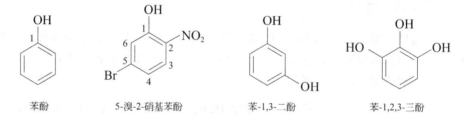

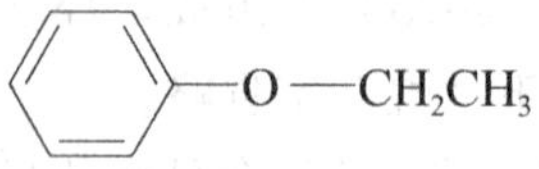

乙基苯基醚
ethyl phenyl ether

（3）复杂醚

对于烃基结构比较复杂的醚，可将烷氧基作取代基，以烃为母体命名。例如：

$$CH_3OCH_2CH_2OCH_3 \qquad CH_3CH_2CH_2CHCH_2CH_3$$
$$\qquad\qquad\qquad\qquad\qquad\qquad OCH_3$$

1,2-二甲氧基乙烷　　　　　　　　3-甲氧基己烷

9.2.5　醛、酮的命名

① 首先选择含有羰基的最长碳链为主链，从醛基一端或从靠近羰基一端开始编号（即羰基位次最低原则），命名为"某醛"或"某酮"。醛羰基的编号固定为 1，命名时不用标出。酮羰基的位次必须标出（个别情况例外），置于后缀"酮"之前。

② 主链上含有不饱和键时，编号依然从主链上靠近羰基的一端开始，即遵循羰基位次最低原则。命名为"某烯醛""某炔醛""某烯酮"或"某炔酮"，同时标明双键、叁键以及酮羰基的位次（个别情况例外），分别置于"烯""炔"和"酮"之前。

例如：

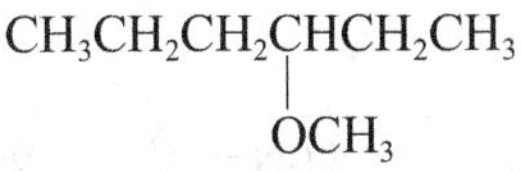

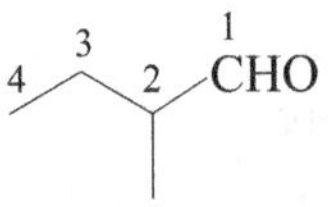

2-甲基丁醛　　　　　　　2-甲基戊-3-酮　　　　　　　丁酮

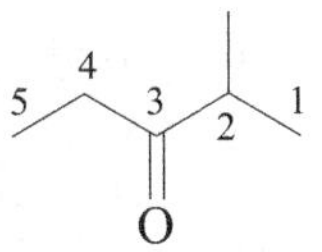

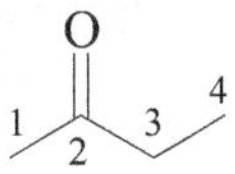

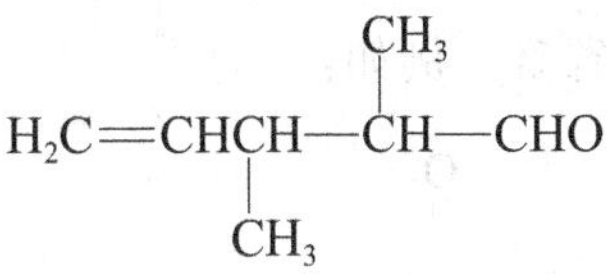

2,3-二甲基戊-4-烯醛　　　　　　　　4,5-二甲基庚-5-烯-3-酮

9.2.6　羧酸及其衍生物的命名

9.2.6.1　羧酸的命名

对于比较复杂的羧酸，需要用系统命名法命名。饱和脂肪酸可看成是相应烷烃的末端甲基被羧酸取代，故命名时将相应的"烷"改为"酸"或"二酸"即可。羧酸碳原子编号固定为 1，如有取代基，将取代基的位次编号与名称作为前缀。如有碳碳双键或叁键，则分别称为"烯酸"和"炔酸"，并将其位次编号置"烯"或"炔"之前。例如：

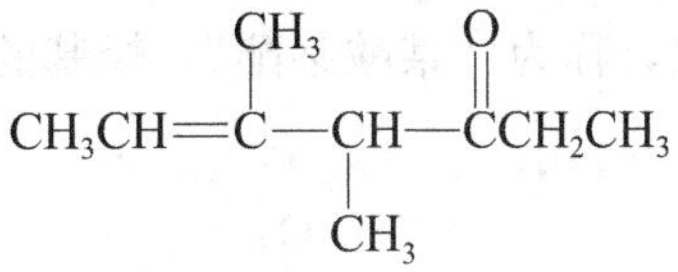

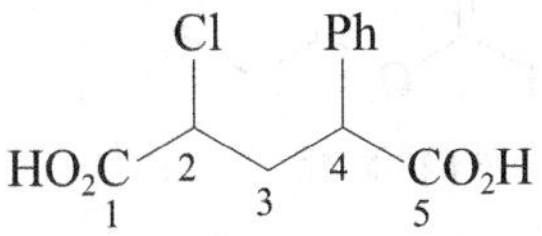

2-氯-4-苯基戊二酸　　　　　　　　己-5-炔酸

对于一些常见的羧酸可根据其来源采用俗名来命名。例如：甲酸最初是由蚂蚁中提取得到的，称为蚁酸；乙酸是由食醋中得到的，称为醋酸。

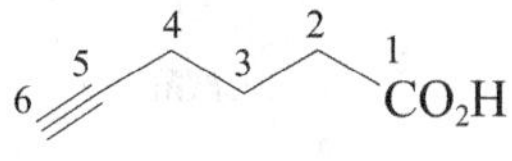

9.2.6.2　酰基卤化物的命名

酰卤的名称由相应的酰基名加卤素名组成，称为“酰氯”“酰溴”等。例如：

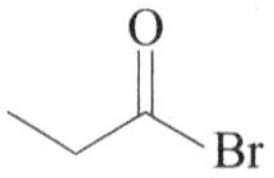

丙酰溴

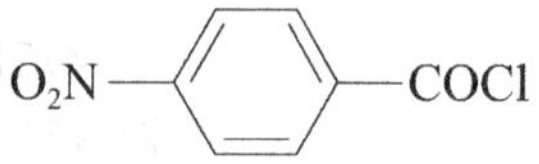

4-硝基苯甲酰氯

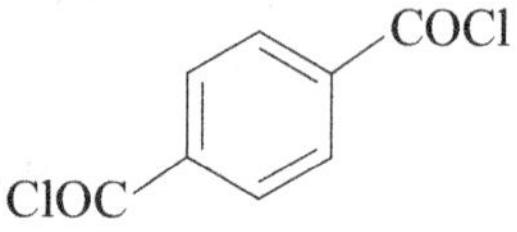

对苯二甲酰二氯

9.2.6.3　酰胺的命名

酰胺也是羧酸的衍生物，命名时将相应羧酸名称中的后缀“酸”或“甲酸”替换为“酰胺”或“甲酰胺”即可。如果氮上有取代基，则取代基名称前加“*N*-”标出，并一起置于母体名之前。例如：

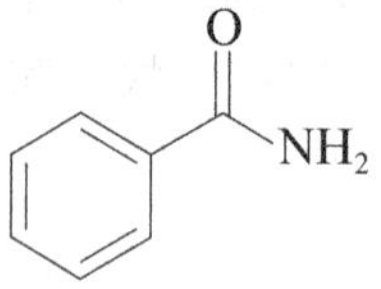

苯甲酰胺

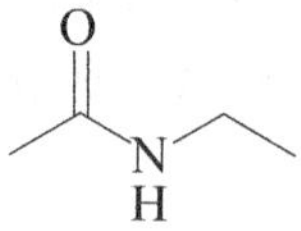

N-乙基乙酰胺

9.2.6.4　酯的命名

酯可看作羧基氢被烃基取代的产物，故其名称由“酸名＋烃基名＋酯（后缀）”组合而成，称为“某酸某酯”，烃基的“基”字通常省略。例如：

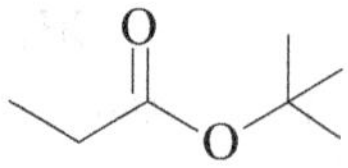

丙酸叔丁酯

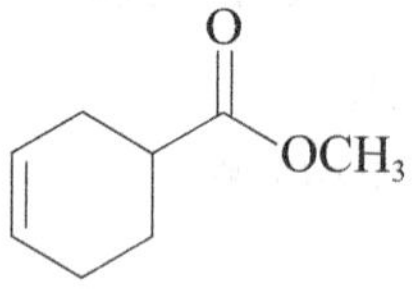

环己-3-烯甲酸甲酯

9.2.6.5　酸酐的命名

酸酐的名称由相应的酸加“酐”组成。一元酸的对称酸酐命名时，只要将相应酸名称中的后缀“酸”换成“酸酐”即可。不同的一元酸形成的不对称酸酐称为混合酸酐，命名时，将形成酸酐的两个酸名称按英文名字母顺序排列，以“酸酐”结尾。例如：

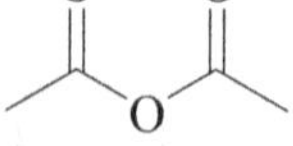

乙酸酐

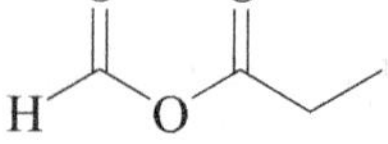

甲酸丙酸酐

9.3　有机化合物的重要反应

有机反应是指有机化合物参与的化学反应。根据反应物转化成产物的过程，细分为取代反应、加成反应、消除反应、重排反应、氧化反应、还原反应、聚合反应、加聚反应和缩聚反应等。

走近化学家：
黄鸣龙

（1）取代反应

取代反应是指在反应过程中有机化合物分子内某些原子或原子团被其他的原子或原子团代替的反应。依据反应过程中引发反应的活泼物种的性质，取代反应可以分为自由基取代反应、亲核取代反应和亲电取代反应等。如烷烃的卤代反应，卤代烃与 NaOH 水溶液反应，醇和氢卤酸反应，苯的溴代、硝化反应，苯酚和溴水的反应，酯化反应、水解反应等。通过此类反应可以生成新的碳碳键、碳氧键、碳氮键、碳硫键、碳卤键等。

（2）加成反应

加成反应一般是指不饱和有机化合物分子与特定化学试剂在不饱和键上发生加合而生成新化合物的反应。不饱和有机化合物分子主要包括烯烃、炔烃、芳烃、羰基和其他不饱和含氮化合物。如烯烃、炔烃、苯环、醛和油脂等加 H_2 反应，烯烃、炔烃等加 X_2 反应，烯烃、炔烃等加 HX 反应，烯烃、炔烃加 H_2O 反应等。

（3）消除反应

在适当条件下，从一分子有机化合物中脱去一个小分子（如 H_2O，HX），而生成含不饱和双键或叁键化合物的反应。如醇分子内脱水生成烯烃、卤代烃脱 HX 生成烯烃。

（4）重排反应

重排反应是指分子的碳骨架发生重排生成异构体的化学反应，是有机化学反应中的一大类。重排反应通常涉及取代基由一个原子转移到同一个分子中另一个原子上的过程。依据反应过程中形成的中间体的性质，重排反应可以细分为碳正离子重排反应、自由基重排反应和碳负离子重排反应。其中以碳正离子重排反应最为普遍。

（5）氧化反应

氧化反应是指有机分子中加氧或去氢以及与强氧化剂发生的反应。如有机物的燃烧，烯烃、炔烃、甲苯、醛等与酸性 $KMnO_4$ 溶液的反应。

（6）还原反应

还原反应是指有机分子中加氢或失去氧的反应。如烯烃、炔烃与氢气的反应，醛酮羰基还原成亚甲基或醇的反应。

（7）聚合反应

聚合反应是指由分子量小的化合物互相结合成分子量大的高分子化合物的反应。它包括加聚反应和缩聚反应。

（8）加聚反应

加聚反应是指由不饱和的单体加成并聚合成高分子化合物的反应。它包括均聚反应和共聚反应。

（9）缩聚反应

由两种或两种以上单体合成高分子化合物时有小分子生成（H_2O 或 HX 等）的反应，称为缩聚反应。基本的缩聚反应有：二元醇与二元酸之间的缩聚、羟基酸之间的缩聚、氨基酸之间的缩聚、苯酚与 HCHO 的缩聚等。

9.4 有机化合物的性质

分子中只含有碳和氢两种元素的有机化合物叫做碳氢化合物，简称烃。显然，烃是最简单的有机化合物，烃可以看作是其他有机化合物的母体，其他有机化合物可以看作是烃的衍生物。根据分子中碳原子间的连接方式，可将烃分为两大类：链烃和环烃。链烃又可分为饱和链烃（烷烃）和不饱和链烃（烯烃和炔烃）。而环烃又可分为脂肪环烃和芳烃。如果将烃类化合物看作其他有机化合物的母体，那么其他有机化合物都可以通过用杂原子或原子团替换烃类分子中的氢原子或部分碳原子而获得。这些用以替换氢原子或碳原子的杂原子或原子团通常决定了烃类衍生物的结构和性质特点。

本节将依次介绍烷烃、烯烃、炔烃、芳烃、卤代烃、醇、酚、醚、醛、酮、羧酸和酯的性质。

9.4.1 烷烃

9.4.1.1 烷烃的结构

分子中所有化学键均为单键的烃称为烷烃。甲烷（CH_4）是烷烃中最简单的分子，其他烷烃中除了 C—H 键，还含有 C—C 键。在烷烃系列化合物中，碳原子的 4 个价键，除以单键与其他碳原子互相结合，其余价键都为氢原子所饱和，所以烷烃也称为饱和烃，其分子组成的通式为 C_nH_{2n+2}。

烷烃分子中所有碳原子均为 sp^3 杂化，分子内的键均为 σ 键，成键轨道沿键轴“头对头”重叠，重叠程度较大，可沿键轴自由旋转而不影响成键。甲烷的成键方式见图 9-1。分子中的碳原子采取 sp^3 杂化，4 个 sp^3 杂化轨道分别与 4 个氢原子的轨道重叠，形成 4 个 C—H σ 键，C—H 键长 110pm，4 个 C—H σ 键间的键角均为 109°28′，空间呈正四面体排布，这样相互间原子距离最远，排斥力最小，能量最低，体系最稳定。

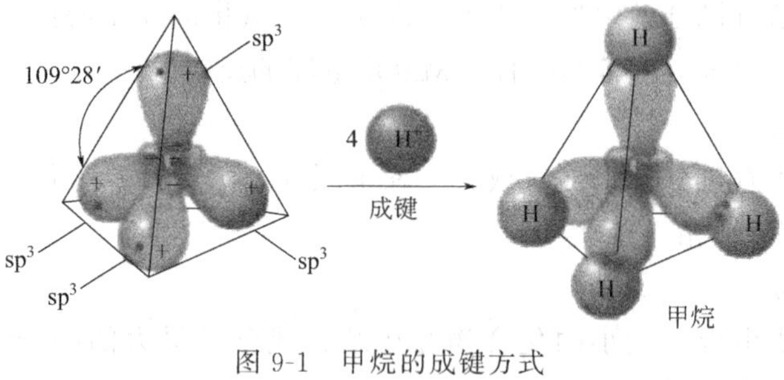

图 9-1 甲烷的成键方式

9.4.1.2 烷烃的物理性质

常温常压下 C_1～C_4 的烷烃为气体，C_5～C_{16} 的烷烃为液体，C_{17} 以上的烷烃为固体。烷烃的熔点沸点基本上随碳原子数的增多而呈规律性变化。烷烃的沸点随分子量的增加而升高。对于相同碳数烷烃的同分异构体，直链烷烃的沸点高于支链烷烃的沸点，支链越多沸点越低。烷烃的熔点基本上也是随分子量的增加而升高，其中偶数碳原子的烷烃的熔点比相邻含奇数碳原子烷烃的熔点升高多一些。分子的对称性越高，其熔点、沸点越高。烷烃的相对密度小于 1，比水轻，随分子中碳原子数目的增加而逐渐增大。烷烃为无极性或弱极性分子，因此易溶于极性较低的有机溶剂，不溶于水。

9.4.1.3 烷烃的化学性质

由于烷烃分子内的C—C键和C—H键都是较强的σ键，所以烷烃是一类不活泼的有机化合物。在常温及常压条件下，烷烃与强酸、强碱、强氧化剂等都不起作用，所以通常用作溶剂和燃料。但是在特定的条件下，如高温、高压、光照或催化剂的影响下，烷烃也可发生以下化学反应。

(1) 氧化反应

有机化学中的氧化反应是指在有机分子中加入氧或去掉氢的反应，对应着碳元素氧化值的升高。在室温和大气压下，烷烃与氧不发生反应，如果点火引发，烷烃可以燃烧生成 CO_2 和 H_2O，同时放出大量的热。天然气、汽油、柴油等能源燃料的燃烧都属于此类反应。例如甲烷的燃烧反应：

$$CH_4 + 2O_2 \longrightarrow CO_2 + 2H_2O + 890kJ \cdot mol^{-1}$$

控制适当的反应条件，烷烃也可以只氧化为一定的含氧化合物。例如，在 $KMnO_4$、MnO_2 或脂肪酸锰盐的催化作用下，小心用空气或氧气氧化高级烷烃，可制得高级脂肪酸。

(2) 取代反应

烷烃与某些试剂可以发生反应，烷烃中的氢原子可以被其他原子或原子团取代，这样的反应称为取代反应。烷烃中的氢原子被卤素原子所取代的反应称为卤代反应，该反应也是烷烃的特征反应。

甲烷在漫射光或加热（400～450℃）的情况下，甲烷分子中的氢原子可逐渐被氯原子取代，甲烷的氯代反应速率很快而难以控制，得到一氯甲烷、二氯甲烷、三氯甲烷和四氯化碳的混合物。

$$CH_4 + Cl_2 \xrightarrow{\text{漫射光}} CH_3Cl + HCl$$

$$CH_3Cl + Cl_2 \xrightarrow{\text{漫射光}} CH_3Cl_2 + HCl$$

$$CH_2Cl_2 + Cl_2 \xrightarrow{\text{漫射光}} CHCl_3 + HCl$$

$$CHCl_3 + Cl_2 \xrightarrow{\text{漫射光}} CCl_4 + HCl$$

烷烃卤化时，通常得不到单一的产物。控制反应条件，则可使某一产物成为主产物。例如，工业上采用热氯代法，控制反应温度400～450℃，当 CH_4 与 Cl_2 的物质的量之比为10∶1时，主要生成一氯甲烷；当 CH_4 与 Cl_2 的物质的量之比为0.263∶1时，主要生成四氯化碳。

丁烷的溴代反应不但需要光照，还需要加热才能进行，而且溴代位置具有一定的选择性。

$$CH_3CH_2CH_2CH_3 + Br_2 \xrightarrow{h\nu,\ \triangle} \underset{95\%}{CH_3CH_2\underset{\underset{Br}{|}}{C}HCH_3} + \underset{5\%}{CH_3CH_2CH_2CH_2Br}$$

(3) 裂化反应

烷烃在隔绝空气的情况下，加热到高温，分子中的C—C键和C—H键发生断裂，这种由较大分子转变成较小分子过程，称为裂化反应。裂化反应的产物往往是复杂的混合物。例如：

$$CH_3CH_2CH_2CH_3 \xrightarrow{\text{裂化}} \begin{cases} CH_4 + CH_3CH{=}CH_2 \\ CH_2{=}CH_2 + CH_3CH_3 \\ CH_3CH_2CH{=}CH_2 + H_2 \end{cases}$$

裂化反应产生的低级烯烃是有机化学工业的基础原料，因此，裂化反应在石油工业中具有非常重要意义。利用裂化反应，可以提高汽油的产量和质量。

9.4.1.4 烷烃的用途

烷烃的主要来源是石油和天然气。天然气中含有大量的甲烷（约 75%）、乙烷（约 15%）和丙烷（约 5%）。甲烷高温分解可得炭黑，用作颜料、油墨、涂料以及橡胶的添加剂。甲烷是制造氢、一氧化碳、甲醇、甲醛、乙炔、氨等物质的原料。石油中含有多种链烷烃、环烷烃、芳烃及它们的衍生物，石油工业中将其分馏为不同的部分进行使用。石油气、汽油、煤油、柴油等都是多种烷烃的混合物，它们不但是主要的燃料，也是重要的化工原料。

9.4.2 烯烃

9.4.2.1 烯烃的结构

分子中具有一个碳碳双键的开链不饱和烃叫做烯烃，包括链状烯烃和环状烯烃。碳碳双键是烯烃的官能团，由于分子中具有双键，因此烯烃要比相同碳原子数的烷烃少两个氢原子，所以烯烃通式是 C_nH_{2n}。

乙烯(C_2H_4) 是最简单的烯烃，现以乙烯为例介绍烯烃的结构。现代物理方法证明，乙烯分子是一个平面结构，分子中所有的 C 原子和 H 原子都在一个平面内，键角接近 120°，C=C 键长约为 134pm，比 C—C 键（154pm）短，C—H 键长为 110pm。如图 9-2(a) 所示。在乙烯分子中，两个 C 原子各以一个 sp^2 杂化轨道重叠形成一个 C—C σ 键，又分别各以两个 sp^2 杂化轨道与两个 H 原子形成 C—H σ 键。这五个 σ 键处在同一平面上。另外，每个 C 原子的一个垂直于平面的 p 轨道，彼此平行侧面重叠，形成 C—C 间的 π 键。如图 9-2(b) 所示。

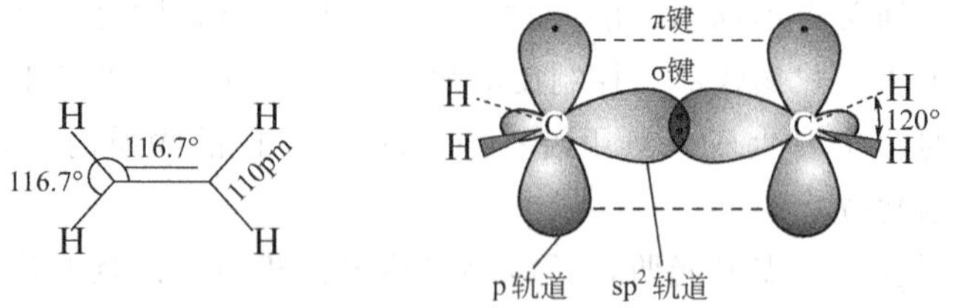

(a) 乙烯分子示意图　　(b) 乙烯分子中的σ键和π键

图 9-2　乙烯键结构

9.4.2.2 烯烃的物理性质

单烯烃的物理性质和烷烃相似，其熔点、沸点都比较低。直链烯烃的沸点随着碳原子数目的增加而升高。常温下，乙烯、丙烯和丁烯是气体，从戊烯开始是液体，19 个碳以上的烯烃是固体。与烷烃相似，在同系列中，烯烃的沸点随着分子量的增加而增高。

同碳数的正构烯烃的沸点比带支链的烯烃的高。烯烃的相对密度都小于1，比水轻，且随着分子量的增大而增大。烯烃仅有微弱的极性，易溶于非极性的有机溶剂而难溶于水。

9.4.2.3 烯烃的化学性质

烯烃为不饱和烃，其化学性质较烷烃活泼，能发生加成、氧化、聚合等反应，其中加成反应是烯烃的特征反应。

(1) 加成反应

烯烃的加成反应，就是碳碳双键中的 π 键打开，加成试剂的两个原子或基团分别结合到双键两端的碳原子上，形成两个新的 σ 键，从而变成饱和的化合物。加成反应通常有以下常见的类型：加氢、加卤素、加卤化氢、加水等。

在铂、钯、镍等金属催化剂的作用下，烯烃可以发生催化加氢反应生成相应的烷烃。烯烃与氯或溴在常温下发生加成反应，生成邻二卤代烷。烯烃与 HCl、HBr、HI 可以发生亲电加成反应而生成卤代烷。在硫酸催化下，烯烃与水加成生成相应的醇。

$$H_2C{=\!=}CH_2 + H_2 \longrightarrow CH_3CH_3$$

$$H_2C{=\!=}CH_2 + Br_2 \longrightarrow CH_2BrCH_2Br$$

$$H_2C{=\!=}CH_2 + HI \longrightarrow CH_3CH_2I$$

$$H_2C{=\!=}CH_2 + H_2O \longrightarrow CH_3CH_2OH$$

(2) 氧化反应

烯烃很容易被氧化，氧化时 π 键首先被氧化而断裂。烯烃中的 C=C 键容易被氧化，随着氧化剂及反应条件不同会生成不同的氧化产物。常用的氧化剂有高锰酸钾溶液。采用稀、冷的碱性高锰酸钾水溶液氧化烯烃时，产物如下：

$$R{-}CH{=\!=}CH_2 \xrightarrow[\text{冷，}OH^-]{KMnO_4\text{，}H_2O} R{-}\underset{\underset{OH}{|}}{CH}{-}\underset{\underset{OH}{|}}{CH_2} + MnO_2\downarrow$$

在室温下，中性或碱性的高锰酸钾溶液可以将烯烃氧化为邻二醇：

$$(CH_3)_2C{=\!=}CHCH_3 \xrightarrow[\text{中性或碱性}]{KMnO_4} (CH_3)_2\overset{\overset{OH}{|}}{\underset{\underset{OH}{|}}{C}}CHCH_3$$

在较剧烈的氧化条件下，如采用加热及浓的高锰酸钾溶液，则不仅 π 键会打开，σ 键也会发生断裂，产物如下：

$$R{-}CH{=\!=}CH_2 \xrightarrow[\Delta]{KMnO_4} R{-}\underset{\underset{OH}{|}}{C}{=\!=}O + H{-}\overset{\overset{O}{\|}}{C}{-}OH$$

反应后由于高锰酸钾被还原而使其紫色褪去，因而可用高锰酸钾溶液的褪色反应来检验双键的存在。

用有机过氧酸氧化烯烃，可以生成环氧化合物：

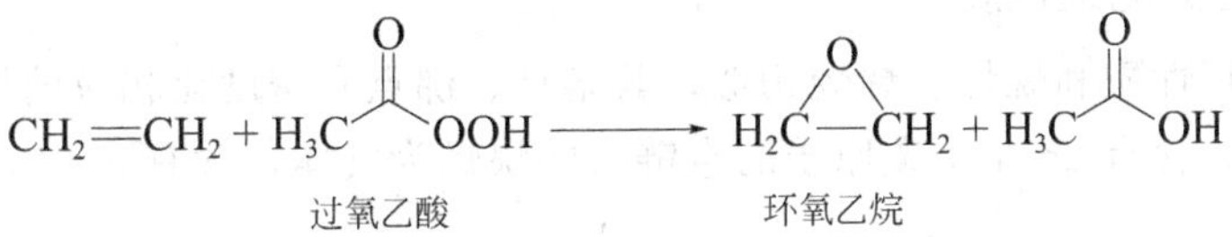

（3）聚合反应

一定温度、压力及催化剂作用下，烯烃分子中 π 键断裂且发生分子间的相互加成生成高分子化合物，这种由低分子量的有机化合物相互作用而生成高分子化合物的反应叫做聚合反应。因烯烃的聚合是通过加成反应进行的，所以这种聚合方式称为加成聚合反应，简称加聚。参与聚合反应的烯烃分子称为单体，生成的产物叫做聚合物，n 称为聚度。

$$n\,RCH{=\!=}CHR' \longrightarrow \left.\begin{array}{c} R \quad H \\ \mid \quad \mid \\ -C-C- \\ \mid \quad \mid \\ H \quad R' \end{array}\right]_n$$

$\qquad\qquad$单体$\qquad\qquad\qquad\qquad$聚合物

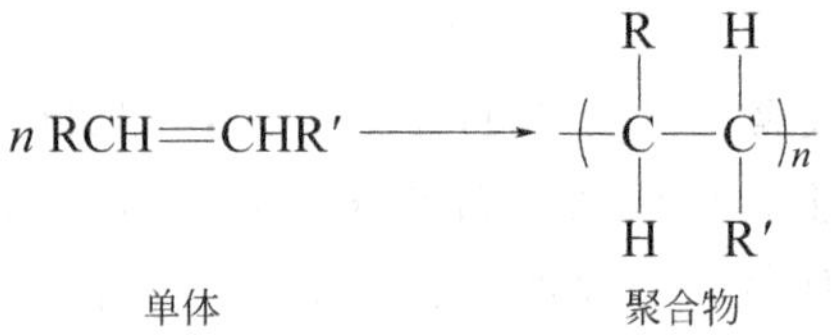

9.4.2.4　烯烃的用途

烯烃的来源主要是石油裂解产物，经过分馏可以得到各种纯的烯烃。实验室中，烯烃主要通过醇、卤代烷或邻二卤代烷的消除反应来制取。乙烯（C_2H_4）是最简单的烯烃，也是重要的化工原料。乙烯最大的用量是用来制造聚乙烯等高聚物。各类乙烯系统的产品在国际上占全部化工产品产值的一半左右。因此，乙烯的产量常常用来衡量一个国家石油化工的水平。工业上常用作聚合单体的烯烃还有丙烯、异丁烯、丁二烯、苯乙烯等，它们是合成橡胶、塑料、纤维等的重要原料。

9.4.3　炔烃

9.4.3.1　炔烃的结构

分子中含有碳碳叁键的不饱和烃叫做炔烃，其通式是 C_nH_{2n-2}。

乙炔（C_2H_2）是最简单也是最重要的炔烃，现以乙炔为例介绍炔烃的结构。现代物理方法证明乙炔分子四个原子排列在一条直线上。乙炔 C≡C 的键长为 120pm，C—H 键长为 106pm，如图 9-3(a) 所示。在乙炔分子中，两个 C 原子各以一个 sp 杂化轨道重叠形成一个 C—C 键，另两个 sp 杂化轨道分别与两个 H 原子形成两个 C—H σ 键。这三个 σ 键处在同一平面上。每个 C 原子的 p_y 轨道和 p_z 轨道彼此平行侧面重叠，形成两个相互垂直的碳碳 π 键，从而形成乙炔分子。如图 9-3(b) 所示。

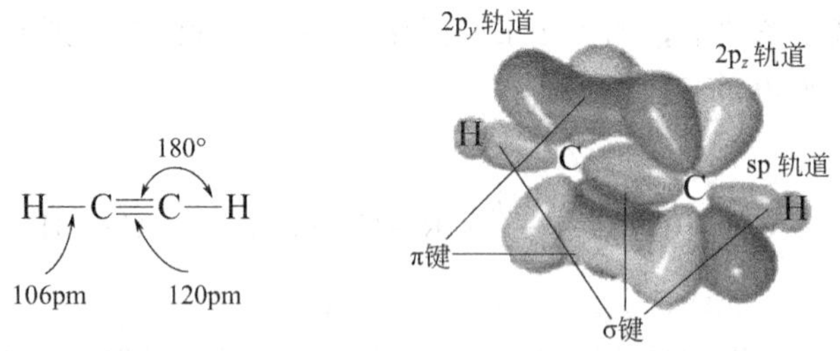

(a) 乙炔的结构　　　　　(b) 乙炔分子中的σ键和π键

图 9-3　乙炔键结构

9.4.3.2　炔烃的物理性质

炔烃的物理性质和烷烃、烯烃相似，其熔点、沸点和密度比相应的烷烃和烯烃高。在常温常压下，含有 2～4 个碳原子的直链末端炔烃为气体，含有 5～15 个碳原子的为液体，含有 16 个及以上碳原子的炔为固体。炔烃的沸点随着碳原子数目的增加而升高。炔烃的密度都小于 $1.0g \cdot cm^{-3}$，且随着分子量的增大而增大。炔烃易溶于极性小的有机溶剂（石油醚、苯、乙醚、四氯化碳）而不溶于水。

9.4.3.3 炔烃的化学性质

炔烃分子中也有 π 键，故与烯烃的化学性质相似，也能发生加成、氧化、聚合等反应。

（1）加成反应

炔烃分子中碳碳叁键中有两个 π 键，其不饱和性比烯烃大。炔烃中的 π 键断裂，两个碳原子分别与其他基团结合形成键的反应称为炔烃的加成反应。通常可与两分子试剂发生加成，即相当于两次双键加成。炔烃与烯烃类似，也可以和氢气、卤素、卤化氢、水等多种试剂发生加成反应，然而两者的反应活性及反应产物互有区别。

在金属催化剂（如铂、钯）的作用下，炔烃可以与两分子氢气反应生成相应的烷烃，该反应分两步进行：

$$RC{\equiv}CR' \xrightarrow[\text{催化剂}]{H_2} RCH{=}CHR' \xrightarrow[\text{催化剂}]{H_2} RCH_2CH_2R'$$

炔烃与卤素的加成也分为两步进行：第一步生成二卤化物，第二步生成四卤化物。

$$RC{\equiv}CR' \xrightarrow{X_2} \underset{X}{\overset{X}{RC{=}CR'}} \xrightarrow{X_2} \underset{X \quad X}{\overset{X \quad X}{RC{-}CR'}}$$

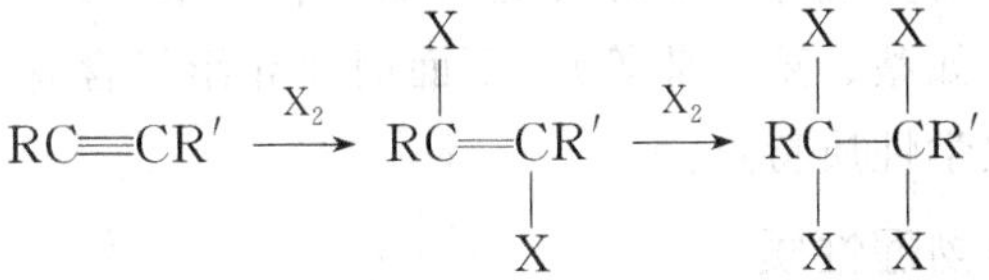

炔烃也可以与卤化氢发生亲电加成，反应生成卤代烯及卤代烷。

$$RC{\equiv}CH \xrightarrow{HX} \overset{X}{RC{=}CH_2} \xrightarrow{HX} \underset{X}{\overset{X}{RC{-}CH_3}}$$

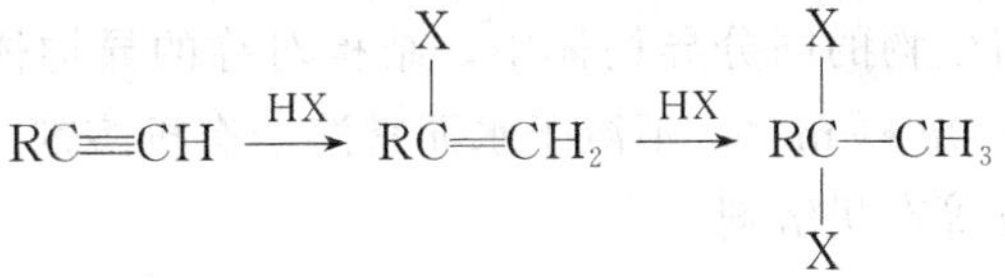

在硫酸汞-硫酸催化下，炔烃与水加成首先生成烯醇式中间体，然后发生分子内重排生成醛或酮。

$$RC{\equiv}CR' \xrightarrow[HgSO_4\text{-}H_2SO_4]{H_2O} \left[\overset{OH}{RC{=}CHR'} \right] \longrightarrow R{-}\overset{O}{\overset{\|}{C}}{-}CH_2R'$$

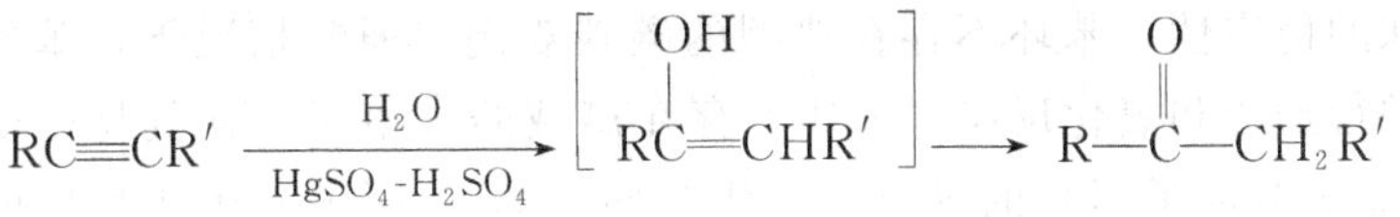

（2）氧化反应

炔烃和氧化剂反应，往往可以使碳碳叁键断裂，最后得到完全氧化的产物羧酸或 CO_2（乙炔被氧化时生成 CO_2）。例如：

$$R{-}C{\equiv}C{-}R' \xrightarrow{KMnO_4} RCOOH + R'COOH$$

炔烃被高锰酸钾氧化后可使其紫色褪去，因而可用高锰酸钾溶液的褪色反应来检验叁键的存在。

（3）聚合反应

在一定的温度、压力及催化剂作用下，炔烃可以聚合为链状或环状化合物，甚至可以形成高聚物。例如，在不同条件下，乙炔可生成链状的二聚物或三聚物，也可生成环状的三聚物或四聚物。

$$2HC{\equiv}CH \xrightarrow[H_2O]{CuCl_2 + NH_4Cl} H_2C{=}CH{-}C{\equiv}CH$$

$$2HC\equiv CH \xrightarrow[\text{H}_2\text{O}]{\text{Ni(CN)}_2,(\text{C}_6\text{H}_3)\text{P}}$$

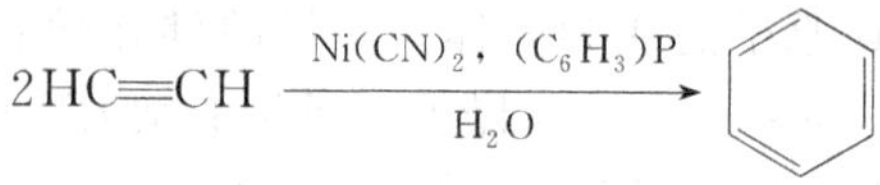

9.4.3.4　乙炔的用途

工业上乙炔可以通过电石法、甲烷部分氧化法或烃类裂解法获得。由于乙炔燃烧时发白光，在氧气中燃烧可以达到 2800℃，所以可以作为照明和加热燃料。乙炔也是制造乙醛、乙酸、苯、合成橡胶、合成纤维等的基本原料。用乙炔为原料，又可以制得其他末端炔烃。

$$CaC_2 + 2H_2O \longrightarrow HC\equiv CH + Ca(OH)_2$$

$$2CH_4 \xrightarrow{1500℃} HC\equiv CH + 3H_2$$

9.4.4　芳烃

芳香族碳氢化合物简称芳烃，通常指含有苯环结构的烃类化合物。它们是芳香族化合物的母体，芳香族化合物是芳烃及其衍生物的总称。按照分子中苯环数目的多少及连接方式的不同，可将芳烃分为单环芳烃（如苯、甲苯等）、多环芳烃（如联苯、二苯甲烷）和稠环芳烃（如萘、蒽、菲等）。下面简要介绍只含有一个苯环的芳烃（单环芳烃）的物理性质和化学性质特点。

9.4.4.1　单环芳烃的物理性质

单环芳烃及其衍生物大多为液体，其沸点随着碳原子数目及分子量的增加而升高。在二元及二元取代苯衍生物的同分异构体中，结构对称的异构体具有较高的熔点。单环芳烃的密度都小于 $1.0\text{g}\cdot\text{cm}^{-3}$，不溶于水而易溶于有机溶剂。例如，苯及其同系物易溶于石油醚、醇、醚等有机溶剂。

9.4.4.2　单环芳烃的化学性质

芳烃的化学性质与前面介绍的烷烃、烯烃及炔烃有明显的区别。芳烃不饱和度较高，具有特殊的稳定性。苯环不存在典型的碳碳双键，通常情况下，苯环易进行取代反应而不易进行加成和氧化反应。苯环上存在离域的 π 电子，使其易于受到亲电试剂（带正电荷的原子或原子团）的进攻，取代苯环上的 H 原子而生成相应的取代苯，这种反应称为亲电取代反应，也是芳环上的特征反应。而加成反应或氧化反应会破坏苯环结构，只有在特殊条件下才能发生。

（1）取代反应

苯环上的 H 原子被烃基取代可以得到其他芳烃。由于苯分子的 6 个 H 是等价的，所以苯的一元取代产物只有一种。但是其二元取代产物存在位置异构现象，有邻位、间位、对位取代三种情况。

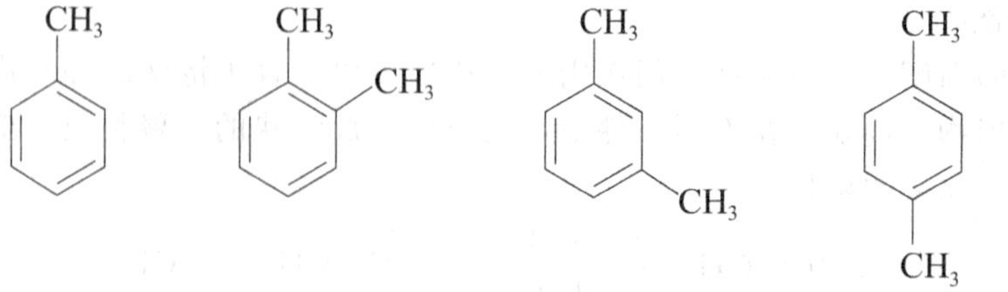

甲苯	1,2-二甲苯 （邻二甲苯）	1,3-二甲苯 （间二甲苯）	1,4-二甲苯 （对二甲苯）

在三氯化铁或三氯化铝的催化下，苯环上的 H 原子与被 Cl 或 Br 取代生成卤代苯，称为卤化反应。例如：

$$\text{苯} + Cl_2 \xrightarrow[\text{或FeCl}_3]{Fe} \text{Cl-苯} + HCl$$

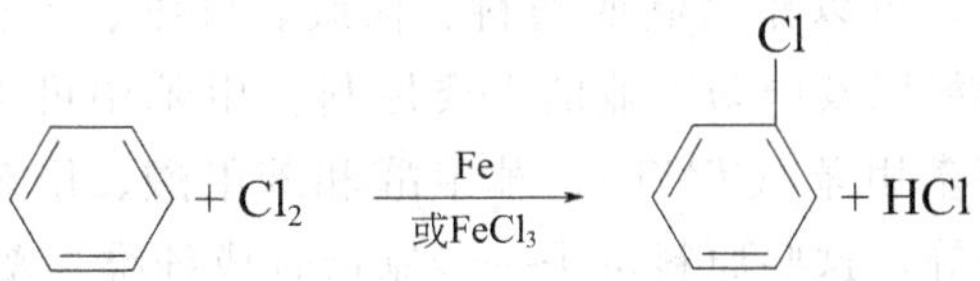

在浓硝酸和浓硫酸的混合物作用下，苯环上的 H 原子可被硝基（—NO₂）取代生成硝基苯，此反应称为硝化反应，例如：

$$\text{苯} + HNO_3 \xrightarrow[\text{50℃左右}]{H_2SO_4} \text{NO}_2\text{-苯} + H_2O$$

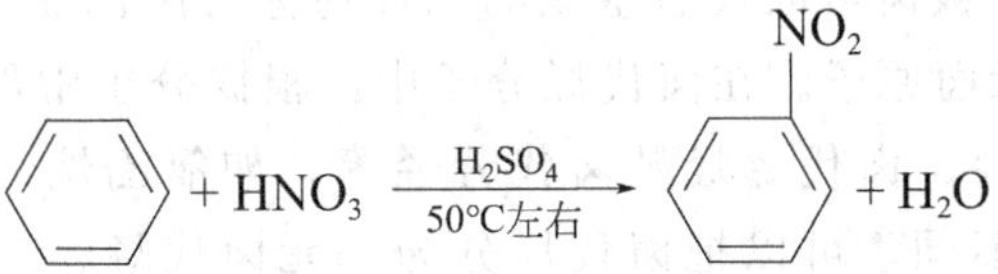

苯与浓硫酸或发烟硫酸作用，被磺酸基（—SO₃H）取代生成苯磺酸，这类反应叫做磺化反应，例如：

$$\text{苯} + H_2SO_4 \xrightarrow{80℃} \text{SO}_3\text{H-苯} + H_2O$$

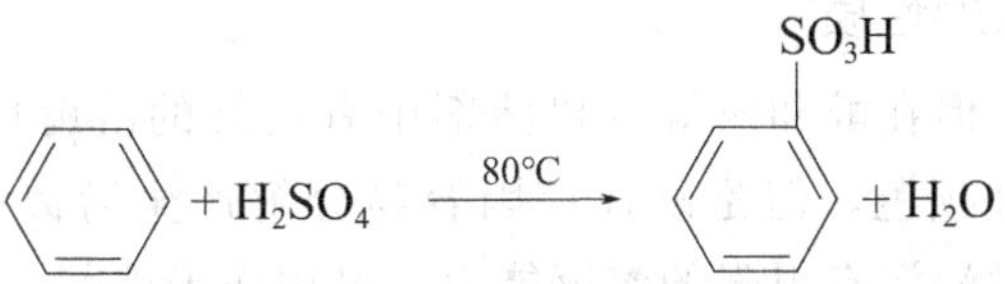

磺酸基酸性很强，在水中的溶解度很大，因此在有机化合物中引入磺酸基可以增加有机化合物在水中的溶解度。

（2）还原反应

在加热加压条件下，苯环可以进行催化加氢而被还原为环己烷。例如：

$$\text{苯} + 3H_2 \xrightarrow[\text{200℃, 2.8MPa}]{Ni} \text{环己烷}$$

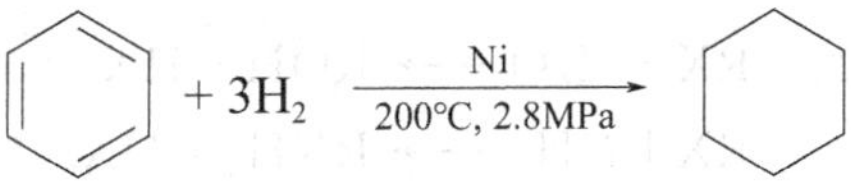

（3）氧化反应

苯在一般条件下不易被氧化而开环。高温、V_2O_5 催化下，苯可以被空气氧化而生成顺丁烯二酸酐。例如：

$$\text{苯} + O_2 \xrightarrow[\text{450℃}]{V_2O_5} \text{顺丁烯二酸酐} + CO_2 + H_2O$$

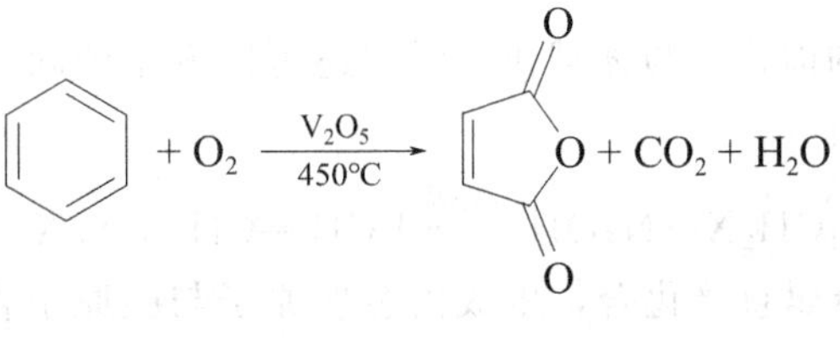

9.4.4.3　芳烃的用途

芳烃主要是从煤和石油中得到的。将煤隔绝氧气加热到 1000℃，使其分解成焦炉煤气、煤焦油和焦炭。从焦炉煤气中可以分离出苯、甲苯、二甲苯、苯酚、萘等芳香族化合物，从煤焦油中可以分离出苯、萘、蒽、菲等。为了满足对芳烃的需求，可以用烷烃为原料进行制备。450～500℃时，铂或钯催化下，链烷烃和环烷烃可以转变为芳烃。

最简单的芳烃是苯（C_6H_6），苯是合成其他芳香族化合物的重要原料，其最主要的用途是制取乙苯，其次是制取环己烷和苯酚。苯经取代反应、加成反应、氧化反应等生成的一系列化合物，可以作为制取塑料、橡胶、纤维、染料、去污剂、杀虫剂等的原料，也是医药、燃料以及国防工业的重要原料。甲苯中可以衍生出许多种化工原料，如硝基甲苯、三硝基甲苯（TNT）、苯甲醛和苯甲酸、甲苯二异氰酸酯、氯化甲苯、甲酚和对甲苯磺酸等，这些原料可进一步制造合成纤维、塑料、炸药和染料等。

9.4.5 卤代烃

烃分子中的氢原子被卤素取代后生成的化合物称为卤代烃，简称卤烃。卤代烃的通式为 R—X，X 表示卤原子。在卤代烃分子中，根据分子中母体烃类别的不同，可将卤代烃分为卤代烷烃、卤代烯烃及卤代芳烃等，如氯乙烷、氯乙烯、氯苯。根据分子中卤原子数目的不同，可以把卤代烃分为一元卤代烃、二元卤代烃、三元卤代烃等。例如，一氯乙烷、二氯乙烷、三氯丙烷。二元或二元以上的卤代烃统称为多卤代烃。

9.4.5.1 卤代烃的物理性质

卤代烃不溶于水，但在醇和醚等有机溶剂中有良好的溶解性，有些卤代烃可用作有机溶剂。卤代烷没有颜色，但是碘代烷因容易分解产生游离的碘而显示碘的颜色。多氯代烷及多氯代烯对油污有很强的溶解能力，可用作干洗剂。

9.4.5.2 卤代烃的化学性质

在卤代烃分子中，卤原子是官能团，由于卤原子的电负性很强，所以碳-卤键是极性共价键。当卤烃遇到带有负离子或带有未共用电子对的试剂时易于发生取代反应，例如：

$$RX + H_2O \longrightarrow ROH + HX$$

$$RX + NH_3 \longrightarrow RNH_2 + HX$$

$$CH_3CH_2I + NaCN \longrightarrow CH_3CH_2CN + NaI$$

$$RX + R'ONa \longrightarrow ROR'NaX$$

以上这些反应是合成制备醇（ROH）、胺（RNH_2）、醚（ROR′）及腈（RCN）等化合物的重要方法。

此外，具有 β-氢的卤代烃与强碱作用时，还可以发生消除反应。即脱去一分子卤化氢而生成双键。例如：

$$RCH_2CH_2X + NaOH \xrightarrow{\text{乙醇}} RCH{=}CH_2 + NaX + H_2O$$

卤代烷能与某些金属直接化合，生成由金属原子与碳原子直接相连的化合物，称为有机金属化合物。例如，某一卤代烷与金属镁在绝对乙醚（无水、无醇的乙醚）中作用生成有机金属镁化合物，产物能溶于乙醚，不需分离即可直接用于各种合成反应，这种产物一般称为格利雅试剂（Grignard reagent），简称格氏试剂。

$$RX + Mg \xrightarrow{\text{绝对乙醚}} R{-}Mg{-}X$$

格氏试剂非常活泼，能起多种化学反应。遇有活泼氢的化合物（如水、醇、氨等）则分解为烷烃。格氏试剂在空气中能被缓慢氧化，所以保存格氏试剂时应隔绝空气。

9.4.6 醇、酚、醚

醇、酚、醚都是烃的含氧衍生物。醇和酚可以看作是烃分子中的氢原子被羟基（—OH）取代的产物。羟基与脂肪烃基直接相连的化合物叫醇；羟基与芳香烃基直接相连的化合物叫酚；醚可以看作是水分子中两个氢原子被两个烃基取代后的产物。例如：

$$CH_3CH_2-OH \qquad \text{〇}-OH \qquad CH_3CH_2-O-CH_2CH_3$$

乙醇 苯酚 乙醚

饱和一元醇的通式为 $C_nH_{2n+1}OH$，或简写成 ROH，醚的通式为 R—O—R′。

9.4.6.1 醇

醇分子中羟基是官能团，又称醇羟基。在醇分子中根据醇羟基与所连碳原子类别的不同，可将醇分为伯醇、仲醇、叔醇。例如：

$$RCH_2-OH \qquad \underset{R'}{\overset{R}{CH}}-OH \qquad \underset{R'}{\overset{R \quad R''}{C}}-OH$$

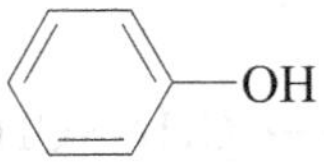

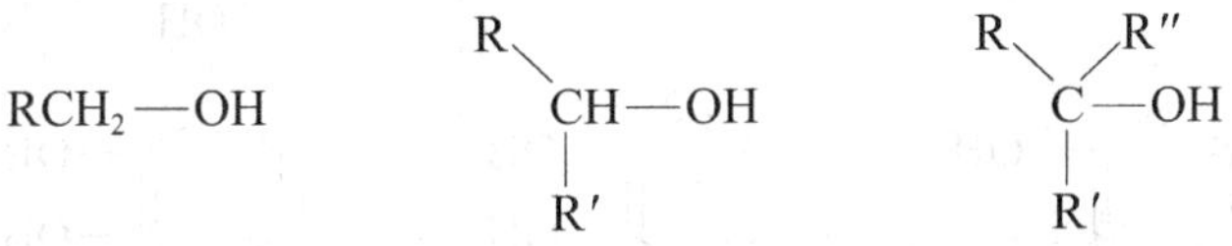

伯醇 仲醇 叔醇

根据醇分子中羟基数目的多少，可将醇分为一元醇、二元醇和多元醇（含两个及以上羟基），如乙醇、乙二醇、丙三醇等。

（1）醇的物理性质

低级醇是具有酒味的无色透明液体，含 12 个碳以上的直链醇为固体。甲醇、乙醇、丙醇等低级醇，为极性分子，且能与水生成氢键，故极易溶于水，能与水无限混溶。从正丁醇开始，随着烃基的增大，在水中的溶解度逐渐降低，而在有机溶剂中溶解度变大。含 10 个碳以上的醇，基本上不溶于水。但若为多元醇，则可形成更多的氢键，随着分子中烃基的增加，其水溶性亦会增加。带有长链的多元醇可起表面活性剂的作用。

（2）醇的化学性质

① 与活泼金属的反应　醇羟基中的 H—O 键是较强的极性键，氢原子很活泼，可被活泼金属置换放出氢气并生成醇金属。例如，低级醇与金属钠反应，生成醇钠和氢气：

$$2ROH+Na \longrightarrow 2RONa+H_2\uparrow$$

醇钠非常活泼，常在有机合成中用作强碱或缩合剂等。醇钠遇水发生水解，生成醇和氢氧化钠：

$$RONa+H_2O \Longrightarrow ROH+NaOH$$

② 与氢卤酸反应　醇与氢卤酸作用，则—OH 被—X 取代，而生成卤代烃和水。

$$ROH+HX \longrightarrow RX+H_2O$$

这个反应是可逆的，如果使反应物之一过量或使生成物之一从平衡混合物中移去，都可使反应向有利于生成卤代烃的方向进行，以提高产量。

③ 酯化反应　醇与酸作用生成酯的反应，即酯化反应，是醇类与酸类化合物的典型反应。例如：

$$2CH_3OH + HOSO_3H \xrightarrow{\text{低温}} CH_3OSO_2OCH_3 + 2H_2O$$

$$CH_3\overset{\overset{\large O}{\|}}{C}OH + CH_3CH_2OH \underset{}{\overset{\text{酯化}}{\rightleftharpoons}} CH_3\overset{\overset{\large O}{\|}}{C}OCH_2CH_3 + H_2O$$

④ 脱水反应　根据反应条件的不同，醇脱水可以发生分子内脱水生成烯烃，也可以发生分子间脱水生成醚。例如：

$$CH_3CH_2OH \xrightarrow[170℃]{H_2SO_4} CH_2{=\!=}CH_2 + H_2O$$

$$2CH_3CH_2OH \xrightarrow[140℃]{H_2SO_4} CH_3CH_2OCH_2CH_3 + H_2O$$

9.4.6.2　酚

酚的特征官能团仍然是羟基，不过为了区别于一般羟基，酚中的羟基也称为酚羟基。

根据分子中所含羟基数目的多少，酚可分为一元酚和多元酚。例如：

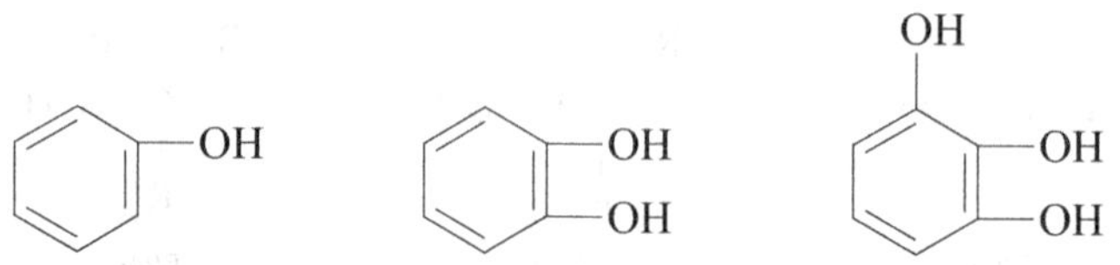

苯酚　　邻苯二酚　　连苯三酚

（1）酚的物理性质

酚大多数为结晶固体，少数烷基酚为高沸点液体。酚分子之间或酚与水分子之间，可发生氢键缔合。因此，酚的沸点和熔点都比分子量相近的烃高。酚微溶于水，易溶于酒精、乙醚等有机溶剂。

（2）酚的化学性质

① 生成酚醚　酚与醇相似，也可生成醚。但因酚羟基的碳氧键比较牢固，一般不能通过酚分子间脱水来制备。通常由酚金属与烷基化剂（如碘甲烷或硫酸二甲酯）在弱碱性溶液中作用而得。例如：

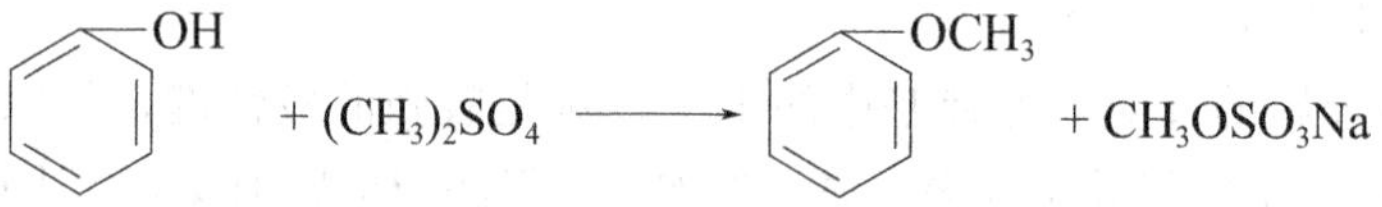

② 生成酚酯　酚与酰氯、酸酐等作用时，生成酚酯。例如：

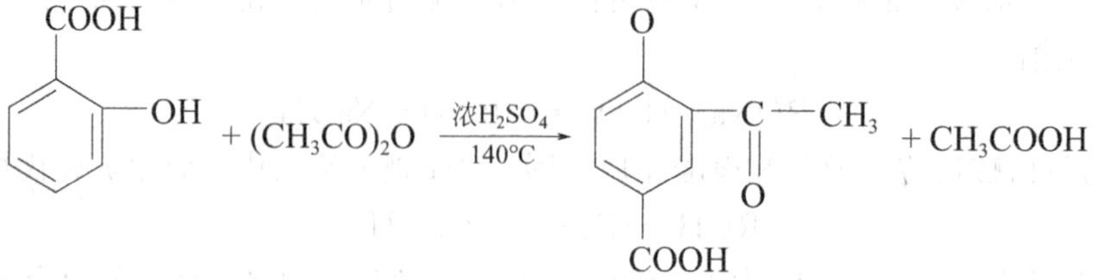

邻羟基苯甲酸（水杨酸）　　乙酰水杨酸（阿司匹林）

③ 显色反应　酚能与 $FeCl_3$ 溶液发生显色反应，不同的酚呈现不同的颜色。例如：

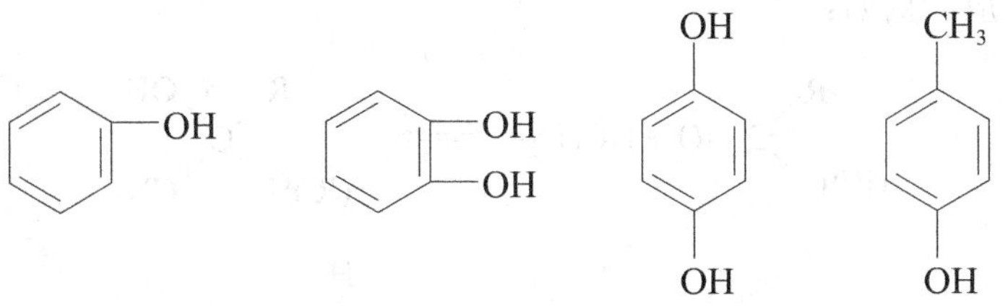

蓝紫色　　深绿色　　暗绿色　　结晶蓝色

酚与 $FeCl_3$ 的显色反应，一般认为是生成了配合物，例如：

$$6ArOH + FeCl_3 \rightleftharpoons [Fe(OAr)_6]^{3-} + 6H^+ + 3Cl^-$$

9.4.6.3 醚

醚可看作是醇羟基的氢原子被烃基取代后的生成物。醚分子中的氧基—O—也叫做醚键。按它所连接的羟基结构和方式不同，醚（R—O—R′）可分为：

醚
- 饱和醚
  - 单醚，R＝R′，例如：$CH_3—O—CH_3$
  - 混醚，R≠R′，例如：$CH_3—O—C_2H_5$
- 不饱和醚，R 为不饱和和烃基，例如：$CH_3—O—CH_2CH═CH_2$
- 芳醚，RO 或 ArO 与芳烃基相连接，例如：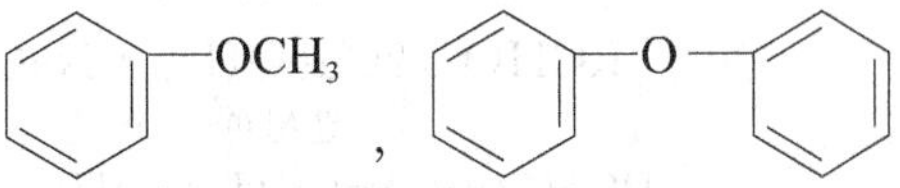

（1）醚的物理性质

除甲醚和甲乙醚为气体外，其余的醚大多是无色、有特殊气味、易流动的液体，相对密度小于 1。醚分子中没有羟基，故不能与水形成氢键。醚一般微溶于水，易溶于有机溶剂，其本身也是一个很好的有机溶剂。

（2）醚的化学性质

醚分子中氧原子与两个烷基相连，分子的极性很小，因此，它的化学性质比较稳定。常温下醚不与金属钠作用，对碱、氧化剂和还原剂都十分稳定。但醚如果长时间与空气接触，可被空气氧化生成过氧化物（ROOR′）。过氧化物受热分解时，产生活泼的自由基，并可引起爆炸。因此蒸馏乙醚时，不要完全蒸干，以免生成的过氧化物过度受热而爆炸。在蒸馏乙醚之前，必须检验有无过氧化物存在，以防意外。

9.4.7 醛、酮、羧酸和酯

9.4.7.1 醛和酮

（1）醛、酮的物理性质

室温下除甲醛是气体外，12 个碳原子以下的醛、酮都是液体，高级醛、酮是固体。低级醛、酮带有刺鼻性气味，中级醛、酮有果香味，常用于香料工业。醛、酮都是极性化合物，沸点比分子量相近的非极性化合物（烃）高。但随分子量的增加，沸点逐渐降低。低级醛、酮在水中有相当大的溶解度。甲醛、乙醛、丙醛都能与水混溶。醛、酮都能溶于有机溶剂。丙酮能溶解很多有机化合物，其本身是一个很好的有机溶剂。

（2）醛、酮的化学性质

醛酮分子中都含有羰基（C═O），羰基是由一个 σ 键和一个 π 键组成的。因此，易发生加成反应、氧化反应和还原反应等。

① 加成反应　例如：

$$\underset{(R')H}{\overset{R}{C}}=O + HCN \rightleftharpoons \underset{(R')H}{\overset{R}{\underset{CN}{\overset{OH}{C}}}}$$

$$R'CHO + 2ROH \underset{}{\overset{HCl}{\rightleftharpoons}} R'-\overset{H}{\underset{OR}{\overset{}{C}}}-OR$$

$$R-\underset{O}{\overset{}{C}}-R' + R''-MgX \xrightarrow{\text{乙醚}} R'-\underset{R'}{\overset{OMgX}{C}}-R'' \xrightarrow[\text{水解}]{H^+} \underset{R'}{\overset{R'}{\underset{}{C}}}\overset{OH}{\underset{}{}}-R''$$

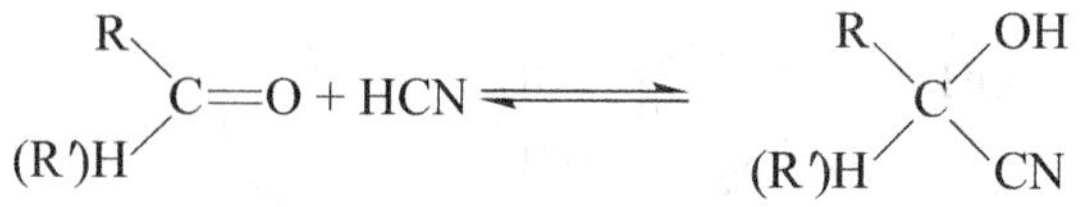

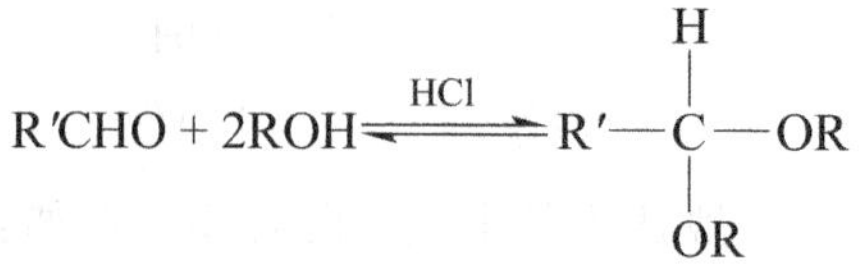

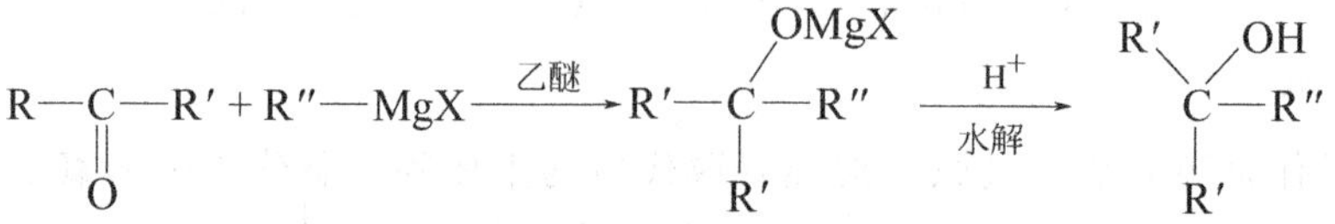

格氏试剂

② 氧化反应　醛分子中，羰基碳原子一侧连的是氢原子，而酮两侧连的都是烃基，所以醛比酮容易被氧化。醛可以被弱氧化剂如费林试剂（以酒石酸盐作为络合剂的碱性氢氧化铜溶液）或托伦斯试剂（硝酸银的氨溶液）氧化。

$$\underset{\text{蓝绿色}}{RCHO + 2Cu(OH)_2} + NaOH \xrightarrow{\triangle} RCOONa + \underset{\text{红色}}{Cu_2O\downarrow} + 3H_2O$$

$$\underset{\text{无色}}{RCHO + 2Ag(NH_3)_2OH} \xrightarrow{\triangle} RCOONH_4 + \underset{\text{银镜}}{2Ag\downarrow} + H_2O + 3NH_3$$

醛与这些氧化剂作用时，有明显的颜色变化或有沉淀生成，而酮则没有这些现象，因此常用这些试剂区别醛和酮。

③ 还原反应　醛、酮可以被还原，在不同的条件下，用不同的还原剂还原可以得到不同的产物。如在金属催化剂 Ni、Cu、Pt、Pd 等存在下，与氢气作用可以得到醇。例如：

$$RCHO + H_2 \xrightarrow{Ni} RCH_2OH$$

$$R-\underset{O}{\overset{}{C}}-R' + H_2 \xrightarrow{Ni} \underset{OH}{\overset{R'\quad R}{CH}}$$

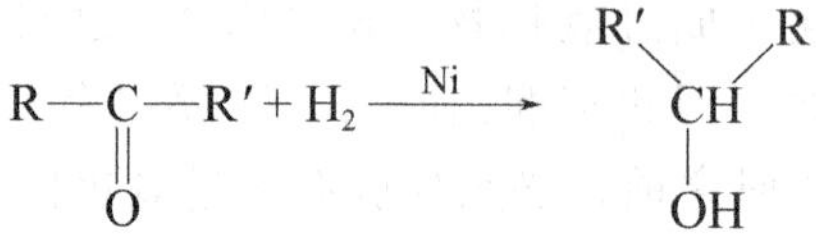

用锌汞齐加盐酸还原时，可以转化成烃。例如：

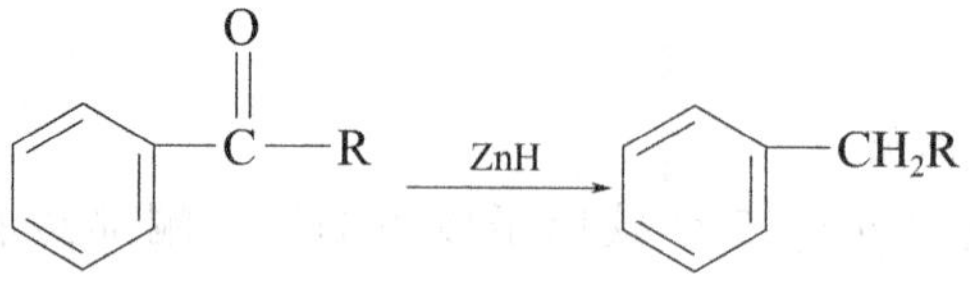

④ 缩合反应

a. 醇醛缩合：醛在弱碱 [Ca(OH)_2，Ba(OH)_2] 等或碱性离子交换树脂的作用下可以发生醇醛缩合。例如：

$$CH_3-\underset{O}{\overset{}{C}}-H + CH_3-\underset{O}{\overset{}{C}}-H \xrightarrow[H_2O, 5℃]{10\%NaOH} CH_3-\underset{OH}{\overset{}{CH}}-CH-CH_2-\underset{O}{\overset{}{C}}-H$$

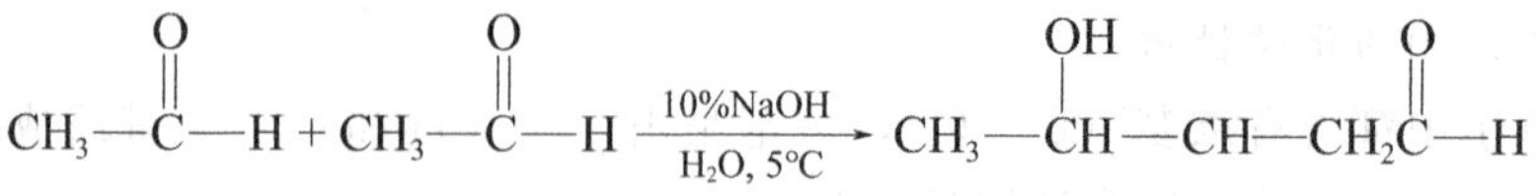

b. 酚醛缩合：酚羟基邻、对位的氢原子性质非常活跃，能与醛基发生加成并缩合，脱去水分子，而使苯酚和甲醛结合起来，并能继续聚合成高聚物。这种苯酚与甲醛缩合聚合得到的高聚物统称为酚醛树脂，是一类常用的重要的高分子材料。根据苯酚与甲醛的不同用量比及使用催化剂，可以得到不同化学结构及物理性质的树脂。例如：

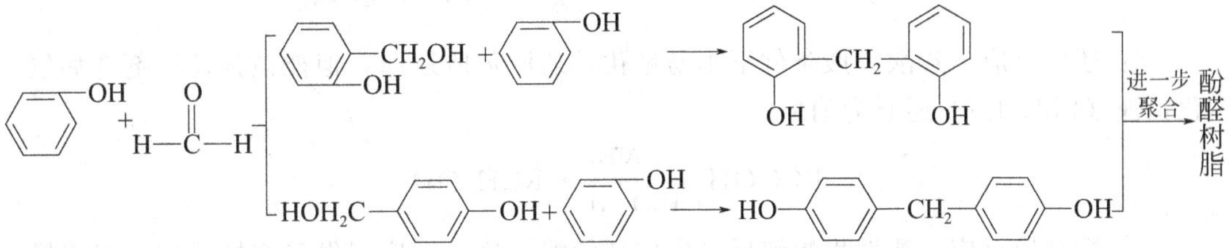

9.4.7.2 羧酸和酯

羧酸是分子中含有羧基（—COOH）的化合物。它可以看成是烃分子中氢原子被羧基取代得到的化合物（RCOOH）。羧基是羧酸的特征官能团。酯类化合物是酸与醇作用，脱去一分子水的产物：

$$R'—OH + RCOOH \rightleftharpoons RCOOR' + H_2O$$

其通式可表示为 RCOOR′。

根据分子中烃基结构的不同，可将羧酸分为脂肪族羧酸、脂环族羧酸和芳香族羧酸，例如：

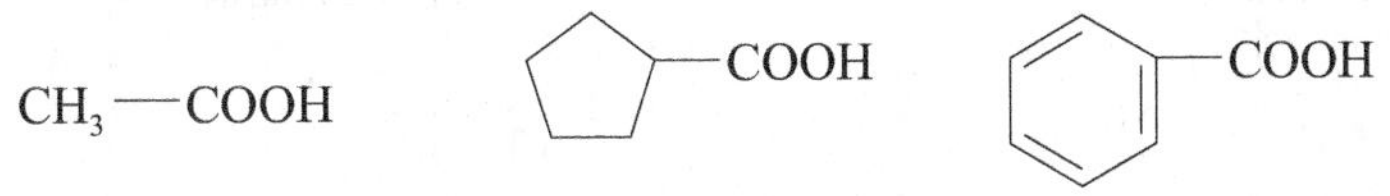

乙酸（脂肪族羧酸）　环戊基甲酸（脂环族羧酸）　苯甲酸（芳香族羧酸）

根据分子中所含羧基数目的多少，可将羧酸分为一元羧酸、二元羧酸和多元羧酸，如乙酸（CH_3COOH）、丁二酸（$COOHCH_2CH_2COOH$）等。

（1）羧酸和酯的物理性质

① 羧酸的物理性质　甲酸、乙酸、丙酸是具有刺激性臭味的液体，直链的正丁酸至正壬酸是具有腐败气味的油状液体，癸酸以上的正构羧酸是无臭的固体。脂肪族二元酸和芳香族羧酸都是结晶固体。羧基可与水形成氢键，故甲酸至丁酸都可与水混溶。从戊酸开始，随分子量增加，水溶性迅速降低，癸酸以上的羧酸不溶于水。脂肪族一元羧酸一般都能溶于乙醇、乙醚、氯仿等有机溶剂中。

② 酯的物理性质　低级酯是无色液体，高级酯多为蜡状固体。酯不能与水形成氢键，故酯的沸点比分子量相近的醇和酚都低。低级酯微溶于水，其他的酯不溶于水，易溶于乙醇、乙醚等有机溶剂。有些酯本身就是优良的有机溶剂，如油漆工业中常用的“香蕉水”就是用乙酸乙酯、乙酸异戊酯和某些酮、醇、醚及芳烃等配制而成的。

（2）羧酸和酯的主要化学性质

① 脱水反应　羧酸在脱水剂（如五氧化二磷、二酸酐等）作用下，可发生分子间脱水生成酸酐。例如：

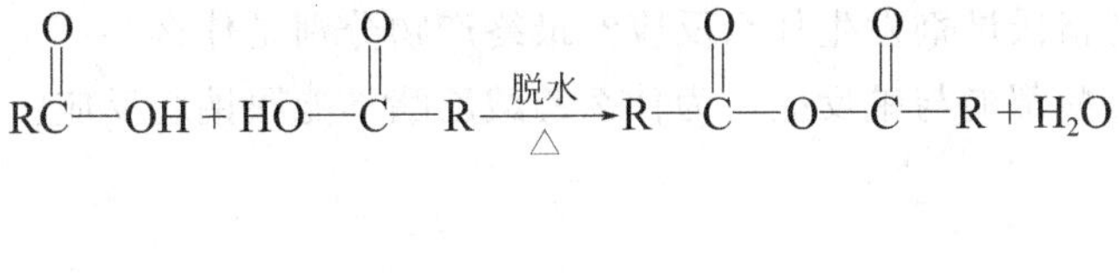

② 脱羧反应　羧酸的无水碱金属盐与碱石灰共热，可从羧基中脱去 CO_2 生成烃。这类从羧酸分子中脱去 CO_2 的反应，称为脱羧反应。例如：

$$CH_3—\overset{\overset{\Large O}{\|}}{C}—ONa + NaOH \xrightarrow[\triangle]{CuO} CH_4\uparrow + Na_2CO_3$$

③ 还原反应　羧酸一般条件下不易被化学还原剂所还原，但能被强还原剂［如氢化铝锂（$LiAiH_4$）］还原为伯醇。

$$RCOOH \xrightarrow[H_2O,\ H^+]{LiAlH_4} RCH_2OH$$

④ 酯交换反应　酯发生醇解后又生成新的酯，这一反应叫做酯交换反应，酯交换广泛应用于有机合成中。例如，工业上利用酯交换生产聚酯纤维（涤纶）的原料对苯二甲酸二乙二醇酯。

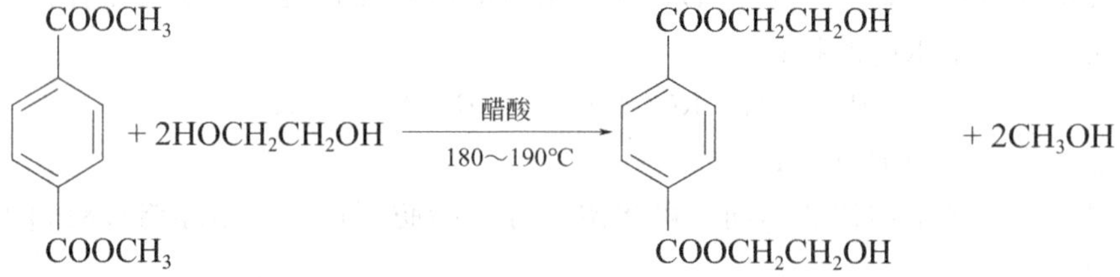

对苯二甲酸二甲酯　　　　对苯二甲酸二乙二醇酯

思考题

1. 有机化合物有哪些结构特点？
2. 相比于无机化合物，有机化合物有哪些性质特点？
3. 有机化合物如何进行分类？
4. 请给下列有机化合物命名。

（1）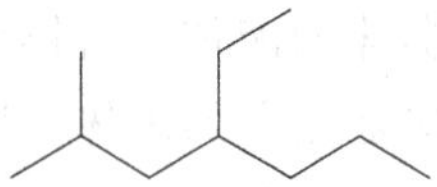　（2）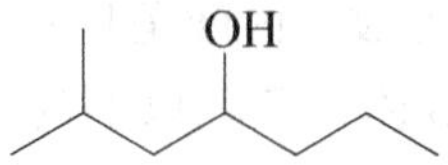

　（3）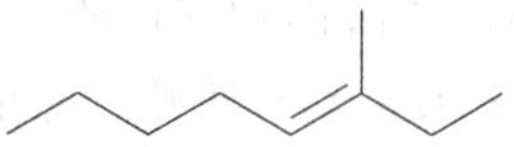

5. 用化学方程式来表示下列各反应，注明反应所需要的条件。

$$C_2H_6 \longrightarrow C_2H_5Br \longrightarrow C_2H_5OH \longrightarrow C_2H_4 \longrightarrow C_2H_5Br$$
$$C_2H_5OH \longrightarrow C_2H_5OC_2H_5$$

6. “饱和烷烃的熔点和沸点都随着碳原子数量的增加而升高”，这种说法对吗？
7. 烯烃如何转化为醇？
8. 卤代烃与金属镁反应生成哪一类化合物？该物质有什么特点？
9. 醇的氧化反应产物可能是什么？
10. 酚与醇的主要区别是什么？
11. 醛或酮与格氏试剂发生什么反应？最终产物分别是什么？
12. 乙醇或乙酸都能与钠反应，为什么乙酸乙酯不能跟钠起反应？

13. 如何由羧酸制备醇或烃？
14. 酯的典型化学反应有哪些？各举一例。
15. 乙酸乙酯催化加氢的产物是什么？

习题

1. 什么叫烃？什么叫杂元素？什么叫杂环化合物？
2. 举例说明有机化合物中的官能团。
3. 指出下列化合物中的官能团，并说明其属于哪种化合物。

（1）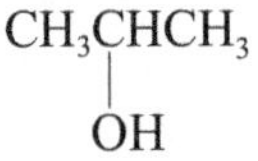 （2）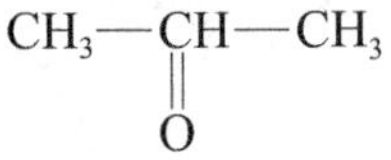 （3）$CH_3—CH_2—CHO$

（4） （5）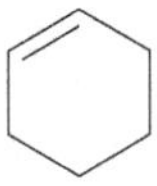 （6）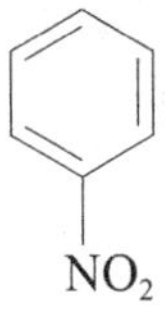

4. 写出下列化合物的结构式。

（1）乙醛 （2）醋酸 （3）丙酮
（4）乙醇 （5）乙酸乙酯 （6）邻苯二甲酸

5. 命名下列化合物。

（1）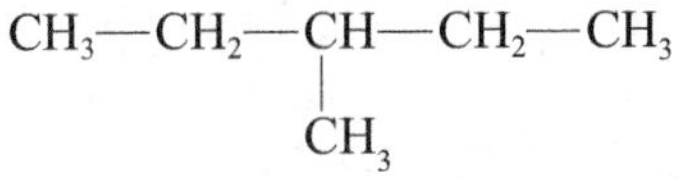 （2）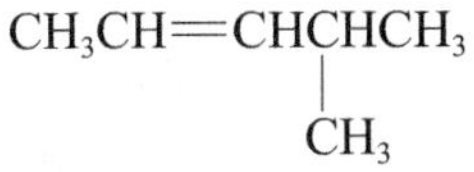 （3）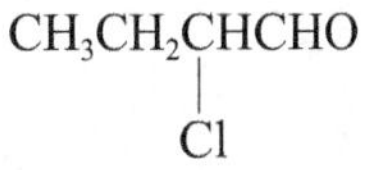

（4）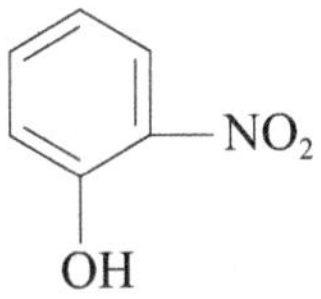 （5） （6）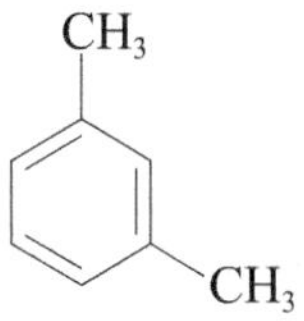

6. 写出下列典型反应的主要产物。

（1）$CH_4 + O_2 \xrightarrow{\text{完全燃烧}}$

（2）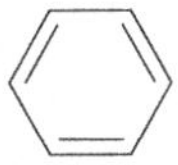 $+ HNO_3 \xrightarrow[50^\circ C]{H_2SO_4}$

（3）$CH_2{=}CH_2 + H_2 \xrightarrow{Ni}$

（4）$CH_3COOH + CH_3CH_2OH \xrightarrow{H^+}$

（5） $+ Cl_2 \xrightarrow{FeCl_3}$

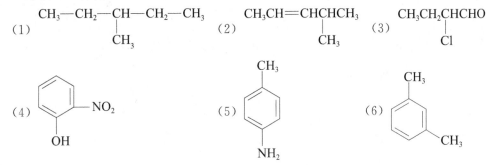

第二篇

应用篇

第10章
化学与能源工程

能源是指可为人类利用的各种能量形式的自然资源。它是人类生存和发展的重要基础，是人类从事各种经济活动的原动力。一种新能源的出现和能源科学技术的每一次重大突破，都带来世界性的经济飞跃和产业革命，极大地推动着社会进步。能源的开发利用程度是人类社会经济发展的重要标志。

化学在能源的研究与利用中起着重要的作用。无论是煤的充分燃烧和洁净技术，还是清洁汽油的研制；无论是核能的控制利用，还是氢能源、太阳能的使用；无论是新型绿色化学电源的研制，还是生物能源的开发，都离不开化学这一基础学科的参与。

随着社会经济的突飞猛进，能源也将面临日益枯竭，如何利用化工技术实现由不可再生能源向新能源和可再生能源发展，是解决能源危机的革命性变化，探讨能源发展和利用过程中的化学和化工问题，对能源的发展具有重要的作用。

10.1　能源概况及其分类

10.1.1　能源

石油危机之后，“能源”逐渐成为热门话题。目前关于能源的书面定义约有20种。典型的定义有：

①《科学技术百科全书》：“能源是可从其获得热、光和动力之类能量的资源”。

②《大英百科全书》：“能源是一个包括所有燃料、流水、阳光和风的术语，人类用适当的转换手段便可让它为自己提供所需的能量”。

③《日本大百科全书》：“在各种生产活动中，我们利用热能、机械能、光能、电能等做功，可用来作为这些能量源泉的自然界中的各种载体称为能源”。

④ 我国的《能源百科全书》：“能源是可以直接或经转换提供人类所需的光、热、动力等任一形式能量的载能体资源”。

可见，能源是呈多种形式且可以相互转换的能量源泉。

10.1.2　能源的分类

能源种类繁多，随着科学的进步，不断地有新能源被开发利用，按照不同方式可以把能源分为不同类型。

(1) 按地球能量的来源

根据地球上能量的来源主要可将能源分成三类：

① 地球上本身蕴含的能量，包括地球内部的地热能和原子核能。

② 地球外天体的能量，其大部分都直接或间接来自太阳，包括煤炭、石油、天然气、水能、风能、海流能等。

③ 地球与其他天体相互作用的能量，例如潮汐能。

(2) 按能量产生的方式

根据能量产生的方式可将能源分为一次能源和二次能源。

① 一次能源　自然界现实存在的，可直接利用的能源，包括煤炭、石油、天然气、水能、太阳能、生物质能等。

② 二次能源　由一次能源经加工、转换得到的能源，包括电力、汽油、焦炭、蒸汽、氢能等。

(3) 按使用类型和开发利用程度

根据使用类型和开发利用程度，可以将能源分为常规能源和新能源。

① 常规能源　开发利用时间长，技术成熟，已被广泛使用，包括煤炭、石油、天然气、水能等。

② 新能源　相对于常规能源而言，新能源指开发利用较少，正处于新技术研发之中，尚未大规模利用的能源，包括太阳能、风能、地热能、氢能等。

(4) 按能源再生情况

根据能源再生情况可以分成可再生能源和非再生能源。

① 可再生能源　在自然界中可以不断再生的能源，对环境无害或危害极小，包括水能、风能、太阳能、氢能、地热能、生物质能等。

② 非再生能源　包括煤炭、石油、天然气等化石能源，会随着科技发展利用越来越少。

(5) 按对环境污染情况

从环境保护角度出发，按照能源在使用中所产生的污染程度可将其分为清洁能源和非清洁能源。

① 清洁能源　对环境无污染或污染很小的能源，又称为绿色能源。清洁能源主要包括：一是利用现代技术开发干净、无污染的新能源，包括太阳能、氢能、风能、潮汐能等；二是化害为利，充分利用先进的技术从废弃资源中提取能源，比如城市垃圾的再次利用。

② 非清洁能源　与清洁能源相对，是对环境污染较大的能源，包括煤炭、石油等。

能源分类的方式多种多样，没有固定的标准。

10.1.3 能源危机与环境污染

20世纪以来，人类使用的主要能源是石油、天然气和煤炭。随着全球人口的急剧膨胀和社会生产力的发展，人类的能源消费大幅度增长。仅从石油来讲，从1900～1979年，石油产量从0.21亿吨增加到31.2亿吨，据统计，人类近30年共向地球索取了800亿吨石油。众所周知，石油、天然气和煤炭均为矿物能源，是古生物在地下历经数亿年沉积变迁而形成的，其储量有限且不可再生。所以，开发和利用清洁而又用之不竭的新能源是当今人类社会发展的紧迫课题。伴随着能源的开发和利用，特别是大量矿物能源的燃烧，带来了全球性的环境问题，主要是大气污染、酸雨和温室效应。

其中煤炭燃烧对环境的污染最严重。在开采石油、天然气和煤炭时也会产生环境污染。据统计，每开采 1 吨煤需排放 2 吨废水。所以，传统能源造成的环境污染也是人类面临的重大问题。

我国高度重视能源开发利用与环境保护的关系，并将保护环境作为一项基本国策，采取了一系列保护环境与应对气候变化相关的政策和措施。面对气候变化这一全人类共同的议题，碳排放成为世界各国关注的焦点，我国将低碳与节能减排、环境保护结合起来，在 2020 年的联合国气候峰会上，出于大国责任担当、贯彻可持续发展理念以及保护生态环境的需要，正式提出了“30・60”双碳目标，即中国力争 2030 年前实现“碳达峰”，2060 年前实现“碳中和”。相应地，我国的政策重点也完成了从“节能减排”到“低碳发展”的转变，而今演化至“双碳时代”，从而提升到了新的战略高度。坚持绿色低碳发展原则，贯彻创新发展理念，优化能源结构，调整产业布局，促进产业转型和升级，强化基础科学和前沿技术研究，加快先进技术研发和应用，倡导绿色、环保、低碳的生活方式是实现“双碳”目标的重要途径。

10.1.4 世界能源及我国能源概况

10.1.4.1 世界能源概况

当代世界广泛利用的五大能源是石油、天然气、煤炭、核能、水力。目前全世界能源年总消费量约为 134 亿吨标准煤，其中石油、天然气、煤等化石能源占 85%，大部分电力也依赖化石能源进行生产，而核能、太阳能、水力、风力、波浪能、潮汐能、地热等能源仅占 15%。化石能源价格比较低廉，开发利用的技术也比较成熟，并且已经系统化和标准化，在较长时期内仍然是人类生存和发展的能源基础。其中，石油是最主要的能源，全球需求量将以年均 1.9%的速度增长；煤是电力生产的主要燃料，全球需求量将以每年 1.5%的速度增长。新能源的开发利用引人瞩目，太阳能、风能、地热能、海洋能、生物质能等可再生能源的研发迅速展开，尤其是美、日、中等国都在大力开发氢燃料电池技术，使用氢燃料电池的汽车样机已经上路。到 21 世纪中期，人类有望进入“新能源时代”。

全球能源储量存在很大的南北差异。美国《油气杂志》2021 年统计数据显示，全球石油剩余探明储量为 2362.3 亿吨，储采比约为 53，石油储量前五强分别是委内瑞拉、沙特阿拉伯、伊朗、加拿大和伊拉克，五国总储量 1488.9 亿吨，占全球储量的 63%；全球天然气储量为 205.3 万亿立方米。天然气储量前五强分别为俄罗斯、伊朗、卡塔尔、美国和土库曼斯坦，五国总储量 129.2 万亿立方米，占全球储量的 63%。目前掌控世界原油市场的组织有“石油输出国组织”（OPEC+）和“新石油七姐妹”，其中“OPEC+”是由沙特阿拉伯、伊朗、伊拉克、科威特、委内瑞拉、利比亚、阿联酋、阿尔及利亚、尼日利亚、安哥拉、加蓬、赤道几内亚和刚果 13 国组成，而新世纪的石油新贵“新石油七姐妹”包括沙特阿拉伯国家石油公司（Aramco）、俄罗斯天然气工业股份公司（Gazprom）、中国石油天然气集团公司（CNPC）、伊朗国家石油公司（NIOC）、委内瑞拉国家石油公司（PDVSA）、巴西国家石油公司（Petrobras）和马来西亚国家石油公司（Petronas），这些由国家主导经营的企业石油公司靠国际化浪潮催生，靠国有化推动迅速崛起，目前控制着世界三分之一的油气产量和剩余可采储量。

根据2019年全球能源消费数据统计结果，作为全球能源消费前三的国家，中国的能源消费增速放缓，能源效率不断改善；美国已实现能源独立，可再生能源130多年来首次超越煤炭；印度消费继续以高于全球的增速增长，未来将超越美国成为世界第二大能源消费国。2021年bp世界能源统计年鉴数据显示，2020年全球能源需求呈下降趋势，其中石油消费量的下降约占能源需求下降总量的四分之三。尽管石油消费量同比大幅下降，但石油消费量在全球能源消费结构中的占比仍高居榜首（31.2%），煤炭的占比为27.2%，天然气为24.7%，水能为6.9%，可再生能源为5.7%，核能为4.3%。可见，化石能源仍是2020年能源消费领域的绝对霸主，占比高达83.1%。尽管受到“新冠肺炎”疫情的影响导致2020年能源形势动荡，但以风能、太阳能为主的可再生能源仍实现大幅增长。值得注意的是，2020年风能和太阳能装机容量比往年峰值高出50%。同样，风能和太阳能发电量在全球电力结构中的占比也创下新高。可再生能源相对未受去年各种事件的影响。能源使用产生的碳排放量同比下降6%以上，是1945年以来的最大降幅。尽管去年碳排放量的下降在现代和平时期史无前例，但也只相当于未来30年全球实现《巴黎协定》目标所需的年均下降水平。

10.1.4.2 我国能源概况

中国、美国和印度三国能源消费量现居全球前三位，2000年以来，中国能源消费量一直呈现增长趋势，直至2009年，中国已成为世界能源消费第一大国。国家统计局数据显示，我国煤炭消费量自2013年呈下降趋势，石油、天然气、水电、核电、风电消费量逐渐上升。从2015年开始，中国的水能、风能、太阳能产能均遥遥领先远超其他国家，可再生能源电力发展克服了技术、成本等难题，其竞争力逐年增强，在面对全球变暖、能源结构调整等背景下，将成为全球实现“脱碳”目标的重要途径。

我国一次能源结构具有“富煤、少油、贫气”的特点，煤炭处于主体性地位，石油和天然气对外依存度高，清洁能源消费占比在持续提升。能源总体情况可概括为“总量较丰，人均较低，分布不均，开发较难”，具体内容如下。

（1）化石能源和可再生能源资源比较丰富

我国煤炭2020年探明储量占全球总比13.3%，居世界第四位，在能源消费结构中占绝对优势，主要用于电力、冶金、建材和化工四大行业。同年，我国石油探明储量占全球总比仅1.5%，居世界第十二位。自1993年起，我国由石油的净出口国变成了石油的净进口国，2020年我国石油总消费量为7.37亿吨，其中进口石油为5.42亿吨，石油净进口量占比73.54%。实际上，近几年我国石油对外的依存度均高于70%，虽然这几年我国大力发展新能源产业，但在短时间内该比例仍难以改变。2020年我国天然气储量全球占比4.5%，居世界第六位，而天然气消费量排名第三，近几年消费量仍持续增长，但增速明显减缓。除上述传统化石能源外，油页岩、煤层气等非常规化石能源储量潜力较大。

我国水力资源理论蕴藏量折合年发电量为6.19万亿千瓦时，经济可开发年发电量约1.76万亿千瓦时，相当于世界水力资源量的12%，居世界第一位；2020年我国水电消费占比30%，居世界首位，水力发电量1.36万亿千瓦时，同比增长3.9%，我国水力资源技术可开发装机5.41亿千瓦，经济可开发装机4.02亿千瓦。我国已是世界上水电发电量最大的国家，而且水电消费量全球占比近三成，但是按发电量计算，目前我国水电的开发程度仅39%，与发达国家相比仍有较大差距。目前，我国已建成小型水力发电站10万座，大中型水力发电站100多座。但是，这些发电站的发电量在全国总发电量中所占比例仍很小，在可开发水力资源中所占比例也很小（不到10%）。长江三峡是世界著名大峡谷，可开发水力资源占全国的53%，是世上无双的“能源富矿”。为了更好地利用这一天然资源，我国1992年决定建设三峡水电工程。三峡水电站总装机容量为1820万千瓦，比目前世界上最大的巴西伊泰普水电站大40%，年发电量840亿度，为目前全国发电量的1/8。其输电范围1000km，可把全国七大电网连接起来，充分发挥跨流域的调节和调度作用，全国各水电站可因而增加发电能力300～500kW。

在核能利用方面，我国起步较晚。1991年底建成第一座核电站（秦山核电站），有2台30万千瓦发电机组。1994年初又建成了广东大亚湾核电站，有2台90万千瓦发电机组。截至2021年8月底我国大陆在运核电机组有51台，装机容量为5326万千瓦。根据国家能源局数据，截止到2020年底，全国商运核电机组为48台，总装机容量达4989万千瓦；2020年全国累计发电量为74170.4亿千瓦时。2021年1～8月，我国核电发电量达2698.5亿千瓦时，约占全国总发电量的5.01%，较2020年底进一步提高，但仍远低于世界平均水平（10%），未来仍有较大提升空间。在“双碳”目标下，中国核电在积极策划提供稳定高效零碳清洁的电能、高温高压蒸汽等综合供能方案。预计到2035年，我国核电机组发电量将占全国发电量的10%左右，达到世界平均水平。

在可再生能源利用和清洁电力生产方面，我国可再生能源发电稳居全球首位，截至2020年底，可再生能源发电装机总规模达到9.3亿千瓦，占总装机的比重达到42.4%，较2012年增长14.6个百分点。其中，水电3.7亿千瓦、风电2.8亿千瓦、光伏发电2.5亿千瓦、生物质发电2952万千瓦，分别连续16年、11年、6年和3年稳居全球首位；清洁电力生产比重大幅提高，2020年，规模以上工业水电、核电、风电、太阳能发电等一次电力生产占全部发电量比重为28.8%，比上年提高1.0个百分点。

（2）人均拥有量和人均能源消费量较低

我国煤炭和水力资源人均拥有量相当于世界平均水平的50%，石油、天然气人均资源量仅相当世界平均水平的1/15左右。耕地资源不足世界人均水平的30%，生物质能源开发也受到制约。

（3）能源分布不均

煤炭资源主要赋存在华北、西北地区，水力资源主要分布在西南地区，石油、天然气资源主要赋存在东、中、西部地区和海域。而我国主要能源消费区集中在东南沿海经济发达地区，资源赋存与能源消费地域存在明显差别。

（4）开发难度较大

与世界能源资源开发条件相比，中国煤炭资源地质开采条件较差，大部分储量需要井工开采，极少量可供露天开采。石油天然气资源地质条件复杂，埋藏深，勘探开发技术要求较高。未开发的水力资源多集中在西南部的高山深谷，远离负荷中心，开发难度和成本较大。非常规能源资源勘探程度低，经济性较差。

尽管到2020年，石油、煤炭、天然气、核能仍是能源供应的主力军，但水力、新能源与可再生能源的发展十分引人瞩目。随着人口的增长和社会生活的进步，世界能耗将以每年约2.7%的速度增长，生物质能、风能、太阳能等新能源和可再生能源将以更大的速度大力发展。根据世界权威部门的预测，到2060年，新能源与可再生能源的比例将占能源结构的50%以上。因此，要从根本上解决我国能源供应不足的问题，开发我国丰富的新能源与可再生能源是一条符合国际发展趋势的可行之路。

10.2 能量产生和转化的化学原理

能源的利用其实就是能量的转化过程。例如，煤燃烧放热使蒸汽温度升高的过程就是化学能转化为蒸汽热力学能的过程；高温蒸汽推动发电机发电的过程是热力学能转化为电能的过程，如早期的火车；电能通过电动机可以转化为机械能；电能通过电解池可转化为化学能，如电解的过程等。薪柴、煤炭、石油和天然气等常用能源所提供的能量都是随化学变化而产生的，大部分新能源的利用也与化学变化有关。能量的产生和转化到底涉及哪些化学概念和基本化学原理呢？

10.2.1 能量的产生—化学热效应

化学变化的实质是化学键的断裂与生成，即原子和原子间的结合方式发生了改变，其必定伴随着能量的变化。在化学反应中，断裂化学键需要吸收能量，而形成新的键则放出能量，由于各种化学键的键能不同，因此这种化学键的断裂和组合必然伴随着能量的变化。如果放出的能量大于吸收的能量，则此反应为放热反应。燃烧反应所放出的能量通常称为燃烧热，一般将其定义为1mol纯物质完全燃烧所放出的热量。理论上可以根据某种反应物已知的热力学数据（如反应物分子的键能或生成热）计算其燃烧热。

在化学反应中能量变化可以用热化学方程式表示，如天然气的主要成分甲烷燃烧反应的热化学反应方程式如下：

$$CH_4(g)+2O_2(g) \longrightarrow CO_2(g)+2H_2O(l) \qquad \Delta H^{\ominus}=-47.7\text{kJ}\cdot\text{g}^{-1}$$

$\Delta H^{\ominus}$表示恒压反应热，又称反应焓变，负值表示放热反应，正值表示吸热反应。反应的热效应与温度、压力及反应物和生成物的状态有关，因此热化学反应方程式中必须标明物质的状态，如气体（g）、液体（l）或固体（s）。

目前国际上能源统计中常用吨标准煤（发热量为29.26kJ·g^{-1}的煤）作为统计单位，其他不同类型的能源按其热量值进行折算（表10-1）。

表10-1 几种不同能源发热量的比较

能源	石油	煤炭	天然气	U裂变	H聚变	氢能
发热量/kJ·g^{-1}	48	30	56	8×10^7	60×10^7	143

10.2.2 能量的转化和利用效率—热力学第一、第二定律

各种能源形式都可以相互转化。在一次能源中，风、水、洋流和波浪等是以机械能（动能和势能）的形式提供的，可以利用各种风力机械（如风力机）和水力机械（如水轮机）将其转化为动能或电能。能量的转化和利用要遵循两条基本规律，即热力学第一定律和热力学第二定律。

热力学第一定律即能量守恒与转化定律。依据这条定律，在系统和周围的环境之

间发生能量交换时，总能量保持恒定不变。因此，不消耗外加能量而能够连续做功的永动机是不可能存在的。但是在不违背第一定律的前提下，热量能否全部转化为功？热量是否可以从高温热源不断地流向低温热源而制造出第二类永动机？科学家通过对热机效率的研究，发现热机的效率 η 由下式决定：

$$\eta=\frac{T_2-T_1}{T_2}$$

即热机工作时，为了使热源能够自发地流动，从而使一部分热转化为功，必须要有温度不同的两个热源，也就是一个温度较低（T_1），另一个温度较高（T_2）。热力学第二定律有多种表达方式，其中最著名的就是熵增原理，即孤立体系只能向熵增加的方向演化。熵是体系混乱度的一种度量，熵值越大，混乱度越大。热力学第二定律是最基本的物理定律之一，著名科学家彭罗斯曾说过任何与热力学第二定律矛盾的物理理论都将成为笑柄。

10.3 常规能源的综合利用

煤、石油、天然气以及水力资源、电力等都属于常规能源，对国民经济影响极大。根据 2020 年全球一次能源消费总量统计数据，石油占比 31.2%，煤炭占比 27.2%，天然气占比 24.7%，水电占比 6.9%，核能占比 4.3%，可再生能源占比 5.7%。由此可见，化石能源仍是 2020 年能源消费领域的绝对霸主，占比高达 83.1%。

10.3.1 煤炭

10.3.1.1 煤的种类及煤炭资源

（1）煤的种类

煤是古代植物经过极其复杂的物理化学变化而形成的。按炭化程度的不同，可将煤分为泥煤、褐煤、烟煤和无烟煤四大类。

① 泥煤　一般为棕褐色，炭化程度最低，在结构上还保留古植物遗体的痕迹，由于它质地疏松，吸水性很强，一般含水分 40%以上，含碳也低于 70%，工业价值不大，可用作锅炉燃料和气化原料。

② 褐煤　一般为褐色或黑褐色，含碳量在 70%～78%，挥发成分较高，在大气中易风化破碎，易氧化自燃。一般不宜异地运输和长久储存。

③ 烟煤　一般为黑色，与褐煤相比，挥发性较少，吸水性较小，含碳量在 78%～85%。由于它有稳定的结构，适宜炼焦。焦炭是冶金工业、动力工业和化学工业的重要原料和燃料。

④ 无烟煤　一般为灰黑色，有金属光泽，致密、坚硬，挥发成分少，吸水性也小，灰分和硫分都比较低，炭化程度高，含碳总量在 85%以上，发热值也最大。

（2）煤炭资源

据统计，2018 年全球煤炭储量为 1.055 万亿吨，其中美国储量占比 24%，俄罗斯 15%，澳大利亚 14%。中国的煤炭探明储量为 1388 亿吨，位居世界第四。我国煤炭资源空间分布呈西多东少、北多南少的特点。2019 年，中国煤炭产量为 38.5 亿吨，比 2018 年增长 4.62%。

煤炭是非再生能源，根据2018年全球储产比，以现有生产水平全球煤炭还可再生产132年。煤炭直接燃烧只利用了煤炭应有价值的一半，对环境污染也比较严重，所以合理利用煤炭资源具有非常重要的意义。

10.3.1.2 煤的主要成分

煤是由有机物和无机物组成的一种混合物，以有机物为主。构成煤的主要元素除碳以外，还有氢、氧、氮、磷、硫等。

(1) 碳

碳是煤的主要可燃元素。煤的炭化程度越高，它的含碳量越多。各种煤的含碳量见表10-2。

表10-2 煤中总含碳量

种类	含碳量/%	种类	含碳量/%
泥煤	约70	烟煤	78～85
褐煤	70～78	无烟煤	85以上

(2) 氢

氢也是煤的主要可燃元素。其发热值为碳的4倍。煤中的氢并非都可以燃烧，和C、S、P结合的H可以燃烧，这种氢叫做“有效氢”；和O结合生成H_2O的氢叫做“化合氢”，不能燃烧。在进行煤的发热值计算时只考虑有效氢。

(3) 氧、硫和磷

氧、硫和磷是煤中的有害杂质。O和C、H结合成CO_2和H_2O，消耗煤中的可燃成分；硫在燃烧时生成SO_2、SO_3，污染环境。作为炼钢用煤，硫含量应控制在0.6%以下，以免影响钢铁质量。磷过多，进入钢铁，则会使钢铁发脆（即冷脆）。

(4) 水分

水分随煤的炭化程度不同而异。一般泥煤含水分最多，褐煤次之，无烟煤最少（一般低于5%）。水分在煤燃烧时会带走热量，相当于带走煤的可燃质（可燃成分）。

(5) 挥发分

挥发分是将煤隔绝空气加热，分解出来的物质，包括CO、CO_2、H_2、CH_4、C_2H_4、H_2O等。煤中挥发分越多，开始分解出挥发分的温度就越低，煤的着火温度也越低，燃烧就越快。

(6) 灰分

煤的灰分是指不能燃烧的矿物杂质。灰分中主要成分是SiO_2，此外还有Fe_2O_3、Al_2O_3、CaO、MgO等。煤的灰分越多，其可燃成分越低，对煤的燃烧和气化均不利。灰分达到40%的煤称为劣质煤。

(7) 环芳烃

煤炭中含有大量的环状芳烃，缩合交联在一起，并且夹着含S和含N的杂环，通过各种桥键相连。所以煤是环芳烃的重要来源。

10.3.1.3 煤的综合利用

煤炭一直是我国的主要能源，煤的年消耗量在20亿吨以上，其中的大部分成分直接燃烧。在燃烧过程中，煤中的C、S及N分别生成CO_2、SO_2及NO、NO_2等。这样的热效率利用并不高，只利用了30%左右，而且直接燃煤对环境污染造成恶劣影响，如CO_2的产生使全球气温变暖；SO_2和NO、NO_2等则造成酸雨，此外，还有煤灰和煤渣等固体垃圾的处理和利用问题等。为了解决这些问题，并充分利用煤炭资源，人们一直致力于使煤转化为清洁能源，提取煤中所含的昂贵化工原料。目前已有实用价值的办法是煤的焦化、气化和液化。

（1）煤的焦化

将煤隔绝空气加强热，使它分解的过程叫做煤的焦化或干馏，工业上叫做炼焦。煤经过干馏能得到固体的焦炭、液态的煤焦油和气态的焦炉气。

焦炭是黑色坚硬多孔性固体，主要成分是碳。它主要用于冶金工业，其中又以炼钢为主，也可应用于化工生产，如以焦炭与水蒸气和空气作用制成半水煤气（主要成分为H_2和CO），再制成合成氨。还可用于制造电石，用于电极材料等。

煤焦油是黑褐色、油状黏稠液体，成分十分复杂，目前已验明的约合500多种，其中苯、酚、萘、蒽、菲等含芳香环的化合物和吡啶、奎宁、噻吩等含杂环的化合物是医药、农药、合成材料等工业的重要原料。

焦炉气的主要成分是H_2、CH_4、CO等热值高的可燃性气体，燃烧方便，可用作冶金工业燃料和城市居民生活燃气。此外，焦炉气中还含有乙烯、苯、氮等。焦炉气可用来合成氨、甲醇、塑料、合成纤维等。

（2）煤的气化

煤在氧气不足的情况下进行部分氧化，使煤中的有机物转化为可燃气体称为煤的气化。此可燃气体经管道输送，主要用作生活燃料，也可用作某些化工产品的原料气。

将空气通过装有灼热焦炭的塔柱，会发生放热反应，主要反应为：

$$C(s)+O_2(g) \longrightarrow CO_2(g) \qquad \Delta_r H_m^{\ominus}=-393.51kJ\cdot mol^{-1}$$

放出的大量热可使焦炭的温度上升到约1500℃。切断空气将水蒸气通过热焦炭，发生下列反应：

$$C(s)+H_2O(g) \longrightarrow CO(g)+H_2(g) \qquad \Delta_r H_m^{\ominus}=131.29kJ\cdot mol^{-1}$$

生成的产物$CO+H_2$称为水煤气，含40% CO、50% H_2，其他是CO_2、N_2、CH_4等。由于这一反应是吸热的，焦炭的温度逐渐降低。为了提高炉温以保持赤热的焦炭层温度，每次通蒸汽后需向炉内送入一些空气。

水煤气中的CO和H_2燃烧时可放出大量的热。它的最大缺点是CO有毒。另外，这一制备方法不够方便，还有待改进。

（3）煤的液化

煤炭液化油也称人造石油。煤的液化是指煤催化加氢液化，提高煤中的含氢量，使燃烧时放出的热量大大增加，而且可减少煤直接利用所造成的环境污染问题。目前煤的液化法有两种，即直接液化法和间接液化法。

① 直接液化法　将煤裂解成较小的分子，由催化加氢而得到煤炭液化油的方法。从煤直接液化得到的合成石油，可精制成汽油、柴油等产品。

② 间接液化法　将煤先气化得到CO、H_2等气体小分子，然后在一定温度、压力和催化剂作用下合成多种碳链的烷烃、烯烃等，从而制得汽油、柴油和液化石油气的方法。

10.3.2 石油

石油是工业的“血液”，是当今世界的主要能源，它在国民经济中占有非常重要的地位。首先，石油是优质动力燃料的原料。汽车、内燃机车、飞机、轮船等现代交通工具都以石油的产品汽油、柴油作为动力燃料。石油也是提炼优质润滑油的原料。一切转动的机械，其“关节”添加的润滑油都是石油制品。石油还是重要的化工原料，也是现代化学必不可少的基本原料。利用石油产品可生产5000多种重要的有机合成原料，广泛用于合成纤维、合成橡胶、农药、炸药、医药及合成洗涤剂等产品的生产。

10.3.2.1 石油的性质和成分

石油是远古时代海洋或湖泊中的动植物遗体在地下经过漫长的复杂变化而逐步分解形成的一种较稠的液体。从油田开采出的石油叫原油，是一种黑褐色或深棕色的液体，常有绿色或蓝色荧光。它有特殊气味，比水轻，不溶于水。

石油主要含碳和氢两种元素。两种元素的总含量平均为97%～98%，也可达99%，同时还含有少量的硫、氧、氮等。石油的组成复杂，是多种烷烃、环烷烃和芳香烃的混合物。石油的化学成分因产地不同而不同，我国开采的石油主要含烷烃。

10.3.2.2 石油的炼制

（1）*石油的分馏*

石油是各种烃的混合物，其中分子量差别很小的组分很多，沸点接近，要完全分离较困难。通常采用蒸馏的方法将原油分离成不同沸点范围的蒸馏产物，这个过程称为石油的分馏。根据压力不同，石油分馏可分为常压分馏和减压分馏。经过分馏可以得到多种石油产品。石油分馏产品及其用途见表10-3。

表10-3 石油分馏产品及其用途

分馏产品		分子所含碳原子数	熔点范围/℃	用途
气体	石油气	$C_1 \sim C_4$	>35	化工原料
轻油	溶剂油	$C_5 \sim C_6$	30～180	油脂、橡胶、油漆生产中的溶剂
	汽油	$C_6 \sim C_{10}$	<220	飞机、汽车及各种汽油机燃料
	煤油	$C_{10} \sim C_{16}$	180～280	液体燃料、工业洗涤剂
	柴油	$C_{17} \sim C_{18}$	280～350	重型汽车、军舰、轮船、坦克、拖拉机等各种柴油机燃料
重油	润滑油	$C_{18} \sim C_{30}$	350～500	机械、纺织等工业用的各种润滑剂
	凡士林			防锈剂、化妆品
	石蜡	$C_{20} \sim C_{30}$		制蜡纸、绝缘材料、肥皂
	沥青	$C_{30} \sim C_{40}$		铺路、建筑材料、防腐材料
	石油焦	C_{40}	>500	制电极、生产SiC等

（2）*石油的裂化*

随着国民经济的发展，对汽油、煤油、柴油等轻质油的需求量越来越高，而从石油中分馏得到的轻质油一般仅为石油总量的25%左右。为了从石油中获得更多质量较高的汽油等产品，可将石油进行裂化。

裂化是在高温和隔绝空气加强热的条件下使碳链较长的重质油发生分解而成为碳

原子数较少的轻质油的过程。裂化分成热裂化和催化裂化两种。

（3）催化重整

为了有效地提高汽油燃烧时的抗爆燃性能，同时还能得到化工生产中的重要原料芳香烃，一般将汽油通过催化剂，在一定的温度和压力下进行结构的重新调整，其直链烃转化为带支链的异构体，这样的过程称为催化重整。使用的催化剂是铂、钯、铑等贵重金属，它们的价格相当昂贵，故一般选用便宜的多孔性氧化铝或氧化硅作为载体，在其表面浸渍0.1%的贵重金属，从而既节省了贵重金属又可以达到催化效果。

我国大型石油化工联合企业已有大庆、燕山、齐鲁、扬子、上海金山、吉林石化公司等，能够向世界上许多国家和地区出口石油产品和石油化工产品。

10.3.3 天然气

天然气是蕴藏在地层中的可燃性气体，它与石油可能同时生成，但一般埋藏较深。在煤田附近往往也有天然气存在。天然气的主要成分是甲烷，其含量可达80%～90%，另外还含有少量的乙烷和丙烷。

天然气是一种“清洁”燃料，燃烧产物为无毒的二氧化碳和水，而且燃烧值和发热量高，约为煤的两倍，再加上普通输送也很便利，因此要大力推广使用天然气能源。天然气除了用作燃料外，也是制造炭黑、合成氨、甲醇等化工产品的重要原料。我国四川、新疆是世界上著名的天然气产地。

10.4 新能源的开发和利用

化学是开发新能源的源泉，随着社会发展，人们主要利用的矿物燃料不仅日益枯竭，而且对环境的污染越来越严重。所以，20世纪60年代以来，“能源革命”的呼声日渐高涨。“能源革命”的目的是以绿色能源，包括新能源（如核能）和可再生能源（包括水电能、生物质能、太阳能、风能、地热能、海洋能和氢能等）逐步代替矿物能源。例如，自从核能得到和平利用之后，核能发电规模不断得到发展，很多国家现已进入了原子能时代。21世纪的能源革命使人类社会发生了翻天覆地的变化，绿色能源将为21世纪社会发展提供清洁、持久的动力。

10.4.1 太阳能

太阳能是取之不尽、用之不竭、对环境无任何污染的可再生清洁能源。太阳能资源虽然总量很大，但能量密度低，且强度受地域、季节、气候等的影响。这两大缺点大大限制了太阳能的有效利用，是开发利用太阳能面临的主要问题。20世纪50年代，太阳能利用领域出现了两项重大技术突破：一是太阳能电池；二是选择性热吸收涂层。这两项技术的突破，为太阳能利用进入现代发展时期奠定了技术基础。目前，太阳能的直接利用主要有三个途径：光热转换、光电转换和光化学转换。

10.4.1.1 光热转换

光热转换是利用各种集热部件将太阳辐射能转化为热能的一种技术，广泛应用于供暖、加热、干燥、蒸馏、材料高温处理、热发电和空调等领域。按照用热温度可区分为低温热利用（$T<100℃$），用于热水、采暖、干燥、蒸馏等；中温热利用（$100℃\leqslant T\leqslant250℃$），用于工业用热、制冷空调、小型热动力等；高温热利用（$T>250℃$），用于热发电、废物高温解毒、太阳炉等。太阳能热利用系统一般由集热、储热和供热三部分组成。其中太阳能集热器是太阳能热利用系统的核心部分。

太阳能集热器是通过对太阳能的采集和吸收将辐射能转换为热能的装置，已投入应用的有如下几种。

(1) 平板型集热器

它的采集和吸收辐射能的面积相同，能收集太阳直射和散射的能量并转换为热能。一般可获得40～70℃的热水或热空气。

(2) 聚焦型集热器

它由集光器和接收器组成，有的还有阳光跟踪系统。它把照射在采光面上的太阳辐射反射或折射汇聚到接收器上形成聚焦面，从而获得比平板型集热器更高的能量密度，使载热介质的工作温度提高，可获得500℃以上的高温。

(3) 真空管集热器

它采用真空夹层，使对流与传导热损失可以忽略。使用光谱选择性吸收膜层，可以使热辐射损失下降到最低，极大地提高了集热器的效率，可用于寒冷的冬天。

(4) 热管式真空管集热器

它运用真空技术，降低了集热管的热损失。同时，由于运用了热管技术，被加热工质不直接流经真空管。与普通真空管集热器相比，具有热容量小，有热二极管效应，防冻，系统承压高，易于安装、维修等优点。

10.4.1.2 光电转换

太阳能的光电转换就是利用光电效应，将太阳辐射能直接转换为电能，光电转换的基本装置就是太阳能电池。太阳能电池利用半导体的光伏效应进行光电转换，因此光电转换又称太阳能光伏技术。单晶硅太阳能电池是当前最成熟的一种太阳能电池。首先制成高纯的单晶硅棒，再加工成硅晶片。通过掺杂（硼、磷等）扩散在硅片上形成p-n结。当晶片受光后，n型半导体的空穴往p型区移动，而p型区中的电子往n型区移动，从而形成从n型区到p型区的电流（图10-1）。

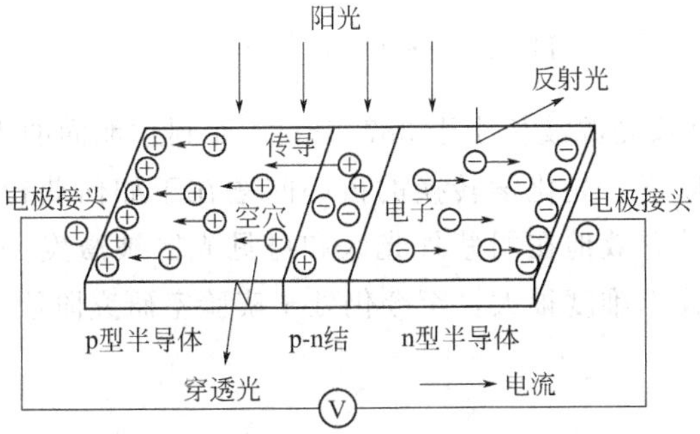

图10-1 光电转换原理示意图

目前的单晶硅太阳能电池的光电转换效率为15%左右，实验室成果也可达20%以上。光伏技术发展的主要目标是通过开发新的电池材料、改进电池的制造工艺和结构来进一步提高光电转换效率和降低制造成本。高效、长寿命、廉价的太阳能光伏转换材料是开发太阳能的关键技术。近年来，各种新型太阳能电池的研究已经取得了一些成果。如多晶硅和非晶硅太阳能薄膜电池；以碲化镉（CdTe）、铜铟硒（$CuInSe_2$）为代表的半导体化合物薄膜太阳能电池；还有多结太阳能电池、纳米材料太阳能电池、有机薄膜材料太阳能电池等。多晶硅和非晶硅太阳能薄膜电池因为较高的光电转换效率和相对较低的成本，可能会取代昂贵的单晶硅太阳能电池，成为主导产品。

太阳能电池是一种大有前途的新型电源，具有永久性、清洁性和灵活性三大优点。太阳能电池寿命长，只要太阳存在，太阳能电池就可以一次投资而长期使用。与火力发电、核能发电相比，太阳能电池不会引起环境污染；太阳能电池可以大、中、小并举，大到百万千瓦的中型电站，小到只供一户使用的太阳能电池组，这是其他电源无法比拟的。随着对太阳能电池光电转换材料组成、结构和性能研究的不断深入，太阳能电池的开发应用必将逐步走向产业化、商业化，有望成为新世纪人们日常生活中的重要能源。

10.4.1.3 光化学转换

光化学转换是直接利用太阳光来驱动化学反应。早在1839年，法国科学家比克丘勒就发现一种奇特现象，即半导体在电解质溶液中会产生光电效应。1972年，日本首先完成了光化学电池产生电能的试验，他们用 TiO_2 半导体作负极，铂黑电极作正极组成光化学电池，其结构如图10-2所示。

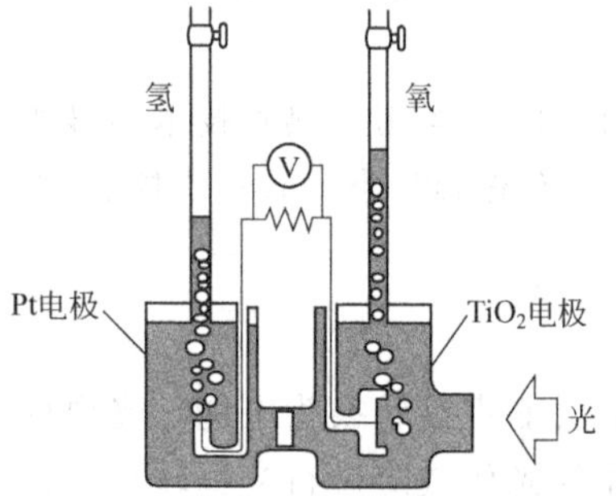

图10-2 TiO_2 电极光化学电池示意图

当阳光照射 TiO_2 半导体时，光能被电子吸收，获得能量的电子从内层脱出成为自由电子：

$$TiO_2 \xrightarrow{h\nu} 2e^- + 2p^+ \text{（空穴）}$$

同 TiO_2 接触的水分子被激发分解，负极释放氧气，正极释放氢气，同时产生直流电。电极反应为：

负极 $$H_2O + 2p^+ \longrightarrow 2H^+ + \frac{1}{2}O_2$$

正极 $$2H^+ + 2e^- \longrightarrow H_2$$

总反应 $$H_2O \xrightarrow{h\nu} H_2 + \frac{1}{2}O_2$$

使 TiO_2 激发的有效光源波长小于387.5nm，而到达地面的太阳辐射中只有3%的辐射波长在这一数值以下。光化学转换的核心问题在于如何获得新型的电极材料，提高转换效率，并能使其有效地在弱紫外光区和可见光区被激发。光化学转换是太阳能利用的一个新领域，技术难度很大，至今仍处于实验室研究阶段。

10.4.2 生物质能

生物质能是指由太阳能转化并以化学能形式储藏在生物质中的能量。生物质本质上是由绿色植物和光合细菌等自养生物吸收光能，通过光合作用把水和二氧化碳转化成碳水化合物而形成的。绿色植物只吸收了照射到地球表面辐射能的1%～2%，即使如此，全部绿色植物每年所吸收的二氧化碳约 7×10^{11} 吨，合成有机物约 5×10^{11} 吨。

因此，生物质能是一种极为丰富的能量资源，也是太阳能的最好储存方式。按照资源类型，生物质能包括古生物化石能源、现代植物能源和生物有机质废弃物。古生物化石能源是煤、石油、天然气等。现代植物能源是新生代以来进化产生的现代能源植物。水生生物质资源比陆生生物质资源更为广泛，品种更为繁多，资源量更大。现代人类生活和生产活动消耗了大量生物有机质，在此过程中产生的废弃物也已成为生物质能的重要组成部分。这些能量资源按加工层次又可区分为一次能源（如能源植物、农业废弃物）和二次能源（如生物热解气、沼气、生物炭等）。

10.4.2.1 光合作用

光合作用是指绿色植物和光合细菌体内的叶绿素吸收光能使二氧化碳和水合成有机物并释放氧气，把光能转换为化学能储存于有机物之中的生物化学过程，光合作用的总反应可以表示为：

$$6CO_2(g)+6H_2O(l)\xrightarrow[\text{叶绿素}]{h\nu}6O_2(g)+C_6H_{12}O_6(s)$$

叶绿素是卟啉衍生物与 Mg^{2+} 形成的配合物，其重要功能是参与生物体光合作用。在反应中，生物体借助于光能高效率地吸收空气中的 $CO_2(g)$、土壤中的水分和氮、磷、钾等矿物质营养元素，把简单的无机物转化为碳水化合物等有机物，并把太阳能转换成糖类等形式的化学能。平均每固定 1mol $CO_2(g)$ 约可储存 450kJ 的太阳能。在人类和动物界以有机物为食物的代谢过程中，这些能量又被释放出来，以满足生命活动的需要。光合作用是高效能的光化学氧化还原反应，水分、光照、温度等均对光合效率有显著影响。

10.4.2.2 生物质的利用

（1）生物质燃烧技术

直接燃烧是生物质能最简单的转换技术。生物质燃料（秸秆、薪柴等）的燃烧是与空气中的氧发生强烈放热化学反应。人类燃烧柴草已有几千年的历史，燃烧装置大致分为原始炉灶、旧式炉灶、改良炉灶和节柴炉灶四个阶段。20 世纪 80 年代，我国研究的节柴炉灶由工厂批量生产并在全国推广，热效率达 40%左右。农业废弃物有巨大的能源潜力，蔗渣曾用作制糖的燃料，现又用来发电，巴西的蔗渣发电厂能力达 300MW；夏威夷 15 家糖厂为当地提供了 10%的电力。垃圾中的有机质除分离制备复合肥料外，将其用于供热和发电的工厂全球已有 500 余座。

（2）生物质气化

生物质气化是生物质在缺氧或无氧条件下热解生成以一氧化碳为主要有效成分的可燃气体，从而将化学能的载体由固态转化为气态的技术。由于可燃气体输送方便，燃烧充分、便于控制，因而扩大了生物质能的应用范围。20 世纪 20 年代，人们开发了煤炭和木柴的气化技术，进入 70 年代研究重点转向农林业废弃物和城镇垃圾可燃部分的气化，以扩大能源来源，提高能源品位，减轻废弃物对环境的污染。20 世纪 80 年代开始，我国研制了新一代农业废弃物气化技术，缓解了农村生产和生活用能源的紧张局面。此外，在工业利用生物质气化方面的研究和应用也取得了突破性的进展。

（3）沼气制取与应用

沼气是微生物在厌氧条件下对有机质进行分解代谢的产物。主要成分是 CH_4（约

60%）和 CO_2（约 35%），及少量 H_2S、H_2、CO 和 N_2 等其他气体。生成沼气的过程称为沼气发酵。发酵原料和条件不同，所得沼气的成分也有差异。人畜禽的粪便、屠宰废水等发酵所制得的沼气，甲烷可达 70%；以秸秆为原料时，沼气的甲烷含量约 55%。含甲烷 60%的沼气与空气混合物的爆炸下限为 9%～23%。

发酵制沼气是自然界广泛存在的微生物过程，大致分为三个阶段：微生物分泌胞外酶将生物质水解为水溶性物质；进入微生物细胞的可溶性物质被各种胞内酶进一步分解代谢，成为挥发性的脂肪酸等；第三阶段由甲烷菌完成，最终产物以甲烷为主。

沼气可用于生产和生活，有燃料用途和非燃料用途之分。除炊事、照明外，还可作为内燃机燃料（驱动汽车、发电、抽水等）。发酵后的沼液含丰富的维生素、氨基酸、生长素、腐殖酸等生物活性物质及氮、磷、钾微量元素，经过滤后可浸种、喷施、制造高效有机肥料；沼渣可用于制造配合饲料等。随着经济的发展、人口的增长和生活水平的提高，大量工业有机废水和城镇生活污水已成为主要环境污染源。沼气发酵可使废水中 COD（化学耗氧量）值降至原来的 20%以下，并可回收沼气能源。发展沼气已成为消除有机污染，改善人类生存环境的重要手段之一。

（4）生物质液化

生物质液化是通过热或生物化学方法将生物质部分或全部转化为液体燃料的技术。液化方法主要有热分解、直接液化、水解发酵和植物油酯化。生物质干馏和热解除了得到可燃气体、焦炭外，所含挥发分可用于合成汽油和水解制酒精。干馏的液体产物粗木醋液（又称植物酸）中含酸、酯、醛、醚、烃等有机物，其中乙酸、乙酸乙酯、甲醇、丙醇、乙醛、糠醛、丙酮等有实际工业利用价值。液体燃料能量密度大，储运、使用方便，精炼后可得到优质燃料，因此近年来生物质热解的液体产物备受重视。

动植物油作为动力燃料早有研究。植物油热值大致相当于同质量柴油的 87%～89%，并随碳链长度的增加而增大。由于其黏度较大，在发动机中雾化效果较差，多与柴油混合使用。

大规模采用发酵酒精作为汽车燃料是近年来生物质能应用的一大进展。它既可以减小对石油的依赖，又可减轻汽车尾气的污染。巴西 90%的小汽车已使用酒精燃料。传统的生物质酿酒工艺与现代生物工程技术相结合，必将使酒精燃料的广泛应用成为现实。

“生物柴油”是一种石油替代品。众所周知，普通柴油是从石油中提炼的，而“生物柴油”则可从动物、植物的脂肪或餐馆用过的废弃食用油和炸过薯条的黄油中提取。使用“生物柴油”作汽车燃料对环保具有积极意义，因为排放的废气所含的二氧化碳远没有普通柴油那么多，这能减少二氧化碳的温室效应。

我国鼓励发展非粮乙醇作为重要的石油替代品。2007 年 9 月，国家发展和改革委员会发布的《可再生能源发展规划》指出，目前，中国生物乙醇产量约在 102 万吨左右。在 102 万吨中有 80 多万吨的乙醇仍然使用玉米，其余 20 万吨使用其他粮食和薯类植物。基于粮食安全考虑，今后发展生物燃料乙醇，不再用玉米，而主要是用非粮物质，如甜高粱、小桐子，还有文冠果等植物，它们大多生长在盐碱地、荒地、荒山上，可以转变成生物燃料。近期的发展重点是以木薯、甘薯、甜高粱等为原料的燃料乙醇技术，以及以小桐子、黄连木等油料作物为原料的生物柴油技术。从长远看，应积极发展以纤维素生物质为原料的生物液体燃料技术。

10.4.3 氢能

10.4.3.1 氢能的特点

氢能是指以氢作为燃料时释放出来的能量。第二次世界大战以后，随着世界经济的迅速发展，能源消耗与日俱增，目前随矿物燃料（煤、石油、天然气等）燃烧排放到大气中的 CO_2 每年多达 50 亿吨，从而加剧了大气对地面的保温作用（称为温室效应），地球平均气温不断升高。因此，科学家们需设法寻找干净的新能源。氢气被认为是一种理想的燃料，它具有许多特殊的优点：

① 氢的原料是丰富的水；

② 氢燃烧生成物是水，不污染环境；

③ 氢来自水，燃烧后又回归于水，不影响地球上的物质循环；

④ 与电力储藏困难相反，氢能储藏很容易；

⑤ 氢能作为取代石油的液体燃料，可用于汽车、飞机等；

⑥ 氢能可通过燃料电池直接用来发电，其发热量大，约为同质量汽油的三倍，点火温度低，燃烧速度快。

二次能源可分为“过程性能源”和“含能体能源”。电能就是应用最广的“过程性能源”；柴油、汽油则是应用最广的“含能体能源”。由于目前“过程性能源”尚不能大量地直接贮存，因此汽车、轮船、飞机等机动性强的现代交通运输工具无法直接使用从发电厂输送的电能，只能采用像柴油、汽油这一类“含能体能源”。随着化石燃料耗量的日益增加，其储量日益减少，这就迫切需要寻找一种不依赖化石燃料的、储量丰富的新含能体能源。氢能正是人们所期待的理想含能体能源。

氢作为一种理想的含能体能源，早在第二次世界大战期间就得到应用，氢被用作A-2 火箭发动机的液体推进剂。1960 年液氢首次用作航天动力燃料，1970 年美国发射的“阿波罗”登月飞船使用的起飞火箭也是用液氢作燃料。

对现代航天飞机而言，减轻燃料自重，增加有效载荷十分重要。氢的能量密度很高，是普通汽油的 3 倍，这意味着燃料的自重可减轻 2/3。这对航天飞机无疑是极为有利的，因此氢成了现代火箭领域的常用燃料。今天的航天飞机以氢作为发动机的推进剂，以纯氧作为氧化剂，液氢就装在外部推进剂桶内，每次发射需用 1450m^3，质量约 100 吨。现在科学家们正在研究一种“固态氢”宇宙飞船，计划将固态氢既作为飞船的结构材料，又作为飞船的动力燃料。在飞行期间，飞船上所有的非重要零件都以“固态氢”制成，飞行期间转作能源而“消耗掉”，这样飞船在宇宙中就能飞行更长的时间。在超声速飞机和远程洲际客机上以氢作动力燃料的研究已进行多年，目前已进入样机和试飞阶段。

在交通运输方面，我国就已确定氢能汽车将与纯电动汽车长期并存、互补的发展策略。2020 年，我国发布的《节能与新能源汽车技术路线图 2.0》提出预期到 2025 年，我国加氢站的建设目标为至少 1000 座；到 2035 年，加氢站的建设目标为至少 5000 座；到 2025 年，氢能汽车保有量要达到 10 万辆左右；到 2035 年，氢能汽车保有量要达到 100 万辆左右。试验证明，以氢作燃料的汽车在经济性、适应性和安全性三方面均有良好的前景，但目前仍存在储氢密度小和成本高两大障碍。前者使汽车连续行驶的路程受到限制，后者主要是由于液氢供应系统费用过高造成。

10.4.3.2 解决氢能源的关键问题

目前氢能大规模的商业应用有两个关键问题有待解决：一是制氢技术；二是可靠的储氢和输氢方法。

（1）制氢技术

因为氢是一种二次能源，它的制取不但需要消耗大量的能量，而且目前制氢效率很低，因此寻求大规模廉价的制氢技术是各国科学家共同关心的问题。现在看来，高效率制氢的基本途径是利用太阳能。如果能用太阳能来制氢，就等同于将无穷无尽的、分散的太阳能转变成高度集中的干净氢能，其意义十分重大。目前利用太阳能分解水制氢的方法主要有“太阳能热分解水制氢”“太阳能发电电解水制氢”“光催化光解水制氢”和“太阳能生物制氢”等。利用太阳能制氢有重大的现实意义，但这却是一个十分困难的研究课题，有大量的理论问题和工程技术问题亟待解决。

（2）可靠的储氢和输氢方法

由于氢易气化、着火、爆炸，因此如何妥善解决氢能的储存和运输问题也就成为开发氢能的关键。根据技术发展趋势，今后储氢研究的重点是在新型高性能规模储氢材料上。国内的储氢合金材料已有小批量生产，但较低的储氢质量比和高价格仍阻碍其大规模应用。镁系合金虽有很高的储氢密度，但放氢温度高，吸放氢速度慢，因此研究镁系合金在储氢过程中的关键问题，可能是解决氢能规模储运的重要途径。近年来，纳米碳在储氢方面已表现出优异的性能，有关研究国内外尚处于初始阶段，正积极探索纳米碳作为规模储氢材料的可能性。

氢不但是一种优质燃料，还是石油、化工、化肥和冶金工业中的重要原料和物料。石油和其他化石燃料的精炼需要氢，如烃的增氢、煤的气化、重油的精炼等；化工中制氨、制甲醇也需要氢。氢还用来还原铁矿石。用氢制成燃料电池可直接发电。采用燃料电池和氢气-蒸汽联合循环发电，其能量转换效率将远高于现有的火电厂。随着制氢技术的进步和储氢手段的完善，氢能将在21世纪的能源舞台上大展风采。

10.4.4 核能

核能是原子核发生变化（裂变、聚变等）而释放的能量，它比化学变化（燃烧、炸药爆炸等）释放的能量大百万倍。

当核分解为质子和中子时吸收能量；反之，由质子和中子结合成核时将放出能量，后者称核生成焓，例如：

$$26\,{}_{1}^{1}\mathrm{H} + 30\,{}_{0}^{1}\mathrm{n} \longrightarrow {}_{26}^{56}\mathrm{Fe} \qquad \Delta_r H_m^{\ominus} = -4.75\times10^{9}\,\mathrm{kJ\cdot mol^{-1}}$$

将核的平均生成焓与每种元素最稳定同位素的质量数作图，如图10-3所示。显然最稳定的核是质量数接近60的核。具有最低能量的核是Fe核，由于较轻原子核和较重原子核的生成焓都比较高，而中等质量核的生成焓较低，核也比较稳定。因此，将轻核聚合成中等质量的原子核就能释放出大量的能量，这个过程称为核聚变。把重核分裂成两个中等质量的核时，原子也释放出大量的能量，这个过程称核裂变。核聚变和核裂变释放出的巨大能量称为核能。

10.4.4.1 核裂变能

许多重元素的同位素受到足够能量的中子轰击后都能发生裂变。但实际上，人们

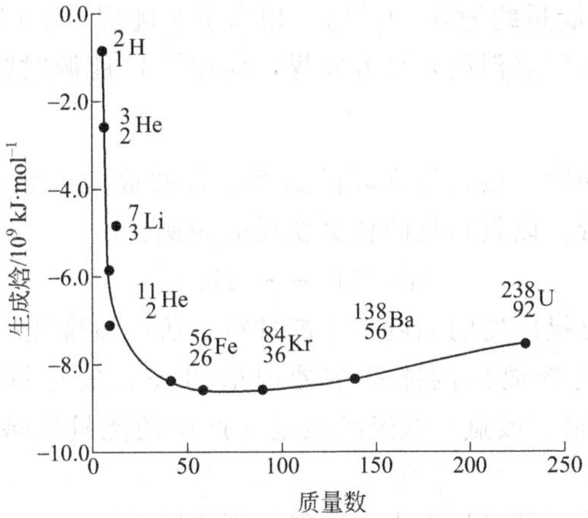

图 10-3 核的平均生成焓

最关心的是铀的同位素^{235}U和钚的同位素^{239}Pu。因为它们都能在较低能量中子的作用下裂变成碎片。原子弹和核电站所使用的就是这两种同位素。

当^{235}U原子核发生裂变时，分裂成两个不相等的碎片和若干个中子。裂变过程相当复杂，已经发现裂变产物有 35 种元素（从$_{30}Zn$到$_{64}Gd$），放射性核有 200 种以上。下面是^{235}U裂变的几种方式：

$$^{235}_{92}U+^{1}_{0}n \longrightarrow \begin{cases} ^{72}_{30}Zn+^{160}_{62}Sm+4^{1}_{0}n \\ ^{87}_{35}Br+^{146}_{57}La+3^{1}_{0}n \\ ^{142}_{56}Ba+^{91}_{36}Kr+3^{1}_{0}n \\ ^{90}_{37}Rb+^{144}_{55}Cs+2^{1}_{0}n \end{cases}$$

核裂变时，释放出能量的原因是裂变前后的总质量不相等。核裂变后有质量亏损，亏损的质量转变成了能量。质能转换关系可由爱因斯坦定律 $E=mc^2$ 求得，即

$$\Delta E=\Delta mc^2$$

式中，$\Delta m=\sum m$(生成物)$-\sum m$(反应物)。该式表明系统质量的改变 Δm，必然引起系统能量的改变 ΔE，其中 c 为光速（$2.9979\times10^8\,m\cdot s^{-1}$）。现以如下$^{235}_{92}U$的裂变为例：

$$^{235}_{92}U+^{1}_{0}n \longrightarrow ^{142}_{56}Ba+^{91}_{36}Kr+3^{1}_{0}n$$

已知$^{235}_{92}U$、$^{1}_{0}n$、$^{142}_{56}Ba$、$^{91}_{36}Kr$的摩尔质量分别为 $235.0439g\cdot mol^{-1}$、$1.00867g\cdot mol^{-1}$、$141.9092g\cdot mol^{-1}$、$90.9056g\cdot mol^{-1}$，则

$$\begin{aligned}\Delta m &=(141.9092+90.9056+3\times1.00867-235.0439-1.00867)g\cdot mol^{-1}\\ &=-0.2118\times10^{-3}kg\cdot mol^{-1}\end{aligned}$$

$$\begin{aligned}\Delta E &=\Delta m\cdot c^2=-0.2118\times10^{-3}kg\cdot mol^{-1}\times(2.9979\times10^8\,m\cdot s^{-1})^2\\ &=-1.9035\times10^{13}kg\cdot m^2\cdot s^{-2}\cdot mol^{-1}\\ &=-1.9035\times10^{10}kJ\cdot mol^{-1}\end{aligned}$$

$1.000g$ ^{235}U按上式裂变所放出的能量为：

$$\begin{aligned}\Delta E &=-1.9035\times10^{10}kJ\cdot mol^{-1}\times1.000g/235.0439g\cdot mol^{-1}\\ &=-8.1\times10^7\,kJ\end{aligned}$$

即 1g ^{235}U 裂变放出的能量约为 $8\times10^{7}kJ$，相当于 3 吨煤（$30kJ\cdot g^{-1}$）燃烧所放出的能量。例如，北京市每年需消耗几百万吨煤，而用^{235}U 能源时则只需几千克。

10.4.4.2 核聚变能

核聚变是使很轻的原子核在异常高的温度下合并成较重原子核的反应，这种反应进行时放出更大的能量。以氘与氚的核聚变反应为例：

$$^{2}_{1}H+^{3}_{1}H \longrightarrow ^{4}_{2}He+^{1}_{0}n$$

该反应需在几千万摄氏度的温度下才能进行，所以核聚变反应也称为热核反应。

上述核聚变反应所释放出的能量按爱因斯坦公式的计算值为 $\Delta E=-1.698\times10^{9}kJ\cdot mol^{-1}$。每 1g 氘（或氚）核经核聚变所产生的能量比每 1g 铀经核裂变所产生的能量大得多。

核聚变反应所需的氘可以从重水中取得，而普通水中有 0.015%（按 w_B 计）的重水。海洋中水的总量为 $1.3\times10^{24}kg$，即海水中含重水近 $2\times10^{20}kg$。它将成为以核聚变反应为动力的丰富潜在资源。有人估计，按目前全世界每年对能量的需求计算，仅利用海洋中的氘进行核聚变提供的能量，即可足够供人类使用一万亿年。重要的是，核聚变能还是一种清洁的能源。

目前已实现的人工热核反应是氢弹爆炸，它能产生剧烈而不可控制的聚变反应。如果热核反应能够加以控制，人类将能利用海水的重氢获得无限丰富的能源。为使核聚变能量的利用成为现实，必须解决两个关键的技术问题：一是使反应系统有足够高的温度（10^{9}℃），并维持有足够长的时间（如 1s 以上）；二是能人为地控制核聚变反应进行的速率（否则会像氢弹那样爆炸）。

2016 年 2 月，中国造“人造太阳”取得巨大进步。中国科学院合肥物质科学研究院等离子体物理研究所的科学家研制的“实验型先进超导托卡马克”（EAST）装置，成功将内部离子化气体加热约 5000 万摄氏度，并持续放电 102s。这和创造接近太阳深处的核聚变环境（温度约合 9999 万摄氏度，并持续 1000s）目标虽然还有差距，但是中国科学家对此信心十足。

10.4.4.3 核能的特征

核能作为一种新能源，具有煤炭、石油等能源不可匹敌的优点。首先，核燃料体积小、能量大，不会排放二氧化碳等温室气体，为其他能源所不及。1kg 铀裂变产生的热量相当于 1kg 标准煤燃烧后产生热量的 270 万倍。其次，核能的储量丰富，可保障长期利用。核能发电用的是核裂变能，主要燃料是铀。地球上有丰富的铀资源，相当于有机燃料储量的 20 倍。最后，在能量储存方面，核能比太阳能、风能等其他新能源容易储存。核燃料的储存占地面积不大，一般装在核船舶或核潜艇中，通常两年才换料一次。

在能源稀缺和全球变暖的双重压力下，各国都越来越重视核能。截至 2021 年 12 月，中国大陆运行核电机组共 53 台，额定装机容量 54656.95MWe。2021 年 1～12 月全国累计发电量为 81121.8 亿千瓦时，运行核电机组累计发电量为 4071.41 亿千瓦时，占全国累计发电量的 5.02%。

10.4.4.4 核能的危险性

核能问世常被形容为“人类第二次发现了火”，核能为人类未来拓展新的美好前景的同时，却也伴随着种种安全风险和挑战。1986年4月26日，切尔诺贝利核电站发生爆炸，这次灾难所释放出的核辐射线剂量是第二次世界大战时期广岛原子弹的400倍以上。被核辐射污染过的云层向北飘往众多地区，即便到了今天，受灾地区依然没有摆脱核事故影响，食物链、土地和水资源遭受的污染仍看不到尽头。核安全事故从未淡出，核安全挑战仍然在全世界范围内存在。离我们最近的一次就是2011年日本福岛第一核电站受地震的影响，四个机组出现故障，放射性物质持续外泄。随着福岛核事故的发展，核泄漏等级提高至最高级别7级。[1]

在核泄漏中，有4种放射性同位素对人体比较有危害：^{131}I、^{137}Cs、^{90}Sr、^{239}Pu。这4种放射性同位素中以^{131}I最为危险。因为它可以在最短的时间里让人体细胞癌变。^{131}I的物理半衰期是8天，一旦进人体，意味着它需要数月时间才能完全消失。

核电站对人类究竟是福是祸？它的安全问题会不会导致全球的灾难，给人类生存带来威胁？如何更安全、高效地使用核能将成为人类科研不可回避的新课题。总之，人类对核能的彻底驾驭还需要漫长的时间。

10.4.5 绿色电池

电能是现代社会生活所必需的能量供给形式，电能是最重要的二次能源，大部分的煤和石油制品作为一次能源用于发电。煤或石油燃烧过程中释放能量，加热蒸汽，推动电机发电。煤（或油）燃烧过程就是它和氧气发生化学变化的过程，所以“燃煤发电”实质是化学能转化为机械能和电能的过程，这种过程通常要靠火力发电厂的汽轮机和发电机来完成。另外一种把化学能直接转化为电能的装置，统称为化学电池或化学电源，如收音机、手电筒、照相机上用的干电池，汽车发动机用的蓄电池，钟表上用的纽扣电池等。

化学电池与氧化还原反应有关。任何两个电极反应都可以组成一个氧化还原反应，可以设计成一个电池。日常生活中常见的有锌锰干电池、铅蓄电池、碱性蓄电池、银锌电池和燃料电池。此外，锂锰电池、锂碘电池、钠硫电池、太阳电池等多种高效、安全、价廉的电池都在研究中。

除燃料电池外，其他新型电池也在研究开发之中，如锂离子电池、钠硫电池以及银锌镍氢电池等。这些新型电池与铅蓄电池相比，具有质量轻、体积小、储存能量大以及无污染等优点，被称为绿色环保电池（图10-4）。

图10-4 绿色环保电池

10.4.5.1 锂离子电池

锂离子电池的负极主要由可嵌入锂离子的石墨组成，正极主要由含锂的过渡金属氧化物如$LiCoO_2$组成。锂离子进入电极的过程称为嵌入，从电极中移出的过程称为脱出。在其充放电过程中，锂离子于电池正负极中往返地嵌入和脱出，正像摇椅一样在正负极中摇来摇去，发明人形象地称锂离子电池为“摇椅电池”。锂离子电池具有显

---

[1] 核事故7级是指大量核污染泄漏到工厂以外，造成巨大健康和环境污染。

著的优点：体积小，能量密度高，无记忆效应等；单电池的输出电压高达 4.2V，在 60℃左右的高温条件下仍能保持很好的电池性能。锂离子电池主要应用于便携式摄像机、移动电话机和笔记本计算机等小型电子设备，近年来随着锂离子电池技术的不断发展，以锂离子电池组装的动力电池在电动交通工具中也得到了广泛应用。

10.4.5.2 钠硫电池

钠硫电池以多晶陶瓷作固体电解质，通过钠和硫的一系列化学反应产生电流。钠硫电池结构简单，工作温度低，电池的原材料来源丰富，充分放电转换效率高，有自放电现象。钠硫电池以其诸多的优点在车辆驱动和电站储能方面展现出广阔的应用前景。

10.4.5.3 银锌电池

银锌电池是一种新型的蓄电池，具有电容量大，可大电流放电，又耐机械振动的优良性能，用于宇宙航行、人造卫星、火箭、导弹和高空飞行。

随着新型绿色电池性能水平的不断提高，生产工艺日益完善，可以预见高容量、少污染、长寿命的新型绿色电池将在未来电池市场竞争中大放异彩。

10.4.6 其他可再生能源

10.4.6.1 风能

风能是地球表面大量空气流动所产生的动能。由于地面各处受到太阳辐照后气温变化不同和空气中水蒸气的含量不同，可引起各地气压的差异，在水平方向由高压地区向低压地区流动，即形成风。风能资源决定于风能密度和可利用的风能年累积小时数。风能密度是单位迎风面积可获得的风的功率，与风速的三次方和空气密度成正比关系。据估算，全世界的风能总量约为 1300 亿 kW，中国的风能总量约为 16 亿 kW。

（1）风能的分布

风能资源受到地形的影响较大，世界风能资源多集中在沿海和开阔大陆的收缩地带。如美国的加利福尼亚州沿岸和北欧的一些国家，中国的东南沿海、内蒙古、新疆和甘肃一带风能资源也很丰富（图 10-5）。中国东南沿海及附近岛屿的风能密度可以达到 $300W \cdot m^{-2}$ 以上，$3 \sim 20m \cdot s^{-1}$ 的风速年累计超过 6000h。内陆风能资源最好的区域是沿内蒙古至新疆一带，风能密度也在 $200 \sim 300W \cdot m^{-2}$，$3 \sim 20m \cdot s^{-1}$ 的风速年累计 5000～6000h。这些地区适于发展风力发电和风力提水。新疆达坂城风力发电站 1992 年已装机 5500kW，是中国最大的风力电站。

图 10-5 风能发电

在自然界中，风是一种可再生、无污染而且储量巨大的能源。随着全球气候变暖和能源危机，各国都在加紧对风力的开发和利用，尽量减少二氧化碳等温室气体的排放，保护人类赖以生存的地球。

（2）风能的利用

风能的利用主要是以风能作动力和风力发电两种形式，其中又以风力发电为主。风能作动力，就是利用风来直接带动各种机械装置，如带动水泵提水等，这种风力发动机的优点是投资少、工效高、经济耐用。目前，世界上有一百多万台风力提水机在运转。澳大利亚的许多牧场都设有这种风力提水机。在很多风力资源丰富的国家，科学家们还利用风力发动机铡草、磨面和加工饲料等。丹麦是最早利用风力发电的国家，而且使用较普遍。丹麦虽然只有500多万人口，却是世界风力发电大国和风力发电设备生产大国，世界10大风轮生产厂家中，有5家在丹麦，世界60%以上的风轮制造厂都在使用丹麦的技术，是名副其实的“风车大国”。截至2018年年底，世界风力发电总量居前3位的分别是中国、美国和德国，三国的风力发电总量占全球风力发电总量的60%。此外，风力发电还逐渐走进居民住宅。在英国，迎风缓缓转动叶片的微型风能电机正在成为一种新景观。家庭安装微型风能发电设备，不但可以为生活提供电力，节约开支，还有利于环境保护。堪称世界“最环保住宅”的是由英国著名环保组织“地球之友”的发起人马蒂·威廉历时5年建造成的，其住宅的迎风院墙前矗立着一个扇状涡轮发电机，随着叶片的转动，不时将风能转化为电能。

10.4.6.2 地热能

地球可以看作半径约为6370km的实心球体。它的构造像一个半熟的鸡蛋，主要分为三层。地球的外表相当于蛋壳，这部分叫做“地壳”，它的厚度各处很不均匀，由几千米到70千米不等。地壳的下面是“中间层”，相当于鸡蛋白，也叫做“地幅”，主要由熔融状态的岩浆构成，厚度约为2900km。地壳的内部相当于蛋黄的部分叫做“地核”，地核又分为外地核和内地核。

地球每一层的温度很不相同。从地表以下平均每下降100m，温度就升高3℃。在地热异常区，温度随着深度增加得更快。我国华北平原将一个钻井钻到1000m时，温度为46.8℃；钻到2100m时，温度升高到84.5℃。另一钻井深达5000m，井底温度为180℃。根据各种资料推断，地壳底部和地壳上部的温度为1100～1300℃，地核温度为2000～5000℃。

地热作为一种可再生能源，具有热流密度大，容易收集、输送，参数（流量、温度）稳定，可全天候开采，使用方便，安全可靠等优点。随着国民经济的迅速发展和人民生活水平的提高，采暖、空调、生活用热的需求越来越大，是一般民用建筑用能的主要部分。建筑物污染控制和节能已经是国民经济的一个重大问题。在我国南方地区，气候炎热，夏季空调所消耗的能量已经占建筑物总消耗的40%～50%。利用地热能可以实现采暖、供冷和供生活热水及娱乐保健。建成地热能综合利用建筑物，是改善城市大气环境、节省能源的有效途径，也是我国地热能利用的一个新的发展方向。

（1）地热能的分类

地球的深部蕴藏着巨大的热能，在地质因素的控制下，这些热能会以热蒸汽、热水、干热岩等形式向地壳的某一范围聚集，在当前技术经济和地质环境条件下能够科学、合理地开发出来利用时，便成为具有开发意义的地热资源，如图 10-6 所示。它作为可替代传统化石燃料的新能源之一，是解决能源短缺和环境污染问题的有效途径之一，因此备受关注。目前地热资源勘查的深度可达地表以下 5000m。全球储存的地热资源相当于 5000 亿吨标准煤当量，我国的地热资源约合 2000 亿吨标准煤当量以上。按照温度，地热资源可以分为高温、中温和低温三类。温度大于 150℃的地热以蒸汽形式存在，叫做高温地热；90～150℃的地热以水和蒸汽的混合物形式存在，叫做中温地热；温度大于 25℃、小于 90℃的地热以温水（25～40℃）、温热水（40～60℃）、热水（60～90℃）等形式存在，叫做低温地热。高温地热一般存在于地壳活动较强的板块边界，即火山、地震、岩浆侵入多发地区，著名的冰岛地热田、新西兰地热田、日本地热田以及我国的西藏羊八井地热田、云南腾冲地热田、台湾大屯地热田都属于高温地热田。中低温地热田广泛分布在板块的内部，我国华北、京津地区的地热田多属于中低温地热田。

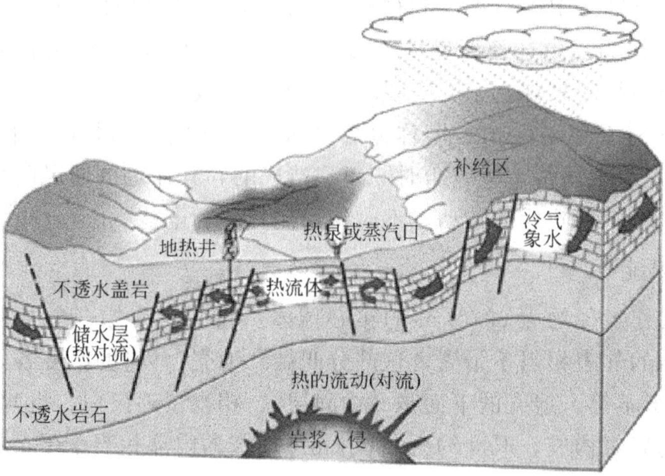

图 10-6 清洁地热能

（2）地热能的分布

地热能集中分布在构造板块边缘一带，该区域也是火山和地震多发区。如果热量提取的速度不超过补充的速度，那么地热能便是可再生的。地热能在世界很多地区应用相当广泛。据估计，每年从地球内部传到地面的热能相当于 100PW・h。不过，地热能的分布相对来说比较分散，开发难度大。

在一定地质条件下的“地热系统”和具有勘探开发价值的“地热田”都有它的发生、发展和衰亡过程，绝对不是只要往深处打钻，到处都可以发现地热。作为地热资源的概念，它也和其他矿产资源一样，有数量和品位的问题。就全球来说，地热资源的分布是不平衡的。明显的地温梯度每千米深度大于 30℃的地热异常区，主要分布在板块生长、开裂——大洋扩张脊和板块碰撞、衰亡——消减带部位。

（3）地热能的作用

人类很早以前就开始利用地热能。例如，利用温泉沐浴、医疗，利用地下热水取暖、建造农作物温室、水产养殖及烘干谷物等。但真正认识地热资源并进行较大规模的开发利用，却始于 20 世纪中叶。

① 地热发电　它是地热利用的最重要方式。高温地热流体应首先应用于发电。地

热发电和火力发电的原理是一样的，都是利用蒸汽的热能在汽轮机中转变为机械能，然后带动发电机发电。所不同的是，地热发电不像火力发电那样，需要装备庞大的锅炉，也不需要消耗燃料，它所用的能源就是地热能。地热发电的过程就是把地下热能首先转变为机械能，然后把机械能转变为电能的过程。要利用地下热能，首先需要有“载热体”把地下的热能带到地面上来。目前能够被地热电站利用的载热体主要是地下的天然蒸汽和热水。按照载热体类型、温度、压力和其他特性的不同，可以把地热发电的方式划分为蒸汽型地热发电和热水型地热发电两大类。

② 地热供暖　将地热能直接用于采暖、供热和供热水是仅次于地热发电的地热利用方式。因为这种利用方式简单、经济性好，所以备受各国重视，特别是位于高寒地区的西方国家，其中冰岛开发利用得最好。该国早在 1928 年就在其首都雷克雅未克建成了世界上第一个地热供热系统，目前这一供热系统已经发展得非常完善，每小时可以从地下抽取 7740 吨的 80℃热水，供全市 11 万名居民使用。由于没有高耸的烟囱，冰岛首都被誉为“世界上最清洁无烟的城市”。此外，利用地热给工厂供热，如用作干燥谷物和食品的热源，用作硅藻土、木材、造纸、制革、纺织、酿酒、制糖等生产过程的热源也是大有前途的。目前世界上最大的两家地热应用工厂就是冰岛的硅藻土厂和新西兰的纸浆加工厂。我国利用地热供暖和供热水发展也非常迅速，在京津地区已经成为地热利用中最普遍的方式。

③ 地热务农　地热在农业中的应用范围十分广阔。如利用温度适宜的地热水灌溉农田，可以使农作物早熟增产；利用地热水养鱼，在 28℃水温下，可以加速鱼的育肥，提高鱼的出产率；利用地热建造温室，育秧、种菜和养花；利用地热给沼气池加温，提高沼气的产量等。在我国，将地热能直接用于农业日益广泛，北京、天津、西藏和云南等地都建有面积大小不等的地热温室。各地还利用地热大力发展养殖业，如培养菌种，养殖非洲鲫鱼、鳗鱼、罗非鱼、罗氏沼虾等。

④ 地热行医　地热在医疗领域的应用具有诱人的前景，目前热矿水就被视为一种宝贵的资源，世界各国都很珍惜。由于地热水从很深的地下提取到地面，除温度较高外，常含有一些特殊的化学元素，从而使它具有一定的医疗效果。如含碳酸的矿泉水供饮用，可以调节胃酸、平衡人体酸碱度；饮用含铁矿泉水后，可以治疗缺铁性贫血症；氢泉、硫化氢泉洗浴可以治疗神经衰弱和关节炎、皮肤病等。由于温泉的医疗作用及伴随温泉出现的特殊地质、地貌条件，使温泉常常成为旅游胜地，吸引大批疗养者和旅游者前往。日本有 1500 多个温泉疗养院，每年吸引 1 亿人到这些疗养院休养。我国利用地热治疗疾病的历史悠久，含有各种矿物元素的温泉众多，因此充分发挥地热的医疗作用，发展温泉疗养行业是大有可为的。

10.4.6.3　海洋能

海洋能是海水运动过程中产生的可再生能，主要包括温差能、潮汐能、波浪能、潮流能、海流能和盐差能等。潮汐能和潮流能源自月球、太阳和其他星球引力，其他海洋能均源自太阳辐射。海水温差能是一种热能。低纬度的海面水温较高，与深层水形成温度差，可以产生热交换。其能量与温差的大小和热交换水量成正比。潮汐能、潮流能、海流能和波浪能都是机械能。潮汐的能量与潮差大小和潮量成正比。波浪的能量与波高的平方和波动水域面积成正比。在河口水域还存在海水盐差能（又称为海水化学能），入海径流的淡水与海洋盐水间有盐度差，若隔以半透膜，淡水向海水一侧渗透，可以产生渗透压力，其能量与压力差和渗透能量成正比。

海洋能具有如下特点：

① 海洋能在海洋总水体中的蕴藏量巨大，而单位体积、单位面积、单位长度所拥有的能量较小。即要想得到大能量，就得从大量的海水中获得。

② 海洋能具有可再生性。海洋能来源于太阳辐射能与天体间的万有引力，只要太阳、月球等天体与地球共存，这种能源就会再生，取之不尽，用之不竭。

③ 海洋能有较稳定与不稳定能源之分。较稳定的海洋能为温度差能、盐度差能和海流能；不稳定的海洋能分为变化有规律与变化无规律两种。属于不稳定但变化有规律的有潮汐能与潮流能。人们根据潮汐潮流变化规律，编制出各地逐日逐时的潮汐与潮流预报，预测未来各个时间的潮汐大小与潮流强弱。潮汐电站与潮流电站可以根据预报表安排发电运行。既不稳定又无规律的是波浪能。

④ 海洋能属于清洁能源，也就是海洋能一旦开发后，其本身对环境污染影响很小。

中国在东南沿海先后建成 7 个小型潮汐能电站，其中浙江温岭的江厦潮汐能电站具有代表性，它建成于 1980 年，至今已运行 40 多年，且运行状况良好。世界上最大的潮汐发电站是法国北部圣玛珞湾的朗斯河口电站，发电能力为 24 万 kW·h，已经工作了 50 多年。

10.4.6.4 水能

水能是利用水体的动能、势能和压力能等能量的资源，广义的水能包括河流水能、潮汐能、波浪能、海流能等，狭义的水能指的是河流的水能。利用水能的主要方式有三种：一是利用潮汐发电；二是利用洋流发电；三是利用水库发电。水力发电的优点在于如果发电机完好，则能够源源不断地产生能量，而且不会有污染物产生，同时生产能源比较稳定、维修成本也较低。但同时水力发电需要大规模适宜的土地，还需要考虑其对周围生态的影响。

思考题

1. 列举说明什么是一次能源与二次能源？什么是可再生能源与不可再生能源？

2. 石油与煤相比，他们的成因和成分有何异同？

3. 简述煤的组成、分类及其综合利用措施。

4. 简述石油加工炼制三个阶段的原理与过程，列举 3 种不同的石油分馏产品及其应用。

5. 下述能量转换是否可以实现，借助什么装置可以实现相应转换？

(1) 核能→电能　　(2) 热能→机械能　　(3) 电能→热能

(4) 太阳能→热能　　(5) 化学能↔电能　　(6) 化学能→机械能

6. 如何理解太阳能是地球上主要能源的总来源？太阳能的特点及主要利用方式有哪些？

7. 生物质能有什么特点？简述其利用的主要途径。

8. 为什么说氢能是一种理想的清洁能源？若要实现氢能的大规模利用，亟待解决的关键问题有哪些？

9. 核能的利用有哪两种途径？简述核电站发电的基本原理，并根据核能的特点预测核能的未来发展形势。

10. 什么是化学电源？试举例说明某种化学电源的组成、工作原理及应用。

习题

1. 下列能源不属于传统化石能源的是（　　）。

A. 石油　　B. 煤炭　　C. 天然气　　D. 核能

2. 下列属于一次、清洁能源的是（　　）。

A. 氢能　　B. 石油　　C. 天然气　　D. 生物质能

3. 下列属于不可再生能源的是（　　）。

A. 天然气　　B. 风能　　C. 氢能　　D. 地热能

4. 下列不属于新能源的是（　　）。

A. 氢能　　B. 水能　　C. 太阳能　　D. 地热能

5. 下列做法不利于解决“能源危机”和“环境污染”的是（　　）。

A. 建立资源节约，环境友好型社会。

B. 节能减排，提高能源利用效率。

C. 大力开采和使用煤炭等化石能源，解决能源危机。

D. 树立环保意识和可持续发展观。

6. 我国能源分布与应用特点是（　　）。

A. 多煤，少油，贫气；总量丰，人均低，分布不均，开发较难。

B. 多煤，多油，多气；总量丰，人均低，分布均匀，利用率高。

C. 少煤，多油，贫气；总量丰，人均高，分布均匀，亟待开发。

D. 少煤，少油，多气；总量少，人均低，分布不均，开发较难。

7. 下列说法正确的是（　　）。

A. 我国具有丰富的煤炭资源，煤炭已探明储量居世界首位。

B. 我国水电资源丰富，居世界首位，水能开发程度也远超发达国家。

C. 我国可再生能源发电稳居全球首位，清洁电力生产比重逐年提升。

D. 我国是能源消费大国，人均能源消费水平居世界首位。

8. 下列说法错误的是（　　）。

A. 目前，核电站是利用核裂变反应实现核能利用的热力发电厂。

B. 可通过光热转换、光电转换和光化学转换实现太阳能的利用。

C. 陆生生物质能源比水生生物质能源储量更大，品种更多。

D. 制氢技术和储氢、输氢方法是实现氢能大规模商业应用亟待解决的两个关键问题。

9. 浅谈我国“双碳”目标和政策，并从自身角度思考如何参与实现“双碳”目标。

第11章 化学与材料工程

材料是人类生存和生活必不可少的部分，是人类文明的物质基础和先导，是直接推动社会发展的动力。生产技术的进步与新材料的应用密切相关，从石器时代、青铜器时代到铁器时代，每一种新材料的发现和应用都会在不同程度上改变社会生产和生活的面貌，把人类文明推向前进。第二次世界大战后各国致力于恢复经济，发展工农业生产，对材料提出质量轻、强度高、价格低等一系列新的要求。具有优异性能的工程塑料部分代替了金属材料，合成纤维、合成橡胶、涂料和胶黏剂等得到发展和应用。合成高分子材料的问世是材料发展中的重大突破。从此，以金属材料、陶瓷材料和合成高分子材料为主体，建立了完整的材料体系，形成了材料科学。

材料可以按不同的方法分类。若按用途分类，材料可分为结构材料和功能材料两大类。其中结构材料主要是利用材料的力学和理化性质，广泛应用于机械制造、工程建设、交通运输和能源等各个工业部门；功能材料则利用材料的热、光、电、磁等性能，用于电子、激光、通信、能源和生物工程等许多高新技术领域。若按材料的成分和特性分类，材料可分为金属材料、无机非金属材料、高分子材料和复合材料。

11.1 材料的分类及特性

11.1.1 金属材料及其特性

11.1.1.1 金属材料概述

目前世界上金属及其合金的种类已达3000多种，金属材料是当前使用最广泛的材料。金属材料通常分为黑色金属、有色金属和特种金属材料。

(1) 黑色金属

黑色金属又称为钢铁材料，包括杂质总含量小于0.2%和含碳量不超过0.0218%的工业纯铁、含碳量为0.0218%～2.11%的钢、含碳量大于2.11%的铸铁。广义上，黑色金属还包括铬、锰及其合金。

(2) 有色金属

有色金属是指除了铁、铬、锰以外的所有金属及其合金，通常分为轻金属、重金属、贵金属、半金属、稀有金属和稀土金属等。有色合金的强度和硬度一般比纯金属高，并且其电阻大、电阻温度系数小。

(3) 特种金属材料

特种金属材料包括不同用途的结构金属材料和功能金属材料。其中有通过快速冷凝工艺获得的非晶态金属材料，以及准晶、微晶、纳米晶金属材料等；还有隐身、抗氢、超导、形状记忆、耐磨、减振阻尼等特殊功能合金及金属基复合材料等。

纯金属的强度较低，很少直接应用，故金属材料绝大多数是以合金的形式出现。合金是由一种金属与一种或几种其他金属、非金属熔合在一起生成的具有金属特性的物质，如由铜和锡组成的青铜，铝、铜和镁组成的硬铝等。金属材料一般具有优良的力学性能、可加工性及优异的物理特性。金属材料的性质主要取决于其成分、显微组织和制造工艺，人们可以通过调整和控制成分、组织结构和工艺，制造出具有不同性能的金属材料。在近代的物质文明中，金属材料如钢铁、铝、铜等起了关键作用，这类材料至今仍具有强大的生命力。

11.1.1.2 金属材料特性

金属一般是晶体，主要以金属键结合，大多数金属晶体具有比较高的对称性和高的配位数。金属材料元素价电子的电离能低，电子容易电离为整个晶体所有。外层电子在金属正离子组成的晶格内自由运动，使得金属材料具有很多区别于其他材料的特征。

金属材料具有许多优良的性能，因此被广泛应用于制造各种构件、机械零件、工具和日常生活用品。金属材料的性能包含工艺性能和使用性能两方面。工艺性能是指在制造工艺过程中材料适应各种加工、处理的性能；使用性能是指金属材料在使用条件下所表现出来的性能，包含力学（也称机械性能）、物理（密度、熔点、导电导热性、磁性等）和化学性能。

金属材料的性能特点如下：

① 价格低，来源丰富。

② 优良的力学性能，包括强度、屈服点、抗拉强度、延伸率、断面收缩率、硬度、冲击韧性等。

③ 优良的工艺性能，包括铸造性、焊接性、冲压性、可塑成型性、切削加工及电加工等性能。

④ 化学性能。材料的化学性能包含耐腐蚀性和抗氧化性，即金属材料与周围介质接触时抵抗发生化学或电化学反应的性能。金属材料的化学性质一般比较活泼，尤其在潮湿的空气中，发生化学腐蚀和电化学腐蚀的可能性较大。

⑤ 可处理性及其表面改性。通过一定的加热与冷却方法（退火、淬火、回火等），可大幅度改善和提高材料性能。或通过化学热处理、表面强化以及其他表面处理方法改善工件的表层性能。

11.1.2 无机非金属材料及其特性

11.1.2.1 无机非金属材料概述

无机非金属材料又称陶瓷材料，是以某些元素的氧化物、碳化物、氮化物、硼化物以及硅酸盐、铝酸盐、硼酸盐等物质组成的材料，是除金属材料和有机材料之外的材料统称，具有悠久的历史，近几十年来得到飞速发展。它包括各种金属元素与非金属元素形成的无机化合物和非金属单质材料。主要有传统硅酸盐材料（又称传统陶瓷）和新型无机非金属材料（又称精细陶瓷材料）。

传统硅酸盐材料主要成分是各种氧化物，而且主要是烧结体，如玻璃、水泥、耐火材料、建筑材料和陶瓷等。由于其耐高温、耐摩擦、耐化学腐蚀，所以广泛应用于工业建筑、道路桥梁、高温设备等传统领域。

新型无机非金属材料的化学组成远远超出了硅酸盐范围，除了氧化物外，还有氮化物、碳化物、硅化物和硼化物等。可以是烧结体，还可以做成单晶、纤维、薄膜和粉末，具有强度高、耐高温、耐腐蚀，并可有声、电、光、热、磁等多方面的特殊功能，是新一代的特种陶瓷，所以它们的用途极为广泛，遍及现代科技的各个领域。如超硬材料、电子陶瓷、光学陶瓷和生物陶瓷等，在航空航天、信息科学、生物工程、海洋技术等新科技领域中有广泛应用，例如陶瓷汽车发动机、高速超导磁悬浮列车。

目前已知的非金属元素除氢外都集中在周期表的右上方，以硼、硅、砷、碲、砹为界。非金属元素虽然仅占元素总数的1/5，但在自然界的总量却超过了3/4。空气和水完全由非金属组成，地壳中氧的质量分数为49.13%，硅的质量分数为29.50%。因此，非金属化学的涵盖面很大，非金属材料的应用范围也很广。

11.1.2.2 无机非金属材料特性

无机非金属材料的性能特点如下：

① 大多数无机非金属材料元素间的结合力是离子键、共价键或者离子共价键。具有高的键能和键强，赋予材料较高的化学稳定性以及耐高温、耐腐蚀、高强度等属性。

② 弹性模量大、刚度好。

③ 脆性，断裂前无塑性变形，冲击韧性低，抗拉伸和抗压强度低。

④ 硬度高。

⑤ 熔点高，耐高温性能好。

⑥ 导电力在很大范围内变化，既可作为绝缘材料，也可作为半导体材料，还可作压电材料和热电材料、磁性材料等使用。部分生物相容性良好的材料，还可作为人造器官（如生物陶瓷）。

11.1.3 高分子材料及其特性

11.1.3.1 高分子材料概述

高分子化合物主要指有机高分子化合物，其中包括天然高分子化合物和合成高分子化合物两大类。天然橡胶、多糖、多肽、蛋白质和核酸等属于天然高分子化合物，而塑料、合成纤维及合成橡胶等则属于高分子材料，它们是由合成高分子化合物经过加工而制成的。

高分子化学的发展离不开人类对于塑料、合成纤维、橡胶等材料的广泛需求，石油化学工业为高分子化合物的合成提供了大量廉价原料，从而进一步推动高分子化学材料工业的快速发展。随着合成高分子材料性能的提高，一大批性能更优的高分子材料出现（如用于火箭和超音速飞机机身的碳纤维增强高分子复合材料），特别是高分子半导体、高分子催化剂、生物膜、人工器官等特种高分子材料的开发，使得合成高分子化合物的应用遍及各行各业。在当代科学技术的三大支柱（材料、能源、信息）中，高分子材料已成为发展的一个热点。

根据高分子的结构特征，可以将高分子化合物分为线型、支链型和体型网状三种结构。

（1）线型结构

其特点是分子在拉伸时呈长链线状，自由状态时呈弯折或螺旋状。线型高分子化合物是通过分子间力聚集起来的，分子链间的作用力较弱，加热或溶解可克服分子间力使大分子分开。所以线型高分子通常在溶剂中可以溶解，受热时可以熔融，这种性质称为热塑性。合成纤维和大多数塑料都是线型高分子。

（2）支链型结构

线型分子链中的某些链节又连有其他支链的称为支链型结构（也有将支链型结构归属于线型结构范畴的）。支链型聚合物也是以分子间力聚集起来的，性质与线型聚合物基本相同，可以溶解和熔融。支链的存在使支链型高分子的密度减小，分子间作用力较弱，所以其黏度、密度和机械强度比线型结构的高分子化合物低。

（3）体型网状结构

线型高分子在某种条件下大分子长链间通过许多支链相交联起来形成网状结构。体型高分子由于长链间以化学键互相交联，所以一次加工成型后不能再通过加热的办法使其具有可塑性，这种性质称为热固性。随着分子链间交联度的增大，体型高分子的硬度增大，弹性减小，不易变形。

热塑型高分子通常是线型和支链型结构，而热固型高分子通常是体型网状结构。但线型高分子与体型网状高分子之间并没有严格的界线。如支链多的线型高分子性质就接近于体型网状结构的性质；低交联度的体型网状高分子由于交联程度尚浅，也能溶胀，加热会软化，仍然保持良好的弹性。如酚醛树脂、硫化橡胶及离子交换树脂等都是体型网状高分子。

传统高分子材料根据力学性能和使用状态可以分为塑料、橡胶、纤维、涂料和胶黏剂五类。各类聚合物之间无严格的界限，同一聚合物采用不同的合成方法和成型工艺，既可制成塑料，也可制成纤维，如尼龙等。

在高分子的主链或支链上带有显示某种功能的官能团，可使高分子具有特殊的功能，满足光、电、磁、化学、生物、医学等方面的功能要求，这类高分子通称为功能高分子。功能高分子是高分子化学的一个重要分支，是近些年来高分子科学最活跃的研究领域，与新技术研究的前沿领域有密切的关系。功能高分子材料发展已有20多年历史，在许多领域中得到成功的应用。

11.1.3.2 高分子材料的特性

高分子材料的性能特点如下：

① 密度小。一般为 $1000\sim2000\mathrm{kg/m^3}$，比常用金属钢铁、铜轻得多，与铝、镁相当，对产品轻质化有利。

② 强度低，但比强度高。一般高分子材料的抗拉强度只有几十兆帕，比金属低得多；但由于密度低，其比强度却很高，甚至超过钢铁，使得某些工程塑料能够部分替代金属。

③ 弹性高，弹性模量低。高聚物的弹性变形量大，可达到 $100\%\sim1000\%$，而一般金属材料只有 $0.1\%\sim1.0\%$。高聚物的弹性模量低，为 $2\sim20\mathrm{MPa}$，而一般金属材料为 $1\times10^3\sim2\times10^5\mathrm{MPa}$。

④ 电绝缘性能好。它是电机、电器、仪表、电线电缆中绝缘材料的主要成分。

⑤ 良好的减摩、耐磨和自润滑性能。许多高分子材料可以在液体介质摩擦条件下使用，耐磨性甚至超过金属。且自润滑性能好，磨损率低，消声、吸震能力强，在无润滑和少润滑的摩擦条件下，它们的耐磨、减磨性能是金属材料无法比拟的。

⑥ 耐腐蚀性好。对酸、碱和某些化学药品具有良好的耐腐蚀性能。

⑦ 塑性好。高聚物由许多很长的大分子链组成，加热时分子链的一部分受热，其他部分不受或少受热。因此材料不会立即熔化，而是先经历软化过程，所以塑性很好，可以用模具注塑成型、机械切削等方法成型和加工。

⑧ 韧性较好。在非金属材料中，高聚物的韧性是比较好的，但与金属相比，高聚物的冲击韧性仍然过小，仅为金属的百分之一数量级。通过提高高聚物的强度，可以提高其韧性。

高分子材料的一个主要缺点是易老化，老化是指聚合物材料在加工、储存和使用过程中，长期受物理、化学以及生物等因素的综合影响，发生复杂的化学变化，而导致性能逐渐变差的现象。例如，塑料制品变脆、纤维发黄等。为了延长聚合物的使用寿命，常常采取物理或化学措施，以减缓其老化过程。例如，可在聚合物主链或支链中引入无机元素（硅、磷、铝等），提高其耐热性。另外，利用聚合物材料的降解特性也可以设计合成在自然环境下容易分解且不会污染环境的高分子材料（也称自降解高分子）。

11.1.4 复合材料及其特性

11.1.4.1 复合材料概述

复合材料是由两种或两种以上的不同材料组合而成的一种多相固体材料。近几十年来，由于科学技术，特别是尖端科学技术的迅猛发展，对材料性能的要求越来越高，传统的金属、陶瓷、高分子等单一材料在许多方面已不能满足需要。复合材料既能保持各组成材料原有的长处，又能弥补其不足。例如，金属材料易腐蚀，陶瓷材料易碎裂，高分子材料不耐热、易老化等缺点，都可以通过复合的手段加以改善或克服。

复合材料可分为聚合物基复合材料、金属基复合材料和陶瓷基复合材料，可以根据对材料性能、结构的需要来进行设计和制造，得到综合性能优异的新型材料，为新材料的研制和使用提供了更大的自由度，具有广阔的应用前景。

（1）聚合物基复合材料

聚合物基复合材料是以有机聚合物为基体，连续纤维为增强材料复合而成的。聚合物基复合材料是复合材料中研究最早、发展最快的一类复合材料。目前，聚合物基复合材料已经形成了一个庞大的体系，性能不断提高，应用领域日益扩大，在航天、航空、交通运输、化工、建筑、通信、电子电气、机械、体育用品等各个方面都有广泛的应用，在现代复合材料领域中占有重要的地位。

由于聚合物的黏结性好，可以把纤维牢固地黏结起来，使载荷均匀分布、传递到纤维上去。这种纤维和聚合物基体之间的良好复合使得聚合物基复合材料具有许多优良特性。聚合物基复合材料的力学性能相当出色，可以与钢铁、铝等金属材料媲美。用纤维增强聚合物也改善了有机材料的耐热性和减振效果。由于聚合物基复合材料多为一次成型，故工艺过程也比较简单。

（2）金属基复合材料

金属基复合材料是以金属及其合金为基体，多以陶瓷、碳、石墨及硼等无机非金属材料，有时也采用金属丝作为增强材料。金属基复合材料克服了单一金属及其合金在性能上的某些缺点。与聚合物基复合材料相比，金属基复合材料的强度、硬度和使用温度更高，具有横向力学性能好、层间抗切强度高、不吸湿、不老化、尺寸稳定、导电、导热等优点。

增强材料可以为纤维状和颗粒状。用碳纤维等高强度、高模量的纤维与金属及其合金（特别是轻金属）制成的金属基复合材料，既可保持金属原有的耐热、导电、传热等性能，又可提高强度和模量，降低相对密度，是航空航天等尖端技术的理想材料。金属陶瓷是由陶瓷颗粒和金属组成的非均质复合材料。例如，用碳化物陶瓷颗粒增强Ti、Cr、Ni等金属，可以得到金属陶瓷复合材料。这种复合材料的组成特点是用韧性的金属把耐热性好、硬度高但不耐冲击的陶瓷颗粒相黏结，从而弥补了各自的缺点。这种金属陶瓷复合材料也被称为硬质合金，目前已广泛应用于切削刀具。

（3）陶瓷基复合材料

陶瓷基复合材料是以陶瓷为基体材料，纤维或颗粒为增强体复合而成的。陶瓷材料耐高温、耐磨以及耐腐蚀性能优越，但其脆性的弱点限制了它的使用范围。采用纤维复合可以大大提高陶瓷的韧性和材料的抗疲劳性能，因此，纤维增强陶瓷是典型的陶瓷基复合材料。陶瓷基复合材料具有高强度、高韧性和优异的耐高温性能及力学稳定性，是一类高性能的新型结构材料。

陶瓷基复合材料具有很好的应用前景。在高温材料方面，连续纤维增强陶瓷基复合材料已经被广泛应用于航天、航空领域。例如用作防热板、发动机叶片、火箭喷管喉衬以及导弹、航天飞机上的其他零件。在非航空领域，陶瓷基复合材料应用于耐高温和耐腐蚀的发动机部件、切割工具、喷嘴或喷火导管、热交换管等方面。在防弹材料方面，陶瓷基复合材料由于具有强度高、韧性好、密度小等优点，是替代传统装甲钢的理想装甲材料。在生物医学材料方面，陶瓷基复合材料具有极好的抗腐蚀能力、相当好的韧性、密度小，也展现出良好的应用前景。

11.1.4.2 复合材料特性

复合材料不仅保留单一组成材料的优点，同时具有许多优越的特性，这是复合材料应用越来越广泛的主要原因。

（1）比强度和比模量

比强度和比模量是指材料的强度或模量与其密度之比。材料比强度或比模量越高，构件的自重或者体积就会越小。通常，复合材料的复合结果是密度大大减小，因而高比强度和高比模量是复合材料的突出性能特点。

（2）抗疲劳和抗断裂性能

通常，复合材料中的纤维缺陷少，因而本身抗疲劳能力高；而基体的塑性和韧性好，能够消除或减少应力集中，不易产生微裂痕；塑性变形的存在又使微裂痕产生钝化而减缓其扩展。这样就使得复合材料具有很好的抗疲劳性能。

纤维增强复合材料的基体中有大量的细小纤维存在，在较大载荷下部分纤维断裂时，载荷由韧性好的基体重新分配到其他未断裂的纤维上，从而构件不至于在瞬间失去承载能力而断裂。所以，复合材料同时具有好的抗断裂能力。

（3）高温性能

通常，聚合物基复合材料的使用温度为 100～350℃；金属基复合材料按不同基体，使用温度为 350～1100℃；SiC、Al_2O_3 和陶瓷复合材料可在 1200～1400℃ 范围内保持很高的强度；碳纤维复合材料在非氧化气氛下可在 2400～2800℃ 范围内长期使用。

（4）减摩、耐磨、减振性能

由于复合材料的比弹性模量高，其自振频率也高，因而构件在一般工作状态下不易发生共振。同时由于纤维与基体界面有吸收振动能量的作用，即使在产生振动时也会很快衰减下来，因此，复合材料具有良好的减摩、耐磨和较强的减振能力。

（5）其他特殊性能

金属基复合材料具有高韧性和抗热冲击性能，这是因为这种材料能通过塑性变形吸收能量。玻璃纤维增强塑料具有优良的电绝缘性能，可制造各种绝缘零件。同时这种材料不受电磁作用，不反射无线电波，微波透过性好，所以可用于制造飞机、导弹等。

11.2 金属材料

金属材料是以金属元素为基础的材料，纯金属的强度较低，很少直接应用，金属材料绝大多数是以合金的形式出现。合金是由一种金属与一种或几种其他金属、非金属熔合在一起生成的具有金属特性的物质，如由铜和锡组成的青铜，铝、铜和镁组成的硬铝等都是合金。

11.2.1 钢铁

钢铁是 Fe 与 C、Si、Mn、P、S 以及少量其他元素所组成的合金。图 11-1 为钢铁的生产工艺过程。其中除 Fe 外，C 的含量对钢铁的力学性能起着主要作用，故统称为铁碳合金。它是工程技术中最重要、用量最大的金属材料。按 C 含量的不同，铁碳合

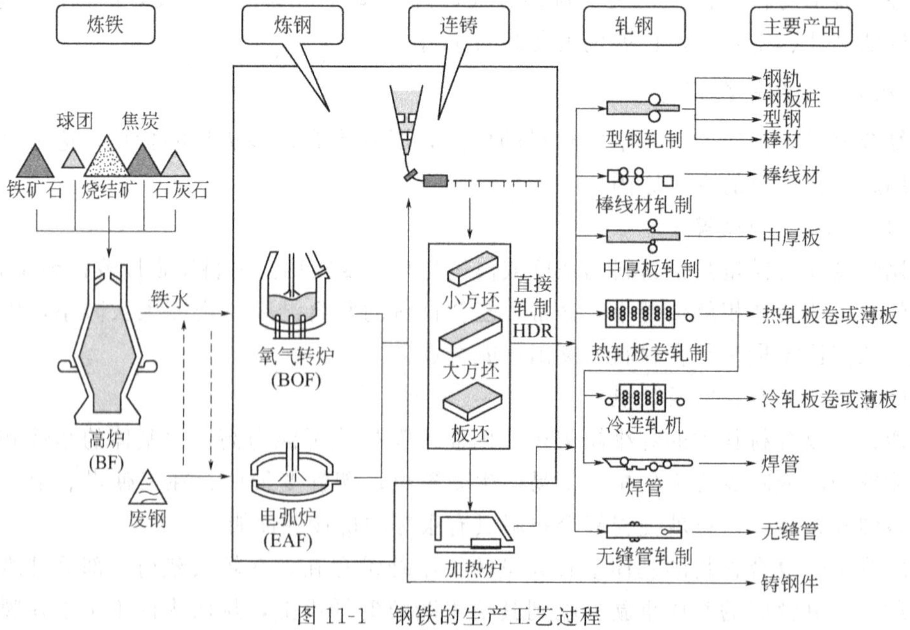

图 11-1 钢铁的生产工艺过程

金分为钢与生铸铁两大类，其中钢是C含量小于2%的铁碳合金。钢的种类很多，根据其化学成分可分为碳素钢、合金钢和生铁。

(1) 碳素钢

碳素钢是最常用的普通钢，冶炼方便、加工容易、价格低廉，而且在多数情况下能满足使用要求，所以应用十分普遍。按C含量的不同，碳素钢可分为：

① 低碳钢　C含量小于0.25%，韧性好、强度低、焊接性能优良，主要用于制造薄铁皮、铁丝和铁管等。

② 中碳钢　C含量0.25%～0.6%，强度高，韧性及加工性能较好，用于制造铁轨、车轮等。

③ 高碳钢　C含量0.6%～1.7%，硬而脆，经热处理后有较好的弹性，用于制造医疗器具、弹簧和刀具等。

总之，碳素钢随C含量升高，其硬度增加，韧性下降。

(2) 合金钢

在钢中加入不同的合金元素，使钢的内部组织和结构发生变化，改善其工作和使用性能，可得到各种合金钢。应用最广的合金元素有Cr、Mn、Mo、Co、Si和Al等，它们除能显著提高并改善钢的力学性能外，还能赋予钢许多新的特性。合金钢种类繁多，分类方法也有多种，按其他元素含量不同可分为低合金钢（合金元素总量小于4%）、中合金钢（合金元素总量4%～10%）和高合金钢（合金元素总量大于10%）。还可按用途分类，如不锈钢是一种具有耐腐蚀性的特殊性能钢，已在民用、石油、化工、原子能、海洋开发和一些尖端科学技术领域得到广泛应用。

(3) 生铁

C含量2%～4.3%的铁碳合金称为生铁。生铁硬而脆，但耐压耐磨。根据生铁中C存在的形态不同，生铁可分为：

① 白口铁　白口铁中C以Fe_3C形态分布，断口呈银白色，质硬而脆，不能进行机械加工，是炼钢的原料，故又称为炼钢生铁。

② 灰口铁　灰口铁中C以片状石墨形态分布，断口呈银灰色，易切削、易铸、耐磨。

③ 球墨铸铁　球墨铸铁中C以球状石墨分布，其力学性能、加工性能接近于钢。在铸铁中加入特种合金元素可得到特种铸铁，如加入Cr后耐磨性可大大提高，在特殊条件下有十分重要的应用。

11.2.2 铜及其合金

自然界中的铜除了少量单质外，多数以化合物即铜矿物存在。最主要的铜矿石包括黄铜矿、辉铜矿及孔雀石等，把这些矿石在空气中焙烧形成氧化铜，再用碳还原就可以得到金属铜。纯铜呈紫红色，故也称为紫铜，硬度小，有较高的韧性和良好的延展性，可轧成薄膜或拉成细丝，具有良好的化学稳定性和耐蚀性，能抗氧气和油的腐蚀。铜的导电性仅次于银，居第二位，大量用于制造电机、电线和电信设备等。

纯铜制成的器物太软，易弯曲，因此，人们在铜中加入适量的其它金属元素制成各种铜合金。由于铜合金良好的高温和低温加工性能，良好的导电、导热性和耐腐蚀性能，应用十分广泛。铜合金主要有黄铜和青铜。

（1）黄铜

黄铜是铜锌合金，黄铜中锌的含量一般为10%～40%。当锌的含量在30%左右时，延伸率最大；锌的含量为40%左右时，抗拉强度最大。黄铜在空气中的耐腐蚀性能非常好，但在海水中却较差。添加其他元素，可以改善黄铜的力学性能和化学性质。如加入0.5%～4%的铅，可以改善黄铜的削切性能，提高耐磨性能；加入0.7%～1.5%的锡，可以提高黄铜的抗拉强度等。黄铜主要用于制造精密仪器、钟表零件、炮弹弹壳等。

（2）青铜

原指铜锡合金，后除黄铜、白铜以外的铜合金均称为青铜，它是人类使用历史最早的金属材料，其主要成分为80%～90% Cu、3%～14% Sn、5% Zn。近几十年来采用了多种合金元素，制成许多新型铜合金，既不含锡，也不含锌，而是以铝、铅、硅、锰为主要合金元素组成，但目前仍习惯称之为青铜，如铝青铜、铅青铜等。铅青铜是现代发动机和磨床广泛使用的轴承材料。铝青铜强度高，耐磨性和耐蚀性好，用于铸造高载荷的齿轮、轴套、船用螺旋桨等。此外，磷青铜的弹性极限高，导电性好，适用于制造精密弹簧和电接触元件；铍青铜还用来制造煤矿、油库等使用的无火花工具。

11.2.3 钛及其合金

钛合金比铝合金密度大，但强度高，几乎是铝合金的5倍，如图11-2所示。经热处理，其强度可与高强度钢媲美，但密度仅为钢的57%。如用钛合金制造的汽车车身，其重量仅为钢制车身的一半。Ti-13V-11Cr-14Al（含13% V、11% Cr、14% Al的钛合金）的强度是一般结构钢的4倍，因此钛合金是优良的结构材料。钛和钛合金的抗蚀性很好，高级合金钢在HCl-HNO_3中一年剥蚀10mm，而钛合金仅被剥蚀0.5mm。由Ti-6Al-4V合金制造的耐腐蚀零件可在400℃以下长期工作。钢在300℃失去其特性，而钛合金的工作温度范围可宽达−200～500℃，在−250℃仍保持着较高的冲击韧性。

被称为“第三金属”的钛及其合金，由于其质轻、高强、抗蚀、耐温而成为十分有发展前途的新型轻金属材料。

图11-2 钛合金

11.2.4 铝及其合金

铝是地壳中含量最丰富的金属元素，含量约8.3%。铝是自然界中蕴藏量最大的金属元素，主要的矿石有铝土矿（$Al_2O_3 \cdot nH_2O$）、黏土[$H_2Al_2(SiO_4)_2H_2O$]、长石

($KAlSi_3O_8$)、云母 [$H_2KAl_3(SiO_4)_3$]、冰晶石 (Na_3AlF_6) 等。自然界中以结晶状态存在的 α-Al_2O_3 称为刚玉，它的硬度仅次于金刚石，可用于制造手表、轴承、激光器和耐火材料。如刚玉坩埚，可耐 1800℃ 的高温。当刚玉中含有微量氧化铬时呈红色(即红宝石)，含铁、钛氧化物时呈蓝色(即蓝宝石)。

由于铝化合物的氧化性很弱，铝不易从其化合物中被还原出来，因而在当时不能分离出金属铝。1886 年，美国的豪尔 (C. M. Hall) 和法国的海朗特 (P. Héroult)，分别独立地电解熔融铝矾土 (主要成分 Al_2O_3) 和冰晶石 (Na_3AlF_6) 的混合物制得了金属铝，奠定了今后大规模生产铝的基础。目前制备金属铝仍使用电解法，在高温下对熔融的氧化铝进行电解，氧化铝被还原成金属铝并在阴极上析出。

纯铝的密度小 ($\rho \approx 2.7g/cm^3$)，大约是铁的 1/3，熔点低 (660℃)。铝是面心立方结构，故具有很高的塑性，易于加工。铝的导电性仅次于银、铜、金，但铝的密度只有铜的一半，因此常用铝来代替铜制造电线，特别是高压电缆。铝是活泼金属，但由于表面易形成致密的氧化膜而有很高的稳定性，被广泛地用来制造日用器皿。但是纯铝的强度很低，故不宜作为结构材料。通过长期的生产实践和科学实验，人们逐渐以加入铜、镁、锌、硅、锰等元素及运用热处理等方法来强化铝，这就得到了一系列的铝合金。常见的铜铝镁合金称为硬铝，铝锌铜镁合金称为超硬铝。铝合金强度高、密度小，是最重要的轻型结构材料，广泛用于航空、机械及制船工业。例如，超音速飞机使用了 70% 的铝及铝合金。铝合金中最重要的是坚铝 (Al 占 94%，Cu 占 4%，Mg、Mn、Fe、Si 各占 0.5%)，坚铝制品的坚固性与优质钢材相似，而质量仅是钢制品的 1/4 左右。

11.2.5 特种功能合金材料

(1) 记忆合金

20 世纪 60 年代初，美国海军武器研究所为获得轻质、高强并耐海水腐蚀的结构材料，对钛镍合金进行了极为秘密的研究。研究中意外发现钛镍比例为 1∶1 时，弯曲的合金竟能自动恢复原来笔直的形状，也就是说这种合金能够记忆原来的形状，进一步研究表明，外界温度的提高是引起试样恢复原状的原因。后来人们将金属材料在发生塑性变形后 (材料受外力作用达到一定程度后，当外力消失后留下的永久变形就是塑性变形)，经加热到某一温度之上，能够恢复到变形前形状的现象，叫做形状记忆效应，将具有形状记忆效应的合金称为形状记忆合金。

记忆合金在某一温度下能发生形状变化的特性，是由于合金中存在着一对可逆变的晶体结构的原因。例如，含 Ti、Ni 各 50% 的记忆合金，有菱形和立方体两种晶体结构。两种晶体结构之间有一个转化温度，高于这一温度时，由菱形变为立方结构；低于这一温度时，则向相反方向转变。晶体结构类型的改变导致了材料形状的改变。目前已知的记忆合金有 Cu-Zn-X(X＝Si、Sn、Al、Ga)，Cu-Al-Ni，Cu-Au-Zn，Ni-Ti(Al)，Fe-Pt(Pd) 以及 Fe-Ni-Ti-Co 等。

由于形状记忆合金具有特殊的形状记忆功能，因此被广泛地应用于我们的日常生活以及卫星、航空、生物工程、医药、能源和自动化等方面。如以记忆合金制成的弹簧可以控制浴室水管的水温，在热水温度过高时通过“记忆”功能，调节或关闭供水管道，避免烫伤。也可以制作成消防报警装置及电器设备的保安装置，当发生火灾时，记忆合金制成的弹簧发生形变，启动消防报警装置，达到报警的目的。记忆合金在航空航天领域内的应用有很多成功的范例。例如，人造卫星上庞大的天线可以用记忆合金制作，发射人造卫星之前，将抛物面天线折叠起来装进卫星体内，火箭升空把人造卫星送到预定轨道后，只需加温，折叠的卫星天线因具有“记忆”功能而自然展开，恢复抛物面形状（图 11-3）。

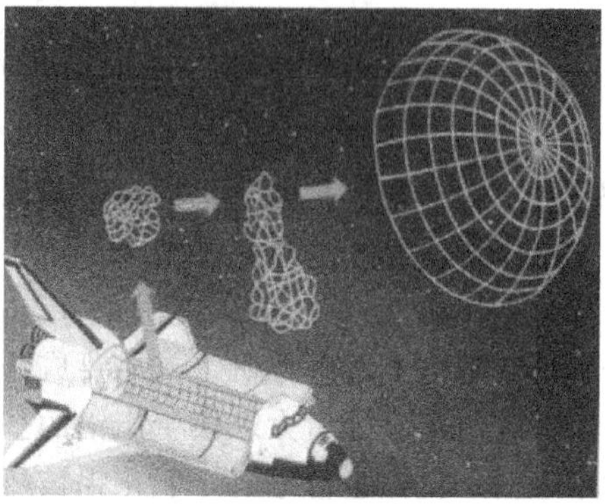

图 11-3 月球上使用的形状记忆合金天线

（2）储氢合金

1968 年美国首先发现 Mg-Ni 合金具有储氢功能，但要在 250℃时才放出氢。随后相继发现 Ti-Fe、Ti-Mn、La-Ni 等合金也有储氢功能，La-Ni 储氢合金在常温、0.152MPa 下就可放出氢，可用于汽车、燃料电池等。目前正在研究开发的储氢合金主要有三大系列：镁系储氢合金，如 MgH_2；稀土系储氢合金，如 $LaNi_5H_6$；钛系储氢合金，如 TiH_2。

储氢合金主要由可与氢形成稳定氢化物的放热型金属 A（La、Mn、Ti、Zr、Mg 和 V 等）和难与氢形成氢化物但具氢催化活性的金属 B（Ni、Co、Fe 和 Mn 等）按一定比例组成。调整 A 与 B 的组成与比例（添加合金元素），储氢合金的基本性能将发生相应变化。为获得实用的高性能储氢合金，人们正从合金整体成分、结构（制造工艺，包括热处理）、表面改性等角度综合改进储氢合金性能。

储氢合金用于氢动力汽车的试验已获得成功。氢能源终将代替汽油、柴油驱动汽车，并消除燃烧汽油、柴油产生的污染。储氢合金的用途不限于氢的储存和运输，还可以用于提纯和回收氢气，它可将氢气提纯到很高的纯度。此外，利用储氢合金吸放氢过程的热效应，可将储氢合金用于蓄热装置、热泵（制冷、空调）等，一般可用来回收工业废热，其优点是热损失小，并可得到比废热源温度更高的热能。

11.3 无机非金属材料

11.3.1 新型无机非金属材料

11.3.1.1 半导体材料

半导体是指导电性能介于金属和绝缘体之间的物质。与金属依靠自由电子导电不同，半导体的导电是借助载流子（电子和空穴）的迁移来实现的。半导体材料按其化学成分可分为单质半导体和化合物半导体；按其是否含有杂质分为本征半导体和杂质半导体。处于元素周期表 p 区金属与非金属交界处的元素单质一般都具有半导体性质，但最具有实用价值的单质半导体是 Si 和 Ge。

在电子工业中，使用最多的是杂质半导体，通过选择性的掺入杂质，改变半导体的导电形式，达到对杂质半导体电导率的控制与调节。根据对导电性的影响，杂质半导体可分为两种：

① 载流子是电子的半导体称为电子半导体或 n 型半导体（n 是 negative 是的字头，表示电子带负电）；

② 载流子是空穴的半导体称为空穴半导体或 p 型半导体（p 是 positive 的字头，表示空穴带正电）。

如果将 p 型与 n 型半导体接触，组成 p-n 结，利用其形成的接触电势差，可对交变电源电压起整流作用，或对信号起放大作用。整个晶体管技术就是在 p-n 结的基础上发展起来的。

杂质半导体的电导率比本征半导体要高得多。例如 25℃时，纯 Si 的本征电导率是 $10^{-4}S \cdot m^{-1}$，通过适当掺杂，其电导率可增加几个数量级。掺杂的意义不仅是提高电导率，更重要的是掺杂丰富了半导体的种类，扩大了半导体的应用，使半导体在不同领域作为功能材料起到了独特的作用。把各种类型的半导体适当组合，可制成各种晶体管和小型化的集成电路，广泛用于电子计算机、电视机、通信设备和雷达等。此外，利用半导体电导率随温度升高而迅速增大的特点，可制成各种热敏电阻，广泛用于测量温度。利用光照能使半导体电导率大大增加的性质，可制造光敏电阻，用于自动控制、遥感、静电复印等。利用半导体中载流子的密度随温度改变而发生显著变化的特点，可制成半导体制冷装置。利用温差能使不同半导体材料间产生温差电势的特点，可以制作热电偶等。

由两种不同半导体材料所组成的 p-n 结，称为异质结。两种或两种以上不同材料的薄层周期性的交替构成超晶格。两个同样的异质结背对背接起来，构成一个量子阱。半导体异质结、超晶格和量子阱材料统称为半导体微结构材料。近 20 年来，半导体微结构材料的出现，改变了人们设计电子器件的思想，开辟半导体材料更广阔的应用前景。

11.3.1.2 生物陶瓷

传统的陶瓷是以天然黏土以及各种天然矿物为主要原料，经过粉碎混炼、成型和煅烧而制得的各种制品。随着科技水平的不断进步，人们对陶瓷材料提出了更高的物理、化学和生物性能要求，并采用人工合成的高纯度无机化合物为原料，制造出各种具有特殊性能的陶瓷材料。

生物陶瓷是指与生物体或生物化学有关的新型陶瓷，包括精细陶瓷、多孔陶瓷、某些玻璃和单晶等。生物陶瓷材料作为生物医学材料始于 18 世纪初。1808 年初，用生物陶瓷材料成功制成了用于镶牙的陶齿。1894 年德瑞曼（H. Dreeman）报道使用熟石膏作为骨替换材料。1974 年亨奇（L. L. Hench）在设计玻璃成分时，曾有意识地寻求一种容易降解的玻璃。当把这种玻璃材料植入生物体内作为骨骼和牙齿的替代物时，发现有些材料中的组织可以和生物体内的组分互相交换或者反应，最终表现出与生物体本身相容的性质，构成新生骨骼和牙齿的一部分。这种将无机材料与生物医学相联系的开创性研究成果很快得到了各国学者的高度重视。我国在 20 世纪 70 年代初期开始研究生物陶瓷并用于临床。1974 年开展微晶玻璃用于人工关节的研究；1977 年氧化铝陶瓷在临床上获得应用；1979 年高纯氧化铝单晶用于临床，之后又有新型生物陶瓷材料不断出现并应用于临床。

根据在生理环境中的化学活性不同，生物陶瓷可分为三类。

（1）惰性生物陶瓷

惰性生物陶瓷植入组织后几乎没有组织反应，在体内结构比较稳定，而且都具有较高的机械强度，处于稳定状态。主要包括单晶和多晶氧化铝、高密度羟基磷灰石、氧化锆、氮化硅等。

（2）表面活性生物陶瓷

表面活性生物陶瓷是指在生理环境中具有化学活性的陶瓷，通常含有羟基，可做成多孔性材料，生物组织可长入并同其表面发生牢固的键合。包括低密度羟基磷灰石（锆-羟基磷灰石、氟-羟基磷灰石、钙-羟基磷灰石等）陶瓷、磷酸钙玻璃陶瓷、生物玻璃等。

（3）可吸收生物陶瓷

可吸收生物陶瓷的特点是能部分吸收或者全部吸收，在生物体内能诱发新生骨的生长，包括可溶性磷酸三钙、可溶性铝酸钙等。

生物陶瓷的应用范围也正在逐步扩大，如今可应用于人工骨、人工关节、人工齿根、骨充填材料、骨置换材料、骨结合材料、人造心脏瓣膜、人工肌腱、人工血管、人工气管、经皮引线等，还可应用于体内医学监测。

11.3.1.3 光导纤维

光导纤维是一种透明的玻璃纤维丝，直径只有 $1\sim100\mu m$。它是由内芯和外套两层组成，内芯的折射率大于外套的折射率。光由一端进入，在内芯和外套的界面上经多次全反射，从另一端射出。

与电波通信相比，光纤通信能提供更多的通信通路，可满足大容量通信系统的需要。一对金属电话线至多只能同时传送 1000 多路电话，而根据理论计算，一对细如蛛丝的光导纤维可以同时通 100 亿路电话。用光缆代替通信电缆，可以节省大量有色金属，铺设 1000km 的同轴电缆大约需要 500 吨铜，改用光纤通信只需几千克石英。光纤通信与数字技术及计算机结合起来，可以用于传送电话、图像、数据、控电设备和智能终端等，起到部分取代通信卫星的作用。用最新的氟玻璃制成的光导纤维，可以把光信号从亚洲传输到太平洋彼岸而不需任何中继站。

利用光导纤维制成的人体内窥镜，如胃镜、膀胱镜、直肠镜、子宫镜等，对诊断医治各种疾病极为有利。例如，光导纤维胃镜是由上千根玻璃纤维组成的软管，既有输送光线、传导图像的本领，又有柔软、灵活、可以任意弯曲等优点，可以通过食道插入胃里。光导纤维把胃里的图像传输出来，医生就可以窥见胃里的情形，然后进行诊断和治疗。

11.3.1.4 超导材料

超导材料又称为超导体，指可以在特定温度以下呈现电阻为零的导体。零电阻和抗磁性是超导体的两个重要特性。1911 年，荷兰科学家昂内斯（H. K. Onnes）用液氦冷却汞，当温度下降到热力学温度 4.2 K 时水银的电阻完全消失，这种现象称为超导电性，此温度称为临界温度（T_c）。根据临界温度的不同，超导材料可以被分为高温超导材料和低温超导材料。但这里所说的“高温”，其实仍然是远低于 0℃的，一般来说是极低的温度。1933 年，迈斯纳（W. Meissner）和菲尔德（R. Ochsenfeld）两位科学家发现，如果把超导体放在磁场中冷却，则在材料电阻消失的同时，磁感应线将从超导体中排出，不能通过超导体，这种现象称为抗磁性。

2008年之前，人们发现的超导材料主要有四大家族：金属与合金超导体、铜氧化物超导体、重费米子超导体和有机超导体。其中1986年以来发现的铜氧化物超导体因其具有40K以上的超导临界温度又称为高温超导体。40K的温度称为麦克米兰极限温度，是经典的超导BCS理论［由其发现者巴丁（J. Bardeen）、库珀（L. V. Cooper）、施里弗（J. R. Schrieffer）的名字首字母命名］预言的超导体极限转变温度。在过去的20余年里，高温超导体研究一直停留在铜基化合物领域，而铁基化合物由于其磁性因素，被无数国际顶尖物理学家断言为超导体研究的禁区。铁作为典型的磁性元素本应是不利于超导的，过去发现的含有铁元素的超导体转变温度也都非常低。2008年3月，日本的一位科学家无意中发现了铁基高温超导材料。由于日本科学家最早发现的铁基超导样品转变温度只有26K，低于麦克米兰极限，当时物理学界还不能确定铁砷化合物中是否存在高温超导体。

在以赵忠贤院士为代表的中国科学院物理研究所和中国科学技术大学研究团队的努力下，中国科学家在短时间内的大量原创性工作取得了突破性进展。首先，他们突破了麦克米兰极限温度，从而证明了铁基超导体是高温超导体。研究人员在掺氟（F）的钐氧铁砷（SmOFeAs）中成功观测到了43K超导转变温度。很快，他们又用铈（Ce）替代钐达到了41K的转变温度，同样超过麦克米兰极限。不久之后，他们在掺F的镨氧铁砷（PrOFeAs）中观察到了52K的超导转变温度，首次把铁基超导体的转变温度提高到50K以上。我国科学家提出了在一些铁基超导体中存在超导和自旋密度波态相互竞争的理论，确认了铁基超导体的非常规性，这方面工作为认识铁基超导体磁性与超导电性关系奠定了基础。

11.3.1.5 光电材料

物质在受到光照射作用时，其电导率产生变化，这一现象称为光电效应。当一束能量等于或大于半导体带隙（E_g）的光，照射在半导体光电材料上时，电子（e^-）受激发由价带跃迁到导带，并在价带上留下空穴（h^+），电子与空穴有效分离，便实现了光电转化。光电效应主要有光电导效应、光生伏特效应和光电子发射效应三种。前两种效应在物体内部发生，统称为内光电效应，一般发生在半导体内。光电子发射效应产生于物体表面，又称外光电效应，主要发生于金属中。

随着信息社会的快速发展，用于低能耗、轻便、大面积、全色平面显示器的电致发光器件颇受青睐。由于有机材料在分子水平上具有潜在的可设计性，有机薄膜电致发光器件的研究工作取得了相当的进展，得到了红、绿和蓝色电致发光器件。例如，柯达公司采用多层膜结构，首次得到了高量子效率、高发光效率、高亮度和低驱动电压的有机发光二极管，现在应用于照明、平板显示器、彩色电视机和数码相机等方面。基于有机晶体管的有机传感器可以广泛地应用于化学和生物领域，用来检测化学物质和生物大分子，有望实现柔性传感器和多种样品同时在线分析，成为名副其实的"电子鼻"。

光电材料在太阳能电池方面也有应用。近年来，硫化镉太阳能电池、砷化镓太阳能电池和铜铟硒太阳能电池发展很快，它们制备简单、成本低且能充分利用光生伏特效应。其中，铜铟硒太阳能电池光电转化效率比目前商用的薄膜太阳能电池板提高约50%～75%，在薄膜太阳能电池中属于世界最高水平。

11.3.1.6 压电材料

压电材料是在受到压力作用时会在两端面间出现电压的晶体材料。1880 年，法国物理学家 P. 居里和 J. 居里兄弟发现，把重物放在石英晶体上，晶体某些表面会产生电荷，且电荷量与压力成比例，这一现象被称为压电效应。随即，居里兄弟又发现了逆压电效应，即在外电场作用下压电体会产生形变。具有压电性的晶体对称性较低，当受到外力作用发生形变时，晶胞中正、负离子的相对位移使正、负电荷中心不再重合，导致晶体发生宏观极化，所以压电材料受压力作用形变时两端面会出现异号电荷。反之，压电材料在电场中发生极化时，会因电荷中心的位移导致材料变形。

利用压电材料的正压电效应，可将机械能转换成电能，它产生的电压很高，因此高电压发生器是压电材料最早开拓的应用之一，其中应用较多的有压电点火器、引燃引爆装置、压电开关小型电源等。例如，在点燃燃气灶或燃气热水器时，生产厂家在这类压电点火装置内，藏着一块压电陶瓷，当用户按下点火装置的弹簧时，传动装置就把压力施加在压电陶瓷上，使它产生很高的电压，进而将电能引向燃气的出口放电，于是燃气就被电火花点燃了。

随着压电材料制备技术的发展，压电材料在生物工程、军事、光电信息、能源等领域有着更加广泛而重要的应用。例如：

① 将生物陶瓷与无铅压电陶瓷复合成生物压电陶瓷来实现生物仿生。

② 纳米发电机用氧化锌纳米线将人体运动、肌肉收缩、体液流动产生的机械能转变为电能，供给纳米器件来检测细胞的健康状况。

③ 压电聚合物薄膜用在生物医学传感器领域，尤其是超声成像测量中。

④ 在军事方面，压电材料能在水中发生、接受声波，用于水下探测、地球物理探测、声波测试等方面。

⑤ 压电陶瓷薄膜因其热释电效应而应用在夜视装置、红外探测器上。

⑥ 利用压电陶瓷的智能功能对飞机、潜艇的噪声实现主动控制，压电复合材料用于压力传感器检测机身外情况和卫星遥感探测装置中。

11.3.2 传统无机非金属材料

11.3.2.1 建筑凝胶材料

（1）水泥

水泥是硅酸盐工业制造的最重要材料之一，大量应用于建筑业。将黏土和石灰石调匀，放入旋转窑中于 1500℃以上温度烧成熔块（水泥熟料），再混入少量石膏，磨成细粉即得硅酸盐水泥。硅酸盐水泥熟料的矿物组分及其大致含量见表 11-1。

表 11-1 硅酸盐水泥熟料的矿物组分及其大致含量

组分	化学式	符号	质量分数/%
硅酸三钙	$3CaO \cdot SiO_2$	C_3S	37～60
硅酸二钙	$2CaO \cdot SiO_2$	C_2S	15～37
铝酸三钙	$3CaO \cdot Al_2O_3$	C_3A	7～15
铁铝酸四钙	$4CaO \cdot Al_2O_3 \cdot Fe_2O_3$	C_4AF	10～18

在具体的施工过程中，水泥、沙子与适量水调和成的浆料具有可塑性，可夹在砖块或石料间将其胶结为墙体等。随着时间的推移，水分的逸散使砂浆失去可塑性，其硬度和强度逐渐增强，最后成为石状固体。水泥砂浆与碎石混合而成的混凝土可供建造路桥、涵洞、住宅等，以钢筋为骨架的混凝土结构称为钢筋混凝土结构。

除普通硅酸盐水泥外，还有高铝水泥和耐酸水泥等特种水泥。与普通硅酸盐水泥相比，高铝水泥中 CaO 含量低而 Al_2O_3 含量高，具有抗寒耐温、快硬早强等特点，用于建造窑炉、紧急抢修、海上作业等特殊工程。耐酸水泥主要由磨细的石英砂与具有高度分散表面的活性硅土物质混合而成。耐酸水泥加入硅酸钠溶液形成可塑性浆状物，主要用作耐酸设备中的黏结料，可抵抗除氢氟酸以外的所有酸的侵蚀。

(2) *石灰石*

石灰石（$CaCO_3$）在 910℃时发生热分解，分解产物 CaO 俗称生石灰。生石灰与水作用生成熟石灰或称消石灰［$Ca(OH)_2$］，同时放出大量的热。

含有过量水的石灰膏置于空气中会逐渐硬化。硬化过程主要有两种作用：①水分不断蒸发，溶液中 $Ca(OH)_2$ 达过饱和后析出晶体；②$Ca(OH)_2$ 吸收空气中的 CO_2，生成难溶的固体 $CaCO_3$。石灰膏硬化时因体积收缩较大而出现干裂，因此，在使用时常加入沙土、纸筋等材料以防缩裂。作为最常用的无机胶凝材料之一，石灰广泛用于建筑业。例如用石灰乳粉刷混凝土墙面，用石灰制成灰土加强地基等。

(3) *石膏*

天然石膏又称二水石膏，主要成分是 $CaSO_4 \cdot 2H_2O$。天然石膏在 107～170℃范围内加热会失水生成建筑石膏或称为β型半水石膏（$CaSO_4 \cdot \frac{1}{2}H_2O$）：

$$CaSO_4 \cdot 2H_2O = CaSO_4 \cdot \frac{1}{2}H_2O + \frac{3}{2}H_2O$$

建筑石膏加水拌和并与水结合成二水石膏（$CaSO_4 \cdot 2H_2O$）：

$$CaSO_4 \cdot \frac{1}{2}H_2O + \frac{3}{2}H_2O = CaSO_4 \cdot 2H_2O$$

由于二水石膏的溶解度比半水石膏小，所以半水石膏不断变成二水石膏并逐渐硬化，达到一定的强度。建筑石膏比石灰更加洁白、细腻，广泛用于室内墙体抹灰、粉刷和装修。此外，用它做成的石膏板具有质轻、隔热、防水、加工方便等优点，应用广泛。

11.3.2.2 耐热高强材料

(1) *工业耐火材料*

耐火材料一般是指在不低于 1580℃的高温下，能耐气体、熔融金属、熔融炉渣等物质的侵蚀，而且有一定机械强度的无机非金属固体材料，如图 11-4 所示。根据耐火程度的高低，可将耐火材料分为普通耐火材料（1580～1770℃），高级耐火材料（1770～2000℃）和特级耐火材料（大于 2000℃）。常用耐火材料的主要组分是高熔点氧化物，故也可根据氧化物的化学性质，将其分为酸性、中性和碱性耐火材料。

酸性耐火材料的主要组分是 SiO_2 等酸性氧化物；碱性耐火材料的主要组分是 MgO 和 CaO 等碱性氧化物；中性耐火材料的主要组分是 Al_2O_3 和 Cr_2O_3 等两性氧化物。选用耐火材料时必须注意耐火温度及应用环境的酸碱性。

（2）高温结构材料

高温结构材料也称为高温结构陶瓷，在工业生产和工程实践中有重要作用，如图 11-5 所示。高致密的氮化硅（Si_3N_4）、碳化硅（SiC）等无机非金属材料，具有耐高温、抗氧化、在高温下不易变形的性质，是很好的高温结构材料，可用作汽车发动机、航天器喷嘴、燃烧室内衬和高温轴承等。

图 11-4 耐火材料

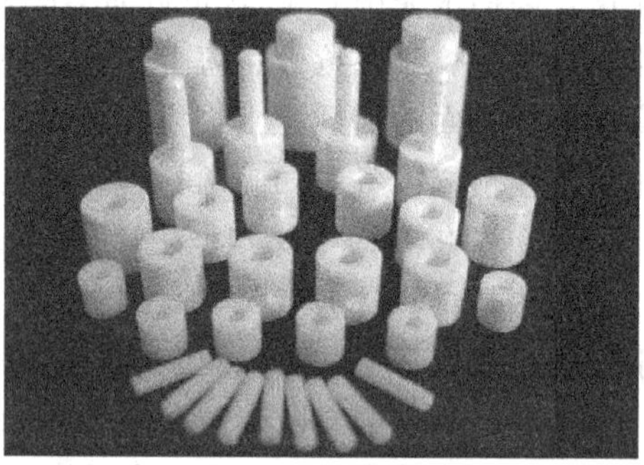
图 11-5 高温结构材料

汽车发动机一般用铸铁铸造，耐热性有一定限度，由于需要冷水冷却，热能散失严重，热效率只有 30%左右。如果用高温结构材料 Si_3N_4 制成陶瓷发动机，发动机的工作温度能稳定在 1300℃左右，由于燃料燃烧充分而且不需要水冷系统，使热效率明显提高。陶瓷发动机还可减轻质量，此优点对航空航天器意义更大。

11.3.2.3 玻璃装饰材料

普通玻璃（又称钠玻璃）是将石英砂、石灰石、纯碱等混合后在高温条件下熔化，经成型、冷却制得的质地硬而脆的透明物体，其主要成分是 SiO_2、Na_2O 和 CaO，制作玻璃的主要反应为：

$$6SiO_2 + CaCO_3 + Na_2CO_3 = Na_2O \cdot CaO \cdot 6SiO_2 + 2CO_2$$

这种熔体称作玻璃态物质，没有固定的熔点，而是在某一温度范围内逐渐软化。在软化状态时，可将玻璃制成各种形状的制品，如建筑玻璃饰品、玻璃瓶、化学玻璃仪器等。在普通玻璃中加入有颜色的金属氧化物，可制成有色玻璃。例如，加入 CoO 的玻璃呈蓝色；加入 Cr_2O_3 的玻璃呈绿色；加入 MnO_2 的玻璃呈紫色；加入 Cu_2O 的玻璃呈红色。

在钠铝硼硅酸盐玻璃中加入卤化银等感光剂，玻璃不仅有色，而且具有光色互变性能：受到光照时颜色变暗、停止光照又恢复为原来的颜色；用铅代替普通玻璃中的钙，便可制得高折射率的光学玻璃，用来制造光学仪器和射线保护屏；用纯 SiO_2 制成的石英玻璃具有透射紫外线的特性，可用作紫外分光光度计的透射窗和吸收池等。

改变玻璃的成分或对玻璃进行特殊处理，还可制成不同性能的玻璃。除上述与光和色有关的特殊玻璃外，还有钢化玻璃、微晶玻璃（图 11-6）、微孔玻璃、导电玻璃、生化玻璃等。

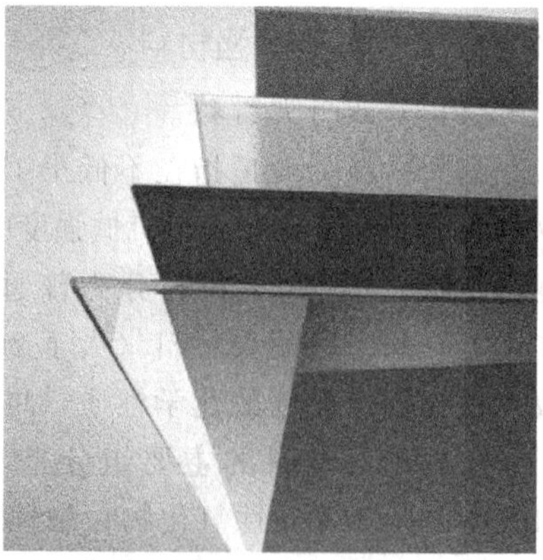
图 11-6 透明彩色微晶玻璃

11.4 金属腐蚀与防护

11.4.1 金属的腐蚀

金属腐蚀是指金属在环境（空气、酸碱溶液）作用下，发生氧化还原反应而遭到破坏的现象。金属腐蚀按机理可分为化学腐蚀和电化学腐蚀。

11.4.1.1 化学腐蚀

化学腐蚀是指材料与非导电性介质直接发生纯化学作用而引起的材料破坏。一般发生在高温或非电解质环境中。在化学腐蚀过程中，电子的传递是在材料与介质之间直接进行的，没有电流产生。

（1）高温氧化

金属在高温下和其周围环境中的氧作用，生成金属氧化物的过程称为金属的高温氧化。在高温气体中，金属的氧化最初是化学反应，但氧化膜的成长过程则属于电化学机理。因为金属表面膜已由气相变为既能电子导电又能离子导电的半导体氧化膜。

除氧气外，CO_2、H_2O、SO_2 也可引起高温氧化。其中，水蒸气具有特别强的氧化作用。如在燃烧气体中耐热钢的耐氧化性之所以恶化，主要是水蒸气和燃烧气体共存所致。

（2）高温硫化

金属在高温下与含硫介质（如 H_2S、SO_2、Na_2SO_4、有机硫化物等）作用，生成硫化物的过程，称为金属的高温硫化。广义上讲，物质失去电子、化合价升高的过程都称为氧化，即硫化也是广义的氧化，但硫化比氧化更显著，这是因为硫化速率一般比氧化速率高一至两个数量级。生成的硫化物具有特殊的性质，不稳定、容积比大，膜易剥离、晶格缺陷多，熔点和沸点低，易生成不定价的各种硫化物。此类硫化物与氧化物、硫酸盐及金属等易生成低熔点共晶。因此耐高温硫化的材料不多。

在炼油、石油化工、火力发电、煤气化及各种燃料炉中经常遇到硫化腐蚀。

钢铁和低合金钢在300℃以上、不锈钢在600～700℃以上时将发生硫化。钢铁硫化膜的生长规律遵从抛物线规律，硫化物内层主要是 FeS，外层用 FeI-yS 表示。铁铬合金硫化物外层Ⅰ是 FeI-yS，外层Ⅱ是尖晶石硫化物 $FeCr_2S_4$，内层是多孔的 Fe 和 Cr 的硫化物。如果铁铬合金中，Cr 的百分含量大于生成连续的 $FeCr_2S_4$ 层中的 Cr 含量，硫化速率将显著下降。

加氢、催化重整装置等系统中经常发生高温 H_2-H_2S 腐蚀。钢在 H_2+H_2S 环境中，表面仍然生成 FeS 膜层。如果这层膜比较致密，可以阻碍钢表面对氢的吸收和扩散，从而抑制“氢腐蚀”。另一方面，同温高压氢与 H_2S 同时存在时，原子氢向表面 FeS 膜中渗透，使 FeS 膜变得比较疏松多孔，容易破裂剥落。此时 H_2S 则与膜下方暴露出来的钢表面继续反应，即 H_2 加速了 H_2S 的腐蚀（高温硫化）速率。

（3）渗碳和脱碳

钢的渗碳是由于高温下某些碳化物（如 CO、烃类）与钢铁接触时发生分解而生成游离碳，破坏氧化膜，渗入钢内生成碳化物的结果。气体中有少量氧存在时，由于渗碳而形成蚀坑。腐蚀生成物是丝状的细片或粉末状的氧化物、碳化物和石墨等，在气体流速大的地方，腐蚀后生成物易被冲刷掉而形成强烈侵蚀。渗碳会造成金属出现裂纹、蠕变断裂、热疲劳和热冲击。在 650℃ 以下出现脆性断裂、金属粉化、壁厚减薄，使金属机械性能降低。

钢的脱碳是由钢中的渗碳体在高温下与气体介质作用所产生的结果，过程中发生的主要反应为：

$$Fe_3C + O_2 \xlongequal{} 3Fe + CO_2$$

$$Fe_3C + H_2O \xlongequal{} 3Fe + CO + H_2$$

$$Fe_3C + 2H_2 \xlongequal{} 3Fe + CH_4$$

反应结果导致表面层的渗碳体减少，而碳便从邻近的尚未反应的金属层逐渐扩散到反应区，于是有一定厚度的金属层因缺碳而变成铁素体。表面脱碳造成钢铁表面硬度和疲劳极限降低。金属内部的脱碳（氢腐蚀）引起金属的机械性能下降，进而造成氢致裂纹或氢鼓泡。

(4) 环烷酸腐蚀

环烷酸是原油中烃类氧化物的通称，用分子式 $C_nH_{2n-1}COOH$ 表示。环烷酸主要集中于 230～290℃ 和 350～400℃ 两段馏分油中。环烷酸腐蚀的反应式如下：

$$2RCOOH + Fe \xlongequal{} Fe(RCOO)_2 + H_2\uparrow$$

$$2RCOOH + FeS \xlongequal{} Fe(RCOO)_2 + H_2S\uparrow$$

$Fe(RCOO)_2$ 可溶于油相中。

随着原油酸值的增大、流速的增快，腐蚀加重。尤其在金属粗糙不平的表面和湍流区，环烷酸的腐蚀更严重。环烷酸腐蚀形态呈沟槽状。

11.4.1.2 电化学腐蚀

当金属与电解质溶液接触时，由电化学作用而引起的腐蚀称为电化学腐蚀。电化学腐蚀是金属腐蚀最为常见的一种。当金属置于水溶液或潮湿大气中时，金属表面会形成一种微电池，也称腐蚀电池。习惯上，称腐蚀电池的电极为阴极和阳极。阳极上发生氧化反应，使阳极发生溶解；阴极上发生还原反应，起传递电子的作用。

腐蚀电池的形成主要是由于金属表面吸附了空气中的水分，形成一层水膜，因而使空气中的 CO_2、SO_2 和 NO_2 等溶解在这层水膜中形成电解质溶液，而浸泡于水膜中的金属往往不是纯金属。如钢铁，实际上是合金，除 Fe 之外，还含有渗碳体（Fe_3C），碳以及其他金属和杂质。它们没有铁活泼，这样形成的腐蚀电池阳极是铁，而阴极是杂质，由于铁与杂质紧密接触，使得腐蚀不断进行。

电化学腐蚀可分为析氢腐蚀、吸氧腐蚀和差异充气腐蚀。下面以钢铁的电化学腐蚀为例，逐一进行简单介绍。

(1) 析氢腐蚀（钢铁表面吸附水膜酸性较强时）

析氢腐蚀主要发生如下反应：

阳极(Fe) $Fe(s) \longrightarrow Fe^{2+}(aq) + 2e^-$

$$Fe^{2+}(aq) + 2H_2O(l) \longrightarrow Fe(OH)_2(s) + 2H^+(aq)$$

阴极(杂质) $2H^+(aq) + 2e^- \longrightarrow H_2(g)$

总反应 $Fe(s) + 2H_2O(l) \longrightarrow Fe(OH)_2(s) + H_2(g)$

由于腐蚀过程中有氢气析出，故称为析氢腐蚀。钢铁加工的酸洗过程中就发生析氢腐蚀。

（2）吸氧腐蚀（钢铁表面吸附水膜酸性较弱时）

当钢铁暴露在中性或弱酸性介质中，在氧气充足的条件下，由于 O_2/OH^- 电对的电极电势大于 H^+/H_2 电对的电极电势，故溶解在水中的氧气优先在阴极上得到电子被还原成 OH^-，阳极上仍然是铁被氧化为 Fe^{2+}。发生如下反应：

阳极(Fe)　　$Fe(s) \longrightarrow Fe^{2+}(aq) + 2e^-$

阴极(杂质)　　$O_2(g) + 2H_2O(l) + 4e^- \longrightarrow 4OH^-(aq)$

总反应　　$2Fe(s) + O_2(g) + 2H_2O(l) \longrightarrow 2Fe(OH)_2(s)$

这类腐蚀主要消耗氧气，故称吸氧腐蚀。析氢腐蚀和吸氧腐蚀生成的 $Fe(OH)_2$ 还可被 O_2 氧化生成 $Fe(OH)_3$，脱水后形成 Fe_2O_3 铁锈。

一般情况下，水膜接近中性，吸氧腐蚀较析氢腐蚀更为普遍。因此，钢铁在大气中主要发生吸氧腐蚀。

（3）差异充气腐蚀（钢铁表面氧气分布不均匀时）

当金属表面氧气分布不均时，也会引起金属的腐蚀。例如置于水中或泥土中的铁桩，常常发现浸在水中的下部分或埋在泥土中的部分发生腐蚀，而水中靠近水面的部分或泥土上方却不被腐蚀。这是因为水中接近水面部分溶解的氧气浓度与在水下层和泥土中溶解的氧气浓度不同。相当于铁桩浸入含有氧气的溶液中，构成了氧电极。其电极电势表达式为：

$$O_2(g) + 2H_2O(l) + 4e^- \longrightarrow 4OH^-(aq)$$

$$E(O_2/OH^-) = E^\ominus(O_2/OH^-) + \frac{0.0592}{4}\lg\{[p(O_2)/p^\ominus]/c^4(OH^-)\}$$

显然，水中接近水面部分（上段）由于氧气浓度较大，电极电势代数值较大；而处于水下层（或泥土中部分）氧气浓度较小，电极电势代数值也较小。这样便构成了以铁桩下段为阳极、上段为阴极的腐蚀电池。其结果是铁桩浸在水中下段或埋在泥土中的部分被腐蚀，而接近水面处不被腐蚀。主要反应为：

阳极（Fe）　　$Fe(s) \longrightarrow Fe^{2+}(aq) + 2e^-$

阴极（杂质）　　$O_2(g) + 2H_2O(l) + 4e^- \longrightarrow 4OH^-(aq)$

总反应　　$2Fe(s) + O_2(g) + 2H_2O(l) \longrightarrow 2Fe(OH)_2(s)$

这种因金属表面氧气分布不均而引起的腐蚀叫差异充气腐蚀。差异充气腐蚀是生产实践中危害性大而又难以防止的一种腐蚀。地下管道、海上采油平台、桥桩、船体等处于水下或地下部分，往往因差异充气腐蚀而遭受严重破坏。

11.4.2 金属腐蚀的防护

11.4.2.1 选用耐蚀金属材料组成合金

正确选用对环境介质具有耐蚀性的金属材料，是金属腐蚀防护中最积极的措施。材料选择不当，常常是造成腐蚀破坏的主要原因，而且后续再采用防护技术往往代价很大，且效果可能不理想。所以，对于任何系统的腐蚀防护问题，优先要考虑的就是在经济成本允许的条件下合理选择耐蚀金属材料。

耐蚀合金的开发是提高金属材料耐蚀性的重要途径。例如，在炼钢时加入 Mn、Cr 等元素制成不锈钢以提高钢材的耐蚀性。然而，任何金属材料只有在一定介质和工作条件下才具有较高的耐蚀性。在一切介质和任何条件下都具有耐蚀性的材料是不存在的。目前可用于设备的材料，除了以钢铁为代表的各种金属材料以外，还包括复合材料和非金属材料。

11.4.2.2 介质环境的合理处理

由腐蚀理论可知，腐蚀介质的成分、浓度、温度、流速、pH 等均会影响金属材料的腐蚀形态和腐蚀速率。合理地调整、控制这些因素就能有效地改善腐蚀环境，达到减缓腐蚀的目的。例如，加碱调整酸性介质的 pH 以减缓析氢腐蚀，减小亚硫酸钠溶液中的氧浓度以减缓吸氧腐蚀等。但必须注意的是，介质处理需要非常慎重，在减缓腐蚀的同时不能引起其他的不良影响。例如，增大介质 pH 可有效减缓碳钢在中性介质中的腐蚀，但可能会出现因金属离子沉积而结垢的现象。

11.4.2.3 表面涂层保护

表面涂层保护是指在金属表面覆盖一层致密的保护膜，使金属与介质隔离，从而提高其耐腐蚀性。例如，金属镀层（镀铬、镀镍等）、非金属涂料层（油漆、搪瓷、塑料膜等）以及金属表面钝化（如钢铁的发蓝处理和磷化处理）等。

表面保护涂层种类繁多，通常按照保护层的材质分为金属覆盖层和非金属覆盖层。它们可通过化学法、电化学法或物理方法实现。

（1）*表面保护层*

表面保护涂层的基本要求如下：

① 结构紧密、完整无孔、不透过介质；

② 与基体金属有良好的结合力，不易脱落；

③ 具有高的硬度与耐磨性；

④ 均匀分布在整个被保护金属表面上。

（2）*金属覆盖层*

金属覆盖层保护是在金属表面覆盖上一层或多层耐蚀性较强的金属或合金涂层（或镀层），尽量避免金属和介质直接接触，或者利用覆盖层对基体金属的电化学保护或缓蚀作用，以防止腐蚀的方法，是金属材料的主要防护技术。这种保护方法主要用来防止大气腐蚀和满足某些功能性金属涂层的需要。金属覆盖层的加工方法有电镀、化学镀、真空蒸镀、热喷涂（火焰、等离子体、电弧）、渗镀、热浸镀、包镀等。

化学镀是指不利用外加电源，而利用氧化还原反应，将溶液中的金属离子还原并沉积在具有催化活性的镀件表面，使之形成金属镀层的工艺方法。被还原沉积的金属具有催化活性，沉积一旦开始，便会持续不断地进行下去，不会因镀层厚度的增加而减慢或停止，是自催化的氧化还原过程，亦称为不通电镀、自催化镀或异相表面自催化沉积法。

与电镀相比，化学镀具有许多优点：不需要电源设备，浸镀或将镀液喷到零件表面即可，操作简单；镀液的分散能力特别好，镀层厚度均匀、致密、孔隙少；不受零件复杂形状的影响，没有明显的边缘效应，深孔、盲孔、细长管及腔体件内表面，均可获得均一的镀层；不仅可以在金属表面上，而且可以在经过特殊镀前处理的非金属

(如塑料、玻璃、陶瓷等)表面直接进行化学镀;具有较好的外观、较高的硬度和耐蚀性。化学镀的主要缺点是镀层较薄(5～12μm),脆性大;镀液稳定性差,使用寿命短,维护、调整和再生困难;一般化学镀工作温度比较高(化学镀铜除外),需要加热设备;镀种较少且成本较高。

(3) 非金属覆盖层

非金属覆盖层可分为有机覆盖层和无机覆盖层。

① 有机覆盖层　主要包括涂料涂层、硬橡皮覆盖层、塑料涂层、防锈油脂和柏油或沥青镀层等。

涂料涂层也叫油漆涂层,因为涂料俗称油漆。涂料保护层指对金属的腐蚀具有阻碍和抑制作用的涂层。涂料一般由四个主要部分组成,即成膜物质、颜料、溶剂和助剂。涂层的保护效果取决于多个因素,如被保护金属的表面处理、与之联合应用的保护措施、涂层的选择与配套、涂层的总厚度、涂装的操作方法及技巧等。

涂层对金属的保护作用来自多方面,主要有屏蔽作用(或隔离作用)、缓蚀作用和电化学保护作用。

a. 屏蔽作用:它是指涂料在被涂基体表面形成连续、致密的漆膜后,把金属与介质隔开,可以阻碍环境中的腐蚀介质侵蚀基体金属。

b. 缓蚀作用:它是指借助涂料中的组分与基体金属反应使其钝化或表面生成保护性的物质,提高保护效果。例如,含有碱性物质的颜料遇水后能使基体金属表面维持弱碱性而起缓蚀作用。

c. 电化学保护作用:它是指在涂料中加入能成为牺牲阳极材料的金属颜料,一旦腐蚀介质渗入后,与基体金属材料接触的金属颜料优先发生腐蚀,从而保护基体金属,如涂刷到钢板上的富锌底漆。

② 无机覆盖层　主要包括搪瓷涂层、玻璃涂层、硅酸盐水泥涂层、陶瓷涂层、化学转化涂层等,其中应用比较广泛的是化学转化涂层。

化学转化涂层又称化学转化膜,是通过化学或电化学法,使金属表面原子与介质中的阴离子发生反应生成附着性好、耐蚀性优良的化合物薄膜。用于防蚀的化学转化涂层主要有四种,即钢铁的化学氧化膜、铝及铝合金阳极氧化膜、磷酸盐膜及铬酸盐膜。

11.4.2.4　缓蚀剂保护

缓蚀剂是一种以适当浓度或形式存在于环境(介质)中,可以防止或减缓腐蚀的化学物质或几种化学物质的混合物。缓蚀剂又叫做阻蚀剂、阻化剂或腐蚀抑制剂等。

(1) 按缓蚀剂化学成分分类

① 无机缓蚀剂　在中性或碱性介质中主要采用无机缓蚀剂,如铬酸盐、钼酸盐、重铬酸盐、磷酸盐、碳酸氢盐等。它们主要在金属的表面形成氧化膜或沉淀物。例如,铬酸钠(Na_2CrO_4)在中性水溶液中,可使铁氧化成氧化铁(Fe_2O_3),并与铬酸钠的还原产物(Cr_2O_3)形成复合氧化物保护膜,具体反应为:

$$2Fe+2Na_2CrO_4+2H_2O \rightleftharpoons Fe_2O_3+Cr_2O_3+4NaOH$$

又如,在含有氧的近中性水溶液中,硫酸锌对铁有缓蚀作用。这是因为锌离子能与阴极上经 $O_2+2H_2O+4e^- \longrightarrow 4OH^-$ 生成的 OH^- 反应生成难溶的氢氧化锌沉淀保护膜:

$$Zn^{2+} + 2OH^- \rightleftharpoons Zn(OH)_2$$

碳酸氢钙 [$Ca(HCO_3)_2$] 也能与阴极上生成的 OH^- 反应生成碳酸钙沉淀保护膜：

$$Ca^{2+} + HCO_3^- + OH^- \rightleftharpoons CaCO_3 + H_2O$$

聚磷酸盐如六偏磷酸钠 [$Na_6(PO_3)_6$] 的保护作用源于能形成带正电荷的胶体粒子。例如，六偏磷酸钠能与 Ca^{2+} 形成 $[Na_5CaP_6O_{18}]_n^{n+}$ 配离子，向金属阴极部分迁移，生成保护膜。因而对于含有一定钙盐的水，聚磷酸盐是一种有效的缓蚀剂。

② 有机缓蚀剂　在酸性介质中，无机缓蚀剂的效率较低，因而常采用有机缓蚀剂。它们一般是含有 N、S、O 的有机化合物。常用的缓蚀剂有乌洛托品 [又称六亚甲基四胺，$(CH_2)_6N_4$]、若丁（其主要组分为二邻苯甲基硫脲）等。

在有机缓蚀剂中还有一类气相缓蚀剂，它们是一类挥发速度适中的物质，其蒸气能溶于金属表面的水膜中。金属制品吸附缓蚀剂后，生成的薄膜将金属包起来，就可以达到缓蚀的目的。常用的气相缓蚀剂有亚硝酸二环己烷基胺、碳酸环己烷基胺和亚硝酸二异丙基胺等。

（2）按缓蚀剂对电极过程的影响分类

根据缓蚀剂在电化学腐蚀过程中对阴极过程和阳极过程的抑制程度，缓蚀剂可分为阳极型、阴极型和混合型 3 种类型。

① 阳极型缓蚀剂　又称阳极抑制型缓蚀剂。这类缓蚀剂通常由其阴离子向金属表面的阳极区迁移，氧化金属使之钝化，抑制阳极过程，增大阳极极化，使腐蚀电位正移，腐蚀电流下降，从而降低腐蚀速率，如图 11-7(a) 所示。这类缓蚀剂大部分是氧化剂，如铬酸盐、亚硝酸盐等。一些非氧化型缓蚀剂，如苯甲酸盐、磷酸盐、硼酸盐、硅酸盐等本身并没有氧化性，但是在含有溶解氧的水中会发生水解，产生氢氧根离子并在金属表面形成钝化膜，从而起到阳极抑制剂的作用，有效阻止金属及其合金的腐蚀。

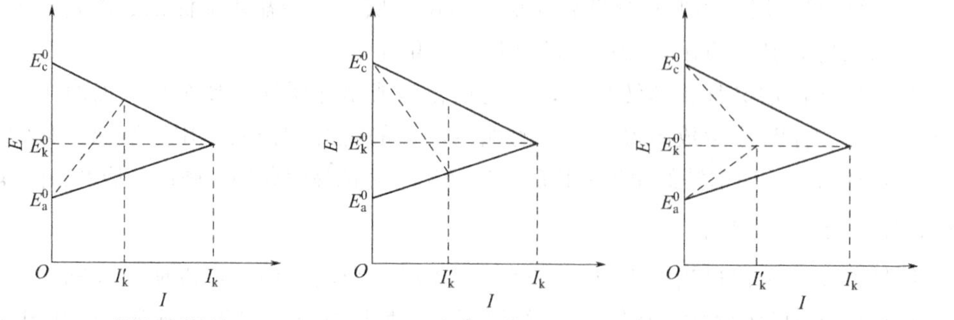

(a) 阳极型缓蚀剂　(b) 阴极型缓蚀剂　(c) 混合型缓蚀剂

图 11-7　不同类型缓蚀剂的极化图

阳极型缓蚀剂是应用广泛的一类缓蚀剂，常用于中性介质中，如供水设备、冷却装置、水冷系统等。使用时必须注意，如用量不足又是一种危险的缓蚀剂。因为用量不足时，金属表面氧化程度不一致，不能使金属表面形成完整的钝化膜，部分金属以阳极形式暴露出来，形成小阳极大阴极的腐蚀原电池，从而引起金属的局部腐蚀。

② 阴极型缓蚀剂　又称阴极抑制型缓蚀剂，通常是由其阳离子向金属表面的阴极区迁移，被阴极还原或者与阴离子反应而形成沉淀膜，使阴极过程受到抑制，增大阴极极化，从而使腐蚀电位负移，腐蚀电流下降，腐蚀速率降低，如图 11-7(b) 所示。常用的阴极型缓蚀剂有 Ca、Mg、Zn、Mn 和 Ni 的盐，聚磷酸盐，As、Sb、Bi 和 Hg

等重金属盐，除氧剂 Na_2SO_4 和 N_2H_4 等。这类缓蚀剂缓蚀效果不如阳极型缓蚀剂，为了达到同样的效果，使用阴极型缓蚀剂的浓度要大一些。但阴极缓蚀剂在用量不足时，不会加速腐蚀，故称为“安全的”缓蚀剂。

③ 混合型缓蚀剂　又称混合抑制型缓蚀剂。这类缓蚀剂既能抑制阳极过程，又能抑制阴极过程，腐蚀电位的变化不大，但腐蚀电流显著降低，如图 11-7(c) 所示。这类缓蚀剂可分为含氮的有机化合物（如胺和有机胺的亚硝酸盐等）、含硫的有机化合物（如硫醇、硫醚、环状含硫化合物等）及既含氮又含硫的有机化合物（如硫脲及其衍生物等）3类。

缓蚀剂保护作为一种防腐蚀技术，具有用量少、投资少、见效快、保护效果好、设备简单、使用方便、成本低、用途广等一系列优点。腐蚀介质中缓蚀剂的加入量很少，通常为0.1%～1%。对于被保护的设备，即使其结构比较复杂，用其他保护方法难以奏效的，只要在介质中加入一定量的缓蚀剂，就可以起到良好的保护作用。凡是与介质接触的表面，缓蚀剂都可能发挥作用。使用缓蚀剂不必有复杂的附加设备，无须对金属进行特殊的处理。缓蚀剂不仅可有效地减轻金属的腐蚀，同时还能保持金属材料原来的物理力学性能不变，有时在保护金属的机械强度、加工性能以及改善生产环境、降低原料消耗上也有一定的效果。

在选用缓蚀剂时应注意：首先，缓蚀剂的应用条件具有高的选择性，针对不同的材料、环境体系选择适当的缓蚀剂。其次，缓蚀剂一般只用在封闭和循环的系统中，因为对于非循环系统或敞开系统来说，缓蚀剂溶解在系统中，其溶解量不仅随时间的延长而被逐渐消耗，而且随腐蚀介质流失、系统产物的取出而逐渐减少，缓蚀剂会大量地流失，这样不但成本高，而且有可能污染环境。如缓蚀剂适用于电镀和喷漆前金属的酸洗除锈、锅炉内壁的化学清洗、油气井的酸化、内燃机及工业冷却水的防腐蚀处理和金属产品的工序间防锈和产品包装等系统。但对于钻井平台、码头、桥梁等敞开系统则不适用。此外，缓蚀剂通常在150℃以下使用；对于不许可污染产品及生产介质的场合不宜采用；许多高效缓蚀剂物质往往具有毒性，这使它们的使用范围受到了很大限制。

缓蚀剂主要应用于那些腐蚀程度中等或较轻系统的长期保护（如用于水溶液、大气及酸性气体系统），以及对某些强腐蚀介质的短期保护（如化学清洗）。在强腐蚀性的介质（如酸）中，不宜用缓蚀剂作长期保护。

11.4.2.5 电化学保护

电化学保护是根据电化学原理，将被保护金属的电位极化到免蚀区或钝化区，以降低腐蚀速率，从而对金属实施保护的方法之一。电化学保护按作用原理可以分为阴极保护和阳极保护两种方法。

(1) 阴极保护

阴极保护是对被保护金属施加外加阴极电流，使其电位负移，发生阴极极化，从而减少或防止腐蚀发生，以保护阴极的电化学方法。根据实施方法的不同，阴极保护又可分为外加电流阴极保护法和牺牲阳极的阴极保护法两种。

① 外加电流阴极保护法　它是将被保护金属接到外加直流电源的负极，进行阴极极化而受到保护，达到防蚀的目的，如图 11-8(a) 所示。外加电流阴极保护法的主要特点如下：

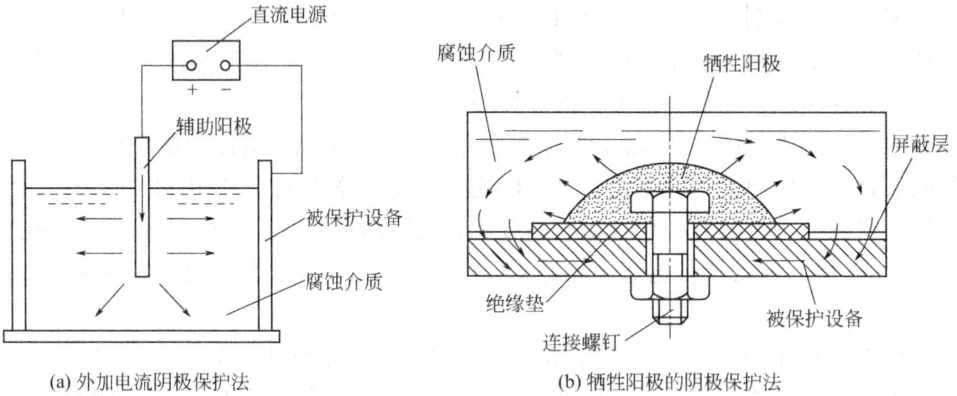

图 11-8 阴极保护示意图

a. 需要外加直流电源。

b. 阳极数量少，系统质量轻，电流分布不均匀，因此被保护的设备形状不能太复杂。难溶和不溶性辅助阳极的消耗低，寿命长，可实现长期的阴极保护。

c. 驱动电压高，输出功率大，可提供较大保护电流且保护电流能灵活调节，阳极有效保护距离大，可适用于恶劣的腐蚀条件或高电阻率的环境。有可能产生过保护导致氢脆，也可能对邻近金属设施造成干扰。

d. 在恶劣环境中系统易受干扰或损伤。

② 牺牲阳极的阴极保护法 它是在被保护的金属上连接一个电位更负的金属或合金作为牺牲阳极，依靠它不断溶解所产生的电流对被保护金属进行阴极极化，达到保护目的，如图 11-8(b) 所示。牺牲阳极的阴极保护法的主要特点如下：

a. 不需要外加直流电源。

b. 阳极数量较多，电流分布较均匀，但阳极质量大，增加结构质量，且阴极保护的时间受牺牲阳极寿命的限制。

c. 驱动电压低，输出功率小，保护电流小且不可调节。阳极有效保护距离小，使用范围受介质电阻率的限制，但保护电流的利用率较高，一般不会造成过保护，对邻近金属设施干扰小。

d. 系统牢固可靠，不易受干扰或损伤。施工技术简单，单次投资费用低，不需专人管理。

(2) 阳极保护

阳极保护是将被保护金属与外加直流电源的正极相连，使之成为阳极，在腐蚀介质中进行阳极极化，使电位向正值移动到稳定的钝化区，从而减少金属腐蚀速率的电化学保护方法，如图 11-9 所示。

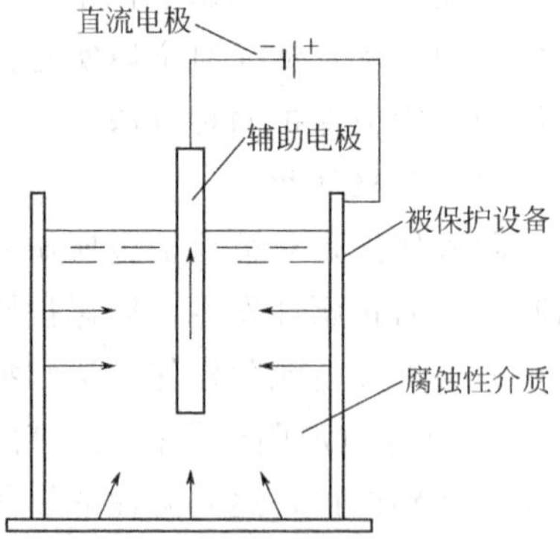

图 11-9 阳极保护示意图

阳极保护特别适合强腐蚀环境的金属防腐蚀，目前阳极保护已应用到在硫酸、磷酸及有机酸等腐蚀性介质中工作的设备上。对于不能钝化的系统或者含 Cl^- 的介质，阳极保护不能应用，因而阳极保护的应用是有限制的。在实际生产中阳极保护常采取与涂料或无机缓蚀剂的联合保护。

阳极保护系统包括阳极、辅助阴极、参比电极、直流电源、导线等。

阳极保护对辅助阴极材料的要求：应在所用介质中稳定，并因介质而异，在碱性溶液中可用普通碳钢；盐溶液中用高镍铬合金钢或普通碳钢；稀硫酸中可用银、铝青铜、石墨等；浓硫酸中可用铂或镀铂电极、金、钽、钼、高硅铸铁或普通铸铁等；阴极表面积应尽可能大，以减少接触电阻，工程上一般采用长的圆柱体阴极。阴极材料选用时最好在所用极化条件下经过腐蚀试验，并且有一定的机械强度，来源广泛，价格便宜，容易加工等。

阳极保护的参比电极需满足以下要求：电极表面的反应是可逆的；电极是不极化或难于极化的，再现性高，电极在储存和工作时电位保持不变，不受条件影响；电极的结构坚固、材料稳定、制造与使用方便。常用的参比电极主要有：金属/不溶性盐电极、金属/氧化物电极或金属电极等。

阳极保护直流电源应根据所需的电流和电压来选择，一般需要低电压、大电流的直流电源。电源的电压应大于被保护设备建立钝化时的槽电压和线路电压之和。由于致钝电流密度和维钝电流密度差别不大，采用大容量整流器进行致钝、小容量的恒电位仪来维持钝化是比较有利的。

思考题

1. 简述材料的分类。

2. 简述钢的分类、特性及应用。

3. 什么是合金？简述形状记忆合金的特性，并举例说明其原理。

4. 储氢合金的组成是什么，有哪些分类？

5. 高分子材料如何分类？有哪些特性？

6. 什么是复合材料？基体材料和增强材料在复合材料中分别起到什么作用？试举例说明。

7. 试列举 3 种新型无机非金属材料及其应用。

8. 传统无机非金属材料有哪些，试举例说明其应用。

9. 金属的腐蚀类型有哪两种？如何对其进行防护？试举例说明。

习题

1. 下列说法正确的是（　　）。

A. 材料是人类生存和生活必不可少的部分，金属材料和陶瓷材料形成了完整的材料科学。

B. 按照材料的成分和特性可将材料分为金属材料、无机非金属材料、高分子材料和复合材料。

C. 金属材料主要应用的是纯金属。

D. 传统硅酸盐材料是一类典型的无机非金属材料，其主要成分是各种氧化物、氮化物、碳化物和硼化物等。

2. 下列不属于金属材料特性的是（　　）。

A. 优良的力学性能　　B. 优良的工艺加工性

C. 稳定的化学性能　　D. 表面可处理性

3. 无机非金属材料元素间的结合力不包含（　　）。

A. 离子键　　B. 共价键　　C. 离子-共价键　　D. 金属键

4. 下列对于高分子材料的说法错误的是（　　）。

A. 根据高分子结构特征可将其分为线型、支链型和体型网状三种结构。

B. 高分子材料一般性能稳定，不易老化。

C. 高分子材料具有密度小、弹性高、电绝缘性好、耐磨、耐腐蚀等特性。

D. 功能高分子是指在高分子的主链或支链上带有显示某种功能的官能团，使其具有某种特殊的功能。

5. 下列关于复合材料说法错误的是（　　）。

A. 由两种或两种以上不同类型材料组成的一种单相固体材料。

B. 可以根据性能需求设计和制造特定复合材料。

C. 复合材料不仅保留单一组成材料的优点，同时具有许多更为优异的特性。

D. 聚合物基复合材料是研究最早、发展最快的一类复合材料，在化工、建筑、航天航空、交通运输等多个领域都有广泛应用。

6. 被称为“第三金属”的金属材料是（　　）。

A. 铁　　B. 铜　　C. 钛　　D. 铝

7. 下列金属在地壳中含量最丰富的是（　　）。

A. 铁　　B. 铜　　C. 钛　　D. 铝

8. 以下不属于建筑凝胶材料的是（　　）。

A. 水泥　　B. 石灰　　C. 石膏　　D. 石英

9. 下列针对耐火材料叙述错误的是（　　）。

A. 耐火材料一般是指具有耐高温，且能耐气体、熔融金属、熔融炉渣等物质的侵蚀，并具有一定机械强度的无机非金属固体材料。

B. 耐火材料分为普通耐火材料和高级耐火材料两大类。

C. 常用耐火材料的主要成分是高熔点氧化物。

D. 高致密的氮化硅、碳化硅等是典型的高温结构材料，可应用于汽车发动机、航天器喷嘴和高温轴承等。

10. 普通玻璃的主要成分不包括（　　）。

A. SiO_2　　B. CoO　　C. CaO　　D. Na_2O

11. 下列关于金属腐蚀与防护叙述不正确的是（　　）。

A. 金属腐蚀按机理可分为化学腐蚀和电化学腐蚀。

B. 对于任何系统的腐蚀和防护问题，优先考虑的是在经济成本允许的条件下选择合适的耐蚀金属材料。

C. 合理地调整、控制腐蚀介质能有效地改善腐蚀环境，达到减缓腐蚀的目的。

D. 可以在强酸性介质中加入缓蚀剂起到长期保护的作用。

第 12 章
化学与土木工程

钢铁、水泥、砂、石、化学建材等是土建工程中的主体材料。土建行业的巨大发展离不开材料的进步，材料的进步又离不开化学的发展。每一种新材料的出现会使规模更大、结构更复杂的道路、桥梁、建筑等成为可能。土建工程材料越来越多地应用化学建材，主要为合成建筑材料和建筑用化学品之类的化学材料，一般具有轻质、高强、防腐蚀、不蛀、隔热、隔声、防水、保湿、色泽鲜艳等许多优良性能。化学建材已经成为继钢材、水泥、砂石和木材之后的第五大建筑材料。化学赋予了土建工程材料和土建行业新生命。本章重点介绍土建工程中的建筑胶凝材料。

胶凝材料又称胶结材料，在物理、化学作用下，胶凝材料能从浆体变成石状体，并能胶结其他物料，可形成具有一定机械强度的物质。胶凝材料具有一系列优良的性能，是不可缺少的结构材料，其对建筑形式、施工方法、工程造价，乃至建筑的性能、用途和寿命都起着非常重要的作用。

根据化学组成的不同，胶凝材料可分为无机与有机两大类。石灰、石膏、水泥等工地上俗称为“灰”的建筑材料属于无机胶凝材料；而沥青、天然或合成树脂等属于有机胶凝材料。无机胶凝材料按其硬化条件的不同又可分为气硬性和水硬性两类。

水硬性胶凝材料是指加水成浆后，既能在空气中硬化，又能在水中硬化、保持和继续发展其强度的胶凝材料。这类材料通称为水泥，如硅酸盐水泥等。

气硬性胶凝材料只能在空气中硬化，也只能在空气中保持和发展其强度，如石灰、石膏和水玻璃等。气硬性胶凝材料一般只适用于干燥环境中，而不宜用于潮湿环境，更不可用于水中。

12.1 水硬性胶凝材料——水泥

水泥是一种粉末状物质，与适量水拌和后，得到具有可塑性和流动性的浆体，在空气中或水中经过一系列物理化学反应后能变成坚硬的石状体，并能将散粒材料或板、块状材料胶结成为整体的材料。

12.1.1 水泥的分类

(1) 按用途及性能分类

① 通用水泥　一般土木工程通常采用的水泥，主要指 GB 175-2007/XG1-2009 规定的六大类水泥，即硅酸盐水泥、普通硅酸盐水泥、矿渣硅酸盐水泥、火山灰质硅酸

盐水泥、粉煤灰硅酸盐水泥和复合硅酸盐水泥。

② 专用水泥　适用于专门用途的水泥，如道路水泥、油井水泥、浇筑水泥、桥梁水泥等。

③ 特性水泥　某种性能比较突出的水泥，如膨胀水泥、快硬水泥、低热水泥等。

（2）按主要技术特性分类

① 按快硬性分类　分为快硬水泥和特快硬水泥。

② 按水化热分类　分为中热水泥和低热水泥。

③ 按抗硫酸盐性能分类　分为中抗硫酸盐腐蚀水泥和高抗硫酸盐腐蚀水泥。

④ 按膨胀性分类　分为膨胀水泥和自应力水泥。

⑤ 按耐高温性分类　如铝酸盐水泥的耐高温性依据水泥中氧化铝的含量进行分级。

（3）按主要水硬性物质的名称分类

① 硅酸盐水泥（即国际上统称的波特兰水泥）；

② 铝酸盐水泥；

③ 铁铝酸盐水泥；

④ 硫铝酸盐水泥；

⑤ 氟铝酸盐水泥。

12.1.2 水泥的组成

在诸多的水泥品种中，硅酸盐类水泥是最基本且用量最多的一类水泥。硅酸盐水泥泛指以硅酸钙为主要成分的水泥，亦称为波特兰水泥，它是将黏土、石灰石和少量铁矿粉以一定比例混合、磨细制成水泥生料。生料经均化后，送入回转窑或立窑中高温煅烧成熔块，烧成的块状熟料再加入0～5%的混合材料和适量石膏，经混合磨细而成。

硅酸盐水泥的生产技术可简单概括为“两磨一烧”，即生料的配制与磨细、生料煅烧熔融形成熟料和熟料与适量石膏共同磨细成为硅酸盐水泥。

水泥熟料中的主要矿物成分有：硅酸三钙（$3CaO \cdot SiO_2$，或简写为 C_3S）、硅酸二钙（$2CaO \cdot SiO_2$，或简写为 C_2S）、铝酸三钙（$3CaO \cdot Al_2O_3$，或简写为 C_3A）和铁铝酸四钙（$4CaO \cdot Al_2O_3 \cdot Fe_2O_3$，或简写为 C_4AF）。其中 C_3S 和 C_2S 是决定硅酸盐水泥强度的主要成分，约占矿物总量的70%以上。硅酸盐水泥熟料的矿物组成及其大致含量见表12-1。

表 12-1　硅酸盐水泥熟料的矿物组成

矿物名称	化学式	简写	含量/%	性能与作用
硅酸三钙	$3CaO \cdot SiO_2$	C_3S	36～60	硅酸盐水泥的最主要成分，水化反应速度较快，水化热较高，对水泥早期和后期强度起主要作用
硅酸二钙	$2CaO \cdot SiO_2$	C_2S	15～37	硅酸盐水泥的主要成分，水化速度很慢，水化热很低，对水泥后期强度起主要作用
铝酸三钙	$3CaO \cdot Al_2O_3$	C_3A	7～15	水化速度快，水化热高，对早期强度和凝结时间影响较大，耐化学腐蚀性较差
铁铝酸四钙	$4CaO \cdot Al_2O_3 \cdot Fe_2O_3$	C_4AF	10～18	水化速度较快，水化热较大，对水泥抗拉强度起重要作用

12.1.3 硅酸盐水泥原料及生产过程

生产硅酸盐水泥的原料分为主要原料与辅助原料两类。主要原料有石灰质原料（石灰石、白垩等，主要成分为 $CaCO_3$）及黏土质原料（黏土、页岩等，主要成分为 SiO_2、Al_2O_3、Fe_2O_3）。若主要原料虽经配合，但某些化学成分仍不足时，可加入适量的辅助原料。如含氧化铁的黄铁矿渣，含氧化铝的铁矾土废料及含氧化硅的砂岩、石英砂、硅藻土、硅藻石、硅质渣等。经过适当的配料，使生料中的 CaO 含量为 64%～68%，SiO_2 的含量为 21%～23%，Al_2O_3 的含量为 5%～7%，Fe_2O_3 的含量为 3%～5%。此外，为改善煅烧条件，常加少量矿化剂（如萤石）等。

硅酸盐水泥的生产工艺过程如图 12-1 所示。

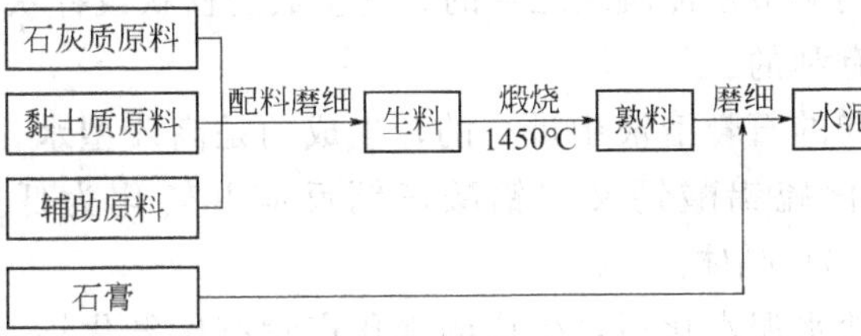

图 12-1 硅酸盐水泥的生产过程

各种原料按比例配合，磨细成生料。生料可制备成生料浆（加水磨细）或生料球（加无烟煤磨细后成球）。煅烧是水泥生产的关键环节，可在立窑或回转窑中进行。生料入窑后被加热，水分逐渐蒸发。当温度升至 500～800℃时，有机质被烧尽，黏土中高岭石脱水并分解出无定形的 SiO_2、Al_2O_3、Fe_2O_3。温度升至 800～1000℃时，石灰质原料中的 $CaCO_3$ 分解出的 CaO 与 SiO_2、Al_2O_3、Fe_2O_3 发生固相反应，逐渐生成硅酸二钙、铝酸三钙及铁铝酸四钙，温度升至 1300℃时固相反应结束。在 1300～1450℃温度区间，铝酸三钙及铁铝酸四钙熔融，出现液相，硅酸二钙及剩余的氧化钙溶于其中，在液相中硅酸二钙继续吸收氧化钙，生成硅酸三钙，水泥烧成。若煅烧时达不到此温度或保持时间不够长，熟料中的硅酸三钙含量少而有较多的游离氧化钙（*f*-CaO），将影响水泥的强度及安定性。熟料烧成后，存放 1～2 周，加入 2%～5%的天然石膏共同磨细，即为水泥。加石膏的目的在于调节水泥的凝结时间，使水泥不致发生急凝现象。

12.1.4 硅酸盐水泥的凝结与硬化

水泥加水拌成可塑的水泥浆，水泥浆逐渐变稠失去塑性，开始产生强度，这一过程称为凝结。随后，开始产生强度并逐渐提高，变为坚硬的水泥石，这一过程称为硬化。水泥的凝结与硬化是一个连续、复杂的物理化学变化过程。

(1) 硅酸盐水泥的水化

硅酸盐水泥遇水后，熟料中各矿物成分与水发生水化反应，生成新的水化产物，并放出热量。

硅酸三钙（$3CaO \cdot SiO_2$，C_3S）与水反应，生成水化硅酸钙并析出氢氧化钙。

$$2(3CaO \cdot SiO_2)+6H_2O \longrightarrow 3CaO \cdot 2SiO_2 \cdot 3H_2O+3Ca(OH)_2$$

硅酸二钙（$2CaO \cdot SiO_2$，C_2S）与水反应，生成水化硅酸钙并析出少量氢氧化钙。

$$2(2CaO \cdot SiO_2)+4H_2O \longrightarrow 3CaO \cdot 2SiO_2 \cdot 3H_2O+Ca(OH)_2$$

铝酸三钙（$3CaO \cdot Al_2O_3$，C_3A）与水反应，生成水化铝酸钙。

$$3CaO \cdot Al_2O_3+6H_2O \longrightarrow 3CaO \cdot Al_2O_3 \cdot 6H_2O$$

铁铝酸四钙（$4CaO \cdot Al_2O_3 \cdot Fe_2O_3$，$C_4AF$）与水反应，生成水化铝酸钙及水化铁酸钙。

$$4CaO \cdot Al_2O_3 \cdot Fe_2O_3+7H_2O \longrightarrow 3CaO \cdot Al_2O_3 \cdot 6H_2O+CaO \cdot Fe_2O_3 \cdot H_2O$$

水泥中加入的少量石膏，与水化生成的水化铝酸钙化合，生成水化硫铝酸钙（钙矾石）。

$$3CaO \cdot Al_2O_3 \cdot 6H_2O+3(CaSO_4 \cdot 2H_2O)+19H_2O \longrightarrow 3CaO \cdot Al_2O_3 \cdot 3CaSO_4 \cdot 31H_2O$$

生成的水化硫铝酸钙难溶于水，沉积在水泥颗粒表面，阻碍水泥颗粒与水接触，使水泥水化延缓，达到调节水泥凝结之目的。它生成的柱状或针状结晶，起骨架作用，对水泥的早期强度是有利的。

上述反应是在饱和的石膏溶液中进行的，生成的是高硫型水化硫铝酸钙。水化后期，石膏耗尽后，水化硫铝酸钙又与铝酸三钙反应并转化为低硫型水化硫铝酸钙（$C_3A \cdot CaSO_4 \cdot 12H_2O$）晶体。

综上所述，硅酸盐水泥水化后，生成的水化产物有氢氧化钙、水化硅酸钙、水化铝酸钙、水化铁酸钙及水化硫铝酸钙。其中氢氧化钙、水化铝酸钙及水化硫铝酸钙比较容易结晶，而水化硅酸钙及水化铁酸钙则长期以胶体形式存在。此外，在空气中水泥表层的氢氧化钙会与二氧化碳反应，生成碳酸钙，被称为碳化。

(2) *硅酸盐水泥的凝结硬化*

水泥在水化同时，发生着一系列连续复杂的物理化学变化，水泥浆逐渐凝结硬化。一般可人为地将水泥凝结硬化过程划分为四个阶段。

① 初始反应期　水泥加水拌成水泥浆。在水泥浆中，水泥颗粒与水接触，并与水发生水化反应，生成的水化产物溶于水中，水泥颗粒暴露出新的表面，使水化反应继续进行。这个时期称为“初始反应期”，即初始的溶解与水化，一般可持续 5～10min。

② 潜伏期　由于开始阶段水泥水化很快，生成的水化产物很快使水泥颗粒周围的溶液成为水化产物的饱和溶液。继续水化生成的氢氧化钙、水化铝酸钙及水化硫铝酸钙逐渐结晶，而水化硅酸钙则以大小为 1～100nm 的微粒析出，形成凝胶。水化硅酸钙凝胶中夹杂着晶体，它包在水泥颗粒表面形成半渗透的凝胶体膜。这层膜减缓了外部水分向内渗入和水化物向外扩散的速率，同时膜层不断增厚，使水泥水化速率变慢。此阶段称为“潜伏期”或“诱导期”，持续时间一般为 1h 左右。

③ 凝结期　由于水分渗入膜层内部的速率大于水化物向膜层外扩散的速率，产生的渗透压力使膜层向外胀大，并最终破裂。这样周围饱和程度较低的溶液能与未水化的水泥颗粒内核接触，使水化反应速率加快，直至新的凝胶体重新修补破裂的膜层为止。水泥凝胶膜层向外增厚和随后的破裂伸展，使原来水泥颗粒间被水所占的空间逐渐变小，包有凝胶体膜的颗粒逐渐接近，以致相互黏结。水泥浆的黏度提高，塑性逐渐降低，直至完全失去塑性，开始产生强度，水泥凝结。这个阶段称为“凝结期”，持续时间一般为 6h 左右。

④ 硬化期　继续水化生成的各种水化产物，特别是大量的水化硅酸钙凝胶进一步填充水泥颗粒间的毛细孔，使浆体强度逐渐发展，从而经历“硬化期”，持续时间一般

为6h左右。

由上述可知，水泥的水化反应是由颗粒表面逐渐深入内层的，这个反应开始时较快，以后由于形成的凝胶体膜使水分透入越来越困难，水化反应也越来越慢。实际上，较粗的水泥颗粒，其内部将长期不能完全水化。因此，水化后的水泥石由凝胶体（包括凝胶及晶体）、未完全水化的水泥颗粒内核及毛细孔（包括其中的游离水分及水分蒸发后形成的气孔）等组成。水泥的凝胶也并非绝对密实，其中有大小为1.5～2nm、占总体积28%左右的凝胶孔（胶孔）。胶孔较毛细孔小得多，胶孔中的水称为胶孔水，也是可蒸发的水分。

12.2 气硬性胶凝材料之一——石膏

石膏是一种应用历史悠久，与水泥、石灰并列的三大无机胶凝材料之一，它是以硫酸钙为主要成分的气硬性胶凝材料，是生产石膏胶凝材料和石膏建筑制品的主要原料，也是硅酸盐水泥的缓凝剂。石膏及其制品具有质轻、吸湿、阻火、易加工、表面平整细腻、装饰性好等优点，在建筑产业中，石膏产品被认为是环境友好材料而日益受到重视。

12.2.1 石膏的生产和品种

石膏属于单斜晶系矿物，主要化学成分是 $CaSO_4$。生产石膏的主要原料有天然二水石膏（$CaSO_4 \cdot 2H_2O$，又称为软石膏或生石膏）、天然无水石膏（又称为硬石膏）、含有硫酸钙的化工石膏。

将石膏原料破碎、加热煅烧、磨细，即得到石膏胶凝材料。改变加热方式和煅烧温度，可生产出不同性质的石膏产品。

（1）*建筑石膏*

天然二水石膏加热到107～170℃时生成半水石膏，因加热条件不同，所得半水石膏的形态也不同。若二水石膏在非常密闭的窑炉中加热煅烧，可得到β型半水石膏（熟石膏），磨细后即为建筑石膏。

$$CaSO_4 \cdot 2H_2O \xrightarrow{107\sim170℃} CaSO_4 \cdot \frac{1}{2}H_2O + \frac{3}{2}H_2O$$

（2）*高强石膏*

若将二水石膏置于0.13MPa、125℃的过饱和蒸汽中加热，可获得晶粒较粗、较致密的α型半水石膏，磨细后即为高强石膏。α型半水石膏结晶良好、晶体较粗大、比表面积较小，调制成塑性浆体时需水量较少，硬化后具有较强的致密度和强度。

（3）*可溶性硬石膏*

温度加热到170～200℃时，石膏继续脱水生成可溶性硬石膏。与水调和后仍能很快凝结硬化，同时放出大量热。当温度升高至200～250℃时，石膏中残留很少的水，水化、凝结硬化非常缓慢，但遇水后仍能生成半水石膏直至二水石膏。

（4）*水溶性硬石膏*

当加热温度高于400℃时，石膏完全失去水分，形成水溶性硬石膏，成为死烧石膏，失去水化、凝结硬化能力。但加入某些激发剂（如石灰、各种硫酸盐、粒化矿渣等）混合磨细后，则重新具有水化硬化能力，称为硬石膏水泥或无水石膏水泥。

（5）高温煅烧石膏

当加热温度高于800℃时，部分石膏分解出CaO，得到高温煅烧石膏。所得产品具有水化硬化的能力，凝结较慢，水化硬化后有较高的强度和抗水性。

12.2.2 建筑石膏

（1）建筑石膏的硬化

建筑石膏加水拌和后，可调制成可塑性浆体，经过一段时间反应后，将失去塑性，并凝结硬化成具有一定强度的固体。其凝结硬化主要是由于半水石膏与水相互作用，还原成二水石膏：

$$CaSO_4 \cdot \frac{1}{2}H_2O + \frac{3}{2}H_2O \longrightarrow CaSO_4 \cdot 2H_2O$$

由于二水石膏在水中的溶解度较半水石膏在水中的溶解度小得多，所以二水石膏不断从饱和溶液中沉淀而析出胶体微粒。由于二水石膏析出，破坏了原有半水石膏的平衡浓度，这时半水石膏会进一步溶解和水化，直到半水石膏全部水化为二水石膏为止。

① 初凝　随着水化的进行，二水石膏生成晶体量不断增加，水分逐渐减小，浆体开始失去可塑性，这称为初凝。

② 终凝　初凝之后浆体继续变稠，颗粒之间的摩擦力、黏结力增加，并开始产生结构强度，表现为终凝。

③ 硬化　终凝期间晶体颗粒逐渐长大、连生和互相交错，使浆体强度不断增大，这个过程称为硬化。

石膏的凝结硬化过程是一个连续的溶解、水化、胶化、结晶的过程。

（2）建筑石膏的特性

建筑石膏具有如下特性：

① 凝结硬化快　建筑石膏调制成浆体时需水量大，加水拌和后在6～10min便开始失去可塑性，终凝不超过30min，一般加硼砂、亚硫酸盐等作为缓凝剂。

② 硬化后体积微膨胀　石膏浆体在凝结硬化时会产生微膨胀，使得石膏制品的表面光滑、细腻、形体饱满。

③ 硬化后孔隙率大　石膏硬化后具有很大的孔隙率，因而表观密度和强度较低，抗冻、抗渗及耐水性较差，但具有质轻、保温隔热、吸湿、吸声的特点。

④ 阻火性好，耐火性差　遇火时，二水石膏的结晶水蒸发，吸收热量，能起到阻火的作用，但二水石膏脱水后，强度迅速下降，因而耐火性差。

⑤ 可加工性良好　石膏制品具有可锯、可钉、可刨、可打眼等加工性能。

（3）建筑石膏的应用

建筑石膏在土木工程中主要用于室内抹灰及粉刷，制作建筑装饰制品、石膏板及其他用途。

① 室内抹灰及粉刷　抹灰是指以建筑石膏为胶凝材料，加入水和砂子配成石膏砂浆进行内墙面抹平。由建筑石膏的特性可知，石膏砂浆具有良好的保温隔热性能，能调节室内空气的湿度，并具备良好的隔声与防火性能，由于其不耐水而不宜在外墙使

用。粉刷是指将建筑石膏加水和适量外加剂调制成涂料，以涂刷装修内墙面。其特点是表面光洁、细腻、色白且透湿透气，因其凝结硬化快、施工方便、黏结强度高，而是一种良好的内墙涂料。

② 制作建筑装饰制品　在杂质含量少的建筑石膏（有时称为模型石膏）中加入少量纤维增强材料和建筑胶水等，可制作成各种装饰制品。当然，还可掺入颜料，将其制成彩色制品。

③ 制作石膏板　石膏板是土木工程中使用量最大的一类板材，常见的有石膏装饰板、空心石膏板、蜂窝板等，通常作为装饰吊顶、隔板或保温、隔声、防火等使用。

④ 其他用途　建筑石膏可作为生产某些硅酸盐制品时的增强剂，如粉煤灰砖、炉渣制品等。也可用于油漆或粘贴墙纸等的基层找平。

建筑石膏在运输和储存时要注意防潮，储存期一般不宜超过 3 个月，超期会导致石膏制品质量下降。

12.3 气硬性胶凝材料之二——石灰

石灰是一种以氧化钙为主要组分的气硬性无机胶凝材料，是人类使用较早的建筑材料之一，其原料来源广、生产工艺简单、成本低、并具有某些优异性能，至至今仍在土木工程中被广泛使用。

12.3.1 石灰的原料及烧制

石灰石是生产石灰的主要来源之一，另一个来源是化工副产品，如用碳化钙（电石）制取乙炔时产生的电石渣，其主要成分是 $Ca(OH)_2$，即熟石灰。

石灰石分布很广，其主要成分是碳酸钙（$CaCO_3$），其次为碳酸镁（$MgCO_3$）和少量黏土杂质。将石灰石置于窑内于 900～1100℃煅烧，碳酸钙和碳酸镁受热分解，得到以氧化钙（CaO）为主要成分的白色或灰白色的块状产品，即为石灰。石灰按氧化镁含量可分为钙质石灰和镁质石灰，其中将氧化镁的质量分数小于等于 5%的称为钙质石灰，大于 5%的称为镁质石灰。

石灰石煅烧制备石灰的反应为：

$$CaCO_3 \longrightarrow CaO + CO_2\uparrow$$

$$MgCO_3 \longrightarrow MgO + CO_2\uparrow$$

碳酸钙煅烧温度一般以 1000℃为宜。温度低时，则产生有效成分少，表观密度大，核心为不能熟化的欠火石灰。欠火石灰中 CaO 含量低，降低石灰利用率。温度过高时，CaO 与原料所带杂质（黏土）中的某些成分反应，生成熟化速率很慢的过火石灰。过火石灰结构紧密，且表面有一层深褐色的玻璃状外壳。过火石灰若用于建筑上，会在已经硬化的砂浆中吸收水分而继续熟化，产生体积膨胀，引起局部爆裂或脱落，影响工程质量（见图 12-2）。消除过火石灰的方法

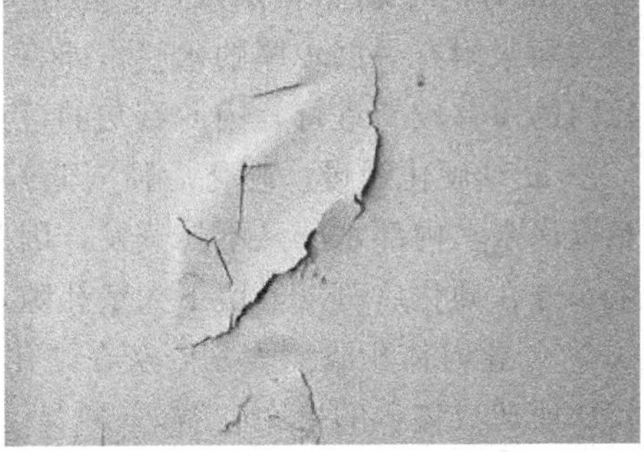

图 12-2　过火石灰使用导致墙体开裂

是将石灰浆在消解坑中存放 2 个星期以上（称为“陈伏”），使未熟化的颗粒充分熟化。陈伏期间，石灰浆表面应保持一层水，隔绝空气，防止 $Ca(OH)_2$ 与 CO_2 发生碳化反应。

12.3.2 石灰的熟化与硬化

（1）石灰的熟化

生石灰在使用前，一般要加水使之消解成膏状或粉末状的消石灰，此过程称为石灰的熟化。其反应式为：

$$CaO+H_2O \longrightarrow Ca(OH)_2 \qquad \Delta_r H_m = -65.21kJ \cdot mol^{-1}$$

石灰熟化时，放出大量的热，体积膨胀 1～2.5 倍。煅烧良好、氧化钙含量高的石灰熟化较快，放热量与体积膨胀也较多。

（2）石灰的硬化

石灰浆在空气中逐渐硬化，硬化过程是两个同时进行的物理及化学变化过程：

① 结晶过程　石灰膏中的游离水分蒸发或被砌体吸收，$Ca(OH)_2$ 从饱和溶液中以胶体析出，胶体逐渐变浓，使 $Ca(OH)_2$ 逐渐结晶析出，促进石灰浆体的硬化。

② 碳化过程　石灰膏表面的 $Ca(OH)_2$ 与空气中的 CO_2 反应生成 $CaCO_3$ 晶体，析出的水分则逐渐被蒸发，反应式为：

$$Ca(OH)_2+CO_2+nH_2O \longrightarrow CaCO_3+(n+1)H_2O$$

这个反应必须在有水的条件下进行，而且反应从石灰膏表层开始，进展逐趋缓慢。当表层生成 $CaCO_3$ 结晶的薄层后，阻碍了 CO_2 的进一步深入，同时也影响水分蒸发，所以石灰硬化速率变慢，强度与硬度都不太高。

图 12-3　石灰硬化产生干缩裂缝

以上两个变化过程，只能在空气中进行，且 $Ca(OH)_2$ 溶于水，故石灰是气硬性的，不能用于水下或长期处于潮湿环境下的建筑物中。石灰在硬化过程中，要蒸发掉大量的水分，引起体积显著收缩，易出现干缩裂缝（图 12-3）。所以，石灰不宜单独使用，一般要掺入沙、纸筋、麻刀等材料，以减少收缩，增加抗拉强度，并能节约石灰。

12.3.3 石灰的特性

与其他材料相比，石灰具有以下特性：

① 良好的可塑性和保水性。熟化生成的 $Ca(OH)_2$ 颗粒极其细小，比表面积大，颗粒表面吸附有一层较厚的水膜，即石灰的保水性好。另外也由于颗粒间的水膜较厚，颗粒间的滑移较易进行，因此石灰的可塑性很好。

② 凝结硬化缓慢、硬化后强度低。石灰浆碳化后在表面形成碳酸钙外壳，碳化作用难以深入，内部水分又不易蒸发，因此凝结硬化缓慢。生石灰实际消化用水量很大，多余水分在硬化后蒸发，留下大量孔隙，因而硬化石灰的体密度小、强度低。

③ 硬化时体积收缩大。石灰在硬化过程中，蒸发大量的水分引起毛细管显著的收缩，从而造成体积的极大收缩。

④ 耐水性差。由于石灰浆体硬化慢，在硬化石灰中，大部分仍是尚未碳化的

$Ca(OH)_2$，而$Ca(OH)_2$易溶于水，使得硬化石灰遇水后产生溃散，因此石灰不易用于潮湿环境。

⑤ 吸湿性强。块状石灰在放置过程中，会缓慢吸收空气中的水份而自动熟化成消石灰粉，再与空气中的二氧化碳作用生成碳酸钙，失去胶结能力。

12.3.4 石灰在建筑工程中的应用

石灰在建筑工程中的应用范围很广。

（1）制作石灰乳涂料

在消石灰粉或石灰浆中掺入大量水，可配制成石灰乳，用于墙面的粉刷。若在石灰乳中掺入某些耐碱的颜料，即成彩色粉刷材料，有良好的装饰效果。

（2）配制石灰砂浆或石灰水泥混合砂浆

石灰具有良好的可塑性和黏结性，常用于配制砌筑和抹灰工程中的石灰砂浆、水泥石灰混合砂浆等。但为防止收缩开裂，需加入纸筋等纤维材料。

（3）拌制石灰土和石灰三合土

石灰土由石灰和黏土组成，三合土由石灰、黏土和碎料（如砂、碎石、炉渣等）组成。石灰土或三合土的耐水性和强度均优于纯石灰，广泛用于建筑物的基础垫层和各种垫层等。

（4）制备硅酸盐建筑制品

石灰是生产灰砂砖、蒸养粉煤灰砖、粉煤灰砌块或墙用板材等的主要原料，也是生产石灰矿渣水泥、石灰火山灰质水泥和其他无熟料水泥的主要原料。

（5）制作碳化石灰板

在磨细生石灰中掺加玻璃纤维、植物纤维、轻质骨料等，加水进行强制搅拌，振动成型，然后用碳化的方法使氢氧化钙碳化成碳酸钙，从而制成可用于建筑物隔墙、天花板、吸声板等的碳化石灰板。

12.4 混凝土外加剂

混凝土外加剂是混凝土中除胶凝材料、骨料、水和纤维组分之外，在混凝土拌制之前或拌制过程中加入的，用以改善新拌和硬化混凝土性能，对人、生物及环境安全且无有害影响的材料。混凝土外加剂包括化学外加剂和矿物外加剂。

化学外加剂经常被用于改变水泥水化反应的进程和新拌与硬化混凝土的性能，在现代混凝土材料和技术中起着重要的作用。

矿物外加剂指粉烧灰、硅灰、磨细矿粉等粉料，与水泥和其他外加剂共同形成改性水泥。其主要目的是降低成本，改善水泥的性能。

12.4.1 混凝土外加剂的发展

外加剂在现代混凝土材料和技术中起着重要的作用，是混凝土必不可少的第五组分。水泥水化是一个复杂的非均质的多相化学反应过程，由水化引起的一系列化学、物理与物理化学性能的变化，直接影响着水泥材料的工程性能。化学外加剂能够促进水泥混凝土新技术的发展，也能够促进工业副产品在胶凝材料系统中的利用，有助于节约资源和保护环境。有人预测“混凝土技术的新进展得益于外加剂的有效应用，而不是水泥生产的进步”。

研究化学外加剂对水泥水化历程的加速调控及其作用机理，丰富水泥水化理论，从而更有效地指导化学外加剂在实际工程中的选择和应用，实现混凝土的高性能化。目前，化学外加剂的研究方向逐渐转向复合化、多功能化、高性能化，对外加剂的性能要求及水泥混凝土制品的耐久性要求也不断提高，因此广大从事混凝土外加剂的研究工作者对无碱或低碱、无氯、液体的化学外加剂日益关注。

化学外加剂在建筑材料中应用十分广泛。在古罗马，人们就已经发现蛋白质可以作为石膏的缓凝组分，干血可以作为引气剂使用。当今混凝土工程中化学外加剂可以达到缓凝、速凝、塑化、增黏、抗离析、保水、减缩、消泡、防水等作用。

减水剂的发明是混凝土外加剂发展的重要里程碑。国外的减水剂发明和研究历史始于 20 世纪 30 年代，开始使用的是木质素磺酸盐普通减水剂，到 60 年代日本和原联邦德国先后研制成功萘系高效减水剂和三聚氰胺系高效减水剂，再到 80 年代日本发明聚羧酸系高性能减水剂。

我国混凝土外加剂的研究较国外起步稍晚，20 世纪 50 年代开始研究并应用木质素磺酸盐减水剂和松香类引气剂，至 70 年代多个型号和品种的高效减水剂相继研究问世，再到近 20 年（2000～2020 年）聚羧酸系高性能减水剂的应用量连续快速增长。近年来，我国混凝土的外加剂行业处于高速发展阶段，表 12-2 列出了最新一次调研统计的 2019 年各品种混凝土外加剂产量。2019 年我国混凝土外加剂总产量累计为 2003.89 万 t，比 2015 年（1380.36 万 t）和 2017 年（1399.13 万 t）分别增长了 45% 和 43%。2019 年混凝土外加剂总产量在近年持续稳定增加的基础上，又实现了一个小飞跃，与当年全国水泥总产量同比增加 6.1%、混凝土与水泥制品行业主要产品产量大幅增加是互相一致的。

表 12-2　2019 年我国各品种混凝土外加剂的产量　　万 t

合成高性能减水剂（聚羧酸系）	合成高效减水剂					合成普通减水剂（木质素类）	膨胀剂	引气剂	速凝剂		缓凝剂
	萘系	蒽系	氨基	脂肪族	密胺系				粉剂	液体	
1136.00	122.08	0.99	6.94	62.28	4.17	12.73	234.15	43.48	85.01	95.25	200.81

注：1. 高性能减水剂产量为折合 20% 浓度产品计算，其余外加剂产量均为折合固体产品计算；
2. 表中不包括各类复合外加剂。

12.4.2 混凝土外加剂的分类

混凝土外加剂按主要功能可分为如下四类：

① 改善混凝土拌合物流变性能的外加剂。包括各种减水剂、引气剂和泵送剂等。

② 调节混凝土凝结时间、硬化性能的外加剂。包括缓凝剂、早强剂和速凝剂等。

③ 改善钢筋混凝土耐久性的外加剂和增强混凝土物理力学性能的外加剂。如引气剂、防冻剂和阻锈剂等。

④ 改善混凝土其他性能的外加剂。包括加气剂、防冻剂、膨胀剂、着色剂、防水剂等。

此外，混凝土外加剂根据化学性质分类大致可分为具有表面活性作用的减水剂（或引气剂），无机电解质盐类以及有机和无机相结合的复合外加剂。不同的外加剂在混凝土中所起的作用各不相同，在近代混凝土外加剂中，表面活性剂占有重要的位置，无论是普通的表面活性剂或是高分子表面活性剂，它们的合成或天然产品大都可以用来作为制造减水剂、引气剂、起泡剂、消泡剂、调凝剂等的主要成分。

12.4.3 混凝土外加剂的功能

每种混凝土外加剂通过不同物理和化学作用实现其主要功能。

减水剂和泵送剂可以降低单位混凝土用水量，提高工作性能，实现强度和耐久性提升。还可以降低单位混凝土的水泥用量，实现成本节约，降低早期水化热，减少收缩开裂。

引气剂加入混凝土中，能够使混凝土产生许多较小且独立的气泡，这些气泡可以改良混凝土的易溶性，增强混凝土坍落度，提高抗冻能力，降低泌水现象的发生。

早强剂、缓凝剂和速凝剂通过改变水泥水化进程，实现控制工程施工需要的凝结时间，在提高混凝土早期强度的同时，可保持其长期强度无明显下降。

防冻剂的作用是在负温条件下确保混凝土中有液相存在，从而保证水泥矿物的水化和硬化。抗冻剂参加水泥的水化过程，可改变熟料矿物的溶解性，且对水化产物的稳定性具有良好的铺助作用。

减缩剂、膨胀剂和防水剂分别通过降低孔溶液表面张力来减小干燥收缩，利用膨胀源水化产生适度膨胀能转为压应力抵消收缩拉应力、提高混凝土的憎水性和在静水压下的抗渗性来实现混凝土抗裂、防水功能。

水下抗分散混凝土外加剂和黏度调节剂通过改变浆体黏度使混凝土具有良好的黏聚性、抗分散性。

阻锈剂通过促使钢筋表面产生氧化物钝化膜阻止氯离子穿透，降低铁离子游离速度，从而达到防锈的目的。不同品种的外加剂还可以复合使用，实现对混凝土性能的综合改善。

12.4.4 减水剂

混凝土减水剂是混凝土外加剂中使用最广、用量最大的一种。常用减水剂均属表面活性物质，其分子是由亲水基团和憎水基团两个部分组成，在维持混凝土坍落度基本不变的条件下，能减少拌合用水量。

混凝土减水剂的减水作用主要归因于混凝土对减水剂的吸附和分散作用。水泥在加水搅拌及凝结硬化过程中会产生一些絮凝结构，其中包裹着很多拌合水分，从而减少了水泥水化所需的水量，降低了新拌混凝土的和易性。为保持和易性，就必须增加拌合水量。加入减水剂后，减水剂在水中电离出离子后，自身带有电荷，在电性斥力作用下，使原来水泥絮凝结构打开，被束缚在絮凝结构中的游离水释放出来，使拌合物中的水量相对增加，这是减水剂分子的分散作用。减水剂分子中的憎水基团定向吸附于水泥颗粒表面，亲水基团指向水溶剂，在水泥颗粒表面形成一层稳定的溶剂化水膜，这样阻止了水泥颗粒间的直接接触，并在颗粒间起润滑作用，提高拌合物的流动性。图 12-4 为减水剂的作用机理。此外，水泥颗粒在减水剂作用下充分分散，增大了水泥颗粒的水化面积使水化充分，从而提高混凝土的强度。

（1）按减水量大小不同分类

混凝土减水剂按减水量大小的不同可分为普通减水剂和高效减水剂两大类型。另

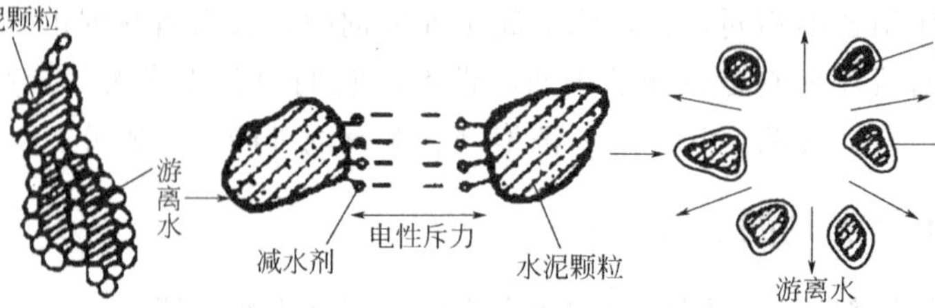

图 12-4 减水剂的作用机理示意图

外，种类最多的是复合多功能外加剂。

① 普通减水剂 普通减水剂约可减水 10%～15%，用量高时可减水分更多，但却可能影响混凝土的凝结、含气量、泌水、离析和硬化特性。普通减水剂是价格相对便宜的外加剂，具有不可取代的作用，也是许多复合型外加剂中必不可少的重要组分之一。混凝土工程中采用较多的普通减水剂主要有木质素磺酸盐类，如木质素磺酸钙、木质素磺酸钠、木质素磺酸镁、丹宁等。

② 高效减水剂 又称超塑化剂，属于新的减水剂，其化学组成与普通减水剂不同，减水率可达 30%。高效减水剂在配制混凝土方面的优势并不意味着其应用没有局限性，它常会带来较高的坍落度损失。混凝土工程中采用的高效减水剂主要有多环芳香族磺酸盐类、水溶性树脂磺酸盐类、脂肪族类、改性类等。

（2）按化学成分不同分类

混凝土减水剂按化学成分不同可分为木质素磺酸盐类减水剂、萘系减水剂、三聚氰胺系减水剂、丙烯酸接枝共聚物减水剂。

① 木质素磺酸盐类减水剂 它是使用最多的普通型减水剂。木质素磺酸盐是亚硫酸法生产化纤浆或纸浆后被分离出来的物质，属于阴离子表面活性剂。在木质素磺酸盐类减水剂中，产量最大的是木质素磺酸钙（简称木钙），此外还有木质素磺酸镁、木质素磺酸钠等。

② 萘系减水剂 其为高效减水剂，化学名称为聚甲基萘磺酸钠，结构中带有磺酸基团。萘系减水剂对水泥分散性好，减水率高（15%左右），高浓型萘系减水剂的减水率可达 20%以上。萘系减水剂含碱量低，对水泥适用性好，既不引气也不产生缓凝作用，是目前国内使用量最大的高效减水剂。

③ 三聚氰胺系减水剂 三聚氰胺是一种高分子聚合物阴离子型表面活性剂，为高效减水剂。

④ 丙烯酸接枝共聚物减水剂 它是一种新型高性能减水剂。

使用减水剂在保持混凝土的流动性和强度都不变的情况下，可以减少拌合水量和水泥用量，节省水泥。还可以减少混凝土拌合物的泌水、离析现象，密实混凝土结构，从而提高混凝土的抗渗性和抗冻性。

12.4.5 早强剂

混凝土早强剂是指能提高混凝土早期强度的外加剂，一般其掺量不会超过水泥质量的 5%。早强剂的主要作用在于加速水泥的水化速度，进而促进混凝土早期强度的发展，并且对后期强度无显著影响，同时又具有一定减水增强功能，能起到尽早拆模及加快施工速度的作用。

(1) 早强剂的种类

早强剂按照化学成分可以分为无机系、有机系和复合系早强剂。具体分类可以参考表12-3。

表 12-3 早强剂的种类

早强剂分类	常见物质	早强剂组分	掺量(占水泥质量比例)/%
无机系早强剂	氯化物系	氯化钠、氯化钾、氯化铝、氯化铁等	0.5～2
	硫酸盐系	硫酸钠、硫酸钾、硫酸钙等	1～2
	硅酸盐系	水玻璃等	3～5
	锂盐早强剂	碳酸锂、硝酸锂等	0.08～0.1
	无机钙盐	氯化钙、硝酸钙、甲酸钙等	0.5～2
	高价阳离子早强剂	氯化铝、氯化铁、硫酸铝、硫酸铁等	0.3～1.2
	熟料系	硫铝酸盐水泥熟料等	4～6
	晶核物质	晶种、晶胚	2～3
有机系早强剂	低级的有机酸盐	甲酸钠、羟基羧酸等	0.01～0.06
	醇胺类	三乙醇胺、三异丙醇胺、尿素、甲醇、乙醇、乙二醇、二乙醇胺等	0.02～0.05
复合系早强剂	有机物类与无机盐类的复合	三乙醇胺＋氯化钠/氯化钙/硫酸钠/硫酸钙等	0.03＋(0.5～2)
	无机盐类与无机盐类的复合	硫酸钠＋氯化钠/氯化钙/硫酸钙等	(1～2)＋(0.5～2)

(2) 早强剂的基本作用机理

无论是无机类早强剂还是有机类早强剂，其作用机理都是降低水泥熟料颗粒与水接触的表面张力，增加其在水中的溶解度，同时通过添加的早强剂降低水泥水解产物在水中的浓度，从而促进 C_3S、C_2S、C_3A、C_4AF 等水泥组分溶解速度的提高，加速钙矾石、C-S-H 凝胶等水化产物的生成，加快水泥的凝结和硬化。具体包括如下三个方面。

① 离子效应　无机类早强剂中的无机盐在水泥浆体系中可发生盐效应和同离子效应，从而改变胶凝材料的溶解度，加快水泥水化反应的进程。若水泥浆中没有同类离子的电解质，早强剂在盐效应的作用下增大水泥浆溶液的离子浓度，改变水泥颗粒表面的吸附层，从而提高水化矿物的溶解度，加速水泥水化进程。若水泥浆中有同类离子的电解质，早强剂可在同离子效应的作用下，一方面减小一些水泥水化矿物的溶解度；另一方面却促使水泥水化产物更快地结晶析出，从而提高水泥石的早期强度。

② 生成复盐、配合物或难溶化合物　一些早强剂可通过与水泥胶体矿物发生化学作用，生成复盐、配合物或难溶化合物，从而加速了水泥水化进程。

③ 形成结晶中心加速水泥的凝结与硬化　一些早强剂还能起到制备结晶中心的作用以加速水泥的水化进程，如 $NaAlO_2$ 等物质，在水溶液中可水解为成胶态的氢氧化铝胶体、硅胶等，它们与钙离子结合可形成水化物的结晶中心而加速水泥浆的凝结与硬化。

(3) 几种常见早强剂的作用机理

① 氯化物系早强剂　一般被认为是效果最好的早强剂，其作用机理主要是：a. 氯化物可以与水泥中的 C_3A 反应生成不溶于水的水化氯铝酸盐，加速水泥中 C_3A 的水化。b. 氯化物还能与氢氧化钙作用生成难溶于水的氯酸钙，从而降低液相中氢氧化钙的浓度，加速 C_3S 的水化，同时生成的复盐还能够增加浆体固相的比例，加速水泥石的形成。c. 氯化物为易溶性盐，具有盐效应，可以增大水泥熟料在水中的溶解度，加快水泥熟料的水化。

② 硫酸钠早强剂　它是应用最广泛的硫酸盐早强剂，其作用机理主要是：a. 硫酸

钠是一种强电解质，能增加液相中的离子强度，对扩散双电层产生压缩作用，促进水泥的凝结和硬化。b.硫酸钠可与游离氢氧化钙反应生成石膏和氢氧化钠，生成的碱可以提高液相的pH，增加水泥浆的塑性强度，新生成的次生石膏比水泥粉磨时加入的石膏活性要更大，更能够促进水化硫铝酸钙的生成。c.硫酸钠与水泥水解产生的氢氧化钙以及水泥中的 C_3A、SO_4^{2-} 反应生成钙矾石，降低氢氧化钙的浓度，加速 C_3S 的水化。

③ 水玻璃　作为硅酸盐系早强剂中最常用的早强剂，其作用机理主要是由于水玻璃水解产生的硅酸可与水泥矿物水解产生的CH反应，生成难溶于水的水合硅酸钙，破坏 C_3S 和 C_2S 的水解平衡，促进 C_3S 和 C_2S 的水化，加速生成大量的水合硅酸，从而提高充填体的早期强度。

④ 锂盐早强剂　它的早强作用机理主要是：a.由于 Li^+ 具有半径小、极化作用强以及水化半径较大等特性，从而加快水化保护膜破裂，使水化诱导期缩短，提高水泥中 C_3S、C_2S 水化能力。b.锂盐可以促进Aft钙矾石晶体的形成，显著提高凝结速度和早期强度。

⑤ 无机钙盐早强剂　其作用机理主要是无机钙盐能够使 $Ca(OH)_2$ 很快达到饱和而迅速结晶，使得液相中 Ca^{2+} 的含量急剧地下降，降低 C_3S-H_2O 系统的pH，从而加速 C_3S 的水化，进而加快水泥的水化及硬化。

⑥ Al^{3+}、Fe^{3+} 等高价阳离子早强剂　其早强作用机理主要是高价阳离子对C-S-H胶体粒子的扩散双电层有压缩作用，可加速C-S-H胶体粒子的凝聚，因而可降低其在液相中的浓度，加速 C_3S 及 C_2S 的水化反应，进而加速水泥及混凝土的硬化进程。

⑦ 晶体胚物质　其早强作用机理主要是在水泥水化液相浆体中形成的晶核附着于核化基体，产生晶核-液体及晶核-基体界面，这一过程体系总能量增加，阻碍晶核形成。液相中加入的晶胚，与混凝土中水泥水化产物基本上为同一物质，所以接触角很小，从而明显降低水化产物析出的能量障碍，使过饱和溶液迅速地析出晶体导致液相中水化产物的浓度降低，因而加速水化，相应地加快水泥的硬化速度。

⑧ 三乙醇胺　其早强作用机理主要是：a.三乙醇胺具有乳化作用，在水泥浆体中掺入三乙醇胺后，三乙醇胺分子吸附于水泥颗粒的表面，形成一层带电的亲水膜，降低溶液的表面张力，加速水对水泥颗粒的润湿和渗透，使水泥颗粒可以更好地与水接触，加强因水化作用而引起的固相体体积膨胀，使水泥颗粒的胶化层不断剥落，从而促进水泥颗粒的水解。b.三乙醇胺分子中有N原子，它有1对未共用电子，很容易与金属阳离子形成共价键，与金属离子配位形成较为稳定的配合物，这些配合物在溶液中形成许多可溶区，从而提高水化产物的扩散速率，在水化初期必然会破坏熟料粒子表面形成的 C_3A、硫铝酸钙等水化物层，提高 C_3A、C_4AF 溶解速率，从而加快与石膏的反应，使之迅速生成硫铝酸钙。随着硫铝酸钙生成量的增加，必然会降低液相中 Ca^{2+}、Al^{3+} 的浓度，又进一步提高 C_3S 的水化速率，从而提高水泥石的早期强度。

⑨ 甲酸钙　其早强作用机理主要是由于甲酸钙在水中的电离呈弱酸性，因此能降低体系中的pH，加速 C_3S 的水化，加快水泥的凝结及硬化。硫铝酸盐水泥熟料水化早期会有较多数量钙矾石的形成，使水化产物间有较好的联结，使水泥石结构致密化。

12.4.6 其他混凝土外加剂

(1) 引气剂

混凝土引气剂（又称加气剂）是指能在混凝土中引入微小空气泡，并在硬化后仍能保留这些气泡的外加剂。混凝土工程中可采用的引气剂主要有 5 类：松香树脂类（主要包括松香热聚物、松香皂类等）；烷基苯磺酸盐类（主要包括烷基苯磺酸钠、烷基磺酸钠）；木质素磺酸盐类（木质素磺酸钙）；脂肪醇类（脂肪醇硫酸钠、高级脂肪醇衍生物）；非离子型表面活性剂（烷基酚环氧乙烷缩合物）。

引气剂通常是一种憎水性表面活性剂，表面活性作用类似减水剂，但减水剂的界面活性作用主要发生在液-固界面，而引气剂的界面活性作用主要在气-液界面上。引气剂的作用机理是含有引气剂的水溶液拌制混凝土时，引气剂能显著降低水的表面张力和界面能，使水溶液在搅拌过程中能产生大量均匀分布的、闭合而稳定的微小气泡，气泡直径大都在 200μm 以下。引气剂分子定向吸附在气泡表面，形成较牢固的液膜，使气泡稳定而不易破裂。

掺入引气剂的新拌混凝土/砂浆浆体是一个包含气-液-固三相的复杂系统。在混凝土/砂浆中掺入引气剂后（通常为阴离子表面活性剂），引气剂分子会将阴离子亲水基强烈吸附在带正电的水泥颗粒表面，而把疏水基团背离水泥颗粒，在水泥颗粒表面形成不易被拌合水润湿的疏水膜，产生气固界面。与此同时，引气剂分子因为具有较高的表面活性，也会大量吸附于拌合水的气液界面。因此，新拌水泥浆体中气泡的泡壁既包含气液界面，也包含气固界面（见图 12-5）；而在一般水性溶液中产生的气泡/泡沫的泡壁则仅由气液界面构成。这是混凝土/砂浆中的气泡与一般水溶液中气泡的主要区别，其决定了在混凝土/砂浆中引入气泡的性能（数量、大小、稳定性等）与一般水溶液中产生的气泡有显著不同。

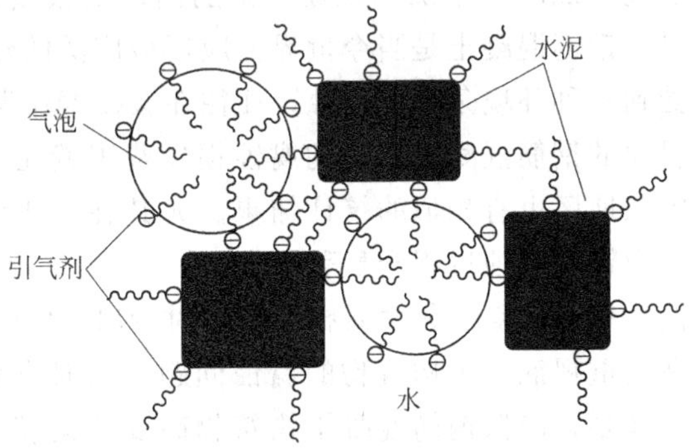

图 12-5 引气剂在水泥浆体中引入气泡示意图

(2) 膨胀剂

膨胀剂是指与水泥、水拌和后经水化反应生成钙矾石、氢氧化钙或钙矾石和氢氧化钙，使混凝土产生一定体积膨胀的外加剂。工程中常用的膨胀剂有硫铝酸钙类、硫铝酸钙-氧化钙类、氧化钙类等。

(3) 促凝剂

促凝剂是缩短水泥混凝土凝结时间的一类化学外加剂，属于调凝剂范畴。根据对混凝土凝结时间的作用的不同，调凝剂分为促凝剂和缓凝剂两大类。促凝剂通常是一些无机电解质，也有一些有机化合物具有促凝作用。缓凝剂通常采用有机缓凝剂，一些有机缓凝剂由于性能不太稳定，因而应用得较少。

混凝土的促凝剂主要是一些无机电解质，如氯盐、硫酸盐、碳酸盐、硝酸盐、亚硝酸、硅酸盐、铝酸盐等。

(4) 防冻剂

防冻剂是冬期混凝土施工中为防止混凝土冻结而使用的外加剂。其能使混凝土在负温下硬化，并在规定养护条件下达到预期性能的外加剂。防冻剂按其成分可分为强电解质无机盐类（氯盐类、氯盐阻锈剂、无氯盐类）、水溶性有机化合物类、有机化合物与无机盐复合类、复合型防冻剂。

防冻剂的作用机理包括如下四个方面：

① 早强作用，通过加速混凝土水化硬化，使之尽快达到抗冻临界强度，并克服负温、低温对强度增长不利影响。

② 引气作用，在混凝土内引入微米级有益的细小气泡，封闭有害的连通孔道，减轻裂纹扩展。

③ 减水作用，通过减少拌合水，减少游离水，降低膨胀内因且释放包裹水，消除劣质水泡，减轻冻胀压力。

④ 降低冰点的防冻作用。

防冻剂的防冻作用是通过上述几个方面的共同作用产生的综合效果。

随着工程技术的发展，对混凝土性能要求越来越高。所以，外加剂的使用促使混凝土技术得到了突破，并且它在工程中应用的比例也越来越大。

12.5 钢筋混凝土的腐蚀与防腐

钢筋混凝土是指通过在混凝土中加入钢筋、钢筋网、钢板或纤维来改善混凝土力学性质的一种组合材料。钢筋混凝土是当今世界上应用最广泛的建筑材料之一。然而，钢筋混凝土结构由于受到各种环境条件的侵蚀，往往在服役寿命期间被破坏。在美国，每年仅因使用去冰盐引起的钢筋混凝土桥梁的腐蚀损失费用就在100亿～325亿美元。在澳大利亚、欧洲、中东地区也有相似的统计结果。尤其在处于海洋环境与温暖气候条件下的地区，混凝土中钢筋腐蚀过程会显著增大。

中国工程院院士侯保荣在接受《科学时报》采访时指出，“在世界能源、资源日趋紧缺的今天，我们应高度重视混凝土构筑物的腐蚀问题，及时有效、科学合理地为混凝土构筑物进行防护及修复，确保钢筋混凝土构筑物高安全运营、长寿命服役，这对资源节约和社会可持续发展具有重要意义。”

12.5.1 混凝土的组成

由胶凝材料、水及骨料按适当比例配合，拌和制成拌合物，经水化硬化所形成的人造石材称为混凝土。混凝土具有许多优点：

① 可根据不同要求配制各种不同性质的混凝土。

② 在凝结前具有良好的塑性，可浇制各种形状和大小的构件和预制件。

③ 它与钢筋有牢固的黏结力，能制作钢筋混凝土结构和构件，大大增强制品的抗

拉强度。

④ 混凝土制品经硬化后抗压强度高，耐久性好。

⑤ 其组成材料中砂、石等占80%，成本低。

因此，混凝土是一种最主要的土木工程材料之一，广泛应用于各种建筑、道路、水利、海洋等工程中。

混凝土中最常用的是以水泥为胶凝材料，配以适当比例的粗细骨料（砂、碎石或卵石）和水，拌制成混合物，经振捣、养护而成，常简称为砼。混凝土的质量是由原材料的性质与相对含水量所决定的，同时也与施工工艺（搅拌、成型、养护）有关，为了改善其性质，还常加些外加剂（如减水剂、速凝剂、早强剂、防水剂等），它的水化硬化基本同水泥石相似。

12.5.2 混凝土的腐蚀

在混凝土使用过程中，由于设计、选材和施工不当，以及碳化作用、酸碱物质的侵蚀、微生物腐蚀、外力冲撞等作用，混凝土内的某些组分会发生反应、溶解、膨胀而导致混凝土构筑物的破坏，从而带来能源、资源的浪费以及财产的损失。

构筑物材料与环境介质间的关系十分复杂，环境介质的组分、环境介质与混凝土的接触条件、混凝土特性的微小变化，也常常引起腐蚀过程特点和程度的变化。引起混凝土腐蚀的因素很多，如混凝土的组分、密实度、养护成型方式、温度、湿度、腐蚀介质浓度等。

12.5.2.1 软水腐蚀

当混凝土浸泡于软水或经常受软水冲刷时，会发生溶解腐蚀。

混凝土是由水泥水化后产生的胶凝物质、结晶体和骨料组成的胶凝体，其中含有可溶组分$Ca(OH)_2$。氢氧化钙在20℃蒸馏水中的溶解度按CaO计为1.18 $g\cdot L^{-1}$。环境中的水渗透到混凝土中，会降低混凝土液相中$Ca(OH)_2$的浓度并使部分$Ca(OH)_2$浸出。$Ca(OH)_2$浓度的降低引起水泥石中胶凝体的分解，当液相$Ca(OH)_2$浓度低于一定限度时，$3CaO\cdot 2SiO_2\cdot 3H_2O$会水解析出$Ca(OH)_2$和$SiO_2\cdot mH_2O$，$3CaO\cdot Al_2O_3\cdot 6H_2O$会水解析出$Ca(OH)_2$和$Al(OH)_3$等，使混凝土结构遭破坏。混凝土中$Ca(OH)_2$的溶解浸出现象是普遍的，混凝土建筑物在使用一段时间后表面出现的白色沉积物，就是浸出的$Ca(OH)_2$与空气中的二氧化碳反应生成的难溶盐$CaCO_3$。

软水对混凝土的溶解腐蚀较缓慢，只有在经常受软水冲刷或渗透的场合如冷却塔、水坝等设施才须考虑溶解腐蚀的危险性。

12.5.2.2 酸性溶液及酸性气体腐蚀

(1) 碳酸溶液及二氧化碳气体的腐蚀

大气中含有0.03%的CO_2，所以天然水一般都因吸收CO_2显酸性。在15℃时CO_2饱和溶液的pH约为5.7。碳酸溶液渗透到混凝土孔隙中会与$Ca(OH)_2$生成难溶的$CaCO_3$，反应进行会消耗$Ca(OH)_2$，并使混凝土内部pH下降，这种现象叫混凝土的碳化，把碳化后含$CaCO_3$的混凝土层叫碳化层。

在碳酸溶液中，混凝土碳化后形成三个不同的区域，即破坏区、密实区和浸析区。

在混凝土表层，H_2CO_3与$CaCO_3$反应生成易溶盐$Ca(HCO_3)_2$，它逐渐被水浸出，只留下无黏结性能、含有骨料颗粒的硅胶、氢氧化铝和氢氧化铁等物质，从而使水泥石破坏，因此叫“破坏区”。

在由表层向内的浅层中，渗入的 H_2CO_3 与浅层的 $Ca(OH)_2$ 反应生成 $CaCO_3$ 而沉积于混凝土孔隙中，使混凝土密实性增加，因此叫“密实区”。这种密实作用在一定程度上减缓了碳酸溶液向混凝土内部的渗透速率。

在深层，透过密实区的水会溶解水泥石中的 $Ca(OH)_2$，发生溶解腐蚀，所以叫“浸析区”。一般认为，当溶液中侵蚀性二氧化碳浓度低于 $10mg \cdot L^{-1}$ 时，碳酸溶液不会对混凝土产生明显的腐蚀。但是当水溶液中二氧化碳浓度较高时，就会产生较严重的腐蚀作用。对于地下水管道、隧道等地下混凝土构筑物，应考虑腐蚀性碳酸可能产生破坏的危险性。

(2) 其他酸性溶液的腐蚀

在某些环境中，混凝土可能受盐酸、硫酸、硝酸、醋酸和乳酸等各种酸的腐蚀。在酸性溶液中，水泥石有可能迅速破坏。这是因为酸能与氢氧化钙反应生成钙盐，使混凝土内部碱性减弱，即发生中性化作用。例如，盐酸与氢氧化钙反应生成氯化钙，硫酸与氢氧化钙生成硫酸钙等。此外，酸还能与水泥石中的胶凝体起反应，使水泥石破坏。例如，硫酸与水合硅酸钙反应生成硫酸钙和硅胶等。

生成的钙盐溶解度大小对腐蚀速率有至关重要的影响。当生成易溶性钙盐时，混凝土表面很快被破坏并向内部发展。生成的钙盐溶解度越大，腐蚀就越快。盐酸、硝酸等对混凝土的腐蚀作用就属这种情况。相反，如果生成的钙盐是难溶的，则在混凝土表层形成密实层，能限制腐蚀介质的进一步渗透，延缓腐蚀。属这种情况的有氢氟酸、氟硅酸等。例如：

$$H_2SiF_6 + 3Ca(OH)_2 \longrightarrow 3CaF_2 + SiO_2 \cdot mH_2O$$

生成的 CaF_2 溶解度很小，它与 $SiO_2 \cdot mH_2O$ 一起形成密实而耐久的薄膜，保护内部混凝土不再受侵蚀。事实上，这一性质已经被用于混凝土的防腐实践中。

化工厂、酸洗厂等工厂的厂房、地基、下水道等处可能会有大量腐蚀性酸溶液，管道污水中由于细菌作用产生 H_2S，H_2S 上升到液面附近会被氧化成 H_2SO_3 和 H_2SO_4。在这些场合都要采取措施，防止酸溶液的破坏作用。

(3) 酸性气体的腐蚀

能对混凝土起腐蚀作用的气体主要是酸性气体，常见的有 SO_2、HCl、Cl_2、NO_2 和硝酸蒸气等。

SO_2 气体与混凝土中的 $Ca(OH)_2$ 反应生成亚硫酸钙，亚硫酸钙又被空气氧化成硫酸钙，主要产物是 $CaSO_4 \cdot mH_2O$ 结晶。这种晶体填充于混凝土孔隙，能使混凝土密实性增加，在一定条件下延缓了气体向内部的进一步渗透。若混凝土同时被水或水蒸气浸湿，则 SO_2 的腐蚀速率显著增加。这是因为 SO_2 气体遇水后会变成 H_2SO_3 和 H_2SO_4，相当于酸溶液的腐蚀作用。在大气中 SO_2 含量较高的地区，“酸雨”对混凝土有类似的腐蚀作用。

HCl 气体与 $Ca(OH)_2$ 生成 $CaCl_2$，因为 $CaCl_2$ 易吸收水分，使混凝土表面变潮湿。其水溶液向混凝土的内部渗透或沿混凝土表面流下，使水泥石溶解。最后混凝土表层只留下无黏结性的硅胶、氢氧化铝和氢氧化铁等物质。

NO_2 气体和硝酸蒸气与 $Ca(OH)_2$ 反应生成易溶于水的硝酸钙，它们对混凝土的腐蚀作用与 HCl 相似。

在正常的空气湿度下，若混凝土表面是干燥的，酸性气体对混凝土的腐蚀破坏性很小，只有在空气湿度大，特别是混凝土表面存在冷凝水时，腐蚀作用才会明显增大。

12.5.2.3 盐溶液腐蚀

(1) 盐的结晶腐蚀

钢筋混凝土结构本身存在很多微小孔隙。某些盐溶液进入混凝土的孔隙中结晶析出，吸水，体积膨胀，使混凝土开裂。最常见的结晶性破坏有硫酸盐及氯化物。氯化物（如 NaCl）的水溶液渗透到水泥石孔隙后会增加 $Ca(OH)_2$ 的溶解度（盐效应），从而加重混凝土的溶解腐蚀。在一定条件下，氯化物也可能在孔隙中结晶、聚集、产生张力，破坏混凝土的结构。当混凝土部分浸泡在盐水溶液中时，盐能否在孔隙中结晶取决于水在孔隙中的渗透速率和混凝土蒸发面上蒸发速率的相对大小。蒸发速率较大时，盐就会在蒸发面附近的混凝土孔隙中结晶；反之，如果渗透速率较大，则盐就不会结晶。

混凝土反复经盐溶液干湿交替作用时危害性很大。因为浸湿时，盐水沿混凝土孔隙向内扩散，干燥时又沿孔隙向外扩散并可能伴有结晶析出，如此反复会导致混凝土迅速破坏。观察海水中浸泡的混凝土构筑物时发现，腐蚀最严重的区域是在水位变化区，该区域经常受盐溶液的干湿交替作用，因此对混凝土产生严重的破坏。

(2) 盐溶液的化学腐蚀

有些盐溶液因与混凝土的活性成分发生化学反应而使水泥石结构破坏。例如，常见的硫酸盐腐蚀和镁盐腐蚀等。SO_4^{2-} 是混凝土结晶腐蚀中最活跃，也是最主要的阴离子，而且含 SO_4^{2-} 和 Cl^- 的盐类都对钢铁具有电化学腐蚀的作用。SO_4^{2-} 进入水泥石孔隙后与混凝土中的游离氢氧化钙作用生成硫酸钙，再与水化铝酸钙作用生成硫酸铝钙，其危害会导致水泥石胶凝体破坏，并且生成的水合盐在水泥石孔隙中结晶，体积膨胀两倍以上。此外，硫酸盐含量较高时，因盐效应使 $Ca(OH)_2$ 溶解度增大，加重了混凝土的溶解腐蚀。

Mg^{2+} 溶液进入混凝土后，能把混凝土中的 Ca^{2+} 置换出来，生成更难溶的 $Mg(OH)_2$，使游离 $Ca(OH)_2$ 浓度减小，从而引起水合硅酸盐等胶凝体水解。在生成物中，$CaCl_2$ 易溶于水，$Mg(OH)_2$ 松软无黏结力，石膏则会产生硫酸盐侵蚀，都将破坏水泥石结构，结果使混凝土变得无黏结性。在 Mg^{2+} 浓度较高的地方，可以发现沉积在混凝土表面和缝隙内的白色沉淀，这些白色沉淀主要是 $Mg(OH)_2$ 和 $CaCO_3$ 等物质。海水中含 Mg^{2+} 较多，或者在某些地区的地下水中含有较高浓度的 Mg^{2+}，在这些区域的混凝土构建物都应注意 Mg^{2+} 的腐蚀问题。镁盐侵蚀的强烈程度，除决定于 Mg^{2+} 含量外，还与水中 SO_4^{2-} 含量有关。当水中同时含有 SO_4^{2-} 时，将产生镁盐与硫酸盐两种侵蚀，故侵蚀显得特别严重。同时还要注意 NH_4^+ 对混凝土的危害性，因为它能与混凝土中的碱性物质反应并使混凝土中性化。

12.5.2.4 碱溶液腐蚀

低浓度碱液对混凝土基本无腐蚀作用，但当遇到高浓度强碱溶液时，混凝土也会腐蚀。若完全浸泡在强碱溶液中，水泥石及骨料中的 SiO_2 和 Al_2O_3 都会与碱反应，使混凝土破坏。当部分浸泡于碱液中时，碱还会在混凝土蒸发面附近与大气中的 CO_2 作用生成碳酸盐，随着反应的进行，析出结晶（如 $Na_2CO_3 \cdot 10H_2O$ 等），引起膨胀腐蚀。

在制碱厂的厂房、碱贮槽、下水道等场合，应注意碱液可能引起腐蚀破坏作用。某些水泥的游离碱含量高，在混凝土中也可能与骨料中的 SiO_2 反应，引起腐蚀。

12.5.3 混凝土中钢筋的腐蚀

12.5.3.1 混凝土中钢筋的钝化作用及其条件

暴露于腐蚀介质中的钢筋会发生化学腐蚀或电化学腐蚀，但在钢筋混凝土结构中，混凝土保护层使钢筋与外界隔开。混凝土内部的液体基本上是 $Ca(OH)_2$ 的饱和溶液，pH 为 12～13。在此介质中，钢筋表面有一层致密的氧化物钝化膜。已经发现，这种钝化膜是由 γ-Fe_2O_3 或 Fe_3O_4 组成的，它限制了内部铁与外部介质的接触，因而使钢筋保持钝化状态，免遭腐蚀。

钢筋混凝土结构中，使钢筋保持钝化态的条件是：第一，混凝土内部保持较高的碱性，一般要求 pH 在 12 以上；第二，钝化膜不受应力的破坏；第三，与钢筋接触的介质不含活化离子。

12.5.3.2 混凝土中钢筋腐蚀的原因

在使用期间，钢筋混凝土构件会因多种原因使钢筋的钝化态破坏而引起钢筋的腐蚀。主要有以下几种情况。

（1）裂缝

混凝土保护层出现裂缝，外部腐蚀介质易于到达钢筋表面而引起腐蚀。裂缝越宽，腐蚀越严重。

（2）中性化

严重的混凝土中性化使 pH 降低，达到一定程度（一般认为 $pH<11.8$）时，钢筋表面开始活化，钝化膜遭破坏。

（3）钝化膜活化

活化离子渗透进混凝土，当达到钢筋表面时，引起钢筋钝化膜活化。Cl^- 是常见的最强活化离子，因此，含有 Cl^- 的物质如盐酸、NaCl 溶液、$CaCl_2$ 溶液等是钢筋的主要腐蚀剂。亚氯酸盐、硫酸盐、铵盐等也具有活化作用，但它们的危害性均小于 Cl^- 的危害性。

（4）应力塑变

在应力作用下，钢筋发生塑性变化时，钢筋钝化膜会受到较严重破坏且难以再钝化，使钢筋保持活化状态。事实上，在无应力作用下，对混凝土中钢筋具有破坏性的主要是氯化物的点腐蚀，点腐蚀会降低钢筋的韧性和极限强度。在应力作用下，拉应力和介质侵蚀同时起作用，会使钢筋表面出现裂缝，腐蚀速率增大。

（5）电化学腐蚀

在杂散电流场阳极区，电流通过钢筋的部位很容易破坏钝化膜，引起腐蚀，同时出现混凝土保护层剥落现象。这是因为在外加电场作用下，钢筋电极电势发生变化，当电势过高或过低时，都可能使钢筋的钝化膜破坏。在电解车间或电气化运输线上，有大量的直流电从钢筋混凝土通向地下，在这些地方电化学腐蚀比较严重。

12.5.4 钢筋混凝土的防腐措施

工程实践中，钢筋混凝土的腐蚀是十分复杂的，在一定环境下往往有多种因素同时起作用。因此，应根据环境条件采取相应的防腐措施。

(1) 选择耐蚀性强的材料

在满足建筑结构要求的前提下，根据不同的腐蚀环境选择适当的水泥、骨料和钢材。例如，使用混凝土时，应针对不同的环境采用不同品种的水泥。在酸腐蚀环境中，选用耐酸水泥，避免用碳酸盐骨料等措施都能提高混凝土的耐蚀性；增加混凝土中水泥用量，降低水灰比；掺入引气剂、膨胀剂、防水剂、粉煤灰和矿渣等外加剂；进行合理的搅拌、振捣和充分的湿养护等。

(2) 提高混凝土的密实性

在任何情况下，防止混凝土出现裂缝，提高其密实性对于防腐都是十分重要的。这是因为提高密实性能有效地降低腐蚀介质向混凝土内部的渗透速率，达到防腐的目的。首先，增加它的厚度可明显地推迟腐蚀介质达到钢筋表面的时间，其次可增强抵抗钢筋腐蚀造成的胀裂力。随着保护层厚度增加，渗入混凝土的氯离子含量急剧降低。当保护层厚度由 3.0cm 增加到 10.0cm 时，开始腐蚀的时间将由 1 年延迟到 10 年以后。

(3) 添加缓蚀剂

添加缓蚀剂可以延缓腐蚀速率。例如，在氯化物腐蚀环境中，向混凝土中加入适量的亚硝酸钙，可以显著降低氯化物对钢筋的腐蚀速率。再如，在硫酸盐腐蚀环境中，为了防止 SO_4^{2-} 的进一步渗入，给水泥中添加少量 $Ba(OH)_2$ 能够起到缓蚀作用。

(4) 混凝土表面覆层

在混凝土结构表面覆盖不透水的薄膜，将混凝土和环境隔离，如用玛蒂脂。施工可用液体或薄膜片，在薄膜表面再覆盖一层沥青混凝土，以保护薄膜免于损坏。此法的缺点是施工时难免有缺陷，造成覆盖不完全。当沥青混凝土覆盖层磨损后需要重新更换。

另一种方法是在混凝土结构表面覆盖一层乳胶改性的水泥灰浆。乳胶添加到混凝土灰浆中封闭了微观裂纹和孔隙，因而形成灰浆覆层。

在暴露于大气中的钢筋混凝土建筑表面涂刷涂料是一种常见的防腐措施。涂料一般具有较高的化学稳定性，它能用于复杂形体的表面，便于更新。此外，涂料还具有花色品种多、美观等优点。

(5) 阴极保护

利用外加直流电源（或牺牲阳极）使被保护设备成为腐蚀电池的阴极而得到保护。这一方法可用于地下钢筋混凝土管道、公路桥梁、钻井平台等设施的保护。当钢筋混凝土结构受杂散电流作用而腐蚀时，应采取措施，将钢筋电势控制在钝化区以内，从而达到防腐的目的。

(6) 技术设计

用设计方法也能提高钢筋混凝土结构的耐蚀性。例如，实心或封闭的截面比格子结构耐蚀性强；适当增加钢筋用量可以减小混凝土裂缝等。因此，要求设计人员从选择钢筋混凝土构件截面的几何形状，到钢筋用量及在构件截面上的配置等各个设计环节，都要考虑提高结构的耐蚀性问题。

12.6 化学在土木工程检测中的应用

土木工程的检测技术作为施工技术管理中的不可或缺的一部分，对工程的整体质量起到重要的作用，也是施工质量控制和竣工验收评定工作中至关重要的环节。因此，如果质量管理、保证和监督体系不完善，无法严格按规章办事，势必会在施工中造成质量事故或质量隐患。

我国目前的检测技术较多，但各类技术的发展水平参差不齐，随着建筑行业的发展，国家和人们对建筑的质量提出了更高的要求。这就需要建筑单位提高建筑工程的检测技术，并对检测技术发展进行探索，进而推动我国建筑工程检测技术的发展，提高我国建筑工程的整体水平。分析化学技术具有实时监测、定量分析、精确度高等特点，将其引入土木工程试验检测中，将从前的定性研究转变为定量研究，科学地评估各种土木工程材料的质量。因此，应用分析化学技术检测工程质量将试验检测基本理论和操作技能联系起来，可为工程设计参数、施工质量控制、施工验收评定、养护管理决策提供依据；通过分析化学检测技术应用及相关管理工作的开展，保障检测工作质量，为指导工程建设施工、弥补施工质量缺陷以及促进我国工程建设施工行业的健康发展奠定基础。

12.6.1 工程砂组成成分检测

（1）砂中有机物含量试验

样品过 5mm 孔径筛网，用四分法缩分至 500g 左右，烘干，倒入 250mL 量筒中至 130mL 刻度处，注入 3%NaOH 溶液定容至 200mL，剧烈搅拌后静置 24h。对试样上部溶液和标准溶液的颜色进行比较，若试样上部的溶液颜色比标准溶液的颜色浅，则对该试样的有机物含量的鉴定是合格的。

（2）砂中硫酸盐、硫化物含量试验

称取 1g 砂粉，放入 300mL 烧杯中，注入 30～40mL 蒸馏水及 10mL（1∶1）的 HCl，加热至沸腾，并保持沸腾 5min，使试样充分分解后取下烧杯，以中速滤纸过滤，用温水洗涤 10～12 次，控制滤液体积为 200mL。煮沸，边搅拌边滴加 10mL 10%$BaCl_2$溶液，并将溶液煮沸数分钟，然后移至温热处静置至少 4h（此时溶液体积应保持在 200mL），用慢速滤纸过滤，以温水洗到检测不出氯离子（用硝酸银溶液检验氯离子）为止。将沉淀及滤纸一并移入已灼烧恒量的瓷坩埚中，灰化后在 800℃的高温炉内灼烧 30min。取出坩埚，置于干燥器中冷至室温，称量，如此反复灼烧，直至恒重。最后，对水溶液性硫化物、硫酸盐含量（以 SO_3 计）进行计算（精确至 0.01%）。

（3）砂中氯离子含量试验

取工程砂 2kg 先烘至恒重，经四分法缩至 500g 倒入带塞磨口瓶中，用容量瓶取 500mL 蒸馏水，注入磨口瓶内，加上塞子，静置 2h，然后每隔 5min 摇动一次，共摇动 3 次。过滤磨口瓶上部已澄清的溶液，移液管吸取 50mL 滤液，注入三角瓶中，再加入浓度为5%的铬酸钾指示剂1mL，用0.01moL·L^{-1} $AgNO_3$标准溶液滴定至呈砖红色为终点，记录所消耗$AgNO_3$标准溶液的体积，与空白试验对比得出氯的含量。

(4) 砂的碱活性试验

所谓碱活性是指混凝土骨料与水泥中的碱起膨胀反应的特性。取样品500g，用破碎机及粉磨机破碎后，放在(105±5)℃烘箱中烘(20±4)h，过0.315mm孔径筛网，然后用磁铁吸除破碎样品时带入的铁粉，制成试样。称取备好的试样(25±0.05)g三份，将试样放入反应器中，再用移液管加入25.00mL经标定的浓度为1mol·L^{-1} NaOH溶液，将反应器的盖子盖上，加夹具密封反应器。将反应器放入(80±1)℃水浴中浸泡24h，然后取出，将其放在流动的自来水中冷却(15±2)min，立即开盖，用瓷质古氏坩埚过滤。过滤完毕，立即将滤液摇匀，用移液管吸取10mL滤溶液移入200mL容量瓶中，稀释至刻度，摇匀，以备测定溶解的SiO_2含量和碱度值用。

12.6.2 水泥组成成分检测

(1) 水泥原料中氯离子的化学分析

水泥原料中微量氯化物的测定，用规定的蒸馏装置在规定的温度下，以过氧化氢和磷酸分解试样，以净化空气作载体，进行蒸馏分离出氯离子。氯化物以氯化氢形式蒸出，用稀硝酸作吸收液，蒸馏10～15min（视含量而定）后，向蒸馏液中加入乙醇至体积分数占75%以上，其目的是增大指示剂的溶解度，一般总体积20～30mL。在pH为3.5左右，以二苯偶氮碳酰肼为指示剂，用$AgNO_3$标准溶液进行滴定，紫红色出现为终点。

(2) EDTA滴定法测定水泥稳定土中水泥剂量

水泥剂量的基本概念是混合料中水泥质量与集料质量之比，也就是通常所说的外掺，这一点虽然简单，但很重要。

在使用EDTA滴定法对水泥剂量进行试验检测时，首先要确定一个标准曲线，将其作为剂量检测标准。

称300g试样放在搪瓷杯中，用搅拌棒将结块搅散，加10% NH_4Cl溶液600mL。对于水泥或石灰稳定的中、粗粒土，可直接称取1000g左右，放入10% NH_4Cl溶液1000mL。用NaOH将溶液酸度调节至pH≥12。以钙指示剂为指示剂，仅有钙离子与钙指示剂发生配位反应，生成玫瑰红色的钙配合物。滴定时，在溶液颜色变为紫色时，放慢滴定速度并摇匀，直到纯蓝色为终点，记录滴定前后滴定管中EDTA标准溶液体积差。在标准曲线中查找，确定混合料中的水泥或石灰剂量。

思考题

1. 水泥生料和水泥熟料的主要成分是什么？
2. 石膏主要的产品有哪些？
3. 建筑石膏具有哪些特性？具体应用有哪些？
4. 石灰具有哪些特性，在建筑工程中有哪些应用？
5. 什么是混凝土？什么是钢筋混凝土？
6. 什么是混凝土外加剂？如何进行分类？

7. 混凝土的腐蚀有哪些情况？主要的危害有哪些？

8. 钢筋混凝土中钢筋发生腐蚀的原因是什么？

9. 分析化学技术在土木工程检测中的应用有哪些？

习题

1. 简述水泥凝结硬化的机理。

2. 简述硅酸盐水泥的生产过程。

3. 消除过火石灰的方法是什么？

4. 混凝土外加剂有哪些？举例说明添加外加剂后能起到什么效果。

5. 简述高效水泥早强剂的作用机理。

6. 简述三乙醇胺早强剂的作用机理。

7. 举例说明钢筋混凝土防腐蚀的具体措施有哪些？

第13章
化学与生命科学

生物界是一个多层次的复杂结构体系。历经数亿年的发展变化，从微生物到人类，地球上大约200万种生物共同呈现出绚丽多彩、姿态万千的生命世界。生命科学以生物体的生命过程为研究对象，是生物学、化学、物理学、数学、医学、环境科学等学科之间相互渗透形成的交叉学科。而研究生命科学对解决粮食、能源、人体健康等人类社会主要问题有着重要作用。

恩格斯说："生命的起源必然是通过化学的途径实现的"。人体是由化学物质构成的复杂体系，其生命过程与这些物质的化学变化有关。没有化学变化，地球上就不会有生命，更不会有人类。人类的生存和繁衍是靠化学反应来维持的。因此，要了解人体奥秘，首先就要了解其中的物质组成和化学变化，特别是对构成生物体的蛋白质、核酸、糖、脂等基本物质，以及与生命现象有关的化学过程的了解是十分必要的。

13.1 化学与饮食

人体能量来源于食物。人类为了维持正常的生命活动并保持健康的体魄，每天必须从外界摄取食物，以获得各种营养成分和能量。食物通常包括食物主体、维生素和无机质（特别是微量元素）三种成分。其中食物主体指糖类、蛋白质和油脂，它们提供人体正常能量需求，维生素及微量元素则在能量转换和保证机体的正常运转中发挥独特作用。

13.1.1 糖类

糖类也称碳水化合物，是人和动物体的主要供能物质。人体所需的糖类主要由淀粉提供，产生的能量可维持人体体温，供给生命活动所需，人体所需能量的70%来自糖类。糖类也是构成生物体的重要物质。从化学组成上来讲，糖类由碳、氢、氧三种元素组成；从结构特点来说，糖类是多羟基的醛、酮或多羟基醛、酮的缩合物。

食物中的糖主要有单糖（如核糖、葡萄糖、果糖等）、双糖（如麦芽糖、蔗糖等）、多糖（如纤维素、淀粉等）。人们每天食用的米饭和面食中的淀粉含量均在80%以上。1kg糖类（或称碳水化合物）约提供17000kJ能量，每天消耗0.3～0.4kg即可满足人体需要。

13.1.1.1 糖的分类

糖类化合物是多羟基醛或多羟基酮及其衍生物，据此可分为醛糖和酮糖。糖还可以根据结构的复杂性分为单糖、寡糖和多糖。

（1）单糖

不能再水解的多羟基醛或多羟基酮称为单糖。单糖根据碳原子数目可分为丙糖、丁糖、戊糖与己糖。最简单的单糖是丙糖，如甘油醛（醛糖）和二羟丙酮（酮糖），最常见的单糖是己糖，如葡萄糖和果糖，它们的结构式如图 13-1 所示。葡萄糖和果糖分子式都是 $(CH_2O)_6$，差别在于葡萄糖含有一个醛基，称为己醛糖，果糖含有一个酮基，称为己酮糖。常见的单糖还有核糖和脱氧核糖（戊糖），它们的结构式如图 13-2 所示。核糖和脱氧核糖分别是核糖核酸（RNA）和脱氧核糖核酸（DNA）的组成成分。自然界中的戊糖、己糖等都有两种不同的结构：一种是多羟基醛的开链形式结构；另一种是单糖分子中醛基和其他碳原子上羟基经成环反应生成的半缩醛结构。例如，葡萄糖 C_1 与 C_5 上的羟基形成六元环，如图 13-3 所示。

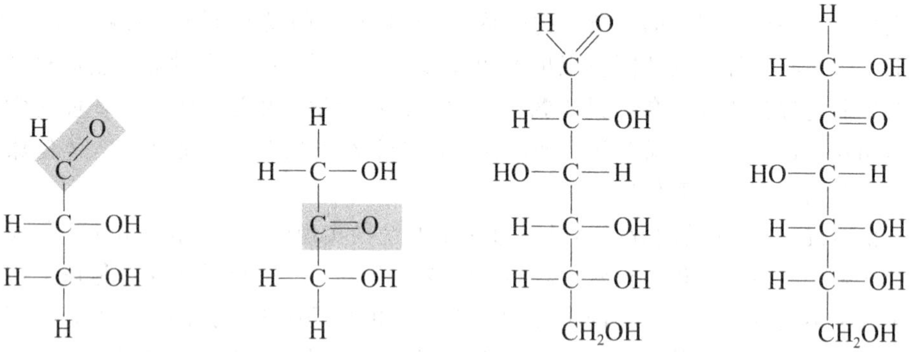

(a) 甘油醛　(b) 二羟丙酮　(c) 葡萄糖　(d) 果糖

图 13-1　甘油醛、二羟丙酮、葡萄糖和果糖的结构式

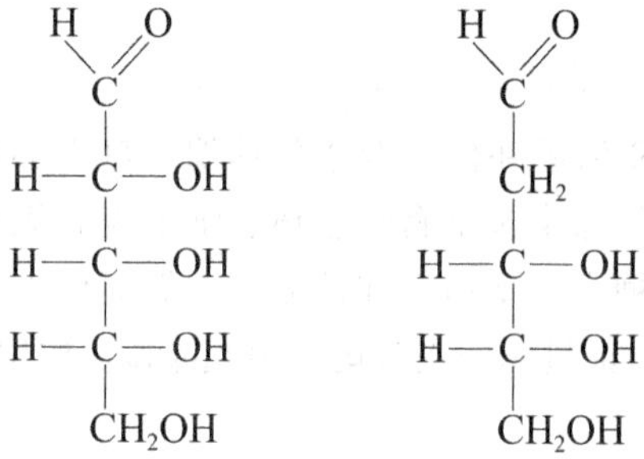

(a) 核糖　(b) 脱氧核糖

图 13-2　核糖和脱氧核糖的结构式

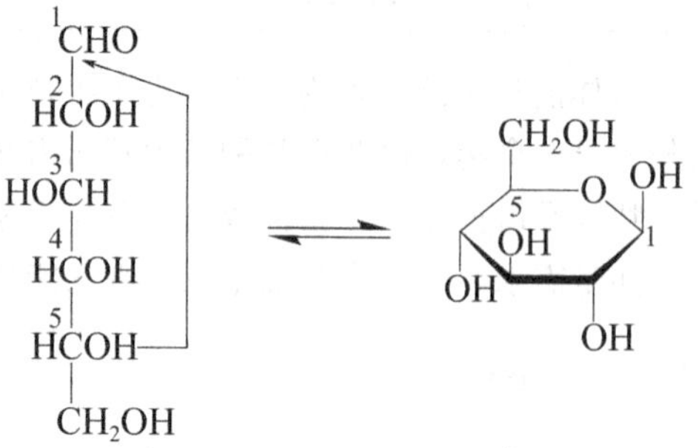

图 13-3　葡萄糖的开链形式结构和环状形式结构的相互转化

（2）寡糖

由 2～10 个单糖分子脱水缩合而成的糖称为寡糖（又称为低聚糖），在适当条件下寡糖可以水解为单糖。具有营养意义的寡糖是双糖，双糖分布也较为普遍。常见双糖有蔗糖、麦芽糖、乳糖。

① 蔗糖　广泛存在于植物的根、茎、叶、花、果实和种子中，尤以甘蔗和甜菜中含量最高。蔗糖分子是由一个葡萄糖分子和一个果糖分子缩合而成的。

② 麦芽糖　又称为饴糖，甜度约为蔗糖的一半。麦芽糖分子由两个葡萄糖分子脱水缩合而成。

③ 乳糖　因存在于哺乳动物的乳汁中而得名。乳糖分子由一个葡萄糖分子和一个半乳糖聚合而成。蔗糖、麦芽糖和乳糖的结构式如图 13-4 所示。

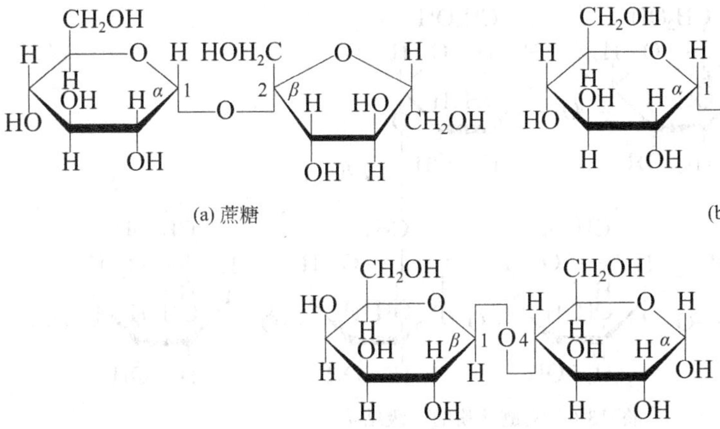

(a) 蔗糖　　(b) 麦芽糖

(c) 乳糖

图 13-4　蔗糖、麦芽糖和乳糖的结构式

（3）多糖

由几百个甚至几万个单糖分子缩合生成的糖称为多糖，多糖广泛存在于自然界中，是一类天然的高分子化合物。多糖在性质上与单糖、寡糖有很大区别，它没有甜味，一般不溶于水。与生物体关系最密切的多糖是淀粉、糖原和纤维素。

① 淀粉　广泛存在于植物的根、茎、种子中，可以贮存多糖，完全水解后得到葡萄糖。天然淀粉是由直链淀粉和支链淀粉组成，直链淀粉含几百个葡萄糖单位，其分子卷曲成螺旋形结构（见图 13-5）。支链淀粉含几千个葡萄糖单位，每一分支平均含有 20～30 个葡萄糖（见图 13-6），各分支也都呈螺旋形。天然淀粉多数是直链淀粉与支链淀粉的混合物。但品种不同，两者的比例也不同。例如，糯米、粳米的淀粉几乎全部为支链淀粉，而玉米中约 20％为直链淀粉，其余为支链淀粉。各类植物的淀粉含量都较高，大米中含淀粉 62％～86％，麦子中含淀粉 57％～75％，玉蜀黍中含淀粉 65％～72％、马铃薯中含淀粉 12％～14％。

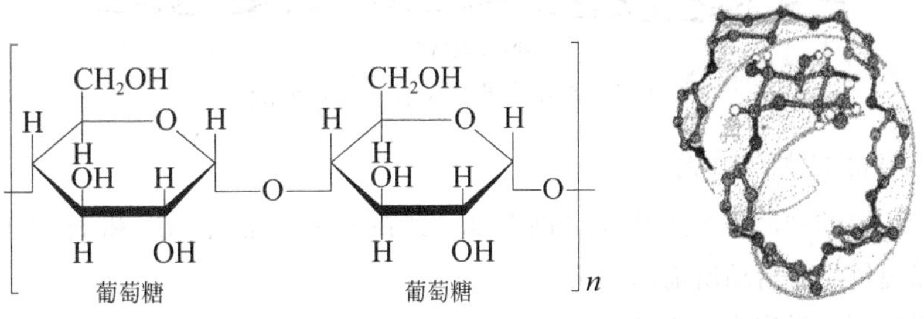

(a) 一级结构　　(b) 二级结构(螺旋形结构)

图 13-5　直链淀粉的一级结构和二级结构（螺旋形结构）

② 糖原　它是人和动物体内的贮存多糖，相当于植物体内的淀粉，所以又称为动物淀粉，主要存在于动物的肝脏和肌肉中。糖原的结构与支链淀粉的基本相同，只是糖原的分支更多。糖原是无定形无色粉末，较易溶于热水，形成胶体溶液。当动物血液中葡萄糖含量较高时，其就会合成糖原而贮存于动物的肝脏中；当动物血液中葡萄糖含量降低时，糖原就可分解成葡萄糖而供给机体能量。

③ 纤维素　它是自然界中最丰富的多糖，棉花纤维素含量为 97％～99％，木材中纤维素含量为 41％～53％。纤维素是植物细胞壁的主要组成成分，是植物中的结构多糖，

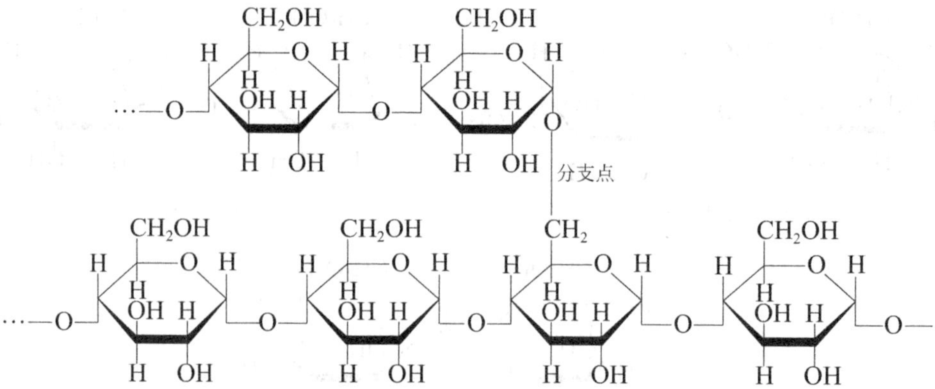

图 13-6 支链淀粉的一级结构

由葡萄糖单位组成，其一级结构是没有分支的链状结构，如图 13-7(a) 所示。由于分子间氢键的作用，这些分子链平行排列、紧密结合，形成纤维束，几乎每一束含有 100～200 条分子链，这些纤维束拧在一起形成绳状结构，绳状结构再排列起来就形成了纤维素，如图 13-7(b) 所示，纤维素的力学性能和化学稳定性能与这种结构有关。由于人体中缺乏分解纤维素所必需的酶，因此纤维素不能为人体所利用，就不能作为人类的主要食品，但纤维素能促进肠的蠕动而有助于消化，适当食用是有益的。牛、马等动物的胃里含有能使纤维素水解的酶，因此可食用含大量纤维素的饲料。

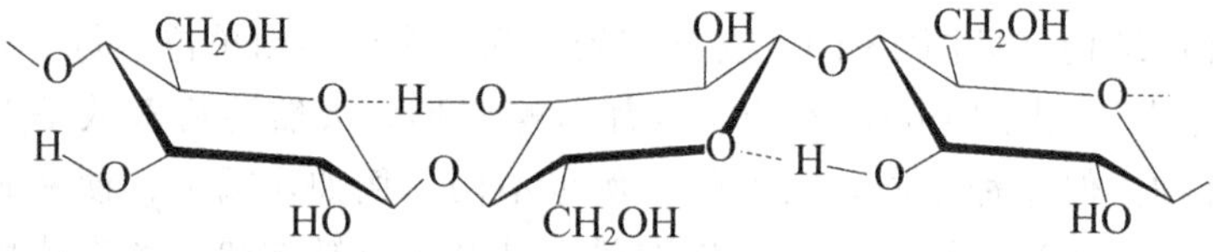

(a) 一级结构

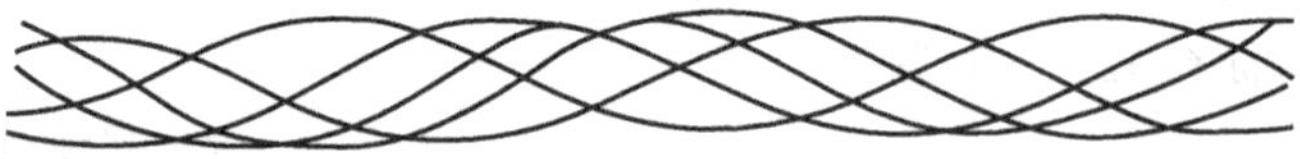

(b) 高级结构

图 13-7 纤维素的一级结构和高级结构

13.1.1.2 糖类的生物功能

糖类最主要的功能是为生物体提供能量，其在分解氧化成 CO_2 和 H_2O 时释放出大量能量，以提供生命活动所需的能量。

葡萄糖的氧化反应为：$C_6H_{12}O_6 + 6O_2 \longrightarrow 6H_2O + 6CO_2$

糖类不仅是生物体的能量来源，还在生物体内发挥其他作用。例如，很多低等动物的体外有层硬壳，组成这层硬壳的物质为壳多糖（又名甲壳素、几丁质），其是由 *N*-乙酰氨基葡萄糖缩合而成的多糖。壳多糖的分子结构和纤维素的很相似，具有高度的刚性，能经受极端的化学处理，对生物体起到结构支持和保护作用。

糖类还可以与其他分子形成糖复合物。例如，糖类与蛋白质可组成糖蛋白和蛋白聚糖；糖类还可与脂类形成糖脂和脂多糖等。糖复合物在生物体内分布广泛、种类繁多，且功能多样。人和动物结缔组织中的胶原蛋白，黏膜组织分泌的黏蛋白，血浆中的转铁蛋白、免疫球蛋白、补体等，都是糖蛋白。细胞的定位、胞饮、识别、迁移、信息传递、肿瘤转移等均与细胞表面的糖蛋白密切相关。糖蛋白中的糖基可能是蛋白质的特殊标记物，是分子间或细胞间特异结合的识别部位。例如，存在于红细胞表面、决定人体血型的物质就是糖蛋白。

13.1.2 蛋白质

蛋白质是构成生物体的基本物质，是生物体中非常重要的成分，它占细胞干重的50%以上，无论是高等动物或人，还是简单的低等生物病毒，都是以蛋白质为生命的物质基础。没有蛋白质就没有生命。1kg 蛋白质约提供 17000kJ 能量。

蛋白质是一类含氮的高分子化合物，它在生命现象和生命过程中起着决定性作用，主要表现在两个方面：一方面是组织结构作用，如角蛋白组成皮肤、毛发、指甲等；骨胶蛋白组成腰、骨等；肌球蛋白组成肌肉等。另一方面是起生物调节作用，如各种酶对生物化学反应起催化作用，血红蛋白在血液中输送氧气等，因此说蛋白质是生命功能的执行者。研究蛋白质的结构与功能的关系是从分子水平上认识生命现象的一个重要方面。

蛋白质的生理功能是利用水解出的氨基酸来构成和修补机体组织，成人每天更新3%的蛋白质，需补充 10～105g 蛋白质；蛋白质能调节生理功能，增强免疫能力。

蛋白质是天然高分子物质，分子量大，结构复杂。但它可被酸、碱或蛋白酶催化水解，最终生成氨基酸，所以氨基酸是构成蛋白质的基本单元。

13.1.2.1 蛋白质的基本结构单元——氨基酸

蛋白质（protein）是由多种氨基酸按一定的序列通过肽键（酰胺键）缩合而成的具有一定功能的生物大分子。生物体内的大部分生命活动，是在蛋白质的参与下完成的。所有的蛋白质都含有 C、H、O、N 元素，大多数蛋白质还含有 S 或 P 元素，有些蛋白质还含有微量的 Fe、Cu、Zn 等元素。蛋白质完全水解的产物为氨基酸（amino acid），说明氨基酸是蛋白质的基本组成单位。蛋白质的种类繁多，功能迥异，各种特殊功能是由蛋白质分子中氨基酸的顺序决定的，氨基酸是构成蛋白质的基础。

生物体中用于合成蛋白质的氨基酸有 20 种，这些氨基酸称为基本氨基酸或标准氨基酸。除了脯氨酸以外，其余 19 种都是氨基（$—NH_2$）位于 α-碳原子上的 α-氨基酸，它们的通式可用 $R—CH(NH_2)COOH$ 来表示。蛋白质中的氨基酸都是 L 构型。

氨基酸中的 R 基是各种氨基酸的特征基团，由于 R 基在基团大小、形状、电荷、极性、形成氢键的能力及化学活性等方面都有差异，因此不同氨基酸具有不同的物理、化学特性。最简单的氨基酸是甘氨酸，其中 R 基是一个 H 原子。按照 R 基组成的不同，氨基酸可分为脂肪族氨基酸、芳香族氨基酸、杂环氨基酸和杂环亚氨基酸。按照 R 基极性的不同，氨基酸又可分为非极性 R 基氨基酸、极性不带电荷的 R 基氨基酸、极性带正电荷的 R 基氨基酸和极性带负电荷的 R 基氨基酸。组成蛋白质的 20 种氨基酸的分类及结构式如图 13-8 所示。

此外，根据机体能否自身合成，20 种氨基酸还可以分为必需氨基酸和非必需氨基酸。凡是机体不能自己合成，必须从外界（如食物中）获取的氨基酸称为必需氨基酸。机体不能合成苏氨酸、赖氨酸、甲硫氨酸、色氨酸、苯丙氨酸、缬氨酸、亮氨酸和异亮氨酸，必须由食物供给，此 8 种氨基酸属于必需氨基酸。而其余机体能自己合成的氨基酸称为非必需氨基酸。

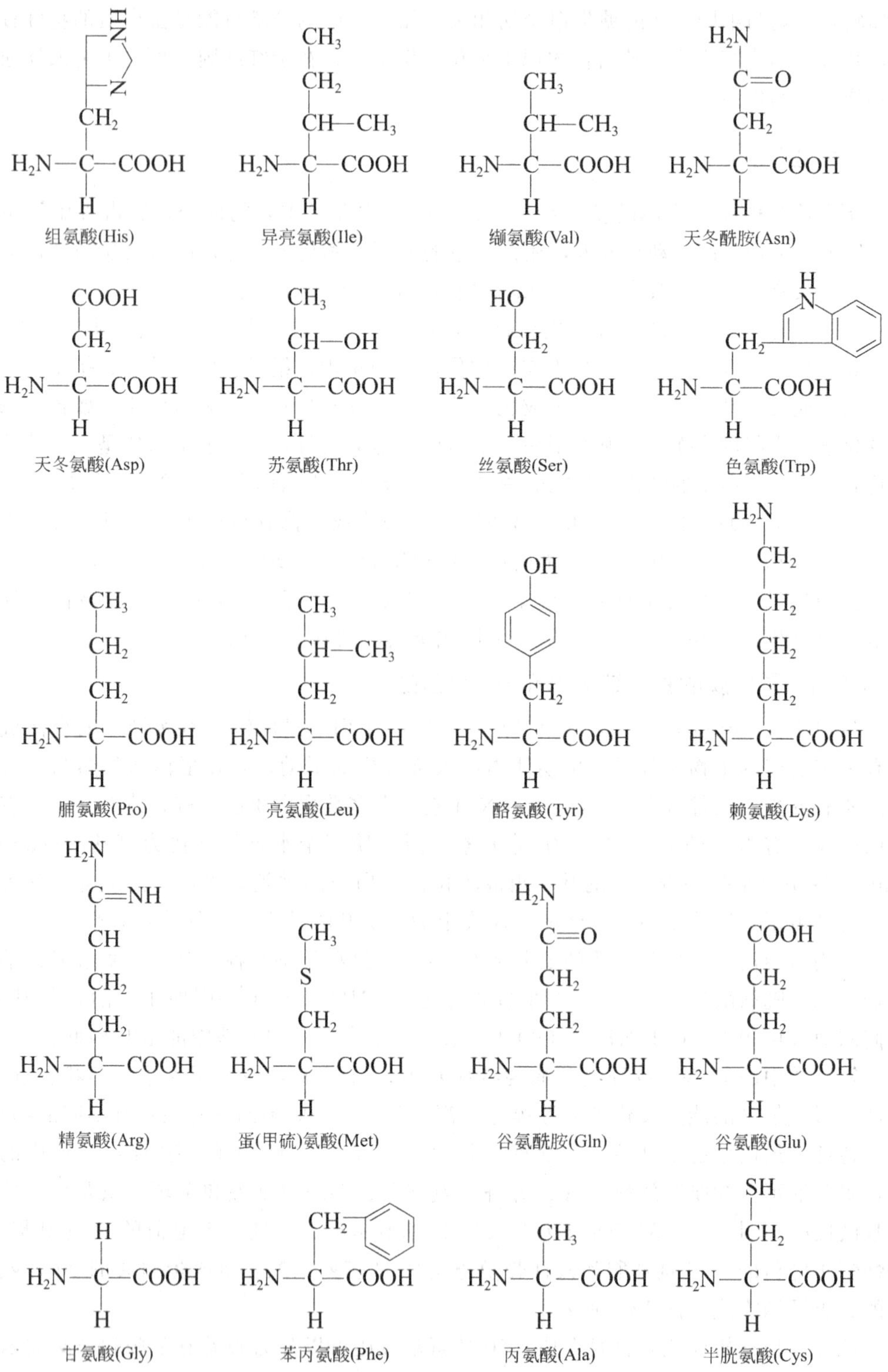

图 13-8 组成蛋白质的 20 种氨基酸的分类及结构式

13.1.2.2 肽键和多肽

一个氨基酸分子中的羧基与另一氨基酸分子的氨基之间脱水而形成的化合物叫肽，

形成的共价键酰胺键（—CONH—）通常称为肽键。肽链中的每个氨基酸单元称为氨基酸残基，根据每个分子中氨基酸残基的数目，分别称为二肽、三肽等。十肽以下的常归类为寡肽，十肽以上的则称为多肽。

除环状肽外，链形的肽有游离氨基的一端称为N端，有游离羧基的一端称为C端，如图13-9所示。

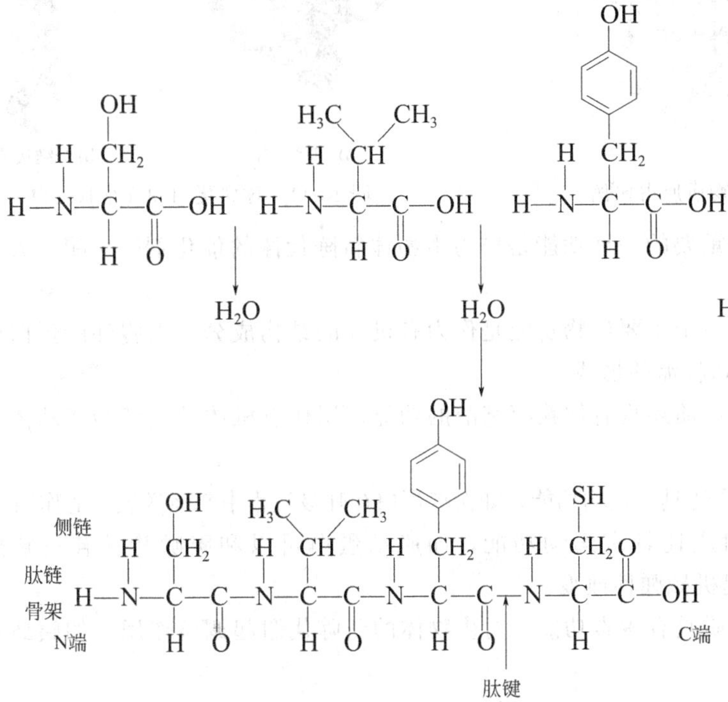

图13-9 多肽链的形成

13.1.2.3 蛋白质

蛋白质是由各种氨基酸通过肽键连接而成的多肽链，再由一条或一条以上的多肽链按各自特殊方式组合成具有完整生物活性的大分子，其分子量一般为5000～1000000。蛋白质是生物体内组建生命结构、进行生命活动的最主要的功能分子（见图13-10），在几乎所有的生命活动中起着关键作用。如果说基因是生命的指导者，则蛋白质就是生命的执行者。

（1）蛋白质的种类

蛋白质的种类很多，按分子形状来分有球状蛋白和纤维状蛋白，如图13-11所示。球状蛋白溶于水、易破裂、具有活性功能，而纤维状蛋白不溶于水、坚韧、具有结构或保护方面的功能。如头发和指甲中的角蛋白就属于纤维状蛋白。按化学组成来分有简单蛋白与复合蛋白。简单蛋白只由多肽链组成，复合蛋白由多肽链和辅基组成，其中辅基包括核苷酸、糖、脂、色素（动植物组织中的有色物质）和金属离子等。

（2）蛋白质的功能

蛋白质是细胞内四大有机物（蛋白质、脂质、糖类、核酸）中含量最高的一类有机化合物，其种类很多，在细胞中具有的功能也很多。

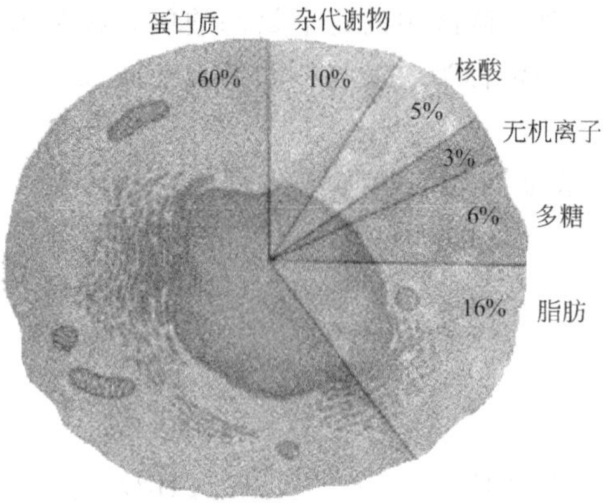

图 13-10　细胞内各种物质所占比例

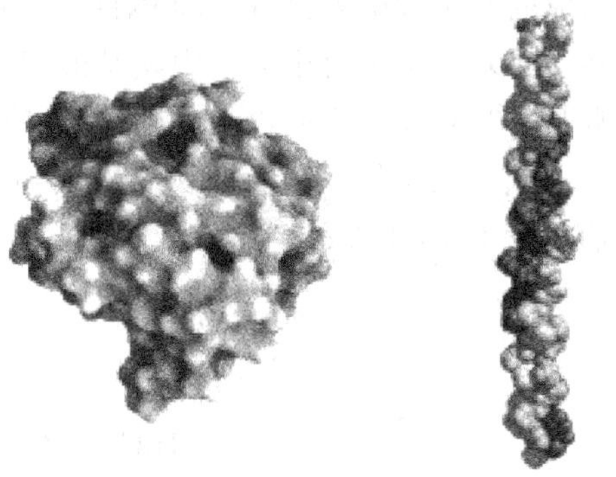

图 13-11　球状蛋白和纤维状蛋白

① 催化　蛋白质最重要的一种功能是作为生物体新陈代谢的催化剂——酶，大部分酶都是蛋白质。

② 结构　蛋白质另一个主要生物功能是作为有机体的结构成分，细胞外的蛋白质参与高等动物结缔组织和骨骼的形成。

③ 储藏氨基酸　蛋白质还具有储藏氨基酸的功能，用作有机体及其胚胎或幼体生长发育的原料。

④ 运输　某些蛋白质还具有运输功能，如血红蛋白在呼吸过程中起运送氧气的作用。

⑤ 运动　有些蛋白质还具有运动功能，如肌动蛋白可以和腺嘌呤核苷三磷酸（ATP）相互作用而引起机械弹性改变。

⑥ 激素　有些蛋白质具有激素功能，对生物体的新陈代谢起调节作用，如胰岛素参与血糖的新陈代谢。

⑦ 免疫　高等动物的免疫反应是有机体的一种防御机能，免疫球蛋白作为抗体是在外来蛋白质或其他高分子化合物即所谓抗原影响下产生的，并能与相应的抗原结合而排除外来物对有机体的干扰。

⑧ 受体　起接受和传递信息作用的受体也是蛋白质，如接受外界刺激的感觉蛋白。

⑨ 调控　蛋白质的又一个重要功能是调控细胞的生长、分化和遗传信息的表达，如组蛋白、阻遏蛋白等。

13.1.2.4　酶

在各种生命活动中，构成新陈代谢以及生物体内的一切化学变化都是在酶的催化下进行的，可以说没有酶，生命就不能延续下去。所有的酶都是蛋白质，是一种具有催化活化功能和高度专一性的特殊蛋白质。

酶有两个主要的特点：高度的专一性和强大的催化能力。

（1）高度的专一性

这种催化机制可以用“锁-钥匙”模型来比喻。由于酶分子的空间结构，可以使酶分子形成特定形状的空穴，成为活性中心，犹如“锁”一样，而与薄的空穴形状互补的底物分子就犹如“钥匙”，底物分子专一性地契合到酶的空穴中形成酶-底物复合体。同时，酶催化反应物生成产物，然后产物离开酶的活性中心，酶继续催化另一分子底物的反应，如图 13-12 所示。

图 13-12 酶与底物的诱导契合图解

(2) 强大的催化能力

通过酶的催化作用可以使反应速率提高 10^{10}～10^{14} 倍，也就是说在酶作用下 5s 内能完成的反应，若没有酶的催化作用就需要 1500 年才能完成。

酶按其化学组成可以分为单纯蛋白酶和结合蛋白酶。结合蛋白酶是由酶蛋白和非蛋白小分子组成的，非蛋白小分子称为辅基或辅酶。例如，过氧化氢酶中的金属离子 Fe^{3+}、Fe^{2+}，以及辅酶 A 等。辅酶本身无催化作用，但一般在酶促反应中起运输转移电子、原子或某些功能基团的作用。

酶对人类的生产、生活和健康具有重要的意义。利用酶，人们可以酿造美酒、制作美食、生产舒适的衣服，还可以诊断（表 13-1）和治疗各种疾病。很多药物都是酶抑制剂，酶是药物设计与开发的重要依据。

表 13-1 用于临床疾病诊断的一些血清酶

酶	主要来源	主要临床应用
淀粉酶	唾液腺、胰腺、卵巢	胰腺疾患
碱性磷酸酶	肝、骨、肠黏膜、肾、胎盘	骨病、肝胆疾病
酸性磷酸酶	前列腺、红细胞	前列腺癌、骨病
谷丙转氨酶	肝、心、骨骼肌	肝实质性疾患
谷草转氨酶	肝、骨骼肌、心、肾、红细胞	心肌梗死、肝实质性病患、肌肉病
肌酸激酶	骨骼肌、脑、心、平滑肌	心肌梗死、肌肉病
乳酸脱氢酶	心、肝、骨骼肌、红细胞、血小板、淋巴结	心肌梗死、溶血、肝实质性病患
胆碱酯酶	肝	有机磷中毒、肝实质性疾患

13.1.3 油脂

油脂是一分子甘油和三分子脂肪酸形成的甘油三酯，不同的脂肪酸具有不同的营养功能。由不饱和脂肪酸形成的甘油酯在常温下呈液态，多为植物油，如花生油、菜籽油、橄榄油等。由饱和脂肪酸与甘油形成的酯在常温下呈固态，称为脂肪，如猪油、牛油等，肥肉中也含较多的脂肪。与蛋白质和碳水化合物相比，1kg 油脂约提供 37000kJ 能量，比糖类和蛋白质大一倍。油脂的生理功能是供给和储存热能，人体所需能量的 20%来自脂肪；脂肪还是构成身体组织的重要成分，占体重的 10%～20%；人体组织中的脂肪能维持人体体温，保护脏器。油脂作为良好的脂溶性溶剂，可以溶解脂溶性维生素 A、D、K、E 等；油脂能产生一种油腻感，对食品的可口性起了重要的作用。

油脂的消化主要在肠道中进行，使油脂水解的酶是水溶性的，然而油脂不溶于水，只有靠肝脏分泌的胆盐使油乳化，乳化生成的小油珠为酶提供化学反应的表面，而胆盐的作用很像表面活性剂分子。所以有肝病的人不爱吃油腻的东西。

13.1.4 维生素

维生素是人体代谢中必不可少的有机化合物。人们真正认识和正式研究它是在20世纪初。1910年波兰科学家冯克（Funk）从米糠中分离得到一种能预防脚气病的胺类物质（即维生素 B_1）并将它命名为“Vitamin”，自此人类开始了解人体所需的另一类营养素——维生素。能在人及动物体内转化为维生素的物质称为维生素原或维生素前体。

维生素或维生素前体都存在于天然食物中，一般在人体内不能合成或合成量很少，不能满足机体需要，必须经常从食物中摄取。它们在体内不提供热量，一般也不是机体的组成成分，但它是机体必不可少的微量营养素。缺乏某种维生素会引起特定的疾病，例如缺乏维生素A，导致夜盲症；缺维生素D，易得佝偻病；缺维生素E，不孕；缺维生素B，恶性贫血；缺维生素C，贫血等。维生素对身体相当重要，但需求量少，过量摄入也会造成中毒。

13.1.4.1 维生素A

维生素 A_1 是一种不饱和醇（又称视黄醇），可以溶解在醚、氯仿等脂性溶剂中。结构中含有四个异戊二烯共轭双键，因此易于氧化，特别是在光的作用下更容易被破坏。维生素 A_2 为脱氢视黄醇，其生理作用与维生素 A_1 相同，但生理活性只有维生素 A_1 的40%。

维生素A有两个重要的功能：

① 维生素A为视紫红质的成分，而视紫红质是眼睛视网膜上的色素，遇到光线称为视黄质，这种变化刺激视神经，使人感觉到光的明亮。视黄质再变回视紫红质后仍可再感光，在这反复变化中消耗维生素A。如果不进行补充，视紫红质渐渐减少，感光就不灵敏了。所以缺少维生素A，使视网膜不能很好感受弱光，在暗处不能辨别物体，这就是夜盲症。

② 维生素A为上皮生长所必需的物质，若缺少上皮会萎缩，长出角质细胞，引起蟾皮病、眼干燥症。角质细胞不能很好地保护下层组织，碰到细菌，易受感染。所以缺少维生素易得各种传染病，如感冒、肺炎。维生素A还能抑制癌细胞增长，使正常组织恢复功能。

维生素A在无氧条件下热稳定性很好，所以要保存维生素A，必须避免和空气接触，不要晒太阳，烧菜时要盖上盖子。维生素A只在动物体内含有，如鱼肝油、奶油、鱼子、肝、蛋黄等。人体的肝脏能储存维生素A，肝脏有病或对维生素A有吸收阻碍时，就会出现维生素A缺乏症。

13.1.4.2 维生素B

维生素 B_1 又称硫胺素。含硫胺素最多的食物为酵母、糙米、粗面、花生、黄豆、肝、肾、牛肉、瘦猪肉、鸡蛋等。如饮食中缺乏维生素 B_1 则会引起胃口欠佳，且引起肠胃肌肉变弱，蠕动减少，易发生便秘，情况严重则发生脚气病。在中国和日本以米为主食的地区，脚气病发生率很高。这种病还会引起周围神经发炎，导致肌肉渐渐麻痹萎缩，心脏肥大而收缩力小，导致循环失调，心力衰竭造成死亡。人对维生素 B_1 的需要量随体内糖量而定，吃糖多的则需要多些。对于消化道有疾病的人、孕妇以及常喝酒少吃食的人来说，更需人为补充维生素 B_1。

维生素 B_2 又称核黄素，因其存在于细胞核内而得此名。维生素 B_2 广泛参与体内各种氧化还原反应，能促进糖、脂肪和蛋白质代谢，对维持皮肤、黏膜和视觉的正常机能均有一定作用。缺少维生素 B_2 则细胞内氧化作用不能很好进行，表现为发生皮炎、烂嘴角、舌头发亮发红、舌乳头肥大呈地图状、眼睛怕光、易流泪、角膜充血、局部发痒、脱屑等。食物中肝、酵母、肾、心脏、蛋、瘦肉、米糠、麦谷、花生、菠菜中的维生素 B_2 含量多。维生素 B_2 在消化道很容易被吸收，谷类和蔬菜中的核黄素与其他物质结合很紧，必须在煮熟的过程中让维生素 B_2 分离出来才能被吸收。

维生素 B_6 有三种存在形式：吡哆醇、吡哆醛、吡哆胺。这三种形式可以互变，广泛存在于多种动植物体组织内。在人体内的维生素 B_6 与三磷酸腺苷形成多种酶的辅酶。缺乏维生素 B_6 会引起胃口不好，消化不良，呕吐或腹泻，还会导致头疼、失眠等。

维生素 B_{12} 又称钴胺素，存在于肝、酵母、肉类中，在工业上用放线菌（如灰链霉菌）合成。维生素 B_{12} 能溶于水和醇，在空气中易吸潮，但潮解后会变得更稳定。维生素 B_{12} 对人体合成蛋氨酸起着重要作用。它的另一作用是使一些酶的巯基保持还原状态。缺乏维生素 B_{12} 会使糖的代谢降低，还会影响脂的代谢。

烟酸和烟酰胺也属于维生素 B 家族，它们是白色晶体，微溶于水，耐热、耐氧化。各种细胞内都含有氧化作用所需要的辅酶，称作辅酶 Ⅰ 和辅酶 Ⅱ，它们是烟酰胺和核糖、磷酸、腺苷的结合物，因此烟酰胺是正常细胞氧化作用所必需的物质。食物中若缺少烟酰胺，最初没有症状，直到严重时才会发生，这就是癞皮病。这种病的皮肤表现很特殊，左右对称，硬而粗糙，颜色深暗，手、腕、颈部受太阳照射的部位最为严重，两手好像戴了手套一样。食物中以萝卜叶、番茄、菠菜、牛肉、肝、酵母中烟酸和烟酰胺含量丰富。

13. 1. 4. 3 维生素 C

维生素 C 是已糖的衍生物，又称抗坏血酸，为白色晶体，易溶于水。它极易被氧化，遇热遇碱均会被破坏，遇铜离子则更易被分解，所以煮菜不宜加热太久，更不要用铜锅，也不宜加碱。煮时要加盖，切碎的蔬菜不宜久放，否则与空气接触时间长了维生素 C 会被氧化。缺少维生素 C，细胞间质中的胶原纤维消失，基质解聚，血管通透性增强，造成坏血病。常见的维生素 C 缺乏症有：皮下有小血斑是已糖的衍生物节内出血，肿痛，骨质薄而稀松；要是有创口或骨折，很难复原；造血机能衰退，造成贫血，病人抵抗力差，容易传染疾病。维生素 C 对人体亚硝胺的形成有阻碍作用，大剂量维生素 C 的服用可预防感冒和癌症。过量维生素 C 不会引起中毒，它会通过尿排出，但长期大量服用有形成结石的可能性。水果、番茄、蔬菜都含丰富的维生素 C，橘子一类的水果含量更高。动物性食物中含量较少，只在肝、肾、脑中有一些。维生素 C 在消化道很容易被吸收，摄入的几乎完全吸收。人体内还有储存维生素 C 的功能，其中垂体和肾上腺含量最高，短时的缺少不致引起疾病。

13.1.4.4 维生素D

维生素D常与维生素A共存，比较丰富的来源是鱼的肝脏和内脏。维生素D中效力较高的有维生素D_2（麦角钙化醇）与维生素D（胆钙化醇），它们均为甾醇衍生物。人体中的麦角甾醇等维生素D原经紫外线作用后即可转化为维生素D_2，因而一般认为，成年人如果不是生活在见不到阳光的地方，很容易得到足够的维生素D。维生素D促进钙和磷在小肠吸收，使血钙和血磷浓度增加，磷酸钙在骨骼沉着，使骨骼钙化。儿童需要较多的磷酸钙，没有维生素D的帮助是不够用的，所以小孩必须补充维生素D。缺少维生素D，骨骼的磷酸钙少，骨质变软，这就是软骨症。严重时造成X形腿、O形腿、鸡胸或小儿佝偻病等。但维生素D吃多了会造成中毒，在不应该有磷酸钙沉淀的组织内也会发生钙化，如肾、血管、心脏、支气管内都有可能发生。

13.1.4.5 维生素E

维生素E又称生育酚，共有8种异构体，以α、β、δ、γ四种较为重要，最重要的是α-生育酚。维生素E存在于大豆、麦芽等多种植物中，特别是植物油中含量较丰富。维生素E性质稳定，能耐酸、碱。在无氧存在时可耐200℃高温。在有氧存在时，维生素E易被氧化，是食用油脂最理想的抗氧化剂。在人体内，维生素E也具有抗氧化作用，有抗衰老的效果。其抗氧化作用与微量元素硒的代谢密切相关。维生素E也具有增加血液中胆固醇的作用，还可减轻各种毒物对人体器官的损害。另外，维生素E对糖、脂肪和蛋白质的代谢都有影响。

13.1.4.6 维生素K

维生素K又称凝血维生素，是2-甲基-1,4-萘醌及其衍生物。维生素K有K_1（植物性）、K_2（动物性）、K_3、K_4（人工合成）等多种。维生素K受热不易被破坏，但遇碱即失效，光照后也会失活。人工合成的维生素K都是水溶性的，可以制成针剂进行注射。很多细菌可以制造出维生素K，如人体肠腔内的细菌就能制造，所以成人一般不需补充维生素K。维生素K的生理功能跟血凝有关，它是加速血液凝固，促进肝脏合成凝血酶原所必需的因子。维生素K存在于绿叶蔬菜及蛋黄中，新生婴儿及肝脏有疾病的人应补充维生素K。

13.1.5 矿物质

构成人体的元素除了C、H、O、N（以有机物和水的形式存在，占人体质量的96%）外，其余各种元素称为无机盐或矿物质。根据矿物质元素在人体内的含量，通常将其分为两类：含量在0.01%以上的称为常量元素，如钙、镁、钾、钠、磷、硫、氯等；含量低于0.01%的称为微量元素。目前已确定的人体必需的微量元素有14种，分别是铁、锌、铜、碘、钼、锰、钴、硒、铬、镍、锡、硅、氟、钒。

矿物质的生理功能是：构成人体组织的重要成分，如Ca、Mg、P是骨骼及牙齿的组成部分，P、S构成蛋白质成分；K、Na调节生理功能，如维持组织、细胞的渗透压，调节体液的酸碱平衡；金属离子组成金属酶，参与人体的各种生理活动。缺乏矿物质会影响身体健康。如缺乏铁会引起贫血，缺碘会引起甲状腺肿大，缺锌会使智力发育迟缓。

除了以上五类营养物外，人还需要饮水。人体所需的营养物质大部分要溶解在水中，人体才能消化、吸收。另外、水也是构成人体组织的重要部分。

13.2 化学与药物

随着社会的发展，人类寿命在不断延长，除了合理的饮食、良好的生活习惯外，一个重要原因就是广泛使用药物来治疗各种疾病。能够对机体某种生理功能或生物化学过程发生影响的化学物质称为药物。药物可用于预防、治疗和诊断疾病。

药物或多或少都具有一定的毒性，大剂量时毒性尤其明显。有的药物本身就出自毒物，如箭毒、蛇毒都可制成药剂。可见，药物与毒物之间并无明显界限。药物的分类方法很多。根据药物的来源分为天然性药物和合成药物；根据药物的用途分为预防疾病药物、治疗药物、诊断药物和计划生育药物等；根据药物的化学组成分为无机药物、有机药物。

科学研究表明，药物是通过干扰或参与机体内在的生理、生物化学过程而发挥作用的。但药物性质各不相同，其作用情况也各不相同。药物的作用主要有：

① 改变细胞周围环境的物理、化学性质，如抗酸药通过简单的化学中和作用使胃液的酸度降低，以治疗溃疡病。

② 参与或干扰细胞物质代谢过程，如补充维生素，就是供给机体缺乏的物质使之参与正常生理代谢过程，从而使缺乏症得到纠正。

③ 对酶的抑制或促进作用，如胰岛素能促进已糖激酶的活性。

13.2.1 常用的化学药物

(1) 杀菌剂

常用的杀菌剂有碘、次氯酸钠（$NaClO$）、高锰酸钾（$KMnO_4$）、过氧化氢（H_2O_2）等，它们都是常用的杀菌剂和消毒剂。其作用是基于其氧化性，杀菌消毒时它们也会伤害人体的细胞，故常用于非活性体的消毒杀菌。乙醇（酒精，CH_3CH_2OH）、肥皂（活性成分 $RCOONa$）则分别是利用其还原性和碱性。此外，碘酒（碘的酒精溶液）、氯化汞（俗称红药水）也是常用的消毒杀菌剂。

(2) 助消化药

① 稀盐酸　主治胃酸缺乏症（胃炎）和发酵性消化不良，其作用是激活胃蛋白酶元转变成胃蛋白酶，并为胃蛋白酶提供发挥消化作用所需的酸性环境。山楂也可起到类似的作用。

② 胃蛋白酶　如乳酶生、干酵母，其作用是直接提供胃蛋白酶以促进蛋白质的消化。

③ 制酸剂　如胃舒平等，可使胃内细胞分泌盐酸以抑制细菌生长，促进食物水解。制酸剂的作用是中和过多胃酸，由弱碱性物质构成。制酸的碱性化合物有 MgO、$Mg(OH)_2$、$CaCO_3$、$NaHCO_3$、$Al(OH)_3$ 等。

(3) 抗生素

抗生素是指某些微生物在代谢过程中所产生的化学物质，能阻止或杀灭其他微生物的生长。

① 磺胺类药物　主要用于治疗和预防细菌感染性疾病，其功能通常是帮助白细胞阻止细菌繁殖。磺胺药杀灭细菌的机理是，它能限制细菌生长所必需的维生素叶酸的

合成，叶酸合成过程中关键作用的物质叫做对氨基苯甲酸，磺胺的结构与它十分相似，故磺胺很容易参与反应，从而限制叶酸的生成，细菌因为缺乏叶酸而难以生存。

② 青霉素　它是青霉菌所产生的一类抗生素的总称。青霉素的抗菌作用与抑制细菌细胞壁的合成有关。细菌的细胞壁主要由多糖组成，在它的生物合成中需要一种叫做转肽酶的关键酶，青霉素可抑制转肽酶，从而使细胞壁合成受到阻碍，引起细菌抗渗透压能力下降，菌体变形、破裂而死亡。

③ 四环素类　四环素、土霉素、金霉素都是常用的抗生素。四环素是一类抗生素的总称，之所以称为四环素，是因为这些抗生素中都有 4 个环相连。四环素有副作用，它在杀菌的同时也会杀灭正常存在于人体肠内的寄生细菌，从而引起腹泻。儿童时期过多服用四环素会使牙齿发黄，称为四环素牙。

（4）止痛药与毒品

鸦片及其衍生物大部分是止痛的有效药物，但缺点是容易上瘾。鸦片含有 20 多种生物碱，其中 10%左右是吗啡，是鸦片的主要成分。该化合物有两个熟知的衍生物：一个是可待因，吗啡的单甲醚衍生物，比吗啡的成瘾性小些，也是一种强有力的止痛药；另一个是海洛因，比吗啡更容易上瘾，因此无药用价值，称为毒品。

科学家们研究发现，人的大脑和脊柱神经上有许多特殊部位。麻醉药剂分子正好进入这些部位，把传递疼痛的神经锁住，疼痛就消失了。人自身可以产生麻醉物质，但如果海洛因之类服用过量，会引起自身产生麻醉物质的能力降低或丧失，一旦停药，神经中这些部位就会空出来，症状立即会重现，导致药物依赖性。

根据止痛机理，人们开发出了许多有效药物，如可卡因、普鲁卡因、阿司匹林等。阿司匹林通用性较强，其化学成分是乙酰水杨酸，不仅可以止痛，而且也可以退热、抗风湿、抑制血小板凝结。阿司匹林明显的副作用是对胃壁有损伤作用，当未溶解的阿司匹林停留在胃壁上时，会引起产生水杨酸反应（恶心、呕吐）或胃出血。现在已有肠溶性阿司匹林药片在使用，可保护胃部不受伤害。

某些止痛药长期服用具有成瘾性，它们不仅能阻断疼痛神经的传递而起镇痛作用，产生欣快感，还会使人产生强烈的依赖性，过度服用就成了毒品。目前，国际和国内作为毒品严厉禁止的主要有鸦片、吗啡、海洛因、可卡因、大麻等。

（5）其他常用药

精神类疾病的治疗药物主要是使病人镇静、安眠。如安定对情绪不稳、兴奋骚动、行为怪异有明显作用；丙咪嗪是抗抑郁症药物；丁酰苯类是抗狂躁药。心血管疾病治疗药物有降血脂和降甘油三酯的阿托伐他汀等；抗心绞痛药硝酸甘油、心得安等；抗高血压药双肼屈嗪等。

13.2.2 癌症与基因治疗

（1）癌基因和抑癌基因

癌症是人类第二死因（心脑血管疾病为第一死因）。癌基因是人体内固有的基因，在正常情况下它们具有十分重要的生理功能，在受其他因素（如病毒感染、化学致癌物质等）的诱发下，癌基因的一个或几个核苷酸发生改变，引起癌基因的突变或易位等，即被激活，这种被激活的癌基因生产出大量的异常蛋白而使正常细胞癌变。抑癌基因也称抗癌基因或肿瘤抑制基因，它的正常功能是防止肿瘤的发生。一旦在某个正常细胞中，抑癌基因失活或丢失而不能发挥正常的功能时，这个细胞就可能发生癌变。

(2) 致癌物质

致癌因素包括来自体外的物理因素（如紫外线、X射线、电离辐射等）、生物因素（如病毒的感染）、化学因素（如化学致癌物质），以及来自体内的自由基（如脂肪氧化、高能紫外线或辐射均可在人体内产生自由基）。

根据化合物的结构特征可以把化学致癌物分成以下几大类：①多环芳烃；②亚硝胺；③黄曲霉素；④重金属；⑤其他（芳香胺、偶氮染料、农药等）。

与食物有关的、危害较大的化学致癌物质有黄曲霉素、亚硝基化合物、多环芳烃等。黄曲霉素（AFS）是一类结构类似的微生物毒素的混合物。其中以黄曲霉素 B_1（AFB_1）最常见、毒性最大。黄曲霉素主要污染粮油及其制品，在发霉花生、玉米、谷类、豆类等中的含量最高。

亚硝基化合物也可在人体内合成，在胃、口腔、肺及膀胱中最容易合成。体内亚硝基化问题（亚硝胺）已引起人们极大的重视，腐烂的蔬菜，腌制的咸菜、咸肉和咸鱼等食品以及发酵食品（如酱油、醋、啤酒等），也可检出亚硝胺的存在；环境中的 NO_X 也可转为亚硝酸盐。吸烟者体内亚硝胺含量较高。维生素C能还原亚硝酸盐，可以阻止亚硝胺的体内合成。因此，建议少吃腌肉类食品，多吃新鲜蔬菜和水果。

多环芳烃（主要是4个或5个苯环的稠环芳烃）有致癌性。其中以1,2-苯并芘（苯并[*a*]芘）最为常见。煤焦油、汽油、煤油、垃圾、香烟等的不完全燃烧都可能产生多环芳烃；蛋白质、脂肪、胆固醇在烟熏、烘烤过程中都可能产生多环芳烃。因此，要少吃烟熏食品，不吃“万年油炸的食物”。

(3) 人类基因治疗

基因治疗是把外源基因导入本身基因有缺陷或缺失的靶组织中，并使外源基因在靶组织细胞中正常表达。基因治疗是治疗遗传病的理想方法。基因治疗肿瘤的方法包括：细胞因子基因治疗、“自杀”基因疗法、抗癌基因疗法。世界首个基因治疗药物“重组人p53腺病毒注射液”（今又生）已于2003年10月16日被批准上市。

从20世纪90年代中期开始，随着人类对基因组研究的进展，以及我国疾病基因研究项目及肿瘤相关基因的克隆和功能研究的全面启动，我们不仅能够迅速地了解、跟踪国际研究的前沿领域，而且能够在许多实验室进行有规模的疾病基因鉴定和克隆，同时也将实验室研究工作逐步扩展到临床应用研究。随着功能基因组、药物基因组研究的深入发展，肿瘤基因研究也加快了步伐，从回顾性的实验室研究进入大规模的临床前瞻性研究。大规模测序、疾病基因识别、细胞信号传递和生物芯片技术的发展，将进一步明确癌基因在肿瘤发病中的作用，并将这些成果逐步用于肿瘤的预防、诊断和治疗。

13.3 生命体中的无机元素

大自然中一切物质都是由化学元素组成的，人体也不例外。人体内约含60多种元素，这些元素在人体中含量相差很大。各种元素在人体中有不同的功能。按它们的不同生理效应可将人体中元素分为生命必需元素、有害元素和尚未确定的元素。

生命必需元素是指下列几类元素：一是生命过程的某一环节需要该元素的参与，

即该元素存在于健康的组织中；二是生物体具有主动进入并调节其体内分布和水平的元素；三是存在于体内的生物活性化合物的有关元素，缺乏该元素时会引起某些生理变化，当补充后即能恢复。这些必需元素参与人体各种生理作用，是人体营养不可缺少的成分，若缺乏它们就会出现各种疾病。如人体缺碘会造成甲状腺肿大，缺铁会出现贫血症等。在生命必需元素中，根据其在人体中的含量又可分为常量元素和微量元素两类。构成生物体的碳、氧、氮、磷、硫、氯、铁、钠、镁、钾、钙等多种为必需常量元素，约占体重的9.25%。将含量低于0.01%的元素称微量元素。目前已被公认的必需微量元素有14种，分别是铁、碘、锌、铜、钴、铬、锰、钼、硒、镍、锡、硅、氟和钒。

13.3.1 必需常量元素在人体中的作用

（1）钙

钙占人体体重的0.2%左右，其99%以羟基磷酸钙的形式存在于骨骼和牙齿中，0.1%存在于血液中。离子态的钙可促进凝血酶原转变为凝血酶，使伤口处的血液凝固。钙在很多生理过程中都有重要作用：

① 在肌肉的伸缩运动中，它能活化ATP酶，保持机体正常运动。如果缺钙，少儿会患软骨病，中老年人会出现骨质疏松症，受伤易流血不止。

② 钙还是很好的镇静剂，有助于神经刺激的传达、神经的放松，可以代替安眠药使人容易入眠。缺钙时神经就会变得紧张，脾气暴躁，易失眠。

③ 钙还能降低细胞膜的渗透性，防止有害细菌、病毒或过敏原等进入细胞中。

④ 钙还是良好的镇痛剂，能缓解疲劳，加速体力的恢复。

成人对钙的日需求量推荐值为1.0克/日以上。适量的维生素D_3及磷有利于钙的吸收。人体所需的钙，以乳制品最好，不但含量丰富且吸收率高。此外，蛋黄、豆类、花生等含钙也较高，小虾皮含钙特别丰富。专家建议每日膳食中应注意多喝牛奶，其次是豆制品和活性钙制品。

（2）镁

镁在人体中含量约为体重的0.05%，人体中50%的镁沉积于骨骼中，其次在细胞内部，血液中只占2%。镁和钙一样具有保护神经的作用，是很好的镇静剂。严重缺镁时，人会思维混乱，丧失方向感，产生幻觉，甚至精神错乱。

镁是维持心肌正常功能和结构的必需元素，更重要的是，镁与血压、心肌的传导性与节律、心肌舒缩等有关。若镁缺乏，可导致心肌坏死、冠状动脉病等，供应心脏血液和氧气的动脉痉挛，出现抑郁、肌肉软弱无力和眩晕等症状。儿童严重缺镁会出现惊跃，表情淡漠。镁普遍存在于动植物性食物中，以蔬菜、小米、燕麦、豆类和小麦等含量最丰富，动物内脏也含有丰富的镁。如果膳食结构比较合理，人体一般不会缺镁。

（3）磷

骨骼和牙齿中除了含钙外，磷也是一种重要的元素。正常人体内含磷0.6～0.9kg，其中80%左右分布于骨骼和牙齿中。体内90%的磷是以磷酸根PO_4^{3-}的形式存在。磷是细胞核蛋白、磷脂和某些辅酶的重要成分。磷酸盐还能组成体内酸碱缓冲体系，维持体内的酸碱平衡。人体内代谢所产生的能量主要是以三磷酸腺苷（ATP）

的形式被利用、储存或转化的，ATP 含有的高能磷酸酯键为人体的生命活动提供能量。磷还参与葡萄糖、脂肪和蛋白质的代谢。磷是形成核酸的重要原料，而核酸构成细胞核。磷的化学规律控制着核酸、核糖以及氨基酸、蛋白质的化学规律，从而控制着生命的化学进化。由于磷的分布很广，因此一般不易缺乏该种元素。

（4）钠、钾、氯

钠、钾、氯是人体内的宏量元素，分别占体重的 0.15%、0.35%、0.15%。钾主要存在于细胞内液中，钠存在于细胞外液中，氯存在于细胞内、外体液中。这三种物质能使体液维持接近中性，决定组织中水分多寡。Na^+ 在体内起钠泵的作用，调节渗透压，给全身输送水分，使养分从肠中进入血液，再由血液进入细胞中。它们对于内分泌也非常重要，如钾有助于神经系统传达信息，氯用于形成胃酸。这三种物质每天均会随尿液、汗液排出体外。健康人每天的摄取量与排出量大致相同，保证了这三种物质在体内的含量基本不变。钾主要由蔬菜、水果、粮食、肉类供给，钠和氯则由食盐供给。人体内的钾和钠必须彼此均衡，过多的钠会使钾随尿液流失，过多的钾也会使钠严重流失。钠会促使血压升高，因此摄入过量的钠会使人患上高血压症，高血压症具有遗传性。钾可激活多种酶，对肌肉的收缩非常重要。没有钾，糖无法转化为能量或肝糖原，肌肉无法伸缩，就会导致麻痹或瘫痪。此外，细胞内的钾与细胞外的钠，在正常情况下处于均衡状态。当钾不足时，钠会带着水分进入细胞内使细胞胀裂，导致水肿。此外缺钾还会导致血糖降低。

缺钾可对心肌产生损害，引起心肌细胞变性和坏死。还可引起肾、肠及骨骼的损害，出现肌肉无力、水肿、精神异常等症状。而钾过多时则可引起四肢苍白发凉、嗜睡、动作迟笨、心跳减慢以致突然停止等症状。

13.3.2 必需微量元素在人体中的作用

微量元素在体内的含量虽然极少，但都具有重要的生理机能，下面介绍几种重要的微量元素。

（1）铁

铁是人们最早发现的人体必需的微量元素，也是在人体组织中含量最多的微量元素，一般在成年人的人体组织中含铁 4～5g。铁在人体内的主要功能是以血红蛋白的形式参加氧的转运、交换和组织呼吸过程。此外，铁还与许多酶的合成有关，如果体内缺铁，会造成缺铁性或营养性贫血。

含铁质丰富的食物是动物肝脏、蛋黄、豆类和一些蔬菜（如紫菜、黄花菜、黑木耳）等。

（2）锌

锌是人体中含量较高的微量金属元素，成年人体组织内含锌 2～3g。锌分布于人体各组织器官内，以视网膜、脉络膜、睫状体、前列腺等器官含锌量较高，胰腺、肝、肾、肌肉等组织也含有较多的锌。

实践证明，人体缺锌会出现下列症状：食欲不振、生长迟缓、脉管炎、恶性贫血、白血病、伤口愈合差、味觉减退等。缺锌还能造成大脑发育不良，对青少年来说可能造成智力低下。

含锌量高的食物有海鲜类，如牡蛎、蛤、螟、虾、蟹及动物肝和肾、牛肉、奶、瘦猪肉、蛋黄、鸡、鸭、兔等。植物类食品一般比动物类含锌量低，但其中花生米、黄豆、芝麻、小麦、小米、绿豆等含锌稍多。

（3）硒

硒作为人体必需微量元素的发现是一个曲折的过程。19世纪60年代以前，由于有些牧草中含硒量过高而导致牲畜中毒，人吃了含硒高的食物也会出现风湿病、眼睛红肿及肝肾中毒等现象。在硒冶炼厂及加工厂工作的工人，容患胃肠疾病、神经过敏和紫斑症等疾病。还有些含硒化合物如 H_2Se、SeF_6 等都是极毒的物质，因此当时人们对硒是"谈硒色变"。直到20世纪40年代，人们才发现硒有很重要的生物功能，是人体必需的微量元素。硒主要由呼吸道和消化道吸收，皮肤不吸收。缺硒可引起很多疾病，如克山病、大骨节病、艾滋病，尤其是癌症。

肉类食物中硒含量最高，谷类和豆类中硒含量比水果和蔬菜高。海产品（如虾、蟹）的硒含量很高，但被人体的吸收利用率较低。我国硒的供给量标准为成年人每天为50μg，1～3岁儿童为20μg等。但必须注意，硒的过量摄入（每天超过200μg），对人体健康就会造成危害。硒过多则导致维生素 B_{12} 和叶酸代谢紊乱、铁代谢失常、贫血，还会抑制一些酶的活性，诱发心、肝、肾的病变。

（4）碘

早在19世纪50年代，人们就已经认识到碘是人体所必需的元素，正常人体内含碘25～26mg，甲状腺是含碘量最高的组织。甲状腺素是甲状腺分泌的激素，它对机体的作用极为广泛，这种激素能加速各种物质的氧化过程，增加人体耗氧量和产生热量。甲状腺素可多方面影响糖的代谢，甲状腺素可以促进脂肪的合成和降解。甲状腺素对大脑的发育和功能活动有密切关系，如在胚胎早期缺乏甲状腺素，则会影响大脑发育。所以甲状腺素对人体的生长和智力的发育是必不可少的。每个甲状腺素分子中含有4个碘原子，没有碘甲状腺素分子就不能产生。如果体内缺碘，就会导致病变，其中甲状腺肿大和克丁病是对人类危害最大的。

（5）氟

正常人体内含氟约为2.68g，人体中几乎所有的器官和组织中都含有氟，其中硬组织骨骼和牙齿中氟的含量大约占人体中氟含量的90%。氟在生物体内还有一个重要的特性，即无生物降解作用，能在体内聚集，骨骼中的含氟量有随年龄增长而增加的趋势。机体正常的钙、磷代谢离不开氟，适量氟有利于钙和磷的利用及其在骨骼中沉积，增加骨骼的硬度，并降低硫化物的溶解度。但是，过量的氟与钙结合形成氟化钙，沉积于骨组织中会使之硬化，并引起血钙降低，从而引起骨质疏松和软化。氟量在体内积累过多，可引起氟斑牙和氟骨症。

（6）其他微量元素与健康

其他人体必需的微量元素的人体含量、日需求量等列于表13-2中。

表13-2　人体必需的其他微量元素

元素名称符号	人体含量/g	日需求量/mg	主要来源	主要生理功能	缺乏症	过量症
钴 $_{27}Co$	小于0.003	0.0001	肝、瘦肉、奶、蛋、鱼	造血，心血管的生长和代谢，促进核酸和蛋白质合成	心血管病、贫血、脊髓炎、青光眼、气喘	心肌病变、心力衰竭、高血脂、致癌

续表

元素名称符号	人体含量/g	日需求量/mg	主要来源	主要生理功能	缺乏症	过量症
钼 $_{42}$Mo	小于0.05	0.2	豆菜、卷心菜、大白菜、谷物、肝、酵母	组成氧化还原酶，催化尿酸，抗铜储铁，维持动脉弹性	心血管病、克山病、食道癌、肾结石、龋齿	睾丸萎缩、性欲减退、脱毛、软骨、贫血、腹泻
铬 $_{24}$Cr	小于0.006	0.1	啤酒、酵母、蘑菇、粗细面粉、红糖、蜂蜜、肉、蛋	发挥胰岛素作用，调节胆固醇、糖和脂质代谢，防止血管硬化	糖尿病、心血管病、高血脂、胆石、胰岛素功能失常	伤肝肾、鼻中隔穿孔、肺癌
镍 $_{23}$Ni	0.01	0.3	蔬菜、谷类	参与细胞激素和色素的代谢，生血，激活酶，形成辅酶	肝硬化、尿素、肾衰、肝脂质和磷脂质代谢异常	鼻咽癌、皮肤炎、骨癌、白血病、肺癌
锶 $_{38}$Sr	0.32	1.9	奶、蔬菜、豆类、海鱼虾类	长骨骼，维持血管功能和通透性，合成黏多糖，维持组织弹性	骨质疏松，抽搐症，白发，龋齿	关节痛、大骨节病、贫血、肌肉萎缩
铜 $_{29}$Cu	0.1	3	干果、葡萄干、葵花子、肝、茶	造血，合成酶和血红蛋白，增强防御功能	贫血、心血管损伤、冠心病、脑障碍、溃疡、关节炎	黄疸肝炎、肝硬化、胃肠炎癌
锰 $_{25}$Mn	0.02	8	干果、粗谷物、桃仁、板栗、菇类	组酶，激活剂，增强蛋白代谢，合成维生素，防癌	软骨、营养不良、神经紊乱、肝癌、生殖功能受抑	无力、帕金森症、心肌梗死
钒 $_{23}$V	0.018	1.5	海产品	刺激骨髓造血，降血压，促生长，参与胆固醇和脂质及辅酶代谢	胆固醇高、生殖功能低下、贫血、心肌无力、骨异常	结膜炎、鼻咽炎、心肾受损
锡 $_{50}$Sn	0.017	3	龙须菜、西红柿、橘子、苹果	促进蛋白质和核酸反应，促生长，催化氧化还原反应	抑制生长、齿门色素不全	贫血、胃肠炎、影响寿命

健康长寿是人类共同的愿望。大量研究结果表明，机体的衰老受各种因素的影响，而其中饮食情况是一项很重要的因素。可以说，人类健康长寿最关键的因素之一是保持人体内的多种元素平衡。为保持人体的各种元素平衡，科学、合理的膳食是很重要的。在日常生活中，人们要注意饮食的多样化和多种营养素的平衡供给。

13.4 生命系统中的仿生材料

仿生材料是与生命系统结合，用以诊断、治疗或替换机体组织、器官或增进其功能的材料。它涉及材料、医学、物理、生物化学及现代高新技术等诸多学科领域，已成为21世纪主要支柱产业之一。

现在几乎所有类型的材料在医学治疗中都已得到应用，生物医用材料主要包括金属材料、高分子材料、陶瓷、复合材料和生物质材料。

13.4.1 生物医用金属材料

(1) 镁及镁合金

地壳中镁的储量约为2.77 %，在金属元素中仅次于铝和铁，居第三位。海水中也含有丰富的镁，含量约为 0.13%，且相对容易提取。镁属于轻金属，在现有的工程使用金属中密度最小，仅为 $1.74g/cm^3$，并且与人骨的密质骨密度（$1.80g \cdot cm^{-3}$）极为接近。其导热率好，无磁性，对电子计算机 X 射线断层扫描技术（computed tomography，CT）或磁共振图像干扰小。镁及镁合金的机械性能比其他常用金属更接近天然骨，如用作植入材料，其适中的弹性模量能够有效缓解应力遮挡效应，对骨折愈合、种植体的稳定具有重要作用。目前镁及镁合金主要用作骨折固定材料、矫形材料、牙种植材料、口腔修复材料等。

（2）钛基合金

钛基合金的生物相容性更好，密度轻，接近人体骨组织，弹性模量较低，耐蚀性能良好。最常用的钛合金为钛-6 铝-4 钒（Ti-6Al-4V），用于制造人工关节、接骨钢板、螺钉等创伤内固定产品，也可用于制造脊椎矫形钉棒。钛基合金的缺点是硬度较低，抗剪切性和耐磨损性较差，被磨损破坏氧化层。

新的制造技术克服了钛基合金的这些缺点，氮离子植入技术使其表面硬度和光洁度增加，抗磨损性和表面强度大大提高。采用等离子喷涂和烧结法在钛合金表面上涂多孔纯钛或 Ti-6Al-4V 合金涂层，有利于新骨组织长入，形成机械性结合。近年来又发展了多种钛制品表面改进技术，如通过等离子喷涂羟基磷灰石，使钛制品表面具有生物活性。

（3）形状记忆合金

镍钛记忆合金由于具有优异的形状记忆效应和弹性性能、良好的力学性能、生物相容性和耐蚀性，近年来被广泛应用于临床。常见的记忆合金有聚髌器、多臂环抱接骨器和骨卡环等。

13.4.2 生物医用高分子材料

医用材料是生物医学的分支之一，是由生物、医学、化学和材料等学科交叉形成的边缘学科。而医用高分子材料则是生物医用材料的重要组成部分，主要用于人工器官、外科修复、理疗康复、诊断检查、患疾治疗等医疗领域。早在公元 3500 年前，埃及人就用棉花纤维、马鬃缝合伤；在公元 500 年前的中国和埃及墓葬中就发现了假牙、假鼻、假耳等；古代的墨西哥印第安人会用木片修补受伤的颅骨。进入 20 世纪，高分子科学迅速发展，新的合成高分子材料不断出现，为医学领域提供了更多的选择余地。例如，1936 年发明的有机玻璃很快就用于制作假牙和补牙，至今仍在使用；1943 年，赛璐路薄膜开始用于血液透析。1949 年，美国科学家首先发表了医用高分子的展望性论文，第一次介绍了利用聚甲基丙烯酸甲酯（PMMA）作为人的头盖骨、关节和股骨，利用聚酰胺纤维作为手术缝合线的临床应用情况。20 世纪 50 年代，有机硅聚合物被用于医学领域，使人工器官的应用范围进一步扩大，包括器官替代和整容等许多方面。此后，一大批人工器官在 20 世纪 50 年代试用于临床，如人工尿道（1950 年）、人工血管（1951 年）、人工食道（1951 年）、人工心脏瓣膜（1952 年）、人工心肺（1953 年）、人工关节（1954 年）、人工肝（1958 年）等。20 世纪 60 年代，医用高分子材料开始进入一个崭新的发展时期。常用的医用高分子材料见表 13-3。

表 13-3 常用的医用高分子材料

材料名称	用途
有机硅橡胶、聚氨酯橡胶	人造心脏
聚氨酯橡胶、聚对苯二甲酸乙二醇酯	人造血管
有机硅橡胶、聚乙烯	人造气管
醋酸纤维素、聚酯纤维	人造肾
有机硅橡胶、聚乙烯	人造鼻
聚四氟乙烯、聚碳酸酯	人造肺
聚甲基丙烯酸甲酯、酚醛树脂	人造骨
有机硅橡胶、涤纶织物	人造肌肉
有机硅橡胶、聚多肽	人造皮肤
有机硅橡胶、聚甲基丙烯酸酯	牙科材料
聚甲基丙烯酸酯-β-羟基乙酯、有机硅橡胶	隐形眼镜
聚对苯二酸乙二醇酯	外科缝线

(1) 聚甲基丙烯酸甲酯(PMMA)

聚甲基丙烯酸甲酯即通常所指的普通骨水泥,结构式见图 13-13,常用于人工关节置换术中填充骨和假体之间的缝隙。PMMA 分为液相的单体和固相的聚合体两种成分,使用时将两者按一定的比例混合,可使人工假体机械嵌插负重面积增加,负重能力增强。在局部,骨水泥聚合时放出大量的聚合热,引起骨-骨水泥界面的蛋白质凝固和组织坏死,单体具有细胞毒性作用而影响心血管功能。PMMA 抗张力和抗剪切力差,因而,在填充骨水泥之前要彻底清理髓腔,完全去除异物,减少和控制出血,以增加其强度。目前 PMMA 仍是临床上唯一的椎体成形材料,可用于治疗椎体血管瘤、转移瘤、骨髓瘤和骨质增生性椎体压缩性骨折等。

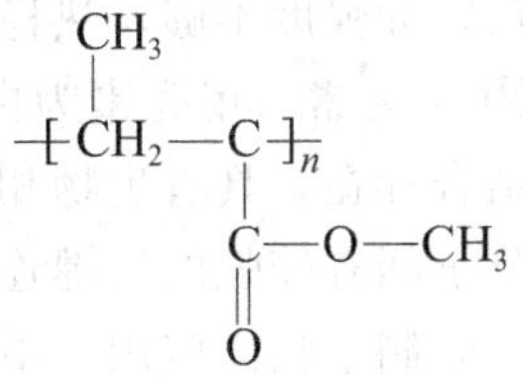

图 13-13 PMMA 的结构式

(2) 超高分子量聚乙烯

超高分子量聚乙烯(UHMWPE)的摩擦系数低,为 0.03～0.06,抗冲击性强,耐磨性强,年磨损率为 0.1～0.2mm。基于此,传统的金属 UHMWPE 被广泛应用于人工髋关节领域。但 UHMWPE 材料磨损产生的聚乙烯碎屑(PE)激发了由多种细胞介导、众多细胞因子参与的生物反应,最终会造成假体周围的骨溶解,由此导致的人工关节松动是当前骨科领域最具挑战性的问题。PE 的磨损从根本上说是一种材料学上的缺陷,并不能以假体设计改进、手术技术提高等完全弥补。因此真正的解决之道在于寻找新的关节配体材料。

Harris 等的研究证明,采用电离辐射或射线辐射,剂量达到 50kGy 时就能增加 PE 的交联度、提高 PE 的抗磨损性能,而理想的高交联度需 95～100kGy 剂量的辐射来达到。高交联 UHMWPE 是通过侧向共价键的形成,使 PE 分子排列更加多向,降低了材料的延展性，从而极大地减少了磨损碎屑的形成。体外研究表明，与传统的UHMWPE相比，高交联PE的磨损碎屑减少了80%～90%。此外，由于第三方颗粒（如金属碎屑、骨碎屑、骨水泥碎屑等）的存在，PE表面也会产生研磨性磨损。在临床实际中，第三方颗粒还可能导致人工球头的磨损，反过来加速PE研磨性磨损的进程。体外实验证明，无论这样的第三方颗粒是坚硬的氧化铝陶瓷碎屑还是稍软的丙烯酸骨水泥碎屑，其对高交联PE的磨损都明显小于传统的UHMWPE。目前，高交联UHMWPE已作为最有希望减少PE磨损及其后续骨溶解的措施，获得了临床的广泛应用。

然而，现代高交联UHMWPE的临床应用毕竟时间尚短，缺乏长期的随访研究报告，高交联的工艺也有待进一步的提高和标准化，从而使产品的机械性能和抗磨损力更趋稳定和统一。

（3）可生物降解高分子材料

可生物降解高分子材料是一类生物相容性好，在生物体内经水解和酶解逐渐降解为低分子量化合物或单体的材料。降解产物被排出体外或参加体内正常新陈代谢而消失。常用作骨科材料的可降解吸收高分子材料主要有聚乳酸、甲壳素等，而抗生素-聚酸酐缓释剂也已得到了深入的研究。

① 聚乳酸（PLA）　聚乳酸属于聚酯类材料，不仅具有良好的生物相容性，还具有适宜的生物降解特性、优良的力学性能和可加工性，在实验及临床应用中表现出良好的骨修复作用。由PLA制作的螺钉、髓内棒、针、膜已商业化。但聚乳酸也存在一些不足，如强度不够、热稳定性差、降解后的酸性产物不利于骨细胞生长等。

② 甲壳素　甲壳素为白色无定形固体，属氨基多糖高分子材料，常与蛋白质以共价键结合存在，具有生物相容性好、无毒、无刺激、可降解等优点。由于甲壳素分子内、分子间有较强的氢键连接，使其呈紧密的晶态结构，不溶于普通溶剂，所以加工困难，限制了临床应用。甲壳素可制成骨缺损支架材料。单纯将甲壳素及其衍生物作为骨科材料用于临床的研究不多见，但常与其他材料复合用作骨科材料。通过对甲壳素进行分子设计，采用组织工程方法进行关节软骨修复和重建，已成为甲壳素研究开发计划的一个新目标。

③ 聚酸酐　聚酸酐是20世纪80年代初美国麻省理工学院Langer等发现的一类新型可生物降解的合成高分子材料。由于其优良的生物相容性和表面溶蚀性，降解速度可调及易加工等优异性能，很快在医学前沿领域得到应用。现已广泛用于化疗剂、抗生素药物、蛋白制剂（如胰岛素、生长因子）、多糖（如肝素）等药物的控释研究。目前，最值得关注的是卡莫司汀（BCNU）等化疗剂与P(CPP-SA)（聚酸酐）等组成的局部控释制剂，可用于实体瘤癌症的术后辅助化疗，这已成为聚酸酐应用研究的热点。庆大霉素等抗生素与聚酸酐组成的缓释给药系统应用于骨髓炎的治疗也已取得初步成功。对于聚酸酐释药模型，剂型工艺和质量标准的研究将是未来的重点之一。

13.4.3　生物陶瓷

陶瓷的抗磨损和抗压性能强，但质脆易碎裂。陶瓷的硬度高，表面可打磨得非常光滑，适合作承重表面。骨科常用的陶瓷材料为羟基磷灰石和磷酸钙。当前的研究主要集中在具有良好力学性能且能促进组织生长的生物活性材料。

（1）羟基磷灰石

羟基磷灰石（HA）的分子式为 $Ca_{10}(PO_4)_6(OH)_2$，其化学成分、晶体结构与人体骨骼中的无机盐十分相似，在体内不存在免疫和干扰免疫系统的问题。该材料本身无毒副作用，耐腐蚀强度高，表面带有极性，能与细胞膜表层的多糖和糖蛋白等通过氢键结合，并有高度的生物相容性。合成的 HA 通常作为多孔植入物和金属植入物的涂层，从而达到生物活性固定。

（2）磷酸钙

磷酸钙是近年来出现的一种新型的骨修复生物材料，具有良好的生物相容性和可降解性。更有意义的是其可根据骨缺损部位的形状任意塑型，与人骨紧密结合，作为植入材料可引导新骨的生长。缺陷是脆性大、力学强度较低、降解和骨替代的速度太慢，使其临床应用受到了限制。目前主要集中在磷酸钙基复合材料应用于骨组织工程的研究和发展。

13.4.4 生物医用复合材料

生物医用复合材料是由两种或两种以上不同材料复合而成的生物医用材料，可根据应用需求进行设计，由基体材料与增强材料或功能材料相互搭配或组合，形成大量具备综合性能优势的生物医用复合材料。目前，羟基磷灰石基复合材料和纳米材料是研究应用最为广泛的材料。常用的 α-TCP/HA（α-磷酸三钙/羟基磷石灰）复合材料既有 HA 的优点，也可以通过复合比例控制降解速度，在骨科临床上已应用于股骨骨折的内固定增强和桡骨远端骨折内固定等。但这类材料缺乏骨诱导性，脆性较大，抗拉、抗扭和抗剪切性能差，仍然需要进一步改进。

近年来有人通过水热合成法制备了羟基磷灰石纳米粒子，在尺寸、组成和结构上都与人骨中的磷灰石微晶相似。采用 DNA 和羟基磷灰石的原位组装获得了具有特定纳米结构的 DNA 纳米复合物，实现了界面介导的高基因转染纳米涂层，为骨和相关组织的再生修复提供了良好手段。纳米 HA 复合材料作为一种极具发展潜力的硬组织修复材料已经完成了相关动物实验，显示出巨大的应用前景。

目前，国际生物医用材料研究和发展的主要方向，一是模拟人体硬软组织、器官和血液等的组成、结构和功能而开展的仿生或功能性设计与制备；二是赋予材料优异的生物相容性、生物活性或生命活性。就具体材料来说，主要包括药物控制释放材料、组织工程材料、仿生材料、纳米生物材料、生物活性材料、介入诊断和治疗材料、可降解和吸收生物材料、新型人造器官、人造血液等。

思考题

1. 说明氨基酸、肽和蛋白质之前的关系。
2. 简述核酸的组成及其生命体中的重要作用。
3. 简述微量元素在人体中的作用。
4. 哪些因素会致癌？如何预防？
5. 简述生物仿生材料的种类和用途。

习题

1. 生活必需的氨基酸有哪些？这些氨基酸对人体有哪些作用？
2. 简述生物医用高分子材料的种类。
3. 简述维生素 A 对人体作用的机理。
4. 简述蛋白质在人体中起到的作用。
5. 简述早期的生物高分子医学材料使用原理。
6. 简述糖类在人体代谢的过程。
7. 简述氨基酸的基本组成。

第14章 化学与环境保护

20世纪的高度工业化，为人类带来了丰富的生活物资。当人们陶醉在现代物质文明的舒适享受中时，由资源的过度开发和生态与环境的严重破坏而引发的自然灾害和各种疾病正向人类席卷而来。人类面临着既要快速发展，又要保证生存安全、保护生态环境的严峻课题。从环境保护的角度看，造成生态和环境危害的大量污染物主要来源于与化学过程密切相关的化学工业、冶金工业、能源工业等。

化学过程以及化学品已经成为污染物的主要来源。然而要从根本上解决这些环境问题却又离不开化学的关键作用。事实上，化学不仅能够研究环境中物质间的相互作用，包括各种污染物在环境介质（大气、水体、土壤、生物）中的存在、化学特性、行为和效应，并在此基础上提供控制污染的化学原理、方法和技术，而且还能够利用其原理从源头上消除污染。即采用无毒、无害的原料和洁净、无污染的化学反应途径与工艺，生产出有利于环境保护与人类安全的环境友好化学产品。如可降解的塑料、可循环使用的金属和橡胶、对臭氧层不会构成威胁的新型制冷剂、能控制害虫而不危害人类和有用生物的农药等。

14.1 环境与污染

14.1.1 环境

所谓环境（environment）是指围绕着某一事物并对该事物产生某些影响的所有外界事物。环境总是相对于某一中心事物而言的，环境因中心事物的不同而不同，在环境科学中，中心事物是人，因此我们通常所称的环境就是人类的生活环境。

《中华人民共和国环境保护法》从法学的角度对环境概念进行了阐述：“本法所称环境，是指影响人类生存和发展的各种天然的和未经过人工改造的自然因素的总体，包括大气、水、海洋、土地、矿藏、森林、草原、野生生物、自然遗迹、人文遗迹、风景名胜区、自然保护区、城市和乡村等。”

近年来，国际环境组织提出了新的“环境”定义：个人以外的一切都是环境，每个人都是他人环境的组成部分。人类赖以生存的环境由自然环境和社会环境组成。其中，自然环境是指人类生存和发展的各种自然因素，它由大气圈、水圈、岩石圈和生物圈组成，即我们通常说的阳光、空气、水、土壤、岩石、动物、植物、微生物、温度、湿度、气候等；社会环境是指经过人类加工改造过的各种因素，如城市、村落、水库、港口、公路、铁路、空港、园林等。

14.1.2 人类与环境

自然环境为人类的生存和发展提供了必要的物质条件。人类从自然环境中摄取空气、水和食物，经过消化、吸收、合成过程组成人体组织的细胞所需要的各种成分并产生能量，进而维持生命活动。同时，又将体内不需要的代谢产物通过各种途径排入环境，从而对环境产生影响。

在构成自然环境的四个圈层中，和人类生活关系最密切的是生物圈。在这里，生活着包括人类在内的所有动植物和微生物，统称为生物。生物多以群落形式存在，生物群落与其周围的自然环境构成的统一整体，就是生态系统（ecological system）。在生态系统中，生物与环境之间、生物各个群落之间相互依存、相互影响、相互制约，在长期的共存与复杂的演变过程中，其结构与功能达到高度适应、协调统一的相对稳定状态，这种相对稳定状态称为生态平衡（ecological balance）。例如，人类、森林、草原、水域、野生动物、水生生物之间就存在着这种平衡，当生态系统遭受自然或人为因素的影响而破坏了原平衡状态时，便称为生态平衡失调。

14.1.3 化学与环境

化学作为科学领域最古老的分支之一，为人类进步和社会发展做出了不可替代的贡献。然而，化学也是一把“双刃剑”，在它给人类带来巨大的物质文明和推动生产力发展的同时，也给人类社会带来了严重的环境问题，如温室效应、大气污染、水污染、土壤污染等。很多有识之士对技术的进步、科学的发展表示了自己的担忧，希望能够再回到简单的、返璞归真的生活。那么人类改造自然的步伐究竟是应该前进、后退抑或原地不动呢？

我们知道，人类发展的历史也就是不断地改造自然、利用自然的历史，为了使自己生活得更美好，为了解决新出现的问题，人类一直在做不懈的奋斗。人类社会发展到今天，人口已是60多亿，生活方式也发生了重大变化，已经不可能再回到男耕女织、田园牧歌式的生活方式了。而原地不动又不能满足人类日益增长的物质文化需要。前进是人类获取自保，同时谋求发展的唯一途径。

1990年，美国国会通过《污染预防法案》，明确提出了“污染预防”这一概念，要求杜绝污染源，指出最好的防治有毒化学物质危害的办法就是从一开始就不生产有毒物质和形成废弃物。这个法案推动了化学界为预防污染、保护环境做进一步的努力。此后，人们赋予这一新理念为清洁化学、原子经济学或绿色化学等。这一理念最大特点在于它是在始端就采用实现污染预防的科学手段，因而过程和终端均为零排放或零污染。它研究污染的根源，污染的本质在哪里，而不是对终端或过程污染进行控制或进行处理。主张在通过化学转换获取新物质的过程中充分利用每个原子，达到既能够充分利用资源，又能够实现防止污染的目的，具有“原子经济性”。它将整体预防的环境战略持续地应用于化工生产过程、产品和服务中，以增加生态效益和降低给人类及环境带来的风险。其研究目的是通过一系列原理与方法来降低或除去化学产品制造、应用中产生的有害物质，使所设计的化学产品或过程更加环境友好。

14.1.4 环境问题与环境污染

所谓环境问题是指由环境受破坏所引起的后果，或是引起环境破坏的原因。大多数环境因果问题兼而有之，例如温室效应既是由环境破坏产生的后果，而其本身又是引起环境进一步破坏的原因。

(1) 主要环境问题

当前人类面临的环境问题至少有以下10个方面：①全球变暖。②臭氧层破坏。③生物多样性减少。④酸雨侵袭。⑤绿色屏障锐减。⑥土地荒漠化。⑦大气污染。⑧水资源污染。⑨海洋污染。⑩垃圾大量积留。

环境问题多数是由于人为污染造成的，由人为原因引起的污染物滋生而产生的突发事件通常称为公害。公害事件会在短期内引起公众生活环境恶化，常表现为人类大量发病和死亡，有的公害事件还具有时间延续性，其影响可长达数十年之久。从20世纪30年代以来，世界上发生了一系列的公害事件。表14-1列举了具有代表性的重大公害事件。

表 14-1 震惊世界的公害事件

事件名称	地点	时间	事件发生原因	后果
马斯河谷烟雾事件	比利时马斯谷	1930年12月	硫酸厂、钢铁厂排放SO_2、SO_3，HF等有害气体	死亡60余人，强烈刺激人体呼吸道
洛杉矶光化学烟雾事件	美国洛杉矶	1936年起	大量排放石油燃烧废气及重金属粉尘等，在太阳光照射下产生光化学烟雾	农业减产，人们患红眼病及刺激五官，死亡400人
多诺拉烟雾事件	美国多诺拉镇	1948年10月	硫酸厂、钢铁厂排放大量SO_2及金属粉尘	1.4万人的小镇 患病人43％，17人死亡
伦敦烟雾事件	英国伦敦	1952年12月	工业及民用煤燃烧，排放大量烟尘与SO_2	受害者上万余人，死亡4000人左右
水俣事件	日本九州水俣镇	1953年起	醋酸厂、氯乙烯厂排放大量含汞废水，使水中甲基汞含量增加	患者眼耳受损，全身麻木，精神失常，残废，甚至死亡
四日事件	日本四日市	1955年起	石油工厂排放含酸废水及大量燃烧废气，其废气中含SO_2及锰、铬等金属粉尘	人们患气喘病，称"四日气喘病"，患者6370人，死亡33人
富山事件	日本富山	1968年起	炼锌厂未加处理的含镉废水任意排放，污灌后，粮食中含镉	骨痛病、胃病患者280余人，死亡34人
米糠油事件	日本九州牟四市	1968年起	生产米糠油时，由于载热体多氯联苯渗漏于油中，食用含毒油及油饼	人畜中毒，受害者万人以上，死亡16人
多氯代二苯并对二噁英类(PCDDs)事件	意大利米兰	1976年	由化工厂爆炸散发出PCDDs，8个月后在法国北部某地检测到PCDDs	家畜大量死亡，自然流产和畸形儿增多
海难原油事件	南美洲邻近特立尼达海域	1979年	斯波莱士号大型油轮沉没，32.5万吨原油入海	大片水域生态灾难
核废料事件	英国威尔士	1983年	温茨凯尔核燃料后处理工厂含核废液大量流出	当地小儿白血病患者激增

续表

事件名称	地点	时间	事件发生原因	后果
博帕尔事件	印度博帕尔市	1984年12月	农药厂贮存异氰酸甲酯贮罐泄漏	2000余人死亡，2万余人中毒，5万人失明，20余万人受到影响
切尔诺贝利事件	苏联切尔诺贝利核电站	1986年4月	原子能发电站核试验反应堆爆炸，引起大火，辐射性物质大量泄漏扩散	约300万人受核辐射，由此死亡4000余人，东欧诸国均受到波及
农药排毒事件	瑞士莱茵河	1986年	沿河药品仓库失火，30吨农药等随灭火用水排入河中	50万尾鱼死亡，4000万人饮水受影响
中东原油大火事件	科威特	1991年	伊拉克军队纵火焚烧625口油井，将贮油库中大量原油放入海湾	天降黑雨，饮用水源受污染，海域生态灾难，呼吸道疾病患者激增
沙林毒气事件	日本东京	1996年	奥姆真理教徒地铁投毒物甲氟膦酸异丙酯（沙林）	约5500人患病，12人死亡，上百所学校停课
贫铀弹事件	南斯拉夫	1999年	北约军事集团连续78天轰炸南联盟国土，弹头中含23吨贫铀炸药	产生严重的放射性污染

这些教训和严峻的现实再次提醒我们，人类如果不注意生态和环境的保护，必将遭到大自然的报复，最终危及人类的生存。因此，社会发展必须与生态和环境保护协调一致，人类社会的发展必须走可持续发展的道路。

（2）环境污染来源

造成环境污染的来源有很多，其中人为污染源或污染物主要来自以下三个方面：

① 化学方面　指直接向环境排放的有毒化学物质，或经过化学反应后间接排放到环境中的有害产物的污染，如有害气体、有毒废液、含有毒物质的固体废物。

② 物理方面　主要是指一些能量性的因素，如辐射、放射性、振动噪声、废热、电磁波、光、粉尘等对环境的污染。

③ 生物方面　指各种病菌、致病霉菌、病毒、寄生虫以及水体中有毒或反常生长的藻类等对环境的污染。

由于化学污染物的种类多、数量大、来源广、性质互异，它们在环境中存在的时间和空间位置又各不相同，污染物之间或污染物与其他环境因素之间还存在相互作用和迁移转化等，因此，处理与控制化学污染物尤为重要。以下将主要介绍大气和水体中的化学污染物及其处理与控制，并对在环境保护中起决定性作用的绿色化学与清洁生产进行简单介绍。

14.2 大气污染与防治

大气组成成分是由78%的氮气、20%的氧气、1%的二氧化碳及其他气体组成。由于重力的作用，这些气体都分布在地球的周围，距离地球越远，气体越稀薄。经过长期的进化，地球上的生命形式已适应了这种分布和分配方式，形成了一个和谐统一的整体。比如动物吸入氧气，呼出二氧化碳，而植物恰好相反。而且大气中氧气的比例不能太高，否则动物的寿命将大大缩短。近年来，人类改造自然的动作和力度加大，在一定程度上改变了这种分布。

大气污染物的种类很多，已引起人们注意的大致有近百种，其中对人类影响大并且对环境危害严重的常见污染物有：颗粒物、SO_x，CO_x，NO_x 等，如表14-2所示。

表14-2 大气中主要污染物

污染物种类	主要成分	来源
颗粒物	碳粒、硅粉、尘埃、PbO_2 和 ZnO、各种金属微粒、烟雾、烟气、轻雾、喷雾等	烧煤设备、汽车尾气
含硫化合物	SO_2、SO_3、H_2SO_4、H_2S、RSH 等	烧油、烧煤设备、化工废气
含氮化合物	NO、NO_2、NH_3 等	汽车尾气、工厂燃烧设备
含氧化合物	O_3、CO、CO_2 和过氧化物	汽车尾气、工厂燃烧设备
卤化物	Cl_2、HCl、HF 等	化工厂
有机物	烃类、甲醛、有机酸、酮类、有机卤化物、多环致癌物质等	汽车及石油化工废气

14.2.1 悬浮颗粒物

(1) 污染来源

气溶胶由悬浮在大气中的许多大小不同的固体颗粒和细小液珠组成。这些颗粒物来源于：

①有的来自天然过程；②有的来自人类活动，特别是工业过程，如燃烧、喷涂、配粉、切割、研磨等是这类污染物的主要来源；③风沙卷起的无机物悬浮颗粒也飘散于大气中。

按颗粒的大小，悬浮颗粒物可分为降尘和飘尘。降尘直径大于10μm由于重力关系易沉降而除去；飘尘直径小于10μm，易随呼吸进入人体肺脏，在肺泡内积累，并可进入血液及全身，对人体健康危害大，因此也称可吸入颗粒物（PM10），通常所说的烟、雾、灰都是用来描述飘尘存在形式的。

(2) 污染效应

悬浮颗粒物的污染效应如下所述：

① 对光产生吸收和散射，降低空气的可见度，减少日光射达地面的辐射量，对气温有制冷作用。

② 粉尘对人体的危害程度取决于其性质和颗粒大小。其中含 SiO_2 的微粒、有毒的金属氧化物、放射性物质等灰尘危害最大，细微灰尘最危险。人呼吸较多的灰尘后，95%可排出体外，而较小的微尘会沉着、黏附于体内，引起尘肺、癌症、呼吸道疾病和心脏病等。

③ 悬浮微粒具有很大的表面积，有较强的吸附能力，是携带和传染病菌的媒介，有的浮尘本身还是很好的催化剂，能够引起其他污染物发生反应，导致“二次污染”。

大气中的悬浮颗粒物，尤其是飘尘，是大气中危害最久、最严重的一种污染物，环境监测和卫生部门常把它作为评价大气污染对健康影响的重要指标。

(3) 防治方法

防治工业粉尘的方法大致可分为两类。一类是对能源结构进行改进或者对原煤进行加工利用。采用清洁能源，如水能、原子能、地热、海洋能及风能等，可以从根本上除去粉尘的来源；对原煤的加工利用，包括对原煤筛选、除去过细的粉尘、将块煤加工成型煤、将原煤转化为气能或电能等，进而从源头降低粉尘的排放量和排放浓度。

另一类是在粉尘排放前进行治理，根据粉尘的粒径或浓度、粉尘的腐蚀性和毒性、废气的流量、回收率、允许的压力及经济指标等，可采用不同的方法和除尘设备吸收处置。通常选用的设备有沉降室、旋风除尘器、洗涤塔除尘器、电除尘器和织物过滤器等。

14.2.2 含硫化合物、硫酸雾

（1）污染来源

含硫化合物是指二氧化硫（SO_2）和三氧化硫（SO_3），它们主要来自燃料中的硫（煤含硫 0.5%～5%，石油含硫 0.5%～3%）的燃烧，火力发电厂的燃煤是大气硫化物的主要来源。此外，一些金属冶炼厂和硫酸厂的排放废气、含硫有机物的分解和燃烧、海洋及火山活动等均产生硫氧化物。

（2）污染效应

从化学热力学上看 SO_2 的转化率很高，但是如果没有催化剂存在，这个反应进行的速率极为缓慢。然而大气中的铁盐、镁盐等悬浮颗粒是该反应的良好催化剂，很容易使 SO_2 转化成 SO_3：

$$SO_2(g)+\frac{1}{2}O_2(g)\xrightarrow{\text{催化剂}}SO_3(g)\qquad K^{\ominus}(298.15K)=2.7\times10^{12}$$

此外，SO_2 在 300～400nm 的紫外光下也较易发生光化学反应生成 SO_3。SO_3 极易与水生成硫酸雾或硫酸雨，它不仅危害生物，而且会对建筑物、金属设备造成腐蚀与损害。

我国卫生标准规定，工业排气中 SO_2 的最大允许浓度为 10×10^{-6}（体积分数）。

（3）防治方法

目前，国内外已经应用的 SO_2 的控制方法分三类：燃烧前脱硫（如洗煤，微生物脱硫）；燃烧中脱硫（如工业型煤固硫，炉内喷钙）；燃烧后脱硫，即烟气脱硫。其中只有烟气脱硫是目前世界唯一大规模应用的脱硫方式，是控制 SO_2 污染的主要技术手段。它通过碱性吸收剂或吸附剂捕集烟气中的二氧化硫，使其转化为较稳定且易机械分离的硫化合物或单质硫，以达到脱硫的目的。

在烟气脱硫中，按照吸收剂和脱硫产物含水量的多少，脱硫方法又分为两类：

① 湿法　即采用液体吸收剂洗涤去除二氧化硫，如湿法石灰石/石膏脱硫工艺，海水脱硫工艺等。

② 干法　用粉状或粒状吸收剂、吸附剂或催化剂去除二氧化硫，如旋转喷雾干燥脱硫、半干法循环流化床脱硫、电子束法等。

14.2.3 一氧化碳和二氧化碳

（1）污染来源

CO_2 是一种无色无味无毒的温室气体，它在碳循环中扮演着重要角色，而且几乎在所有生物中都起着重要的作用。

CO 为无色、无味气体。CO 的来源可归纳为两类：一类为自然界产生，如森林大火、火山爆发时释放；另一类是燃料燃烧，燃料燃烧时供氧不足会产生 CO，由于燃烧温度很高，CO_2 也会分解为 CO 和 O_2，因此在燃料燃烧时总会有 CO 生成。

1970 年全世界大气中 CO 的排放量约 3.59×10^{11}kg，主要是由于燃料燃烧不完全

造成的。近年来由于对燃烧装置及燃烧技术的改进，固定源排放的CO量已明显减少，但流动源如汽车等燃烧排放的CO占污染量的55%以上，这已引起人们的充分注意，目前许多国家都致力于开展汽车尾气的净化研究工作。

(2) 污染效应

从19世纪工业革命以来，大气中CO的浓度已增加了25%，并且还在增加，大地反射热量被CO_2“劫持”，从而导致了气温不断升高，即“温室效应”不断加强，进而使全球气候不断恶化。我国是全球CO_2排放量第二大国。

CO素以“寂静杀手”而闻名，因为人们的感官不能感知它的存在。一旦CO被吸入肺部，就会进入血液循环，它与血红蛋白的亲和力约为氧的300倍，形成碳氧血红蛋白，削弱血红蛋白输入到人体各组织（尤其以中枢神经系统最为敏感），减弱输送氧的能力，从而使人产生头晕、头痛、恶心等中毒症状，严重的可致人死亡。CO中毒可采用呼吸纯氧，严重时用高压氧舱处理。

另外一个产生CO的来源是吸烟。目前，在很多公共场所已经禁止或限制吸烟，从而避免吸烟者对环境和周围人群造成的二次污染。如在办公楼、火车、教室等都已经禁烟或设置了专门吸烟区。

(3) 防治方法

控制CO及CO_2的排放，目前最有效的方法就是减少和控制污染源排放量，通过碳达标和碳达峰理念，将碳的排放量控制到最低标准。能够控制排放量最有效的方式还是采取源头控制，过程治理，生产生活选用清洁能源，建议大家都采取低碳出行的合理方式。

14.2.4 碳氢化合物（烃类化合物）

(1) 污染来源

烃类化合物主要来自石油开采、炼油厂的废气以及汽车油箱的逸漏和汽车尾气。

(2) 污染效应

烃类化合物对生态系统的破坏是多方面的。它们进入大气后，附着在飘尘上随呼吸进入人体，严重危害人类的健康。含碳原子较少的烃类如乙烯、丁烯等不饱和烃能够与O_2、NO_x或O_3等发生反应，生成光化学烟雾的某些极毒成分。

(3) 防治方法

治理烃类化合物的污染主要采用焚烧、吸附、吸收和冷凝等方法。

14.2.5 氮氧化合物

(1) 污染来源

氮氧化物的种类很多，造成大气污染的主要是NO和NO_2。在通常情况下N_2不会与O_2反应。但在高温条件下，如汽车、飞机的内燃机及高温燃烧的工业锅炉内，空气中的N_2就可以与O_2反应生成NO和NO_2，这是氮氧化物污染物的主要来源。

(2) 污染效应

NO和NO_2会刺激呼吸系统，并能和血红蛋白的活性基因血红素结合生成亚硝基和硝基，进而使人中毒，NO_x更严重的危害是造成光化学烟雾主要化合物。

（3）防治方法

氮氧化物的消除要比 SO_2 困难得多，一是因为氮氧化物比较稳定，二是烟气中除了 NO_x，还有 H_2O、CO_2、SO_2 等，后者的浓度比 NO_x 大得多，又比 NO_x 性质活泼。比较可行的除去氮氧化物的方法是催化还原法，让 NO_x 在粒状催化剂上与 SO_2、CO、NH_3、CH_4 等还原性气体反应生成 N_2 和 O_2。另外，利用 NaOH 或 $Ca(OH)_2$ 可以使 NO_x 生成硝酸和亚硝酸盐达到除去氮氧化物的目的。

14.2.6 大气中的综合性污染物

（1）光化学烟雾

大气中的单一性污染物氮氧化物（NO_x）和碳氢化合物（HC）在强烈的紫外线照射下会发生光化学反应后而产生二次污染物，这种由一次污染物和二次污染物的混合物所形成的烟雾现象，称为光化学烟雾。

光化学烟雾的成分非常复杂，由汽车、工厂等污染源排入大气的碳氢化合物（HC）和氮氧化物（NO_x）等，在阳光作用下发生化学反应，会生成臭氧（O_3），醛、酮、酸、过氧乙酰硝酸酯（PAN）等二次污染物，这些物质对动物、植物和材料非常有害。光化学烟雾对人和动物的主要伤害是眼睛和黏膜，受污染物的刺激，人们会产生头痛、呼吸障碍、慢性呼吸道疾病的恶化、儿童肺功能异常等。对于植物的损害表现在：臭氧开始时会使植物表皮褪色，呈蜡质状，经过一段时间后色素发生变化，叶片上出现红褐色斑点；PAN 会使叶子背面呈银灰色或古铜色，影响植物的生长，降低植物对病虫害的抵抗力。臭氧、PAN 等还能造成橡胶制品的老化、脆裂，使染料褪色，并损害油漆涂料、纺织纤维和塑料制品等。

20 世纪 40 年代，在美国加利福尼亚州洛杉矶首先发现了光化学烟雾。1951 年哈根最先指出臭氧（O_3）是由氮氧化物、碳氢化合物和空气的混合物通过光化学反应生成的。之后温特发现臭氧与不饱和烃（如汽车尾气中的烃类）的化学反应产物跟洛杉矶烟雾有相同的伤害效应。

通过对光化学烟雾形成的模拟实验，已经初步明确在碳氢化合物和氮氧化物的相互作用方面主要有以下几个过程：

① 污染空气中 NO 的光解是光化学烟雾形成的起始反应；

② 碳氢化合物被羟基、氧等自由基和臭氧氧化，导致醛、酮、醇、酸等产物以及重要的中间产物 $RO_2\cdot$、$HO_2\cdot$、$RCO\cdot$ 等自由基生成；

③ 过氧自由基引起 NO 向 NO_2 的转化，并导致 O_3 和 PAN 等化合物生成。

光化学反应中生成的臭氧、醛、酮、醇、PAN 等，统称为光化学氧化代表，所以光化学烟雾污染的标志是臭氧浓度的升高。

光化学烟雾的形成及其浓度，除直接决定于汽车尾气中污染物的数量和浓度以外，还受太阳辐射强度、气象以及地理等条件的影响。其中太阳辐射强度是一个主要条件，太阳辐射的强弱，主要取决于太阳的高度，即太阳辐射线与地面所成的投射角以及大气透明度等。因此，光化学烟雾的浓度，除受太阳辐射强度的变化影响外，还受该地的纬度、海拔高度、季节、天气和大气污染状况等条件影响。

光化学烟雾是一种循环过程，白天生成，傍晚消失。污染区大气的实测表明，一次污染物 HC 和 NO 的最大值出现在早晨交通繁忙时刻，随着 NO 浓度的下降，NO_2 浓度增大，O_3 和醛类等二次污染物随着阳光增强和 NO_2、HC 浓度降低而积聚起来。它们的峰值一般要比 NO 峰值的出现要晚 4～5 小时。二次污染物 PAN 浓度随时间的变化与臭氧和醛类相似。城市和城郊的光化学氧化剂浓度通常高于乡村，但近年来发现许多乡村地区光化学氧化剂的浓度也在增高，有时甚至超过城市。这是因为光化学氧化剂的生成不仅包括光化学氧化过程，而且还包括一次污染物的扩散输送过程，是两个过程的综合结果。

因此光化学氧化剂的污染不只是城市的污染问题，而且是区域性的污染问题。短距离运输可造成 O_3 的最大浓度出现在污染源的下风向，中尺度运输可使臭氧扩散到上百公里的下风向，如果同大气高压系统相结合则可传输几百公里。

目前，我国汽车油耗量高，汽车污染日益严重。部分大城市交通干道的 NO_x 和 CO 严重超过国家标准，汽车污染已成为主要的空气污染物，一些城市臭氧浓度严重超标，已具有发生光化学烟雾污染的潜在危险。我国大城市氮氧化物污染逐渐加重，从总体上看，氮氧化物污染突出表现在人口 100 万以上的大城市或特大城市。

(2) 酸雨

一般情况下，降雨过程会携带大气中的碳氧化合物，因而天然降水都偏酸性。如果认为大气与纯水达到平衡，按照理论计算 pH=6.5。微弱的酸性有利于土壤中养分的溶解，对生物有益。

如果降水的 pH< 6.5，则表明大气受到污染，此时雨水称为酸雨。酸雨不仅仅来自雨水，一般情况下我们所描述“酸性降水”，包括所有 pH<6.5 的从空中降落到地面的液态水（雨）和固态水（雪、雹），近地面形成的水汽直接凝结于物体表面的露和霜也包括在内。但是更全面的描述是“酸沉降”，酸沉降不仅包括酸性的湿沉降，还包括酸性的干沉降，如酸性气体被地表吸收和发生反应，酸性颗粒物通过重力沉降、碰撞和扩散沉降于地表。

酸雨中的酸主要是 H_2SO_4 和 HNO_3，占总酸量的 90%以上。这两种酸的比例取决于燃料的构成。在一次能源以煤为主的地区，酸雨属于煤烟型酸雨，其中 H_2SO_4 占绝大多数，其含量一般是 HNO_3 含量的 5～10 倍。在一次能源以石油为主的地区，H_2SO_4 比 HNO_3 的含量要小得多。然而，酸雨中的这两种酸主要是二次污染物，它们是由一次污染物转化而来，H_2SO_4 的前体物是 SO_2，HNO_3 的前体物是 NO_x。

酸雨的形成是一种复杂的过程。大气中的 SO_2 经过了复杂的化学过程，通过气相、液相或固相氧化反应生成 H_2SO_4。NO 排入大气后大部分转化成 NO_2，遇 H_2O 生成 HNO_3 和 HNO_2。还有许多其他进入大气的气态或固态物质，对酸雨的形成产生影响。大气颗粒物中的 Fe、Cu、Mn、V 是形成酸反应的催化剂。通过大气光化学反应生成的 O_3 和 H_2O_2 等又是使 SO_2 氧化的氧化剂。飞灰中的 CaO、土壤中的 $CaCO_3$、天然和人为来源的 NH_3，以及其他碱性物质可以与酸反应从而使酸中和。酸雨的形成取决于降水中酸性物质和碱性物质的相对比例，而不是酸性物质的浓度。

酸雨对环境有多方面的危害，如：使水域和土壤酸化，损害农作物和林木生长，危害渔业生产，腐蚀建筑物、工厂设备和文化古迹。酸雨会破坏生态平衡，造成很大经济损失。此外，酸雨可随风飘移而降落于几千里外，导致大范围的公害。因此，酸雨是公认的全球性的重大环境问题之一。

14.2.7 大气污染的危害

14.2.7.1 对人体健康的危害

世界卫生组织和联合国环境组织发表的一份报告说："空气污染已成为全世界城市居民生活中一个无法逃避的现实"，如果人类生活在污染十分严重的空气中，将可能在几分钟内全部死亡。人类需要呼吸空气以维持生命，一个成年人每天呼吸大约2万多次，吸入空气达15～20m^3，因此，被污染的空气对人体健康有直接的影响。通常大气污染物主要通过三条途径危害人体：一是人体表面接触后受到伤害；二是食用含有大气污染物的食物和水中毒；三是吸入污染的空气后患上各种疾病。

例如，1952年12月5～8日在英国伦敦发生的煤烟雾事件死亡4000人。人们把这个灾难的烟雾称为"杀人的烟雾"。据分析，这是因为那几天伦敦无风有雾，工厂烟囱和居民取暖排出的废气、烟尘弥漫在伦敦市区经久不散，烟尘最高浓度达4.46mg/m^3，二氧化硫的日平均浓度竟达到3.83mg/m^3。二氧化硫经过某种化学反应，生成硫酸液沫附着在烟尘上或凝聚在雾滴上，通过呼吸进入器官，使人发病或加速慢性病患者的死亡。

由此可见，大气中污染物的浓度很高时，会造成急性污染中毒，或使病情恶化，甚至在几天内夺去几千人的生命。其实，即使大气中的污染物浓度不高，但人体成年累月呼吸这种污染了的空气，也会引起慢性支气管炎、支气管哮喘、肺气肿或肺癌等疾病。表14-3列出了几种大气污染物对人体的危害，可以看到各种大气污染物是通过多种途径进入人体的，对人体的影响又是多方面。

表14-3 几种大气污染物对人体的危害

名称	对人体的影响
二氧化硫	视程减少，流泪，眼睛有炎症；可闻到有异味，胸闷，导致呼吸道炎症，呼吸困难，肺水肿，迅速窒息死亡
硫化氢	恶臭难闻，恶心、呕吐，影响人体呼吸、血液循环、内分泌、消化和神经系统，导致昏迷、中毒和死亡
氮氧化物	可闻到有异味，导致支气管炎、气管炎、肺水肿、肺气肿，呼吸困难，直至死亡
粉尘	伤害眼睛，可导致慢性气管炎、幼儿气喘病和尘肺，死亡率增加；可以使能见度降低，交通事故增多
光化学烟雾	眼睛红痛，视力减弱；可导致头痛、胸痛、全身疼痛，麻痹，肺水肿，严重的在1h内死亡
碳氢化合物	皮肤和肝脏损害，可致癌或死亡
一氧化碳	头晕、头痛，贫血、心肌损伤，导致中枢神经麻痹、呼吸困难，严重的在1h内死亡
氟和氟化氢	强烈刺激眼睛、鼻腔和呼吸道，引起气管炎、肺水肿、氟骨症和斑釉齿
氯气和氯化氢	刺激眼睛、上呼吸道，严重时引起中毒性肺水肿
铅	导致神经衰弱，腹部不适，便秘、贫血，记忆力低下
煤烟	引起支气管炎等。如果煤烟中附有各种工业粉尘（如金属颗粒），则可引起相应的尘肺等疾病
硫酸烟雾	对皮肤、眼结膜、鼻黏膜、咽喉等均有强烈刺激和损害。严重患者会并发如胃穿孔、声带水肿、狭窄、心力衰竭或胃脏刺激症状，均有生命危险
臭氧	其影响较复杂，症状较轻时表现为肺活量少，症状较重时导致支气管炎等

续表

名称	对人体的影响
氰化物	轻度中毒有黏膜刺激症状，重者可使意识逐渐丧失，血压下降，迅速发生呼吸障碍而死亡。氰化物蒸气可引起急性结膜充血、气喘等。氰化物中毒后遗症为头痛，失语症，癫痫发作等
氯	主要通过呼吸道和皮肤黏膜对人体发生毒害作用。当空气中氯的浓度达 0.04～0.06mg/L 时，30～60min 即可至严重中毒，当浓度达 3m/L 时，则可引起肺内化学性烧伤而迅速死亡

14.2.7.2 大气污染危害生物的生存和发育

大气污染主要通过以下三条途径危害生物的生存和发育：一是使生物中毒或枯竭死亡；二是减缓生物的正常发育；三是降低生物对病虫害的抗御能力。植物在生长期间长期接触污染的大气，损伤了叶面，减弱了光合作用，并且伤害了内部结构，使植物枯萎，直至死亡。各种有害气体中，二氧化硫、氯气和氟化氢等对植物的危害最大。大气污染对动物的损害主要是通过呼吸道感染或食用已被污染的食物。其中，以砷、氟、铅、镉等的危害最大，大气污染使动物体质变弱以致死亡。大气污染还通过酸雨形式杀死土壤微生物，使土壤酸化，降低土壤肥力，危害农作物和森林。

14.2.7.3 大气污染对全球大气环境的影响

大气污染发展至今已超越国界，其危害遍及全球。对全球大气的明显影响表现为三个方面：一是臭氧层破坏；二是酸雨腐蚀；三是全球气候变暖。

14.2.8 大气污染的防治

14.2.8.1 大气污染的化学治理

（1）化学吸收与吸附

① 吸收　它是气体混合物的一种或多种组分溶解于选定的液体吸收剂中（通常为水溶液），或者与吸收剂中的组分发生选择性化学反应，达到从气流中分离出来的一种方法。

能够用吸收法净化的气态污染物主要包括 SO_2、H_2S、HF、NH_3 和 NO_x 等无机类污染物。对于有机类污染物，也可用吸收法净化，但应用得较少，且多用于水溶性有机物的吸收净化。用吸收法净化气态污染物，要求具有处理气体量大、吸收组分浓度低及吸收效果和吸收速率较高等特点，所以采用一般简单的物理吸收不能满足要求，故多采用化学吸收过程。如用碱性溶液或浆液吸收燃烧烟气中低浓度 SO_2 的过程等。

另外，需要净化的气体成分往往比较复杂，例如燃烧烟气中除含有机物外，还含有 NO_x，CO 和烟尘等，会给吸收过程带来困难。多数情况下，吸收过程不仅是将污染物由气相转入液相，还需对吸收液进一步处理，以避免造成二次污染。

② 吸附　它同样是大气污染治理的一种重要方法。在用多孔性固体物质处理流体混合物时，流体中的某一组分或某些组分可被吸引到固体表面并在表面富集，此现象称为吸附。吸附应用于大气污染控制工程的一个实例是低浓度气体和蒸汽从废气中通过将其附着到多孔固体的表面达到去除的目的。选择合适的吸附剂及废气与吸附剂间的接触时间，可以达到更高的净化效率。此外，吸附过程的工业应用包括被吸附物质（吸附质）的回收利用，恶臭排放量控制，苯、乙醛、三氯乙烯、氟里昂等挥发性有机蒸气的回收以及工艺过程尾气的干燥等。

（2）化学燃烧

燃烧法主要用于治理挥发性有机化合物。燃烧可用于控制恶臭、破坏有毒有害物质或用于减少光化学反应物的量。注意，一些含有易燃固体和液滴微粒的废气有时可用气体燃烧炉来处理。挥发性有机化合物可以是高浓度的气体（如炼油厂排出的尾气），或是低浓度与空气的混合气体（如来自油漆干燥或印刷行业的尾气）。对于大体积流量、间歇性、高浓度的挥发性有机化合物气体，通常采用冷凝法或高架火炬燃烧法来处理。对于低浓度的情况，则有两种燃烧处理方法：热焚烧和催化焚烧。

可替代燃烧的方法是通过压缩、冷凝、活性炭吸附等方法回收有机蒸气，或是伴随回收及化学氧化的液体吸收法。燃烧的主要优点是高效率，如果能在足够高的温度下保持足够长的时间，有机物即可被氧化到任何程度。对于要求将排放空气中的有机物降到标准值或以下，燃烧法是最有效的处理方式（去除率达到99.95%）。

燃烧法的主要缺点是燃料费用高，而且某些污染物的燃烧产物自身又是污染物。例如，含氯化合物燃烧时，会产生 HCl 或 Cl_2 或者两者的混合物。由于副产污染物的不同，还需要对燃烧尾气进行处置。

（3）冷凝法

冷凝法多用于废弃有机物蒸气的回收。利用冷凝的方法，能使高浓度的有机物得以回收，但是对于更高要求的净化，室温下的冷却水是达不到冷凝效果的。净化要求越高，所需冷却的温度越低，必要时还得增大压力，这样就会增加处理的难度和费用，因而冷凝法往往与吸附、燃烧和其他净化手段联合使用，以提高回收净化效果。冷凝法常被用来回收有价值的污染物，例如水银法，氯碱厂副产物氢气中的汞蒸气需要先冷凝回收后，再利用其他方法进一步净化。还有沥青氧化尾气就是先冷凝回收有机油，而后送去燃烧净化的。但在某些情况下，采用低温冷冻水或制冷剂的冷凝法，也可作为一种有效的净化方法单独使用。

14.2.8.2 交通废气污染防治

截止到2016年底，全球汽车保有量已达12.4亿辆，中国突破1.94亿辆，汽车尾气造成的大气污染已构成严重的社会问题。为将汽车尾气污染减轻到最低限度，各国都在积极采取有效的防治措施：

① 改进内燃机的燃烧设计，使燃料充分燃烧，减少废气排放量；

② 在汽车排气系统安装附加的催化净化装置，将废气变为无害气体；

③ 改变汽车燃料成分，用无 Pb 汽油代替含 Pb 汽油，以减少含 Pb 废气的排放；

④ 开发新燃料，如以天然气、乙醇汽油、氢、甲醇、二甲醚作汽车燃料；

⑤ 开发新型汽车，如太阳能汽车、电动汽车、燃料电池汽车等。

14.2.8.3 废气污染的防治

（1）催化还原法除 CO、NO_x

$$4NO_2 + CH_4 \xrightarrow[400\sim500℃]{Pt} 4NO + CO_2 + 2H_2O$$

$$4NO + CH_4 \xrightarrow[400\sim500℃]{Pt} 2N_2 + CO_2 + 2H_2O$$

$$2NO + 2CO \xrightarrow[538℃]{Pt} 2CO_2 + N_2$$

（2）氨法或碱法去除 NO_x、SO_2、SO_3

$$NO + NO_2 + 2NaOH \longrightarrow 2NaNO_2 + H_2O$$

$$4NO + 4NH_3 + O_2 \longrightarrow 4N_2 + 6H_2O$$

$$SO_2 + 2NH_3 \cdot H_2O \longrightarrow (NH_4)_2SO_3 + H_2O$$

$$SO_2 + NH_3 \cdot H_2O \longrightarrow NH_4HSO_3$$

$$2NH_4HSO_3 + H_2SO_4 \longrightarrow 2SO_2(g) + 2H_2O + (NH_4)_2SO_4$$

（3）石灰乳法除去 SO_2

$$Ca(OH)_2 + SO_2 \longrightarrow CaSO_3 \cdot \frac{1}{2}H_2O + \frac{1}{2}H_2O$$

$$2CaSO_3 \cdot \frac{1}{2}H_2O + O_2 + 3H_2O \longrightarrow 2CaSO_4 \cdot 4H_2O$$

14.2.8.4 发展低碳经济，应对全球变暖

工业革命以来，人类消耗了大量的化石燃料，同时向大气中排放了大量的二氧化碳，导致全球变暖越来越严重，给人类的生存造成了威胁。严峻的现实使人们认识到，以往高耗能、高排放的发展模式是不可持续的，必须发展低碳经济，才能减缓全球变暖的趋势。

低碳经济是低碳发展、低碳产业、低碳技术、低碳生活等一类经济形态的总称。它以低能耗、低排放、低污染为基本特征，以应对碳基能源对气候变暖的影响为基本要求，以实现经济社会的可持续发展为基本目的。

发展低碳经济的具体措施主要有：第一，发展核能、风能、太阳能、生物质能等新型能源以减少对燃料能源的依赖，从而降低二氧化碳的排放。第二，提高资源能源利用率。这方面主要靠科技进步，改进能源应用技术来实现。例如，让燃料充分燃烧；采用保温隔热措施，减小热量的损失；充分利用余热和减少有害摩擦；减少能量转化的中间环节。第三，倡导低碳生活方式。把能导致二氧化碳排放的生活习惯改变为节省能源、减少二氧化碳排放的习惯，例如，在寒冷、炎热情况下，调整空调的高、低温度值；开发电动汽车，提高汽车尾气排放标准；少开私家车，倡导利用公共交通工具；不使用一次性餐具等。第四，全民植树造林。巨大的森林可以为保护全球气候系统和生态环境发挥积极作用。据测定，$1\times10^4 m^2$ 阔叶林每天约吸收 1t 二氧化碳，释放 700kg 氧气。

14.2.8.5 减少污染源的措施

大气污染的防治措施很多，其根本是源头控制。一般采用以下措施：

① 工业合理布局。这是解决大气污染的重要措施。工厂不宜过分集中，以减少一个地区内污染物的排放量。另外，还应把有原料供应关系的化工厂放在一起，通过对废气的综合利用，减少废气排放量。

② 区域采暖和集中供热。分散于千家万户的炉灶是煤烟粉尘污染的主要污染源。采取区域采暖和集中供热的方法，即用设立在郊外的几个大的、具有高效率除尘设备的热电厂代替千家万户的炉灶，也是消除煤烟的一项重要措施。

③ 减少交通尾气的污染。减少汽车尾气排放的关键在于改进发动机的燃烧设计和提高汽油的燃烧质量，使油充分燃烧，从而减少有害废气排放浓度。

④ 改变燃料构成。实行燃煤向燃气的转换，同时加紧研发其他新能源，如太阳能、氢燃料、地热等。这样可以大大减少烟尘的污染。

⑤ 绿化造林。茂密的丛林能降低风速，使空气中携带的大粒灰尘沉降。树叶表面粗糙不平，有的有绒毛，有的能分泌黏液和油脂，能吸附大量粉尘。蒙尘的叶子经雨水冲洗后，能继续吸附粉尘。如此反复拦阻和吸附尘埃，能使空气得到净化。

14.3 水污染防治

14.3.1 水和水体

水体一般是河流、湖泊、沼泽、水库、地下水、冰川、海洋等“地表贮水体”的总称。水体不仅包括水，而且也包括水中的悬浮物、底泥及水生生物等。从自然地理的角度看，水体是指地表被水覆盖的自然综合体。

“水”和“水体”的概念是不同的。例如重金属污染物易从水中转移到底泥中，水中重金属含量一般都不高，若着眼于水，似乎未受污染，但从水体来看，可能已受到严重污染。水体已成为长期的次生污染源。

研究水体，主要是研究水污染，同时也研究底质（底泥）和水生生物体的污染。一般来讲，所谓水污染是指排入水体的污染物使该物质在水体中的含量超过了水体的本底含量和水体的自净能力，从而破坏了水体原有的用途。

14.3.2 水污染

1984 年颁布的《中华人民共和国水污染防治法》为“水污染”制定明确定义，即水体因某种物质的介入，而导致其化学、物理、生物或者放射性等方面特征的改变，从而影响水的有效利用，危害人体健康或者破坏生态环境，造成水质恶化的现象称为水污染。

众所周知，细胞是生命存在形式的基本单元之一，而细胞内至少含有 60%的水才能维持生命活动的正常进行，所以水是地球上生命存在不可缺少的物质。当然，经过数百万年的进化，水之所以成为这种必需的物质，是与它独特的物理性质分不开的。水在常温下是液态，它能够溶解大部分无机盐和生命必需的营养物质，能够携带这些物质运送到生物体所需要的部位。而且，水的热容比较大，地球上大量的水可以调节气候和温度，使水的存在状态不至于变化太大，这也是生命存在的必需条件。在工业社会中，想避免水体完全不受污染是不可能的，研究者所做的只能是减小这种污染，使大自然有能力容纳处理它，尽量地使生物圈不受到其影响。人类的活动会使大量的工业、农业和生活废弃物排入水中，使水体受到污染。

目前，全世界每年约有 4200 多亿立方米的污水排入江河湖海，污染了 5.5 万亿立方米的淡水，这相当于全球径流总量的 14%以上。

14.3.3 水污染产生的原因

(1) 农业原因

传统的农业社会，土地资源开发得很有限，使用的肥料也都是天然的、非化学合成的。然而随着人口的增长，这种模式不能再维持整个人类群体的生存，只能通过化学肥料和农药增加产量，从而满足社会和人类的需要。在农业生产方面，喷洒农药和施用化肥，一般只有少量附着或施用于农作物上，其余绝大部分残留在土壤和飘浮在大气中。通过降雨、沉降和径流的冲刷而进入地表水或地下水，且年复一年长期积累，势必要造成对水体的污染。集中化的畜牧业，如大型饲养场，各种废弃物的排放，也是造成水体污染的重要原因。

(2) 工业原因

自从工业革命之后，工厂如雨后春笋般迅速成长起来，工业废水量急剧增加，主要来源有采矿及选矿废水、金属冶炼废水、炼焦煤气废水、机械加工废水、石油及化工废水、造纸印染及食品工业废水，它们通过不同的渠道将加工生产后产生的污染物排到水体中。这些污染物包括有机物、石油废料、金属、酸等。

(3) 城镇生活污水

城镇生活污水也是目前造成污染的一个重要原因，占污染总量的 54%。我国废水治理仍处于较低水平，城市生活污水处理率不到 30%，废水的处理率较低。另外，除大型企业和城市污水处理厂的处理工艺较为先进，大量的中小企业废水处理设施工艺还处于较为落后的水平，难以保证废水长期稳定的处理效果。

14.3.4 常见的水污染

在自然环境中不可能存在化学概念上的纯水，天然水由于受到有毒有害物质入侵，水质被污染而变坏。水体污染主要分为自然污染和人为污染两类。两者相比，后者是主要的。

在现代工业出现之前，水体污染的主要因素是自然污染，如特殊的地质条件使某些地区水域中某种化学元素富集；火山爆发的灰尘和干旱地区的风沙随雨雪降落到水体等。

人为污染主要是因人类的生产和生活造成的，这种污染有时是由偶然事故引起，更多的是由于未经控制而任意排放出的工业废水、城市生活污水、农业和畜牧场污水造成的。盲目使用的农药、化肥以及将工业废渣、生活垃圾直接倾倒入水，或者堆放在陆地经雨水冲刷而流入水体，石油工业的发展和运输所造成的石油类环境污染等，同样是造成水体污染的人为因素。

(1) 酸、碱、盐等无机物污染

污染水体的酸类物质有：硫化矿物、因自然氧化作用产生的酸性矿山排水和各种工业废水。化工企业生产过程产生的酸性废水。机械加工制造行业在酸洗工序也会产生酸性废水。

污染水体的碱类物质有：造纸、制碱、制革、炼油等工业废水。

水体被酸、碱、盐污染后，pH 会发生变化。当 $pH<6.5$ 或 $pH>8.5$ 时，水中微生物的生长会受到抑制，降低了水体的自净能力。在酸性水中，增加了对排水管道及船舶的腐蚀。碱性水长期灌溉农田将会使土质盐碱化，造成农作物减产。水体中含盐量高，会增大水的渗透压，危害淡水水生动、植物的生长，加速土壤盐碱化。

无机污染物中，危害最大的是氰化物。含氰废水来自电镀、焦化、冶金、金属加工、农药、化工等行业，其在水中以简单盐类或金属配合物的形式存在。除铁氰配合物较稳定、毒性较小外，其他游离态的氰化物均容易产生毒性极大的 CN^-。氰化物被人体吸收后，将引起缺氧窒息而导致死亡。

另外，含磷洗涤剂使水体富营养化，藻类大量繁殖，造成水体恶化。

(2) 重金属污染

污染水体的重金属有：Hg、Cd、Cr、Pb、V、Co、Ni、Cu、Zn、Sn 等，其中以 Hg、Cd、Cr、Pb 的毒性最大。非金属砷的毒性与重金属相似，常把它和重金属一起讨论。这些重金属具有优良的物理、化学特性，在人类的生产和生活中具有广泛的用途。但是在其开采、冶炼、生产及使用过程中可能随废渣、废水、废气排放到环境中，因此有色金属矿山、冶炼厂、机械厂、电镀厂、化工厂、电器厂等可能是重金属污染的污染源。

① 汞（Hg） 金属汞及其化合物对人体都是有害的。汞中毒会造成神经系统损害，以及染色体变异引起胎儿缺陷等。汞中毒以甲基汞最为严重。

② 镉（Cd） 镉急性中毒症状包括高血压，肾脏、肝脏损害，以及血红细胞破坏等。镉可取代某些酶中的锌，改变酶的立体结构，削弱其催化活性，最终导致疾病。日本最早发现的“骨痛症”主要就是由镉中毒所引起的。

③ 铅（Pb） 急性人体铅中毒，会引起严重的肾、生殖系统、肝、脑和中枢神经系统机能障碍，导致疾病和死亡。

④ 铬（Cr） 通常认为Cr(Ⅵ)的化合物的毒性最大。铬的化合物以多种形式危害人体健康常引起全身中毒，有致癌性。接触含铬的废水，会引起皮肤疾病，它对自然水中的动、植物危害极大。

⑤ 砷（As） 它是致癌元素，通常有+3、+5 两种氧化态，其中以+3 氧化态的砷毒性最大，如三氧化二砷（As_2O_3，俗称“砒霜”），致死量为 0.01g。

水生生物对重金属有很高的富集能力，经过浮游生物虾、鱼的“食物链”，逐级传递富集后在高级生物体内的含量成千上万倍地增加。微量重金属进入水体时，无色、无臭、无味，通常不容易被发现，当出现危害时已经很严重了。因此，各种工矿企业哪怕是极微量的含重金属废水的排放，都应引起重视，予以监控。

(3) 有机物污染

污染水体的有机污染物包括：酚类、醛类、糖类、蛋白质及石油类等，其在许多工业废水中大量存在，难以分别测定和处理。它们在水中被分解（或降解）时，要消耗大量的溶解氧。

酚类污染物主要来源于焦化厂、炼油厂等，通过人体皮肤、黏膜、呼吸道侵入使细胞变性；难降解有机氯通过“食物链”能在生物体内长期积累中毒；各种渠道泄漏的石油覆盖于水面使水中缺氧，造成水生生物的大量死亡。

(4) 热污染

向水体排放大量温度较高的废水，使水体因温度上升而造成一系列的危害称为热污染。火力发电厂、核电站及许多工厂的冷却水是水体热污染的主要来源。热污染会给水生生物带来极为不良的后果，对鱼类影响最大，不少鱼类在热污染情况下无法生存。水温升高，会使水中溶解氧减少，加速细菌繁殖，助长水草丛生，加速嗜氧微生物对有机物的分解，水中溶解氧越来越少，甚至会发生水质腐败现象。

热污染的危害近年才逐渐被人们所认识。为控制热污染，应当进一步提高热转换效率，改进冷却方式，利用余热。

14.3.5 水污染的化学治理

（1）化学中和法

化学中和法是利用碱性药剂或酸性药剂将废水从酸性或碱性调节到中性附近的一类处理方法。在工业废水处理中，中和处理既可以作为二级处理，也可以作为一级处理。酸性废水中常见的酸性物质有硫酸、硝酸、盐酸、氢氟酸、磷酸等无机酸及醋酸、甲酸、柠檬酸等有机酸，并常溶解有金属盐。碱性废水中常见的碱性物质有苛性钠、碳酸钠、硫化钠及胺类等。

工业废水中所含酸（或碱）的量往往相差很大，因而有不同的处理方法。酸含量大于5%～10%的高浓度含酸废水，称为废酸液；碱含量大于3%～5%的高浓度含碱废水，常称为废碱液。对于这类废酸液、废碱液，可因地制宜采用特殊的方法回收其中的酸和碱，或者进行综合利用。例如，用蒸发浓缩法回收苛性钠，用扩散渗析法回收钢铁酸洗废液中的硫酸。利用钢铁酸洗废液作为制造硫酸亚铁、氧化铁红、聚合硫酸铁的原料等。对于酸含量小于5%～10%或碱含量小于3%～5%的低浓度酸性废水或碱性废水，由于其中酸、碱含量低，回收价值不大，常采用中和法处理，使其达到排放要求。

此外，还有一种与中和处理法相类似的处理操作，就是为了某种需要，将废水的pH调整到某特定值（或范围），这种处理操作叫pH调节。若将pH由中性或酸性调至碱性，称为碱化；若将pH由中性或碱性调至酸性，称为酸化。

（2）化学沉淀法

化学沉淀法是指向废水中投加某些化学药剂（沉淀剂），使之与废水中溶解态的污染物直接发生化学反应形成难溶的固体生成物，然后进行固液分离，从而除去水中污染物的处理方法。

废水中的重金属离子（如汞、铝、镉、锌、镍、铬、铁、铜等）、碱土金属（如钙和镁）及某些非金属（如砷、氟、硫、硼）均可通过化学沉淀法去除，某些有机污染物亦可通过化学沉淀法去除。

化学沉淀法的工艺过程通常包括：①投加化学沉淀剂，与水中污染物反应，生成难溶的沉淀物而析出；②通过凝聚、沉降、过滤、离心等方法进行固液分离；③泥渣的处理和回收利用。

化学沉淀的基本过程是难溶电解质的沉淀析出，其溶解度大小与溶质特性、温度、同离子效应、沉淀颗粒的大小及晶型等有关。在废水处理中，根据沉淀溶解平衡移动的一般原理，可利用过量投药、防止配合、沉淀转化、分步沉淀等，提高处理效率，回收有用物质。

（3）氧化还原法

通过药剂与污染物的氧化还原反应，把废水中有毒害的污染物转化为无毒或微毒物质。废水中的有机污染物及还原性无机离子（如CN^-、S^{2-}、Fe^{2+}、Mn^{2+}等）都可通过氧化法去除，而废水中的许多重金属离子（如汞、铬、铜、银、金、铅、镍等）可通过还原法去除。

废水处理中最常采用的氧化剂是空气、臭氧、氯气、次氯酸钠及漂白粉；常用的还原剂有硫酸亚铁、亚硫酸氢钠、硼氢化钠、铁屑等。在电解氧化还原法中，电解槽的阳极可作为氧化剂，阴极可作为还原剂。

投药氧化还原法的工艺过程及设备比较简单，通常只需一个反应池，若有沉淀物生成，还需进行固液分离及泥渣处理。

(4) 离子交换法

离子交换的两个作用是：去除水中的硬度离子（Ca^{2+}，Mg^{2+}），即水的软化；降低水中的含盐量，即水的除盐。

近年来，离子交换法在处理工业废水的金属离子方面也有应用。离子交换剂包括天然沸石、人造沸石、离子交换树脂等，特别是离子交换树脂应用最多。按照所交换离子的种类，离子交换剂可分为阳离子交换剂（天然或人造沸石）和阴离子交换剂两大类。

离子交换树脂是人工合成的有机高分子电解质凝胶，其内部是一个立体的海绵状结构作为其骨架，上面结合着相当数量的活性离子交换基团。树脂置于水中，其骨架中充满水分。离子交换基团在水中电离，分成两部分：一是固定部分，仍与骨架牢固结合，不能自由移动；二是活动部分，能在一定范围内自由移动，称为可交换离子。

离子交换树脂的制备方法有两类：一类是由带解离基团的高分子电解质直接聚合而成；另一类是先由有机高分子单体聚合成树脂骨架，然后再导入解离基团。

实际污水处理时，由于各种废水成分复杂，具体处理方法也不同。目前，城市污水处理的历程主要有一级、二级和三级处理。一级处理通常采用物理方法，一般是用格栅、沉淀和浮选等步骤清除污水中的难溶性固体物质。二级处理是通过微生物的代谢作用，将废水中复杂的有机物降解成简单的物质，主要方法有活性污泥法和生物过滤法。三级处理也称深度污水处理，仍需要多种工艺流程，如曝气、吸附、化学凝聚和沉淀、离子交换、电渗析、反渗透、氯消毒等，作深度处理和净化。

14.3.6 城市生活污水脱氮除磷的方法

(1) 化学法

去除水中氮、磷比较经济有效的方法是投加石灰。用石灰除氮方法的原理是提高废水的 pH，使水中的氮呈游离氨形态逸出：

$$NH_4^+ \longrightarrow NH_3 + H^+$$

投石灰到废水中，使 pH 提高到 10 左右，在解吸塔中将氨吹脱到大气中。石灰与磷酸盐作用的反应式为：

$$5Ca^{2+} + 4OH^- + 3HPO_4^{2-} \longrightarrow Ca_5OH(PO_4)_3 + 3H_2O$$

生成了碱式磷酸钙沉淀而被去除，磷也会吸附在碳酸钙粒子的表面上一起沉淀。当 pH$>$9.5 时，基本上全部正磷酸盐都转化为非溶解性的。

投加铝盐或铁盐也可去除磷，以铝盐为例：

$$Al_2(SO_4)_3 + 2PO_4^{3-} \longrightarrow 2AlPO_4 + 3SO_4^{2-}$$

生成了磷酸铝沉淀而被除去，磷与铝也会结合成为一种配合物被吸附在氢氧化铝絮状物上。

近年来，离子交换也成功地应用于城市污水的脱氮、除磷。阳离子交换树脂能用它的氢离子与污水中的氨离子进行交换，阴离子交换树脂能用它的氢氧根离子与污水中的硝酸银、磷酸根离子进行交换，反应如下：

$$RH + NH_4^+ \longrightarrow RNH_4 + H^+$$

$$ROH + HNO_3 \longrightarrow RNO_3 + H_2O$$

$$ROH + H_3PO_4 \longrightarrow RH_2PO_4 + H_2O$$

（2）物理法

电渗析是一种膜分离技术，电渗析室的进水通过多对阴、阳离子渗透膜，在阴、阳离子渗透膜之间施加直流电压，含磷和含氮离子以及其他溶解离子、体积小的离子通过膜而进到另一侧的溶液中。在利用电渗析去除氮和磷时，预处理和离子选择性显得特别重要，必须对浓度大的废水进行预处理，因此，高度选择性的防污膜仍在发展中。

（3）生物法

生物脱氮是由硝化和反硝化两个生化过程完成的。污水先在耗氧池进行硝化，使含氮有机物被细菌分解成氨，氨进一步转化成硝态氮：

$$2NH_4^+ + 3O_2 \longrightarrow 2NO_2^- + 4H^+ + 2H_2O$$

$$2NO_2^- + O_2 \longrightarrow 2NO_3^-$$

然后在缺氧池中进行反硝化，硝态氮还原成氮气逸出：

$$2NO_3^- + 10e^- + 12H^+ \longrightarrow N_2 + 6H_2O$$

14.4 固体废物污染与治理

14.4.1 固体废物

固体废物包括：

① 城市垃圾，主要成分为各种废弃的生活用品，如厨房垃圾、装潢废料、包装材料、废旧电器等。

② 工矿业固体废物，主要有废渣、粉尘、污泥、废矿石等。

③ 农业固体废物，农业生产过程和农民生活中所排放出的固体废物。主要指各种作物的秸秆（稻草、麦秸、蔗渣）、家畜的粪便等。

④ 建筑垃圾，主要指拆迁、建设、装修、修缮等建筑业的生产活动中产生的渣土、废旧混凝土、废旧砖石及其他废物。

a. 按产生源分类，建筑垃圾可分为工程渣土、装修垃圾、拆迁垃圾、工程泥浆等。

b. 按组成成分分类，建筑垃圾可分为渣土、混凝土块、碎石块、砖瓦碎块、废砂浆、泥浆、沥青块、废塑料、废金属、废竹木等。

14.4.2 固体废物的危害

固体废物中有害成分仅占固体废物的很小一部分，约占10%～20%，但因分布广，化学性质复杂，对环境和人体危害极大。由于扩散作用对周围的农田产生污染使其无法耕种。固体废物若长期堆放，会通过雨水，进入水体而污染水资源，释放出有害气体污染大气环境。

截至2011年，我国城市固体生活垃圾存量已达70亿吨，我国建筑垃圾的数量已占到城市垃圾总量的30%～40%，可推算建筑垃圾总量为21亿至28亿吨，每年新产生建筑垃圾超过 3 亿吨。如采取简单的堆放方式处理，每年新增建筑垃圾的处理都将占 1.5 亿至 2 亿平方米用地。我国正处于经济建设高速发展时期，每年不可避免地产生数亿吨建筑垃圾。如果不及时处理和利用，必将给社会、环境和资源带来不利影响。

以 500～600 吨/万平方米的标准推算，到 2020 年，我国还将新增建筑面积约 300 亿平方米，新产生的建筑垃圾将是一个令人震撼的数字。然而，绝大部分建筑垃圾未经任何处理，便被施工单位运往郊外或乡村，露天堆放或填埋，耗用大量的征用土地费、垃圾清运费等建设经费，同时，清运和堆放过程中的遗撒和粉尘、灰砂飞扬等问题又造成了严重的环境污染。

（1）建筑垃圾随意堆放易产生安全隐患

大多数城市建筑垃圾堆放地的选址在很大程度上具有随意性。施工场地附近多成为建筑垃圾的临时堆放场所，由于只图施工方便和缺乏应有的防护措施，在外界因素的影响下，建筑垃圾堆出现崩塌，阻碍道路甚至冲向其他建筑物的现象时有发生。

（2）建筑垃圾对水资源污染严重

建筑垃圾在堆放和填埋过程中，由于发酵和雨水的淋溶、冲刷，以及地表水和地下水的浸泡而渗滤出的污水、渗滤液或淋滤液，会造成周围地表水和地下水的严重污染。

（3）建筑垃圾影响空气质量

建筑垃圾大多采用填埋的方式处理，然而建筑垃圾在堆放过程中，在温度、水分等作用下，某些有机物质发生分解，产生有害气体，如建筑垃圾废石膏中含有大量硫酸根离子，硫酸根离子在厌氧条件下会转化为具有臭鸡蛋味的硫化氢。

（4）建筑垃圾占用土地，降低土壤质量

随着城市建筑垃圾量的增加，垃圾堆放点也在增加，而垃圾堆放场的面积也在逐渐扩大。垃圾与人争地的现象已到了相当严重的地步，大多数郊区垃圾堆放场多以露天堆放为主，经历长期的日晒雨淋后，垃圾中的有害物质（其中包含有城市建筑垃圾中的油漆、涂料和沥青等释放出的多环芳烃构化物质）通过垃圾渗滤液渗入土壤中，从而发生一系列物理、化学和生物反应，如过滤、吸附、沉淀，或为植物根系吸收或被微生物合成吸收，造成郊区土壤的污染，从而降低了土壤质量。

14.4.3 固体废物的治理

固体废物是困扰当今社会发展的重大环境问题，因此对庞大的固体废物必须进行科学处理，达到减量化、无害化、资源化的目的。现在主要的方法有填埋法、焚烧法和资源化法。

（1）填埋法

填埋法就是采用防渗、压实、覆盖的方法处理固体废物。其技术要求低、投资小，现在我国大量采用。如上海市目前的固体废物就是郊区老港镇的垃圾填埋场。垃圾填埋是不符合我国国情的一种处理方法，因为垃圾填埋将会浪费大量的土地，对越来越多的垃圾，用填埋处理将难以为继。

（2）焚烧法

焚烧法是将固体废物在高温下燃烧，使垃圾在焚烧炉内经过高温分解和深度氧化的综合处理过程，达到大量削减固体量的目的，并将垃圾焚烧的热量回收利用。该法有许多优点，如减容大、无害化、速度快、成本低、能源化等。上海市已在浦东建了一座垃圾发电厂。

(3) 资源化法

固体废物的资源化总体成本较高，技术较复杂，但目前发达国家垃圾资源化率已超过 50%。通过高温、低温、压力、电力、过滤等物理和化学方法对垃圾进行加工，使之重新成为资源。一方面解决了垃圾成灾、污染严重的问题，同时也摆脱了资源危机。

固体废物的资源回收是先把垃圾粉碎，通过回收流水线把碎片分类，然后分别利用。如用磁场“捕获”的金属粒子可重新回炉冶炼金属，大量建筑垃圾可重新做建材，有机纤维类可用来造纸等。对生活垃圾可以先用发酵法产生沼气发电，剩余固体可作为有机肥或饲料。如上海宝钢利用钢渣制造优质水泥，用于防腐要求更高的东海大桥的建设。

14.5 废弃物的综合利用

目前人们还不能完全避免废弃物的产生，但可以开展综合利用。这样既能“变废为宝”，减少浪费，又能减少废弃物对环境的污染。因此这是一件意义极为深远的事情，目前世界各国都在广泛而积极地开展废弃物的综合利用工作。

14.5.1 烟尘的综合利用

意大利一家造纸厂研制出利用烟尘造纸的新技术。这一新技术的关键部分是一个有几立方米的烟尘沉淀器，锅炉的烟气经过这一沉淀器时，其酸性气体同制碱工业的渣滓中和，形成一种很像滑石粉的中性粉末。在制纸的纸浆中加入 10%的这种粉末即可制出很好的纸张。该技术可降低烟囱灰尘，也可避免酸雨和温室效应。

14.5.2 废气的综合利用

大气污染物的种类很多，含有重金属的污染物和粉尘等颗粒物一般通过吸附吸收方法去除，不能再利用。但是含硫的废气却可以通过吸附吸收方法再利用。

含硫废气主要是 SO_2，也有含 SO_3 与 H_2S 的废气。用氨水作为吸收剂，既可除去废气中的 SO_2（包括 SO_3），又可制得高浓度的硫酸和硫酸铵副产品。

处理 H_2S 废气的具体方法是在气体中通入适量的空气（氧气）和氨，通过活性炭层时，H_2S 和空气吸附在活性炭表面，同时在氨催化下，H_2S 被氧化，在活性炭表面转化为单质硫。反应式为：

$$2H_2S + O_2 \longrightarrow 2H_2O + 2S$$

再用 $(NH_4)_2S$ 溶液浸取单质 S，生成多硫化铵，即：

$$nS + (NH_4)_2S \longrightarrow (NH_4)_2S_{n+1}$$

此法一般适用于处理含 H_2S 低于 0.5%的废气。

14.5.3 废水的综合利用

工业废水处理后，若水体中重金属的排放浓度超过了国家标准或行业标准及地方标准要求，此时为了不让含重金属废水排放到自然水体中，很多研究利用重金属的一般特性提出了回收再利用的方法。

（1）从含汞废水中提取汞

以 Na_2S 为沉淀剂，用凝聚沉淀法可从含汞废水中提取汞。反应式为：

$$Hg^{2+} + S^{2-} \longrightarrow HgS\ (s)$$

为提高效果，具体操作时，在废水中先加消石灰，使废液呈碱性（pH=9），再加入过量 Na_2S，使 HgS 沉淀析出。但它难以沉降，所以再加入 $FeSO_4$ 溶液，才有 FeS 沉淀。FeS 可吸附 HgS 而共同沉淀 HgS，使原废水中的含汞量降至 $0.02mg \cdot dm^{-3}$ 以下。所得沉淀可用焙烧法制取汞，即产生的汞蒸气经冷凝，即得金属汞。

$$HgS + O_2 \longrightarrow Hg + SO_2$$

（2）从含银废水中提取银

废定影液中含有银，而银是很宝贵的金属。因此从印刷、照相等行业收集废定影液，可回收银。具体方法可用下列化学反应式表示：

$$2Na_3[Ag(S_2O_3)_2] + Na_2S \longrightarrow Ag_2S(s) + 4Na_2S_2O_3$$

$$Ag_2S + O_2 \xrightarrow{800\sim900℃} 2Ag + SO_2(g)$$

反应生成的是粗银。再将其溶解于 1∶1 的硝酸中，然后再经下列反应：

$$3Ag + 4HNO_3 \longrightarrow 3AgNO_3 + NO(g) + 2H_2O$$

$$AgNO_3 + HCl \longrightarrow AgCl(s) + HNO_3$$

$$AgCl(s) \longrightarrow Ag^+ + Cl^-$$

$$Fe(\text{铁屑}) + 2Ag^+ \longrightarrow Fe^{2+} + 2Ag(s)$$

用磁铁吸去多余的铁屑，再用盐酸洗净残余铁屑及 Fe^{2+}，最后用水清洗除去酸性，沉淀的 Ag 经干燥，即得银粉。

14.5.4 垃圾的综合利用

目前，各国都把研究垃圾处理的重点放在能源化处理上，即首先将垃圾分类处理，剔除不可燃物质，然后对剩余物质进行燃烧和利用。

（1）城市垃圾的综合利用

① 燃烧供热发电。北京鲁家山垃圾焚烧发电厂是目前世界单体一次投运规模最大的垃圾焚烧发电厂，日处理量达 3000 吨，占北京日产出全部垃圾的 1/6。项目于 2013 年 12 月点火试生产，2015 年在投产第二年即满负荷运行，截至 2016 年 6 月底，已经累计处理垃圾 218.74 万吨，发电 6.28 亿度。

② 制沼气（CH_4）。美国、意大利等国家将垃圾制成人造沼气，目前美国已建有全球最大垃圾沼气电站，日产甲烷气 28 万立方米。

③ 转化为石油。英国利用生活垃圾转化石油，扩大再生产。

④ 制成固体燃料。法国、印度将垃圾制成固体燃料，印度的颗粒状垃圾浓缩燃料具有很好的燃烧性能和燃烧热值，而且不产生烟尘，实用价值极高。

⑤ 生产水泥。日本通过不同的烧制方法将城市垃圾焚烧，生产出与普通水泥不同的特种水泥。这种水泥的强度大大高于普通水泥，而重金属含量不超标，是生产块状预制板、地砖等建材的好原料。

（2）建筑垃圾的综合利用

建筑垃圾由于其组分复杂不利于直接再利用。实际工程中建筑垃圾分类意识薄弱，多数建筑垃圾统一运输，因此综合利用前需要通过人工、机械等方式筛分处理。

① 废旧金属。部分废旧金属可以磁选、清洗后直接加工利用或制作艺术品，无法直接利用的可以在冶炼生产，在钢铁生产节能减排的趋势下，废钢炼钢将有望称为其利用的一种主流形式。

② 废旧木材。没有被破坏的废旧木材，能够直接用作建筑构筑；而有破损且十分严重的废旧木材，能够加工成再生板材、造纸、木炭等。

③ 建筑垃圾砖石、混凝土。废弃砖石和混凝土一般用于再生骨料混凝土和砌体结构的生产。一般通过破碎设备破碎的废弃建筑垃圾混凝土和砖石生产的粗细骨料，或在废弃砖石和混凝土基础上添加水泥等材料，经过搅拌成型制备免烧砖、砌块等混凝土制品。另外废旧砖瓦等黏土类烧结材料磨成粉体材料之后，便拥有着火山灰一般的活性，能够作为混凝土掺合料进行使用，能够有效代替石粉、矿渣粉、粉煤灰等。

建筑垃圾资源化，有利于城市生态环境的建设、古城的维护、城市文明的传承；有利于循环经济的构建、绿色环保建筑的建造；更有利于维护生态平衡、治理环境。目前在我国部分工程中已经实现了建筑垃圾在混凝土制品中的应用，但相较于欧美等发达国家来说，我国建筑垃圾资源化利用现状还相对落后。但近些年“海绵城市”的概念的提出，加之“十四五”的全面开启，为建筑行业绿色发展，建筑垃圾深层次、高附加值资源化利用提供了又一新的契机，对逐渐实现建筑垃圾零排放、“绿水青山就是金山银山”的目标，具有重大意义。

14.5.5 废渣的综合利用

(1) 电石渣

塑料树脂厂（如 PVC 树脂厂）、合成纤维（如维尼纶）的原料厂会产生大量的电石渣，污染环境。电石渣含有 60%以上的氢氧化钙，可作为石灰石的代用品，也用于制造水泥、煤渣砖、路面基础层等。电石水泥是在电石渣中加一些黏土、铁粉、煤粉等，经“烧熟”等工艺制成，它的标号可达 $400kg \cdot cm^{-2}$ 以上。

(2) 钢渣

目前，采用的废渣综合利用技术经济效果最好的是将钢渣作为炼铁、炼钢的炉料，在钢铁厂内部循环使用。我国的太原钢铁集团已成功地使用了多年，美国 2/3 以上的企业采用这种方法。

商品钢渣大部分用作建造道路的材料，既可作基层材料，也可作路面骨料。用它做基层，渗水排水性好，作路面，既防滑，又耐磨。

在废渣的综合利用方面，河北邯郸走在了我国前列。每年该市生产的工业废渣基本上都被循环利用作为水泥生产或新型墙体制造的原材料。截至 2013 年年底，该市年利用煤矸石、粉煤灰、脱硫石膏等固体废渣 2000 万吨，基本实现年产量与利用量的平衡，昔日的废弃物已成为抢手资源，年创产值近 70 亿元。

14.6 环境保护与可持续发展

14.6.1 化学对环境保护的其他作用

通过化学能够认识环境物质的组成和迁移规律，以及其对人类和生态环境的化学污染效应，从而能够使污染物发生化学转化，进行“无害化”的处理，这是其他学科难以做到的。例如可以把致癌的多环芳烃等碳氢化合物转化为无毒的二氧化碳和水，把剧毒的氰化物在高压处理后转化为无害的二氧化碳和氮气，以及把有害的加工工艺改造成“无害工艺”，如干法造纸、酶法脱毛和无排放镀铬等。

此外，化学在治理环境方面更高一筹，它不仅能够使有害物质无害化，而且还能使有害物质资源化，变害为利变废为宝。例如过去的石油只能用来提取煤油，而把汽油和重油当成废弃物或有害物处理。但是随后由于“内燃机”的出现及化学的有效加工，使汽油一跃成为宝贵燃料，并使重油成为制取柴油、润滑油、沥青、石蜡以及裂化汽油的宝贵原料。

此外，过去放空或白白烧掉的炼油废气，经过化学处理后可以转化成塑料、纤维、橡胶等各种有用材料。因此，从化学转化的观点来说，一切物质都是有用的，一切“害物”或“废物”都可转化为无害的有用物质，从而能够在改善环境的同时，也创造了巨大的物质财富。可以看出，化学在治理环境中具有其他学科难以起到的独一无二的作用。化学在治理环境方面还能进一步从宏观到微观，精细考察污染物的存在状态、内在结构及其环境效应，揭示污染过程的机理和规律，为环境治理提供理论依据。

实际上，环境问题归根到底还是一个能源问题。这是因为造成环境污染的实质就是一些具有污染性的物质出现在了不该出现的地方，如果有足够的能源将这些物质放回到合理的位置，适应大自然进化的规律，环境问题就可以得到解决了。所以开发价格低廉的清洁能源是解决环境问题的唯一途径，只有利用好化学这柄双刃剑，不断地发展新的化学技术和工艺，合理地安排政治和经济秩序，才能够解决不断出现的环境问题，才能够给整个人类社会带来最大的幸福。

14.6.2 清洁生产

在传统的工业生产过程中，由于原料的纯度、质量不同，以及生产工艺、技术、设备等条件的限制，使得原材料和能源不能被充分利用。那些浪费了的原材料和能源便会以废水、废气、废渣、废热、放射物等有毒有害的形式进入环境成为污染源。这些污染源的排放，既造成资源、能源的巨大浪费，又破坏了自然环境中的生态平衡，给人们的健康和生命造成了危害。

为了减轻工业污染对生活环境和生态环境所造成的危害，人们采取了各种各样的方法，投入了大量的人力、物力和财力，对各种污染物，主要是“三废”（废气、废水、废渣）进行了处理和处置，人们形象地称这种污染控制方法为“末端治理”或“先污染后治理”。这种以末端处理为主的污染治理在世界各国的污染控制方面，取得了显著成效，对环境保护起到了积极的作用。它成功地控制了环境的恶化速度，如果没有它，今天的地球早已面目全非了。但是随着时间的推移，特别是工业化的迅速发展，人口的增长，自然资源的短缺，以及全球性的环境危机，使人们认识到“末端治理”的局限性和不足。首先，处理设备投资大，运行费用高，使企业生产成本上升，经济效益下降。据美国环保局统计，1990 年美国用于“三废”处理的费用高达 1200 亿美元，占国民生产总值的 2.8%，成为国家的一个沉重负担。我国近几年来用于“三废”处理的费用虽然只占国民生产总值的 0.6%～0.7%，已使得大部分城市和企业不堪重负。其次，这种污染治理的方法，并未能从根本上遏制住环境的继续恶化，处理过程中往往还存在着治理不彻底，污染物转移，即二次污染的问题。再次，“末端治理”未涉及资源的有效利用、节能、降耗等问题，不能制止自然资源的浪费。同时“末端治理”的方法也很难适应未来工业不排放污染物、少排放污染物的严格要求。针对种种污染治理方法的弊端，人们开始认识到，与其治理“末端”污染，不如开发替代产品，革新工艺，优化系统配置，使污染降至最低，甚至是零排放。于是清洁生产的概念便应运而生。

清洁生产（cleaner production）这一概念最早由联合国发展规划署工业与环境行动中心（UNEPIE/PAG）提出，用以表征从产品生产到产品使用全过程的广义污染防治途径。清洁生产在不同的国家和地区曾有不同的提法，如少废无废工艺、无公害工艺、废料最少化、减废技术、清洁工艺、绿色工艺、生态工艺等。至 20 世纪 90 年代初，国际上逐渐统一称为清洁生产。

清洁生产是将整体预防的环境战略应用于产品的设计、生产、服务全过程，其目标是减少和消除污染、节能及降耗。

减少和消除污染就是要在生产全过程中，减少甚至消除废料和污染物的生成和排放，促进工业产品生产和消费过程与环境相容，减少整个工业活动对人类和环境的危害，最终获得清洁产品。

节能、降耗就是要通过资源的综合利用、短缺资源的利用、二次资源的利用，以及节能、省料、节水等，实现资源合理利用，减缓资源的耗竭。今天清洁生产已得到了国际社会的普遍响应，并成为一种环保潮流，被认为是环境战略由被动迎战转向主动出击的一个转折点。

20 世纪 90 年代初，我国政府批准的《中国环境与发展十大对策》中，明确提出实行可持续发展战略，并进一步强调推行清洁生产。在《中国 21 世纪议程》中，多次提到清洁生产的有关内容。今天清洁生产已是实现可持续发展战略的关键因素和必由之路，并成为许多国家的战略方针。

14.6.3 绿色化学

化学在保证和提高人类生活质量、保护自然环境以及增强化学工业竞争力方面均起着关键作用。化学科学的研究成果和化学知识的应用，创造了无数的新产品，使我们衣、食、住、行各个方面受益匪浅。化学药物对人们防病祛疾、延年益寿和高质量地享受生活起到了不可估量的作用。但是，随着化学品的大量生产和广泛应用，给人类原本和谐的生态环境带来的大量污水、烟尘，难以处置的废物和各种各样的毒物又威胁着人们的健康。

这种状况引起了人们越来越多的关注。1990 年，美国国会通过了《污染预防法案》，明确提出了“污染预防”这一概念，要求杜绝污染源，指出最好的防止有毒化学物质危害的办法就是从一开始就不生产有毒物质和形成废弃物。这个法案推动了化学界为预防污染、保护环境做进一步的努力。此后，人们赋予这一新生事物不同的名称：

① 环境无害化学（environmentally benign chemistry）。

② 环境友好化学（environmentally friendly chemistry）。

③ 清洁化学（clean chemistry）。

④ 绿色化学（green chemistry）等。

美国国家环保局率先在官方文件中正式采用“绿色化学”这个名称，以突出化学对环境的友好。1995 年 3 月 16 日，美国总统克林顿宣布设立“绿色化学挑战奖计划”，以推动社会各界进行化学污染预防和工业生态学研究。鼓励支持重大的创造性的科学技术突破，从根本上减少乃至杜绝化学污染源。随后美国科学基金会和美国国家环保局提供专门基金资助绿色化学的研究，并于同年 10 月 30 日设立“总统绿色化学挑战奖”这项在化学化工领域内唯一的总统奖，以表彰在该领域中有重大突破和成就的个人与单位。此后，英国、德国、荷兰、日本等国家也先后设立了相应的奖项或实施了有关绿色化学研究计划。由于上述原因，使得“绿色化学”这个名称广为传播。目前全世界比较发达的国家的许多行业都以浓厚的兴趣大力研究绿色化学课题。

一般认为，绿色化学是利用化学的原理、方法来防止化学产品设计、合成、加工、应用等全过程中使用和产生有毒有害物质，使所设计的化学产品或生产过程更加环境友好的一门科学。其目标是寻求能够充分利用原材料和能源，且在各个环节都洁净和无污染的反应途径和工艺，显然，绿色化学不同于环境化学。

从广义上说，绿色化学已成为一种理念，是人们应该倾力追求的目标。绿色化学作为一门新的学科，尚有许多不成熟的地方。但经过 10 多年的研究与探索，该领域的先驱研究者已总结出了绿色化学的 12 条原则，这些原则主要体现了要充分关注环境的友好和安全、能源的节约、生产的安全性等问题，并引发国际化学界所公认。这 12 条原则是：

① 从源头上制止污染，而不是在末端治理污染。

② 合成方法应具有“原子经济性”，即尽最大可能使参加反应过程的原子进入最终产物。

③ 在合成方法中尽量不使用和不产生对人类健康和环境有毒有害的物质。

④ 设计具有高使用效益、低环境毒性的化学产品。

⑤ 应尽可能避免使用溶剂、分离试剂等助剂，如不可避免，也要选用无毒无害的助剂。

⑥ 合成方法必须考虑过程中能耗对成本与环境的影响，应设法降低能耗，生产过程应尽可能在常温常压下进行。

⑦ 尽量采用可再生的原料，特别是选用生物质原料代替石油和煤等矿物原料。

⑧ 尽量减少副产品产生。

⑨ 使用高选择性的催化剂。

⑩ 使用后的化学产品，应能降解成无害的物质，并能进入自然生态循环。

⑪ 发展适时分析技术以便监控有害物质的形成。

⑫ 选择参加化学反应过程的物质，尽量减少发生意外事故的风险。

14.6.4 环境保护与可持续发展

人类在改造自然的过程中，长期以来都是以高投入、高消耗作为发展的手段，对自然资源往往重开发、轻保护，重产品质量和产品效应、轻社会效应和长远利益，违背自然规律，忽视对污染的治理，造成了生态危机。如臭氧空洞的出现、全球气温上升、土地沙漠化、生物物种锐减、水资源的污染等。特别是农药和化肥的污染，其范围如此之广，以至于南极的企鹅和北极苔原地带的驯鹿都受到了影响。事实迫使人类必须抛弃传统的发展思想，建立资源与人口、环境与发展的协调关系，实行可持续发展战略，以建设更为安全与繁荣、良性循环的美好未来。

可持续发展就是指社会、经济、人口、资源和环境的协调发展，这样的发展不以损害后人的发展能力为代价，也不以损害别的国家和地区的发展能力为代价，既达到发展的目的，又保证发展的可持续性。

化学及化学工业的发展为人类生活的改善提供了物质基础，但也是造成环境问题的主要原因之一，长久以来饱受争议。但我们也应该认识到污染的产生，主要还是由于人们不科学的发展观，同时，对环境污染的治理仍有赖于化学的方法与手段。

近代环境科学和环境保护工作，大致可分为三个阶段：

20 世纪 60 年代中期至 60 年代末为第一阶段，当时面临着严重环境污染的现实，迫切的任务就是治理。许多国家颁布了一系列法令，采取了必要的政治及经济手段，治理取得了一定效果。但这只不过是应急措施，并不是治本之道。

20 世纪 60 年代末开始进入“防治结合，预防为主”的综合防治阶段。这是一项防患于未然的根本措施，使环境保护取得了较显著的效果，这一阶段目前仍在持续。

20 世纪 70 年代中期起，又日益向谋求更好环境发展的阶段过渡，在此阶段更加强调环境的整体性，强调人类与环境的协调发展，强调环境管理，从而强调全面规划、合理布局和资源的综合利用，并把环境教育当作解决环境保护问题的最根本手段。

我国的环境保护绝不能走其他工业发达国家走过的“先污染后治理”的老路，也难以选择当前发达国家高投入、高技术控制环境问题的治理模式。目前，我国已经确定了“经济建设、城乡建设、环境建设同步规划、同步实施、同步发展，实现经济效益和环境效益相统一”的环境保护战略方针，以达到协调、稳定、持续的发展。但也应看到，我国的环境保护在取得巨大成绩的同时，还有许多地区为片面追求 GDP 的快速增长，盲目引入一些被发达国家、地区淘汰的高污染项目，付出了巨大的环境成本，有的甚至造成长久难以消除的污染。

随着全球气候变化对人类社会构成重大威胁，越来越多的国家将“碳中和”上升为国家战略 ，提出了无碳未来的愿景。目前中国已成为全球第二大经济体、绿色经济技术的领导者，全球影响力不断扩大。事实证明，只有让发展方式绿色转型，才能适应自然规律。我国社会主要矛盾已经转化为人民日益增长的美好生活需要和不平衡不充分的发展之间的矛盾，而对优美生态环境的需要则是对美好生活需要的重要组成部分。为此，2020 年我国基于推动实现可持续发展的内在要求和构建人类命运共同体的责任担当，宣布了碳达峰、碳中和目标愿景。

碳达峰就是指在某一个时间点，二氧化碳的排放不再增长达到峰值，之后逐步回落。我国承诺在 2030 年前，煤炭、石油、天然气等化石能源燃烧活动和工业生产过程以及土地利用变化与林业等活动产生的温室气体排放不再增长，达到峰值。二氧化碳的排放不再增长，达到峰值之后再慢慢减下去。

碳中和就是指在一定时期内直接和间接人为活动排放的二氧化碳，与通过植树造林等方法吸收的二氧化碳相互抵消，实现二氧化碳“零排放”。我国承诺在 2060 年前实现二氧化碳“零排放”。既直接或间接产生的温室气体排放总量，通过植树造林、节能减排等形式，以抵消自身产生的二氧化碳排放量。

碳排放涵盖了能源、工业、建筑、交通、农业等社会经济部门和领域，而碳汇则涉及森林、草原、湿地、海洋、土壤等多个生态系统类型。碳排放的多少和碳汇能力的大小共同显示了区域社会经济发展水平和自然资源生态环境禀赋，这是生态文明建设的基础和重要组成部分。从某种程度上来说，碳在人类社会经济系统和自然生态系统之间架起了一座桥梁，碳指标则是一把可统一度量人类社会经济系统和自然生态系统的尺子。

全球共有 128 个国家提出碳中和目标。苏里南及不丹已实现碳中和，中国及哈萨克斯坦将目标年定为 2060 年，其余国家将目标设置在 2050 年及之前。全球共有 84 个人口超过 50 万的城市提出碳中和目标，包括纽约、东京、伦敦、首尔、巴黎、悉尼等首都城市，我国城市包括香港、成都、南京和青岛。目前提出碳中和的国家约占全球温室气体排放的 65%，约占全球经济总量的 70%。国内超过 80 个城市、直辖市设定碳达峰目标年。上海、北京、广东、江苏等多省在“十四五”规划纲要中明确碳达峰时间表和重要行动领域。

实现碳达峰、碳中和不是一个可选项，而是必选项。我国推进碳达峰、碳中和，将按照源头防治、产业调整、技术创新、新兴培育、绿色生活的路径，加快实现生产生活方式绿色变革。开展碳达峰全民行动，加强政策宣传教育引导，提升群众绿色低碳意识，倡导简约适度、绿色低碳的生活方式，推动生活方式消费模式加快向简约适度、绿色低碳、文明健康的方式转变。推广使用远程办公、无纸化办公、智能楼宇、智能运输和产品非物质化等技术，开展创建节约型机关、绿色家庭、绿色学校、绿色社区和绿色出行等行动，创建碳中和示范企业、示范园区、示范村镇。不断推广绿色建筑、低碳交通、生活节水型器具，深入广泛开展形式多样的垃圾分类宣传，普及垃圾分类常识，稳步推进垃圾精细化分类。培养市民形成绿色出行、绿色生活、绿色办公、绿色采购、绿色消费习惯，着力创造高品质生活，构建绿色低碳生活圈。

未来，中国将着眼于建设更高质量、更开放包容和具有凝聚力的经济、政治和社会体系，形成更为绿色、高效和可持续的消费与生产力为主要特征的可持续发展模式，共同谱写生态文明新篇章。

思考题

1. 下列说法是否正确？如正确，请说明原因。

（1）大气中悬浮颗粒物，尤其飘尘，是大气中危害最久、最严重的一种污染物。

（2）汽车排放尾气中的 NO_x 主要是由石油中氮氧化物燃烧所致。

（3）家用煤气泄漏后会有特殊的臭味，这是由于煤气中的 CO 气味所致。

2. 简述绿色化学与清洁生产之间的关系。

3. 造成水体污染的因素有哪些？如何治理？

4. 造成大气污染的因素有哪些？对环境影响最严重的是哪种污染物？如何治理？

5. “三废”指的是什么？一般采取什么方法治理？

6. 简述废水治理一般需要经过哪些流程。

7. 举例说明国内对生活垃圾、工业垃圾所采取的处理措施。

8. 结合实验室产生的污染物，论述可以采取哪些措施达到减排目的。

9. 什么是双碳及双碳战略？

习题

1. 简述光化学烟雾形成的机理。
2. 简述酸雨形成的机理。
3. 废水一级处理都有哪些方法?
4. 大气污染防治按照治理方式可以分为哪几类?
5. 简述固体废弃物处理方式。
6. 简述含银废水中提取银的原理。
7. 简述绿色化学的12条原则。

附　录

附录 1　国际原子量表

元素		原子量	元素		原子量	元素		原子量	元素		原子量
符号	名称		符号	名称		符号	名称		符号	名称	
Ac	锕	227.03	Er	铒	167.259	Mn	锰	54.98305	Ru	钌	101.07
Ag	银	107.8682	Es	锿	252.08	Mo	钼	95.94	S	硫	32.065
Al	铝	26.98154	Eu	铕	151.964	N	氮	14.00672	Sb	锑	121.760
Am	镅	243.06	F	氟	18.99840	Na	钠	22.98977	Sc	钪	44.95591
Ar	氩	39.948	Fe	铁	55.845	Nb	铌	92.90638	Se	硒	78.96
As	砷	74.92160	Fm	镄	257.10	Nd	钕	144.24	Si	硅	28.0855
At	砹	209.99	Fr	钫	223.02	Ne	氖	20.1797	Sm	钐	150.36
Au	金	196.96655	Ga	镓	69.723	Ni	镍	58.6934	Sn	锡	118.710
B	硼	10.811	Gd	钆	157.25	No	锘	259.10	Sr	锶	87.62
Ba	钡	137.327	Ge	锗	72.64	Np	镎	237.05	Ta	钽	180.9479
Be	铍	9.01218	H	氢	1.00794	O	氧	15.9994	Tb	铽	158.92534
Bi	铋	208.98038	He	氦	4.00260	Os	锇	190.23	Tc	锝	98.907
Bk	锫	247.07	Hf	铪	178.49	P	磷	30.97376	Te	碲	127.60
Br	溴	79.904	Hg	汞	200.59	Pa	镤	231.03588	Th	钍	232.0381
C	碳	12.0107	Ho	钬	164.93032	Pb	铅	207.2	Ti	钛	47.867
Ca	钙	40.078	I	碘	126.90447	Pd	钯	106.42	Tl	铊	204.3833
Cd	镉	112.411	In	铟	114.818	Pm	钷	144.91	Tm	铥	168.93421
Ce	铈	140.116	Ir	铱	192.217	Po	钋	208.98	U	铀	238.02891
Cf	锎	251.08	K	钾	39.0983	Pr	镨	140.90765	V	钒	50.9415
Cl	氯	35.453	Kr	氪	83.798	Pt	铂	195.078	W	钨	183.84
Cm	锔	247.07	La	镧	138.9055	Pu	钚	244.06	Xe	氙	131.293
Co	钴	58.93320	Li	锂	6.941	Ra	镭	226.03	Y	钇	88.90585
Cr	铬	51.9961	Lr	铹	260.11	Rb	铷	85.4678	Yb	镱	173.04
Cs	铯	132.90545	Lu	镥	174.967	Re	铼	186.207	Zn	锌	65.409
Cu	铜	63.546	Md	钔	258.10	Rh	铑	102.90550	Zr	锆	91.224
Dy	镝	162.500	Mg	镁	24.3050	Rn	氡	222.02			

附录2 化合物的分子量

化合物	分子量	化合物	分子量
$AgBr$	187.78	$CaCl_2$	110.99
$AgCl$	143.32	$CaCl_2 \cdot H_2O$	129.00
$AgCN$	133.89	CaF_2	78.08
Ag_2CrO_4	331.73	$Ca(NO_3)_2$	164.09
AgI	234.77	$Ca(NO_3)_2 \cdot 4H_2O$	236.15
$AgNO_3$	169.87	CaO	56.08
$AgSCN$	165.95	$Ca(OH)_2$	74.09
Ag_3AsO_4	462.52	$CaSO_4$	136.14
Al_2O_3	101.96	$Ca_3(PO_4)_2$	310.18
$Al_2(SO_4)_3$	342.15	$Ce(SO_4)_2$	332.24
$Al_2(SO_4)_3 \cdot 18H_2O$	666.41	$Ce(SO_4)_2 \cdot 2(NH_4)_2SO_4 \cdot 2H_2O$	632.54
$Al(OH)_3$	78.00	CH_3COOH	60.04
$AlCl_3$	133.34	CH_3OH	32.04
$AlCl_3 \cdot 6H_2O$	241.43	CH_3COCH_3	58.07
$Al(NO_3)_3$	213.00	C_6H_5COOH	122.11
$Al(NO_3)_3 \cdot 9H_2O$	375.13	C_6H_5COONa	144.09
As_2O_3	197.84	$C_6H_4COOHCOOK$	204.20
As_2O_5	229.84	CH_3COONa	82.02
As_2S_3	246.02	C_6H_5OH	94.11
		$(C_9H_7N)_3H_3(PO_4 \cdot 12MoO_3)$	2212.73
$BaCO_3$	197.34	(磷钼酸喹啉)	
BaC_2O_4	225.35	$COOHCH_2COOH$	104.06
$BaCl_2$	208.24	$COOHCH_2COONa$	126.04
$BaCl_2 \cdot 2H_2O$	244.27	$CO(NH_2)_2$	60.06
$BaCrO_4$	253.32	CCl_4	153.82
BaO	153.33	CO_2	44.01
$Ba(OH)_2$	171.35	$CoCl_2$	129.84
$BaSO_4$	233.39	$CoCl_2 \cdot 6H_2O$	237.93
$BiCl_3$	315.34	$Co(NO_3)_2$	182.94
$BiOCl$	260.43	$Co(NO_3)_2 \cdot 6H_2O$	291.03
		CoS	90.99
$CaCO_3$	100.09	$CoSO_4$	154.99
CaC_2O_4	128.10	$CoSO_4 \cdot 7H_2O$	281.10

续表

化合物	分子量	化合物	分子量
Cr_2O_3	151.99		
$CrCl_3$	158.35	HI	127.91
$CrCl_3 \cdot 6H_2O$	266.45	HIO_3	175.91
$Cr(NO_3)_3$	238.01	H_3AsO_3	125.94
$Cu(C_2H_3O_2)_2 \cdot 3Cu(AsO_2)_2$	1013.79	H_3AsO_4	141.94
CuO	79.54	H_3BO_3	61.83
Cu_2O	143.09	HBr	80.91
CuSCN	121.62	$H_2C_4H_4O_6$(酒石酸)	150.09
$CuSO_4$	159.61	HCN	27.03
$CuSO_4 \cdot 5H_2O$	249.69	H_2CO_3	62.02
CuCl	98.999	$H_2C_2O_4$	90.03
$CuCl_2$	134.45	$H_2C_2O_4 \cdot 2H_2O$	126.07
$CuCl_2 \cdot 2H_2O$	170.48	HCOOH	46.03
CuI	190.45	HCl	36.46
$Cu(NO_3)_2$	187.56	$HClO_4$	100.46
$Cu(NO_3)_2 \cdot 3H_2O$	241.60	HF	20.01
CuS	95.61	HNO_2	47.01
		HNO_3	63.01
$FeCl_2$	126.75	H_2O	18.02
$FeCl_2 \cdot 4H_2O$	198.81	H_2O_2	34.02
$FeCl_3$	162.20	H_3PO_4	98.00
$FeCl_3 \cdot 6H_2O$	270.29	H_2S	34.08
$Fe(NO_3)_3$	241.86	H_2SO_3	82.08
$Fe(NO_3) \cdot 9H_2O$	404.00	H_2SO_4	98.08
FeO	71.84	$HgCl_2$	271.50
Fe_2O_3	159.69	Hg_2Cl_2	472.09
Fe_3O_4	231.53	HgI_2	454.40
$Fe(OH)_3$	106.87	$Hg_2(NO_3)_2$	525.19
FeS	87.91	$Hg_2(NO_3)_2 \cdot 2H_2O$	561.22
Fe_2S_3	207.87	$Hg(NO_3)_2$	324.60
$FeSO_4 \cdot H_2O$	169.92	HgO	216.59
$FeSO_4 \cdot 7H_2O$	278.02	HgS	232.65
$Fe_2(SO_4)_3$	399.88	$HgSO_4$	296.65
$FeSO_4 \cdot (NH_4)_2SO_4 \cdot 6H_2O$	392.15	Hg_2SO_4	497.24
$FeNH_4(SO_4)_2 \cdot 12H_2O$	482.18		

续表

化合物	分子量	化合物	分子量
$KAl(SO_4)_2 \cdot 12H_2O$	474.39	MgO	40.304
$KB(C_6H_5)_4$	358.32	$Mg(OH)_2$	58.32
KBr	119.01	$Mg_2P_2O_7$	222.55
$KBrO_3$	167.01	$MgSO_4 \cdot 7H_2O$	246.47
KCN	65.12	$MnCO_3$	114.95
$KSCN$	97.18	$MnCl_2 \cdot 4H_2O$	197.91
K_2CO_3	138.21	$Mn(NO_3)_2 \cdot 6H_2O$	287.04
KCl	74.56	MnO	70.937
$KClO_3$	122.55	MnO_2	86.937
$KClO_4$	138.55	MnS	87.00
K_2CrO_4	194.20	$MnSO_4$	151.00
$K_2Cr_2O_7$	294.19	$MnSO_4 \cdot 4H_2O$	223.06
$KHC_2O_4 \cdot H_2C_2O_4 \cdot 2H_2O$	254.19		
$KHC_2O_4 \cdot H_2O$	146.14	NO	30.006
KI	166.01	NO_2	46.006
KIO_3	214.00	NH_3	17.03
$KIO_3 \cdot HIO_3$	389.91	CH_3COONH_4	77.083
$K_3Fe(CN)_6$	329.25	NH_4Cl	53.491
$K_4Fe(CN)_6$	368.35	$(NH_4)_2CO_3$	96.086
$KFe(SO_4)_2 \cdot 12H_2O$	503.24	$(NH_4)_2C_2O_4$	124.10
$KHC_4H_4O_6$	188.18	$(NH_4)_2C_2O_4 \cdot H_2O$	142.11
$KHSO_4$	136.16	NH_4SCN	76.12
K_2SO_4	174.25	NH_4HCO_3	79.055
$KMnO_4$	158.03	$(NH_4)_2MoO_4$	196.01
KNO_2	85.104	NH_4NO_3	80.043
KNO_3	101.10	$(NH_4)_2HPO_4$	132.06
K_2O	94.196	$(NH_4)_2S$	68.14
KOH	56.106	$(NH_4)_2SO_4$	132.13
		NH_4VO_3	116.98
$MgCO_3$	84.314	Na_3AsO_3	191.89
$MgCl_2$	95.211	$Na_2B_4O_7$	201.22
$MgCl_2 \cdot 6H_2O$	203.30	$Na_2B_4O_7 \cdot 10H_2O$	381.37
MgC_2O_4	112.33	$NaBiO_3$	279.97
$Mg(NO_3)_2 \cdot 6H_2O$	256.41	$NaCN$	49.007
$MgNH_4PO_4$	137.32	$NaSCN$	81.07

续表

化合物	分子量	化合物	分子量
Na_2CO_3	105.99	$PbSO_4$	303.30
$Na_2CO_3 \cdot 10H_2O$	286.14		
$Na_2C_2O_4$	134.00	SO_2	64.06
NaCl	58.443	SO_3	80.06
NaClO	74.442	$SbCl_3$	228.11
$NaHCO_3$	84.007	$SbCl_5$	299.02
$NaHPO_4 \cdot 12H_2O$	358.14	Sb_2O_3	291.50
$Na_2H_2Y \cdot 2H_2O$	372.24	Sb_2S_3	339.68
$NaNO_2$	68.995	SiF_4	104.08
$NaNO_3$	84.995	SiO_2	60.084
Na_2O	61.979	$SnCl_2$	189.60
Na_2O_2	77.978	$SnCl_2 \cdot 2H_2O$	225.63
NaOH	39.997	$SnCl_4$	260.50
Na_3PO_4	163.94	$SnCl_4 \cdot 5H_2O$	350.58
Na_2S	78.04	SnO_2	150.71
$Na_2S \cdot 9H_2O$	240.18	SnS	150.75
Na_2SO_3	126.04	$SnCO_3$	178.72
Na_2SO_4	142.04	$SrCO_3$	147.63
$Na_2S_2O_3$	158.10	SrC_2O_4	175.64
$Na_2S_2O_3 \cdot 5H_2O$	248.17	$SrCrO_4$	203.61
$NiCl_2 \cdot 6H_2O$	237.69	$Sr(NO_3)_2$	211.63
NiO	74.69	$Sr(NO_3)_2 \cdot 4H_2O$	283.69
$Ni(NO_3)_2 \cdot 6H_2O$	290.79		
NiS	90.75	TiO_2	79.87
$NiSO_4 \cdot 7H_2O$	280.85		
$NiC_8H_{14}O_4N_4$(丁二酮肟镍)	288.91	$UO_2(CH_3COO)_2 \cdot 2H_2O$	424.15
P_2O_5	141.94	WO_3	231.84
$PbCO_3$	267.20		
PbC_2O_4	295.22	$ZnCO_3$	125.39
$PbCrO_4$	323.20	ZnC_2O_4	153.40
$Pb(CH_3COO)_2$	325.30	$ZnCl_2$	136.29
$Pb(CH_3COO)_2 \cdot 3H_2O$	379.30	$Zn(CH_3COO)_2$	183.47
PbI_2	461.00	$Zn(CH_3COO)_2 \cdot 2H_2O$	219.50
$PbCl_2$	278.10	$Zn(NO_3)_2$	189.39
$Pb(NO_3)_2$	331.20	$Zn(NO_3)_2 \cdot 6H_2O$	297.48
PbO	223.20	ZnO	81.38
PbO_2	239.20	ZnS	97.44
Pb_3O_4	685.596	$ZnSO_4$	161.44
$Pb_3(PO_4)_2$	811.54	$ZnSO_4 \cdot 7H_2O$	287.54
PbS	239.30	$Zn_2P_2O_7$	304.72

附录3 一些物质的标准热力学数据（$p^{\ominus}=100kPa$，25℃）

物质	$\Delta_f H_m^{\ominus}$ /kJ·mol^{-1}	$\Delta_f G_m^{\ominus}$ /kJ·mol^{-1}	$S_m^{\ominus}$ /J·mol^{-1}·K^{-1}
Ag(g)	0	0	42.55
AgCl(s)	−127.068	−109.8	96.2
Ag_2O(s)	−31.05	−11.20	−121.3
Al(s)	0	0	28.33
$AlCl_3$(s)	−704.2	−628.8	110.67
Al_2O_3(α,刚玉)	−1675.7	−1582.3	50.92
Br_2(l)	0	0	152.231
Br_2(g)	30.907	3.110	245.463
HBr(g)	−36.40	−53.45	198.695
Ca(s)	0	0	41.42
CaC_2(s)	−59.8	−64.9	69.96
$CaCO_3$(方解石)	−1206.92	−1128.79	92.9
CaO(s)	−635.09	−604.03	39.75
$Ca(OH)_2$(s)	−986.09	−898.49	83.39
C(石墨)	0	0	5.71
C(金刚石)	1.895	2.900	2.45
CO(g)	−110.525	−137.168	197.674
CO_2(g)	−393.5	−394.359	213.74
CS_2(l)	89.70	65.27	151.34
CS_2(g)	117.36	67.12	237.84
CCl_4(l)	−135.44	−65.21	216.40
CCl_4(g)	−102.9	−60.59	309.85
HCN(l)	108.87	124.97	112.84
HCN(g)	135.1	124.7	201.78
Cl_2(g)	0	0	223.066
Cl(g)	121.679	105.680	165.198
HCl(g)	−92.307	−95.299	186.908
Cu(s)	0	0	33.150
CuO(s)	−157.3	−129.7	42.63
Cu_2O(s)	−168.6	−146.0	93.14
F_2(g)	0	0	202.78
HF(g)	−271.1	−273.2	173.779
Fe(s)	0	0	27.28

续表

物　质	$\Delta_f H_m^\ominus$ /kJ·mol^{-1}	$\Delta_f G_m^\ominus$ /kJ·mol^{-1}	$S_m^\ominus$ /J·mol^{-1}·K^{-1}
$FeCl_2$(s)	−341.79	−302.30	117.95
$FeCl_3$(s)	−399.49	−334.00	142.3
Fe_2O_3(赤铁矿)	−824.2	−742.2	87.40
Fe_3O_4(磁铁矿)	−1118.4	−1015.4	146.4
$FeSO_4$(s)	−928.4	−820.8	107.5
H_2(g)	0	0	130.684
H(g)	217.965	203.247	114.713
H_2O(l)	−285.8	−237.129	69.91
H_2O(g)	−241.82	−228.572	188.825
I_2(s)	0	0	116.135
I_2(g)	62.438	19.327	260.69
I(g)	106.838	70.250	180.791
HI(g)	26.48	1.70	206.594
Mg(s)	0	0	32.68
$MgCO_3$(s)	−1095.8	−1012.1	65.7
$MgCl_2$(s)	−641.32	−591.79	89.62
MgO(s)	−601.70	−569.43	26.94
$Mg(OH)_2$(s)	−924.54	−833.51	63.18
Na(s)	0	0	51.21
Na_2CO_3(s)	−1130.68	−1044.44	134.98
$NaHCO_3$(s)	−950.81	−851.0	101.7
NaCl(s)	−411.153	−384.138	72.13
Na_2O(s)	−414.22	−375.46	75.06
$NaNO_3$(s)	−467.85	−367.00	116.52
NaOH(s)	−425.609	−379.494	64.455
Na_2SO_4(s)	−1387.08	−1270.16	149.58
N_2(g)	0	0	191.61
NH_3(g)	−46.11	−16.45	192.70
NO(g)	90.25	86.55	210.761
NO_2(g)	33.18	51.31	240.06
N_2O(g)	82.05	104.20	219.85
N_2O_3(g)	83.72	139.46	312.28
N_2O_4(g)	9.16	97.89	304.29

续表

物 质	$\Delta_f H_m^\ominus$ /kJ·mol^{-1}	$\Delta_f G_m^\ominus$ /kJ·mol^{-1}	$S_m^\ominus$ /J·mol^{-1}·K^{-1}
N_2O_5(g)	11.3	115.1	355.7
HNO_3(l)	−174.10	−80.71	155.60
HNO_3(g)	−135.06	−74.72	266.38
NH_4NO_3(s)	−365.56	−183.87	151.08
NH_4Cl(s)	−314.43	−202.87	94.6
NH_4ClO_4(s)	−295.31	−88.75	186.2
HgO(s)(红色,斜方晶)	−90.83	−58.539	70.29
HgO(s)(黄色)	−90.46	−58.409	71.1
O_2(g)	0	0	205.138
O(g)	249.170	231.731	161.055
O_3(g)	142.7	163.2	238.93
P(α-白磷)	0	0	41.09
P(红磷,三斜晶系)	−17.6	−12.1	22.80
P_4(g)	58.91	24.44	279.98
PCl_3(g)	−287.0	−267.8	311.78
PCl_5(g)	−374.9	−305.0	364.58
H_3PO_4(s)	−1279.0	−1119.1	110.50
S(正交晶系)	0	0	31.80
S(g)	278.805	238.250	167.821
S_8(g)	102.30	49.63	430.98
H_2S(g)	−20.63	−33.56	205.79
SO_2(g)	−296.830	−300.194	248.22
SO_3(g)	−395.72	−371.06	256.76
H_2SO_4(l)	−813.989	−690.003	156.904
Si(s)	0	0	18.83
$SiCl_4$(l)	−687.0	−619.84	239.7
$SiCl_4$(g)	−657.01	−616.98	330.73
SiF_4(g)	−1614.94	−1572.65	282.49
SiH_4(g)	34.3	56.9	204.62
SiO_2(α,石英)	−910.94	−856.64	41.84
SiO_2(s,无定形)	−903.49	−850.70	46.9
Zn(s)	0	0	41.63
$ZnCO_3$(s)	−812.78	−731.52	82.4

续表

物　质	$\Delta_f H_m^\ominus$ /kJ·mol^{-1}	$\Delta_f G_m^\ominus$ /kJ·mol^{-1}	$S_m^\ominus$ /J·mol^{-1}·K^{-1}
$ZnCl_2$(s)	−415.05	−369.398	111.46
ZnO(s)	−348.28	−318.30	43.64
CH_4(g)甲烷	−74.81	−50.72	186.264
C_2H_6(g)乙烷	−84.68	−32.82	229.60
C_2H_4(g)乙烯	52.26	68.15	219.56
C_2H_2(g)乙炔	226.73	209.20	200.94
CH_3OH(l)甲醇	−238.66	−166.27	126.8
CH_3OH(g)甲醇	−200.66	−161.96	239.81
C_2H_5OH(l)乙醇	−277.69	−174.78	160.7
C_2H_5OH(g)乙醇	−235.10	−168.49	282.70
$(CH_2OH)_2$(l)乙二醇	−454.80	−323.08	166.9
$(CH_3)_2O$(g)二甲醚	−184.05	−112.59	266.38
HCHO(g)甲醛	−108.57	−102.53	218.77
CH_3CHO(g)乙醛	−166.19	−128.86	250.3
HCOOH(l)甲酸	−424.72	−361.35	128.95
CH_3COOH(l)乙酸	−484.5	−389.9	159.8
CH_3COOH(g)乙酸	−432.25	−374.0	282.5
$(CH_2)_2O$(l)环氧乙烷	−77.82	−11.76	153.85
$(CH_2)_2O$(g)环氧乙烷	−52.63	−13.01	242.53
$CHCl_3$(l)氯仿	−134.47	−73.66	201.7
$CHCl_3$(g)氯仿	−103.14	−70.34	295.71
C_2H_5Cl(l)氯乙烷	−136.52	−59.31	190.79
C_2H_5Cl(g)氯乙烷	−112.17	−60.39	276.00
C_2H_5Br(l)溴乙烷	−92.01	−27.70	198.7
C_2H_5Br(g)溴乙烷	−64.52	−26.48	286.71
CH_2═CHCl(l)氯乙烯	35.6	51.9	263.99
CH_3COCl(g)氯乙酰	−273.80	−207.99	200.8
CH_3COCl(g)氯乙酰	−243.51	−205.80	295.1
CH_3NH_2(g)甲胺	−22.97	32.16	243.41
N_2H_4(l)联氨	50.63	149.34	121.21
$(NH_2)_2CO$(s)尿素	−333.51	−197.33	104.60

续表

物质(水溶液,非电离物质,标准状态)$b=1\text{mol}\cdot\text{kg}^{-1}$	$\Delta_f H_m^{\ominus}$ /$\text{kJ}\cdot\text{mol}^{-1}$	$\Delta_f G_m^{\ominus}$ /$\text{kJ}\cdot\text{mol}^{-1}$	$S_m^{\ominus}$ /$\text{J}\cdot\text{mol}^{-1}\cdot\text{K}^{-1}$
Ag^{+}	105.579	77.107	72.68
Al^{3+}	−531	−485	−321.7
AsO_4^{3-}	−888.14	−648.41	−162.8
$HAsO_4^{2-}$	−906.34	−714.6	−1.7
$H_2AsO_3^{-}$	−714.79	−587.13	110.5
$H_2AsO_4^{-}$	−909.56	−753.17	117.0
H_3AsO_3	−742.2	−639.80	195.0
H_2AsO_4	−902.5	−766.0	184.0
H_3BO_3	−1072.32	−968.75	162.3
Ba^{2+}	−537.64	−560.77	9.6
Be^{2+}	−382.8	−379.73	−129.7
BeO_2^{2-}	−790.8	−640.1	−159.0
Bi^{3+}	—	82.8	—
BiO^{+}	—	−146.4	—
$BiCl_4^{-}$	—	−481.5	—
Br^{-}	−121.55	−103.96	82.4
BrO^{-}	−94.1	−33.4	42.0
BrO_3^{-}	−67.07	18.60	161.71
BrO_4^{-}	13.0	118.1	199.6
CO_2	−413.80	−385.98	117.6
CO_3^{2-}	−677.14	−527.81	−56.9
HCO_2^{-}(甲酸根离子)	−425.55	−351.0	92.0
HCO_3^{-}	−691.99	−586.77	91.2
HCO_2H(甲酸)	−425.43	−372.3	163.0
CN^{-}	150.6	172.4	94.1
HCN	107.1	119.7	124.7
SCN^{-}	76.44	92.71	144.3
$HSCN$	—	97.56	—
$C_2O_4^{2-}$(草酸根离子)	−825.1	−673.9	45.6
$HC_2O_4^{-}$	−818.4	−698.34	149.4
CH_3COO^{-}	−486.01	−369.31	86.8
CH_3COOH	−485.76	−396.46	178.7
C_2H_5OH	−288.3	−181.64	148.5
Ca^{2+}	−542.83	−553.58	−53.1
Cd^{2+}	−75.90	−77.612	−73.2

续表

物质(水溶液,非电离物质,标准状态)$b=1mol\cdot kg^{-1}$	$\Delta_f H_m^\ominus$ /kJ·mol^{-1}	$\Delta_f G_m^\ominus$ /kJ·mol^{-1}	$S_m^\ominus$ /J·mol^{-1}·K^{-1}
$Cd(NH_3)_4^{2+}$	−450.2	−226.1	336.4
Ce^{3+}	−696.2	−672.0	−205
Ce^{4+}	−537.2	−503.8	−301
Cl^-	−167.159	−131.228	56.5
ClO^-	−107.1	−36.8	42
ClO_2^-	−66.5	17.2	101.3
ClO_3^-	−103.97	−7.95	162.3
ClO_4^-	−129.33	−8.52	182.0
HClO	−120.9	−79.9	142.0
$HClO_2$	−51.9	5.9	188.3
Co^{2+}	−58.2	−54.4	−113
Co^{3+}	92	134.0	−305
$HCoO_2^-$	—	−407.5	—
$Co(NH_3)_6^{2+}$	−584.9	−157.0	146
Cr^{2+}	−143.5	—	—
CrO_4^{2-}	−881.15	−727.75	50.21
$Cr_2O_7^{2-}$	−1490.3	−1301.1	261.9
$HCrO_4^-$	−878.2	−764.7	184.1
Cs^+	−258.28	−292.02	133.05
Cu^+	71.67	49.98	40.6
Cu^{2+}	64.77	65.49	−99.6
$Cu(NH_3)_4^{2+}$	−348.5	−111.07	273.6
$CuP_2O_7^{2-}$	—	−1891.4	—
$Cu(P_2O_7)_2^{6-}$	—	−3823.4	—
F^-	−332.63	−278.79	−13.8
HF	−320.08	−296.82	88.7
HF^{2-}	−649.94	−578.08	92.5
Fe^{2+}	−89.1	−78.90	−137.7
Fe^{3+}	−48.5	−4.7	−315.9
$Fe(CN)_6^{3-}$	561.9	729.4	270.3

续表

物质(水溶液,非电离物质,标准状态)b=1mol·kg^{-1}	$\Delta_f H_m^{\ominus}$ /kJ·mol^{-1}	$\Delta_f G_m^{\ominus}$ /kJ·mol^{-1}	$S_m^{\ominus}$ /J·mol^{-1}·K^{-1}
$Fe(CN)_6^{4-}$	455.6	695.08	95.0
H^+	0	0	0
OH^-	−229.994	−157.244	−10.75
H_2O_2	−191.17	−134.03	143.9
Hg^{2+}	171.1	164.40	−32.2
Hg_2^{2+}	172.4	153.52	84.5
$HgCl_2$	−216.3	−173.2	155
$HgCl_3^-$	−388.7	−309.1	209
$HgCl_4^{2-}$	−554.0	−446.8	293
$HgBr_4^{2-}$	−431.0	−371.1	310.0
HgI_4^{2-}	−235.1	−211.7	360
HgS_2^{2-}	—	41.9	—
$Hg(NH_3)_4^{2+}$	−282.8	−51.7	335
I^-	−55.19	−51.57	111.3
I_2	22.6	16.40	137.2
I_3^-	−51.5	−51.4	239.3
IO^-	−107.5	−38.5	−5.4
IO_3^-	−221.3	−128.0	118.4
IO_4^-	−151.5	−58.5	222
HIO	−138.1	−99.1	95.4
HIO_3	−211.3	−132.6	166.9
H_5IO_6	−759.4	—	—
In^+	—	−12.1	—
In^{2+}	—	−50.7	—
In^{3+}	105	−98.0	−151.0
K^+	−252.38	−283.27	102.5
La^{3+}	−707.1	−683.7	−217.6
Li^+	−278.49	−293.31	13.4

续表

物质(水溶液,非电离物质,标准状态) $b=1mol \cdot kg^{-1}$	$\Delta_f H_m^\ominus$ /kJ·mol⁻¹	$\Delta_f G_m^\ominus$ /kJ·mol⁻¹	$S_m^\ominus$ /J·mol⁻¹·K⁻¹
Mg^{2+}	−466.85	−454.8	−138.1
Mn^{2+}	−220.75	−228.1	−73.6
MnO_4^-	−541.4	−447.2	191.2
MnO_4^{2-}	−653	−500.7	59
MoO_4^{2-}	−997.9	−836.3	27.2
N_3^- 叠氮根离子	275.14	348.2	107.9
NO_2^-	−104.6	−32.2	123.0
NO_3^-	−205.0	108.74	146.4
NH_3	−80.29	−26.50	111.3
NH_4^+	−132.51	−79.31	113.4
N_2H_4	34.31	128.1	138
HN_3	260.08	321.8	146.0
HNO_2	−119.2	−50.6	135.6
Na^+	−240.12	−261.905	59.0
Ni^{2+}	−54.0	−45.6	−128.9
$Ni(NH_3)_6^{2+}$	−630.1	−255.7	394.6
$Ni(CN)_4^{2-}$	367.8	472.1	218
PO_4^{3-}	−1277.4	−1018.7	−222.0
$P_2O_7^{4-}$	−2271.1	−1919.0	−117
HPO_4^{2-}	−1292.14	−1089.15	−33.5
$H_2PO_4^-$	−1296.29	−1130.28	90.4
H_3PO_4	−1288.34	−1142.54	158.2
$HP_2O_7^{3-}$	−2274.8	−1972.2	46
$H_2P_2O_7^{2-}$	−2278.6	−2010.2	163
$H_3P_2O_7^-$	−2276.5	−2023.2	213
$H_4P_2O_7$	−2268.6	−2032.0	268
Pb^{2+}	−1.7	−24.43	10.5
$PbCl_2$	—	−297.16	—
$PbCl_3^-$	—	−426.3	—
$PbBr_2$	—	−240.6	—

续表

物质(水溶液,非电离物质,标准状态)$b=1mol\cdot kg^{-1}$	$\Delta_f H_m^\ominus$ /kJ·mol^{-1}	$\Delta_f G_m^\ominus$ /kJ·mol^{-1}	$S_m^\ominus$ /J·mol^{-1}·K^{-1}
PbI_4^{2-}	—	−254.8	—
Rb^+	−251.17	−283.98	121.50
SO_2	−322.980	−300.676	161.9
SO_3^{2-}	−635.5	−486.5	−29
SO_4^{2-}(H_2SO_4,水溶液)	−909.27	−744.53	20.1
$S_2O_3^{2-}$	−648.5	−522.5	67
$S_4O_6^{2-}$	−1224.2	−1040.4	257.3
H_2S	−39.7	−27.83	121.0
HSO_3^-	−626.22	−527.73	139.7
HSO_4^-	−887.34	−755.91	131.8
Sc^{3+}	−614.2	−586.6	−255.0
Se^{2-}	—	129.3	—
HSe^-	15.9	44.0	79.0
H_2Se	19.2	22.2	163.6
$HSeO_3^-$	−514.55	−411.46	135.1
H_2SeO_3	−507.48	−426.14	207.9
H_2SiO_3	−1182.8	−1079.4	109
Sr^{2+}	−545.80	−559.84	−32.6
Th^{4+}	−769.0	−705.1	422.6
TiO^{2+}	−689.9	—	—
Tl^+	5.36	−32.40	125.5
Tl^{3+}	196.6	214.6	−192
$TlCl_3$	−315.1	−274.4	134
UO_2^{2+}	−1019.6	−953.5	−97.5
VO^{2+}	−486.6	−446.4	−133.9
VO_2^+	−649.8	−587.0	−42.3
VO_4^{3-}	—	−899.0	—
WO_4^{2-}	−1075.7	—	—
Zn^{2+}	−153.89	−147.06	−112.1
$Zn(OH)_4^{2-}$	—	−858.52	—
$Zn(NH_3)_4^{2+}$	−533.5	−301.9	301

附录 4 常用酸溶液和碱溶液的相对密度和浓度

（1）酸

相对密度（15℃）	HCl 的含量		HNO_3 的含量		H_2SO_4 的含量	
	w/%	c/mol·L^{-1}	w/%	c/mol·L^{-1}	w/%	c/mol·L^{-1}
1.02	4.13	1.15	3.70	0.6	3.1	0.3
1.04	8.16	2.3	7.26	1.2	6.1	0.6
1.05	10.2	2.9	9.0	1.5	7.4	0.8
1.06	12.2	3.5	10.7	1.8	8.8	0.9
1.08	16.2	4.8	13.9	2.4	11.6	1.3
1.10	20.0	6.0	17.1	3.0	14.4	1.6
1.12	23.8	7.3	20.2	3.6	17.0	2.0
1.14	27.7	8.7	23.3	4.2	19.9	2.3
1.15	29.6	9.3	24.8	4.5	20.9	2.5
1.19	37.2	12.2	30.9	5.8	26.0	3.2
1.20			32.3	6.2	27.3	3.4
1.25			39.8	7.9	33.4	4.3
1.30			47.5	9.8	39.2	5.2
1.35			55.8	12.0	44.8	6.2
1.40			65.3	14.5	50.1	7.2
1.42			69.8	15.7	52.2	7.6
1.45					55.0	8.2
1.50					59.8	9.2
1.55					64.3	10.2
1.60					68.7	11.2
1.65					73.0	12.3
1.70					77.2	13.4
1.84					95.6	18.0

（2）碱

相对密度（15℃）	$NH_3 \cdot H_2O$ 的含量		NaOH 的含量		KOH 的含量	
	w/%	c/mol·L^{-1}	w/%	c/mol·L^{-1}	w/%	c/mol·L^{-1}
0.88	35.0	18.0				
0.90	28.3	15				
0.91	25.0	13.4				
0.92	21.8	11.8				
0.94	15.6	8.6				
0.96	9.9	5.6				
0.98	4.8	2.8				
1.05			4.5	1.25	5.5	1.0
1.10			9.0	2.5	10.9	2.1
1.15			13.5	3.9	16.1	3.3
1.20			18.0	5.4	21.2	4.5
1.25			22.5	7.0	26.1	5.8
1.30			27.0	8.8	30.9	7.2
1.35			31.8	10.7	35.5	8.5

附录5 弱酸、弱碱在水中的解离常数(298K，$I=0$)

弱酸	分子式	$K_a^\ominus$	$pK_a^\ominus$
砷酸	H_3AsO_4	$6.3\times10^{-3}(K_{a_1}^\ominus)$	2.20
		$1.0\times10^{-7}(K_{a_2}^\ominus)$	7.00
		$3.2\times10^{-12}(K_{a_3}^\ominus)$	11.50
亚砷酸	$HAsO_2$	6.0×10^{-10}	9.22
硼酸	H_3BO_3	5.8×10^{-10}	9.24
焦硼酸	$H_2B_4O_7$	$1\times10^{-4}(K_{a_1}^\ominus)$	4
		$1\times10^{-9}(K_{a_2}^\ominus)$	9
碳酸	H_2CO_3	$4.2\times10^{-7}(K_{a_1}^\ominus)$	6.38
		$4.7\times10^{-11}(K_{a_2}^\ominus)$	10.25
氢氰酸	HCN	6.2×10^{-10}	9.21
铬酸	H_2CrO_4	$1.8\times10^{-1}(K_{a_1}^\ominus)$	0.74
		$3.2\times10^{-7}(K_{a_2}^\ominus)$	6.50
氢氟酸	HF	6.6×10^{-4}	3.18
亚硝酸	HNO_2	5.1×10^{-4}	3.29
过氧化氢	H_2O_2	1.8×10^{-12}	11.75
磷酸	H_3PO_4	$6.7\times10^{-3}(K_{a_1}^\ominus)$	2.17
		$6.2\times10^{-8}(K_{a_2}^\ominus)$	7.21
		$4.5\times10^{-13}(K_{a_3}^\ominus)$	12.35
焦磷酸	$H_4P_2O_7$	$3.0\times10^{-2}(K_{a_1}^\ominus)$	1.52
		$4.4\times10^{-3}(K_{a_2}^\ominus)$	2.36
		$2.5\times10^{-7}(K_{a_3}^\ominus)$	6.60
		$5.6\times10^{-10}(K_{a_4}^\ominus)$	9.25
亚磷酸	H_3PO_3	$5.0\times10^{-2}(K_{a_1}^\ominus)$	1.30
		$2.5\times10^{-7}(K_{a_2}^\ominus)$	6.60
氢硫酸	H_2S	$1.1\times10^{-7}(K_{a_1}^\ominus)$	6.96
		$1.3\times10^{-13}(K_{a_2}^\ominus)$	12.89
硫酸	HSO_4^-	$1.0\times10^{-2}(K_{a_2}^\ominus)$	1.99
亚硫酸	H_2SO_3	$1.3\times10^{-2}(K_{a_1}^\ominus)$	1.90
		$6.3\times10^{-3}(K_{a_2}^\ominus)$	7.20
偏硅酸	H_2SiO_3	$1.7\times10^{-10}(K_{a_1}^\ominus)$	9.77

续表

弱 酸	分 子 式	$K_a^{\ominus}$	$pK_a^{\ominus}$
		$1.6\times10^{-12}(K_{a_2}^{\ominus})$	11.8
甲酸	$HCOOH$	1.8×10^{-4}	3.74
乙酸	CH_3COOH	1.8×10^{-5}	4.74
一氯乙酸	$CH_2ClCOOH$	1.4×10^{-3}	2.86
二氯乙酸	$CHCl_2COOH$	5.0×10^{-2}	1.30
三氯乙酸	CCl_3COOH	0.23	0.64
氨基乙酸盐	$^{+}NH_3CH_2COOH$	$4.5\times10^{-3}(K_{a_1}^{\ominus})$	2.35
	$^{+}NH_3CH_2COO^{-}$	$2.5\times10^{-10}(K_{a_2}^{\ominus})$	9.60
抗坏血酸	$C_6H_8O_2$	$5.0\times10^{-5}(K_{a_1}^{\ominus})$	4.30
		$1.5\times10^{-10}(K_{a_2}^{\ominus})$	9.82
乳酸	$CH_3CHOHCOOH$	1.4×10^{-4}	3.86
苯甲酸	C_6H_5COOH	6.2×10^{-5}	4.21
草酸	$H_2C_2O_4$	$5.9\times10^{-2}(K_{a_1}^{\ominus})$	1.22
		$6.4\times10^{-5}(K_{a_2}^{\ominus})$	4.19
d-酒石酸	CH(OH)COOH | CH(OH)COOH	$9.1\times10^{-4}(K_{a_1}^{\ominus})$	3.04
		$4.3\times10^{-5}(K_{a_2}^{\ominus})$	4.37
邻苯二甲酸	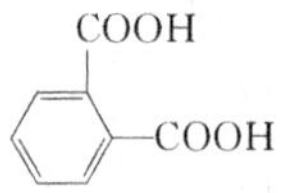	$1.1\times10^{-3}(K_{a_1}^{\ominus})$	2.95
		$3.9\times10^{-6}(K_{a_2}^{\ominus})$	5.41
柠檬酸	OH | $HOOCCH_2$—C—CH_2COOH | COOH	$7.4\times10^{-4}(K_{a_1}^{\ominus})$	3.13
		$1.7\times10^{-5}(K_{a_2}^{\ominus})$	4.76
		$4.0\times10^{-7}(K_{a_3}^{\ominus})$	6.40
苯酚	C_6H_5OH	1.1×10^{-10}	9.95
乙二胺四乙酸	H_6Y^{2+}	$0.13(K_{a_1}^{\ominus})$	0.9
		$3\times10^{-2}(K_{a_2}^{\ominus})$	1.6
		$1\times10^{-2}(K_{a_3}^{\ominus})$	2.0
		$2.1\times10^{-3}(K_{a_4}^{\ominus})$	2.67
		$6.9\times10^{-7}(K_{a_5}^{\ominus})$	6.16
		$5.5\times10^{-11}(K_{a_6}^{\ominus})$	10.26

续表

弱碱	分子式	$K_b^\ominus$	$pK_b^\ominus$
氨水	NH_3	1.8×10^{-5}	4.74
联氨	H_2NNH_2	$3.0\times10^{-6}(K_{b_1}^\ominus)$	5.52
		$7.6\times10^{-15}(K_{b_2}^\ominus)$	14.12
羟氨	NH_2OH	9.1×10^{-9}	8.04
甲胺	CH_3NH_2	4.2×10^{-4}	3.38
乙胺	$C_2H_5NH_2$	5.6×10^{-4}	3.25
二甲胺	$(CH_3)_2NH$	1.2×10^{-4}	3.93
二乙胺	$(C_2H_5)_2NH$	1.3×10^{-3}	2.89
乙醇胺	$HOCH_2CH_2NH_2$	3.2×10^{-5}	4.50
三乙醇胺	$(HOCH_2CH_2)_3N$	5.8×10^{-7}	6.24
六亚甲基四胺	$(CH_2)_6N_4$	1.4×10^{-9}	8.85
乙二胺	$H_2NCH_2CH_2NH_2$	8.5×10^{-5} $(K_{b_1}^\ominus)$	4.07
		7.1×10^{-8} $(K_{b_2}^\ominus)$	7.15
吡啶	C_5H_5N	1.7×10^{-9}	8.77

附录 6 常用的缓冲溶液的配制

pH	配制方法
0	$1mol\cdot L^{-1}$ HCl①
1	$0.1mol\cdot L^{-1}$ HCl
2	$0.01mol\cdot L^{-1}$ HCl
3.6	$NaAc\cdot3H_2O$ 8g,溶于适量水中,加 $6mol\cdot L^{-1}$ HAc 134mL,稀释至 500mL
4.0	$NaAc\cdot3H_2O$ 20g,溶于适量水中,加 $6mol\cdot L^{-1}$ HAc 134mL,稀释至 500mL
4.5	$NaAc\cdot3H_2O$ 32g,溶于适量水中,加 $6mol\cdot L^{-1}$ HAc 68mL,稀释至 500mL
5.0	$NaAc\cdot3H_2O$ 50g,溶于适量水中,加 $6mol\cdot L^{-1}$ HAc 34mL,稀释至 500mL
5.7	$NaAc\cdot3H_2O$ 100g,溶于适量水中,加 $6mol\cdot L^{-1}$ HAc 13mL,稀释至 500mL
7	NH_4Ac 77g,用水溶解后,稀释至 500mL
7.5	NH_4Cl 60g,溶于适量水中,加 $15mol\cdot L^{-1}$ 氨水 1.4mL,稀释至 500mL
8.0	NH_4Cl 50g,溶于适量水中,加 $15mol\cdot L^{-1}$ 氨水 3.5mL,稀释至 500mL
8.5	NH_4Cl 40g,溶于适量水中,加 $15mol\cdot L^{-1}$ 氨水 8.8mL,稀释至 500mL
9.0	NH_4Cl 35g,溶于适量水中,加 $15mol\cdot L^{-1}$ 氨水 24mL,稀释至 500mL
9.5	NH_4Cl 30g,溶于适量水中,加 $15mol\cdot L^{-1}$ 氨水 65mL,稀释至 500mL
10.0	NH_4Cl 27g,溶于适量水中,加 $15mol\cdot L^{-1}$ 氨水 197mL,稀释至 500mL
10.5	NH_4Cl 9g,溶于适量水中,加 $15mol\cdot L^{-1}$ 氨水 175mL,稀释至 500mL
11	NH_4Cl 3g,溶于适量水中,加 $15mol\cdot L^{-1}$ 氨水 207mL,稀释至 500mL
12	$0.01mol\cdot L^{-1}$ NaOH②
13	$0.1mol\cdot L^{-1}$ NaOH

① Cl^- 对测定有妨碍时，可用 HNO_3。

② Na^+ 对测定有妨碍时，可用 KOH。

附录 7 难溶化合物的溶度积常数（18℃）

难溶化合物	化学式	溶度积 $K_{sp}^{\ominus}$	温度
氢氧化铝	$Al(OH)_3$	2×10^{-32}	
溴酸银	$AgBrO_3$	5.77×10^{-5}	25℃
溴化银	$AgBr$	4.1×10^{-13}	
碳酸银	Ag_2CO_3	6.15×10^{-12}	25℃
氯化银	$AgCl$	1.8×10^{-10}	25℃
铬酸银	Ag_2CrO_4	9×10^{-12}	25℃
氢氧化银	$AgOH$	1.52×10^{-8}	20℃
碘化银	AgI	8.3×10^{-17}	25℃
硫化银	Ag_2S	1.6×10^{-49}	
硫氰酸银	$AgSCN$	4.9×10^{-13}	
碳酸钡	$BaCO_3$	8.1×10^{-9}	
铬酸钡	$BaCrO_4$	1.6×10^{-10}	
草酸钡	$BaC_2O_4\cdot\frac{7}{2}H_2O$	1.62×10^{-7}	
硫酸钡	$BaSO_4$	8.7×10^{-11}	
氢氧化铋	$Bi(OH)_3$	4.0×10^{-31}	
氢氧化铬	$Cr(OH)_3$	5.4×10^{-31}	
硫化镉	CdS	3.6×10^{-29}	
碳酸钙	$CaCO_3$	3.4×10^{-9}	25℃
氟化钙	CaF_2	1.4×10^{-9}	
草酸钙	CaC_2O_4	4.0×10^{-9}	
硫酸钙	$CaSO_4$	4.9×10^{-5}	25℃
硫化钴	$CoS(\alpha)$	4×10^{-21}	
	$CoS(\beta)$	2×10^{-25}	
碘酸铜	$CuIO_3$	1.4×10^{-7}	25℃
草酸铜	CuC_2O_4	2.87×10^{-8}	25℃
硫化铜	CuS	8.5×10^{-45}	
溴化亚铜	$CuBr$	4.15×10^{-8}	（18～20℃）
氯化亚铜	$CuCl$	1.02×10^{-6}	（18～20℃）
碘化亚铜	CuI	1.1×10^{-12}	（18～20℃）
硫化亚铜	Cu_2S	2×10^{-47}	（16～18℃）
硫氰酸亚铜	$CuSCN$	4.8×10^{-15}	
氢氧化铁	$Fe(OH)_3$	2.79×10^{-39}	
氢氧化亚铁	$Fe(OH)_2$	4.86×10^{-17}	

续表

难溶化合物	化学式	溶度积 $K_{sp}^{\ominus}$	温度
草酸亚铁	FeC_2O_4	2.1×10^{-7}	25℃
硫化亚铁	FeS	3.7×10^{-19}	
硫化汞	HgS	$4\times10^{-53}\sim2\times10^{-49}$	
溴化亚汞	Hg_2Br_2	5.8×10^{-23}	25℃
氯化亚汞	Hg_2Cl_2	1.3×10^{-18}	25℃
碘化亚汞	Hg_2I_2	4.5×10^{-29}	
磷酸铵镁	$MgNH_4PO_4$	2.5×10^{-13}	25℃
碳酸镁	$MgCO_3$	2.6×10^{-5}	25℃
氟化镁	MgF_2	7.1×10^{-9}	
氢氧化镁	$Mg(OH)_2$	5.1×10^{-12}	
草酸镁	MgC_2O_4	8.57×10^{-5}	
氢氧化锰	$Mn(OH)_2$	4.5×10^{-13}	
硫化锰	MnS	1.4×10^{-15}	
氢氧化镍	$Ni(OH)_2$	6.5×10^{-18}	
氯化铅	$PbCl_2$	1.7×10^{-5}	
碳酸铅	$PbCO_3$	3.3×10^{-14}	
铬酸铅	$PbCrO_4$	1.77×10^{-14}	
氟化铅	PbF_2	3.2×10^{-8}	
草酸铅	PbC_2O_4	2.74×10^{-11}	
氢氧化铅	$Pb(OH)_2$	1.2×10^{-15}	
硫酸铅	$PbSO_4$	2.5×10^{-8}	
硫化铅	PbS	3.4×10^{-28}	
碳酸锶	$SrCO_3$	1.6×10^{-9}	25℃
氟化锶	SrF_2	2.8×10^{-9}	
草酸锶	SrC_2O_4	5.61×10^{-8}	
硫酸锶	$SrSO_4$	3.81×10^{-7}	17.4℃
氢氧化锡	$Sn(OH)_4$	1×10^{-57}	
氢氧化亚锡	$Sn(OH)_2$	3×10^{-27}	
氢氧化钛	$TiO(OH)_2$	1×10^{-29}	
氢氧化锌	$Zn(OH)_2$	1.2×10^{-17}	(16～18℃)
草酸锌	ZnC_2O_4	1.35×10^{-9}	
硫化锌	ZnS	1.2×10^{-23}	

附录 8　常见电极的标准电极电势（298.15K）

电极反应 氧化型$+ne^-\rightleftharpoons$还原型	$\varphi^{\ominus}$/V
$Li^+(aq)+e^-\rightleftharpoons Li(s)$	−3.040
$Cs^+(aq)+e^-\rightleftharpoons Cs(s)$	−3.027
$Rb^+(aq)+e^-\rightleftharpoons Rb(s)$	−2.943
$K^+(aq)+e^-\rightleftharpoons K(s)$	−2.936
$Ra^{2+}(aq)+2e^-\rightleftharpoons Ra(s)$	−2.910
$Ba^{2+}(aq)+2e^-\rightleftharpoons Ba(s)$	−2.906
$Sr^{2+}(aq)+2e^-\rightleftharpoons Sr(s)$	−2.899
$Ca^{2+}(aq)+2e^-\rightleftharpoons Ca(s)$	−2.869
$Na^+(aq)+e^-\rightleftharpoons Na(s)$	−2.714
$La^{3+}(aq)+3e^-\rightleftharpoons La(s)$	−2.362
$Mg^{2+}(aq)+2e^-\rightleftharpoons Mg(s)$	−2.357
$Sc^{3+}(aq)+3e^-\rightleftharpoons Sc(s)$	−2.027
$Be^{2+}(aq)+2e^-\rightleftharpoons Be(s)$	−1.70
$Al^{3+}(aq)+3e^-\rightleftharpoons Al(s)$	−1.67
$[SiF_6]^{2-}(aq)+4e^-\rightleftharpoons Si(s)+6F^-(aq)$	−1.365
$Mn^{2+}(aq)+2e^-\rightleftharpoons Mn(s)$	−1.182
$SiO_2(am)+4H^++4e^-\rightleftharpoons Si(s)+2H_2O$	−0.9754
$SO_4^{2-}(aq)+H_2O(l)+2e^-\rightleftharpoons SO_3^{2-}(aq)+2OH^-(aq)$	−0.9362
$Fe(OH)_2(s)+2e^-\rightleftharpoons Fe(s)+2OH^-(aq)$	−0.8914
$H_3BO_3(s)+3H^++3e^-\rightleftharpoons B(s)+3H_2O(l)$	−0.8894
$Zn^{2+}(aq)+2e^-\rightleftharpoons Zn(s)$	−0.7621
$Cr^{3+}(aq)+3e^-\rightleftharpoons Cr(s)$	(−0.74)
$FeCO_3(s)+2e^-\rightleftharpoons Fe(s)+CO_3^{2-}(aq)$	−0.7196
$2CO_2(g)+2H^+(aq)+2e^-\rightleftharpoons H_2C_2O_4(aq)$	−0.5950
$2SO_3^{2-}(aq)+3H_2O(l)+4e^-\rightleftharpoons S_2O_3^{2-}(aq)+6OH^-(aq)$	−0.5659
$Ga^{3+}(aq)+3e^-\rightleftharpoons Ga(s)$	−0.5493
$Fe(OH)_3(s)+e^-\rightleftharpoons Fe(OH)_2(s)+OH^-(aq)$	−0.5468
$Sb(s)+3H^+(aq)+3e^-\rightleftharpoons SbH_3(g)$	−0.5104
$S(s)+2e^-\rightleftharpoons S^{2-}(aq)$	−0.445
$Cr^{3+}(aq)+e^-\rightleftharpoons Cr^{2+}(aq)$	(−0.41)
$Fe^{2+}(aq)+2e^-\rightleftharpoons Fe(s)$	−0.44
$Ag(CN)_2^-(aq)+e^-\rightleftharpoons Ag(s)+2CN^-(aq)$	−0.4073
$Cd^{2+}(aq)+2e^-\rightleftharpoons Cd(s)$	−0.4022
$PbI_2(s)+2e^-\rightleftharpoons Pb(s)+2I^-(aq)$	−0.3653
$Cu_2O(aq)+H_2O(l)+2e^-\rightleftharpoons 2Cu(s)+2OH^-(aq)$	−0.3557
$PbSO_4(s)+2e^-\rightleftharpoons Pb(s)+SO_4^{2-}(aq)$	−0.3555
$In^{3+}(aq)+3e^-\rightleftharpoons In(s)$	−0.338
$Tl^+(aq)+e^-\rightleftharpoons Tl(s)$	−0.3358
$Co^{2+}(aq)+2e^-\rightleftharpoons Co(s)$	−0.282
$PbBr_2(s)+2e^-\rightleftharpoons Pb(s)+2Br^-(aq)$	−0.2798
$PbCl_2(s)+2e^-\rightleftharpoons Pb(s)+2Cl^-(aq)$	−0.2676

续表

电极反应 氧化型$+ne^-$⇌还原型	$\varphi^\ominus$/V
$As(s)+3H^+(aq)+3e^- \rightleftharpoons AsH_3(g)$	−0.2381
$Ni^{2+}(aq)+2e^- \rightleftharpoons Ni(s)$	−0.2363
$VO_2^+(aq)+4H^++5e^- \rightleftharpoons V(s)+2H_2O(l)$	−0.2337
$CuI(s)+e^- \rightleftharpoons Cu(s)+I^-(aq)$	−0.1858
$AgCN(s)+e^- \rightleftharpoons Ag(s)+CN^-(aq)$	−0.1606
$AgI(s)+e^- \rightleftharpoons Ag(s)+I^-(aq)$	−0.1515
$Sn^{2+}(aq)+2e^- \rightleftharpoons Sn(s)$	−0.14
$Pb^{2+}(aq)+2e^- \rightleftharpoons Pb(s)$	−0.13
$CrO_4^{2-}(aq)+2H_2O(l)+3e^- \rightleftharpoons CrO_2^-(aq)+4OH^-(aq)$	(−0.120)
$Se(s)+2H^+(aq)+2e^- \rightleftharpoons H_2Se(aq)$	−0.1150
$WO_3(s)+6H^+(aq)+6e^- \rightleftharpoons W(s)+3H_2O(l)$	−0.0909
$2Cu(OH)_2(s)+2e^- \rightleftharpoons Cu_2O(s)+2OH^-(aq)+H_2O(l)$	(−0.08)
$MnO_2(s)+2H_2O(l)+2e^- \rightleftharpoons Mn(OH)_2(s)+2OH^-(aq)$	−0.0514
$[HgI_4]^{2-}(aq)+2e^- \rightleftharpoons Hg(l)+4I^-(aq)$	−0.02809
$2H^+(aq)+2e^- \rightleftharpoons H_2(g)$	0
$NO_3^-(aq)+H_2O(l)+e^- \rightleftharpoons NO_2^-(aq)+2OH^-(aq)$	0.00849
$S_4O_6^{2-}(aq)+2e^- \rightleftharpoons 2S_2O_3^{2-}(aq)$	0.02384
$AgBr(s)+e^- \rightleftharpoons Ag(s)+Br^-(aq)$	0.07317
$S(s)+2H^+(aq)+2e^- \rightleftharpoons H_2S(aq)$	0.1442
$Sn^{4+}(aq)+2e^- \rightleftharpoons Sn^{2+}(aq)$	0.1539
$SO_4^{2-}(aq)+4H^+(aq)+2e^- \rightleftharpoons H_2SO_3(aq)+H_2O(l)$	0.1576
$Cu^{2+}(aq)+e^- \rightleftharpoons Cu^+(aq)$	0.161
$AgCl(s)+e^- \rightleftharpoons Ag(s)+Cl^-$	0.222
$[HgBr_4]^{2-}(aq)+2e^- \rightleftharpoons Hg(l)+4Br^-(aq)$	0.2318
$HAsO_2(aq)+3H^+(aq)+3e^- \rightleftharpoons As(s)+2H_2O(l)$	0.2473
$PbO_2(s)+H_2O(l)+2e^- \rightleftharpoons PbO(s,黄色)+2OH^-(aq)$	0.2483
$Hg_2Cl_2(s)+2e^- \rightleftharpoons 2Hg(l)+2Cl^-(aq)$	0.2799
$BiO^+(aq)+2H^+(aq)+3e^- \rightleftharpoons Bi(s)+H_2O(l)$	0.3134
$Cu^{2+}(aq)+2e^- \rightleftharpoons Cu(s)$	0.337
$Ag_2O(s)+H_2O(l)+2e^- \rightleftharpoons 2Ag(s)+2OH^-(aq)$	0.3428
$[Fe(CN)_6]^{3-}(aq)+e^- \rightleftharpoons [Fe(CN)_6]^{4-}(aq)$	0.3557
$[Ag(NH_3)_2]^+(aq)+e^- \rightleftharpoons Ag(s)+2NH_3(aq)$	0.3719
$ClO_4^-(aq)+H_2O(l)+2e^- \rightleftharpoons ClO_3^-(aq)+2OH^-(aq)$	0.3979
$O_2(g)+2H_2O(l)+4e^- \rightleftharpoons 4OH^-(aq)$	0.4009
$2H_2SO_3(aq)+2H^+(aq)+4e^- \rightleftharpoons S_2O_3^{2-}(aq)+3H_2O(l)$	0.4101
$Ag_2CrO_4(s)+2e^- \rightleftharpoons 2Ag(s)+CrO_4^{2-}(aq)$	0.4456
$H_2SO_3(aq)+4H^+(aq)+4e^- \rightleftharpoons S(s)+3H_2O(l)$	0.4497
$Cu^+(aq)+e^- \rightleftharpoons Cu(s)$	0.535
$I_2(s)+2e^- \rightleftharpoons 2I^-(aq)$	0.535
$H_3AsO_4(aq)+2H^+(aq)+2e^- \rightleftharpoons H_3AsO_3(aq)+H_2O(l)$	0.557
$MnO_4^-(aq)+e^- \rightleftharpoons MnO_4^{2-}(aq)$	0.56

续表

电极反应 氧化型$+ne^- \rightleftharpoons$还原型	$\varphi^{\ominus}$/V
$H_3AsO_4(aq)+2H^+(aq)+2e^- \rightleftharpoons H_3AsO_3(aq)+H_2O(l)$	0.5748
$MnO_4^-(aq)+2H_2O(l)+3e^- \rightleftharpoons MnO_2(s)+4OH^-(aq)$	0.5965
$BrO_3^-(aq)+3H_2O(l)+6e^- \rightleftharpoons Br^-(aq)+6OH^-(aq)$	0.6126
$MnO_4^{2-}(aq)+2H_2O(l)+2e^- \rightleftharpoons MnO_2(s)+4OH^-(aq)$	0.6175
$2HgCl_2(s)+2e^- \rightleftharpoons Hg_2Cl_2(s)+2Cl^-(aq)$	0.6571
$ClO_2^-(aq)+H_2O(l)+2e^- \rightleftharpoons ClO^-(aq)+2OH^-(aq)$	0.6801
$O_2(g)+2H^+(aq)+2e^- \rightleftharpoons H_2O_2(aq)$	0.6945
$Fe^{3+}(aq)+e^- \rightleftharpoons Fe^{2+}(aq)$	0.77
$Hg_2^{2-}(aq)+2e^- \rightleftharpoons 2Hg(l)$	0.7956
$NO_3^-(aq)+2H^+(aq)+e^- \rightleftharpoons NO_2(g)+H_2O(l)$	0.7989
$Ag^+(aq)+e^- \rightleftharpoons Ag(s)$	0.799
$[PtCl_4]^{2-}(aq)+2e^- \rightleftharpoons Pt(s)+4Cl^-(aq)$	0.8473
$Hg^{2+}(aq)+2e^- \rightleftharpoons Hg(l)$	0.8519
$HO_2^-(aq)+H_2O(l)+2e^- \rightleftharpoons 3OH^-(aq)$	0.8670
$ClO^-(aq)+H_2O(l)+2e^- \rightleftharpoons Cl^-(aq)+2OH^-(aq)$	0.8902
$2Hg^{2+}(aq)+2e^- \rightleftharpoons Hg_2{}^{2+}(aq)$	0.9083
$NO_3^-(aq)+3H^+(aq)+2e^- \rightleftharpoons HNO_2(aq)+H_2O(l)$	0.9275
$NO_3^-(aq)+4H^+(aq)+3e^- \rightleftharpoons NO(g)+2H_2O(l)$	0.9637
$HNO_2(aq)+H^+(aq)+e^- \rightleftharpoons NO(g)+H_2O(l)$	1.04
$NO_2(aq)+H^+(aq)+e^- \rightleftharpoons HNO_2(aq)$	1.056
$Br_2(l)+2e^- \rightleftharpoons 2Br^-(aq)$	1.07
$ClO_3^-(aq)+3H^+(aq)+2e^- \rightleftharpoons HClO_2(aq)+H_2O(l)$	1.157
$ClO_2(aq)+H^+(aq)+2e^- \rightleftharpoons HClO_2(aq)$	1.184
$2IO_3^-(aq)+12H^+(aq)+10e^- \rightleftharpoons I_2(s)+6H_2O(l)$	1.209
$ClO_4^-(aq)+2H^+(aq)+2e^- \rightleftharpoons ClO_3^-(aq)+H_2O(l)$	1.226
$O_2(g)+4H^+(aq)+4e^- \rightleftharpoons 2H_2O(l)$	1.229
$MnO_2(s)+4H^+(aq)+2e^- \rightleftharpoons Mn^{2+}(aq)+2H_2O(l)$	1.2293
$O_3(g)+H_2O(l)+2e^- \rightleftharpoons O_2(g)+2OH^-(aq)$	1.247
$Tl^{3+}(aq)+2e^- \rightleftharpoons Ti^+(aq)$	1.28
$2HNO_2(aq)+4H^+(aq)+4e^- \rightleftharpoons N_2O(g)+3H_2O(l)$	1.311
$Cr_2O_7^{2-}(aq)+14H^+(aq)+6e^- \rightleftharpoons 2Cr^{3+}(aq)+7H_2O(l)$	1.33
$Cl_2(g)+2e^- \rightleftharpoons 2Cl^-(aq)$	1.360
$2HIO(aq)+2H^+(aq)+2e^- \rightleftharpoons I_2(g)+2H_2O(l)$	1.431
$PbO_2(s)+4H^+(aq)+2e^- \rightleftharpoons Pb^{2+}(aq)+2H_2O(l)$	1.458
$Au^{3+}(aq)+3e^- \rightleftharpoons Au(s)$	(1.50)

续表

电极反应 氧化型$+ne^- \rightleftharpoons$还原型	$\varphi^{\ominus}$/V
$Mn^{3+}(aq)+e^- \rightleftharpoons Mn^{2+}(aq)$	(1.51)
$MnO_4^-(aq)+8H^+(aq)+5e^- \rightleftharpoons Mn^{2+}(aq)+4H_2O(l)$	1.512
$2BrO_3^-(aq)+12H^+(aq)+10e^- \rightleftharpoons Br_2(l)+6H_2O(l)$	1.513
$Cu^{2+}(aq)+2CN^-(aq)+e^- \rightleftharpoons Cu(CN)_2^-(aq)$	1.580
$H_5IO_6(aq)+H^+(aq)+2e^- \rightleftharpoons IO_3^-(aq)+3H_2O(l)$	(1.60)
$2HBrO(aq)+2H^+(aq)+2e^- \rightleftharpoons Br_2(l)+2H_2O(l)$	1.604
$2HClO(aq)+2H^+(aq)+2e^- \rightleftharpoons Cl_2(g)+2H_2O(l)$	1.630
$HClO_2(aq)+2H^+(aq)+2e^- \rightleftharpoons HClO(aq)+H_2O(l)$	1.673
$Au^+(aq)+e^- \rightleftharpoons Au(s)$	(1.68)
$MnO_4^-(aq)+4H^+(aq)+3e^- \rightleftharpoons MnO_2+2H_2O(l)$	1.700
$H_2O_2(aq)+2H^+(aq)+2e^- \rightleftharpoons 2H_2O(l)$	1.763
$S_2O_8^{2-}(aq)+2e^- \rightleftharpoons 2SO_4^{2-}(aq)$	1.939
$Co^{3+}(aq)+e^- \rightleftharpoons Co^{2+}(aq)$	1.95
$Ag^{2+}(aq)+e^- \rightleftharpoons Ag^+(aq)$	1.989
$O_3(g)+2H^+(aq)+2e^- \rightleftharpoons O_2(g)+H_2O(l)$	2.075
$F_2(g)+2e^- \rightleftharpoons 2F^-(aq)$	2.889
$F_2(g)+2H^+(aq)+2e^- \rightleftharpoons 2HF(aq)$	3.076

附录 9 某些配离子的标准稳定常数（25℃）

配离子	$K_f^{\ominus}$	配离子	$K_f^{\ominus}$
$AgCl_2^-$	1.84×10^5	$BiBr_4^-$	5.92×10^7
$AgBr_2^-$	1.93×10^7	BiI_4^-	8.88×10^{14}
AgI_2^-	4.80×10^{10}	$Bi(EDTA)^-$	(6.3×10^{22})
$Ag(NH_3)^+$	2.07×10^3	$Ca(EDTA)^{2-}$	(1×10^{11})
$Ag(NH_3)_2^+$	1.67×10^7	$Cd(NH_3)_4^{2+}$	2.78×10^7
$Ag(CN)_2^-$	2.48×10^{20}	$Cd(CN)_4^{2-}$	1.95×10^{18}
$Ag(SCN)_2^-$	2.04×10^8	$Cd(OH)_4^{2-}$	1.20×10^9
$Ag(S_2O_3)_2^{3-}$	(2.9×10^{13})	$CdBr_4^{2-}$	(5.0×10^3)
$Ag(en)_2^+$	(5.0×10^7)	$CdCl_4^{2-}$	(6.3×10^2)
$Ag(EDTA)^{3-}$	(2.1×10^7)	CdI_4^{2-}	4.05×10^5
$Al(OH)_4^-$	3.31×10^{33}	$Cd(en)_3^{2+}$	(1.2×10^{12})
AlF_6^{3-}	(6.9×10^{19})	$Cd(EDTA)^{2-}$	(2.5×10^{16})
$Al(EDTA)^-$	(1.3×10^{16})	$Co(NH_3)_4^{2+}$	1.16×10^5
$Ba(EDTA)^{2-}$	(6.0×10^7)	$Co(NH_3)_6^{2+}$	1.3×10^5
$Be(EDTA)^{2-}$	(2×10^9)	$Co(NH_3)_6^{3+}$	(1.6×10^{35})
$BiCl_4^-$	7.96×10^6	$Co(NCS)_4^{2-}$	(1.0×10^3)
$BiCl_6^{3-}$	2.45×10^7	$Co(EDTA)^{2-}$	(2.0×10^{16})

续表

配离子	$K_f^\ominus$	配离子	$K_f^\ominus$
$Co(EDTA)^-$	(1×10^{36})	$Hg(CN)_4^{2-}$	1.82×10^{41}
$Cr(OH)_4^-$	(7.8×10^{29})	$Hg(SCN)_4^{2-}$	4.98×10^{21}
$Cr(EDTA)^-$	(1.0×10^{23})	$Hg(EDTA)^{2-}$	(6.3×10^{21})
$CuCl_2^-$	6.91×10^{4}	$Ni(NH_3)_6^{2+}$	8.97×10^{8}
$CuCl_3^{2-}$	4.55×10^{5}	$Ni(CN)_4^{2-}$	1.31×10^{30}
CuI_2^-	(7.1×10^{8})	$Ni(N_2H_4)_6^{2+}$	1.04×10^{12}
$Cu(SO_3)_2^{3-}$	4.13×10^{8}	$Ni(en)_3^{2+}$	2.1×10^{18}
$Cu(NH_3)_4^{2+}$	2.09×10^{13}	$Ni(EDTA)^{2-}$	(3.6×10^{18})
$Cu(P_2O_7)_2^{6-}$	8.24×10^{8}	$Pb(OH)_3^-$	8.27×10^{13}
$Cu(C_2O_4)_2^{2-}$	2.35×10^{9}	$PbCl_3^-$	27.2
$Cu(CN)_2^-$	9.98×10^{23}	$PbBr_3^-$	15.5
$Cu(CN)_3^{2-}$	4.21×10^{28}	PbI_3^-	2.67×10^{3}
$Cu(CN)_4^{3-}$	2.03×10^{30}	PbI_4^{2-}	1.66×10^{4}
$Cu(SCN)_4^{3-}$	8.66×10^{9}	$Pb(CH_3CO_2)^+$	152.4
$Cu(EDTA)^{2-}$	(5.0×10^{18})	$Pb(CH_3CO_2)_2$	826.3
FeF^{2+}	7.1×10^{6}	$Pb(EDTA)^{2-}$	(2×10^{18})
FeF_2^+	3.8×10^{11}	$PdCl_3^-$	2.10×10^{10}
$Fe(CN)_6^{3-}$	4.1×10^{52}	$PdBr_4^{2-}$	6.05×10^{13}
$Fe(CN)_6^{4-}$	4.2×10^{45}	PdI_4^{2-}	4.36×10^{22}
$Fe(NCS)^{2+}$	9.1×10^{2}	$Pd(NH_3)_4^{2+}$	3.10×10^{25}
$FeBr^{2+}$	4.17	$Pd(CN)_4^{2-}$	5.20×10^{41}
$FeCl^{2+}$	24.9	$Pd(SCN)_4^{2-}$	9.43×10^{23}
$Fe(C_2O_4)_3^{3-}$	(1.6×10^{20})	$Pd(EDTA)^{2-}$	(3.2×10^{18})
$Fe(C_2O_4)_3^{4-}$	1.7×10^{5}	$PtCl_4^{2-}$	9.86×10^{15}
$Fe(EDTA)^{2-}$	(2.1×10^{14})	$PtBr_4^{2-}$	6.47×10^{17}
$Fe(EDTA)^-$	(1.7×10^{24})	$Pt(NH_3)_4^{2+}$	2.18×10^{35}
$HgCl^+$	5.73×10^{6}	$Sc(EDTA)^-$	1.3×10^{23}
$HgCl_2$	1.46×10^{13}	$Zn(OH)_3^-$	1.64×10^{13}
$HgCl_3^-$	9.6×10^{13}	$Zn(OH)_4^{2-}$	2.83×10^{14}
$HgCl_4^{2-}$	1.31×10^{15}	$Zn(NH_3)_4^{2+}$	3.60×10^{8}
$HgBr_4^{2-}$	9.22×10^{20}	$Zn(CN)_4^{2-}$	5.71×10^{16}
HgI_4^{2-}	5.66×10^{29}	$Zn(CNS)_4^{2-}$	19.6
HgS_2^{2-}	3.36×10^{51}	$Zn(C_2O_2)_2^{2-}$	2.96×10^{7}
$Hg(NH_3)_4^{2+}$	1.95×10^{19}	$Zn(EDTA)^{2-}$	(2.5×10^{16})

参考文献

[1] 浙江大学普通化学教研组. 普通化学. 7 版. 北京：高等教育出版社，2020.
[2] 大连理工大学无机化学教研室. 无机化学. 6 版. 北京：高等教育出版社，2018.
[3] 天津大学物理化学教研室. 物理化学（上、下册）. 6 版. 北京：高等教育出版社，2017.
[4] 周公度，段连云. 结构化学基础. 5 版. 北京：北京大学出版社，2017.
[5] 周伟红，曲宝中. 新大学化学. 4 版. 北京：科学出版社，2021.
[6] 华彤文，王颖霞，卞江等. 普通化学原理. 4 版. 北京：北京大学出版社，2013.
[7] 钟国清，蔡自由. 大学基础化学. 3 版. 北京：高等教育出版社，2021.
[8] 大连理工大学有机化学教研室. 有机化学. 3 版. 北京：高等教育出版社，2018.
[9] 四川大学. 近代化学基础（上、下册）. 3 版. 北京：高等教育出版社，2014.
[10] 陈东旭，吴卫东. 普通化学. 3 版. 北京：化学工业出版社，2021.
[11] 朱裕贞，顾达，黑恩成. 现代基础化学. 3 版. 北京：化学工业出版社，2010.
[12] 邬建敏. 无机及分析化学. 3 版. 北京：高等教育出版社，2020.
[13] 李保山. 基础化学. 2 版. 北京：科学出版社，2021.
[14] 樊行雪，方国女. 大学化学原理及应用（上、下册）. 2 版. 北京：化学工业出版社，2010.
[15] 傅洵，许泳吉，解从霞. 基础化学教程. 2 版. 北京：科学出版社，2012.
[16] 李强林，肖秀婵，任亚琦. 工科大学化学. 北京：化学工业出版社，2021.
[17] 王继芬. 大学化学. 北京：北京大学出版社，2019.
[18] 甘孟瑜，张云怀. 大学化学. 北京：科学出版社，2021.
[19] 柯强，朱元强. 段文猛. 大学化学. 北京：科学出版社，2021.
[20] 周为群，朱琴玉. 大学化学. 北京：化学工业出版社，2021.
[21] Catherine H. Middlecamp 等. 段连云等译. 化学与社会. 8 版. 北京：化学工业出版社，2017.
[22] 任仁，于志辉，陈莎等. 化学与环境. 3 版. 北京：化学工业出版社，2019.
[23] 蔡苹主编. 化学与社会. 2 版. 北京：科学出版社，2020.
[24] 景峤壁，吴林韬. 化学与社会生活. 北京：化学工业出版社，2020.
[25] 李强林，黄方千，肖秀婵. 化学与人生哲理. 北京：重庆大学出版社，2020.
[26] 赵常志，孙伟. 化学与生物传感器. 北京：北京科学出版社，2021.
[27] 李涛，邱于兵. 工程化学应用. 武汉：华中科技大学出版社，2021.
[28] 彭银仙，王静. 工程化学. 北京：化学工业出版社，2021.
[29] 许甲强，邢彦军，周义锋. 工程化学. 3 版. 北京：科学出版社，2021.
[30] 周祖新，工程化学. 2 版. 北京：化学工业出版社，2014.
[31] 宿辉，白青子. 工程化学. 2 版. 北京：北京大学出版社，2018.
[32] 刘立明. 工程化学应用教程. 北京：化学工业出版社，2015.
[33] 王毅，陈丽，陈娜丽. 工程化学. 北京：中国石化出版社，2013.
[34] 张丽. EDTA 滴定法检测水泥稳定土中水泥剂量研究 [J]. 黑龙江交通科技. 2017，(5)：187-188.
[35] 李勇，高森. 分析化学在土木工程检测中的应用 [J]. 职业技术. 2013，(11)：83.
[36] 东旭，李伟，王可汗，等. 混凝土外加剂对混凝土性能影响分析 [J]. 绿色环保建材. 2021，(11)：11-12.
[37] 吴蓬，吕宪俊，梁志强，等. 混凝土早强剂的作用机理及应用现状 [J]. 金属矿山. 2014，(12)：20-25.
[38] 王玲，赵霞，高瑞军，等. 我国混凝土外加剂行业发展动态分析 [J]. 新型建筑材料. 2021，(3)：122-127.
[39] 夏艺. 引气剂结构、性能与作用机理的研究 [J]. 新型建筑材料. 2021，(7)：131-135.